彩图 1-3　大棚茄子早春寒害

彩图 1-4　温室番茄初冬冻害

彩图 4-1　纸片法检测的速测卡

阳性结果

阴性结果

彩图 4-3　检测结果

第 1 天

第 2 天

第 4 天　　　　　　　　　第 5 天　　　　　　　　　第 6 天

彩图 15-2　绿豆芽生产周期

彩图 15-3　豆芽机

彩图 15-4　花生芽

彩图 15-5　绿色豆芽

彩图 15-7　豌豆苗

播种上盘

第 2 天种子露白

第 3 天胚根长出

第 4 天苗体直立

第 5 天苗高 10cm

第 6 天苗高 15~18cm

活体运输、上市

走俏的市场

彩图 15-6　绿色豆芽从播种到上市

"十二五"职业教育国家规划教材

经全国职业教育教材审定委员会审定

蔬菜栽培技术

SHUCAI ZAIPEI JISHU

南方本

梁称福　熊丙全　主编

第二版

化学工业出版社

·北京·

《蔬菜栽培技术》（南方本）根据蔬菜栽培与管理职业岗位能力要求，全面阐述了相应职业岗位的工作任务与工作过程，确定典型工作任务；按照工作岗位对知识、能力、素质的要求，参照蔬菜园艺工国家职业资格标准，结合蔬菜生产过程和典型工作任务，设计了蔬菜栽培基础、蔬菜栽培的基本流程、蔬菜设施栽培基础、蔬菜安全生产基础、茄果类蔬菜栽培、瓜类蔬菜栽培、豆类蔬菜栽培、白菜类蔬菜栽培、根菜类蔬菜栽培、绿叶蔬菜栽培、葱蒜类蔬菜栽培、薯芋类蔬菜栽培、水生蔬菜栽培、多年生及杂类蔬菜栽培、芽苗菜生产共十五个项目，每个项目包含若干个任务，每个任务下设"任务描述""任务分析""相关知识""任务实施""效果评估""拓展提高""课外练习"7个模块。本书配有电子课件，可从 www.cipedu.com.cn 下载使用。

本书可作为高等职业院校与高等专科院校蔬菜、园艺及其他种植类专业教材，也可作为蔬菜栽培自学考试、蔬菜生产岗位的培训教材使用，还可作为蔬菜生产技术人员与管理人员以及蔬菜种植专业户的参考用书。

图书在版编目（CIP）数据

蔬菜栽培技术：南方本/梁称福，熊丙全主编. —2 版.
北京：化学工业出版社，2016.8（2024.5重印）
"十二五"职业教育国家规划教材
ISBN 978-7-122-27602-5

Ⅰ.①蔬… Ⅱ.①梁…②熊… Ⅲ.①蔬菜园艺-高等职业教育-教材 Ⅳ.①S63

中国版本图书馆 CIP 数据核字（2016）第 158879 号

责任编辑：李植峰 张春娥　　　装帧设计：史利平
责任校对：边　涛

出版发行：化学工业出版社（北京市东城区青年湖南街 13 号　邮政编码 100011）
印　　装：涿州市般润文化传播有限公司
787mm×1092mm　1/16　印张 23¼　彩插 1　字数 699 千字　2024 年 5 月北京第 2 版第 6 次印刷

购书咨询：010-64518888　　　　　　　　　售后服务：010-64518899
网　　址：http://www.cip.com.cn
凡购买本书，如有缺损质量问题，本社销售中心负责调换。

定　　价：58.00元　　　　　　　　　　　　　　　　　版权所有　违者必究

《蔬菜栽培技术》(南方本)(第二版)编写人员

主　　编　梁称福　熊丙全
副 主 编　祁连弟
编写人员　(按姓氏汉语拼音排列)
　　　　　　方华舟（荆楚理工学院）
　　　　　　龚永尉（玉溪农业职业技术学院）
　　　　　　李坤灼（广西职业技术学院）
　　　　　　练华山（成都农业科技职业学院）
　　　　　　梁称福（湖南环境生物职业技术学院）
　　　　　　毛钟警（广西职业技术学院）
　　　　　　祁连弟（包头轻工职业技术学院）
　　　　　　万　群（成都农业科技职业学院）
　　　　　　熊丙全（成都农业科技职业学院）
　　　　　　熊维全（成都市农林科学院园艺研究所）

前言

蔬菜栽培技术是研究蔬菜、环境、栽培技术措施三者之间关系的一门学科，具体研究蔬菜作物的生长发育规律和产品形成规律及其与环境条件的相互关系，探讨实现蔬菜持续高产、优质、高效的栽培理论和制订栽培技术措施。它是园艺专业和相关种植类专业的一门重要核心课程，历来受到高度重视。

我国蔬菜作物资源丰富，蔬菜栽培历史悠久。改革开放以来，卓有成效的开放政策推动经济高速发展，人民生活日益改善，科技进步日新月异，也加速了蔬菜产业的现代化进程。尤其是近年来设施蔬菜生产的快速发展，极大丰富了人们的菜篮子，确保了蔬菜周年均衡供应。目前，我国蔬菜作物的生产面积、产量均居世界之首，蔬菜作物的品种结构渐趋协调，产品质量也大有改观，出口量及人均占有量激增。随着新的科研成果不断涌现和新技术普及率日益提高，生产技术也日趋规范。

蔬菜栽培技术作为一门学科，各地曾先后出版过多种版本的教材，对培养蔬菜、园艺及种植类专业技术人才、促进蔬菜产业的快速发展起到了重要推动作用。2009 年出版的《蔬菜栽培技术》（南方本）第一版，作为高职高专园艺技术专业教材，得到了全国不少开设园艺技术专业的高职院校的广泛欢迎和积极使用。

近些年，随着高职教育教学改革不断深入，"工学结合""任务驱动""实验实训""顶岗实习""基于工作过程的项目教学、理实一体化教学"等教学理念不断更新并付诸实践，加上蔬菜栽培新品种、新材料、新技术、新方法不断涌现，蔬菜栽培产业及产业链发展迅速。基于此，我们对《蔬菜栽培技术》（南方本）教材第一版进行修订。

本次修订的《蔬菜栽培技术》（南方本）从我国尤其是南方的蔬菜生产实际出发，本着"适应时代要求，体现高职特色，着眼改革创新，利于项目教学"的原则，以工作过程为导向来组织与编排教材内容体系，力求把新的教学理念、新的教学实践融入到教材之中，及时准确反映蔬菜产业行业最新的政策法规、技术方法和发展成果，达到"理念新、体系新、内容新、方法新"的修订目标。

本次修订以工学结合为原则，以市场需求为导向，突出岗位能力本位，根据蔬菜栽培与管理职业岗位能力要求，全面理清相应职业岗位的工作任务与工作过程，确定典型工作任务；按照工作岗位对知识、能力、素质的要求，参照蔬菜园艺工职业资格标准，结合蔬菜生产过程和典型工作任务，更加合理地设置与安排教材内容，进一步精简理论方面的内容，构建以培养学生职业能力为主线的课程内容体系；以切实、典型的工作任务为载体，结合实际条件，遵循认知规律和职业成长规律设计学习情境。此外，在教材中尽量补充新品种、新技术、新材料、新设施、新标准、新规范。本次修订配套建设了丰富的立体化数字资源，可从 www.cipedu.com.cn 免费下载。

本书分为导语和十五个项目（蔬菜栽培基础、蔬菜栽培的基本流程、蔬菜设施栽培基础、蔬菜安全生产基础、茄果类蔬菜栽培、瓜类蔬菜栽培、豆类蔬菜栽培、白菜类蔬菜栽培、根菜类蔬菜栽培、绿叶蔬菜栽培、葱蒜类蔬菜栽培、薯芋类蔬菜栽培、水生蔬菜栽培、多年生及杂类蔬菜栽培、芽苗菜生产)。每个项目包含若干个任务,每个任务下设"任务描述""任务分析""相关知识""任务实施""效果评估""拓展提高""课外练习"7个模块。导语、项目一、项目六、项目十二由梁称福、祁连弟编写;项目二由熊丙全编写;项目十五由熊丙全、李坤灼编写;项目三、项目四由万群编写;项目七、项目十、项目十四由练华山编写;项目五由熊维全编写;项目八由熊维全、毛钟警编写;项目九、项目十一由龚永尉编写;项目十三由梁称福、方华舟编写。全书由梁称福、熊丙全任主编,并统编定稿。

  本教材在编写过程中,各兄弟单位给予了大力支持与积极配合,在此表示衷心感谢。

  由于笔者学识、水平有限,加上时间仓促,疏漏之处在所难免,敬请各位专家、学者和读者朋友批评指正。

编 者
2016 年 4 月

第一版前言

蔬菜栽培技术是研究蔬菜作物的生长发育规律和产品形成规律及其与环境条件的相互关系，探讨出实现蔬菜持续高产、优质、高效的栽培理论和制定栽培技术措施；是研究蔬菜、环境、措施三者之间关系的一门学科。它是园艺专业和相关种植类专业的一门重要核心课程，历来受到高度重视，各地曾先后出版过多种版本的蔬菜栽培技术教材，对培养蔬菜、园艺及种植类专业技术人才，促进蔬菜产业的快速发展起到了重要推动作用。

我国蔬菜作物资源丰富，蔬菜栽培历史悠久。改革开放以来，卓有成效的开放政策促使经济高速发展，人民生活日益改善，科技进步日新月异，蔬菜产业也加速了现代化进程。尤其是近年来设施蔬菜生产的快速发展，极大丰富了人们的菜篮子，确保了蔬菜周年均衡供应。目前，我国蔬菜作物的生产面积、产量均居世界之首，蔬菜作物的品种结构渐趋协调，产品质量也大有改观，出口量及人均占有量激增。随着科研成果不断涌现和新技术普及率日益提高，生产技术日趋规范。

《蔬菜栽培技术》（南方本）从我国尤其是南方的蔬菜生产实际出发，本着高职教育以"培养一线岗位与岗位群能力为中心，理论教学与实践训练并重"的基本原则，以"形成能力本位、项目教学和工学结合，融'教、学、做'为一体"的教学方法，组织与编排教材内容体系。

本教材编写依据教育部《关于全面提高高等职业教育教学质量的若干意见》（教高[2006]16号）文件精神及蔬菜园艺职业岗位要求与园艺职业资格标准，适应新的专业教学特点，反映世界蔬菜产业发展趋势，以市场经济为导向，以蔬菜栽培的优质、高产、高效为目的，在总结先进栽培经验基础上融入近年来最新蔬菜栽培研究成果，包括相关的新品种、新材料、新设施、新技术、新方法、新理论等，力求使本教材成为简明、新颖、实用、深受读者欢迎的蔬菜栽培教材。

本教材正文分为总论和各论两大部分，共十七章。第一章、第二章由梁称福编写；第三章由熊丙全编写；第四章由施雪良编写；第五章由蒋跃军编写；第六章、第十五章由方华舟编写；第七章由熊维全、熊丙全、练华山编写；第八章由刘飞渡、梁称福编写；第九章、第十六章由练华山编写；第十章由毛钟警编写；第十一章、第十三章由龚永尉编写；第十二章由万群编写；第十四章由冯冬林编写；第十七章由李坤灼编写。

全书还安排了八个实训模块，共二十七个实训项目。其中实训一、实训六、实训八、实训二十一、实训二十二、实训二十三由梁称福编写，实训二、实训四、实训五、实训七、实训九、实训十、实训十二、实训十八、实训十九由熊丙全编写，实训三、实训十一由练华山编写，实训二十由方华舟编写，实训十三、实训十四由蒋跃军编写，实训十五、实训十六、实训十七由施雪良编写，实训二十四、实训二十五由龚永尉编写，实训二十六由冯冬林编写，实训二十七由李坤灼编写。

全书由梁称福任主编，并统编定稿。熊丙全在编写过程中，协助完成了相关统筹、组织与协调工作；在统稿后期，完成了相关章节小结的修改、完善工作。

本教材在编写过程中，参考、借鉴了许多专家的研究成果与资料，各兄弟单位给予了密切配合与大力支持，在此一并表示衷心感谢。

由于编者学识、水平所限，疏漏与不足之处在所难免，敬请各位专家、学者和读者朋友提出宝贵意见。

编　者

2009 年 4 月

导语 1

项目一　蔬菜栽培基础 3
 任务一　认识蔬菜 3
 任务二　了解蔬菜的生长发育 10
 任务三　熟知蔬菜的栽培环境 14
 任务四　提高蔬菜的产量 24
 任务五　改善蔬菜的品质 26
 任务六　熟悉蔬菜生产 30
 任务七　了解蔬菜产业 38

项目二　蔬菜栽培的基本流程 46
 任务一　菜地规划与蔬菜生产计划制订 46
 任务二　菜地土壤耕作 51
 任务三　种子播种 58
 任务四　蔬菜育苗 67
 任务五　蔬菜定植 80
 任务六　蔬菜田间管理 82
 任务七　采收与销售 91

项目三　蔬菜设施栽培基础 97
 任务一　认识蔬菜设施栽培 97
 任务二　了解蔬菜栽培设施 101
 任务三　蔬菜设施栽培的环境调控 110
 任务四　蔬菜工厂化育苗 118
 任务五　蔬菜无土栽培 124

项目四　蔬菜安全生产基础 133
 任务一　认识无公害蔬菜、绿色蔬菜与有机蔬菜 133
 任务二　熟悉无公害蔬菜、绿色蔬菜与有机蔬菜的生产标准及生产技术 135
 任务三　无公害蔬菜质量检测 148

项目五　茄果类蔬菜栽培 154
 任务一　番茄栽培 154

任务二　辣椒栽培 …………………………………………………………… 161
　　任务三　茄子栽培 …………………………………………………………… 168

项目六　瓜类蔬菜栽培 …………………………………………………………… 174
　　任务一　黄瓜栽培 …………………………………………………………… 174
　　任务二　西瓜栽培 …………………………………………………………… 179
　　任务三　冬瓜栽培 …………………………………………………………… 184
　　任务四　甜瓜栽培 …………………………………………………………… 188
　　任务五　南瓜栽培 …………………………………………………………… 191

项目七　豆类蔬菜栽培 …………………………………………………………… 201
　　任务一　菜豆栽培 …………………………………………………………… 201
　　任务二　豇豆栽培 …………………………………………………………… 206
　　任务三　豌豆栽培 …………………………………………………………… 211

项目八　白菜类蔬菜栽培 ………………………………………………………… 215
　　任务一　大白菜栽培 ………………………………………………………… 215
　　任务二　结球甘蓝栽培 ……………………………………………………… 222
　　任务三　花椰菜栽培 ………………………………………………………… 227

项目九　根菜类蔬菜栽培 ………………………………………………………… 237
　　任务一　萝卜栽培 …………………………………………………………… 237
　　任务二　胡萝卜栽培 ………………………………………………………… 243

项目十　绿叶蔬菜栽培 …………………………………………………………… 248
　　任务一　莴笋栽培 …………………………………………………………… 248
　　任务二　芹菜栽培 …………………………………………………………… 253
　　任务三　菠菜栽培 …………………………………………………………… 256

项目十一　葱蒜类蔬菜栽培 ……………………………………………………… 264
　　任务一　大蒜栽培 …………………………………………………………… 264
　　任务二　韭菜栽培 …………………………………………………………… 270
　　任务三　洋葱栽培 …………………………………………………………… 275

项目十二　薯芋类蔬菜栽培 ……………………………………………………… 282
　　任务一　马铃薯栽培 ………………………………………………………… 282
　　任务二　生姜栽培 …………………………………………………………… 286
　　任务三　芋头栽培 …………………………………………………………… 290
　　任务四　山药栽培 …………………………………………………………… 294

项目十三　水生蔬菜栽培 ………………………………………………………… 300
　　任务一　莲藕栽培 …………………………………………………………… 300
　　任务二　茭白栽培 …………………………………………………………… 306
　　任务三　荸荠栽培 …………………………………………………………… 310

项目十四　多年生及杂类蔬菜栽培 ……………………………………………………… 315
　　任务一　黄花菜栽培 …………………………………………………………………… 315
　　任务二　芦笋栽培 ……………………………………………………………………… 319
　　任务三　香椿栽培 ……………………………………………………………………… 325

项目十五　芽苗菜生产 …………………………………………………………………… 335
　　任务一　认识芽苗菜生产 ……………………………………………………………… 335
　　任务二　芽菜类生产技术 ……………………………………………………………… 339
　　任务三　苗菜类生产技术 ……………………………………………………………… 345

附录 ………………………………………………………………………………………… 351
　　附录1　蔬菜园艺工国家职业标准 …………………………………………………… 351
　　附录2　常见蔬菜种子形态特征 ……………………………………………………… 358
　　附录3　部分常用生长调节剂的缩写及化学名称 …………………………………… 359

参考文献 …………………………………………………………………………………… 360

导 语

一、蔬菜栽培技术课程的主要特点

蔬菜栽培技术课程是研究蔬菜、环境、措施三者之间关系的一门学科，它通过研究蔬菜作物的生长发育规律和产品形成规律及其与环境条件的相互关系，探讨实现蔬菜持续高产、优质、高效的栽培理论和制定栽培技术措施。具体的技术措施包括播种、育苗、定植、整枝、打杈、摘心、绑蔓、疏花疏果、施用植物生长调节剂、浇水施肥、中耕除草、病虫害防治以及应用棚室设施、滴灌设施、无土栽培设施等栽培蔬菜。该课程具有综合性强、实践性强、地域性强的特点。

1. 综合性强

蔬菜栽培技术是研究蔬菜的分类方法，各种蔬菜的生长发育规律，蔬菜生长过程中对外界环境条件的要求，以及相应的栽培、管理技术，从而实现蔬菜优质、高产、高效、周年均衡供应。蔬菜栽培涉及的学科广泛，主要包括植物学、植物生理学、生态学、土壤学、肥料学、气象学、农业工程学、园艺设施学、植物保护学、遗传育种学、生物工程学、商品学以及市场经济学等。

2. 实践性强

蔬菜栽培的理论和技术来源于实践，又回归于实践中去指导生产。该课程依据理论教学内容，设置与安排了大量的实施任务（实训项目），此外，还有市场调查、生产调研，需要进行实践观察与动手操作。其目的都是为了巩固栽培理论知识，强化栽培实践环节，培养能从事蔬菜栽培一线工作的懂生产、会管理的高级技术技能型人才。

3. 地域性强

不同地域的蔬菜生产环境（气象条件、土壤条件等）千变万化，人们的饮食及消费习惯也千差万别，再加上栽培基础设施条件不尽相同，这使得蔬菜栽培技术课程的内容体系及讲授方法也有所不同。

二、蔬菜栽培技术课程的学习目标

1. 素质目标

培养学生热爱"三农"及本职工作，具有为促进我国园艺产业发展的社会责任感；具有吃苦耐劳，认真负责，团队合作的精神；具有良好的沟通交流和组织协调能力；严格执行生产安全规程，树立生态环保、安全生产意识，具有良好的职业道德；能发现问题、分析问题，并能采取正确的措施解决问题。

2. 知识目标

了解蔬菜产业发展的最新动态和前沿问题；掌握主要蔬菜作物的生物学特性、类型与品种、栽培季节与茬口安排；掌握蔬菜产业的调研，蔬菜生产计划的制订；掌握整地做畦、播种育苗、定植、温光调控、水肥管理、植株调整、中耕除草、病虫防治、化控技术、采收及采后处理等农事操作的原则和方法。

3. 能力目标

能够有效收集相关信息，综合分析决策，制订蔬菜生产计划；能够独立开展蔬菜生产管理，调查分析生长状况和病虫草害发生状况，及时制订并组织实施各项技术措施；能够发现并处理常见的蔬菜生产技术问题，具备发现、调查技术问题和分析总结、撰写技术报告的能力；能够熟练操作整地做畦、播种育苗、定植、温光调控、水肥管理、植株调整、中耕除草、病虫防治、化控技术、采收及采后处理等农事操作；能够根据当地蔬菜生产实际，解决生产中的常见问题。

三、蔬菜栽培技术课程的学习任务

蔬菜栽培的主要任务就是通过产出高产优质蔬菜产品,达到高效的目的;以生产无公害、绿色、有机食品级蔬菜为目标,实现蔬菜标准化生产(图0-1)。

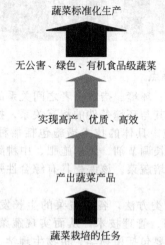

图0-1 蔬菜栽培的任务流程

学习蔬菜栽培技术课程的主要任务是掌握蔬菜栽培的基本理论和基本技能,并掌握当前蔬菜生产上推广应用的高新技术和高效栽培模式,为以后从事蔬菜生产和科学研究奠定坚实的基础。

学习蔬菜栽培技术课程的重点是蔬菜作物的形态特征、识别与分类;蔬菜作物的生长发育规律及其对光、热、水、肥、气等生态条件的要求和调控;蔬菜生产基地建设与规划、栽培计划制订、土壤耕作与整地做畦、播种与育苗、定植、施肥与浇水、中耕除草、植株调整、病虫害防治、采收与销售等栽培技术流程;蔬菜生产和供应的特点以及品种布局、茬口安排、立体种植等蔬菜的栽培制度;以及主要蔬菜种类的高产、优质、高效栽培技术等。

四、蔬菜栽培技术课程的学习方法

蔬菜栽培技术是在长期总结生产经验的基础上,与生物科学理论相结合,逐渐形成的一门完整的课程体系。由于蔬菜的种类繁多,产品器官多样化,生长发育规律及对环境条件的要求各不相同,加之环境中气象条件、土壤条件的千变万化,以及现代科学技术日新月异,使得蔬菜栽培技术的学习相对不是那么容易,所以在学习中一定要理论联系实际,做到学习过程与蔬菜生产过程对接,要求在熟悉并掌握蔬菜栽培的基本原理、各种蔬菜的基本特征、生长发育规律、对生态环境条件的要求以及茬口安排、品种选用、栽培技术等知识的基础上,结合生产实践,动手动脑、学中做、做中学,做到学以致用;同时,还要掌握一定的蔬菜生产管理技能。

项目一　蔬菜栽培基础

【知识目标】
1. 了解蔬菜的定义、特点及其营养保健价值；
2. 掌握蔬菜栽培上最常用的植物学分类法、食用器官分类法和农业生物学分类法三种分类方法，比较各自的优缺点；
3. 掌握蔬菜的生长发育概念与特性、生长发育主要类型及生长发育规律；
4. 了解与掌握蔬菜栽培的主要环境因素（包括温度、水分、光照、矿质营养、气体等）；
5. 了解蔬菜产量的含义、构成，掌握提高蔬菜产量的措施；
6. 掌握蔬菜品质的内容、影响蔬菜品质的因素及改善蔬菜品质的措施。

【能力目标】
1. 能分别利用植物学分类法、食用器官分类法和农业生物学分类法三种分类方法，认识熟悉当地主要蔬菜所属类别；
2. 能根据生长发育周期长短、春化反应类型、产品器官形成三种划分方法，熟练说出当地主要蔬菜所属生长发育类型；
3. 能根据蔬菜对温度、光照、湿度等环境条件要求的不同而划分出的不同蔬菜类型，讲出每种类型蔬菜中的代表性种类品种；
4. 能结合蔬菜生产具体实际，分析影响蔬菜产量与蔬菜品质的因素，并提出切实可行的提高蔬菜产量与改善蔬菜品质的实施方案与具体措施。

任务一　认识蔬菜

【任务描述】
　　南方某蔬菜生产基地种植了30余种蔬菜，请加以辨认，分别说出它们的名称；指出哪些蔬菜既可作为蔬菜又可作为粮食？哪些蔬菜既可作为蔬菜又可作为饲料？哪些蔬菜既可作为蔬菜又可作为水果？并用最常用的植物学分类法、食用器官分类法和农业生物学分类法三种分类方法加以分类（备注：本任务仅供参考，教学过程中可根据各地生产条件、教学条件进行相应调整，下同）。

【任务分析】
　　完成上述任务，要求掌握蔬菜的定义与特点，以及最常用的植物学分类法、食用器官分类法和农业生物学分类法三种蔬菜分类方法及其特点；能根据蔬菜幼苗和成株的形态特征，加以识别和分类。

【相关知识】
一、蔬菜的定义、特点
　　蔬菜是人们日常生活中的一种重要的副食品。狭义上讲，凡是具有柔嫩多汁的产品器官作为副食品的一二年生及多年生的草本植物，统称为蔬菜。广义上讲，凡是可供佐餐的植物，统称为蔬菜。
　　蔬菜种类品种繁多，资源丰富。据统计，现今我国栽培的蔬菜包括32科210种以上，普遍栽培的蔬菜有 60 多种。而每一种蔬菜又因驯化、育种、栽培等因素以及气候条件的不同等原因，具有不同的变种、亚种，以及数量众多的不同栽培种。大部分蔬菜属于草本植物，还有一些属于木本植物、藻类植物、调料植物和菌类。目前，绝大多数还属于半栽培种和野生种，可供开发利用的蔬菜资源比较丰富，开发潜力巨大。随着蔬菜育种技术的不断发展以及蔬菜生产技术的不断进步，蔬菜品种的数量将持续增长。

蔬菜的食用器官多种多样，包括根、茎、叶、花，以及果实、种子和菌丝体等；如萝卜、胡萝卜等的肉质直根，莴苣、菜薹等的嫩茎，马铃薯、山药、莲藕等的块茎，芋、荸荠等的球茎，生姜、竹笋等的根状茎，菠菜、白菜等的嫩叶，大白菜、结球甘蓝等的叶球，大葱、洋葱等的鳞茎，芹菜等的叶柄，金针菜等的花，花椰菜等的花球等，南瓜、冬瓜、豇豆等的瓠果、浆果、荚果等；可以说囊括了植物的所有器官，食用范围广泛。

有些植物既可作蔬菜，又可作为粮食作物，如豌豆、蚕豆、菜豆、豇豆、马铃薯等；或可作为饲料，如南瓜、胡萝卜、芜菁等；或可作为水果，如西瓜、甜瓜、草莓等。

二、蔬菜的分类

蔬菜资源丰富，种类繁多。蔬菜的分类方法也比较多，栽培上最常用的是植物学分类法、食用器官分类法和农业生物学分类法三种。

（一）植物学分类法

该分类法依照植物的自然进化系统，按科、属、种和变种将蔬菜进行分类。我国常见栽培蔬菜，具体分类如下。

1. 真菌门

（1）伞菌科 Agaricaceae

① 香菇 *Lentinus edodes* Sing.

② 蘑菇 *Agaricus bisporus* Sing.

③ 平菇 *Pleurotus ostreatus* Quel.

（2）木耳科 Auriculariaceae

黑木耳 *Auricularia auricula* Underw.

（3）银耳科 Tremellaceae

银耳 *Tremella fuciformis* Berk.

2. 种子植物门

（1）单子叶植物

① 禾本科 Cramineae

ⅰ. 茭白（茭笋）*Zizania caduciflora* Hand M.

ⅱ. 甜玉米 *Zea mays* L. var. *rugosa* Banaf.

ⅲ. 毛竹笋（毛竹）*Phyllostachys pubescens* Mazel.

② 百合科 Liliaceae

ⅰ. 金针菜（黄花菜）*Hemerocallis flava* L.

ⅱ. 石刁柏（芦笋）*Asparagus officinalis* L.

ⅲ. 洋葱（圆葱）*Allium cepa* L.

ⅳ. 韭菜 *A. tuberosum* Rottler ex Prengel.

ⅴ. 大蒜 *A. sativum* L.

ⅵ. 大葱 *A. fistulosum* L.

ⅶ. 细香葱 *A. schoenoprasum* L.

ⅷ. 薤（荞头）*A. chinense* G. Don. （*A. bakeri* Ragel.）

③ 天南星科 Araceae

芋 *Colocasia esculenta* Schott.

④ 薯蓣科 Dioscoreaceae

山药 *Dioscorea batata* Decne.

⑤ 襄荷科 Zingiberaceae
姜 *Zingiber officinale* Roscoe.
(2) 双子叶植物
⑥ 藜科 Chenopodiaceae
菠菜 *Spinacia oleracea* L.
⑦ 苋科 Amaranthaceae
苋菜 *Amaranthus tricolor* Linn.
⑧ 睡莲科 Nymphaeacea
莲藕 *Nelumbium nelumbo* Druce (*N. nucifera* Gaertn)
⑨ 十字花科 Cruciferae
ⅰ. 萝卜 *Raphanus sativus* L.
ⅱ. 芥蓝 *Brassica alboglabra* Bailey (*Brassica oleracea* var. *alboglabra*)
ⅲ. 甘蓝类 *B. oleracea* ssp. L.
结球甘蓝 var. *capitata* L.
花椰菜 var. *botrytis* L.
青花菜（木立花椰菜）var. *italica* Planch
球茎甘蓝（苤蓝）var. *caulorapa* D.C.
ⅳ. 小白菜（不结球白菜）*B. chinensis* L.
ⅴ. 大白菜（结球白菜）*B. pekinensis* Rupreht.
ⅵ. 芥菜 *B. juncea* Coss.
雪里蕻 var. *multiceps* Tsen et Lee.
大头菜（根用芥菜）var. *megarrhiza* Tsen et Lee.
榨菜（茎用芥菜）var. *tsatsai* Mao.
ⅶ. 辣根 *Armoracia rusticana* Gaertn.
ⅷ. 豆瓣菜（西洋菜）*Nasturtium officinale* A. Br.
ⅸ. 荠菜 *Capsella bursa-pastoris* (L.) Medic.
⑩ 豆科 Laguminosae
ⅰ. 菜豆 *Phaseolus vulgaris* L.
矮菜豆 *P. vulgaris* var. *humilis* Alef.
ⅱ. 豌豆 *Pisum sativum* L.
ⅲ. 豇豆（长豇豆、带豆）*Vigna sesquipedalis* Wight.
ⅳ. 矮豇豆 *V. sinensis* Endb.
ⅴ. 蚕豆 *Vicia faba* L.
ⅵ. 扁豆 *Dolichos lablab* L.
ⅶ. 刀豆（高刀豆）*Canavalia gladiata* D.C.
⑪ 楝科 Meliaceae
香椿 *Cedrela sinensis* Juss.
⑫ 伞形科 Umbelliferae
ⅰ. 芹菜 *Apium graveolens* L.
ⅱ. 芫荽（香菜）*Coriandrum sativum* L.
ⅲ. 胡萝卜 *Daucus carota* L.
ⅳ. 茴香 *Foeniculum vulgare* Mill.
⑬ 茄科 Solanaceae
ⅰ. 马铃薯 *Solanum tuberosum* L.
ⅱ. 茄子 *S. melongena* L.
ⅲ. 番茄 *Lycopersicon esculentum* Mill.

ⅳ. 辣椒 *Capsicum annuum* L. (*C. frutescens* L.)
ⅴ. 酸浆 *Physalia pubesoens* L.
⑭ 葫芦科 Cucurbitaceae
 ⅰ. 黄瓜 *Cucumis sativus* L.
 ⅱ. 甜瓜 *C. melo* L.
 ⅲ. 南瓜（中国南瓜）*Cucurbita moschata* Duch. ex Poir.
 ⅳ. 笋瓜（印度南瓜）*C. maxima* Duch.
 ⅴ. 西葫芦（美国南瓜）*C. pepo* L.
 ⅵ. 西瓜 *Citrullus lanatus* Mansfeld
 ⅶ. 冬瓜 *Benincasa hispida* Cogn.
 ⅷ. 丝瓜 *Luffa cylindrica* Roem.
 ⅸ. 苦瓜 *Momordica charantia* L.
 ⅹ. 蛇瓜 *Trichosanthes anguina* L.
⑮ 菊科 Compositae
 ⅰ. 莴苣 *Lactuca sativa* L.
 ⅱ. 茼蒿 *Chrysanthemum coronarium* var. *spatisum* Bailey
 ⅲ. 牛蒡 *Arctium lappa* L.
 ⅳ. 紫背天葵 *Gynura bicolor* DC.
 ⅴ. 朝鲜蓟 *Cynara scolymus* L.
 ⅵ. 菊花脑 *Chrysanthemum nankingensis* H. M.
 ⅶ. 牛蒡 *Arctium lappa* L.
⑯ 旋花科 Convolvulaceae
 ⅰ. 蕹菜 *Ipomoea aquatica* Forsk.
 ⅱ. 甘薯 *I. batatas* Lam.
⑰ 锦葵科 Malvaceae
 ⅰ. 黄秋葵 *Hibiscus esculentus* L.
 ⅱ. 冬寒菜 *Malva crispa* L.

植物学分类法可以明确蔬菜科、属、种之间在形态、生理上的关系，以及自然进化系统上的亲缘关系，对蔬菜病虫害防治、杂交育种、种子繁殖以及制订科学的管理措施等有较好的指导作用。其缺点是，有些同科不同种的蔬菜，如同属茄科的番茄和马铃薯，在栽培技术上差异很大。

（二）食用器官分类法

该分类法依据蔬菜的食用器官类型，将蔬菜按根、茎、叶、花、果进行分类（不包括食用菌等特殊种类）。具体分类如下。

1. 根菜类
以肥大的肉质根或块根为产品的蔬菜。分为肉质根类和块根类蔬菜。
（1）肉质根类　如萝卜、胡萝卜、大头菜、辣根、防风等。
（2）块根类　如豆薯、甘薯、葛等。

2. 茎菜类
以肥大的茎部为产品的蔬菜。分为地下茎类和地上茎类蔬菜。
（1）地下茎类
① 块茎类。如马铃薯、菊芋等。
② 根茎类。如姜、莲藕等。
③ 球茎类。如荸荠、慈姑、芋等。
④ 鳞茎类。如大蒜、洋葱、百合等。
（2）地上茎类

① 肉质茎类。如莴苣、茭白、茎用芥菜等。
② 嫩茎类。如芦笋、香椿等。

3. 叶菜类

以叶片或叶球、叶丛、变态叶、叶柄为产品的蔬菜。分为普通叶菜类、结球叶菜类、香辛叶菜类蔬菜。

(1) 普通叶菜类　如小白菜、乌塌菜、菠菜、苋菜、叶用芥菜等。
(2) 结球叶菜类　如结球甘蓝、大白菜、结球莴苣、抱子甘蓝等。
(3) 香辛叶菜类　如大葱、分葱、韭菜、芹菜、芫荽、茴香等。

4. 花菜类

以花、肥大的花茎或花球为产品的蔬菜。分为花器类、花枝类、花球类蔬菜。

(1) 花器类　如金针菜、朝鲜蓟等。
(2) 花枝类　如菜心、菜薹、芥蓝等。
(3) 花球类　如花椰菜、青花菜等。

5. 果菜类

以果实或种子为产品的蔬菜。分为瓠果类、浆果类、荚果类、杂果类蔬菜。

(1) 瓠果类　如黄瓜、西瓜、甜瓜、冬瓜、南瓜、丝瓜、苦瓜等。
(2) 浆果类　如茄子、番茄、辣椒等。
(3) 荚果类　如菜豆、豇豆、豌豆、刀豆、蚕豆、扁豆等。
(4) 杂果类　如甜玉米、菱角等。

按食用器官分类，在根据食用和加工的需要安排蔬菜生产方面有重要意义。多数食用器官相同的蔬菜，其生物学特性及栽培方法大体相同，如根菜类中的萝卜和胡萝卜分别属于十字花科和伞形科，但对环境条件的要求和栽培技术却非常相似。按食用器官分类也有一定的局限性，即不能全面地反映同类蔬菜在系统发生上的亲缘关系，部分同类的蔬菜如根状茎类的莲藕和姜，不论在亲缘关系上还是生物学特性及栽培技术上均有较大的差异。

(三) 农业生物学分类法

该分类法依据蔬菜的农业生物学特性，将生物学特性和栽培技术基本相似的蔬菜归为一类，比较适合农业生产要求。具体分类如下。

1. 根菜类

根菜类主要包括萝卜、胡萝卜、牛蒡、辣根、芜菁甘蓝、根用芥菜等蔬菜。以肥大的肉质直根为食用产品。一般适合生长于凉爽的气候和疏松、深厚的土壤。除辣根用根部不定根繁殖外，其他都用种子繁殖。生长的当年形成肉质直根，秋冬低温通过春化阶段。第二年长日照通过光照阶段，开花结实。

2. 白菜类

白菜类主要包括白菜、芥菜、甘蓝、花椰菜等十字花科蔬菜。多数为二年生植物，第一年形成产品器官，低温下通过春化阶段，长日照通过光照阶段，到第二年开花结实。食用柔嫩的叶丛、叶球、花球或肉质茎。生长期喜冷凉、湿润的气候和肥沃、湿润的土壤。种子繁殖，适于移栽。

3. 茄果类

茄果类主要包括茄子、辣椒、番茄等茄科蔬菜。食用成熟或幼嫩的果实，要求温暖的气候、充足的阳光、深厚与肥沃的土壤。种子繁殖。早熟栽培多育苗移栽。

4. 瓜类

瓜类主要包括黄瓜、西瓜、甜瓜、冬瓜、南瓜、丝瓜、苦瓜、蛇瓜等葫芦科蔬菜。食用成熟或幼嫩果实。要求温暖的气候和充足的光照，尤其是西瓜和甜瓜。除黄瓜、瓠瓜外，其他需要较干燥的空气和肥沃、疏松的土壤。种子直播或育苗移栽。栽培上宜用摘心、整蔓等措施调节营养生长和生殖生长。

5. 豆类

豆类主要包括菜豆、豇豆、豌豆、扁豆、蚕豆等豆科蔬菜。食用嫩荚或嫩豆粒。除豌豆、蚕豆喜冷凉外，其余为喜温或耐热蔬菜。种子繁殖。根系发达，长有根瘤。

6. 葱蒜类

葱蒜类主要包括洋葱、大葱、分葱、大蒜、韭菜等百合科蔬菜。食用叶、假茎及鳞茎等。比较耐寒耐旱，适应性较广，在长日照下形成鳞茎，而要求低温通过春化。可用种子（如洋葱、大葱等）或营养器官繁殖（如大蒜、分葱及韭菜）。

7. 薯芋类

薯芋类主要包括马铃薯、山药、姜、芋等蔬菜。除马铃薯外，生长期均较长，耐热。多无性繁殖。要求深厚、疏松、肥沃、排水良好的土壤。

8. 绿叶菜类

绿叶菜类主要包括芹菜、莴苣、菠菜、茼蒿、蕹菜、苋菜等蔬菜。除蕹菜、落葵、苋菜等耐炎热外，多数蔬菜好冷凉。以种子繁殖为主。

9. 水生蔬菜类

水生蔬菜主要包括莲藕、茭白、芡实、水芹、豆瓣菜等蔬菜。除水芹和豆瓣菜要求凉爽气候外，生长期都要求温暖的气候及肥沃的土壤。

10. 多年生蔬菜类

多年生蔬菜主要包括金针菜、芦笋、香椿、百合等蔬菜。该类蔬菜一次播种后，可连续收获多年。

11. 食用菌类

食用菌类主要包括香菇、蘑菇、平菇、木耳等蔬菜。以子实体为食用器官，国内已报道的有720余种，人工栽培的近50种，其余为野生采集。

12. 芽苗类

芽苗类是一类新开发的蔬菜，它是用植物种子或其他营养贮藏器官，在黑暗、弱光（或不遮光）条件下直接生长出可供食用的芽苗、芽球、嫩芽、幼茎或幼梢的一类蔬菜。芽苗类蔬菜根据其所利用的营养来源，又可分为籽（种）芽菜和体芽菜两类。前者如豌豆芽、荞麦芽、花生芽、萝卜芽等，后者如菊苣（芽球）。

13. 野生蔬菜类

我国地域辽阔，野生蔬菜资源丰富。据报道，我国栽培蔬菜仅160余种，而可食用野生蔬菜达600余种。野生蔬菜以野生采集为主，但现在有不少种类品种进行了人工驯化栽培并取得成功，如马齿苋、菊花脑、马兰、富贵菜、紫背天葵、蕺菜、人参菜、荠菜等。

【任务实施】

蔬菜的识别与分类

一、任务目标

认识蔬菜的主要类别，掌握蔬菜分类的主要方法；学会根据蔬菜的形态特征，识别各种蔬菜幼苗和成株。

二、材料和用具

某蔬菜生产基地种植的30余种蔬菜（包括蔬菜幼苗、蔬菜成株）；放大镜和镊子等。

三、实施过程

1. 让学生到指定蔬菜生产基地或将该基地每种蔬菜幼苗和成株各取若干株集中于实训室。
2. 从以下几方面仔细观察并比较不同蔬菜幼苗的特点。
（1）胚轴的形状、粗细、长短、色泽、有无附属物如茸毛等。
（2）子叶的数目、形态、大小、颜色、有无附属物如茸毛等。
（3）初始真叶的大小、形态、厚度、叶缘、颜色、有无附属物如茸毛等。
（4）有无特殊气味。
3. 根据蔬菜幼苗及成株的形态特征，辨认出每种蔬菜。

4. 按照栽培上最常用的植物学分类法、食用器官分类法和农业生物学分类法三种分类方法，对所有蔬菜逐一进行分类。

【效果评估】

1. 填写《蔬菜幼苗形态特征记录表》（表1-1）、《蔬菜分类记录表》（表1-2）。

表1-1 蔬菜幼苗形态特征记录表

序号	蔬菜名称	胚轴				子叶				初始真叶			
		形状	粗细及长短	色泽	有无附属物	形状	大小	颜色	有无附属物	形状及颜色	大小及厚度	叶缘	有无附属物及气味等

表1-2 蔬菜分类记录表

蔬菜名称	植物学分类	食用器官分类	农业生物学分类	是否可作粮食、饲料、水果（若可以，需具体指出）

2. 根据学生对理论知识以及实践技能的掌握情况（见表1-3），对"任务 认识蔬菜"的教学效果进行评估。

表1-3 学生知识与技能考核表（一）

项目及内容 学生姓名	任务 认识蔬菜					
	理论知识考核（50%）			实践技能考核（50%）		
	蔬菜定义（10%）	蔬菜特点（10%）	蔬菜分类方法（30%）	蔬菜幼苗识别（15%）	蔬菜成株识别（15%）	蔬菜分类（20%）

【拓展提高】

蔬菜的营养保健价值

蔬菜富含人体必需的矿物质、维生素、食用纤维等营养物质（表1-4），不可被其他食物所代替；还含有胡萝卜素、叶绿素、花青素等色素以及特有的香辛成分和风味，是制作和调制精致菜肴的必需副食品。另外，有些蔬菜中还含有一些特殊的蛋白质、酶、氨基酸等具有医疗保健作用的成分，具有生理调节机能，有利于调节血液循环、消化系统及神经系统，并能够治疗和预防某些疾病。

蔬菜是一种重要的高产高效的经济作物，是当前调整农村产业结构、引导农民发家致富、推进社会主义新农村建设的重要发展对象。

表1-4 不同类型蔬菜的主要营养成分含量[①]

蔬菜类别	水分/%	热量/kJ	蛋白质/g	粗纤维/g	钙/mg	磷/mg
豆类	83.3	269.6	6.4	1.1	54.0	105.5
叶菜类	91.9	107.8	2.3	1.3	110.1	42.0
根茎菜类	86.0	197.3	1.6	0.8	28.0	41.2
花薹类	93.1	90.3	2.0	0.8	76.6	49.8
瓜果类	94.2	83.2	1.0	0.7	16.8	21.2

蔬菜类别	铁/mg	胡萝卜素/mg	维生素B_1/mg	维生素B_2/mg	尼克酸/mg	维生素C/mg
豆类	1.9	0.26	0.21	0.11	1.40	12.60
叶菜类	2.6	1.88	0.06	0.10	0.66	36.45
根茎菜类	1.0	0.49	0.06	0.04	0.45	15.87
花薹类	0.9	1.15	0.05	0.09	0.72	66.20
瓜果类	0.5	0.38	0.03	0.03	0.41	34.90

① 表中数据为100g食用部分中的含量。
注：根据中国医学院卫生研究所编《食物成分表》统计。

【课外练习】

1. 何为蔬菜？它有何特点？有哪些营养保健价值？
2. 列举出你所观察到的当地的哪些蔬菜，在植物学分类上属于同一科，而在食用器官分类上也属于同一类？又有哪些是不属于同一类的？
3. 比较植物学分类法、食用器官分类法和农业生物学分类法三种分类方法的优缺点。
4. 观察当地常见的各种蔬菜幼苗，比较同科蔬菜幼苗之间的异同。

任务二　了解蔬菜的生长发育

【任务描述】

南方某蔬菜生产基地在春季种植了若干种蔬菜，请以其中的黄瓜、豇豆两种蔬菜为观测对象，从定植缓苗后开始，对它们的生长发育状况（株高、茎粗、主茎叶片数、单株结果数等）进行动态观测，并绘制生长发育动态图，以全面了解其生长发育进程。

【任务分析】

完成上述任务，要求掌握蔬菜的生长发育特性、蔬菜的生长发育类型以及蔬菜的生长发育周期；掌握蔬菜生长发育性状的观测与记录方法，学会绘制与分析"蔬菜生长发育动态图"。

【相关知识】

一、蔬菜的生长发育特性

生长是植物直接产生与其相似器官的现象。生长的结果引起体积或重量的增加。发育是植物通过一系列的质变以后，才产生与其相似个体的现象。发育的结果是产生新的器官，即花、种子、果实。

蔬菜的生长与发育以及营养生长与生殖生长之间，均有密切的相互促进但又有相互制约的关系。不论是生长还是发育，都不是越快越好或越慢越好，这就涉及一个生长与发育的速度问题。

蔬菜生长的最基本方式是初期生长较慢，中期生长逐渐加快，当速度达到高峰以后，又逐渐慢下来，到最后，生长停止。即所谓的"S"形曲线，番茄果实的生长就是一个典型范例。

生长过程中每一时期的长短及其速度，一方面受该器官生理机能的控制；另一方面又受到外界环境的影响。在叶菜类、根菜类、薯芋类等的栽培过程中，并不需要其过快通过发育的条件；而对于果菜类，则要在其生长到足够的茎叶后，及时满足发育条件。

二、蔬菜的生长发育类型

1. 根据生长发育周期长短划分

（1）一年生蔬菜　在播种的当年开花结实，可以采收果实或种子。这些种类在幼苗成长后不久就花芽分化，而且开花结果时间较长。如番茄、辣椒、黄瓜、丝瓜、豇豆、菜豆等。

（2）二年生蔬菜　在播种的当年为营养生长，经过一个冬季，到第二年才抽薹开花、结实。如白菜、甘蓝、芥菜、萝卜、胡萝卜以及一些耐寒的绿叶菜类等。

（3）多年生蔬菜　在一次播种或栽植以后，可以采收多年，不需每年繁殖。如金针菜、食用大黄、芦笋等。

（4）无性繁殖蔬菜　它们的生长过程是从块茎或块根的发芽生长到块茎的形成，基本上都是营养生长，而没有经过生殖生长时期也可能开花结实（如马铃薯、生姜也可以开花）。但在栽培过程中，不利用这些生殖器官来繁殖。因为这些生殖器官大都发育不完全。块茎或块根形成后到新芽发生，往往要经过一段时间的休眠期。

2. 根据春化反应类型划分

春化作用是指由于低温所引起的植物发育上的影响。这种影响是诱导性的，而不是直接的。根据春化反应不同，可以划分为种子春化型、绿体春化型以及非春化型三种类型。

（1）种子春化型　指种子处于萌动状态就能感受低温，具有春化反应。而且从种子萌动之后至整个营养生长期均能感受低温，具有春化反应，且随植株体的长大，对低温更为敏感。干燥的种子、已吸胀的种子不能感受低温。如白菜、芥菜、萝卜、菠菜、莴苣等。一般在0～8℃范围内处理10～30天。

（2）绿体春化型　指蔬菜要在长到一定大小的植株体后才能感受低温，具有春化反应。如甘蓝、洋葱、大蒜、大葱、芹菜等。温度范围与处理时间长短，与种类品种有关，如要求严格的甘蓝、洋葱要在0～10℃以下、20～30天或更长时间才有效果。

（3）非春化型　除需要经过上述两种春化方式的蔬菜以外的其他蔬菜种类，低温对其发育不产生明显影响。如一年生的茄果类、瓜类、豆类等蔬菜。

3. 根据产品器官形成划分

（1）营养体产品器官　以营养体作为产品器官。如白菜类、甘蓝类、绿叶菜类蔬菜等。

（2）生殖体产品器官　以生殖体作为产品器官。如茄果类、瓜类、豆类蔬菜等。

三、蔬菜的生长发育周期

蔬菜的生长发育周期，指蔬菜由播种到获得新种子的历程。根据不同阶段内的生育特点，通常将蔬菜的生长发育周期划分为以下三个时期。

1. 种子时期

从母体卵细胞受精到种子萌动发芽为种子时期。经历胚胎发育期和种子休眠期。

2. 营养生长时期

从种子萌动发芽到开始花芽分化时结束。具体又划分为以下四个分期。

（1）发芽期　从种子萌动开始，到真叶露出时结束。此期所需的能量主要来自于种子本身贮藏的营养。因此，种子的质量好坏对发芽的影响甚大。同时，发芽期的长短也对发芽有很大的影响，发芽时间越长，营养消耗得越多，越不利于提高发芽质量。生产上，应选用高质量的种子并保持适宜的发芽环境，来确保芽齐、芽壮。

（2）幼苗期　真叶露出后即进入幼苗期。幼苗期为自养阶段，由光合作用所制造的营养物质，除了呼吸消耗以外，几乎全部用于新的根、茎、叶生长，很少积累。

幼苗期的植株绝对生长量很小，但生长迅速；对土壤水分和养分吸收的绝对量虽然不多，但要求严格；对环境的适应能力比较弱，但可塑性却比较强，在经过一段时间的锻炼后，能够增强对某些不良环境的适应能力。生产中，常利用此特点对幼苗进行耐寒、耐干燥以及抗风等方面的锻炼，以提高幼苗定植后的存活率，并缩短缓苗时间。

(3) 营养生长旺盛期及养分积累期　幼苗期结束后，蔬菜进入营养生长旺盛期。此期，植株一方面迅速扩大根系，构筑发达的吸收网络；另一方面迅速增加叶面积，为下一阶段的养分积累奠定基础。

对于以营养贮藏器官为产品的蔬菜，营养生长旺盛期结束后，开始进入养分积累期，这是形成产品器官的重要时期。养分积累期对环境条件的要求比较严格，要把这一时期安排在最适宜养分积累的环境条件之下。

(4) 营养休眠期　对于二年生及多年生蔬菜，在贮藏器官形成以后，有一个休眠期。休眠有生理休眠和被迫休眠两种形式。生理休眠由遗传决定，受环境影响小，必须经过一定时间后才能自行解除。被迫休眠是由于环境不良而导致的休眠，通过改善环境能够解除。

3. 生殖生长时期

从花芽分化到形成新的种子为蔬菜的生殖生长时期。一般分为以下三个分期。

(1) 花芽分化期　指从花芽开始分化至开花前的一段时间。花芽分化是蔬菜由营养生长过渡到生殖生长的标志。在栽培条件下，二年生蔬菜一般在产品器官形成，并通过春化阶段和光周期后开始进行花芽分化；果菜类蔬菜一般苗期开始进行花芽分化。

(2) 开花期　从现蕾开花到授粉、受精，是生殖生长的一个重要时期。此期，对外界环境的抗性较弱，对温度、光照、水分等变化的反应比较敏感。光照不足、温度过高或过低、水分过多或过少，都会妨碍授粉及受精，引起落蕾、落花。

(3) 结果期　授粉、受精后，子房开始膨大，进入结果期。结果期是果菜类蔬菜形成产量的主要时期。根、茎、叶菜类结实后不再有新的枝叶生长，而是将茎、叶中的营养物质输入果实和种子中。

上述是种子繁殖蔬菜的一般生长发育规律。对于以营养体为繁殖材料的蔬菜，如大多数薯芋类蔬菜以及部分葱蒜类和水生蔬菜，栽培上则不经过种子时期。

【任务实施】

几种蔬菜生长发育性状的观测

一、任务目标

掌握蔬菜生长发育性状的观测与记录方法，学会绘制与分析"蔬菜生长发育动态图"。

二、材料和用具

某蔬菜生产基地的黄瓜、豇豆两种蔬菜；放大镜、游标卡尺、卷尺、计数器、镊子等。

三、实施过程

1. 播种育苗

两种蔬菜同时播种（湖南地区一般在2月下旬播种），均采用营养钵育苗。

2. 施肥整畦

深翻20cm以上，施农家肥5000~6000kg/亩。先将2/3的基肥撒施后再深翻，耙平后做成宽1~1.2m的畦，畦面开深沟，把1/3的基肥施入沟中，准备栽苗。

3. 定植

黄瓜栽苗4000株/亩左右；豇豆栽苗3000穴/亩左右，2~3株/穴。

4. 田间管理

同常规。

5. 性状观测

从定植缓苗后开始，每隔7~10天观测株高、茎粗、主茎叶片数等性状，开花结果后还要增加对单株结果数的观测。

【效果评估】

1. 填写《蔬菜生长发育性状观测记录表》(表1-5)。

表1-5 蔬菜生长发育性状观测记录表

观测日期 (年-月-日)	生长发育性状			
	株高/cm	茎粗/cm	主茎叶片数/片	单株结果数/个

2. 根据《蔬菜生长发育性状观测记录表》,绘制"蔬菜生长发育动态图"(折线图),并加以分析,标注各生长发育周期。

3. 根据学生对理论知识以及实践技能的掌握情况(见表1-6),对"任务 了解蔬菜的生长发育"教学效果进行评估。

表1-6 学生知识与技能考核表(二)

项目及内容 学生姓名	任务 了解蔬菜的生长发育					
	理论知识考核(50%)			实践技能考核(50%)		
	蔬菜的生长发育特性(15%)	蔬菜的生长发育类型(15%)	蔬菜的生长发育周期(20%)	蔬菜播种、育苗、定植与管理(10%)	蔬菜生长发育性状观测(20%)	蔬菜生长发育动态图绘制(20%)

【拓展提高】

有关蔬菜春化反应类型应注意的几个问题

有关蔬菜春化反应类型,应注意以下几个问题:①不论是种子春化还是绿体春化蔬菜,不同种类品种春化所需的最适低温及最适低温时间不同。但是在最适低温下,低温时间长些能促进春化。②不论是种子春化还是绿体春化蔬菜,一般植株体越大或株龄越大,均能促进春化。③绿体春化需要植株长到一定大小才能有春化反应。但对于洋葱、甘蓝,植株体大小与春化关系密切,而与株龄(日历年龄)大小无关。而且植株体越大,春化反应越强。而对于芹菜则是日历年龄比植株营养体大小更为重要。④种子春化和绿体春化植物在同一种不同品种间有差异。春播型冬性强;秋播型相反。⑤种子春化处理时,胚要有足够的碳水化合物。未成熟的种子,因养分不足而不能通过春化阶段。⑥春化期间,光线的有无没有影响。⑦绿体春化时虽然低温感受部位是生长点,但植株必须完整。⑧有些种类的春化效果是不可逆的,不能被中途高温解除,而低温春化具有累加性。但有些种类如甜菜、天仙子的春化效果是可逆的,低温春化效果可以被中途高温所中断或解除。解除之后,要重新进行低温春化处理。

【课外练习】
1. 根据生长发育周期长短可把蔬菜划分为哪几类？
2. 试比较种子春化与绿体春化的概念、条件，并说出各自的蔬菜种类。

任务三　熟知蔬菜的栽培环境

【任务描述】
　　南方某蔬菜生产基地拟进行秋大白菜、秋萝卜、秋莴笋的露地栽培，请根据这三种蔬菜对栽培环境的要求，合理安排播种期与定植期，使之在适宜的栽培环境中生长发育，达到优质、高产、高效的生产目的。

【任务分析】
　　完成上述任务，要求掌握不同种类蔬菜在不同的生长发育阶段对温度、光照、湿度、矿质营养、气体等栽培环境的适应能力和适宜范围，以便安排在合适的季节生产；能进行蔬菜栽培环境的综合调控，以促进蔬菜作物正常的生长发育。

【相关知识】
　　蔬菜的栽培环境条件主要包括温度、光照、湿度、矿质营养、气体等。蔬菜的生长发育及产品器官的形成，很大程度上受这些环境条件的制约，各种蔬菜及不同生育期对外界条件的要求不同。因此，只有正确掌握蔬菜与环境条件的关系，创造合适的环境条件，才能促进蔬菜的生长发育，达到高产优质的目的。

一、温度

　　在影响蔬菜生长发育的各环境因素中，以温度的变化最明显，对蔬菜的影响作用也最大。了解每一种蔬菜对温度适应的范围及其生长发育的关系，是合理安排生产季节的基础。

1. 与蔬菜作物生长发育相关的几个温度概念

（1）生育适温与生活适温

① 生育适温。各种蔬菜植物进行正常的生长发育，要求一定的温度范围。在此温度范围内，同化作用强，生长良好，能生产出最多最好的产品。这一温度范围称为生育适温。

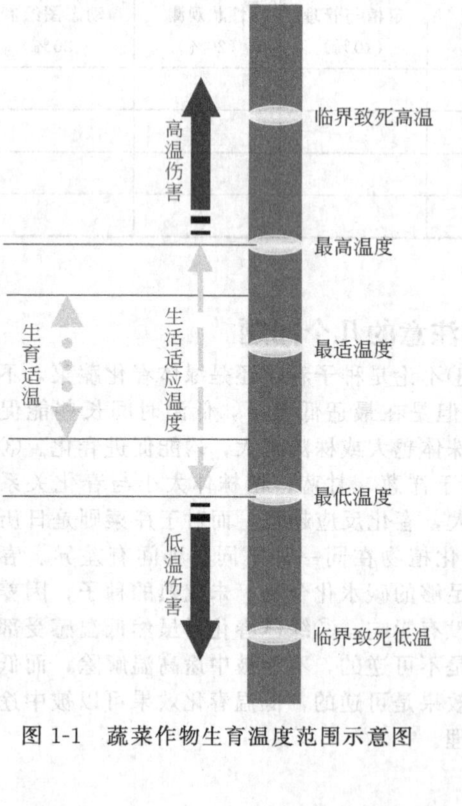

② 生活适温。在生育适温范围之外，一定的最低温度和最高温度范围内，生育缓慢趋于停止，同化作用微弱，消耗较多，植株能较长期地保持生命力而不死亡。这一温度范围称为生活适应温度或生活适温。

（2）致死温度与临界致死温度

① 致死温度。超过生活适应温度，植物就停止生长或受伤害，造成死亡的温度称为致死温度。

② 临界致死温度。当温度低到一定程度，植株死亡率或细胞死亡率达到50%时，这时的温度称为临界致死低温。相应地还存在临界致死高温。

（3）三基点温度　生长发育停止的最低温度、最高温度和生长发育最快的最适温度，称为三基点温度。温度超出了最高或最低的范围，蔬菜作物的生理活性停止，甚至会全株死亡。

蔬菜作物生育温度范围见图1-1。

2. 不同蔬菜种类对温度的要求

根据蔬菜对温度的适应能力和适宜的温度范围不同（表1-7），分为以下五种类型。

图1-1　蔬菜作物生育温度范围示意图

表1-7　各种类蔬菜对温度的要求

类　　别	生育适温/℃			露地栽培时月平均温度范围/℃			各类蔬菜的 t 值/℃
	最低	最适	最高	最低	最适	最高	
耐寒蔬菜	5~7	15~20	20~25	5	10~18	24	13
半耐寒蔬菜	5~10	15~20	20~25	7	15~20	26	16
耐寒多年生蔬菜	5	18~25	25~30	5	12~24	26	19
喜温蔬菜	10	20~30	30~35	15	18~26	32	22
耐热蔬菜	10~15	25~30	35~40	18	20~30	35	25

注：马尔可夫提出蔬菜生长适温公式：$T=t±7$。T 是在各个生长发育时期及在不同情况下蔬菜生长的适宜温度；t 是指植物在阴天生长最适宜的温度。

(1) 耐寒性蔬菜　包括除大白菜、花椰菜以外的白菜类和除苋菜、蕹菜、落葵以外的绿叶菜一类。生长适温为17~20℃，生长期内能忍受较长时期-2~-1℃的低温和短期的-5~-3℃低温，个别蔬菜甚至可短时忍受-10℃的低温。但耐热能力较差，温度超过21℃时，生长不良。

(2) 半耐寒性蔬菜　包括根菜类、大白菜、花椰菜、马铃薯、豌豆及蚕豆等。生长适温为17~20℃，其中大部分蔬菜能忍耐-2~-1℃的低温。耐热能力较差，产品器官形成期，温度超过21℃时生长不良。

(3) 耐寒而适应性广的蔬菜　包括葱蒜类和多年生蔬菜。生长适温为12~24℃，耐寒能力较普通耐寒性蔬菜强，耐热能力也较一般耐寒性蔬菜强，可忍耐26℃以上的高温。

(4) 喜温性蔬菜　包括茄果类、黄瓜、西葫芦、菜豆、山药及水生蔬菜等。生长适温为20~30℃，温度达到40℃时，几乎停止生长。低于15℃，开花结果不良，10℃以下停止生长，0℃以下生命终止。因此在长江以南地区，适合春播或秋播，使结果时期安排在不热或不冷的季节里。

(5) 耐热性蔬菜　包括冬瓜、南瓜、西瓜、甜瓜、丝瓜、豇豆、芋、苋菜等。耐高温能力强，生长适温为30℃左右，其中西瓜、甜瓜及豇豆等在40℃的高温下仍能生长。在华中地区，一般进行春播而秋收，而广东、广西的南部地区可进行秋季栽培。

3. 蔬菜不同生育时期和不同器官对温度的要求

(1) 种子发芽期　此阶段要求较高的温度。喜温、耐热性蔬菜的发芽适温为20~30℃，耐寒、半耐寒、耐寒而适应性广的蔬菜为15~20℃。但此期内的幼苗出土至第一片真叶展出期下胚轴生长迅速，容易旺长形成高脚苗，应保持低温。

(2) 幼苗期　幼苗期的适应温度范围相对较宽。如经过低温锻炼的番茄苗可忍耐0~3℃的短期低温，白菜苗可忍耐30℃以上的高温等。根据这一特点，生产上多将幼苗期安排在月均温适宜温度范围较高或较低的月份，留出更多的适宜温度时间用于营养旺盛生长和产品器官生长，延长生产期，提高产量。

(3) 产品器官形成期　此期的适应温度范围较窄，对温度的适应能力较弱。果菜类的适宜温度一般为20~30℃，根、茎、叶菜类一般为17~20℃。栽培上，应尽可能将这个时期安排在温度适宜且有一定昼夜温差的季节，保证产品的优质高产。

(4) 营养器官休眠期　此期要求较低温度，降低呼吸消耗，延长贮存时间。

(5) 生殖生长期　生殖生长期间，不论是喜温性蔬菜还是耐寒性蔬菜，均要求较高的温度。果菜类蔬菜花芽分化期，日温应接近花芽分化的最适温度，夜温略高于花芽分化的最低温度（表1-8）。

表1-8　主要果菜类蔬菜的花芽分化适温

种　　类	黄瓜	茄子	辣椒	番茄
昼温/℃	22~25	25~30	25~30	25~30
夜温/℃	13~15	15~20	15~20	15~17

一年生蔬菜的花芽分化一般不需要低温诱导，但一定大小的昼夜温差对花芽分化却有促进作用。二年生蔬菜的花芽分化需要一定时间的低温诱导。

绿体春化型蔬菜，代表蔬菜有甘蓝、洋葱、大葱、芹菜等。绿体春化型蔬菜通过春化阶段要求的低温上限较低，需要低温诱导的时间也比较长。

开花期对温度的要求比较严格，温度过高或过低都会影响花粉的萌发和授粉。结果期和种子成熟期，要求较高的温度。

地温的高低直接影响到蔬菜的根系发育及其对土壤养分的吸收。一般蔬菜根系生长的适宜温度为24～28℃，最低温度6～8℃，最高温度34～38℃；根毛发生的最低温度为6～12℃，最高温度32～38℃。不同蔬菜对地温的要求差异比较明显（表1-9）。

表1-9 主要蔬菜的地温要求指标

蔬 菜	根伸长温度/℃			根毛发生温度/℃	
	最低	最适	最高	最低	最高
茄子	8	28	38	12	38
黄瓜	8	32	38	12	38
菜豆	8	28	38	14	38
番茄	8	28	36	8	36
芹菜	6	24	36	6	32
菠菜	6	24	34	4	34

二、光照

光照是蔬菜作物生长发育的重要环境条件。主要是通过光照度、光周期和光质（即光的成分）3个方面影响蔬菜作物的光合作用，制约蔬菜作物的生长和发育，从而影响产量与品质。其中尤以光照度与蔬菜栽培的关系最为密切。

1. 光照度

根据蔬菜对光照度的要求范围不同，一般把蔬菜分为以下4种类型。

（1）强光性蔬菜 包括西瓜、甜瓜、西葫芦等大部分瓜类，以及番茄、茄子、刀豆、山药、芋头等。该类蔬菜喜欢强光，耐弱光能力差。光饱和点LSP≥70～80klx（表1-10）。

（2）中光性蔬菜 包括大部分的白菜类、根菜类、葱蒜类以及菜豆、辣椒等。该类蔬菜要求中等光照，但在微阴下也能正常生长。光饱和点LSP=40～60klx（表1-10）。

（3）耐阴性蔬菜 包括生姜以及大部分绿叶菜类蔬菜等。该类蔬菜不能忍受强烈的入射光线，要求较弱光照，必须在适度荫蔽下才能生长良好。栽培上常采用合理密植或适当间套作，以提高产量，改善品质。光饱和点LSP≤30klx（表1-10）。

（4）弱光性蔬菜 主要是一些菌类蔬菜。如香菇、蘑菇、木耳等。该类蔬菜要求在极弱的光照条件下生长，甚至完全不需要光照。

表1-10 常见蔬菜光饱和点（LSP）和光补偿点（LCP） 单位：klx

种 类	LCP	LSP	种 类	LCP	LSP
番茄	2.0	70	襄荷	1.5	20
茄子	2.0	40	款冬	2.0	20
辣椒	1.5	30	鸭儿芹	1.0	20
黄瓜	1.0	55	马铃薯	—	30
南瓜	1.5	45	西葫芦	0.4	40
甜瓜	4.0	55	芹菜	1.0	40
西瓜	4.0	80	甜椒	1.5	30
甘薯	2.0	40	大白菜	1.3	47
芜菁	4.0	55	韭菜	0.12	40
芋头	4.0	80	生姜	0.5～0.8	25～30
菜豆	1.5	25	萝卜	0.6～0.8	25
豌豆	2.0	40	芦笋	—	40
芥菜	2.0	45	大葱	2.5	25
结球莴苣	1.5～2.0	25	香椿	1.1	30

当然，蔬菜对光照度的要求随着生育时期的变化而改变。一般而言，除个别蔬菜外，发芽期一般不需要光照；成株期比幼苗期需要较强的光照；开花结果期比营养生长期需要较强的光照。

2. 光周期

光周期是指日照长度的周期性变化对植物生长发育的影响。日照长度首先影响植物花芽分化、开花、结实；其次还影响到分枝习性、叶片发育，甚至地下贮藏器官如块茎、块根、球茎、鳞茎等的形成，以及花青素等的合成。光照时数长，光合产物多，有利于提高蔬菜的产量和品质。

按照日照长短反应的不同，可将蔬菜作物分为以下3类。

（1）长光性蔬菜（长日照蔬菜） 在较长的光照条件（一般为12～14h以上）下才能开花，而在较短的日照下，不开花或延迟开花，如白菜、甘蓝、芥菜、萝卜、胡萝卜、芹菜、菠菜、大葱、大蒜等一二年生蔬菜作物。其在露地自然栽培条件下多于春季长日照下抽薹开花。

（2）短光性蔬菜（短日照蔬菜） 在较短的光照条件（一般为12～14h以下）下才能开花结果；而在较长的光照下，不开花或延迟开花。如菜豆、豇豆、茼蒿、扁豆、蕹菜等。它们大多在秋季短日照下开花结实。

（3）中光性蔬菜 一些蔬菜作物对每天光照时数要求不严，在长短不同的日照环境中均能正常孕蕾开花。如番茄、茄子、辣椒、黄瓜、菜豆等只要温度适宜，一年四季均可开花结实。在北方地区，秋季利用高效节能日光温室，按照其对光照长短要求不同的特性，给予增温、保温，成功地栽培了果菜类，实现了周年生产、均衡供应的目的。

一般早熟品种对日照时数要求不严，南方品种要求较短的日照，而北方品种则要求较长的日照。

3. 光质

光质即光的组成，是指具有不同波长的太阳光谱成分，其中波长为380～760nm之间的光（即红、橙、黄、绿、蓝、紫）是太阳辐射光谱中具有生理活性的波段，称为光合有效辐射。而在此范围内的光对植物生长发育的作用也不尽相同。植物吸收最多的是红光，其次为黄光，蓝紫光的同化效率仅为红光的14%。一般长光波对促进细胞的伸长生长有效，短光波则抑制细胞过分伸长生长。露地栽培蔬菜处于完全光谱条件下，植株生长比较协调。设施栽培蔬菜，由于中、短光波透过量较少，容易发生徒长现象。一年四季光的组成变化明显，会使同一种蔬菜在不同生产季节的产量和品质不同。

三、湿度

湿度包括土壤湿度和空气湿度两部分。

1. 土壤湿度

（1）对土壤湿度的要求 根据蔬菜对土壤湿度的需求程度不同，一般分为以下五种类型。

① 水生蔬菜。包括茭白、慈姑、藕、菱角等。植株的蒸腾作用旺盛，耗水很多，但根系不发达，根毛退化，吸收能力很弱，只能生活在水中或沼泽地带。

② 湿润性蔬菜。包括黄瓜、大白菜和大多数绿叶菜类等。植株叶面积大，组织柔软。耗消耗水分多，但根系入土不深，吸收能力弱，要求较高的土壤湿度。主要生长阶段宜勤灌溉，保持土壤湿润。

③ 半湿润性蔬菜。主要是葱蒜类蔬菜。植株的叶面积较小，并且叶面有蜡粉，蒸腾耗水量小，但根系不发达，入土浅并且根毛较少，吸水能力较弱。该类蔬菜不耐干旱，也怕过湿，对土壤湿度的要求比较严格，主要生长阶段要求经常保持地面湿润。

④ 半耐旱性蔬菜。包括茄果类、根菜类、豆类等。植株的叶面积相对较小，并且组织较硬，叶面常有茸毛保护，耗水量不大；根系发达，入土深，吸收能力强，对土壤的透气性要求也较高。该类蔬菜在半干半湿的地块上生长较好，不耐高湿，主要栽培期间应定期浇水，经常保持土壤半湿润状态。

⑤ 耐旱性蔬菜。包括西瓜、甜瓜、南瓜、胡萝卜等。叶上有裂刻及茸毛，能减少水分的蒸腾，耗水较少；有强大的根系，能吸收土壤深层的水分，抗旱能力强，对土壤的透气性要求比较

严格，耐湿性差。主要栽培期间应适量浇水，防止水涝。

(2) 蔬菜不同生育时期对水分的要求

① 发芽期。对土壤湿度要求比较严格，以利于胚根伸出；湿度不足容易发生落干，湿度过大则容易发生烂种。适宜的土壤湿度为地面半干半湿至湿润。

② 幼苗期。幼苗期因根系弱小，在土壤中分布较浅，抗旱力较弱，需经常保持土壤湿润。但水分过多，幼苗长势过旺，易形成徒长苗。生产上蔬菜作物育苗常适当蹲苗，以控制土壤水分，促进根系下扎，增强幼苗的抗逆能力。但若蹲苗过度，控水过严，易形成"小老苗"，即使定植后其他条件正常，也很难恢复正常生长。

③ 营养生长旺盛期。大多数蔬菜作物旺盛生长期均需要充足的水分。此时，若水分不足，叶片及叶柄皱缩下垂，植株呈萎蔫现象。暂时的萎蔫可通过栽培措施补救。但在养分贮藏器官形成前，水分却不宜过多，防止茎、叶徒长。进入产品器官生长盛期以后，应勤浇、多浇，经常保持地面湿润，促进产品器官生长。

④ 开花结果期。开花期对水分要求严格，水分过多或过少都会导致授粉不良，引起落花落蕾。结果盛期的需水量加大，为果菜类一生中需水最多的时期，应经常保持地面湿润。

各种蔬菜作物在生育期中对水分的需要分别有关键时期和非关键时期，非关键时期是节水栽培或旱作的适宜时期。不同种类蔬菜的需水量及蒸腾效率见表1-11。

表1-11 不同种类蔬菜的需水量及蒸腾效率

蔬菜	需水量(全生育期平均值)/(g/g)	用水效率/(kg FW/m³ H₂O)	蔬菜	需水量(全生育期平均值)/(g/g)	用水效率/(kg FW/m³ H₂O)
番茄	460~600	10~12	西瓜	400~600	5~8
辣椒	600~900	1.5~3.0	马铃薯	500~700	4~7
甘蓝	380~500	12~20	豌豆	350~500	0.5~0.7
洋葱	350~550	8~10	蚕豆	300	
菜豆	300~500	1.5~2	向日葵	600~1000	0.3~0.5(籽粒)
油菜	300		糖用甜菜	500~750	6~9(纯糖 0.9~1.4)

注：1. 资料来源：联合国粮农组织（马罗，1976），《水分与蔬菜的关系》。
2. FW 表示鲜重。

2. 空气湿度

不同蔬菜由于叶面积大小以及叶片的蒸腾能力不同，对空气湿度的要求也不相同。大体上分为以下四类。

(1) 潮湿性蔬菜 主要包括水生蔬菜以及以嫩茎、嫩叶为产品的绿叶菜类。其组织幼嫩，不耐干燥。适宜的空气相对湿度为85%~90%。

(2) 喜湿性蔬菜 主要包括白菜类、茎菜类、根菜类（胡萝卜除外）、蚕豆、豌豆、黄瓜等。其茎叶粗硬，有一定的耐干燥能力，在中等以上空气湿度的环境中生长较好。适宜的空气相对湿度为70%~80%。

(3) 喜干燥性蔬菜 主要包括茄果类、豆类（蚕豆、豌豆除外）等。其单叶面积小，叶面上有茸毛或厚角质等，较耐干燥，中等空气湿度环境有利于栽培生产。适宜的空气相对湿度为55%~65%。

(4) 耐干燥性蔬菜 主要包括甜瓜、西瓜、南瓜、胡萝卜以及葱蒜类等。其叶片深裂或呈管状，表面布满厚厚的蜡粉或茸毛，失水少，极耐干燥，不耐潮湿。在空气相对湿度45%~55%的环境中生长良好。

四、土壤营养条件

1. 对土壤的要求

土壤是蔬菜生长发育的基础，也是蔬菜栽培获得丰产、优质、高效的根本性条件。大部分蔬菜对土壤的总体要求是："厚"，即熟土层深厚；"肥"，即养分充足、完全；"松"，即土壤松软、通气；"温"，即温度稳定，冬暖夏凉；"润"，即保水条件好，不旱不涝。具体要求如下。

(1) 土层和耕层深度　土层和耕层深厚，一般要求土层在1m以上、耕层在25cm以上，为蔬菜根系生长提供足够的空间。

(2) 土壤物理性质　壤土土质松细适中，结构好，保水保肥能力较强，含有效养分多，适于绝大部分蔬菜生长；沙壤土土质疏松，通气排水好，不易板结、开裂，耕作方便，地温上升快，适于栽培吸收力强的耐旱性蔬菜，如南瓜、西瓜、甜瓜等；黏壤土的土质细密、保水保肥力强、养分含量高，但排水不良、土表易板结开裂、耕作不方便、地温上升慢，适于晚熟栽培及水生蔬菜栽培。

(3) 土壤溶液浓度　一般要求土壤非盐碱地且无严重的次生盐渍化。不同蔬菜对土壤溶液浓度的适应性有所不同。适应性强的有瓜类（除黄瓜）、菠菜、甘蓝类，在0.25%～0.3%的盐碱土中生长良好；适应性中等的有葱蒜类（除大葱）、小白菜、芹菜、芥菜等，能耐0.2%～0.25%的盐碱度；适应性弱的有茄果类、豆类（除蚕豆、菜豆）、大白菜、萝卜、黄瓜等，能耐0.1%～0.2%的盐碱度；适应性最弱的如菜豆，只能在0.1%盐碱度以下的土壤中生长。注意苗期不能用浓度太高的肥料，配制营养土时，要注意选用富含有机质的土壤。

(4) 土壤酸碱度　大多数蔬菜在中性至弱酸性的条件下生长良好（pH 6～6.8）。不同蔬菜种类也有所不同，韭菜、菠菜、菜豆、黄瓜、花椰菜等要求中性土壤；番茄、南瓜、萝卜、胡萝卜等能在弱酸性土壤中生长；茄子、甘蓝、芹菜等较能耐盐碱性土壤。

(5) 土壤肥力　蔬菜需肥量较大，要求土壤肥力要高，水、肥、气、热等因素协调且均匀供给，富含有机质，具有良好的团粒结构，松紧度适宜，保肥保水力强。

(6) 地下水位及其他　地下水不能过高，必须在1m以下；土壤中不含过多的重金属及其他有毒物质，病菌、虫卵和农药残留较轻。

2. 对土壤元素的要求

蔬菜一生中对各种土壤营养的需求量是不完全相同的。在三要素中，一般对钾的需求量最大，其次为氮，磷的需求量最小。

不同蔬菜种类、不同生育时期对营养元素的要求差异较大。叶菜类中的小型叶菜，如小白菜生长全期需氮最多；大型叶菜需氮量也多，但在生长盛期则需增施钾肥和磷肥，若氮素不足则植株矮小、组织粗硬，后期磷、钾不足则不易结球。根、茎菜类幼苗期需较多氮、适量磷和少量钾，而根、茎菜大时则需多量钾、适量磷和少量氮，若后期氮素过多，钾供给不足，则生长受阻，发育迟缓。果菜类幼苗期需氮相对较多，结果期要求氮、磷、钾充足，增施磷肥有利于花芽分化。

除氮、磷、钾外，一些蔬菜对其他土壤营养也有特殊的要求。如大白菜、芹菜、番茄等对钙的需求量比较大；嫁接蔬菜对缺镁反应比较敏感，镁供应不足时容易发生叶枯病；芹菜、菜豆、花椰菜等对缺硼比较敏感，需硼较多。

3. 蔬菜施肥技术特点

蔬菜对矿质营养要求的特性表现在需肥量、吸肥能力、吸肥量、耐肥能力等指标上。其中需肥量是指蔬菜对土壤养分含量的要求，吸肥能力是指蔬菜对土壤养分的吸收能力，吸肥量是指蔬菜对土壤养分的吸收量，耐肥能力是指蔬菜对土壤养分含量过高的忍耐力，蔬菜的需肥与吸肥特点是指蔬菜对土壤养分吸收的特点。不同蔬菜对矿质营养要求的特性不一样，施肥技术特点也不一样（表1-12）。

表1-12　不同蔬菜对矿质营养要求的特性及施肥技术特点

蔬菜种类	需肥量	吸肥能力	耐肥能力	施肥技术特点
茄子、甘蓝类	大	强	强	可以大量施肥
黄瓜	大	弱	弱	需少施勤施
豆类	小	弱	弱	不宜多施肥
南瓜	小	强	强	可施肥或不施肥，也可多施以培养地力
番茄	大	强	中	宜经常适量施肥
大白菜	大	中	中	应在施足底肥的基础上，依生育期特点追肥
西芹	大	差	差	宜在施足底肥的基础上，多次追肥，并且以水调肥，防治缺素症发生

五、气体

影响蔬菜作物生长发育的气体条件中,最主要的是CO_2和O_2。此外,有些有毒气体如SO_2、Cl_2、NH_3等,对蔬菜生长发育存在不同程度的危害作用。

1. CO_2

CO_2是蔬菜作物进行光合作用的主要原料。一般而言,随着CO_2浓度的增加,光合作用加强,生长速度加快,产量增加。光合作用最适宜的CO_2浓度为$1000mL/m^3$,但由于空气中的CO_2含量只有$300mL/m^3$,远远不能满足光合作用的最大强度。因此,在温度、光照、水分条件适合、矿质营养充足时,适当补充CO_2是提高保护地蔬菜产量的一个有效措施。大田中微风可促进CO_2流动,增加蔬菜群体内的CO_2浓度。根系中过多的CO_2对蔬菜的生长发育反而会产生毒害作用。在土壤板结的情况下,CO_2含量若长期高达1%~2%,会使蔬菜受害。

2. O_2

O_2是蔬菜作物进行呼吸作用的必备原料。很显然,其对蔬菜生长发育至关重要。蔬菜种子发芽、根系生长、茎叶生长等,无不需要O_2的供给。但土壤中O_2往往得不到满足。如土壤水分过多或土壤板结而缺O_2,根系呼吸窒息,新根生长受阻,地上部萎蔫,使生长停止。因此,栽培上要及时中耕、松土,改善土壤中氧气状况。

3. 有毒气体

有毒气体主要有SO_2、SO_3、Cl_2、NH_3、C_2H_4等。在工矿企业附近含量较高。主要通过叶片气孔(也可通过根部)吸收到蔬菜植物体中,可以延缓或阻碍蔬菜作物生长发育、降低抗性,影响产量与品质。其危害程度取决于其浓度大小、作物本身表面的保护组织及气孔开闭的程度、细胞有无中和气体的能力和原生质的抵抗力等因素。一般在白天光照强、温度高、湿度大时较为严重。可以通过环境保护减少有毒气体的产生,采用正确的施肥方法以及施用生长抑制剂来提高蔬菜抗性等措施来减轻或避免有害气体的危害。

(1) SO_2与SO_3 主要由工厂的燃料燃烧所产生,保护地中明火加温也会放出SO_2。当SO_2浓度达到$0.2mL/m^3$时,几天后蔬菜植物就要受害,症状首先在气孔周围及叶缘出现,开始呈水渍状,然后叶绿素破坏,在叶脉间出现"斑点"。对SO_2比较敏感的蔬菜有茄子、番茄、白菜、萝卜、菠菜等。SO_2在空气中易氧化成SO_3,当SO_3浓度达到$5mL/m^3$时,几小时后就出现病斑。

(2) Cl_2 主要来源于某些化工厂排放的废气。另外,乙烯树脂原料不纯所制成的塑料薄膜也会释放少量的Cl_2。Cl_2的毒性比SO_2高2~4倍。萝卜、白菜较为敏感,在$0.1mL/m^3$浓度下接触2h即出现症状;低于该浓度,时间延长,叶片也产生"黄化"症状。对Cl_2不敏感的蔬菜有甘蓝、豇豆等。

(3) NH_3 在保护地蔬菜栽培中,大量使用有机肥、无机肥均会产生NH_3。当NH_3浓度达到$40mL/m^3$熏1h,就会对蔬菜植物产生伤害。尿素施后第3~4天,容易产生NH_3害,一般在施后盖土或灌水加以避免。黄瓜、番茄、白菜、芥菜等较为敏感,而芋、花生等抗性较强。

【任务实施】

几种秋冬蔬菜播种期确定与栽培环境综合调控

一、任务目标

掌握根据不同蔬菜在不同生长发育时期对各种环境条件的需求,按照"产品器官形成期安排在最适宜的生长季节"的原则,确定蔬菜适宜播种期的方法,并能进行蔬菜栽培环境的综合调控。

二、材料和用具

大白菜、莴笋、萝卜种子;通风干湿球温湿度计或普通温湿度计、土壤养分速测仪、土壤水分速测仪、照度计等。

三、实施过程

1. 查阅资料,了解三种蔬菜在不同生长发育阶段对环境条件(温度、光照、水分、土壤与营养等，下同）的要求。

2. 根据三种蔬菜对环境条件的要求，尤其是温度的要求，按照"将产品器官形成期安排在最适宜的生长季节"的原则，选择适合秋季栽培的品种，并确定适宜的播种期。

3. 播种、育苗、移栽与管理：秋季大白菜与萝卜一般采用直播；莴笋需育苗移栽，因莴笋种子发芽最低温度为4℃，适温为15～20℃，超过30℃发芽受抑制或不能发芽，因此在秋季高温季节播种应进行低温处理。田间管理同常规。

4. 利用温湿度计、照度计、土壤养分速测仪、土壤水分速测仪定期（一般每个生长发育阶段至少测定1次）监测蔬菜各生长发育阶段的温度、湿度、光照、土壤养分与水分含量，绘制变化曲线图。

5. 加强环境条件综合调控。根据三种蔬菜对水分和土壤养分的要求，及时浇水施肥。注意大白菜结球期、萝卜肉质根生长期、莴笋茎膨大期要保证充足的水分。大白菜生长前期以氮肥供应量最大，结球期对钾肥需求最大；莴笋肉质茎膨大期对钾肥的需求较多；萝卜吸肥能力强，施肥应以迟效性有机肥为主，并注意氮、磷、钾三要素配合。

【效果评估】

1. 填写大白菜、莴笋、萝卜3种蔬菜在不同生长发育阶段对环境条件的要求一览表（见表1-13）。

表1-13 3种蔬菜在不同生长发育阶段对环境条件的要求

蔬菜名称	生长发育时期	温度	光照	空气湿度	土壤及营养
大白菜	幼苗期				
	莲座期				
	结球期				
	……				
莴笋	幼苗期				
	莲座期				
	茎膨大期				
	……				
萝卜	幼苗期				
	茎叶生长期				
	肉质根膨大期				
	……				

2. 绘制土壤养分与水分含量变化曲线图。

3. 撰写大白菜、莴笋、萝卜3种蔬菜栽培环境条件综合调控技术报告。

4. 根据学生对理论知识以及实践技能的掌握情况（见表1-14），对"任务 蔬菜的栽培环境"教学效果进行评估。

表1-14 学生知识与技能考核表（三）

项目及内容 学生姓名	任务 蔬菜的栽培环境								
	理论知识考核(50%)					实践技能考核(50%)			
	温度环境(10%)	光照环境(10%)	湿度环境(10%)	土壤环境(10%)	气体环境(10%)	环境条件资料查阅(10%)	播种、育苗、移栽与管理(10%)	环境条件测定(15%)	环境条件综合调控(15%)

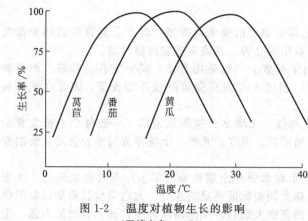

图 1-2 温度对植物生长的影响
（田崎忠良，1978）

【拓展提高】

一、极端温度与蔬菜作物生长发育的关系

一般情况下，在蔬菜的生育适温范围内，随着温度的升高，同化作用增强，生长速度加快，即生长速率增大（图1-2）。若出现蔬菜生长发育最低温度值以下的环境，就会发生寒害（冷害）、冻害等低温障碍；若遇到蔬菜生长发育最高温度值以上的环境，就会发生高温障碍。

（1）低温障碍

① 寒害/冷害。指零上低温对植物产生的低温伤害。主要表现为叶片变色并出现坏死斑点（图1-3，彩图见插页），生长缓慢，花芽畸形，花粉发育及正常的授粉受精受阻，导致落花落果。对于耐寒蔬菜，春寒可能导致先期抽薹。秋寒主要影响大白菜包心，结球不实。

寒害的防御措施：a. 选用抗寒能力强的品种；b. 培育壮苗，增施有机肥和磷钾肥，增强抗寒力；c. 低温锻炼，如种子冰冻处理、种子渗调处理、定植前低温炼苗等；d. 嫁接育苗；e. 喷糖或磷酸二氢钾；f. 保护设施防寒，加强防寒保温管理或临时生火；g. 激素蘸花防止落花落果；h. 对于有先期抽薹危险的结球甘蓝，大水大肥促球包心。

图 1-3 大棚茄子早春寒害

② 冻害。指零下低温对植物产生的低温伤害（图1-4，彩图见插页）。

冻害的防御措施：a. 选用抗冻能力强的种类或品种；b. 适时播种，适期栽植，避开冻害期；c. 培育壮苗，增施磷钾肥和有机肥，防治病虫害，增强抗冻力；d. 进行低温抗寒锻炼；e. 保护设施防冻，如盖苫、覆膜、扣无纺布、大棚或温室内多层覆盖等；f. 对于大白菜要及时收获入窖或进行捆菜防轻冻；g. 经常听天气预报，及时采取应急措施；h. 若遇短期霜冻，可采用在霜冻前一天浇水以及霜冻当晚熏烟或喷水、鼓风、临时生火、点蜡加温等措施，避免或减轻霜冻危害程度。

（2）高温障碍

① 概念。高温障碍指超过生活适应温度（致死高温），植物就停止生长或受伤害的现象。

图 1-4 温室番茄初冬冻害

② 高温障碍的症状。日灼或烤苗；雄性不育或落花落果；生长瘦弱或植株早衰；根系褐变或腐烂；诱发病害；影响地下茎膨大；不利于贮藏，造成热伤。

③ 夏季高温的防御措施。选用耐热品种；种植耐热蔬菜；培育壮苗；与高秆作物间作套种，如甜椒与玉米间作、马铃薯与玉米间作、茄子与甜椒间作；浇水降温，傍晚浇水，热雨后浇水（涝浇园）；激素蘸花保花保果；遮阳网覆盖；黑色地膜覆盖。

④ 棚室高温的对策。棚室高温通常发生在晴天放风不及时，高温闷棚、夜高温发生在管理无经验、加火等问题上。对策有：精细管理，及时放风，注意天气状况，定植后缓苗期间防止高温烤苗；高温闷棚当天早晨要浇大水提高湿度；高温后逐渐降温；连阴天后不马上高温闷棚；掌握棚内昼夜温差规律，管理好夜温，防止高夜温；夜间避免加火提温过高。

二、微生物与蔬菜作物生长发育的关系

1. 微生物

（1）土壤有益微生物 如由日本琉球大学比嘉照夫教授研制成功的有效微生物群（effective microorganisms，EM），是由 5 科 10 属 80 多种微生物复合培养而成的多功能微生态制剂组成，包括光合细菌、乳酸菌、酵母菌、放线菌等对人类和动植物有益作用的微生物，是包括好气性微生物和嫌气性微生物在内的所有再生型微生物的有机共生复合体。EM 自 20 世纪 90 年代引入我国后，经广大科研人员的攻关，对引进的 EM 进行消化、吸收和改进，成功地研制出 CM、EM-2 益生素、加酶益生素等同类系列产品及不同剂型的产品，至今我国已有 9 种 EM 产品投入市场。CM 和 EM 施入大田后，能对土壤有机物进行分解，从而改变土壤性质，提高植物对土壤中营养的利用率（可达 150%～200%），还能将动植物残体分解成利于植物吸收的小分子物质。

生产实践证明，有机质碳素粪肥（如秸秆、牛粪、腐殖肥等）与有益生物菌肥拌施或冲施，具有如下作用：有益菌能占领生态位，可改善土壤恶化现象；在连续阴天及弱光条件下，有益菌能使新生植株保持营养正常运转而不衰渴；有益菌可以抑制因粪害、肥害等引起的根茎坏死现象，促生新根；有益菌与有机碳、氢、氧肥结合，只需补施少量钾肥，便可达到作物高产优质。

（2）病原微生物 病原微生物，顾名思义就是容易引起作物发病的微生物种类。引起蔬菜作物病害的病原微生物较多，主要包括病原真菌、病原细菌、病毒、线虫等。不同的病原微生物危害蔬菜作物后，出现的病害症状也呈现不同的特点，这里不再进行详细描述。

2. 虫卵

不同蔬菜种类品种，受害虫危害的程度不一。危害严重的有小白菜、大白菜、卷心菜、花菜等，危害轻微的有茼蒿、生菜、芹菜、胡萝卜、洋葱、大蒜、韭菜、大葱、香菜等。

此外，危害程度还与季节有关，温度较低的季节，害虫休眠越冬，自然危害较轻；相反，在温度较高的夏秋季，危害尤为严重。

蔬菜虫害的防治应以预防为主，适当使用高效、低毒、低残留、环保型杀虫药剂喷治。

3. 杂草

根据杂草生命的长短，大致可以分为一年生、二年生与多年生三种类型。杂草消耗土壤养分与水分，占据生存空间，对蔬菜作物生长发育产生严重影响。特别是在春季，随着气温回升，菜地出草量、杂草生长量增加，出现杂草危害高峰。应根据田间杂草残留情况，选择对口药剂及时防除。

春季化学除草应选择安全、高效、低残留药剂，禁止使用绿磺隆、甲磺隆、胺苯磺隆等长残效药剂。施药器械选用常规喷雾器，尽量不使用弥雾机，保证用水量，提高防效。

【课外练习】

1. 何为蔬菜植物生长发育的三基点温度？如何理解？
2. 简述蔬菜寒害、冻害、高温障碍的症状及其防止对策。
3. 依蔬菜对温度、光强、土壤水分、空气湿度的要求不同，可以分为哪几类？
4. 对春提早大棚栽培的番茄进行环境条件的综合调控。

任务四 提高蔬菜的产量

【任务描述】

近年来，南方某蔬菜生产基地因管理粗放、技术不到位，生产的蔬菜产量偏低，生产效益较差，现该基地拟进行第二年生产，请就如何提高其蔬菜产量，提出技术方案。

【任务分析】

完成上述任务，要求了解蔬菜产量的含义及蔬菜产量的构成，提高蔬菜产量的生物学原理；能在具体生产实践中，熟练并灵活运用提高蔬菜产量的综合措施。

【相关知识】

一、蔬菜产量的含义

所谓蔬菜的产量，有各方面的含义。从生理的角度看，所有作物的干物质量中有90%～95%是通过光合作用形成的，只有5%～10%是由根吸收的矿物营养所形成。因此，蔬菜产量构成的最基本的生理活动是光合作用，是生长期间可能接受的能量及光能利用率。

产量分为生物产量和经济产量。蔬菜一生中所合成的全部干物质产量叫做生物产量（包括可食用的及不可食用的部分）；其中可食用部分的产量叫做经济产量，如茄果类、瓜类、豆类的果实及种子产量以及薯芋类、根菜类的地下食用部分产量等。

经济产量与生物产量的比例，称为"相对生产率"（或称"经济系数"）K。

$$K = 经济产量/生物产量$$

如果以 Y_b 代表生物产量，Y_x 代表经济产量，则 $Y_x = Y_b K$。

一般而言，生物产量高，经济产量也高；生物产量低，经济产量也低。

二、蔬菜产量的构成

蔬菜产量的计算方法，可以用单株或单果来计算，也可以用单位面积来计算。但在生产上主要以单位面积来计算。

对于果菜类蔬菜：$1hm^2$ 产量＝$1hm^2$ 株数×单株平均果数×单果平均重

对于叶菜类蔬菜：$1hm^2$ 产量＝$1hm^2$ 株数×单株平均叶数×单叶平均重

但是，构成产量的每一方面的因素在产量形成的过程中都是变动的。且 $1hm^2$ 株数、单株平均果数、单果平均重之间存在负相关关系。

果菜类中单株果数的多少，由开花数、着果率及无效果数所决定，即：

$$单株果数 = 开花数 × 着果率 × 无效果数$$

三、提高蔬菜产量的生物学原理

从生物学理论的角度考虑，要提高蔬菜产量，主要通过提高光能利用率、增加叶面积、提高净同化率等方法实现。

1. 提高光能利用率

与其他农作物一样，要提高蔬菜产量，最根本的措施就是提高光能利用率。目前，一般丰产田的光能利用率不超过光合有效辐射能的2％～3％，一般的田块仅1％左右。

光能利用率（Eu）可用下式计算：

$$Eu = \frac{H \Delta W}{\Sigma S} \times 100\%$$

式中，H 为1g干物质的燃烧热，J；ΔW 为测定期中的干物质增加量，g/m^2；ΣS 为同期的能积算值，J/m^2。

2. 增加叶面积

叶子是进行光合作用的最主要的地方，增加叶面积是栽培上增加产量的最基本保证。在一定范围内，叶面积与产量之间是正的相关关系。因为农作物的产量是以单位土地面积来计算的，所以叶面积的大小也应该以单位土地面积来计算，即叶面积指数（LAI）。

$$LAI = 单位土地面积上的叶面积(m^2)/单位土地面积(m^2)$$

3. 提高净同化率

净同化率（NAR或phn）又称为"净同化生产率"，是指在一定时间内，单位叶面积通过光合作用所形成的干物质重量。这个重量并不是碳素同化产物的全部，而是除去呼吸作用所消耗的量。

在一定时期内的干物质产量（dW/dt），是叶面积（L）与净同化率（NAR）的乘积。

$$dW/dt = NAR \times L$$

即：
$$NAR = (dW/dt) \times (1/L)$$

各蔬菜种类的净同化率（NAR或phn）差异不大，一般是5～10$g/(m^2 \cdot d)$。在不良环境条件下，数值要低一些，为3～4$g/(m^2 \cdot d)$，而在优良环境条件下，数值要高一些，为10～12$g/(m^2 \cdot d)$。

在具体蔬菜栽培实践中，通常通过选择高产、高光合性能品种，安排在适宜的季节生产，加强肥水调控与管理，合理进行植株调整，以及及时进行病虫害防治等综合措施来提高蔬菜产量。

【任务实施】

提高蔬菜的产量

一、任务目标

学会根据蔬菜产量的构成理论以及提高蔬菜产量的生物学原理，在蔬菜栽培全过程和各环节，采取行之有效的技术手段与综合措施，来提高蔬菜的产量。

二、材料和用具

某蔬菜生产基地及其第二年的生产任务（具体生产任务由任课教师确定）；该生产基地文献资料、记录本、笔等。

三、实施过程

1. 任课教师介绍某蔬菜生产基地基本情况及第二年的生产任务。

2. 学生3～5人一组，分组查阅文献或实地调查，分析该生产基地蔬菜产量不高的原因。

3. 根据具体蔬菜种类品种及导致其产量不高的原因，分组制定提高该生产基地蔬菜产量的技术方案，主要包括以下措施。

（1）选择高产、高光合性能品种　如春提早栽培的茄果类蔬菜应选用株型紧凑、适于密植、耐低温、耐弱光、连续坐果能力强、丰产的早熟或中早熟品种，果色与风味应适合当地消费习惯。

（2）培育壮苗　南方各省应根据定植时期和气候情况确定播种时期，尽早播种，培育适龄壮苗，如茄果类蔬菜适宜苗龄一般为80～90天，瓜类蔬菜适宜苗龄一般为30～40天。

（3）适时定植　春提早栽培的茄果类蔬菜要在晚霜过后及时定植，一般于10cm土温稳定在

15℃左右即可进行。采用地膜覆盖可提早 5～8d 上市。前茬采收后应及时深耕晒垡，结合整地，每亩（1 亩＝666.67m²）施入腐熟的有机肥 5000～8000kg、过磷酸钙 50kg 及硫酸钾 30kg，或复合肥 70kg 做基肥。

（4）加强肥水管理与中耕除草　定植后应抓好促根、发秧，缓苗后及时追施一次提苗肥，每亩施尿素 10kg。果菜类开花结果期应促秧、攻果，协调营养生长和生殖生长，防止落花落果，适当增加供肥量，并结合中耕除草培土一次；盛果期要加强水肥供应，每采收 1 次追肥 1 次，每亩施尿素 10～20kg。雨季加强田间排水。

（5）及时进行病虫害防治　防治应以预防为主，综合防治，如选用抗病品种，避免与同科蔬菜连作，培育壮苗，以及加强排灌水、防止棚内湿度过高、及时清园等田间管理措施。

【效果评估】

1. 撰写某蔬菜生产基地"提高蔬菜产量"的技术方案，要求分析入理、论据充分、措施具体。

2. 根据学生对理论知识以及实践技能的掌握情况（见表 1-15），对"任务　提高蔬菜的产量"教学效果进行评估。

表 1-15　学生知识与技能考核表（四）

项目及内容 学生姓名	任务　提高蔬菜的产量					
	理论知识考核（50%）			实践技能考核（50%）		
	蔬菜产量的含义（15%）	蔬菜产量的构成（15%）	提高蔬菜产量的生物学原理（20%）	查阅文献（或实地调查）与蔬菜产量不高的原因分析（15%）	提高蔬菜产量的技术方案（15%）	提高蔬菜产量的技术措施运用（20%）

【拓展提高】

增加土壤有机质含量是提高蔬菜产量的一项有效措施

据报道，王俊兰、曲建民、付恩光等通过对山东寿光蔬菜种植区土壤有机质测试及蔬菜（茄果类）产量抽样调查分析，土壤有机质含量在 0.68%～1.32% 之间，蔬菜产量为 4500～5800kg/亩，土壤有机质与蔬菜产量相关系数为 0.888（表 1-16）。说明土壤有机质与蔬菜产量呈显著正相关关系，土壤有机质含量越高，蔬菜的产量也相应地提高。生产上应注重增施有机肥，改善土壤结构，提高土壤有机质含量，确保蔬菜的高产和稳产。

表 1-16　寿光市蔬菜种植区土壤有机质与蔬菜产量对比分析

调查取样地点	S4	S21	S38	S46	S47	S49	S56	S61	S73	相关系数 r
土壤有机质含量/%	1.24	1.04	0.71	0.68	1.08	0.87	0.94	1.32	1.10	0.888
蔬菜产量/(kg/亩)	5400	4900	4180	4500	4600	5200	4800	5800	5300	

【课外练习】

1. 简述蔬菜产量的含义、构成及提高蔬菜产量的生物学原理。
2. 在具体的蔬菜生产实践中，应如何运用综合措施来提高蔬菜的产量？

任务五　改善蔬菜的品质

【任务描述】

近年来，南方某蔬菜生产基地因管理粗放、技术不到位，生产的蔬菜产品品质变劣，不受顾客欢迎，销售价格偏低，生产效益较差。请针对该生产基地蔬菜品质变劣的原因，提出改善蔬菜品质的技术方案。

【任务分析】

完成上述任务，要求了解蔬菜品质的内容及影响蔬菜品质的因素。能在具体生产实践中，熟练并灵活运用改善蔬菜品质的综合技术措施。

【相关知识】

一、蔬菜品质的内容

所谓蔬菜品质是指能满足人们需要的产品特点和特性的总和。蔬菜品质是由蔬菜产品外观和众多内在因素构成的复合性状，它包括商品品质、风味品质、营养品质、加工品质和卫生品质等方面的内容。

1. 商品品质

商品品质包括蔬菜产品的外观、色泽、质地、大小、整齐度、货架寿命等。决定色泽的因素是各种色素的含量。

2. 风味品质

风味品质是指蔬菜或果实入口时给予嗅觉和味觉器官的触、温、味、嗅等的综合感觉。

3. 营养品质

营养品质是指蔬菜中的营养成分，包括维生素、有机酸、矿物质、碳水化合物、蛋白质、脂肪等的含量，是需要通过测试分析才能加以确定的指标。

4. 加工品质

加工品质主要指某些用于加工的蔬菜在加工时对产品品质的特殊要求。如对于做酱菜原料的根菜及叶菜的品质还要求脆嫩。

5. 卫生品质

卫生品质主要指蔬菜中有无自然产生的毒素或化学农药、肥料、重金属等产生的污染以及影响人体健康的微生物、异味等。

二、影响蔬菜品质的因素

1. 品种遗传特性

每一种蔬菜及每一个品种在生长发育过程中，其营养成分均有很大的变化。有的产品，越接近成熟，糖分越高（如西瓜、甜瓜等）；而有的产品，越接近成熟，糖分越低，淀粉却大为增加（如豆类的种子）。对于叶菜类，不同部位的叶子，营养物质差异较大，如大白菜、结球甘蓝的外叶，它的铁、钙的含量比球叶丰富得多。不结球白菜品种中，叶色较浓的比叶色较淡的品种，其叶绿素、胡萝卜素含量要高。葱蒜类和甘蓝类的可溶性糖含量较绿叶菜类、白菜类和根菜类的高。

2. 栽培环境条件

栽培的环境条件包括光照、温度、环境污染成分等。

在一般情况下，环境条件（光照、温度等）只影响产品营养成分的量的变化。大白菜及甘蓝外部叶片的维生素C含量就与接受阳光较多有关。但也可以影响到营养成分的质变。如大豆南种北引时，因为在种子成熟期间气温低、昼夜温差大，其种子的脂肪含量及碘价均有影响。

在当今科技日益发达、工业发展迅速的时代，环境污染对蔬菜品质的影响不容忽视。如施用剧毒、高毒、高残留农药及用药后间隔期不够造成的农药污染；灌溉用水使用含有石油、挥发酚等有机物，铅、铬、镉、汞、砷等重金属以及氮、磷、硝酸盐等的工业废水、生活污水引起的水体污染；大气中二氧化硫、氟化氢、汽车尾气、灰尘等污染物引起的大气污染等。这些不但严重影响蔬菜的卫生品质，还会影响其商品品质、风味品质、营养品质、加工品质等。

3. 栽培管理技术

（1）施肥与蔬菜品质的关系 有关氮肥施用对蔬菜氨基酸、蛋白质、胡萝卜素、维生素C（抗坏血酸）、有机酸、淀粉、可溶性糖等含量影响的研究较多。一般认为，适量施用氮肥可以显著提高蔬菜产品中可溶性固形物以及含氮物质如氨基酸、蛋白质、有机酸、胡萝卜素等的含量，过量施氮则降低其非氮源营养成分如维生素C、总糖、可溶性糖等的含量。Sorensen报道，适量施用氮肥可以增加多种蔬菜的维生素C含量，但用量过大则会导致其含量降低。硝酸盐增加量与氮肥用量呈明显的正相关。而过量施用氮肥也会导致蔬菜产品食味变差，耐贮藏性能降低。尤其是绿叶菜类和根菜类蔬菜。另外，番茄、辣椒的脐腐病、畸形果、着色不良以及韭菜叶片褐色枯死等都是过量施用氮肥引起的。

钾常被认为是品质元素。钾对品质的影响可分为直接与间接两方面。直接可提高蛋白质、糖、脂肪的数量和质量，间接的可通过适宜的钾素营养，减少某些病害或增加蔬菜的抗逆能力，从而提高品质。大量试验研究表明，钾对蔬菜中糖分、维生素C、氨基酸等物质含量以及耐贮性、色泽、果实大小等外观影响很大。施钾肥后蔬菜中维生素C的含量增加；可溶性糖有所提高，硝酸盐含量减少，糖酸比增高。施用钾施能改善果菜类、块茎类蔬菜的外观品质，促进蔬菜的早熟。

镁能显著提高番茄的产量和果实中维生素C的含量、还原糖的含量。缺硫的蔬菜幼叶失绿，严重时全株呈白色。

微量元素与蔬菜营养物质的合成有着密切的关系。喜硼是蔬菜作物的重要营养特点，适量的硼能提高黄瓜、番茄中维生素C的含量。缺硼的花椰菜，主茎和小茎上出现分散的水浸斑块，花球内外变黑。蔬菜适当地施用钼肥，能促进蛋白质的合成，减少硝酸盐的积累。但微量元素对蔬菜的适宜范围较窄，过量会导致蔬菜的毒害，产品品质下降。如锰过剩，黄瓜的叶脉褐变，把叶片对着阳光照看，可见坏死部分；葱蒜类蔬菜硼过剩，叶色变得浓绿，从叶尖开始枯死。

有机肥在蔬菜生产中的作用是化肥所不能代替的。这与有机肥的成分和性质有着密切的关系。首先，有机肥所含的营养成分全面，既有丰富的大量元素又有多种微量元素；既能提供CO_2，增进光合作用，又因含维生素、生长素、促进蔬菜生长发育；肥效速缓兼备。其次，施用有机肥可提高土壤有机质含量，改善土壤理化性状，促进土壤生化活动，活化土壤养分，提高土壤肥力。大量研究表明，有机肥与化肥配合施用，可通过改善植物营养和生长条件对其产品品质产生良好的影响。蔬菜中B族维生素以及维生素C含量均有不同程度的提高。施用有机肥料明显降低绿叶菜可食部分硝酸盐含量。沈中泉等研究表明，在施氮量相同的条件下，有机肥与尿素配合施用比单一施用尿素可显著提高西瓜果实中总糖、可溶性固形物、维生素含量，口感评价效果也相应显著提高；在氮、钾施用量相同的前提下，猪粪与化肥配施比单一施用化肥可显著提高番茄果实中总糖、赖氨酸含量，而可滴定酸含量则显著降低。

（2）灌溉与蔬菜品质的关系　合理灌溉可以有效提高蔬菜各种品质指标，但对于许多果菜类而言，适当控制浇水量则有利于营养品质的提高。徐暄（2003）研究表明，蔬菜硝酸盐含量一般随灌水量的增加而降低，主要原因是土壤水分充足时生长超前引起的植物体养分稀释效应。但郭丽娜等（2008）在研究不同水分条件下不同形态氮素比例对茼蒿产量及品质的影响时表明，在施肥处理相同的情况下，中水处理的硝酸盐含量最低，即中水条件可以达到甚至超过高水的稀释效果。

（3）栽培方式与蔬菜品质的关系　不同的栽培方式对蔬菜品质影响也较大。贺丽娜等在拱棚栽培、日光温室栽培、露地栽培三种蔬菜栽培方式比较试验中，发现拱棚栽培蔬菜的硝酸盐含量积累最高，露地栽培相对于日光温室其蔬菜硝酸盐含量较低。对延安露地、拱棚、日光温室蔬菜品质分析得知，对可溶性糖含量而言，露地蔬菜＞拱棚蔬菜＞日光温室蔬菜，而维生素C含量则为露地蔬菜＞日光温室蔬菜＞拱棚蔬菜。

解永利等连续四年的试验结果表明，有机和无公害这两种生产模式在提高蔬菜维生素C、可溶性糖、可溶性固形物含量以及降低硝酸盐含量方面明显优于常规生产模式。随着种植年限的增加，无公害生产模式的蔬菜品质逐渐优于有机生产模式和常规生产模式，这可能与有机肥与无机肥混合施用有关。

4. 采收与采后处理

（1）采收　采收的方式、采收时期、采收时的成熟度等，会对蔬菜品质产生重要影响。

(2) 采后处理　包括整理、清洁、包装、预冷、运输、贮藏，以及这些作业过程中环境、机械和手工操作等对蔬菜品质所造成的影响。

【任务实施】

改善蔬菜的品质

一、任务目的

了解蔬菜品质的内容及影响蔬菜品质的因素，掌握改善蔬菜品质的技术手段与栽培措施，能在蔬菜生产实践中灵活运用。

二、材料和用具

某蔬菜生产基地拟种植的所有蔬菜；记录本、笔等。

三、实施过程

1. 任课教师布置任务，介绍蔬菜生产基地基本情况及存在问题。
2. 学生分组分析该基地蔬菜品质降低的原因，并提出改善蔬菜品质的技术措施。具体措施主要围绕以下几个方面。

(1) 选择优良品种　选择种性纯正、综合品质优良的蔬菜品种，供生产之用。宜综合考虑品种的商品品质、风味品质、营养品质与加工品质等品质特性，并根据蔬菜产品的消费需求加以权衡。如作为鲜菜上市而栽培，主要考虑蛋白质、可溶性糖、维生素、矿物质、食用纤维等多种营养物质的含量以及品种的外观、色泽、质地、大小等商品品质居多。注意要在同种类蔬菜品种中进行比较、筛选，并最终确定。

(2) 改善栽培环境　保护大气、土壤和水源。选择符合环境质量标准及土壤本底养分状况良好的地块作为蔬菜生产地，要有良好的生态环境，周围不能有工矿企业，并远离公路、机场、车站等，大气质量优良，灌溉水经检验符合国家标准才能使用。对已污染的土壤，除严格控制污染源外，应采取增施有机肥、绿肥和生物肥，适量施用优质氮磷钾肥、微量元素肥以及优质复合肥。为减少农膜对土壤的污染，应及时清除残留在农田中的塑料薄膜。

(3) 加强栽培管理

① 应用测土配方施肥技术　蔬菜生产中应尽量控制化肥的使用量，有机肥与无机肥结合施用，做到合理施肥，提倡多施有机肥、沼肥。有机肥的施用不仅可以为蔬菜生长提供相应的养分，同时可以改善土壤理化性状、保持土壤养分平衡，从而促进蔬菜作物生长发育及品质性状的改善。当然，有机肥用量并非越多越好，过量也会产生有机质抑制和肥料浪费。应当根据当地高产菜园土壤有机质含量，在有机质矿化分解和积累平衡基础上确定有机肥用量。同时要推广应用配方施肥技术，注意检测土壤中各种养分含量的变化，并及时补充不足的养分，也要适当监测其中有害物质如铅、砷、汞、镉等的含量，采取必要的措施控制污染，有效提高蔬菜的产量和品质。此外，向土壤中增施含矿物质的各种微肥也是提高蔬菜品质的有效途径之一。

② 加强病虫害的综合治理　蔬菜农药残留标准是无公害蔬菜的重要标志之一。蔬菜病虫害防治要优先选用农业措施和生物制剂，最大限度地减少农药用量，改进施药技术，减少污染和残留，将病虫害控制在经济阈值以下。

(4) 择机、适时、正确采收，并经过合理化、规范化、标准化采后处理

① 择机、适时、正确采收　采收是蔬菜生产的重要一环，往往被忽略，采收的成熟度和采收时期直接影响采后蔬菜品质、贮运消耗以及经济效益。

采收标准往往是通过蔬菜色泽、质地和硬度、生长成熟特征等方面来衡量。一般宜在晴天早晨或傍晚气温较低时采收，分为人工采收和机械采收。具体的采收标准、采收时机与采收方法参照"项目二　蔬菜的栽培技术流程"之"任务七　采收与销售"。

② 合理化、规范化、标准化采后处理　蔬菜采后处理可使产品清洁、整齐、美观；包装方便；有利销售和食用；延长贮藏寿命和货架寿命，提高产品的商品价值和生产销售单位信誉。采后处理主要包括蔬菜产品的整理、清洗消毒、预冷、分级、包装等。具体参照"项目二　蔬菜的

栽培技术流程"之"任务七 采收与销售"。

3. 完成该生产基地蔬菜品质改善的技术方案。

【效果评估】

1. 撰写某蔬菜生产基地"改善蔬菜品质"的技术方案,要求措施具体全面、切合实际。
2. 根据学生对理论知识以及实践技能的掌握情况(见表1-17),对"任务 改善蔬菜的品质"教学效果进行评估。

表1-17 学生知识与技能考核表(五)

项目及内容 学生姓名	任务 改善蔬菜的品质				
	理论知识考核(50%)		实践技能考核(50%)		
	蔬菜品质的内容 (25%)	影响蔬菜品质的 因素(25%)	蔬菜品质降低的 原因分析(10%)	改善蔬菜品质的 技术方案(20%)	改善蔬菜品质的 技术措施运用(20%)

【拓展提高】

蔬菜产品的主要色素

蔬菜产品的主要色素有三大类:①类黄酮素,包括花青素;②叶绿素a及叶绿素b;③类胡萝卜素(从黄色到橙色),包括各种胡萝卜素及茄红素。质地包括硬度、坚韧度、多汁性、黏度(果汁)、有无胶状物及苦味等。大小的标准可以用产品的长度、周长、直径、宽度以及重量与体积来衡量。这是采收以后最普通的衡量品质的标准,也是分级的最基本的标准。一般而言,黄瓜、萝卜、豇豆、菜豆用长度,番茄、豌豆用直径,结球叶菜类用体积。每一种蔬菜都有其各自的大小、形状的分级标准。形状不整齐,如番茄、黄瓜的畸形果,萝卜、胡萝卜的分叉及畸形的肉质根,大白菜、甘蓝的叶球开裂、空心等现象,大大降低了其商品价值。

【课外练习】

1. 简述蔬菜品质的内容以及影响蔬菜品质的因素。
2. 在具体的生产实践中,如何改善蔬菜品质?
3. 蔬菜产品预冷的方法有哪些?各有什么优缺点?

任务六 熟悉蔬菜生产

【任务描述】

南方某蔬菜生产基地现有蔬菜生产面积10万平方米,且已基本了解当地蔬菜市场需求情况,请结合该基地的实际条件,制订其蔬菜周年生产计划。

【任务分析】

完成上述任务,要求熟悉蔬菜生产方式、栽培季节等相关知识,能合理安排蔬菜茬口,实现蔬菜周年生产,掌握周年生产计划制订的基本原则与基本方法。

【相关知识】

一、蔬菜生产方式

所谓蔬菜生产方式,就是指以生产蔬菜产品为目的所进行的蔬菜种植栽培的全过程及组织方式。按照产品供给对象、蔬菜栽培设施、产品类型、产品质量等可以划分为不同的生产类型。

1. 自给性生产与商品性生产

日常生产中,人们常常根据产品的主要供应对象或主要生产目的不同等,将蔬菜生产方式分为：居民、家庭、单位等种植蔬菜供本人或内部人员食用的自种自收自给性生产模式即自给性生产，和以输出蔬菜产品为主要目的、以经济效益为中心的商品性专业化的企业性生产模式即商品性生产等。自给性蔬菜生产方式在蔬菜业形成和发展的早期阶段起着重要作用。

专业化、企业化、规模化蔬菜生产，是蔬菜生产发展的必然趋势。目前，全国已基本形成商品蔬菜大生产、大流通格局，各地已经建成众多大中型蔬菜批发市场，对调节和供应各地的蔬菜余缺起到了重要作用，也进一步促进了蔬菜生产基地的建设和发展，如江苏的芦笋生产基地、四川的茎用芥菜生产基地等。

2. 露地蔬菜生产和设施蔬菜生产

所谓露地蔬菜生产就是指在适宜的气候条件和季节，蔬菜的种植和收获可以完全在自然条件下进行，不依赖任何蔬菜种植设施的蔬菜生产方式。由于纯粹的露地蔬菜生产模式对气候条件的依赖性大以及栽培技术的进步，设施蔬菜生产模式发展十分迅速，因而纯粹的露地蔬菜生产模式已十分少见。

所谓设施蔬菜生产方式就是指通过建设蔬菜栽培及管理设施，调节和控制蔬菜生长所需光、温、气等条件，以提高蔬菜的产量、品质或进行反季节栽培的蔬菜栽培过程和方式。蔬菜设施生产栽培，是提高蔬菜产量、实施蔬菜周年生产以及工厂化蔬菜生产的重要模式。

3. 蔬菜食用产品生产、蔬菜种苗生产及加工蔬菜生产

随着蔬菜产业的发展以及社会分工和专业化的要求，蔬菜产业各环节依据其提供蔬菜产品以及在产业中所起作用，逐渐衍生出蔬菜种子生产、蔬菜秧苗生产、蔬菜食用器官生产和加工保藏蔬菜生产等专业性生产方式。其中优质的、专业化的蔬菜种子和秧苗生产为蔬菜食用器官生产奠定了良好基础；通过对蔬菜食用器官和营养成分以及保藏条件、产品深加工等的进一步处理，更深化了蔬菜风味和价值，乃至成为出口创汇的优质产品，延伸了蔬菜产业的范畴。

4. 常规蔬菜生产和无公害蔬菜生产

根据在蔬菜产品生产过程中是否使用农药、化肥等危害环境和人身健康的化学制剂以及对蔬菜种植过程、产品品质等的要求，将蔬菜生产方式划分为一般常规蔬菜生产、无公害蔬菜生产、绿色食品级蔬菜生产和有机食品级蔬菜生产等。

所谓一般常规蔬菜生产方式，就是指在蔬菜生产种植过程中，种植者按照人们在一般情况下（如环境污染不严重等）普遍采用的蔬菜种植规范或者遵循国家一般标准要求，进行蔬菜种植生产的过程和方式。一般说来，常规蔬菜生产的生产过程较为粗放，允许在生产过程中使用符合国家标准和按规范要求使用低毒低残留农药和化肥等化学制剂（在发明农药、化肥等以前不存在使用化学制剂），目前仍是我国一些农村地区种植蔬菜的重要方式，在蔬菜产业发展的早期阶段起着重要作用。

无公害蔬菜生产、绿色食品级蔬菜生产和有机食品级蔬菜生产将在"项目四 蔬菜安全生产基础"中加以介绍。

可以说，一般和无公害蔬菜生产方式是保障蔬菜安全的最低门槛，绿色食品级蔬菜生产方式是在突出无污染和安全因素控制的同时，又强调产品优质和营养；而有机食品级蔬菜生产方式是蔬菜生产的最高级形式，更注重对生态环境因素的利用和控制。在现阶段，一般常规蔬菜生产、无公害蔬菜生产、绿色食品级蔬菜生产和有机食品级蔬菜生产等生产方式互为补充，共同构成了蔬菜产业和产品体系。

二、栽培季节与茬口安排

1. 蔬菜茬口安排的基本原则

蔬菜茬口的安排涉及轮作、间套作、混作等技术的综合运用，需要掌握蔬菜的栽培季节，因地制宜地制订科学合理的蔬菜生产计划。主要分为季节茬口和土地利用茬口。季节茬口是根据蔬菜的栽培季节安排的蔬菜生产茬次；土地利用茬口是指在同一地块上，在一年或连续几年内连续安排蔬菜生产的茬次。本部分主要介绍露地蔬菜的茬口安排，设施栽培蔬菜的茬口安排参看设施栽培相关内容。通过科学地安排蔬菜茬口，可以合理利用自然因素，实行用地与养地相结合，不断恢复与提高土壤肥力，减轻病虫危害。茬口安排的基本原则如下。

(1) 要有利于蔬菜生产和周年供应　应以当地的主要栽培茬口为主，充分利用有利的自然环境，获得高产、优质生产，并降低生产成本。同一种蔬菜或同一类蔬菜应通过排开播种，将全年的种植任务分配到不同的栽培季节里进行周年生产，保证蔬菜的全年均衡供应。

(2) 要有利于提高土地利用率，提升栽培经济效益　蔬菜生产投资大，成本高，应通过合理的间、套作以及育苗移栽等措施，做好前后茬的衔接，尽量缩短空闲时间，提高土地利用率；根据当地的蔬菜市场供应情况，适当增加一些高效蔬菜茬口以及淡季供应茬口，提高栽培效益；有条件的地区应逐渐加大蔬菜设施栽培的比例。

(3) 要有利于控制蔬菜的病虫害　同种蔬菜长期连作，容易诱发并加重病虫害，在安排茬口时，进行一定年限的轮作（主要蔬菜的参考轮作年限见表1-18）可以有效控制病虫害的发生。

表 1-18　主要蔬菜的参考轮作年限　　　　　　　　　　　　　单位：年

蔬　菜	轮作年限	蔬　菜	轮作年限	蔬　菜	轮作年限
西瓜	5～6	辣椒	3～4	大白菜	2～3
黄瓜	2～3	马铃薯	2～3	甘蓝	2～3
甜瓜	3～4	生姜	2～3	花椰菜	2～3
西葫芦	2～3	萝卜	2～3	芹菜	2～3
番茄	3～4	大葱	2～3	莴苣	2～3
茄子	3～4	洋葱	2～3	菜豆	2～3

2. 蔬菜栽培季节的确定与季节茬口

(1) 蔬菜栽培季节的确定　蔬菜的栽培季节指蔬菜从田间直播或幼苗定植开始，到产品收获完毕所经历的时间。一般育苗不占生产用地，因此育苗期不计入栽培季节。

确定蔬菜栽培季节的基本原则是将蔬菜的整个生长期安排在其能适应的温度季节，而将产品器官的生长期安排在温度最适宜的季节里，以保证产品的高产、优质。不同类型的蔬菜有相应的温度适应范围，如耐热以及喜温性蔬菜的产品器官形成期要求高温，以春夏季栽培效果最好；耐寒性、半耐寒性蔬菜在栽培前期对高温有较强适应，而产品器官形成期则喜欢冷凉，故适宜栽培季节为夏秋季。除温度条件外，还应考虑光照、雨量、病虫害等对蔬菜栽培季节的影响，如西瓜、甜瓜的开花坐果期应避开雨季，大白菜等应适当晚播避开病害；大蒜、洋葱鳞茎形成需要长日照，而四季豆结荚需要短日照等。

蔬菜设施栽培应以高效益为主要目的来安排栽培季节，即根据设施类型、蔬菜种类及市场需求确定适宜的栽培季节，将整个栽培期安排在蔬菜能适应的温度季节，将产品器官形成期安排在其露地生产淡季或产品供应淡季。

(2) 露地蔬菜季节茬口

① 越冬茬　俗称过冬菜，一般于秋季露地直播或育苗，冬前定植，来年春季或早夏收获上市，解决春季蔬菜供应不足问题。主要栽培一些耐寒或半耐寒性蔬菜，南方多栽培菠菜、莴苣、芹菜、甘蓝、春白菜、菜心等。

② 春茬　即早春菜，在长江流域一般于2～3月播种，4～5月上市，正好在夏季茄瓜豆大量上市前、过冬菜大量下市后收获。多栽植耐寒性较强、生长期短的绿叶菜，如芹菜、菠菜、小白菜等；也有冬季设施育苗，早春定植，如春白菜、春甘蓝、春花椰菜等。

③ 夏茬　即春夏菜，多为春季终霜后露地定植的喜温蔬菜，如茄果类、瓜类、豆类蔬菜，是各地主要的季节茬口。长江流域多在清明前后定植，在6～7月大量上市，宜将中晚熟品种排开播种，分期、分批上市。一般在立秋前腾茬出地，后茬种植伏菜或晒地后种秋冬菜。

④ 伏茬　又称伏菜，是专门解决秋淡的一类耐热蔬菜，在长江流域多于6～7月播种或定植，8～9月上市，主要有早秋白菜、蕹菜、豇豆、夏黄瓜、夏甘蓝、夏萝卜等。后茬为秋冬茬。

⑤ 秋冬茬　俗称秋菜或秋冬菜，一般立秋前后直播或定植，10～12月收获上市。以喜冷凉的白菜类、根菜类、茎菜类为主，也有部分喜温的果菜类、豆类、绿叶菜类，是全年蔬菜种植面积最大的季节茬口，主要供应秋冬季蔬菜市场。

3. 蔬菜的土地利用茬口（土地茬口）

土地茬口与复种指数有密切关系，南方较北方单位面积上栽培茬次多，土地利用率高，复种指数高。对一年中露地栽培生长期在80～100天以上的蔬菜茬次而言，在土地茬口利用上，根据各地热、水、土资源的差别，南方各产区中，青藏高原区为一年一主作菜区，华中区（长江流域地区）为一年三主作菜区，华南、西南为一年多主作菜区。如果考虑品种的生长期、间套作复种技术、设施利用情况等，则各菜区会演变成形式繁多的蔬菜土地茬口。

三、蔬菜生产淡旺季及其周年生产

所谓蔬菜周年化生产就是指无论是一年四季中春夏等蔬菜容易生长的季节，还是蔬菜不易生长的秋冬季节，甚至一年中的各个阶段，都能进行蔬菜的种植、生长和采收，或者是通过适当保鲜处理以及外地鲜嫩蔬菜调入等手段，使人们一年当中各生活季节甚至每一天都能有新鲜蔬菜均衡采收、供应和上市，以满足人们日常生活对新鲜蔬菜的需求和食用的过程和方式。

1. 蔬菜生产的淡季和旺季

由于蔬菜植株必须在适宜温度等条件下才能生长的特性，以及我国各地的具体气候条件，形成了各地不同的蔬菜生长季节特点。对同一地区来说，既有蔬菜生产旺季，也有蔬菜生产淡季，即蔬菜数量和品种在各生产季节之间存在着显著的不平衡现象。所谓旺季就是指蔬菜种类较多、生产总量过剩；淡季则是指蔬菜生产总量不足、品种单调，不能满足人们的生活需求。

蔬菜周年化生产，保证鲜嫩蔬菜及时上市供应，是人们生活的必然要求。在我国大多数地区，春季、夏季、秋季等较为适合大多数蔬菜的种植和生长，人们采收和食用新鲜蔬菜方便简捷；而冬季气候寒冷，大多数蔬菜植物由于不适合环境对生长温度、日照、积温以及种子萌发生长等方面的要求，蔬菜自然生长条件下，冬季成为蔬菜种植和采收的淡季。与此同时，由于蔬菜植株的生长特性及气候等条件的限制，造成蔬菜种植过程中的茬次交替等现象，形成所谓"青黄不接"式的蔬菜淡季等。

2. 蔬菜淡旺季的克服途径

（1）政府部门做好蔬菜产销的协调工作　解决人们吃菜问题是国家和各级政府的基本职责。各级政府部门可以根据市场消费需求规律制定蔬菜种植、产销方案，科学规划蔬菜生产基地建设和规模，充分发挥对蔬菜生产、运输、调拨、贮藏等蔬菜产业各环节的指导协调，确保蔬菜基本均衡生产。事实证明，我国实施的"菜篮子工程"发展规划对我国蔬菜产业的发展、保证人们对蔬菜需求起到了重要作用。

（2）增加蔬菜种类和品种，优先安排淡季蔬菜生产　不同生态型蔬菜品种对全年中各个季节气候条件的适应性有着很大的不同。一般说来，蔬菜种类和品种越多，早、中、晚熟品种越配套，结合保护地设施栽培可明显提高蔬菜生产的复种指数，可有效降低蔬菜生产中的淡旺季矛盾。尤其近年来已不断选育出耐热、抗旱等专用品种，在蔬菜生产中起到了积极作用。同时通过增加栽培蔬菜种类及广泛开展保护地设施栽培，优化和合理安排蔬菜茬次衔接，对解决和丰富淡季蔬菜市场上蔬菜花色品种及产量有着重大作用。

（3）科学合理安排生产计划，确保蔬菜周年化种植与栽培

① 必须切实安排好大宗蔬菜的生产。大宗蔬菜是指在一定季节内，市场消费需求比较集中、要求量比较大的蔬菜种类。对一个地区蔬菜的生产计划来说，大宗蔬菜所占的地位十分重要，其上市量对蔬菜供应的相对均衡及保证居民蔬菜需求有着不可动摇的作用。对种植者来说，其价格相对均衡，栽培上有高产、优质、市场需求大、风险较小等特点。

② 重点做好反季节蔬菜生产和淡季品种的季节性生产。采用设施栽培进行蔬菜反季节生产，是解决蔬菜淡季市场的蔬菜供应的有效途径。反季节生产包括夏菜的冬季生产以及叶菜类、根菜类的周年化生产等。针对各地蔬菜淡季出现的时期和上市品种规律，可以有计划地组织针对淡季市场蔬菜品种的生产，不仅可以解决当地蔬菜供应问题，而且可以明显增加种植者收益。

③ 排开播种与合理安排蔬菜茬次。在生产过程中，可根据市场需求合理安排早中晚熟品种进行岔开播种；尤其要注意根据蔬菜植株的生长规律及气候特点，合理安排每一茬次种植的蔬菜种类，做到本茬次与下茬次之间合理衔接，以延长蔬菜产品的上市时间，乃至保证蔬菜周年化

的种植和生产，提高土地利用率和种植者经济效益。

（4）大力发展蔬菜贮藏加工　贮藏和加工蔬菜由于其独特的风味，不仅可以丰富人们饮食习惯，也是蔬菜周年化生产的一个重要组成部分。通过耐贮藏蔬菜等的冷冻贮藏等保鲜贮藏方式，以及中国传统的蔬菜干制、灌制、腌渍、真空包装以及蔬菜深加工等，对增加蔬菜花色品种、淡季蔬菜供应乃至各生活季节的蔬菜均衡上市有着积极作用。

（5）大力发展蔬菜流通业　随着社会经济的不断发展，蔬菜专业化水平不断提高，全国蔬菜产业大流通格局必将不可逆转。因此在就近供应的基础上，遵循市场规律进行蔬菜调运，是专业化、规模化蔬菜生产基地的基本特征，也是市场条件下保证蔬菜周年供应的有效手段。利用南北、东西部地区之间季节、气候上的差异，各地蔬菜生产基地之间蔬菜流通，对保证全国范围内蔬菜周年供应起到了巨大作用，也有力地推动了全国蔬菜产业的发展。

3. 蔬菜周年生产

通过大力发展蔬菜周年化生产，完全可以做到蔬菜淡季不淡，品种丰富，各季节之间蔬菜价格均衡，满足人们周年化蔬菜需求。

理论上，蔬菜周年化生产可以分为两种基本模式：一种是自然环境条件下的纯露地蔬菜周年生产模式；另一种就是保护地设施蔬菜栽培模式。设施栽培与露地栽培相结合是现阶段蔬菜周年化生产的主要模式。即以露地栽培为基础，在一年中的适宜条件下进行露地栽培或以露地栽培为主，在不适宜季节则通过设施蔬菜栽培，提前、推迟以及反季节栽培，使各种蔬菜乃至同一种蔬菜在各生活季节均衡种植、采收和供应，保证人们对新鲜和时令蔬菜的需求。

露地蔬菜周年生产模式，由于没有使用蔬菜生产保护设施，完全依靠自然气候条件进行蔬菜种植生长，因此选择适当的蔬菜种类和品种进行茬口衔接，显得十分重要，而且仍然是蔬菜周年化生产的重要基础。如江苏地区，在露地进行春马铃薯-伏萝卜-夏大白菜、菠菜或洋葱-黄瓜-胡萝卜、番茄-青蒜-茼蒿-甜瓜等周年化模式的蔬菜生产，取得了良好的经济效益和社会效益。

设施蔬菜生产，可以人工调节蔬菜生长发育所必需的温度、日照等环境条件，可进行蔬菜的反季节栽培，使人们在蔬菜生产淡季或不适宜季节同样可以食用到各种新鲜时令蔬菜，使蔬菜周年生产和食用在全国大多数地区变得切实可行。

由于我国经济还不十分发达，而蔬菜需求量十分庞大，建立以蔬菜在适宜气候条件下的自然生长为基础，辅以蔬菜种植保护设施以延长蔬菜种植采收期及进行反季节蔬菜栽培，以及建立南菜北运、实行鲜嫩蔬菜全国大流通、大市场的产供销体制，是我国现阶段蔬菜周年化生产的鲜明特点。在一些大中城市周围，结合特色蔬菜生产基地以及规模化蔬菜生产基地的建设，已经基本形成了相互补充、相互衔接的蔬菜周年化生产区带。如广东一些地区，通过抓好不同产区、不同季节、不同月份的蔬菜主、次品种的布局和生产，运用近中远郊相结合、普通常规蔬菜和特色精细蔬菜相结合的周年化生产模式，保证了城市居民对蔬菜的需求；我国南方一些地区，推广常规蔬菜及特色蔬菜的反季节生产、保藏及深加工，保证了蔬菜淡季鲜嫩、特色蔬菜的种植采收，供应了周边以及国内外广大地区，取得了明显的经济效益和社会效益，受到了种植者和国内外消费者的普遍欢迎。

【任务实施】

蔬菜生产基地的周年生产计划制订

一、任务目的

掌握制定蔬菜周年生产计划（含品种选择、茬口安排等）的基本方法和基本流程。

二、材料和用具

某蔬菜生产基地相关资料、当地蔬菜市场需求信息；笔记本、笔、计算机等。

三、实施过程

1. 任课教师布置任务，提供相关资料；学生分组，分析资料。

2. 根据资料分析，确定该蔬菜生产基地周年生产计划的相关内容，主要包括以下几方面。

（1）确定设施栽培与露地栽培面积比例　依据地形结构，按照保温、透光、通风等以及蔬菜周年生产原则，设计建造蔬菜大棚、中棚、小棚等生产设施。设施之间保持一定的间距，修建好人行通道和排水沟渠等。

（2）确定各种蔬菜品种及其栽培面积比例　根据人们的生活习惯、对蔬菜的周年需求规律以及气候状况的差别，因地制宜地确定本地区春夏秋冬等各生活季节蔬菜种植的种类和品种，是蔬菜规划的重要内容。首先要确定人们喜爱、产量较高、能保证人们日常生活、大量需求的主要品种，其次是确定满足不同层次人群对不同蔬菜品种的需求以及特色蔬菜、时令蔬菜等次要品种。

（3）蔬菜周年茬口衔接与安排　总体根据越冬茬—春茬—夏茬—伏茬—秋冬茬周年栽培模式，结合当地实际，确定具体的蔬菜周年生产方案。

3. 分组制订该蔬菜生产基地周年生产计划。

【效果评估】

1. 提交1份某蔬菜生产基地的周年生产计划。
2. 根据学生对理论知识以及实践技能的掌握情况（见表1-19），对"任务　熟悉蔬菜生产"教学效果进行评估。

表1-19　学生知识与技能考核表（六）

学生姓名＼项目及内容	任务　熟悉蔬菜生产					
	理论知识考核（50%）			实践技能考核（50%）		
	蔬菜生产方式（15%）	蔬菜栽培季节与茬口安排（15%）	蔬菜周年生产（20%）	蔬菜生产基地相关资料分析（5%）	蔬菜种类品种、生产面积、茬口安排确定（15%）	蔬菜周年生产计划（30%）

【拓展提高】

我国蔬菜生产分区

中国国土面积较大，幅员辽阔。根据自然地理以及各地气候条件，适当参考行政区划，一般将中国蔬菜生产区域划分为8个自然区。

各区的区域范围和气候特点简介如下。

1. 华南多主作区

主要包括广东、广西、福建、海南和台湾等省区。地形以丘陵为主，丘陵约占土地总面积的90%，平原约占10%，各种土地类型交错分布。受热带海洋性气团的影响，热量资源丰富，为中国之冠，终年暖热，年平均气温较高，如南宁21.6℃、广州21.8℃；除部分山区外，大部分地区全年无霜，雨量充沛，年降水量一般超过1000mm；土壤质地黏重，酸性强。蔬菜一般可终年露地栽培。喜冷凉的大白菜等蔬菜播种期延续幅度大；喜温的番茄、黄瓜等一般春、秋、冬三季均可种植栽培；耐热的冬瓜、南瓜、豇豆等除可在炎热多雨的夏季栽培外，以春、秋两季栽培更为适宜；生长期短的叶菜如小白菜、茼蒿、菜薹、苋菜、叶用莴苣、菠菜等，只要安排适当，一年内可栽8～10茬；即使是生长期较长的水生蔬菜，如藕、慈姑、荸荠、豆瓣菜、蕹菜等适当搭配，一年内也可种植3茬左右，因此被称为"华南多主作区"。

本区夏季炎热多雨，台风暴雨频繁发生，对露地蔬菜生产有不利影响，容易形成蔬菜生产中的夏淡季。但随着遮阳网、避雨棚、防虫网、水坑栽培等技术的应用，不仅解决了本区夏季蔬菜的供应，而且还成为港澳等地区蔬菜出口和创汇基地。

2. 长江中下游三主作区

主要包括湖北、湖南、江西、浙江、上海等省市，以及安徽、江苏两省区的南部地区。本区兼有平原和丘陵山地，平原主要为长江三角洲地区，丘陵山地以低山丘陵面积较多。本区海拔一般在1000m以下。气候温暖湿润，年降水量一般为1000~1500mm，属亚热带北缘，东亚季风区，四季分明。该区年平均温度较高，一般为15℃以上，非常有利于喜温蔬菜的生长。夏季高温多雨，在东部沿海和长江下游地区，夏、秋季节期间台风较多。本区蔬菜季节较长，一年内可露地栽培3茬主要蔬菜。栽培制度大致分为两种类型：一种是"春、秋、冬三大茬"类型，即喜温果蔬春秋两季栽培，喜凉蔬菜秋季栽培，不结球白菜、菠菜等可以露地越冬栽培；另一种是"春、夏、秋三大茬"类型，即葱蒜类、春甘蓝、蚕豆、豌豆等秋播越冬，翌年4~5月收获；冬瓜、丝瓜、豇豆等春播，夏、秋收获；秋季种植一茬不结球白菜、菠菜、芹菜等叶菜。因此本区也被称为"三主作区"。本区雨量充沛，河流纵横，湖泊众多，如鄱阳湖、太湖、洪泽湖、巢湖、洞庭湖等，水域面积广大，水培蔬菜栽培极为发达，种类齐全，高产优质。

3. 华北双主作区

主要包括北京、天津、河北、山东、山西、河南等省市，以及江苏和安徽两省区的北部地区，辽东半岛也类似于本地区。河北北部、山东西南部多为丘陵地区，河北中部、南部以及山东大部分地区为华北最大的冲积平原，地势平旷、土层深厚肥沃，灌溉方便。沿海部分地区为盐碱地。本区主要部分属于温带、半干旱地区，无霜期为150~220天，年降水量为400~800mm，年平均气温为12~15℃，阳光充足，雨水较少，夏季昼夜温差较大。大部分地区一年可种植两季露地蔬菜，故本地区被称为华北双主作区。

本区冬季寒冷，春季气温较低，不利于冬春期间露地蔬菜生产，但光照条件较好，适宜于发展设施栽培，尤其是日光温室、塑料大棚以及地膜覆盖等。其中日光温室在冬春期间生产的喜温果菜类，不仅可满足本地市场，还供应国内外广大地区、出口创汇。

4. 东北单主作区

包括黑龙江、吉林、辽宁三省以及内蒙古东北部，属于高纬度地区。地势多为平原或低山丘陵，土壤肥沃，富含有机质，多为黑钙土，含钾钙较多。冬季气候严寒，年平均气温3~8℃，无霜期为70~90天，年降水量400~600mm，夏、秋季为露地蔬菜生长季节。主要蔬菜如大白菜、马铃薯、甘蓝、番茄、辣椒、黄瓜、菜豆、萝卜、胡萝卜等，露地一年只能种植一季，特别适合马铃薯的栽培，属于单主作区。生长期短的叶菜类蔬菜如菠菜、不结球白菜、芫荽等在露地一年可栽培几茬。而辽宁南部的大连、瓦房店和鞍山地区，则属于华北地区气候，露地蔬菜一年可以种植春、秋两季。

由于本种植区域中大部分地区一年中将近有7个月时间不能露地种植蔬菜，其冬春期间的蔬菜供应除了从外地大量调入新鲜蔬菜以及将秋收蔬菜（如大白菜、甘蓝、马铃薯等）进行贮藏保鲜后于冬春供应外，近年来大力发展加温型设施蔬菜栽培，使本区生产淡季的蔬菜供应已得到明显改善。

5. 西南三主作区

主要包括四川、云南、贵州、重庆四省市以及陕西秦岭以南、甘肃陇南地区。本区地形复杂，高原、丘陵、平原等纵横交错，以山地为主，其次为丘陵，平原面积较小。土层薄、肥力低、气候呈垂直分布。本区地处亚热带，地形以山地为主，雨水、云雾多，湿度大，日照少。一般年降水量为800~1000mm，年平均气温为14~16℃。其中云贵高原地形、地势复杂，气候垂直变化显著，形成复杂小气候。云南东部地区，气候冬暖夏凉，蔬菜播种期无严格限制，喜温蔬菜2~7月可随时露地播种，喜冷凉蔬菜则可全年露地栽培，蔬菜周年不断生长。四川、重庆和贵州大部分地区，喜温蔬菜春、秋两季均可栽培，喜冷凉蔬菜可在秋季种植，耐寒蔬菜可露地越冬生长，因此一年内可在露地栽培主要蔬菜3茬，故本区被称为三主作区。

6. 西北双主作区

主要包括陕西、甘肃、宁夏等省区。大部分地区属于黄土高原，全年平均气温8~14℃。陕北气候寒冷干旱，年降水量400~600mm，无霜期约180天，生长期短，露地蔬菜种植基本上一年一茬。陕西越向南雨水越多，关中平原土壤肥沃，灌溉方便，年降水量500~750mm，无霜期210天，蔬菜种植业发达，露地蔬菜一年可种植2茬，属于双主作区。西安地区蔬菜栽培方式与华北双主作区相似，除喜温蔬菜如番茄、辣椒、黄瓜等生长良好外，还适合莲藕、荸荠、茭白等水生蔬菜的生长。甘肃大陆性气候明显，境内多山，全省年平均气温4~11℃，年降水量30~580mm，多集中在7~9月，无霜期为150~190天，昼夜温差大，空气干燥，有利于瓜果蔬菜生长。陇中、陇南地区，一年可种植两季露地蔬菜，属于双主作区。陇西大部分地区，一年只能种植一季露地蔬菜，属单主作区。宁夏地处黄河中游，银川平原蔬菜生长条件较好，土壤肥沃，灌溉方便，年平均气温8℃，年降水量205mm，无霜期180天，昼夜温差大，日照充足，空气干燥，有利于瓜果蔬菜生长。一年可种植二茬露地蔬菜。

7. 青藏单主作区

主要包括青海省和西藏自治区。属典型的高原（海拔3000m以上）大陆性气候，气候高寒，空气干燥，年降水量约500mm，年平均气温5~7℃，无霜期为90~135天，四季多风，气候变化剧烈。适合蔬菜生长的时间短。青海西宁地区种植的主要蔬菜有大白菜、甘蓝、萝卜、胡萝卜、马铃薯、大葱及大蒜等，喜温蔬菜如番茄、辣椒、茄子、黄瓜、西葫芦等需在保护地育苗后，于5月中下旬定植大田，8~9月份成熟上市，一年只种植一季露地蔬菜，故本区称为单主作区。青藏高原空气干燥，气候寒冷，昼夜温差大，昆虫较少，对于蔬菜良种繁育具有优越的自然条件。

8. 蒙新单主作区

主要包括内蒙古自治区和新疆维吾尔自治区。地势较高，海拔1000m以上，绝大部分属于干旱荒漠地带，大陆性气候明显。各地降雨多寡不均，年降水量为13~415mm，气候变化剧烈，极端最高气温达47.5℃，极端最低气温达-40.4℃，昼夜温差大。内蒙古的呼和浩特、包头等地区灌溉较方便，喜温菜等和部分喜凉菜一年可露地种植一茬，故称为单主作区。食用菌、野生韭、黄花菜及蕨菜等野生蔬菜资源丰富。内蒙古是中国马铃薯的重要产地之一。

新疆盆地面积广大，沙漠约占全区面积的22%。蔬菜生产主要集中在大城市（如乌鲁木齐、克拉玛依、喀什等）郊区。由于哈密、石河子、吐鲁番、喀什等地日照充足、昼夜温差大等特殊的生态条件，所产哈密瓜糖度高、品质佳，驰名中外。新疆地区西瓜、甜瓜等品种资源极为丰富，不仅栽培品种多，而且野生类型丰富，可成为当地重要的可持续发展资源之一。

各地无霜期与蔬菜分区见表1-20。

表1-20　各地无霜期与蔬菜分区

地区	无霜期/天	蔬菜栽培制度	地区	无霜期/天	蔬菜栽培制度
华南区	250~340	多主作区	西南区	220~280	三主作区
长江中下游地区	230~280	三主作区	西北黄土高原	130~240	双主作区
华北区	150~220	双主作区	青藏高原	50~130	单主作区
东北区	130~200	单主作区	蒙新区	130~270	单主作区

此外，由于气候、品质以及我国经济的不断快速发展等原因，我国各地特色蔬菜生产如雨后春笋般不断涌现，不仅大大丰富了我国蔬菜区域划分，也大力促进了我国蔬菜产业的发展。如各地高山特色蔬菜、名特优蔬菜（如福建及广东等地竹笋，湖南邵东、陕西大荔、江苏宿迁、甘肃庆阳等地金针菜，云南牛肝菌，四川南部竹荪，广东草菇，东北猴头和木耳，江西和皖南的香菇，张家口口蘑，湖北随州香菇，山东莱芜片姜，新疆大蒜，新疆哈密瓜，兰州白兰瓜，宁夏枸杞，兰州百合，无锡茭白，长江中下游莲藕等）等。

【课外练习】
1. 蔬菜有哪些主要生产方式？
2. 请简要介绍蔬菜的季节茬口和土地茬口。
3. 制订"蔬菜生产基地周年生产计划"，需综合考虑哪些因素？

任务七　了解蔬菜产业

【任务描述】

近年来，南方某县市利用独特的气候优势，大力发展蔬菜产业，其定位是在确保本地区城镇居民蔬菜有效供给的同时，打造内陆各省的"菜篮子"。请根据目前该县市的蔬菜产业发展现状以及未来发展定位，对该县市未来三年的蔬菜产业发展进行科学规划。

【任务分析】

完成上述任务，要求掌握蔬菜产业的概念、结构与特点，蔬菜商品性生产与产业化等相关知识；掌握蔬菜产业发展规划的编制内容、编制方法与编制流程。

【相关知识】

一、蔬菜产业的概念、结构与特点

随着人们生活水平的不断提高，蔬菜种植水平和规模的不断扩大，带动了与蔬菜种植、运输、销售等相关产业的发展，逐渐形成了蔬菜种苗业、蔬菜运输业、蔬菜销售业等产前、产中、产后相互衔接的蔬菜产业体系。蔬菜产业在人们日常生活中的地位不断上升，蔬菜经济成为各地农业经济的重要组成部分。

1. 蔬菜产业的概念

所谓蔬菜产业，就是指直接进行商品蔬菜生产以及直接服务于蔬菜生产并产生经济效益的各生产环节组成的产业体系。如蔬菜种子业、蔬菜育苗业、蔬菜种植业、蔬菜销售运输业、蔬菜产品深加工业等。蔬菜业和蔬菜产业其实是两个不同的概念，前者仅指与蔬菜种植栽培密切相关的各生产环节体系，以发展其各生产环节内涵为主要目的，对其经济效益或经济指标要求不高；而后者则强调以追求较高的经济效益为主要生产目标。

蔬菜产业体系中的商品形态有：蔬菜种子、蔬菜秧苗、鲜用蔬菜、贮藏蔬菜、加工蔬菜、运销蔬菜、深加工蔬菜、出口蔬菜等。

2. 蔬菜产业的结构

蔬菜产业的基本结构可划分为产前、产中、产后三个环节：产前包括蔬菜良种研究及生产环节、蔬菜种子销售环节、蔬菜育苗环节等；产中包括蔬菜种植、田间管理、采收等蔬菜直接生产过程环节；产后包括蔬菜贮藏环节、蔬菜运输环节、蔬菜加工环节、蔬菜销售环节、餐饮等相关服务环节及相关出口包装环节等。显然，蔬菜产前环节是进行蔬菜生产的基础，蔬菜产后环节是蔬菜经济效益的延伸、体现和保证。因此蔬菜产业也相应由产前、产中、产后三个部分组成，是由蔬菜生产过程中的产前、产中、产后各环节各部门组成的综合生产体系。其产前包括蔬菜种业、育苗业以及农资产销业等；产中主要包括直接从事田间种植、管理、采收等工作的蔬菜生产业；产后包括蔬菜销售业、蔬菜运输业、贮藏加工业、产后处理业、出口包装业等。

蔬菜产中环节是蔬菜产业体系中的核心环节，只有通过蔬菜种植过程才能形成具体的蔬菜产品，蔬菜产前、产后环节都是围绕着产中环节进行准备和延伸，即具有"两头小、中间大"特点。但这并不意味着可以否认蔬菜产前、产后环节的重要性，而二者恰恰为蔬菜生产提供了功能强大的服务体系，为蔬菜种植保驾护航。

蔬菜产业是一个庞大的体系。毋庸置疑，其产前、产中、产后中各主要环节均可单独成为产业。可在全国范围内，在蔬菜产业结构较为完善、商品经济较为发达、大蔬菜、大流通、大市场的基础上，有选择性地突出当地或本部门具有生产优势的蔬菜产业中的一个或几个环节，形成产业龙头，融入全国产业链群，以带动和促进全局性蔬菜产业的发展，实现经济效益和社会效益的最大化。

3. 蔬菜产业的特点

蔬菜产品主要是鲜嫩器官，即使进行深加工也必须以鲜嫩产品为加工对象，以及由于蔬菜种植和产品的季节性，极容易腐烂变质，必须及时进行运输、销售或及时保藏加工。蔬菜产业有着与其他生产行业明显不同的产业特点。

(1) 蔬菜产业系统结构的复杂性　蔬菜生产的过程和环节涉及蔬菜优良品种研发、种子生产与销售、蔬菜秧苗生产与销售、蔬菜种植、蔬菜种植技术培训以及蔬菜肥料、农药等生产资料的生产、销售、使用和蔬菜运输、蔬菜保藏、蔬菜加工、蔬菜销售及出口创汇等；蔬菜生产涉及蔬菜科研院所、教育、化工、运输、机械、农业、林业、贸易、销售等行业和部门；蔬菜植物种类繁多，产品包括植物的根、茎、叶、花、果及食用菌子实体等。尤其是在大蔬菜、大市场、大流通的商品经济形势下，蔬菜产业各系统各部门之间必须紧密衔接，互相促进，才能有力促进蔬菜产业的发展。

(2) 蔬菜产业经济效益的易变性　一般说来，蔬菜产业经济效益较高，因而发展迅速。然而，由于蔬菜产品的鲜嫩性特点及副食品地位，以及人们口味的变化，尤其是在对蔬菜市场发展规律把握不准、人们一拥而上、对市场情况调查了解不够等原因，必将导致蔬菜销售不畅、产品积压、大量腐烂等，使蔬菜种植者的投入难以回收，甚至出现巨额亏损，严重打击了蔬菜经营者发展蔬菜产业的信心。这种情况已在一些地方时有出现。因此蔬菜产业的均衡发展以及通过大力发展蔬菜加工业、蔬菜保藏业、蔬菜贸易业等，不仅可以促进蔬菜产业做强做大，更能显著稳定和提高蔬菜产业的经济效益。

(3) 蔬菜产品流动的特殊性　蔬菜是鲜嫩产品，必须及时进行销售和运输。在蔬菜生产专业化、规模化、大蔬菜、大市场、大流通的商品经济条件下，蔬菜产品的及时运输显得尤为重要。广泛开展的"蔬菜产品运输绿色通道"以及冷链运输就是根据这一产业特点设立的特殊政策。

(4) 蔬菜产品包装形态的多样性　蔬菜产品采收后，人们为了保持其鲜嫩程度、减少成本及加快流通速度，往往以散装的形式直接在农贸市场、蔬菜批发市场进行销售。随着蔬菜产业的发展及人们生活水平的提高，遵循绿色无污染、清洁、安全、健康、营养、周年化供应等原则，蔬菜产品经过进一步的加工、贮藏等产后处理，然后进行包装销售，不仅提高了蔬菜产品的形象，而且改善了产品的品质，提高了蔬菜产品的附加值。人们还对蔬菜产品的种植过程、农药化肥等的使用规范、产后处理程序等制定了严格的等级、规格和标准，各蔬菜生产企业以品牌和商标的形式予以确认和公布，不仅保证了人们的身体健康，更有力促进了蔬菜产业的发展。

(5) 蔬菜产业利益分配的矛盾性　蔬菜产业体系涉及多个单位和部门，因此蔬菜价格必然包括技术部门的技术价值、种植者的种植成本、运输销售单位的工作价值等。从蔬菜生产的过程来说，蔬菜种植者付出的劳动最为重要和关键，付出的劳动力等生产成本也是最高，但其生产价值难以在蔬菜销售价格中得到充分体现。这种现象在我国乃至世界范围内的农业生产中都具有一定的普遍性。如今在我国的一些发达地区以及一些发达国家都已对蔬菜种植者进行经济补贴，以弥补和缓解蔬菜产业利益分配的矛盾性。

二、蔬菜商品性生产与产业化

蔬菜生产是一项环环相扣的系统工程，必须依赖各环节的相互配合和均衡发展。蔬菜生产的产业化过程，实际上就是蔬菜产业产前、产中、产后各生产环节的产业化发展过程。在大市场、大蔬菜、大流通的背景下，依托自身优势大力建设其中若干环节的产业化龙头企业，以此带动该环节的整体产业化程度深入发展，提高产业化规模，有力促进全国范围内的商品蔬菜的产业化发展。例如，蔬菜优质种业的商品化和市场化发展，在保证整个蔬菜产业能提供优质蔬菜的同时，将能为优质蔬菜种子研究者、生产者、销售者带来丰厚的利润，实现良好的经济和社会效益。

蔬菜生产过程的产业化发展包括蔬菜种业的产业化发展、蔬菜种植业的产业化发展、蔬菜销售业的产业化发展、蔬菜流通业的产业化发展、蔬菜配套农资及服务的产业化发展等。

在蔬菜种业产区，以蔬菜科研院所为依靠，以优质蔬菜品种开发为核心，对蔬菜优良品种的研究、开发、试种、推广、种业销售等以市场化、产业化的方式进行发展，将智力优势转化为资源优势，不仅将成为本部门、本地区的重要经济增长点，更将有力地推进全国蔬菜产业的发展。在蔬菜产区，通过充分发挥本地自然资源优势，规划与发展春、夏、秋、冬等各季节常规大宗蔬菜、绿色有机蔬菜生产，不断调整蔬菜种植和销售的菜源结构，满足人民群众的生活需求；优化菜田的种植结构，合理轮作、间作、混作、套作和连作，提高土地的复种指数和利用率；实施蔬菜周年种植和反季节种植，优化蔬菜种类的周年均衡供应途径，提高种植者的经济效益；贯彻环保蔬菜、绿色有机蔬菜、可持续发展蔬菜等生产方式，提高蔬菜产品的品质和可持续发展能力，并建立健全蔬菜运输、中转等物流配送体系，蔬菜批发、零售等蔬菜销售体系，化肥、农药等蔬菜化工产品的生产、销售体系，以及蔬菜生产技术指导等农资服务体系等。遵循商品化、市场化和产业化规律，蔬菜生产各环节在专业化、规模化、产业化发展的同时，必将极大促进蔬菜整体产业的稳步发展。在促进当地经济发展和社会进步的同时，也必将提高种植者、经营者的经营收入。

【任务实施】

××省××县（市）蔬菜产业三年发展规划（20××~20××年）

一、任务目标

熟悉蔬菜产业发展规划的相关内容，掌握蔬菜产业发展规划撰写与编制的方法及步骤，为地方蔬菜产业发展提供纲领性文件。

二、材料和用具

××省××县（市）蔬菜产业相关资料（包括土壤、气候等自然条件，社会经济条件，蔬菜种植历史及发展现状，以及当地农业发展规划等）。

三、实施过程

1. 任课教师提供当地蔬菜产业相关资料。
2. 学生分组进行资料分析，确定当地蔬菜产业三年发展规划目标、规模等基本定位。
3. 具体落实蔬菜产业规划所需确定的区域布局、基地建设、保障措施等内容，参照下面的"蔬菜产业发展规划"编写模板，完成当地蔬菜产业三年发展规划的编制任务。

"蔬菜产业发展规划"编制模板

标题：××省××县（市）蔬菜产业三年发展规划（20××~20××年）

（前面附封面，注明编写单位、编写人员及编写日期）

（一）总则

包括规划编制背景、规划编制依据、规划区域、规划编制年限等内容。

（二）发展蔬菜产业的条件

包括国内蔬菜产业发展态势、××省××市蔬菜产业发展态势、××省××市蔬菜产业发展的必要性等内容。

（三）指导思想与规划原则

包括指导思想、规划原则等内容。

（四）发展目标与区域布局

包括总体目标、年度目标、区域布局等内容。

（五）蔬菜产业基地建设内容

根据具体实际而定，一般包括基础设施建设、新品种新技术引进、产品质量监测、技术规程研制等内容。

（六）保障措施

从人力、物力、财力等多方面加以保障。撰写范例如：加强组织领导，明确责任分工；建设风险体系，规避产业风险；创新流通方式，完善流通体系；保障质量安全，培育产业品牌；创新培训机制，塑造新型菜农；强化科技支撑，提升技术水平。

（七）投资估算及效益预测

包括投资估算、资金筹措、效益预测等内容。

【效果评估】

1. 提交1份"××省××县（市）蔬菜产业三年发展规划"。
2. 根据学生对理论知识以及实践技能的掌握情况（见表1-21），对"任务 了解蔬菜产业"

教学效果进行评估。

表 1-21　学生知识与技能考核表（七）

项目及内容	任务　了解蔬菜产业			
	理论知识考核（50%）		实践技能考核（50%）	
学生姓名	蔬菜产业的概念、结构与特点（25%）	蔬菜商品性生产与产业化（25%）	蔬菜产业资料查阅与分析（20%）	蔬菜产业发展规划编制（30%）

【拓展提高】

一、蔬菜产业的形成与发展

实际上，蔬菜业就是农业的一个分支。自从人类社会出现，在不断与大自然的斗争中，逐渐出现了原始农业，原始蔬菜生产也随之逐渐出现，蔬菜业也逐渐随之形成。随着人类种植等生产技术的进步，商品性生产逐渐出现，人类社会开始出现社会分工，作为原始农业组成部分之一的蔬菜生产，也开始出现蔬菜商品交换，蔬菜产业也开始萌生发芽了。

随着人类社会的发展和进步，人类驯化栽培的蔬菜种类越来越多，栽培技术显著进步，蔬菜业和蔬菜产业也随之不断向前发展，原始蔬菜业逐渐发展成为近代蔬菜业。近代蔬菜业在种植技术上充分遵循和利用蔬菜植株的生长发育规律，采用先进的蔬菜栽培设施以及人工合成的化学肥料、农药及生长调节剂等，调控蔬菜植株生长发育所需的温度、光照、水分、土壤营养等环境条件，蔬菜生产技术不断进步，蔬菜产业呈现出规模化、专业化和技术化的特征。进入现代社会，人类社会对自然界的生态平衡、人类生存环境有了更深刻的认识，环保理念不断加强，以生态、环保、安全、营养、健康和可持续发展为主要内涵的现代蔬菜业获得人们的高度重视和广泛认同，并在世界各国得到迅猛发展，代表着蔬菜业未来发展的方向的绿色有机蔬菜得到蓬勃发展。

随着蔬菜业的发展，蔬菜种植业、蔬菜销售业、蔬菜种苗业、蔬菜贮藏加工业、蔬菜运输业、农资产销业等不断分化、发展，蔬菜产业体系不断构建和完善，蔬菜产业成为人们日常生活和地方经济中不可或缺的重要内容。

改革开放初期，国家推出了以满足人们日常蔬菜消费需求为目标的"菜篮子"工程，各地相继建成了一批蔬菜生产基地，解决了人们"吃菜"问题，取得了了不起的成就；随着我国经济的迅猛发展，在解决了广大群众吃菜问题的基础上，国家果断提出进行产业结构调整，"以市场为导向，以经济效益为目标"，促进了全国大蔬菜、大市场、大流通格局的形成，可持续发展的生态型绿色有机蔬菜的普及，显著提高了全国蔬菜产业水平。

二、我国蔬菜产业的现状、问题与展望

1. 发展现状

（1）生产区域布局基本形成　近些年，综合考虑地理气候、区位优势等因素，将全国蔬菜产区划分为华南与西南热区冬春蔬菜、长江流域冬春蔬菜、黄土高原夏秋蔬菜、云贵高原夏秋蔬菜、北部高纬度夏秋蔬菜、黄淮海与环渤海设施蔬菜六个优势区域，重点建设 580 个蔬菜产业重点县（市、区），提高全国蔬菜的均衡供应能力。规划期内，提高全国蔬菜均衡供应和防范自然风险、市场风险的能力。重点县（市、区）的蔬菜播种面积保持基本稳定，单位面积产量和总产量的增幅高于全国平均水平。

① 华南与西南热区冬春蔬菜优势区域　包括 7 个省（区），分布在海南、广东、广西、福建和云南南部、贵州南部以及四川攀西地区，共有 94 个蔬菜产业重点县（市、区）。本区域冬春季

节气候温暖，有"天然温室"之称，1月（最冷月）平均气温≥10℃，可进行喜温果菜露地生产。

② 长江流域冬春蔬菜优势区域　包括9个省（市），分布在四川、重庆、湖北、湖南、江西、浙江、上海和江苏中南部、安徽南部，共有149个蔬菜产业重点县（市、区）。本区域冬春季节气候温和，1月份平均气温≥4℃，可进行喜凉蔬菜露地栽培，是我国最大的冬春喜凉蔬菜生产基地。

③ 黄土高原夏秋蔬菜优势区域　包括7个省（区），分布在陕西、甘肃、宁夏、青海、西藏、山西及河北北部地区，共有54个蔬菜产业重点县（市、区）。本区域适宜蔬菜生产的多为海拔800m以上的高原、平坝和丘陵山区，昼夜温差大，夏季凉爽，7月平均气温≤25℃，无需遮阳降温设施就可生产多种蔬菜。

④ 云贵高原夏秋蔬菜优势区域　包括5个省（市），分布在云南、贵州和鄂西、湘西、渝东南与渝东北地区，共有38个蔬菜产业重点县（市、区）。本区域适宜蔬菜生产的多为海拔高度800~2200m的高原、平坝和丘陵山区，夏季凉爽，有"南方天然凉棚"之称，7月平均气温≤25℃，无需遮阳降温设施就可生产多种蔬菜。

⑤ 北部高纬度夏秋蔬菜优势区域　包括4个省（区），分布在吉林、黑龙江、内蒙古、新疆，共有41个蔬菜产业重点县（市、区）。本区域纬度较高，夏季凉爽，7月平均气温≤25℃，无需遮阳降温设施就可生产多种蔬菜。

⑥ 黄淮海与环渤海设施蔬菜优势区域　包括8个省（市），分布在辽宁、北京、天津、河北、山东、河南及安徽中北部、江苏北部地区，共有204个蔬菜产业重点县（市、区）。本区域冬春光热资源相对丰富，距大城市近，适宜发展设施蔬菜生产。

（2）种植面积和总产量持续增长　随着人们生活水平的提高，市场对于无公害、有机蔬菜的需求日益强劲，蔬菜的种植面积和产量呈上升态势，且单产水平有所提高。2000年我国蔬菜单产达到27828kg/hm²，年人均蔬菜持有量为326.23kg；2004年蔬菜种植面积增加了200万公顷，单产却提升了3529kg，年人均蔬菜持有量为423.56kg；到2014年全国蔬菜种植面积达到2128.9万公顷，单产也达到最高峰35701.76kg/hm²。我国蔬菜种植结构也发生了变化，逐渐由数量型向效益型转变。此外，随着蔬菜种植面积和产量的提高，人们的菜篮子也不断得到充实。根据国家统计局数据，我国蔬菜产量已从2008年的5.92亿吨增长至2015年的7.69亿吨（见表1-22）。

表1-22　1995~2015年中国蔬菜产量统计

年度	产量/万吨
1995年	25726.71
1996年	30123.09
1997年	35962.39
1998年	38491.93
1999年	40513.52
2000年	44467.94
2001年	48422.36
2002年	52860.56
2003年	54032.32
2004年	55064.66
2005年	56451.49
2006年	53953.05
2007年	56452.04
2008年	59240.35

续表

年度	产量/万吨
2009 年	61823.81
2010 年	65099.41
2011 年	67929.67
2012 年	70883.06
2013 年	73511.99
2014 年	76005.48
2015 年	76918.4

资料来源：国家统计局。

(3) 绿色环保提质工程稳步推进　随着我国城乡经济的发展，人民生活水平的不断改善和提高，以及我国蔬菜产品国际贸易的增长，国际、国内市场都对蔬菜的数量和质量提出了更高的要求。为保证"菜篮子"安全，2001年4月农业部提出了"无公害食品行动计划"；2003年4月推出了无公害农产品国家认证。2007年8月开始，国务院在全国范围内开展产品质量和食品安全专项整治。在蔬菜质量安全管理上，开展了高毒农药整治行动和农产品批发市场整治行动，并将全国大中城市农产品批发市场全部纳入监测范围，重点检查认证农产品的资质、产地认定条件、生产过程和产品质量安全状况；加强产地监测和对进入市场销售认证产品资质的确认；大力推广标准化生产。根据农业部的监测结果，2013年全年我国的蔬菜合格率达96.6%。

随着蔬菜供应菜源扩大、品种增加，挑好选优、讲究营养已成为消费者的基本要求。不少居民的口味向自然化回归，对天然野生型蔬菜的需求量不断增加，荠菜、山芋、竹笋等品种在菜市上成为固定"角色"。消费者多样化需求结构的形成，正直接引导着蔬菜产业的品种结构向自然、无污染的绿色环保型方向发展。为适应居民快节奏、高效率的要求，蔬菜加工趋向方便型，即在产地整理、消毒灭菌、分级和包装密封，然后净菜小包装上市。

(4) 科技进步步伐明显加快　据统计，2013年国家大宗蔬菜产业技术体系统计，中国从事蔬菜领域科研、教学的人员大约有2800人。目前中国从事蔬菜育种的地市级以上科研机构有179个，其中科研单位143个（国家级1个、省级33个、地市级109个），占79.9%，高等院校36个，占20.1%；从事育种的科技人员有2046人，约占蔬菜科技人员总数的73.1%，其中具有高级职称的有988人，约占育种科技人员总数的48.3%。

在我国蔬菜产业的迅速发展中，蔬菜科技进步发挥了重要作用。在应用基础研究、高新技术和常规实用技术研究以及科技成果产业化方面都取得了一批重大科研成果，其中国家级成果奖励40余项，为推动我国蔬菜产业的发展做出了重大贡献。在种质资源研究、遗传育种工作、育苗及设施蔬菜栽培技术研究、蔬菜病虫害防治技术和蔬菜贮藏与加工等领域都获得了长足发展。目前我国已经形成了以各地的高新科技示范园为龙头，以科技示范户为基础的蔬菜科技推广体系。蔬菜生产科技进步的主要标志是：蔬菜生产逐步良种化；栽培管理日趋规范化、机械化和现代化，生产技术的科技含量有了较大的提高；蔬菜生产信息化、专业化、集成化的步伐加快。

(5) 市场销售体系基本建立　全国基本上形成了以国家级市场为中心，以地方或区域性市场为补充的完整市场销售体系。集散型、运销型、保鲜与加工型等现代流通模式已基本成型，契约销售、定单销售、中介销售、网上销售等多形式的交易方式为蔬菜销售提供了有力的保障。在市场建设中，主要市场基本做到了交易、服务、加工、管理四区分明，形成了良好的交易秩序、治安秩序、交通秩序，初步具备了产品集散中心、信息传播中心和价格形成中心三大功能。

(6) 蔬菜产业地位日趋凸显　目前，我国已经成为世界上最大的蔬菜、瓜类生产消费国，蔬菜在种植业中已成为仅次于粮食的第二大产业，并成为农业增效、农民增收的主要来源。据初步测算，山东寿光农民收入的60%来自蔬菜。为发展蔬菜产业，农业部2007年发布了《特色农产品区域布局规划》，蔬菜即为其中之一，规划期内重点发展莲藕、魔芋、莼菜、薤头、芋头、竹笋、黄花菜、百合、荸荠、黑木耳、银耳、松茸、辣椒、花椒、大料等 15 种特色蔬菜。主攻方向为：加强特色蔬菜良种繁育和推广，发展优质特色蔬菜；强化特色蔬菜产后处理，积极发展深加工，延长产业链，提高附加值；加快特色蔬菜质量标准体系建设，规范行业标准，提升产品市场竞争力，培育名牌产品。到 2015 年，优势区良种覆盖率已达到 95% 以上，扶持建设了一批特菜种植基地，以加工企业为龙头带动产业发展，增加了特色蔬菜花样品种，实现了高档蔬菜标准化生产，做大做强特菜名牌产品，提高了特色蔬菜在国内外市场的占有率。各个地方也出台了鼓励蔬菜产业做大做强的政策。蔬菜产业正迎来又一轮发展的春天。

（7）出口创汇呈现稳定增长　由于蔬菜生产是技术加劳动密集型的产业，近年来成为我国农业创汇的优选项目。据 FAO（联合国粮食及农业组织）统计，自 1990 年以来，中国的蔬菜出口量一直居世界前 5 位。2013 年，我国蔬菜出口额 115.8 亿美元，同比增加 16.2%；贸易顺差 111.6 亿美元，同比增加 16.8%。今后一段时间，我国蔬菜出口将继续保持稳步增长的态势。蔬菜为平衡我国农产品国际贸易做出了突出贡献。

目前，我国蔬菜出口主要流向亚洲、欧洲、北美洲、南美洲，其中主要出口到日本、美国、欧盟、韩国、东盟、澳大利亚等地，占我国蔬菜总出口量的 65%。

2. 主要问题

（1）蔬菜国内产销方面

① 蔬菜种植产业组织化程度不高。我国的蔬菜在生产和流通方面仍旧属于粗放型的发展阶段，数量多，质量低。而且大部分菜农仍是分散经营，设施较差，信息不灵，在蔬菜的规范化生产、标准化监控、品牌销售等方面还做得不够。此外，小生产与大市场、大流通和经济全球化的矛盾也比较突出。

② 地域间的蔬菜生产发展不平衡。目前不论是从栽培规模和产量，还是从栽培手段和效益上，东部地区明显好于西部，内地明显好于边缘地区。

③ 蔬菜种植总体技术水平不高。主要表现为蔬菜良种国产率偏低，大部分依赖进口，种子价格昂贵，加大了生产成本。由于长期连作、无序引种和流通、蔬菜品种数量的增多以及反季节栽培规模的不断扩大等原因，不仅导致原有病虫害发生加重，而且还导致病虫害的种类逐年增加。种植过程中滥用农药、化肥现象仍然存在，农药残留超标问题在全社会引起广泛关注。

④ 蔬菜种植的产量和产值普遍偏低。虽然目前我国个别地方的单产已接近世界水平，但平均产量水平却与世界水平差距比较大。例如荷兰在冬春季低温寡照条件下，保护地单株番茄结果 35 穗，产量 125～450t/hm²，黄瓜 450～600t/hm²；我国则为 75～105t/hm²，仅相当于发达国家的 1/5。在产值方面，由于产品质量差、深加工不足、包装档次低等原因，不仅在国际市场上价格不高，在国内市场上的价格也普遍偏低。

⑤ 蔬菜产品质量标准体系建设滞后。我国蔬菜产品中农药最高残留限量的国家标准，无论从数量、限量水平还是标准分类等方面，与国际标准仍存在差距。各种有机肥料和化学肥料对环境也会造成污染，再加上我国蔬菜企业的质量管理意识、卫生检疫意识与环境保护意识仍有待加强，因此而对于产品的原料控制不够严格，这使得产品存在一些质量上的问题。

（2）蔬菜出口创汇方面

① 卫生质量监控方面存在不足之处。蔬菜种植业不能只关注数量的增长，在质量和安全控制方面更要重点把关，质量安全问题，是目前影响我国蔬菜出口的一个突出点，因为各国对入境的蔬菜都有严格的卫生安全、质量、生态包装等检验检疫要求。因此，要缩小我国蔬菜质量标准体系与国际标准体系之间的差异势在必行，对农药、化肥、杀虫剂、各种各样的化学添加剂等化学药物的使用要更加科学化。

② 需促进出口蔬菜的种类品种竞争优势。目前主要集中于用工量较多的蔬菜、国外认为比较效益低的蔬菜、中国特有的蔬菜和国际市场公认具有药用保健价值的蔬菜等产品方面。有学者曾根据我国蔬菜出口现状，运用贸易依存度、进出口价格和世界市场份额等指标对我国蔬菜国际竞争力进行分析，认为我国蔬菜在种类品种、价格等方面有较强的优势，其中竞争力较强的

蔬菜有鲜菜、姜、大蒜、蘑菇、萝卜及胡萝卜等,而其他产品的竞争力仍较弱。

③ 生产技术相对落后。众所周知,"科学技术是第一生产力",只有产品科技含量越来越高,我国蔬菜产业才会有更大更广的发展空间。据调查,在农业产出增长率中,科技进步率所占的比率,美国达到81%左右,德国79%左右,日本70%左右,而我国目前只占40%左右,与发达国家差距较大,因此,要使我国蔬菜产业在国际市场中占据一定的地位,加大蔬菜产业技术革新是当务之急。

④ 影响我国蔬菜竞争力的因素依然较多。主要表现为:蔬菜生产资源配置不合理,简单的数量规模型扩张造成供给过剩,资源浪费;蔬菜产品安全和卫生质量方面存在问题,市场销售受阻;采后处理技术落后,加工保鲜能力不足,蔬菜浪费严重;我国有能力参与国际蔬菜市场竞争的企业和组织不多,缺乏规模效益;蔬菜经营形式和物流管理手段落后,市场风险增加等是影响我国蔬菜出口的主要因素。

⑤ 国外市场门槛的提高影响了我国蔬菜的竞争优势。一些发达国家利用自己先进的农产品生产、加工技术和管理优势,往往通过立法手段,实施绿色贸易壁垒,制定严格的强制性技术标准,限制进口我国蔬菜,目的是保护本国的蔬菜产业和降低我国蔬菜产业的国际竞争能力。发达国家通过实施各种检疫指标、检测项目以及对生产加工和包装等各项要求,可以大大增加我国蔬菜生产经营的成本,使我国蔬菜参与国际市场的交易费用大大增加,国际竞争能力相应减弱。

3. 发展趋势

我国蔬菜产业发展的总体趋势是:以现代蔬菜科技和现代工业技术为支撑,逐步走产、加、销一体化的产业发展道路,实现由传统蔬菜产业到现代蔬菜产业的转变;运用现代科技,大幅度提高土地和设施的利用率、劳动生产率和产品的商品率及利用价值,降低生产成本,大幅度提高蔬菜的产量、品质和产值;加快选育适应不同消费群体、不同季节、不同熟性的蔬菜系列新品种,并加强抗逆、抗病虫、耐贮运和适宜加工、适宜机械化栽培的专用品种选育;研究总结两高一优栽培新模式,解决周年均衡供应;普及推广以设施栽培技术、无土栽培技术、节水灌溉技术、病虫害综合防治技术为代表的新技术;围绕可持续农业和WTO(世界贸易组织),制定更为严格的蔬菜质量认证体系,开发推广无公害蔬菜、绿色蔬菜、有机蔬菜,实现标准化生产;进一步提升蔬菜的贮藏和加工能力,提高蔬菜产品的附加值;利用互联网指导蔬菜生产和蔬菜经营;利用蔬菜产业发展旅游观光农业、都市农业、生态农业、市场农业、社区农业,并充分挖掘蔬菜文化内涵。蔬菜市场逐步达到数量充足、供应均衡、品质优良、种类多样、清洁卫生和食用方便的目标。

在蔬菜产品出口方面,应该发挥我国蔬菜生产的资源优势和成本优势,并将其转变为市场优势和出口优势:合理规划蔬菜生产区域布局,加大对优势区域和优势品种的支持力度,形成优势和规模经济的有利格局;提高蔬菜生产技术水平,加大对蔬菜生产和产品质量标准体系建设的力度,根据我国国情与世界发展趋势的蔬菜生产技术,使农民增收与农业增效有机结合起来;提高蔬菜产业化经营水平,加大对规模型龙头企业和行业协会的支持力度,加快建设形成蔬菜供应链,提高竞争力;加大蔬菜生产经营的组织化、信息化服务体系建设,全面改善蔬菜产业的市场开发能力;改进和完善贸易政策,推进蔬菜出口快速增加。

【课外练习】

1. 何为蔬菜产业?其商品形态包括哪一些?
2. 目前我国蔬菜产业发展中存在的主要问题是什么?联系实际,说出你的解决方案。

项目二 蔬菜栽培的基本流程

【知识目标】
1. 了解菜地选择的基本原则,掌握菜地规划的主要内容,了解蔬菜生产计划制订的基本原则和主要内容,掌握蔬菜生产计划方案制订的基本知识;
2. 了解菜地土壤耕作的任务,掌握菜地土壤耕作的主要方法;
3. 熟悉种子处理方法及播种技术;
4. 了解不同的蔬菜育苗方法及其特点,熟悉设施育苗、露地育苗、容器育苗、无土育苗及嫁接育苗的技术要点;
5. 掌握蔬菜定植的相关知识;
6. 掌握蔬菜水肥管理、植株调整、中耕除草、化学调控以及病虫害防治等田间管理知识;
7. 掌握蔬菜采收、保鲜与销售的基本知识。

【能力目标】
1. 能根据生产目标科学规划蔬菜生产基地,能按照生产任务制订科学合理的蔬菜生产计划;
2. 能针对不同土壤、不同蔬菜作物采取相应的耕作技术;
3. 能掌握种子消毒、浸种催芽技术及播种技术;
4. 能熟练掌握设施育苗、穴盘育苗及嫁接育苗等育苗技术;
5. 能熟练完成整地作畦、蔬菜定植;
6. 能根据蔬菜生长发育状况采取合理的水肥管理、植株调整及化学调控技术措施;
7. 能根据蔬菜生长情况正确采收,进行市场销售及销售后的效益评估。

任务一 菜地规划与蔬菜生产计划制订

【任务描述】
南方某农业公司拟在南方某地投资建设约 20hm² 的蔬菜生产基地,其中露地种植面积约占 2/3,设施栽培面积约占 1/3,主要生产名特优新蔬菜供应当地蔬菜市场,请为该蔬菜生产基地制订一份规划方案;生产基地建成后,其中 50000m² 拟在春季(或秋季)生产应季蔬菜供应市场,请根据当地蔬菜市场需求情况及实际生产条件制订蔬菜生产计划。

【任务分析】
完成上述任务,要求了解菜地规划的基本原则与基本方法,熟悉菜地规划的基本内容;掌握蔬菜生产计划制订前的市场调查及生产计划的相关内容。

【相关知识】

一、菜地规划

菜地规划是指对蔬菜生产基地中的生产用地、防护林、道路和灌溉排水工程等进行全面统一规划,使田、沟、渠、路、林配套;目的是便于机械化耕作,系统轮作,对排灌进行统一安排,合理配置田间道路和农田防护林带;便于采后保鲜,净菜上市,就地批发与运销。平地和坡地的菜地规划应有所不同。

1. 菜地区划

菜地一般由田间道路、固定渠道或地埂分割形成。规模较大的蔬菜生产基地应进行菜地区划，根据蔬菜生产特点和排灌运输等机械化要求，结合水利建设、道路改造，因地制宜平田整地，将大小不一、高低不平的田块平整化，实现菜地的园田化。园田化是蔬菜生产基地建设的重要方向，便于适应机械化作业和统一安排田间排灌渠道及田间道路。

在同一田区内应土地平整，坡度一致。田区多为长方形，长宽比为（2∶1）～（5∶1），以利农机具沿长边作业，山地和丘陵地的小区长边必须与等高线平行；面积与耕作机械相适应，一般为1～1.5hm²。江南在小型拖拉机耕作运输的条件下，多实行50m×100m、50m×50m的规格。坡度较大的丘区必须修成梯田，以利保水保肥保土。菜地道路应尽量利用现有的交通干线，有利于产品和生产资料的运输。

2. 道路系统

大中型蔬菜生产基地的道路系统由干路、支路和小路组成，干路外接公路、内连全园，通常设置在各大区之间，宽6～8m，以并行两辆汽车为宜。支路一般宽4～6m，连接干路和小路。小路以人行为主或能过小型拖拉机，一般宽2～3m。

3. 排灌系统

蔬菜既需勤灌，又怕涝渍，因此其排灌系统设计标准比大田高，要求日降雨量300mm能及时排出，百日无雨保证灌溉，地下水位在1～1.5m以下。排灌系统的规划应充分考虑灌溉方式，如沟灌、喷灌、滴灌、地下渗灌等。为了节约用地和用水，目前排灌系统向地下沟灌、地面喷灌及滴灌等节水灌溉发展。

沟灌的输水干线尽量埋设地下水泥管道；喷灌和滴灌则应考虑天然降水的排水问题。灌水包括水源和灌水系统两部分。排水系统应与当地的地形、地貌、水文地质条件相适应。排水系统的总出路应充分利用自然的排水河流；排水沟渠应考虑地面坡度、地下水径流情况、地下水矿化程度等。为确保排灌适时，应机、电设备配套，建立机械扬水站或电力排灌站，形成能排能灌的菜地排灌系统，增强蔬菜生产抗御自然灾害的能力。

4. 保护林带

风沙较大的菜地必须建立防护林带，以降低风速、削弱风力，保持良好的菜地小气候，改善蔬菜生产环境条件。规划防护林带时，主林带与风向垂直，副林带与主林带垂直。另外，建立防护林时，应当把一些生产、生活建筑与林带有机结合，统筹安排。

5. 其他附属设施

现代大中型蔬菜生产基地，为了适应现代化蔬菜生产管理的需要，还要进行相应的配套设施的规划，包括办公室、堆料场、农具库、车库、供电系统、采后包装保鲜车间及其他附属设施等。

二、蔬菜生产计划制订

1. 生产计划概述

（1）生产计划的基本概念　生产计划是关于企业生产运作系统总体方面的计划，是企业在计划期应达到的产品品种、质量、产量和产值等生产任务的计划和对产品生产进度的安排，它反映的是指导企业计划期生产活动的纲领性方案。

（2）生产计划的主要特征　一个优化的生产计划必须具备以下三个主要特征：①有利于充分利用销售机会，满足市场需求；②有利于充分利用盈利机会，实现生产成本最低化；③有利于充分利用生产资源，最大限度地减少生产资源的闲置和浪费。

（3）制订生产计划的基本步骤

① 收集资料，分项研究　通过市场调查、文献查阅等方式获取编制生产计划所需的资源信息和生产信息，并加以分析。

② 确定生产计划指标，统筹安排工作进度　初步确定各项生产计划指标，包括产量指标的优选和确定、质量指标的确定、产品品种的合理搭配、产品生产进度的合理安排等。

③ 编制生产计划草案，做好相关平衡工作　主要是生产指标与生产能力的平衡；测算企业

主要生产设备和生产面积对生产任务的保证程度；生产任务与劳动力、物资供应、能源、生产技术准备能力之间的平衡；以及生产指标与资金、成本、利润等指标之间的平衡。

　　④ 讨论修正，定稿报批　通过综合平衡，对计划进行适当调整，制订生产计划定稿。报请主管部门批准。

2. 蔬菜生产计划的主要内容

根据生产计划的特征，结合蔬菜生产任务的具体特点，蔬菜生产计划一般包含以下内容。

　　(1) 市场需求分析　包括生产蔬菜种类及其特点以及市场需求状况；

　　(2) 生产目标确定　包括生产面积、目标产量、预期经济效益等；

　　(3) 生产成本预算　包括产品生产所耗费的种子、燃料、生产工人工资、农机具折旧以及因管理生产和为生产服务而发生的各种费用，主要有生产资料（种子、化肥、农药等）投入、劳动力成本、土地成本、管理成本等；

　　(4) 产出效益预算　包括销售收入、生产利润等；

　　(5) 风险预测分析　主要有市场风险预测分析和农业风险预测分析；

　　(6) 生产管理措施　包括人员管理、栽培管理（生产管理）、资金管理等。

【任务实施】

菜地规划及当季蔬菜生产计划制订

一、任务目标

通过对蔬菜批发市场或集贸市场的调查，了解上市蔬菜种类、来源、价格、销售量等情况；通过对当地蔬菜生产基地的调查，掌握菜地建设时应考虑的环境因素，了解菜地环境的基本情况，并能给予科学合理的评价，同时能为蔬菜生产基地规划、生产计划制订提供参考。在此基础上，掌握蔬菜生产基地规划与生产计划方案制订的基本程序与主要内容。

二、材料和用具

记录本、笔、计算机等。

三、实施过程

1. 布置任务

布置菜地规划及生产计划任务（具体任务要求参考任务描述，各地根据实际条件调整），分小组协作完成，每小组 3~4 人。

2. 调查蔬菜市场

选择就近的蔬菜批发市场、农贸市场、生鲜超市，进行蔬菜市场实地调查，了解当地蔬菜市场供需情况，包括上市蔬菜种类、来源、价格、销售量等情况。

3. 调查菜地环境

采取实地调查与查阅文献资料相结合的方式对当地的某一蔬菜生产基地生产条件进行调查，调查内容主要包括菜地的地理交通位置、气候条件、土壤状况、水体环境条件、排灌条件等。

4. 撰写调查报告

对调查资料进行整理分析，撰写调查报告。调查报告应对所调查的蔬菜市场、菜地环境条件进行总体介绍，并给出科学合理的评价，一般包括调查的目的意义、调查情况以及结论等。

5. 蔬菜生产基地规划

依据该生产基地的功能定位，结合实际环境条件和投资条件，确定基地功能分区，在此基础上进行种植用地区划，设计安排道路系统、排灌系统、防护林带及其他辅助设施。

6. 蔬菜生产计划制订

依照市场需求及当地环境条件，确定该蔬菜生产基地当季（指教学实施所处季节）种植的蔬菜种类及具体品种，并制订详细的生产计划，为生产的具体实施提供参考。生产计划应包括各种蔬菜品种及其栽培面积比例、设施栽培与露地栽培面积比例、生产目标、生产进度及茬口衔接、栽培管理措施、成本预算、生产效益预估等。

【效果评估】

1. 调查蔬菜市场供需情况，填写蔬菜市场调查情况记录表（见表 2-1）。

表 2-1　蔬菜市场调查情况记录表

市场名称		调查时间		调查人	
地理位置					
占地面积		摊位数量			
日进菜量		日销售量		日销售高峰	

若为批发市场，各销售途径占上市蔬菜的比例/%：

本地居民消费比例		就地贮藏加工比例		销往外地比例	
蔬菜种类	来源	产地价/(元/kg)	批发价/(元/kg)	零售价/(元/kg)	

2. 填写菜地环境条件记载表（见表 2-2）。

表 2-2　菜地环境条件记载表

调查日期：　　年　　月　　日　　　调查人：

调查地点	省　　　市　　　县（区）　　　乡（镇）　　　村				
地理交通条件					
气候条件	年平均气温/℃		最低温/℃		最高温/℃
	年平均日照时数			最大日照时数	
	年平均降雨量		最大降雨量		最小降雨量
土壤条件	土壤种类		有机质含量		酸碱度
	地下水位		肥力条件		耕作水平
	重金属及有毒物质污染情况				
水体环境条件	水源			水体污染情况	
排灌条件					

3. 根据蔬菜市场调查和产地环境调查情况撰写一份调查报告。
4. 制订一份该蔬菜生产基地的规划方案。
5. 制订一份该蔬菜生产基地当季蔬菜生产计划方案。
6. 根据学生对理论知识以及实践技能的掌握情况填写表 2-3，对"任务　菜地规划与蔬菜生产计划制订"教学效果进行评估。

表 2-3　学生知识与技能考核表（一）

项目及内容	任务　菜地规划与蔬菜生产计划制订					
	理论知识考核(50%)		实践技能考核(50%)			
学生姓名	菜地规划内容 (25%)	蔬菜生产计划 (25%)	蔬菜市场调查 (10%)	蔬菜产地条件调查 (10%)	菜地规划 (15%)	蔬菜生产计划制订 (15%)

【拓展提高】

一、菜地选择

建立蔬菜生产基地，菜地的选择非常关键。通常从气候、土壤、交通和地理等条件来综合评价，考虑气候和土壤条件对蔬菜产量品质的影响、地理条件对蔬菜生产基地规划的影响、交通条件对蔬菜销售的影响。

1. 光照和通风

蔬菜生长发育需要充足的光照，应选择向阳、周围没有高大树木和建筑遮阴、光照充足的地方，并要求四周开阔，通风流畅，周围无工厂排烟或其他污染物质，但切忌选择风口。

2. 土壤条件

蔬菜作物对土壤总的要求：具有适宜的土壤肥力，充足的水分、养分供应，土层深厚，耕作层松紧适宜、质地沙黏适中，土壤 pH 值适度，地下水位适宜，无重金属及其他有毒物质污染。

3. 排灌条件

蔬菜作物需水量大，需要选择靠近水源、排灌良好的地块，既保证充足的水源供应，也使蔬菜免受涝害和干旱的影响。注意灌溉水源应不含有害化学物质，周围无工厂排污和填放生活垃圾、废渣等。

4. 地理条件

一般选择地势较为平坦的地块，便于进行整体区划和生产管理。如果是丘陵地带，应选坡度为 10°左右的缓坡地。

5. 交通条件

新鲜蔬菜不耐贮藏，且每日必需，因此对流通提出要求。为了便于生产资料和蔬菜产品的运输，一般选择靠近蔬菜市场的近郊，或交通条件便利的地区建立蔬菜生产基地。

二、菜地布局

蔬菜生产基地布局应遵循"常年菜地与季节性菜地相结合，近郊与远郊相结合"的原则，根据各地自然环境条件，尽量达到常年性菜地、季节性菜地相互补充，平原菜地与高山菜地、本地菜与外地特产菜互相支援。

常年菜地作为蔬菜供应的主体，建立后应相对稳定，以利于菜地基本建设的长远规划和种植技术水平的提高。季节性菜地则作为常年菜地必不可少的补充，如我国南方的水生蔬菜、粮菜、果桑菜间作等都被列入季节性菜地，起到增淡堵缺的作用。两者的面积应合理配置，如江苏省曾规定，在按每个城市人口 23～27m² 的标准建立常年菜地基础上，另加每人 10m² 标准的季节性菜地作为补充。

常年菜地一般布局在近郊，尽量选择地势平坦、土质肥沃、排灌方便、无"三废"污染的地块；季节性菜地则布局在交通便利的远郊，也应相对集中，不宜过于分散，以便提高蔬菜商品率。随着城市建设的发展，近郊菜地不断被征用，而设施栽培的推广及贮藏加工水平的提高，使常年菜地逐步向远郊区迁移。

三、菜地面积的确定

根据"就地生产，就地供应"的方针，按照"以需定产，产稍大于销"的原则，结合当地的消费人口（包括常住和流动人口）、消费水平、生产水平、气候条件，另加一定的安全系数，综合考虑，确定蔬菜生产基地面积；有的城市还要考虑军工特需及出口外调的需要。比如，人均日消费量达到 0.5kg 左右毛菜（包括 10%～30% 的安全系数在内），华中、华东、华南、西南地区大体上可按 20～27m²/人的标准建立常年蔬菜生产基地。

四、蔬菜生产计划模板

标题：××蔬菜××季节生产计划
（前面附封面，注明生产单位、生产时间）

1. 市场调研。
2. 生产任务（或生产目标）。
3. 品种选择。
4. 茬口安排及生产进度，包括前后茬衔接，播种育苗、定植、收获等的时间安排。
5. 生产管理措施，包括播种育苗、整地作畦、定植、田间水肥管理、植株调整、中耕除草培土、病虫害防治、采收等关键技术。
6. 生产成本预算。
7. 生产效益评估。
8. 风险预测分析。

【课外练习】
1. 蔬菜生产基地选址时主要考虑哪些因素？
2. 蔬菜生产基地规划时如何考虑布局？
3. 菜地规划的主要内容有哪些？
4. 蔬菜生产计划应包括哪些主要内容？

任务二　菜地土壤耕作

【任务描述】

南方某蔬菜生产基地拥有 60000m² 露地及 5000m² 塑料大棚，请生产部在下茬蔬菜定植前组织完成土壤耕作，并在蔬菜生长期间进行土壤管理。

【任务分析】

完成上述任务，需要熟悉菜地土壤耕作的时间和方法，掌握土壤耕作的操作要点及定植前的整地作畦技术；能根据蔬菜种类、当地气候条件、土壤条件、栽培管理水平等综合因素选择适宜的菜畦类型，掌握蔬菜生长期间的中耕、培土等技术。

【相关知识】

土壤耕作就是在作物整个生产过程中，通过农机具的物理机械作用，改善土壤的耕层结构和地面状况，包括耕翻、耙地、做畦、起垄、中耕、培土等。土壤耕作的主要作用是通过机械作用创造良好的耕作层和孔隙度，协调土壤中水、肥、气、热等因素，改善土壤环境，为作物播种出苗、根系发育、丰产丰收创造优良条件。

一、土壤耕作的任务

1. 改善耕层物理性质

土壤耕作可使土壤耕层疏松，土壤总孔隙和非毛细管孔隙增加，从而增加土壤的透水性、通气性和保水性，提高土壤温度，促进土壤微生物活动，加速土壤有机物分解，提高土壤中有机养分含量，改变耕作层土壤的气、液、固三相比例，调节土壤的水、肥、气、热等状况。

2. 保持耕层团粒结构

团粒结构是土壤肥力的基础，它能协调土壤中水分、空气和营养物之间的关系，改善土壤的理化性质。通过土壤耕作，既破坏土壤板结，又可以使耕层上层丧失结构性的土壤和下层具有较好结构的土壤交换，从而使耕层团粒结构得以保持。

3. 正确翻压绿肥、有机肥

土壤耕作过程中，正确翻压绿肥、有机肥以及无机肥，创造肥、土相融的耕层，促进其分解转化，可以减少肥料的损失，增加土壤肥效，改良土壤的理化性质。

4. 清除田间枯枝败叶

结合土壤耕作，可以清除田间残根、杂草、残株落叶等，消灭多年生杂草的再生能力。

5. 掩埋带菌体及虫卵

深翻可以掩埋带菌体及虫卵，改变其生活环境，减轻蔬菜病虫害，保持田间清洁。

6. 平整土地与压紧表面

通过土壤耕作，平整土地与压紧表面为蔬菜播种、种子发芽、幼苗定植等创造"上松下实"的优良生长环境条件。

二、菜地耕作时间

菜地耕作的时间与方法应因时、因地而异，要考虑其宜耕性。从耕作时间上来看，大体分为春耕与秋耕；此外，蔬菜生长期间需要进行适当的中耕或培土。

1. 土壤的宜耕性与宜耕期

土壤的宜耕性是指土壤适宜耕作的性能，是土壤在耕作时所表现的物理机械性状。当土壤处于宜耕状态时，犁耕阻力小，耕作容易，土壤易散碎，耕作质量好。土壤耕性好坏主要从耕作难易、耕作质量、宜耕期的长短三个方面来衡量。由于土壤质地和含水量不同，不同的土壤类型具有不同的可塑性，农业耕作只有在一定的可塑性范围内才具有好的效果，这个可塑性范围所保持的时期即为土壤的宜耕期。

目前生产中确定土壤宜耕期的办法有：一是看土色，外表白（干）、黑暗（湿），湿度适宜；二是用手检查，取一把土壤握紧放开手，看土是否松散开，能散开即为土壤宜耕状态；三是试耕后土壤为犁铧抛散形成团粒，不粘农具。土壤宜耕期除水分条件外还决定于土壤质地，黏性土宜耕期短，沙性土则相反。

2. 耕作时间

冬季寒冷的北方地区秋耕与春耕表现比较明显，但在长江以南的南方地区，冬季温暖，几乎全年均能栽培蔬菜，一般随收随耕，可根据茬口安排适当冻垡或晒垡，地面少有休闲时期；而在高度应用套作、间作增加复种指数的地区，一般每年只翻耕一次。一般秋冬季进行深耕，但不一定年年深耕，可结合改土同时进行。春耕主要注意提高土温，宜早、宜浅；夏耕则要注意保墒，避免在干旱条件下不合理耕作对土壤结构造成破坏。

三、菜地土壤耕作方法

从耕作内容上，主要有耕翻、耙地、耢地、混土、整地、作畦、中耕等耕作方法；应抓住三个主要环节：基本耕作，深耕（耕翻）；表土耕作，耙、耢；中耕，于蔬菜生长期间在行间和株间的松土或培土。

1. 土壤深耕

实践证明，深耕可以加厚活土层，疏松土壤，破除犁底层，降低毛细管作用，减少蒸发，防止返盐，提高土壤的透水性，增强土壤蓄水、保肥、抗旱、抗涝能力，还有利于消灭杂草和病虫害。但深耕增产并非越深越好，在0~50cm范围内，作物产量随深度增加而有不同程度的提高，就根系分布来看，蔬菜属于浅根系作物，根系主要集中在0~20cm范围内；一般农具人工翻地，耕翻深度在25cm以下，用旋耕机耕深可达30cm以上。

在深耕时应注意以下几点：一是熟土在上，生土在下，不乱土层，切记不要把大量生土翻上来；二是深耕的良好作用可持续1~2年，因此不需要每年进行，可实行深耕与浅耕结合，既可减轻劳动强度，又可使耕层土壤得以持续利用；三是深耕应与土壤改良措施相结合，在耕翻过程中增施有机肥，翻沙压淤等，使肥土相融，加厚活土层；四是根据土壤特性、茬口情况及深耕后效等情况确定深耕的深度,如土层深时可适当深耕,土层浅时可适当浅耕,根菜类、茄果类、瓜类、豆类蔬菜宜深耕,白菜类、绿叶菜类可适当浅些;五是深耕要注意宜耕性,不能湿耕,因此要选择适宜的耕作期,多在秋茬蔬菜收获后进行,要尽量减少机车作业次数。

2. 表土耕作

表土耕作是基本耕作的辅助措施,主要包括耙地、耢地、压地三项作业。

(1) 耙地 其作用是疏松表土,耙碎耕层土块,解决耕翻后地面起伏不平,使表层土壤细碎,地面平整,保持墒情,为做畦或播种打下基础。一般用圆盘耙在耕翻后连续进行。

(2) 耢地 这是北方干旱地区常用的一种方式,南方地区较少使用,多在耙地后进行,也可与耙地联合作业。在耙后拖一树枝条编的耢子即可耢地。它可使地表形成覆盖层,为减少土壤水分蒸发的重要措施,同时还有平地、碎土和轻度镇压的作用。

(3) 镇压 用镇压器镇压地面,主要有播前镇压和播后镇压。土地耕翻耙平后进行播前镇压,主要作用为压碎残存土块,平整地面;适当提高土壤紧密度;调节土壤通气和温度状况,并通过增强毛细管作用而增加耕层含水量,为播种创造良好的土壤环境,北方干旱地区和南方部分丘陵旱地,采用镇压措施对提墒、保苗有明显效果。播后镇压在播种后进行,作用是压碎播种时翻起的土块,使种子覆土均匀,种子与土壤密接,以利幼苗发根,增强耐旱力,并可减少地面蒸发和风蚀。但如土壤墒情及土壤细碎程度适宜时,可免除这一工序,水分含量较大的土壤或地下水分较高的下湿地、盐碱地,则不宜镇压。

3. 中耕与培土

中耕、除草是蔬菜生长期间土壤管理的重要环节,能否及时进行中耕除草是保证蔬菜作物在田间生长中占绝对优势的关键。农业生产上,中耕、除草、培土多结合进行。

(1) 中耕 中耕是蔬菜生长期间于播种出苗后、雨后或灌水后在株、行间进行的土壤耕作。中耕多与除草同时进行,可以消灭杂草,同时可以改善土壤的物理性质,增强通气和保水性能,促进根系的吸收和土壤养分的分解;冬季和早春中耕有利于提高土温,促进作物根系的发育,减少土壤水分蒸发。

中耕的深度根据蔬菜根系的分布特点和再生能力决定,如黄瓜、葱蒜类根系较浅,再生能力弱,应进行浅中耕;番茄、南瓜根系较深,再生能力强,宜深中耕。最初及最后的中耕宜浅,中间的中耕宜深;距植株远宜深,近则宜浅。一般中耕的深度在5~10cm。中耕的次数则依据蔬菜种类、生长期长短及土壤性质而定,但必须在植株未全部覆盖地面之前进行。

(2) 除草 通常,田间杂草的生长速度远远超过蔬菜作物,且生命力极强,如不及时除掉,就会大量滋生,不仅会与作物竞争水分、养分和光照,还会成为某些病原微生物的潜伏场所和传播媒介。

除草的方式主要有三种:一是人工除草,多结合中耕进行,用小锄头在松土的同时将杂草铲除,比较费工、费时;二是机械除草,以中小型机械为主,效率高,但容易伤害植株,且只能除行间的杂草,除草不彻底,需要人工除草作为辅助措施;三是化学除草,采用化学药剂除草,可减轻繁重的体力劳动,且可以不误农时,适时使用除草剂是决定防除效果的关键,一般在蔬菜出苗前和苗期应用,以杀死杂草幼苗或幼芽而不影响蔬菜作物正常生长发育为原则,因此需要了解各种杂草的生物学与生态学特性,掌握其发生规律和生长发育特点;一般利用除草剂的生态选择性、生理选择性和生物化学选择性进行除草,而目前化学除草剂种类很多,应根据蔬菜种类选择恰当的除草剂,如十字花科蔬菜常用除草醚、氯乐灵、毒草胺等乳油,茄果类常用地乐安、除草醚、拿扑净等乳油;目前菜田常用化学除草常用土壤处理法,即将药剂施入土壤表层进行除草,较少应用茎叶处理法。

(3) 培土 培土是在植株生长期间将行间土壤分次培于植株根部,一般结合中耕除草进行。南方多雨地区,通过培土可以加深畦沟,利于排水。

培土对不同种类的蔬菜有不同的作用,大葱、芹菜、韭菜、石刁柏等培土可以促进植株软化,提高产品品质;马铃薯、芋、生姜等培土可促进地下茎的形成和膨大;易发生不定根的番茄、瓜类等,培土则可促进不定根的形成,促进根系对土壤养分和水分的吸收;此外,培土还有防止植株倒伏、防寒、防热的作用，有利于加深土壤耕层，增加空气流通，减少病虫害发生。

4. 整地作畦

土壤翻耕之后，还要进行整地作畦，目的主要是为了控制土壤中的含水量，便于灌溉和排水，另外对土壤温度、空气条件也有一定改善，还可以减轻病虫害发生。结合整地做畦，施入基肥（主要是有机肥）是生产中常采用的方式。为了减少病虫害发生，通常还要进行土壤消毒，土壤消毒方法详见拓展提高相关内容。

（1）菜畦主要类型　应结合当地气候条件（主要是雨量）、土壤条件、蔬菜种类等选择相适宜的菜畦形式。生产上常见的菜畦类型有：平畦、高畦、低畦和垄等（图2-1）。

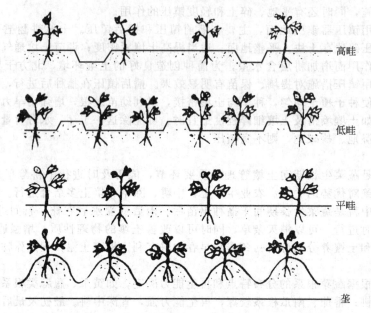

图 2-1　菜畦主要类型
（引自：韩世栋. 蔬菜栽培. 中国农业出版社，2001）

① 平畦　畦面与田间通道相平，地面平整后不特别筑成畦沟和畦埂。适宜排水良好、雨量均匀、不需经常灌溉的地区。采用喷灌、滴灌、渗灌等现代灌溉方式时也可采用平畦。平畦的主要优点是减少畦沟所占面积，提高土地利用率。南方雨水多、地下水位高的平地不宜采用。

② 高畦　畦面高于田间通道。在降雨多、地下水位高或排水不良的地方，为了加强排水减少土壤水分，多采用高畦，如成都平原地区。畦面过高过宽，灌水时不易渗到畦中心，容易造成畦内干旱；畦面过宽也不利于排水；畦面过窄则增加畦沟数目，减少土地利用面积。南方多雨地区或地下水位高、排水不良的地区多采用深沟宽高畦，一般畦面宽1.8~2m，沟深23~26cm，宽约40cm。北方干旱，浇水多，多采用深沟窄畦，一般畦面高10~15cm、宽60~80cm。

高畦的主要优点在于：一是加厚耕层；二是排水良好，土壤透气性好，有利于根系发育；三是灌水不超过畦面，可减轻通过流水传播的病害蔓延；四是提高地温，有利于早春蔬菜及茄果类、瓜类、豆类等喜温蔬菜生产；五是南方夏季采用深沟高畦，沟内存水可降低地温。

③ 低畦　畦面低于地面，田间通道高于畦面。适宜于地下水位低、排水良好、雨量较少的地区或季节，如秦岭淮河以北地区。栽培密度大且需经常灌溉的绿叶蔬菜、小型根菜栽培畦及蔬菜育苗畦等，也多用低畦。低畦的主要优点是有利于蓄水和灌溉；缺点是灌水后地面容易板结，影响土壤透气而阻碍蔬菜生长，也容易传播病害。

④ 垄　垄是一种较窄的高畦，表现为底宽上窄，垄面呈圆弧形，一般垄底宽60~70cm，顶部稍窄，高约15cm。我国北方多用垄栽培行距较大又适于单行种植的蔬菜，如大白菜、大萝卜、结球甘蓝、瓜类、豆类等。用于春季栽培时，地温容易升高，利于蔬菜生长；用于秋季蔬菜生长

时，有利于雨季排水，且灌水时不直接浸泡植株，可减轻病害传播。灌水时水从垄的两侧渗入，土壤湿度较高畦充足而均匀。

（2）做畦技术　做畦一般与土壤耕作结合进行，在土壤耕翻后，根据栽培需要确定合理的菜畦类型及走向，按照栽培畦的基本要求做畦。

① 畦的走向　畦的走向直接影响植株的受光、光在冠层内的分布、通风情况、热量、地表水分等，应根据地形、地势及气候条件确定合理的畦向。在风力较大地区，行的方向应与风向平行，利于行间通风及减少台风危害；地势倾斜的地块，应以有利于保持土壤水分和防止土壤冲刷为原则来确定畦向。当植株的行向与栽培畦的走向平行时，冬春季栽培应采用东西走向，植株受光较好，冷风危害较轻，有利于植株生长；夏季则多采用南北走向做畦，可使植株接受更多的阳光和热量。

② 畦的基本要求

第一，土壤要细碎：整地做畦时，保持畦内无坷垃、石砾、薄膜等各种杂物，土壤必须细碎，从而有利于土壤毛细管的形成和根系吸收。

第二，畦面应平坦：平畦、高畦、低畦的畦面要平整，否则浇水或雨后湿度不均匀，导致植株生长整齐，而低洼处则易积水。垄的高度要均匀一致。

第三，土壤松紧适度：为了保证良好的保水保肥性及通气状况，做畦后应保持土壤疏松透气，但在耕翻和做畦过程中也需适当镇压，避免土壤过松，大孔隙较多，浇水时造成塌陷，从而使畦面高低不平，影响浇水和蔬菜生长。

【任务实施】

整地作畦与菜地土壤管理

一、任务目标

掌握整地做畦的技术要求；掌握中耕（松土）、除草、培土、地面覆盖等土壤管理方法。

二、材料和用具

各种生长期的蔬菜（根据季节确定）、肥料、地膜、土壤耕作机具等。

三、实施过程

1. 整地做畦

（1）学生分组进行土壤翻耕，翻耕过程中施入基肥，翻耕后将地块耙细整平。

（2）根据待定植的蔬菜秧苗种类及栽培季节，选择适宜的菜畦类型，确定适宜的菜畦走向。

（3）按照畦的基本要求和所选菜畦的具体要求做畦。

2. 土壤管理

分成若干个小组，每小组 3~4 人，根据实际情况各组安排一种以上蔬菜，按照下列步骤完成中耕（松土）、除草、培土、地面覆盖等土壤管理工作。

（1）中耕　每个小组对相应蔬菜进行中耕（松土），注意中耕的深度应根据蔬菜根系的分布特点和再生能力决定，如黄瓜、葱蒜类根系较浅，再生能力弱，应进行浅中耕；番茄、南瓜根系较深，再生能力强，宜深中耕。距植株远宜深，近则宜浅。一般中耕的深度在 5~10cm。

（2）除草　除草的方式主要有三种，即人工除草、机械除草和化学除草。应根据蔬菜种类和实际的生产条件选择恰当的除草方式。

注意化学除草时应根据蔬菜种类选择适宜的除草剂，如十字花科蔬菜常用除草醚、氯乐灵、毒草胺等乳油，茄果类蔬菜常用地乐安、除草醚、拿扑净等乳油。目前菜田化学除草常用土壤处理法，即将药剂施入土壤表层进行除草，较少应用茎叶处理法。

（3）培土　培土对不同种类的蔬菜有不同的作用。操作过程中，注意培土的厚度、挖沟的深度。

（4）地面覆盖　分别采用稻草、地膜覆盖土壤。注意覆盖后，需用一定量的泥土压紧、压实。

【效果评估】

1. 记录选择的菜畦类型及做畦的技术要点。
2. 记录中耕(松土)、除草、培土、地面覆盖的实施时间、操作要点,与对照比较,观察处理后植株的生长情况。
3. 根据学生对理论知识以及实践技能的掌握情况填写表2-4,对"任务 菜地土壤耕作"教学效果进行评估。

表2-4 学生知识与技能考核表(二)

项目及内容	任务 菜地土壤耕作						
	理论知识考核(50%)			实践技能考核(50%)			
学生姓名	土壤耕作任务(10%)	土壤耕作时间(15%)	土壤耕作方法(25%)	确定菜畦类型(5%)	整地做畦技术(20%)	中耕除草培土(15%)	地面覆盖(10%)

【拓展提高】

一、菜园土壤改良

菜园土壤改良的目的在于,使耕作层深,结构良好,有机质含量多,保水保肥能力强,给蔬菜创造最大的优良营养条件,以适应蔬菜生产发展的要求。下面介绍几种主要的土壤改良方法。

1. 沙质土壤改良

沙质土壤的主要缺点是土质过分疏松、有机质缺乏、保水保肥能力差、增温快、降温也快、水分易蒸发。这类土壤在我国各省均有,改良措施主要有以下几种。

一是大量施用有机肥料,既提高土壤有机质含量,还能改善土壤结构,是改良沙质土壤最有效的办法。一般南方地区在土壤翻耕后,将各种腐熟的厩肥、堆肥或饼肥等有机肥施入土壤中,结合整地做畦,使土壤融合。由于有机质的缓冲作用,可适当多施可溶性化学肥料,尤其是铵态氮肥和磷肥,能够保存在土壤中不致流失。

二是大量施用河泥、塘泥,也可改变沙土土质过分疏松的不足,提高其保水保肥能力。如果每年能亩施河泥5~10t,几年后土壤肥力必然能大幅度提高。

三是在两季蔬菜作物间隔期间或休闲季节种植豆科绿肥,适时翻压土中,或与豆类蔬菜多次轮作,可在一定程度上增加土壤中的腐殖质和氮素肥料。此外,如果沙层不厚,也可采取深翻的方法,将底层的黏土与沙掺和。

2. 瘠薄黏重土壤改良

瘠薄黏重土壤的主要缺点是耕作层很浅,缺乏有机质,黏性较大,通透性极差,昼夜温差小;湿时软如海绵,干时硬如石子,保水保肥能力差,易板结,不易耕作,宜耕期短。改良瘠薄黏重土壤的方法如下。

一是增施有机肥料。施入的有机肥料易于形成腐殖质,从而促进团粒结构的形成,改善土壤结构及宜耕性,一般每年每亩施有机肥15~20t,连续3~4年即可形成良好的菜田。

二是利用根系较深或耐瘠薄土壤的作物如玉米等与蔬菜轮作、间作、套作,将秸秆还田,可逐渐改良土壤。

三是掺沙降低黏性。有条件的情况下,每亩地施入河沙土20~30t,连续两年,配合有机肥料施用,可使土壤得到改良。

3. 老菜园土改良

老菜园土经过长期的精耕细作和培肥,一般具有很好的物理结构和较高的肥力,其主要不足在于多年种植蔬菜，园土老化，肥力降低，病虫害逐年严重，单位面积的经济效益下降。老菜园土可采取以下措施加以改良。

一是增施有机肥料。常年施用化肥使土壤板结，丧失保肥和供肥能力，改良老菜园土壤要多施有机肥，增加腐殖质，使耕作层里水、肥、气、热、菌等因素得到协调统一，为菜苗根系、茎叶生长创造一个温度、湿度适宜和肥料齐全的优良环境。

二是合理选用化肥，定向进行菜园地酸碱性改良。酸性土应选用石灰（每亩施 30~40kg）或草木灰（每亩施 40~50kg）进行改良，选用碳酸氢铵、氨水、钙镁磷肥、磷矿石粉等碱性化肥；碱性土壤则选用硫酸铵、硝酸铵、氯化铵、过磷酸钙、磷酸二氢钾、氯化钾、硫酸钾等酸性化肥定向改良；尿素为中性肥料。

三是轮作换茬。大多数蔬菜如年年重茬连作，不但产量低、品质差，而且病虫害也越来越严重，因此，老菜园地要实行轮作换茬，以改良土壤和避免土壤缺素症发生，减少病虫害发生和土壤中有害物质的积累。

四是及时排灌、保持水土。菜园周围的沟渠一定要畅通配套，便于排灌，降低地下水位，有利于根系的良好生长；采用地膜覆盖能防止水土流失，培养土壤后劲。

4. 低洼盐碱土壤改良

我国华北、东北、西北地区多有盐碱土，沿海地区则因海水浸渍形成滨海盐碱土。低洼盐碱土壤的主要不足是易于积水，盐分含量高，其 pH 值在 8.0 以上，妨碍蔬菜的正常生长。盐碱土形成的根本原因在于水分状况不良，所以在改良初期，重点应放在改善土壤的水分状况，一般分几步进行，首先排盐、洗盐、降低土壤盐分含量，再种植耐盐碱的植物、培肥土壤，最后种植蔬菜。具体改良措施如下。

一是结合深耕大量施入有机肥料，促进有机质含量的提高，有机肥料转化成的腐殖质能促使表土形成团粒结构，起到压盐作用。

二是铺沙盖草，实行密植，减少地面蒸发，防止盐分上升。雨后或灌水后及时中耕，切断土壤毛细管，也可防止盐分上升。

三是与大田作物轮作，或连年种植甘蓝、球茎甘蓝、莴苣、菠菜、南瓜、芥菜、大葱等耐盐作物。

另外，为使菜园土壤能抵抗较大的旱涝灾害，除了对耕作层进行改良外，还应注意下层土的有效利用，使蔬菜根系下扎，多雨时渗水快，干旱时根系可从下层吸收更多土壤水分。

二、土壤耕作机械

土壤耕作机械，是指对耕作层土壤进行加工整理的农业机械，主要包括基本耕地机械和表土耕作机械（又称辅助耕作机械）两大部分，前者用于土壤耕翻或深松耕，主要作业机具有铧式犁、圆盘犁、凿式松土机、旋耕机等；后者用于土壤耕翻前的浅耕灭茬或耕翻后的耙地、耱地、平整、镇压、打垄做畦等作业，以及休闲地的全面松土除草和蔬菜生长期间的中耕、除草、培土等作业，主要作业机具有钉齿耙、圆盘耙、平地拖板、网状耙、镇压器、中耕机等。为了提高作业效率，近年来复式作业和联合作业机具发展很快，应用较广的机具有旋耕机、耕耙犁等。

不同类型的土壤耕作机械，适应不同地区不同的土壤、气候和作物条件，满足不同条件下的不同耕作要求。如在干旱、半干旱地区，为保持土壤水分，防止水土流失，宜采用土垡不翻转的深松耕机械，如凿式松土机；在湿润、半湿润地区，宜采用具有良好翻垡覆盖性能的耕作机械，如滚垡型铧式犁；土质黏重或水田地区的土壤耕作宜采用剪裂断条、碎土性能良好的耕作机械，如窜垡型铧式犁、旋耕机等。

此外，为了适应新的耕作法——少耕法的需要，推广使用了凿形犁、通用耕作机及深松播种施肥联合作业机，以降低耕作能耗，避免土壤因过度耕作而引起的结构破坏，防止水土流失。

三、土壤消毒方法

土壤消毒是一种高效快速杀灭土壤中真菌、细菌、线虫、杂草、土传病毒、地下害虫、啮齿动物的技术，可有效解决蔬菜栽培的重茬问题，降低病虫害的发生，显著提高蔬菜的产量和品质。一般在蔬菜播种或定植前进行，可利用化学药剂、干热、蒸汽等进行土壤消毒。

1. 化学药剂消毒

使用土壤消毒剂进行土壤消毒，土壤消毒剂应选用低毒广谱性杀菌杀虫剂，如多菌灵、甲醛、溴甲烷、氰氨化钙、棉隆（必速灭），在整地做畦前后将药剂施入土壤，主要施药方法如下。

（1）喷淋或浇灌法　将药剂用清水稀释成一定浓度，用喷雾器喷淋于土壤表层，或直接灌溉到土壤中，使药液渗入土壤深层，杀死土中病菌。喷淋施药处理土壤适宜于大田、育苗营养土等，浇灌法施药适用于瓜类、茄果类蔬菜的灌溉和各种蔬菜苗床消毒。

（2）毒土法　先将药剂配成毒土，然后施用。毒土的配制方法是将农药（乳油、可湿性粉剂）与具有一定湿度的细土按比例混匀制成。毒土的施用方法有沟施、穴施和撒施。

（3）熏蒸法　利用土壤注射器或土壤消毒机将熏蒸剂注入土壤中，于土壤表面盖上薄膜等覆盖物，在密闭或半密闭的设施中扩散，杀死病菌。土壤熏蒸后，待药剂充分散发后才能播种或定植，否则易产生药害。常用的土壤熏蒸消毒剂有溴甲烷、甲醛等，目前也有利用植物提取物辣根素或臭氧进行消毒，更具环境安全性，但其需要专门的设备及一定的操作技术，且应在专业技术人员指导下进行。

2. 太阳能高温消毒

适宜在冬春茬设施蔬菜拉秧后至秋茬设施蔬菜种植前的夏季休闲期应用。在棚室或田间前茬作物采收后，连根拔除田间老株，多施有机肥料，然后把地翻平整好，在7～8月份，气温达35℃以上时，用透明吸热薄膜覆盖好，使土温升至50～60℃，密闭15～20天，可杀死土壤中的各种病菌。

3. 蒸汽热消毒

蒸汽热消毒土壤，是用蒸汽锅炉加热，通过导管把蒸汽热能送到土壤中，使土壤温度升高，杀死病原菌，以达到防治土传病害的目的。这种消毒方法要求设备比较复杂，只适合经济价值较高的作物，并在苗床上小面积施用，一般设施育苗时常采用。

注意事项：采用上述方法消毒后的土壤是一个洁净又很脆弱的环境，应注意增施优质有机肥或生物菌肥，使土壤尽快建立良好的微生态环境，用消毒剂熏蒸过的棚室，在施用菌肥前应先敞棚透气10天以上。

【课外练习】

1. 菜地土壤应具备哪些条件？
2. 土壤耕作的任务主要有哪些方面？
3. 请简要介绍菜地耕作的主要方法。
4. 菜畦的主要类型有哪些？做畦应满足的基本要求是什么？
5. 土壤消毒常用方法有哪些？

任务三　种子播种

【任务描述】

南方某蔬菜生产基地现有蔬菜种植面积约 $10hm^2$，目前按照生产计划需要进行蔬菜种子播种，确保生产进度按计划开展，请根据种植面积、气候条件、蔬菜种类、蔬菜上市期等具体条件，及时完成种子播种。

【任务分析】

完成上述任务，要求掌握蔬菜种子的识别与质量检测技术，能确定播种量、播种期，掌握种子播前处理技术，并选择正确的播种技术。

【相关知识】

一、蔬菜种子及其质量检验

优质的种子是培育壮苗、获得高产的关键。广义的蔬菜种子，泛指一切可用于繁殖的播种材料,包括植物学上的种子、果实、营养器官以及菌丝体(食用菌类);此外还有一类人工种子,目前还未普遍应用。

狭义的蔬菜种子则专指植物学上的种子。在蔬菜栽培上应用的所谓种子的含义较广,概括地说,凡是在栽培上用做播种材料的任何器官、组织等,都可称为种子,主要包括以下四类:植物学上的真正种子,如豆类、瓜类等;果实,如菠菜、芹菜等;营养器官,如马铃薯块茎、藕等;菌丝体,如蘑菇、木耳等。在生产上应用较多的蔬菜种子主要是植物学上的种子和果实;不同蔬菜种子的形态与结构差异较大。

1. 种子的形态

种子的形态主要包括种子的外形、大小、色泽,表面的光洁度、沟、棱、毛刺、网纹、蜡质、突起物等,是鉴别蔬菜种类、判断种子质量的主要依据(常见蔬菜的种子形态见图2-2)。

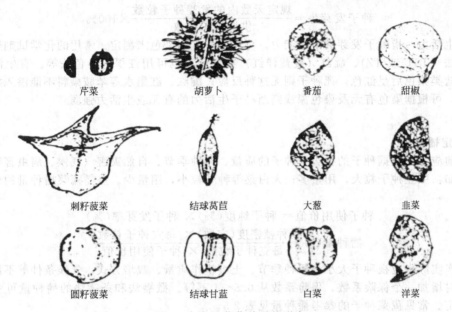

图 2-2 常见蔬菜种子的形态
(引自:张振贤.蔬菜栽培学.中国农业大学出版社,2003)

各种蔬菜作物种子形态千差万别,如茄果类的种子都是肾形,茄子种皮光洁,辣椒种皮粗糙,番茄种皮覆盖银色毛刺;甘蓝和白菜种子形状、大小、色泽相近,但甘蓝种子球面具双沟,与具单沟的白菜种子相区别;成熟种子色泽较深,具蜡质,幼嫩种子色泽浅,皱瘪;新种子色泽鲜艳光洁,具香味,陈种子则色泽灰暗,有霉味。

不同种类的蔬菜种子大小相差悬殊,如菜豆的种子平均千粒重为400g左右,而芥菜种子的平均千粒重仅0.6g左右。一般来说,豆类、瓜类蔬菜的种子较大,绿叶蔬菜的种子相对较小。

2. 蔬菜种子质量检验

种子质量包括品种品质和播种品质两方面。品种品质主要指种子的真实性和纯度;播种品质主要指种子饱满度和发芽特性。种子质量的优劣最后表现在播种后的出苗速度、整齐度、秧苗纯度和健壮度等方面,应在播种前确定。主要鉴定内容有纯度、饱满度、发芽率、发芽势、生活力。

(1)纯度 指样本中属于本品种种子的质量百分数,其他品种或种类的种子、泥沙、花器残体及其他残屑等都属杂质。种子纯度的计算公式是:

$$种子纯度 = \frac{供试样品总重 - (杂种子重 + 杂质重)}{供试样品总重} \times 100\%$$

蔬菜种子的纯度要求达到98%以上。

(2)饱满度 通常用"千粒重"[即1000粒种子的重量,用克(g)表示]度量蔬菜种子的饱满程度。同一品种的种子，千粒重越大，种子越饱满充实，播种质量越高。

（3）发芽率　指在规定的实验条件下，样本种子中发芽种子的百分数。计算公式如下：

$$种子发芽率 = \frac{发芽种子粒数}{供试种子粒数} \times 100\%$$

测定发芽率通常在垫纸的培养皿中进行，也可在沙盘或苗钵中进行。蔬菜种子的发芽率分甲、乙二级，甲级蔬菜种子的发芽率应达到90%～98%，乙级蔬菜种子的发芽率应达到85%左右。

（4）发芽势　指种子的发芽速度和发芽整齐度，表示种子生活力的强弱程度。用规定天数内的种子发芽百分率来表示，如豆类、瓜类、白菜类、莴苣、根菜类为3～4天；韭、葱、菠菜、胡萝卜、茄果类、芹菜等为6～7天。计算公式为：

$$种子发芽势 = \frac{规定天数内的发芽种子粒数}{供试种子粒数} \times 100\%$$

（5）生活力　指种子发芽的潜在能力，可用化学试剂染色来测定。常用的化学试剂染色法如四唑染色法（TTC或TZ）、靛红（靛蓝洋红）染色法，也可用红墨水染色法等。有生活力的种子经四唑盐类染色后呈红色，死种子则无这种反应；靛红、红墨水等苯胺染料不能渗入活细胞内而不染色，可根据染色有无及染色深浅判断种子生活力的有无或生活力强弱。

二、播种

1. 确定播种量

播种前应首先根据种子的种类、种子的质量、播种季节、自然灾害（气候、病虫害等）确定播种量，如：豇豆种子粒大，用量多；大白菜等种子粒小，用量少。点播蔬菜播种量的计算公式如下：

$$种子使用价值 = 种子纯度(\%) \times 种子发芽率(\%)$$

$$播种量(g) = \frac{种植密度(穴数) \times 每穴种子粒数}{每克种子粒数 \times 种子使用价值}$$

在生产实际中应视种子大小、播种季节、土壤耕作质量、栽培方式、气候条件等不同，在确定用种量时增加一个保险系数，保险系数从0.5～4不等。撒播法和条播法的播种量可参考点播法进行确定。常见蔬菜种子的参考播种量见表2-5。

表2-5　常见蔬菜种子的播种量参考表

蔬菜种类	种子千粒重/g	用种量/(kg/hm²)	蔬菜种类	种子千粒重/g	用种量/(kg/hm²)
大白菜	0.8～3.2	1.875～2.25（直播）	大葱	3～3.5	4.5（育苗）
小白菜	1.5～1.8	3.75（育苗）	洋葱	2.8～3.7	3.75～5.25（育苗）
小白菜	1.5～1.8	22.5（直播）	韭菜	2.8～3.9	75（育苗）
结球甘蓝	3.0～4.3	0.375～0.75（育苗）	茄子	4～5	0.75（育苗）
花椰菜	2.5～3.3	0.375～0.75（育苗）	辣椒	5～6	2.25（育苗）
球茎甘蓝	2.5～3.3	0.375～0.75（育苗）	番茄	2.8～3.3	0.6～0.75（育苗）
大萝卜	7～8	3～3.75（直播）	黄瓜	25～31	1.875～2.25（育苗）
小萝卜	8～10	22.5～37.5（直播）	冬瓜	42～59	2.25（育苗）
胡萝卜	1～1.1	22.5～30（直播）	南瓜	140～350	2.25～3（直播）
芹菜	0.5～0.6	15（直播）	西葫芦	140～200	3～3.75（直播）
芫荽	6.85	37.5～45（直播）	西瓜	60～140	1.5～2.25（直播）
菠菜	8～11	45～75（直播）	甜瓜	30～55	1.5（直播）
茼蒿	2.1	22.5～30（直播）	菜豆（矮）	500	90～120（直播）
莴苣	0.8～1.2	0.3～0.375（育苗）	菜豆（蔓）	180	22.5～30（直播）
结球莴苣	0.8～1.0	0.3～0.375（育苗）	豇豆	81～122	15～22.5（直播）

2. 播前处理

蔬菜种子播前处理可以促进出苗，保证出苗整齐，增强幼苗抗性，达到培育壮苗及增产的目的。

(1) 浸种　浸种就是在适宜水温和充足水量条件下，促使种子在短时间内吸足从种子萌动到出苗所需的全部水量。有时候浸种还能在一定程度上起到消毒灭菌的作用。浸种的水温和浸泡时间是重要条件，根据浸泡的水温不同，可将浸种分为一般浸种、温汤浸种和热水烫种三种方法。

① 一般浸种。也叫温水浸种，用温度与种子发芽适温相同的水浸泡种子，一般为25～30℃。只对种子起供水作用，无种子灭菌作用，适用于种皮薄、吸水快的种子。

② 温汤浸种。先用55～60℃的温汤浸种10～15min，期间不断搅拌，之后加入凉水，降低温度转入一般浸种。由于55℃是大多数病菌的致死温度，10min是在致死温度下的致死时间，因此，温汤浸种对种子具有灭菌作用，同时还有增加种皮透性和加速种子吸胀的作用。

③ 热水烫种。将种子投入70～75℃或更烫的热水中，快速烫种（70～75℃为1～2min，100℃为3～5s），之后加入凉水，降低温度至55℃进行温汤浸种7～8min，再进行一般浸种。该浸种法通过热水烫种，促进种子吸水效果比较明显，适用于种皮厚、吸水困难的种子，同时种子消毒作用显著。

生产中应根据种子特性选用浸种方法。另外，为提高浸种效率，也可对某些种子进行处理，如对种皮坚硬而厚的西瓜、丝瓜、苦瓜等进行胚端破壳；对附着黏质过多的茄子等种子进行搓洗、清洗等。

浸种时应注意以下几点：第一，种子应淘洗干净，除去果肉物质后再浸种；第二，浸种过程中要勤换水，一般每5～8h换1次水为宜；第三，浸种水量要适宜，以种子量的5～6倍为宜；第四，浸种时间要适宜。主要蔬菜一般浸种的适宜水温与时间见表2-6。

表2-6　主要蔬菜浸种、催芽的适宜水温与时间

蔬菜种类	浸种 水温/℃	时间/h	催芽 温度/℃	天数/d	蔬菜种类	浸种 水温/℃	时间/h	催芽 温度/℃	天数/d
黄瓜	25～30	4～6	25～30	1.5～2	番茄	25～30	6～8	25～27	2～4
西葫芦	25～30	6	25～30	6～8	甘蓝	20	2～4	18～20	1.5
冬瓜	25～30	24	28～30	6～8	白菜	20	2～4	20	1.5
丝瓜	25～30	24	25～30	4～5	花椰菜	20	3～4	18～20	1.5
苦瓜	25～30	24	30	6～8	芹菜	20	24	20～22	2～3
辣椒	25～30	12～24	25～30	5～6	菠菜	20	24	15～20	2～3
茄子	30	24～36	25～30	6～7	菜豆	25～30	2～4	20～25	2～3

(2) 催芽　催芽是将浸泡过的种子放在黑暗的弱光环境里，并给予适宜的温度、湿度和氧气条件，促其迅速发芽。催芽是以浸种为基础，但浸种后也可以不催芽而直接播种。催芽一般方法为：先将浸种后的种子甩去多余水分，包裹多层潮湿纱布、麻袋片或毛巾中，然后在适宜的恒温条件下催芽，当大部分种子露白时，停止催芽。催芽期间，一般每4～5h松动包内种子1次，每天用清水淘洗1～2次。主要蔬菜的催芽适温见表2-6。

催芽后若遇恶劣天气不能及时播种，应将种子放在5～10℃低温环境下，保湿待播。有加温温室、催芽室及电热温床设施设备条件的应充分利用这些设备进行催芽，但在炎热夏季，有些耐寒性蔬菜如芹菜等催芽时需放到温度较低的地方。

(3) 种子的物理处理　物理处理的主要作用是提高发芽势及出苗率、增强抗逆性，从而达到增产的目的。

① 变温处理。或称"变温锻炼"，即种子在破嘴时给予1～2天以上0℃以下的低温锻炼，可提高种胚的耐寒性，增加产量。把萌动的种子先放到-1～5℃处理12～18h（喜温性蔬菜应取高限），再放到18～22℃处理6～12h，如此经过1～10天或更长时间。锻炼过程中种子要保持湿润，变温要缓慢，避免温度骤变。锻炼天数，黄瓜为1～4天，茄果类、喜凉菜类为1～10天。

② 干热处理。一些瓜类茄果类等喜温蔬菜种子未达到完全成熟时，经过暖晒处理，可促进后熟、增加种皮透性、促进萌发和进行种子消毒。如番茄种子经短时间干热处理，可提高发芽率

12%；黄瓜、西瓜和甜瓜种子经 4h（间隔 1h）50～60℃ 干热处理，有明显的增产作用；黄瓜种子干热处理（70℃，3 天）后对黑星病及角斑病的消毒效果良好。

③ 低温处理。某些耐寒或半耐寒蔬菜在炎热的夏季播种时，可于播前进行低温处理，解决出芽不齐问题。将浸种后的种子在冰箱内或其他低温条件下，冷冻数小时或十余小时后，再放置冷凉处（如地窖、水井内）催芽，使其发芽整齐一致。

(4) 种子的化学处理　利用化学药剂处理种子有打破休眠、促进发芽、增强抗性及种子消毒等多方面作用。

① 打破休眠。应用发芽促进剂如 H_2O_2、硫脲、KNO_3、赤霉素等对打破种子休眠有效。如黄瓜种子用 0.3%～1% 浓度 H_2O_2 浸泡 24h，可显著提高刚采收种子的发芽率和发芽势；0.2% 硫脲能促进莴苣、萝卜、芸薹属、牛蒡、茼蒿等种子发芽；用 0.2% 浓度的 KNO_3 处理种子可促进发芽；赤霉素（GA_3）对茄子（100mg/L）、芹菜（66～330mg/L）、莴苣（20mg/L）以及深休眠的紫苏（330mg/L）均有效。

② 促进萌发出土。国内外均有报道，在较低温度下用 25% 或稍低浓度的聚乙二醇（PEG）处理甜椒、辣椒、茄子、冬瓜等出土困难的蔬菜种子，可使种子提前出土，出土率提高。此外，用 0.02%～0.1% 硼酸、钼酸铵、硫酸铜、硫酸锰等微量元素浸种，也有促进种子发芽及出土的作用。

③ 种子消毒。可用药剂拌种消毒，一般用药量为种子重量的 0.2%～0.3%，常用杀菌剂有 70% 敌磺钠（敌克松）、50% 福美双、多菌灵、克菌丹等，杀虫剂有 90% 敌百虫粉剂等。拌种时药剂和种子均必须是干燥的，否则会引起药害和影响种子沾药的均匀度；拌过药粉的种子不宜浸种催芽，应直接播种，或贮藏起来待条件适宜时播种。

也可用药剂浸种消毒，浸种后催芽前，用一定浓度的药剂浸泡种子进行消毒，常用药剂有多菌灵、福尔马林、高锰酸钾、磷酸三钠等。应注意药液浓度与浸种时间，浸泡后用清水将种子上的残留药液清洗干净，再催芽或播种。如用 100 倍福尔马林（40% 甲醛）浸种 15～20min，然后捞出种子密闭熏蒸 2～3h，最后用清水冲洗；用 10% 磷酸三钠或 2% 氢氧化钠的水溶液浸种 15min，捞出洗净，可钝化番茄花叶病毒。

另外，采用种衣剂包衣技术处理种子，有促进发芽、防病、壮苗的效果，如有试验研制的药肥复合型种衣剂能有效地防治茄果类蔬菜苗期病害，同时对促进幼苗生长作用明显。

3. 确定播种时期

播种期受当地气候条件、蔬菜种类、栽培目的、育苗方式等影响。

确定播种适期的总原则：使产品器官生长旺盛期安排在最适宜的时期。栽培方式不同，确定播种期也有不同，育苗的播期依据秧苗定植日期推算；设施栽培则更多考虑茬口安排，应使各茬蔬菜的采收初盛期恰好处于该蔬菜的盛销高价始期；露地栽培则将产品器官生长的旺盛期安排在气候条件（主要是温度）最适宜的月份。如茄果类蔬菜在四川地区多于 3 月份温度适宜时播种，若进行温床育苗则可提前到 11～12 月播种；茎用芥菜在重庆地区 9 月上旬播种产量最高，但蚜虫危害严重，为避免蚜虫危害，多于 9 月下旬至 10 月上旬播种。

4. 播种技术

(1) 播种方式　主要有撒播、条播和点播（穴播）三种。

① 撒播。撒播是将种子均匀撒播到畦面上，多用于生长迅速、植株矮小的速生菜类及苗床播种。撒播可经济利用土地面积，省工省时，但存在不利于机械化耕作管理、用种量大等缺点。

② 条播。条播是将种子均匀撒在规定的播种沟内，多用于单株占地面积较小而生长期较长以及需要中耕培土的蔬菜，如菠菜、芹菜、胡萝卜、洋葱等。条播便于机械播种及机械化耕作管理，用种量也减少。

③ 点播。点播又称穴播，是将种子播在规定的穴内，适用于营养面积大、生长期较长的蔬菜，如豆类、茄果类、瓜类等蔬菜。点播用种最省，也便于机械化耕作管理，但存在出苗不整齐、播种用工多、费工费事等缺点。

(2) 播种方法　播种一般有干播（播前不浇底水）和湿播（播前浇底水）两种方法。干播一般用于湿润地区或干旱地区的湿润季节，趁雨后土壤墒情合适，能满足发芽对水分需要时播种，干播后应适当镇压；如果土壤墒情不足，或播后天气炎热干旱，则需在播后连续浇水，始终保持地面湿润状态直到出苗。

浸种催芽的种子多采用湿播法，在干旱或土壤温度很低的季节，也最好用湿播法。播种前先把畦地浇透水，再撒种子，然后依子粒大小，覆土 0.5～2cm。

(3) 播种深度　播种深度关系到种子的发芽、出苗的好坏和幼苗生长，应根据种子大小、土壤温湿度及气候条件确定适宜深度。播种过深，延迟出苗，幼苗瘦弱，根茎或胚轴伸长，根系不发达；播种过浅，表土易干，不能顺利发芽，造成缺苗断垄。一般干旱地区、高温及沙质土壤，大粒种子播种宜深；黏质土壤、土壤水分充足的地块，小粒种子播种宜浅；喜光种子如芹菜等宜浅播；种子的播种深度一般为种子直径的 2～3 倍，小粒种子一般覆土 0.5～1cm，中粒种子 1～3cm，大粒种子 3cm 左右。

【任务实施】

蔬菜种子形态识别、浸种催芽与苗床播种

一、任务目标

了解蔬菜种子的外部形态，学习从形态特征上识别蔬菜种子；了解种子播前处理的作用，掌握蔬菜种子浸种、催芽的方法；通过对茄果类、瓜类、豆类等需要育苗移栽的蔬菜进行育苗，了解其育苗过程，掌握蔬菜苗床准备及播种技术要点。

二、材料和用具

常见栽培蔬菜种子 50 种，包括：各种蔬菜的休眠种子（芸薹属、萝卜属、茄科、瓜类、葱蒜类、豆科、绿叶菜类等）；培养皿、滤纸、纱布、镊子、烧杯、玻璃棒、温度计、电炉、恒温箱等；蔬菜育苗棚、菜园土、有机肥、速效肥料、土壤消毒剂等。

三、实施过程

分为若干小组，每小组 3～5 人，按下列要求完成任务。

1. 种子分类识别

观察并记录本任务中所列出的各种蔬菜的休眠种子的形态特征；并根据植物分类学知识，识别其所属科、种（备注：蔬菜种子的外部形态包括种子的形状、大小、色泽、表面特征等，表面特征如脐、内种皮、外种皮、发芽孔、种阜、刺毛等，都是鉴定蔬菜种子的重要标志）。从中选择出茄果类、瓜类、豆类、白菜类、绿叶蔬菜的种子备用；根据生产任务确定的蔬菜种类，结合蔬菜苗的需求量，确定适宜的播种时期和播种量，安排后续工作（蔬菜种类由任课教师根据实际情况给定）。

2. 种子浸种

种子浸种方法主要有一般浸种、温汤浸种、热水烫种，任选上面选出的 3 种以上的种子，分别选取适宜的浸种方法进行浸种。

(1) 一般浸种　用温度与种子发芽适温相同的水浸泡种子，一般为 25～30℃。浸种时间参照各种蔬菜种子适宜的浸种时间。

(2) 温汤浸种　先用 55～60℃ 的水进行温汤浸种 10～15min，期间不断搅拌，之后加入凉水，降低温度转入一般浸种。

(3) 热水烫种　将种子投入 70～75℃ 或更烫的热水中，快速烫种 3～5min，之后加入凉水，降低温度至 55℃ 进行温汤浸种 7～8min，再进行一般浸种。

3. 种子催芽

按各种蔬菜种子发芽的适宜温度，在恒温箱中进行催芽。观察并记录发芽情况，分别统计各种蔬菜种子的发芽率和发芽势。

4. 蔬菜育苗床准备

(1) 育苗土配制　育苗土的具体配方根据不同蔬菜和育苗时期灵活掌握，目前播种床土常用的配方为田土 6 份、腐熟有机肥 4 份，菜园土和有机肥过筛后，掺入速效肥料、土壤消毒剂，并

充分拌和均匀，堆置过夜。

(2) 苗床准备　选用适宜的育苗设施，设施准备好后铺设育苗床，苗床畦宽1~1.5m；将育苗土均匀铺在育苗床内，播种床铺土厚约10cm，苗床装填好后整平床面。

5. 播种

低温季节宜选晴暖天上午播种，播前浇透底水，水渗下后，在床面薄薄撒盖一层育苗土；茄果类种子较小，一般撒播，瓜类、豆类等大粒种子一般点播，瓜类种子应平放。催芽的种子表面潮湿，不易散开，应用细沙或草木灰拌匀后再撒；播后覆土，并用薄膜平盖畦面。

6. 播后管理

每天观察出苗情况，并进行记载，同时加强苗期管理。

【效果评估】

1. 识别各种蔬菜的休眠种子，绘制种子形态示意图，并填写蔬菜种子形态特征记载表（见表2-7）。

表2-7　蔬菜种子形态特征记载表

科名	种名	种子或果实	形状	大小(千粒重)/g	色泽	表面特征	气味

2. 观察并记录种子浸种催芽情况，填写种子浸种及催芽情况记录表（见表2-8）。

表2-8　种子浸种及催芽情况记录表

蔬菜种类	供试种子数/粒	浸种		催芽		发芽初期	发芽盛期	发芽终期	发芽率	发芽势
		水温/℃	时间/h	温度/℃	时间/h					

3. 记录蔬菜育苗全过程，包括苗床准备至蔬菜出苗的整个过程。根据出苗的整齐度、是否带帽出土等指标，考核播种工作完成质量。

4. 根据学生对理论知识以及实践技能的掌握情况填写表2-9，对"任务　种子播种"的教学效果进行评估。

表2-9　学生知识与技能考核表（三）

项目及内容	任务　种子播种							
	理论知识考核(50%)				实践技能考核(50%)			
学生姓名	种子识别与质量检验(15%)	播前处理(15%)	播种期确定(5%)	播种技术(15%)	种子识别(10%)	浸种催芽(15%)	播种技术(15%)	出苗情况(10%)

【拓展提高】

一、蔬菜种子的寿命

种子的寿命指种子在一定环境条件下能保持发芽能力的年限。种子寿命的长短取决于遗传特性和繁育种子的环境条件、种子成熟度、贮藏条件等；其中贮藏条件中的湿度对种子生活力影响最大。在实践中，种子的寿命则指整个种子群体的发芽率保持在60%以上的年限，即种子使用年限。在自然条件下，不同蔬菜种子的寿命差异很大（见表2-10），可分为长命种子、常命种子、短命种子三类。

表2-10　一般贮藏条件下主要蔬菜的种子寿命与使用年限　　　　单位：年

蔬菜名称	寿命	使用年限	蔬菜名称	寿命	使用年限
大白菜	4～5	1～2	菠菜	5～6	1～2
结球甘蓝	5	1～2	芹菜	6	2～3
球茎甘蓝	5	1～2	莴苣	5	2～3
花椰菜	5	1～2	冬瓜	4	2～3
芜菁	3～4	1～2	黄瓜	5	2～3
芥菜	4～5	2	南瓜	4～5	2～3
根用芥菜	4	2	瓠瓜	5	2～3
萝卜	5	1～2	丝瓜	5	2～3
胡萝卜	3～4	1～2	西瓜	5	2～3
洋葱	2	1	甜瓜	5	2～3
韭菜	2	1	菜豆	3	1～2
大葱	1～2	1	豇豆	3	2
番茄	4	2～3	豌豆	3	1～2
辣椒	4	2～3	蚕豆	3	2
茄子	5	2～3	扁豆	3	2

二、种子的发芽特性

种子能否正常发芽是衡量种子是否具有生活力的直接指标，也是决定田间出苗率的重要因素。种子发芽过程中种子形态、结构和生理活动的变化规律及其所需的环境条件是进行种子催芽处理、播种等技术措施的根据。

1. 发芽过程

种子发芽过程就是在适宜的温度、水分和氧气条件下，种子胚器官利用贮存的营养进行生长的过程，一般包括吸胀、萌动与发芽三个过程。

（1）吸胀　吸胀是种子吸收水分的过程，有两个阶段：第一阶段为初始吸水阶段（物理吸水阶段），依靠种皮、珠孔等结构的机械吸水膨胀，有无生活力的种子均可进行，吸收的水分主要达到胚的外围组织（即营养贮藏组织），吸水量为种子发芽所需水量的1/2；第二阶段为完成阶段（生理吸水阶段），依靠胚的生理活动吸水，有生活力的种子才可进行，吸收的水分主要供胚活动所需。

各阶段水分进入种子的速度和数量取决于种皮构造、胚及胚乳的营养成分和环境条件。种皮透水容易的蔬菜有十字花科、豆科、番茄、黄瓜等；透水困难的有伞形科、茄子、辣椒、西瓜、冬瓜、苦瓜、葱、菠菜等。营养物质中，蛋白质含量多的种子吸水多而快，如豆类种子；脂肪和淀粉含量多的种子吸水则少而慢。初始吸水阶段，影响吸水的主要因子是温度，完成阶段则是温度和氧气，因此在浸种过程中要保证水温和换水补氧。

（2）萌动　又称生物化学阶段。种子吸胀后，原生质由凝胶状态变成溶胶状态，酶开始活化，种子内生理代谢和细胞增殖加快，种子萌动，表现为胚根尖端冲破种皮外伸，农业生产上称"露白"或"破嘴"。

（3）发芽　发芽指种子萌动后胚继续发育，直至胚根长度与种子等长，胚芽长度达种子一半的过程。种子发芽后，幼苗便出土生长，其出土有两种类型：一是子叶出土型，如茄果类、瓜类、菠菜、毛豆、菜豆和洋葱等；二是子叶不出土型，如蚕豆、豌豆、石刁柏等。

2. 种子发芽对环境条件的要求

(1) 水分　水分是种子发芽的必需条件，只有吸收充足水分，使种子自由含水量增加，贮藏干物质向溶胶转变，代谢活动加强，才能促使种子发芽。根据土壤含水量对蔬菜种子发芽率的影响可分为四类：一是要求"不严格"，对土壤含水量不敏感，在含水量9％～18％的范围内均能正常发芽（9％为永久凋萎点），比较耐干燥，种类较多，如甘蓝、南瓜、西瓜、番茄、西葫芦、甜瓜、黄瓜、洋葱、菠菜等；二是要求"不太严格"，对土壤含水量中等敏感，含水量只有在10％～18％时才能正常发芽，含水量达9％时发芽率可达到70％，如胡萝卜、菜豆等；三是要求"比较严格"，与"不太严格"蔬菜类似，差别在于在永久凋萎点（9％）以下，其发芽率极低，无生产意义，如莴苣、豌豆、甜菜等；四是要求"严格"，对土壤含水量极度敏感，含水量在14％～18％时种子才能正常发芽，在含水量10％以下发芽率为0，如芹菜、芥菜等。

此外，根据种子吸水量大小可以将蔬菜分为三类：一是吸水量大的，其吸水量可达种子风干重的100％～140％，如豆类、冬瓜、南瓜等；二是吸水量中等的，其吸水量为种子风干重的60％～100％，如番茄、丝瓜、甜瓜等；三是吸水量小的，其吸水量为种子风干重的40％～60％，如茄子、黄瓜、苦瓜等。对种子吸水影响显著的外界因子是温度，在物理吸水阶段，温度愈高，吸水愈旺盛；而在生理吸水阶段则不然，温度超过适宜界限，吸水力就会下降。

(2) 温度　温度是影响种子发芽的重要环境因素之一。不同蔬菜种子对温度要求不同，都有其最适温度、最高温度和最低温度。最适温度条件下种子萌发最快，常见蔬菜种子发芽的适宜温度见表2-11。有的蔬菜种子如芹菜，进行昼夜温度周期交替的变温处理，可以促进萌发。

表2-11　常见蔬菜种子发芽的适宜温度　　　　　　　　　　　　单位：℃

蔬菜种类	温　度	蔬菜种类	温　度	蔬菜种类	温　度
芹菜	20	萝卜	25	茄果类	30
菠菜	21	白菜类	25	南瓜、丝瓜、冬瓜	32
莴苣	22	胡萝卜	27	菜豆、豇豆	32
葱、韭	24	黄瓜	30	西瓜	35

按照种子发芽对土壤温度的反应可将蔬菜分为三类：一是中温发芽蔬菜，如莴苣、菠菜、茼蒿、芹菜等；二是高温发芽蔬菜，如甜瓜、西瓜、南瓜、番茄、黄瓜等；三是适温范围较广蔬菜，如萝卜、白菜、甘蓝、芜菁、葱等。据研究，蔬菜种子在开始出土后的0～2天出苗率可达70％～80％，土壤温度越适宜，出土集中的时间越短，且种子集中出土的时期与开始出土期的间隔天数也越短。在一定出土时期（10天或15天）内，叶菜、茎菜、花菜、根菜的种子发芽温度低限为11～16℃，高限为25～35℃；瓜类、豆类的低限为20～25℃，高限为30～35℃。

(3) 气体　种子在发芽过程中要进行呼吸作用，需要吸收大量的氧气，同时释放CO_2。一般来说，氧气浓度增高可促进种子发芽，CO_2浓度增高则抑制发芽。种子萌发初期需氧量较少，萌动后需氧量增加，若缺氧种子不萌发，持续时间长还会导致"烂种"。不同种类蔬菜，种子发芽对氧的要求与敏感程度也不同，水生蔬菜种子对氧的需要量比旱地蔬菜要少得多；常见蔬菜中，芹菜和萝卜对氧需要量最大，黄瓜、葱、菜豆需要量最少。

(4) 光照　种子都能在黑暗条件下发芽，但不同种类的蔬菜种子发芽时对光照的反应有差异。根据发芽时对光照条件的要求，可将蔬菜种子分为需光型、嫌光型、中光型三种：需光型种子在有光条件下发芽好于黑暗条件下，如十字花科芸薹属、莴苣、牛蒡、茼蒿、胡萝卜、芹菜、紫苏等；嫌光型种子在黑暗条件下发芽良好，如茄子、番茄、辣椒、葫芦科、葱、韭菜、韭葱等；中光型种子发芽对光反应不敏感，如萝卜、菠菜、豆类。生产中可用一些化学药品处理来代替光的作用，如用硝酸盐（0.2％硝酸钾）溶液处理，可代替一些喜光发芽种子对光的要求；赤霉素（100mg/L）处理可代替红光的作用。

三、种子包衣技术

种子包衣技术是我国于20世纪90年代广泛推广的一项植物保护技术，它具有综合防治、低毒高效、省种省药、保护环境以及投入产出比高的特点。

种子包衣是采取机械或手工方法，按一定比例将含有杀虫剂、杀菌剂、复合肥料、微量元素、植物生长调节剂、缓释剂和成膜剂等多种成分的种衣剂均匀包覆在种子表面，形成一层光滑、牢固的药膜。随着种子的萌动、发芽、出苗和生长，包衣中的有效成分逐渐被植株根系吸收并传导到幼苗植株各部位，使种子及幼苗对种子带菌、土壤带菌及地下、地上害虫起到防治作用；药膜中的微肥可在种子萌发过程中发挥效力。种子包衣明显优于普通药剂拌种，主要表现在综合防治病虫害、药效期长（40~60天）、药膜不易脱落、不产生药害等四个方面。因此，包衣种子苗期生长旺盛，叶色浓绿，根系发达，植株健壮，最终可实现增产增收的目的。

种子包衣方法主要有机械包衣法和人工包衣法两种，前者适宜于大的种子公司用包衣机进行包衣。虽然种衣剂低毒高效，但使用、操作不当也会造成环境污染或人身中毒事故，因此，尽量不要自行购药包衣，而应到种子公司或农业站购买采用机械方法包衣的良种。

包衣种子在存放和使用时要注意以下事项：

① 存放、使用包衣种子的场所要远离粮食和食品，严禁儿童进入玩耍，更要防止畜、禽误食包衣种子。

② 严禁徒手接触种衣剂或包衣种子，在搬运包衣种子和播种时，严禁吸烟、吃东西或喝水。

③ 装过包衣种子的口袋用后要及时烧掉，严防误装粮食和其他食物、饲料。

④ 盛过包衣种子的盆、篮等，必须用清水洗净后再做它用，严禁再盛食物。洗盆、篮的水严禁倒在河流、水塘、井池边，以防人、畜、禽、鱼中毒，可以将水倒在树根或田间。

⑤ 如发现接触种衣剂的人员出现面色苍白、呕吐、流涎、烦躁不安、口唇发紫、瞳孔缩小、抽搐、肌肉震颤等症状，即可视为种衣中毒，应立即脱离毒源，护送病人离开现场，用肥皂或清水清洗被种衣剂污染的部位，并请医生紧急救治。

【课外练习】

1. 种子质量检验主要有哪些鉴定内容？其鉴定方法如何？
2. 种子播前处理的方法主要有哪些？
3. 简要介绍种子浸种的三种方法，举出其各自适用的种子。
4. 如何确定蔬菜种子的播种期？
5. 举例说明蔬菜种子的三种主要播种方式适于何种种子，并分析其特点。
6. 请区分干播法与湿播法的区别。
7. 简要介绍种子发芽的主要过程，以及影响种子发芽的环境因素有哪些？
8. 请问如何确定蔬菜种子播种量，试列出其计算公式。

任务四　蔬 菜 育 苗

【任务描述】

南方某蔬菜种苗公司是一家从事国内外蔬菜良种引繁、种苗繁育销售于一体的大型现代化种苗生产企业，公司拥有 $10000m^2$ 智能育苗温室、$30000m^2$ 塑料育苗大棚及 $20000m^2$ 的露地苗床，主要生产茄果类、瓜类、甘蓝类、白菜类等优质蔬菜种苗供各生产基地及菜农生产所需。现接到某生产基地 50000 株蔬菜种苗的订单任务，要求在明年春季 3 月中下旬定植（或当年秋季 9 月上中旬定植），请根据公司生产条件结合具体育苗任务，按时完成育苗工作。

【任务分析】

完成上述任务，应了解常见的育苗方式及各育苗方式的特点，能根据育苗任务的要求选择相应的育苗方式，熟悉蔬菜育苗的基本流程，掌握各种蔬菜育苗方式的苗床准备（或育苗土、育苗基质配制）、播种、苗期管理等技术要点，能正确分析育苗中常见问题并采取预防或解决措施。

【相关知识】

一、育苗意义与方式

1. 育苗意义

育苗是蔬菜栽培的重要环节，也是蔬菜生产的一个特色，除了大部分根菜类和部分豆类、绿叶菜类蔬菜采用直播外，绝大多数蔬菜都适合育苗移栽。与直播相比，育苗具有如下优势：提早播种，延长供应；争取农时，增加茬口；增加复种指数，提高土地利用率；便于集约管理，培育壮苗；节约用种，降低生产成本等。

2. 育苗方式

蔬菜育苗方式有多种，各有特点，各地应根据当地气候特点、经济条件、栽培基础、蔬菜种类及育苗季节、育苗规模与数量，因地制宜，选用适当的育苗方式。

根据育苗场所及育苗条件，可分为露地育苗、遮阳网覆盖、塑料大棚覆盖以及温室育苗，后三种统称为设施育苗；根据育苗基质的种类可分为床土育苗、无土育苗和混合育苗；根据床土是否加温，又分为冷床育苗、酿热温床育苗、电热温床育苗、遮阴育苗等；根据护根措施，可分为容器育苗和营养土块育苗；根据所用繁殖材料，可分为播种育苗、扦插育苗、嫁接育苗、组织培养育苗等。生产中通常结合实际情况将几种育苗方式综合运用。

育苗工作的基本流程包括育苗前的准备—播种（或扦插）—苗期管理。

二、露地育苗

露地育苗就是无需任何固定覆盖设施，在露地或附加简易遮阳、防虫等设施的条件下设置苗床育苗的一种育苗方式。

1. 露地育苗的特点

露地育苗主要是在自然环境条件下和适合蔬菜种子萌动发芽及幼苗生长发育的季节育苗，多在春、秋两季进行，与设施育苗相比，具有设备简单、投资小、成本低、管理方便、技术难度小、易于掌握等优点，但易受到高温、霜冻、暴雨、干旱、病虫害等影响。一般用于秋冬菜、越冬菜及部分春夏菜的育苗，如白菜、甘蓝、花菜、芹菜、芥菜、莴苣以及部分豆类、葱蒜类蔬菜。

2. 露地育苗的设施

露地育苗的设施简单，主要是育苗田块和简易育苗床。育苗地应选地下水位低、不积水、易排水的高地，土壤疏松肥沃，通透性和保水性良好；夏天多在透风阴凉处，秋末、早春则多选避风向阳的高地，做畦进行育苗。早春露地育苗为了保温，可设置临时风障、覆盖草帘或铺薄膜；夏季高温多雨季节，应覆盖防雨棚或遮阳网进行遮阴防雨。

3. 露地育苗的技术要点

（1）苗床准备及播种技术　在选好的田块施入充分腐熟的有机肥，做成畦宽1.2m、沟宽0.5m左右的高畦，畦面耙细整平，但不可太细；为防止苗期病虫害的发生，应选择病虫害少的田块做苗床，并对床土进行消毒。播种前应打足底水，多在晴天播种，切忌在大雨将来临时播种，可用干播法或湿播法。

（2）苗期管理　露地育苗易受外界环境条件影响，在做好苗期常规管理的基础上，应根据季节变化采取相应措施抵御不良环境条件。

① 春季露地育苗。春季露地育苗除了加强水分管理外，应着重注意防冻、防杂草、防干旱以保苗。为避免低温造成冷害，播期应选择在终霜后出苗，出苗后遇到寒流或霜冻，应利用地膜覆盖等措施做好临时保护；播后最后用薄膜、稻草或旧报纸保湿保温；结合苗床中耕，手工除草，务求干净彻底，对于撒播且幼苗密度大的苗床可用除草剂除草。

② 夏季露地育苗。夏季高温、多雨、强光，时有干旱，病虫害多且危害严重，露地育苗时应采取相应措施减少危害。可用寒冷纱或遮阳网进行遮阴覆盖以防止高温、强降雨及强光，也可通过选择田间阴凉处或在高秆作物遮阴下设置苗床防止高温和强光。为防治病虫害危害，应选择抗病虫品种，尽量创造幼苗健壮生长和不利于病虫害发生的条件，如覆盖防虫网防虫，用频振式杀虫灯或黄板诱杀、银灰膜驱避，也可用种衣剂包衣种子或药剂浸种防止苗期病虫害，病害发生时及时用农药防治。此外，夏季幼苗易徒长，可通过控水、及时分苗或喷乙烯利、矮壮素等生长调节剂来防止。

③ 秋季露地育苗。秋季露地育苗的蔬菜主要为越冬蔬菜，育苗时应注意确定适宜的播种期，播早了易发生病害；播晚了不耐寒无法正常越冬，或营养体过小而影响产量。一般在保证足够生

长期的前提下，适当晚播，以减轻病害。秋季雨水减少，易受干旱影响，播后应加强水分管理。

三、设施育苗

为了争抢农时，合理安排茬口，蔬菜育苗经常会在气候寒冷的严冬与早春，或炎热多雨的盛夏与早秋，需设置保护设施，改善温、光、水、肥、气等环境条件。

1. 设施育苗的设施

设施育苗的设施主要有阳畦、温床、地膜覆盖、塑料大棚、温室、夏季遮阴设施等，不同设施的结构和性能有所差异（设施的结构和性能详见第四章设施蔬菜栽培基础），根据不同地区、不同季节的气候特点，因地制宜，选择经济适用的设施进行育苗。一般南方地区冬春季常用塑料大棚、地膜覆盖、酿热温床和电热温床等保温加温设施以抵御低温危害，夏季育苗则常用遮阳网、防虫网、草帘等遮阴降温、防雨、防虫。

2. 育苗土配制及苗床准备

（1）育苗土的配制　育苗土又称为营养土，是培育壮苗的基础。

① 优良的育苗土应具备的条件。有机质丰富，其含量不少于5%；疏松透气，具有良好的保水、保肥性能，浇水时不板结，干时不开裂，总孔隙不低于60%（其中大孔隙15%~20%，小孔隙35%~40%）；床土营养全面，一般要求全氮含量0.8%~1.2%，速效氮含量100~150mg/kg，速效磷含量不低于200mg/kg，速效钾含量不低于100mg/kg，并含有钙、镁和多种微量元素；pH 6~7；富含有益微生物，无病菌和虫卵。

② 育苗土的原料及配方。为达到上述要求，育苗土一般按照一定配方配制，配制原料主要是菜园田土和有机肥。菜园田土多选用非重茬蔬菜较肥沃的园田土，豆茬地块土质比较肥沃，葱蒜茬地块的病菌数量少，均为理想的育苗用土。有机肥较理想的有草炭、猪粪、马粪等充分腐熟的圈肥，鸡粪、鸽粪、兔粪、油渣等高含氮有机肥易引起菜苗旺长，施肥不当易发生肥害，应慎重使用。此外，可用细沙和炉渣调节育苗土的疏松度，增加育苗土的空隙；有机肥源不足时，也可适量加入优质复合肥、磷肥和钾肥等化肥，用量应小，一般1m³播种床土的总施肥量1kg左右，分苗床土2kg左右。

育苗土的具体配方根据不同蔬菜和育苗时期灵活掌握，一般播种床土要求肥力较高、土质更疏松。目前常用的配方：播种床土配方为田土6份，腐熟有机肥4份，土质偏黏时应掺入适量的细沙或炉渣；分苗床土配方为田土或园土7份，腐熟有机肥3份。

③ 育苗土的配制。菜园土和有机肥过筛后，掺入速效肥料，并充分拌和均匀，堆置过夜。育苗土使用前应进行消毒，常用药剂消毒和物理消毒。药剂常用福尔马林、井冈霉素等，如用5%福尔马林喷洒床土，拌匀后堆起来，盖塑料薄膜密闭5~7天，然后去掉覆盖物散放福尔马林，可防治猝倒病和菌核病，一般处理1~2周后才可使用。物理消毒方法主要有蒸汽消毒、太阳能消毒等。

（2）苗床准备　育苗前，根据计划栽植苗数、成苗营养面积确定苗床面积，根据蔬菜种类及环境条件选用适宜的育苗设施，使用旧育苗设施时，应进行设施修复和环境消毒。设施准备好后铺设育苗床，苗床畦宽1~1.5m。采用电热温床的应事先在床内布设好地热线，并接通电源。将育苗土均匀铺在育苗床内，播种床铺土厚约10cm，分苗床铺土厚12~15cm。若用育苗容器播种，则直接在容器内填入床土装床。苗床装填好后整平床面。低温季节应在使用前3~5天覆盖设施升温。

3. 苗床播种

根据生产计划、蔬菜种类、栽培方式、设施条件、苗龄大小、育苗技术等情况确定适宜的播种期，一般由定植期减去育苗天数确定，常见蔬菜设施育苗的育苗天数见表2-12。

确定适宜的播种量，播前应进行种子处理。低温季节宜选晴暖天上午播种，播前浇透底水，水渗下后，在床面薄薄撒盖一层育苗土，小粒种子多撒播，瓜类、豆类等大粒种子一般点播，瓜类种子应平放防止产生"带帽"现象。催芽的种子表面潮湿，不易撒开，可用细沙或草木灰拌匀后再撒。播后覆土，并用薄膜平盖畦面。

表 2-12　常见蔬菜设施育苗的苗龄及育苗天数

蔬菜名称	育苗方式	生理苗龄	育苗天数/天
番茄	大、中棚以及日光温室	8～9片叶、现大蕾	60～75
辣椒	大棚早熟栽培	12～14片叶、现大蕾	80～90
茄子	日光温室早熟栽培	9～10片叶、现大蕾	100～120
黄瓜	大棚早熟栽培	5片叶，见雌花	40～50
西葫芦	小拱棚早熟栽培	5～6片叶	40
花椰菜	大、中棚早熟栽培	6～8片叶	60～70
甘蓝	大、中棚早熟栽培	6～8片叶	60～70

4. 苗期管理

(1) 播种床的管理　包括出苗期、籽苗期、小苗期管理。

① 出苗期。在浇足底水的前提下，加强温度管理。番茄、茄子、黄瓜等喜温蔬菜苗床适宜温度应为25～30℃，莴苣、芹菜等喜冷凉蔬菜为20～25℃。若采用温床育苗应视夜间温度状况加温，并适时加盖覆盖物保温，一般夜间温度喜温蔬菜可低至18～20℃，喜凉蔬菜可低至15～18℃。当70%以上幼苗出土后，撤除薄膜，适当降温，把白天和夜间的温度分别降低3～5℃，防止幼苗的下胚轴旺长，形成高脚苗。

② 籽苗期。出苗至第一片真叶展开为籽苗期，幼苗最易徒长，应加强温度和光照的调控。出苗后适当控制夜温，喜温蔬菜和喜凉蔬菜分别控制在10～15℃和9～10℃，昼温则分别保持在25～30℃和20℃左右。适当间苗和勤擦温室玻璃或薄膜可以改善籽苗受光状况，防止幼茎徒长。籽苗期一般不浇水。当大部分幼苗出土时，将苗床均匀撒盖一层育苗土，保湿并防止子叶"带帽"出土，形成"带帽"苗。

③ 小苗期。第一片真叶破心至2～3片真叶展开为小苗期，苗床管理原则是"促"、"控"结合，保证小苗在适温、不控水和光照充足的条件下生长。喜温果菜昼夜温分别保持25～28℃和15～17℃，喜凉蔬菜分别保持20～22℃和10～12℃。播种时底水充足不必浇水，可向床面撒一层湿润细土保墒；若底水不足床土较干，可在晴天中午前后一次性喷透水，然后覆土保墒。经常擦温室玻璃或薄膜以增强光照，覆盖物早揭晚盖以延长小苗受光时间。

(2) 分苗　分苗是育苗过程中的移植，主要目的是扩大营养面积，增加根群，培育壮苗。

① 分苗原则。一次点播，营养面积足够的不用分苗。分苗时间宜早，瓜类、菜豆等不耐移植的蔬菜应于子叶期分苗；茄果类、白菜、甘蓝等蔬菜耐移植，可在小苗期分苗；萝卜等根菜移植后肉质根易分叉，不宜移植。分苗次数应少，一般分苗1次。

② 分苗密度。根据成苗大小、单面面积大小及叶开张度确定分苗密度，一般甘蓝类分苗距离为6～8cm，茄果类8～10cm，瓜类10～12cm。

③ 分苗技术。分苗前3～5天，应加大苗床通风量，降低温度提高秧苗的适应性，以利分苗后缓苗生长。分苗前一天，将苗床浇透水，以减少起苗时伤根。早春气温低时，应采用暗水法分苗，即先按行距开沟、浇水，边浇水边按株距摆苗，水渗下后覆土封沟；高温期应采用明水法分苗，即先栽苗，全床栽完后浇水。

(3) 分苗后的管理

① 缓苗期。分苗后3～5天为缓苗期，管理以保温、保湿为主，以恢复根系，促进缓苗。一般喜温果菜地温不能低于18～20℃，白天气温25～28℃，夜温不低于15℃；喜凉蔬菜可相应降低3～5℃。缓苗期间一般不需通风，以保湿；此外，应避免强光，光照过强时应适当遮阴。当幼苗心叶由暗绿转为鲜绿时，幼苗已缓苗。

② 成苗期。缓苗后幼苗生长加快，应加强温度和光照管理。及时降低温度以防徒长，喜温果菜白天25℃左右，夜间12～14℃；喜凉蔬菜白天20℃左右，夜间8～10℃。幼苗封行前，光照好，幼苗不易徒长，可适当通风，切忌通风过猛造成"闪苗"。幼苗封行后，幼苗基部光照变弱，空气湿度较大，易徒长，应经常清洁温室玻璃或薄膜，早揭晚盖覆盖物，增加光照，加强通风排湿或向畦面撒盖干土。

③ 定植前的秧苗锻炼。即定植前对秧苗进行适度的低温、控水处理,增强秧苗对不良环境的适应能力,并促进瓜果类蔬菜花芽分化。一般定植前7~10天,通过降温控水,加强通风和光照,进行炼苗。果菜类昼温降到15~20℃,夜温5~10℃;叶菜类白天10~15℃,夜间1~5℃。土壤湿度以地面见干见湿为宜,对于番茄、甘蓝等秧苗生长迅速、根系较发达、吸水能力强的蔬菜应严格控制浇水。对茄子、辣椒等水分控制不宜过严。

(4) 其他管理 在育苗过程中,当幼苗出现缺肥症状时,应及时追肥。追肥以施叶面肥为主,可用0.1%尿素或0.1%磷酸二氢钾等进行叶面喷肥。苗期追施CO_2,不仅能提高苗的质量,而且能促进果菜类的花芽分化,提高花芽质量,适宜的CO_2施肥浓度为800~1000mL/m^3。

定植前的切块和囤苗能缩短缓苗期,促进早熟丰产。一般囤苗前两天将苗床灌透水,第二天切方。切方后,将苗起出并适当加大苗距,放入原苗床内,以湿润细土弥缝保墒进行囤苗。囤苗时间一般7天左右,期间要防淋雨。

四、容器育苗

为缩短蔬菜幼苗移栽的缓苗期,提高成活率,生产上常利用各种容器进行容器育苗,同时也便于秧苗管理和运输,实现蔬菜秧苗的批量化、商品化生产。

1. 容器类型

蔬菜育苗容器主要有塑料钵、纸钵、草钵、育苗穴盘等(图2-3),目前生产上常用塑料钵和育苗盘,可根据蔬菜的种类、成苗大小选择相应规格。

2. 容器育苗的技术要点

选择适宜规格的育苗容器,避免因苗体过大营养不足而影响秧苗的正常生长发育。容器育苗使培养土与地面隔开,秧苗根系局限在容器内,不能吸收利用土壤中水分,易

图2-3 常见育苗容器

干旱,应加强水分管理。使用纸钵育苗时,钵体周围均能散失水分,易造成苗土缺水,应用土将钵体间的缝隙弥严。为保持苗床内秧苗的整齐度,培育壮苗,育苗过程中要注意倒苗,即定植前搬动几次育苗容器。倒苗的次数依苗龄和生长差异程度而定,一般为1~2次。

五、无土育苗

无土育苗是指不用天然土壤,而利用非土壤的固体材料作基质及营养液,或利用水培及雾培进行育苗的方法。

1. 无土育苗的特点

无土育苗易于对育苗环境和幼苗生长进行调控,为幼苗生长创造最佳环境,因此幼苗生长发育快、整齐一致,壮苗指数高,移植后的缓苗期短;此外无土育苗省去了传统土壤育苗所需的大量床土,减轻了劳动强度;基质和用具易于消毒,可减轻土传病虫害发生;可进行多层立体育苗,提高了空间利用率;育苗基质体积小,重量轻,便于秧苗运输;科学供肥供水,可节约肥料;便于实行标准化管理和工厂化、集约化育苗。但是无土育苗比土壤育苗要求更高的设备和技术条件,成本相对较高。

2. 无土育苗的设施

无土育苗的设施除保护地覆盖设施外,还应建配套的育苗床、移苗床,并配备各种育苗盘、育苗钵、岩棉育苗方块以及各种非土壤固体基质材料。

育苗床可用砖块砌成水泥床,或用聚苯乙烯(EPS)发泡材料加工成定型槽,床内铺一层塑料薄膜,填上基质作播种床;也可将基质直接填入育苗盘、育苗钵等容器进行容器育苗。

育苗容器包括不同规格的育苗盘或穴盘、各种规格的硬质或软质塑料钵。岩棉育苗有专用的育苗岩棉方块。基质的种类很多，常用的有泥炭、蛭石、珍珠岩、沙、岩棉、炉渣、碳化稻壳等，应注重就地取材。育苗用的营养液专用肥料也应配制齐备。

3. 无土育苗方式及其技术要点

（1）无土育苗方式　蔬菜无土育苗主要有播种育苗和组织培养育苗两种方法。生产中主要采用播种育苗，根据育苗容器的不同可分为育苗钵育苗、岩棉块育苗、穴盘育苗、育苗盘育苗等；根据播种育苗的规模和技术水平又分为普通无土育苗和工厂化无土育苗。工厂化育苗将在项目三　蔬菜设施栽培基础中重点介绍。

组织培养育苗能保持原有品种的优良性状，获得无病毒苗木，繁殖系数高，速度快，可实现自动化、工厂化和周年生产，也逐渐受到重视，但育苗成本较高，有一定技术难度。

（2）无土育苗的技术要点　无土育苗的关键技术包括设施、装置的选择和布置；基质的选择和应用；营养液的配制、使用与管理；苗期温、光、肥、水的控制等。其基本程序包括装盘播种、催芽出苗、绿化、分苗、成苗五个阶段，目前无土育苗较多采用穴盘育苗。

① 设施设备。穴盘育苗是以草炭、蛭石等轻质材料作基质，利用穴盘播种育苗的方法。生产中可采取人工操作管理，主要的设施为穴盘、基质、育苗床、肥水供给系统；若工厂化育苗则多采用机械化精量播种，一次成苗，主要设施设备有精量播种系统、穴盘、基质、育苗温室、催芽室、育苗床架及肥水供给系统。

② 穴盘、育苗基质及营养液的选择。

a. 穴盘选择。目前使用的穴盘多为 54.4cm×27.9cm，每个苗盘有 50～648 个孔穴等多种类型，其中 72 孔、128 孔、288 孔和 392 孔穴盘最常用。番茄、茄子、黄瓜育苗多用 72 孔穴盘，辣椒、甘蓝、花椰菜等选用 128 孔穴盘，生菜、芹菜、芥菜等选用 288 孔穴盘。

b. 育苗基质。一般以草炭、蛭石和珍珠岩为主，此外还有菌渣等。草炭最好选用灰鲜草炭，pH 5.0～5.5，养分含量高，亲水性能好。目前国内绝大部分穴盘育苗采用草炭+蛭石的复合基质，比例 2:1 或 3:1。草炭和蛭石本身含有一定量的大量元素和微量元素，但不能满足幼苗生长的需要，在配制基质时应加入一定量的化学肥料（用量见表 2-13）。

表 2-13　穴盘育苗化肥用量参考表　　　　　　　　　　　　　　　　单位：kg/m^3

蔬菜种类	氮磷钾复合肥	尿素	磷酸二氢钾	蔬菜种类	氮磷钾复合肥	尿素	磷酸二氢钾
冬春茄子	3.0～3.4	1.5	1.5	西瓜	0.5～1.0	0.3	0.5
冬春甜椒	2.2～2.7	1.3	1.5	西葫芦	1.9～2.4	1.0	1.0
冬春番茄	2.0～2.5	1.2	1.2	甜瓜	1.9～2.4	1.0	1.0
春黄瓜	1.9～2.4	1.0	1.0	花椰菜	2.6～3.1	1.5	0.8
夏播番茄	1.5～2.0	0.8	0.8	生菜	0.7～1.2	1.0	0.7
夏播芹菜	0.7～1.2	0.5	0.5	甘蓝	2.6～3.1	1.5	0.8

c. 营养液配方。若采用草炭、生物有机肥料和复合肥合成的专用基质，育苗期间可只浇清水，适当补充大量元素即可，因此营养液配方以大量元素为主，微量元素由育苗基质提供，营养液的参考配方见表 2-14。此外，生产上还用氮磷钾三元复合肥（N、P、K 含量为 15:15:15）配成溶液后浇灌秧苗，子叶期浓度 0.1%，一片真叶后用 0.2%～0.3% 的浓度。

表 2-14　无土育苗营养液参考配方

蔬菜种类	N/(mg/kg)	P/(mg/kg)	K/(mg/kg)
叶菜类	140～200	70～120	140～180
茄果类前期	140～200	90～100	200～270
茄果类后期	150～200	50～70	160～200

③ 基质装盘及播种。育苗前对育苗场地、主要用具进行消毒；一般用 50～100 倍福尔马林或 0.05%～0.1% 的高锰酸钾对使用过的穴盘和育苗基质进行消毒，消毒后应充分洗净，以免伤

苗。播种前几天，将育苗基质装入穴盘，等待播种；在寒冷季节，应在播种前使基质温度上升到20~25℃左右。为减少苗期病害，种子应经过消毒处理后再浸种催芽。播种前，用清水喷透基质，均匀撒播已催芽或浸种的种子，覆盖基质0.5~1cm。

④ 苗期管理。播种后应浇透水，冬季育苗应用薄膜覆盖苗盘增温保湿，出苗前可不浇水；夏季育苗出苗前要小水勤浇，保持上层基质湿润；出苗后至第一片真叶展出，要控水防止徒长，其后随植株生长，加大浇水量。苗期的营养供给可以通过定时浇灌营养液解决，若基质中已混入肥料则只浇清水，缺肥时叶面喷施0.2%的氮磷钾复合肥。

【任务实施】

蔬菜育苗

一、任务目标

熟悉各种育苗方式，掌握蔬菜育苗的基本工作流程及育苗技术，掌握茄果类、瓜类、甘蓝类、白菜类等需要育苗移栽的蔬菜的苗期管理技术。

二、材料和用具

茄果类、瓜类、甘蓝类或白菜类的种子（根据实际育苗任务购买）；育苗设施、农具、育苗基质、土壤消毒剂、肥料、农药等。

三、实施过程

1. 教师布置具体的育苗任务（注意：蔬菜种类根据各地气候条件、栽培季节等因素指定茄果类、瓜类、甘蓝类或白菜类中的一种或几种；菜苗定植时间根据实际教学条件与教学进度由教师指定），划分生产小组，根据实际任务所需条件确定育苗方式，分组制订育苗计划。

2. 根据选定的育苗方式准备所需的育苗设施、农具、育苗基质、农资等，并进行育苗场地、育苗设施等的消毒工作及种子播前处理。

3. 根据具体的育苗方式完成播种工作。

4. 分阶段完成播后苗期管理

（1）播种到出苗阶段　这一阶段要求充足的水分、较高的温度和良好的通气条件。番茄、茄子、黄瓜等喜温蔬菜苗床适宜温度应为25~30℃，莴苣、芹菜等喜冷凉蔬菜为20~25℃。当幼苗开始顶土时，开始降低温度，以防止长出高脚苗。

（2）出苗到分苗阶段　苗床管理原则是"促"、"控"结合，保证小苗在适温、不控水和光照充足的条件下生长。若底水不足床土较干，可在晴天中午前后一次性喷透水，然后覆土保墒。喜温果菜昼夜温度分别保持在25~28℃和15~17℃，喜凉蔬菜分别保持在20~22℃和10~12℃。分苗前2~3天适当降低3~5℃。尽量少伤根，将小苗移到条件最好的地方。

（3）分苗到定植阶段　分苗后适当提高土温，促进发根。缓苗后做好通风、保温工作，并适当中耕、除草、浇水、追肥，定植前5~7天开始进行低温锻炼。逐渐加大通风量和通风时间，逐步使秧苗适应定植后的环境。

四、育苗中常见问题及预防措施

在蔬菜育苗中，因天气及管理不当，秧苗常出现各种不正常生长现象，归纳如下。

1. 出苗不整齐

主要表现为出苗时间不一致或苗床内幼苗分布不均匀。前者主要由种子质量差、苗床环境不均匀、局部间差异过大或播种深浅不一致所致；后者主要由于播种不均匀、局部发生了烂种或伤种芽等造成的。预防措施：播种质量高的种子；精细整地，均匀播种，提高播种质量；保持苗床环境均匀一致；加强苗期病虫害防治等。

2. 带帽苗

幼苗出土后，种皮不脱落而夹住子叶，俗称"带帽"或"顶壳"，产生的主要原因有覆土过薄、盖土变干。预防措施：覆土厚度均匀适当；苗床底水要足，出苗前，床面覆盖地膜保湿；瓜菜播种时，种子要平放。

3. 沤根

幼苗根部发锈，严重时表皮腐烂，不长新根，幼苗变黄萎蔫，主要由苗床湿度大、温度低引起。预防措施：选择透气良好的土壤作苗床，提高地温；控制浇水，避免土壤湿度长时间过高；发生沤根后及时通风排湿，或撒施细干土或草木灰吸湿。

4. 烧根

幼苗根尖发黄，不发新根，但根不烂，地上部生长缓慢，矮小发硬，不发棵，形成小老苗。主要由施药量或施肥量过大、浓度过高或苗床过旱所致。预防措施：配制育苗土时不使用未腐熟的有机肥，化肥不过量使用并与床土搅拌均匀；科学合理用药，用药前苗床保持湿润；若产生药害，及时喷清水。

5. 徒长苗（高脚苗）

产生的主要原因是光照不足，夜间温度过高，氮肥和水分过多，苗床过密等。预防措施：增加光照，保持适当的昼夜温差；播种量不过大，并及时间苗、分苗，避免幼苗拥挤；控制浇水，不偏施氮肥。

6. 老化苗

老化苗又称老僵苗、小老苗，定植后发棵慢，易早衰，产量低。主要由于苗床水分长时间不足和温度长时间过低，或蹲苗时间过长引起的。预防措施：严格掌握好苗龄，蹲苗时间长短要适度；蹲苗时低温时间不宜过长，防止长时间干旱造成幼苗老化。蹲苗时控温不控水。

7. 冻害苗

主要由苗床温度过低引起的。预防措施：改进育苗手段，采用人工控温育苗如电热温床育苗等；通过加厚草苫、覆盖纸被、加盖小拱棚等措施加强夜间保温；适当控制浇水，合理增施磷肥，提高秧苗抗寒能力。

【效果评估】

1. 记录指定蔬菜种类育苗所选育苗方式及育苗过程，包括育苗设施、使用农资、播种到定植各阶段的时间及管理措施。根据各组育苗过程及菜苗成活率进行综合评分，考核实践技能成绩。

2. 根据学生对理论知识以及实践技能的掌握情况填写表2-15，对"任务 蔬菜育苗"的教学效果进行评估。

表2-15 学生知识与技能考核表（四）

项目及内容 学生姓名	任务 蔬菜育苗							
	理论知识考核(50%)				实践技能考核(50%)			
	露地育苗 （10%）	设施育苗 （15%）	无土育苗 （10%）	嫁接育苗 （15%）	育苗方式 （5%）	育苗前准备 （15%）	育苗技术 （20%）	育苗成活率 （10%）

【拓展提高】

一、漂浮育苗

漂浮育苗又叫漂浮种植、浮动园艺、营养液育苗，是一种新的育苗方法。它是将装有轻质育苗基质的泡沫穴盘漂浮于水面，种子播于基质中，秧苗在育苗基质中扎根生长，并能从基质和水床中吸收水分和养分的育苗方法，属于保护地无土育苗技术。

1. 漂浮育苗特点

与传统育苗法相比较，它可减少移栽用工、节省育苗用地、降低病虫害以及便于管理，达到苗壮、苗齐、无病虫、育苗成本低、效率高的目的。漂浮育苗的栽培环境具有高密度、高湿度的特点，因此对于病害的管理，尤其是病原体的传播和感染，显得很重要，对于生产资料和工具以及操作过程要严格消毒，以免病原体及害虫侵染植株。

2. 漂浮育苗技术要点

(1) 育苗场地的选择与育苗棚室建设　选择背风向阳、无污染、水源方便、排水顺畅、交通便利、容易平整的地方作为育苗场地。根据当地气候特点和经营状况搭建育苗大棚或温室，使用前可用斯美地熏蒸消毒，熏蒸时间不少于7天；也可用不同的广谱型杀虫剂、杀菌剂分次进行喷洒消毒。

(2) 漂浮池的建立及消毒　漂浮池规格为池长670cm、池宽105～110cm、池深20cm，一个池子可摆放30个育苗盘；池埂采用宽窄埂，可用红砖、空心砖、土坯做成，空心砖或红砖做的窄埂30cm、宽埂50cm，土坯做的窄埂50cm、宽埂70cm；池埂做好后找平池底，用沙子、细土垫平。

漂浮池建好后用200倍的漂白粉溶液或0.1%高锰酸钾溶液或生石灰水对场地周围进行消毒；池底铺0.08mm厚以上的黑膜，铺膜时防止地膜被划破或以后被磨破；在漂浮池中加入10cm左右深的干净、无污染水，可用井水、自来水或河水。施肥时将肥料溶解后再放入漂浮池混匀，注意肥料不能直接施在漂浮盘上，以免烧苗。

(3) 育苗盘的选择及消毒　育苗盘可采用162孔或200孔的聚苯乙烯塑料泡沫漂盘；外型尺寸为66.5cm×34cm×(5.5～6.5)cm；密度18目以上，重量180～220g，盘的密度低、重量轻、硬度不够，不耐用；底孔孔径0.8cm，孔径小，吸水性差，孔径大漏基质，都会影响出苗。

除首次使用的新盘外，育苗前苗盘必须进行消毒。可用1%～2%的福尔马林液或0.05%～0.1%的高锰酸钾喷洒，盖膜熏蒸1～2天，然后用清水冲洗干净；也可用0.5%的高锰酸钾溶液浸泡4h，或用20%石灰水浸泡清洗苗盘后用塑料薄膜密封24h，然后用清水清洗干净。

(4) 基质准备　漂浮育苗基质从专业的生产厂家购买，其质量标准为：基质粒径1～5mm，孔隙度70%～95%，容重0.15～0.35g/cm³，pH 5.5～6.5，有机质含量≥20%，腐殖酸≥15%，电导率≤800Ecμs/cm，水分含量30%～50%，铁离子含量<1000mg/kg，锰离子含量<100mg/kg。

(5) 装盘播种

① 基质水分　播种基质水分调节到40%～50%，即手捏成团、落地自然散开。

② 装盘　装盘应松紧适中，具体方法是将基质铺满全部孔穴后用手轻拍盘侧3次，再铺上基质，用手刮去盘面上多余的基质即可。注意不能用手指或木棍压实基质，不能干装，不能空穴。

③ 播种　装好基质的育苗盘应在当天完成播种，并于当天放入漂浮池，以免水分散失影响出苗。播种深度为0.2～0.3cm，每孔1～2粒种子。将盘轻放入漂浮池，盖上无纺布，用喷雾器洒上适量水分。

(6) 播后管理

① 温湿度管理　播种后棚内应采取严格的保温措施，使盘表面温度保持在21～24℃，以获得最大的出苗率，并保证幼苗整齐一致，棚室温度高于30℃时及时通风降温。出苗后当棚内温度高于35℃时，小棚采取两头通风、大棚需要开启门窗通风，降温除湿。气温下降时及时关棚、关门窗保温。成苗期应将棚膜两边卷起至顶部，加大通风量，使幼苗适应外界的温度和湿度条件，提高抗逆性。注意在整个育苗过程中，大棚要经常通风排湿，使苗床表面有水平气流。

② 营养液管理　漂浮池中营养液深度保持在10～15cm，根据苗的颜色判断是否应该施肥，若颜色呈淡绿色或黄绿色，表明氮素浓度过低，要施入适量肥料；若颜色呈深绿色或墨绿色，表明氮素浓度过高，应加入适量清水，使氮素浓度保持在250g/m³。注意观察营养液是否清澈、深度是否合适，如变浑浊、发臭，应及时换水、加肥；如营养液泄漏，应立即加水、加肥；正常变浅时，应及时补充清水。

③ 揭去无纺布、遮阳网，查苗、补苗、间苗　当出苗达到80%以上及时揭去无纺布；当

80%进入子叶期或小苗期（根据不同蔬菜种类考虑）后，进行间苗、补苗，间除大、小苗，保留中等苗，每穴留苗一株，缺苗处用多余的苗补上。间苗、补苗3天后揭去遮阳网。

④ 幼苗修剪　剪叶是漂浮育苗过程中的一项必要措施。通过剪叶，可以调节幼苗生长，使幼苗均匀一致，增加茎粗，促进根系生长发育，提高幼苗壮实程度和生产效率。剪叶应掌握在播后35天，即幼苗5片真叶后开始，在距芽4cm以上位置修剪。剪叶视苗的大小和长势而定，一般每周一次，直到成苗。剪叶时叶片要干燥，以利剪后伤口愈合，最好在下午修剪，剪叶前应将修剪工具消毒处理，剪后及时清理留在苗盘上的残屑，以减少病害的发生。

⑤ 炼苗　漂浮育苗生产中幼苗一直处于较为优越的人工环境中，因此，当幼苗达到成苗要求，即茎高10cm左右时，应及时进行炼苗。一般于移栽前1周，幼苗间隔性断水，并揭开薄膜；移栽前3天，从营养液中取出育苗盘，大棚两侧昼夜大通风。炼苗程度以中午显示萎蔫，早晚能恢复为宜。研究表明，炼苗能够增加幼苗糖含量，提高营养抗性和根系活力，加速次生长，使茎围增加，从而提高幼苗成活率，并使幼苗移入大田后，能迅速生长。

二、嫁接育苗

嫁接育苗是将栽培品种的幼苗、苗穗（即去根的蔬菜苗）或带芽枝段，接到另一野生或栽培植物的适当部位上，使其产生愈合组织，形成一株新苗。

1. 嫁接育苗的作用

蔬菜嫁接育苗的主要作用是减轻和避免土传病害、克服连作障碍；此外，通过选择适宜的砧木，可增强秧苗对逆境的适应能力，提高根系对肥水的吸收能力，促进蔬菜生长发育，从而达到提早收获、增加产量、改善品质的目的。

2. 嫁接砧木

嫁接育苗的关键是砧木选择，优良的砧木应具备以下条件：与接穗的嫁接亲和性强并且稳定；对蔬菜的土传病害具有免疫性或较强抗性；能明显提高蔬菜的生长势，增强抗逆性；对蔬菜的品质无不良影响或不良影响小。嫁接前，首先了解该蔬菜可供选用的砧木种类及其特点，根据栽培季节、栽培方式、土壤条件和品种类型选择适宜砧木。目前生产上主要蔬菜的砧木种类及其特点见表2-16，可供参考。

表2-16　主要蔬菜的常用砧木及其特点

蔬菜名称	常用砧木	主要特点
黄瓜	黑籽南瓜（云南黑籽）	抗枯萎病，促进生长，耐低温
	杂种南瓜（土佐系列）	抗枯萎病，耐低温
	中国南瓜（白菊座）	抗枯萎病，耐湿
苦瓜	黑籽南瓜、中国南瓜	抗枯萎病，促进生长，耐低温
	丝瓜	抗枯萎病，促进生长，耐湿耐涝
西葫芦、冬瓜	黑籽南瓜	抗枯萎病，促进生长，耐低温
西瓜	瓠瓜（超丰F1、葫砧1号）	抗枯萎病，耐低温干旱，促进生长
	杂种南瓜（土佐系列）	抗枯萎病，早熟丰产
薄皮甜瓜	中国南瓜、杂种南瓜（土佐系列）	抗枯萎病，耐热耐低温，促进生长
	野生甜瓜（共砧：大井、强荣、健脚）	抗枯萎病，较耐低温
番茄	KNVF	抗褐色根腐病、黄萎病、枯萎病、根结线虫
	BF兴津101号、Ls89	抗青枯病、枯萎病、耐旱、促进生长
	PFN	抗青枯病、枯萎病、线虫
茄子	托鲁巴姆	抗青枯病、枯萎病、黄萎病、线虫，促生长
	赤茄、青茄	抗枯萎病，促进生长
	黑铁1号	抗枯萎病，促进生长
	角茄	抗青枯病、枯萎病

3. 嫁接前的准备

(1) 嫁接场地　蔬菜嫁接应在温室或塑料大棚内进行，场地内的适宜温度为25～30℃、空气湿度90%以上，并用草苫或遮阳网将地面遮成花荫。

(2) 常用嫁接工具

① 刀片。用来切削蔬菜苗和砧木苗的接口，切除砧木苗的心叶和生长点。一般使用双面刀片，如图2-4处理。

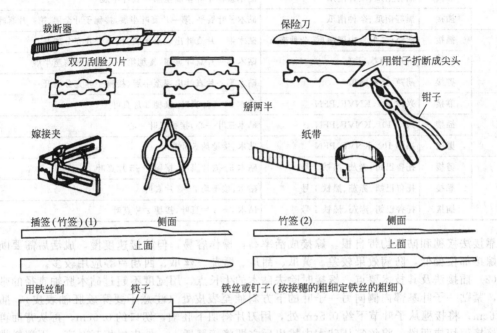

图 2-4　常用嫁接工具

(引自：安志信，鞠珮华，张鹤. 图说蔬菜育苗技术. 中国农业出版社，2000)

② 竹签（插签）。用来挑除砧木苗的心叶和生长点，对砧木苗茎插孔。一般用竹片自制，先将竹片切成宽0.5~1cm、长5~10cm、厚0.4cm左右，再将一端（插孔端）削成如图2-4所示的形状，然后用纱布将竹签打磨光滑。插孔端长度约1cm左右；粗度应与蔬菜苗茎的粗度相当或稍大一些。

③ 嫁接夹。用于固定嫁接苗的接合部位，目前多用塑料夹，此外还有套管、纸带等。

④ 其他。运苗箱（运送嫁接用苗及嫁接苗）、水桶、水盆、工作台、工作凳、塑料膜及拱棚支架等。

(3) 砧木和接穗的培养　嫁接育苗的播种期一般应比自根苗提前5~8天，具体播期应根据砧木和接穗种子萌发及幼苗生长速度，以及选用的嫁接方法而定。一般黄瓜接穗比黑籽南瓜砧木早播3~5天；甜瓜、西瓜接穗比砧木晚播5~7天；番茄接穗比砧木晚播3~5天；茄子接穗应比赤茄砧木晚播7天，比托鲁巴姆砧木晚播25~30天。嫁接苗的大小则应考虑蔬菜种类及嫁接方法的差异，不同蔬菜嫁接方法适宜的嫁接时期参见表2-17。

4. 主要的嫁接方法及技术要点

蔬菜的嫁接方法比较多，常用的主要是靠接法、插接法和劈接法等。

(1) 靠接法及其技术要点　靠接法也称舌接。选苗茎粗细相近的砧木和蔬菜苗进行嫁接，若两苗的茎粗相差太大，应错期播种。嫁接时分别将接穗和砧木苗带根取出，注意保湿；先将砧木苗真叶及生长点切除，在子叶节下0.5~1cm处呈20°~30°角向下斜切一刀，深度达胚轴直径的1/2；再取接穗苗，在子叶节下1.5~2cm处呈15°~20°角向上斜切一刀，深度达胚轴直径的2/3；然后将接穗和砧木的切口接合在一起，用嫁接夹固定；最后将砧木和接穗同时栽入营养钵中，保持两者根茎1~2cm距离，靠接后10天左右伤口愈合、嫁接成活，从接口下部截断接穗根系（嫁接过程见图2-5）。

表 2-17　几种主要蔬菜的嫁接方法及嫁接时期

蔬菜名称	嫁接方法	砧木种类	嫁接时期
黄瓜	靠接	黑籽南瓜、杂种南瓜	砧木接穗子叶全展至第一真叶半展
	插接	黑籽南瓜、杂种南瓜	砧木子叶展平、第一片真叶半展,接穗子叶全展、第一片真叶显露
西瓜	插接	葫芦(瓠瓜)、中国南瓜、杂种南瓜	砧木第一片真叶出现至半展,接穗子叶充分展开
	靠接	南瓜、葫芦、共砧	砧木第一片真叶显露,接穗第一片真叶显露至半展
	劈接	葫芦、杂种南瓜	砧木第一片真叶出现至半展,接穗子叶充分展开
番茄	靠接	兴津101、KNVF、PFN	砧木3~4片真叶,接穗3片真叶
	插接	兴津101、KNVF、PFN	砧木三叶一心,接穗二叶一心
	劈接	兴津101、KNVF、PFN	砧木、接穗约5片真叶
茄子	劈接	托鲁巴姆、赤茄、黑铁1号	砧木5~6片真叶,接穗4~5片真叶
	靠接	托鲁巴姆、赤茄、黑铁1号	砧木、接穗均2~3片真叶
	插接	托鲁巴姆、赤茄、黑铁1号	砧木2~3片真叶,接穗2片真叶

靠接法接穗和砧木均带自根,嫁接成活率高,操作容易,但嫁接速度慢,成活后需要断茎去根,嫁接部位偏低,防病效果较差。黄瓜、甜瓜、番茄、丝瓜、西葫芦等应用较多。

(2) 插接法及其技术要点　嫁接时除去砧木的生长点,用宽度不超过砧木胚轴直径的带尖扁竹签,紧贴一子叶基部内侧向另一子叶的下方斜插至表皮处(注意不要穿破胚轴表皮),插孔长约0.6cm;将接穗从子叶节下约0.5cm处,用刀片斜切下胚轴,切口约0.6cm,再从背面再切一刀,将接穗切成两段;将竹签从砧木中拔出后立即将接穗插入,外皮层相互对齐,用塑料带或嫁接夹固定接口(嫁接过程见图2-6)。

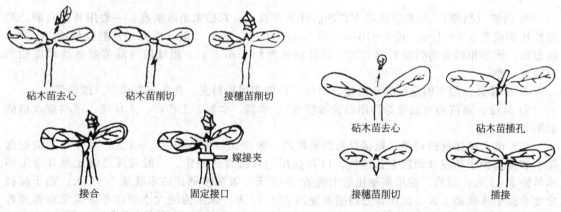

图 2-5　靠接法嫁接过程示意图　　　　　图 2-6　插接过程示意图
(引自:韩世栋.蔬菜栽培.中国农业出版社,2001)　(引自:韩世栋.蔬菜栽培.中国农业出版社,2001)

插接法不用移植嫁接苗,不使用嫁接夹等固定,不用断茎去根,具有嫁接速度快、操作方便、省力省工等特点,且接口部位高,防病效果好;但成活率不易保证,插孔时,容易插破苗茎,多用于西瓜、甜瓜、黄瓜等蔬菜育苗。

(3) 劈接法及其技术要点　劈接法对蔬菜和砧木的苗茎粗要求不甚严格,视两苗茎的粗细差异程度,一般又分为半劈接(砧木苗茎的切口宽度为苗茎粗度的1/2左右)和全劈接两种形式(图2-7)。瓜类蔬菜嫁接时先切除砧木的真叶和生长点,然后用刀片在胚轴中央或一侧垂直向下纵切,切口长1~1.5cm;从接穗子叶下2~3cm处向下斜切胚轴,切成楔形,切面长0.8~1cm;最后将接穗插入砧木切口并用嫁接夹或塑料带固定。茄果类蔬菜嫁接过程基本相似,一般在砧木和接穗约 5 片真叶时嫁接。一般茄子砧木保留 2 片真叶，番茄砧木保留 1 片真叶，而接穗于第二片真叶处切断（图 2-7）。

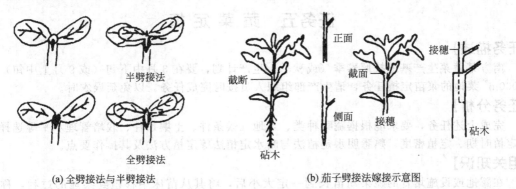

图 2-7 劈接法示意图

劈接法的嫁接部位较高，防病效果好。黄瓜劈接后管理困难，成活率较低；西瓜成活率较高，但嫁接速度慢，应用较少；茄子苗茎细硬，劈接嫁接成活率高、操作简便，主要采用此法。

(4) 其他嫁接方法

① 贴接法。又称斜切接法，砧木长到 5～6 片真叶时，留基部 2 片真叶，斜切去掉顶端，形成长 0.5～0.8cm 的斜面，接穗在子叶下 0.8～1cm 处向下斜切一刀，切口为斜面，大小应和砧木斜面一致，然后将接穗沿斜面切口贴在砧木切口上，用嫁接夹固定。

② 针式嫁接法。用六角形、长 1.5cm 的针将接穗和砧木连接起来。嫁接针是由陶瓷或硬质塑料制成的，在植株体内不影响植株的生长。

③ 适于机械化作业的嫁接方法。随着蔬菜育苗向规模化、工厂化的商品性育苗发展，对嫁接育苗的成活率和速度都提出了要求，嫁接效率更高的机械化嫁接方法逐渐形成。机械化嫁接过程中，要解决的主要问题是胚轴或茎的切断、砧木生长点的去除和砧、穗的固定方法，目前国外有平斜面对接嫁接法、套管式嫁接法、平面智能机嫁接法等。

5. 嫁接苗管理

嫁接后 8～10 天为嫁接苗的愈合期，是嫁接苗成活的关键，应加强保温、保湿、遮光等管理。适宜温度是白天 25～30℃、夜间 20℃左右。嫁接结束后，把嫁接苗放入苗床内，用小拱棚覆盖保湿，使苗床内的空气湿度保持在 90% 以上；3 天后适量放风，降低空气湿度，并逐渐延长苗床的通风时间，加大通风量，嫁接苗成活后撤掉小拱棚。嫁接后 3 天内，用草苫或遮阳网把苗床遮成花荫，4 天后逐渐见光，并随着嫁接苗的成活生长，逐天延长光照的时间，嫁接苗完全成活后撤掉遮阴物。

一般嫁接后第 7～10 天进行分床管理，把嫁接质量好、接穗苗恢复生长较快的苗集中到一起，在培育壮苗的条件下进行管理；把嫁接质量较差、接穗苗恢复生长也较差的苗恢复生长也较差的苗集中到一起，继续在原来的条件下进行管理。靠接法嫁接苗在嫁接后的第 9～10 天选阴天或晴天傍晚断根，断根后的 3～4 天内要遮阴。应注意随时抹去砧木苗侧芽及接穗苗茎上的不定根，以利接穗正常生长。

【课外练习】

1. 蔬菜育苗主要有哪些方式？
2. 蔬菜设施育苗主要有哪些设施，如何选择？
3. 蔬菜育苗的苗期管理主要有哪些阶段，各阶段应如何管理？
4. 蔬菜育苗的苗床如何准备，请介绍其技术要点。
5. 简述蔬菜育苗的育苗土如何配制及其消毒方法。
6. 蔬菜容器育苗有何优点？简述其技术要点。
7. 简述蔬菜漂浮育苗的特点及其技术要点。

8. 简析蔬菜嫁接育苗的主要嫁接方法优缺点。
9. 蔬菜育苗中的常见问题有哪些？如何预防？

任务五　蔬菜定植

【任务描述】

南方某蔬菜生产基地按照春季（或秋季）生产计划，要在3月中下旬（或9月上中旬）完成50000m^2菜地的菜苗定植任务，请生产部组织人员按时完成任务，以免延误农时。

【任务分析】

完成上述任务，要求能根据蔬菜种类、当地气候条件、土壤条件、栽培管理水平等选择适宜的定植时期、定植密度，熟悉明水定植法与暗水定植法等定植方法及其操作要点。

【相关知识】

在露地或设施培育的蔬菜幼苗长到一定大小后，将其从苗床中移植到菜地的过程，称为定植。科学合理的定植技术能促进幼苗定植后迅速缓苗，保证蔬菜良好的生长，为优质、高产打下基础。

一、定植前的准备

在定植前应该做好土地和秧苗的准备工作。整地做畦后定植前，按照确定的行株距开沟或挖定植穴，施入适量腐熟的有机肥和复合肥，与土拌匀后覆层细土，避免定植后秧苗根系与肥料直接接触。选择适龄幼苗定植，苗过小不易操作，过大则伤根严重，缓苗期长。一般叶菜类以幼苗具5～6片真叶为宜；瓜类、豆类根系再生能力弱，定植宜早，瓜类多在5片真叶时定植，豆类在具两片对称子叶，真叶未出时定植；茄果类根系再生能力强，可带花或带果定植，但缓苗期长。定植前对秧苗进行蹲苗（适当控制浇水）锻炼，可提高其对定植后环境条件的适应，减少缓苗期。

二、定植时期

由于各地气候条件不同，蔬菜种类繁多，各地应根据气候与土壤条件、蔬菜种类、产品上市时间及栽培方式等来确定适宜的播种与定植时期。设施栽培的定植时期主要考虑产品上市的时间、幼苗大小、土地情况及设施保温性能而定。

露地栽培则更多考虑气候与土壤条件，在适宜的栽培季节，影响蔬菜定植时期的主导因素是温度。喜温性蔬菜如茄果类、瓜类、豆类（豌豆、蚕豆除外）等冬季不能栽植，应在春季地上断霜、地温稳定在10～15℃时定植，一般霜期过后尽早定植；秋季则以初霜期为界，根据蔬菜栽培期长短确定定植期，如番茄、菜豆和黄瓜应从初霜期前推3个月左右定植。耐寒或半耐寒蔬菜，如豌豆、蚕豆、甘蓝、菠菜、芥菜等在长江以南地区多进行秋冬季栽培，以幼苗越冬；在北方地区冬季不能露地越冬，多在春季土壤解冻、地温达5～10℃时及早定植。华南热带和亚热带地区终年温暖，定植时期要求不太严格。

三、定植密度

定植密度因蔬菜的株型、开展度以及栽培管理水平、环境条件等不同而异。合理密植就是在保证蔬菜正常生长发育前提下，尽量增加定植密度，充分利用光、温、水、土、气、肥等环境条件，提高蔬菜产量及品质。在同等气候及土壤条件下，爬地生长的蔓生蔬菜定植密度应小，搭架栽培密度则应大；丛生的叶菜类和根菜类密度宜小；早熟品种或栽培条件不良时，密度宜大，而晚熟品种或适宜条件下栽培的蔬菜密度应小。

四、定植方法

在适宜的定植时期，根据定植密度，选择适宜的时间进行定植，定植方法有明水定植法与暗水定植法。

1. 明水定植法

先按行、株距挖穴或开沟栽苗，栽完苗后及时浇定根水，这种定植方法称为明水定植法。该法浇水量大,地温降低明显,适用于高温季节。

2. 暗水定植法

分为"座水法"和"水稳苗法"两种。

(1) 座水法 按株行距开穴或开沟后先浇足水,将幼苗土坨或根部置于泥水中,水渗下后再覆土。该定植法速度快,还可保持土壤良好的透气性、促进幼苗发根和缓苗等作用。成活率较高。

(2) 水稳苗法 按株行距开穴或开沟栽苗,栽苗后先少量覆土并适当压紧、浇水,待水全部渗下后,再覆盖干土。该法既能保证土壤湿度要求,又能增加地温,利于根系生长,适合于冬春季定植,一般秧苗、带土移栽及各种容器苗定植多采用此法。

栽植时应注意:一是尽量多带土,减少伤根;二是栽植深浅应适宜,一般以子叶下为宜,如"黄瓜露坨,茄子没脖"、"深栽茄子,浅栽蒜"等,在潮湿地区不宜定植过深,避免下部根腐烂;三是选择合适定植时间,一般寒冷季节选晴天,炎热季节选阴天或午后;四是定植后应及时浇足定根水。

【任务实施】

蔬菜定植

一、任务目标

熟悉蔬菜定植的技术要点,掌握蔬菜定植的时期及方法。

二、材料和用具

待定植的蔬菜秧苗、肥料、地膜、农具等。

三、实施过程

1. 定植前准备工作

(1) 根据实际生产任务中规定的蔬菜种类、生产季节、土地面积选择适宜的定植时间、菜畦类型、走向及做畦规格,并确定待定植蔬菜的株行距,计算所需种苗数量,购买或提前培育菜苗;准备其他农资及工具。

(2) 学生分组完成定植前的整地做畦工作,结合土壤翻耕施入基肥,翻耕后将地块耙细整平,按照畦的基本要求和选择菜畦的具体要求进行做畦;根据气候情况选择是否覆盖地膜及地膜的种类。

2. 定植过程

(1) 按照定植蔬菜的种类、生产季节等选择适宜的定植方法。

(2) 根据待定植蔬菜的定植密度,按行株距挖定植穴,取秧苗定植,定植后浇定根水。

3. 定植后管理

定植完毕后,进行定植后的管理。

【效果评估】

1. 记录定植过程中的主要技术指标,填写表 2-18。根据各组菜苗定植情况及缓苗后的成活率进行综合评分,考核实践技能成绩。

表 2-18 蔬菜定植情况记录表

蔬菜种类	种植面积/m²	定植密度及株数	菜畦类型及规格	定植时间	定植方法	成活率/%

2. 根据学生对理论知识以及实践技能的掌握情况填写表 2-19,对"任务 蔬菜定植"的教学效果进行评估。

表 2-19　学生知识与技能考核表（五）

项目及内容 学生姓名	任务　蔬菜定植							
	理论知识考核（50%）				实践技能考核（50%）			
	定植前准备 （10%）	定植时期 （5%）	定植密度 （10%）	定植方法 （25%）	定植前准备 （10%）	定植技术 （20%）	定植后管理 （10%）	定植成活情况 （10%）

【拓展提高】

一、蔬菜基肥施用

基肥又称底肥，指在蔬菜播种前或定植前施入田间的肥料，其用量占总施肥量的70%以上，主要以有机肥为主，配合部分速效肥，有机肥施用前必须充分腐熟。

基肥有撒施、条施和混合施用三种施用方法。撒施是结合深耕将肥料均匀施入；肥料不足时，可采用条施，将肥料集中施在播种行一侧，或在播种或定植前将肥料施在种植穴内；混合施用法一般是将有机肥与化肥混合施用，可减少土壤对化肥的固定作用。

二、蔬菜定植后的苗期管理

幼苗定植到大田后，因根部受伤，影响水分和养分的吸收，生长会有一段停滞期，待新根发生后才恢复生长，这一过程称"缓苗"。缓苗时间的长短对早熟、丰产有重要意义，越快越好，不缓苗最佳。为此生产上对定植后的苗期管理比较重视，采取相应措施缩短缓苗期。瓜类可采用塑料杯、营养土块、营养钵育苗等保护根系，减少定植时伤根，缓苗快；移植时尽量多带土，少伤根；栽植后遇太阳过强应遮阴，若遇霜冻可采取覆土、熏烟或灌水等措施防冻；缓苗前注意浇水促进成活。此外，生产中还应准备一定后备苗，以备缺苗时补植所用。

【课外练习】

1. 如何确定蔬菜定植时期及定植方法？
2. 如何确定蔬菜定植密度？
3. 简析明水定植法与暗水定植法的区别。
4. 蔬菜定植后应如何进行苗期管理？

任务六　蔬菜田间管理

【任务描述】

南方某市某蔬菜生产企业拥有露地 10hm²、塑料大棚 50000m²，主要生产各类应季及反季节蔬菜供应当地蔬菜市场，生产二部承担目前定植于露地及塑料大棚中的各类蔬菜的田间管理任务直至采收，请该部组织人力、物力，按照科学、规范、高效的原则采取相应的栽培管理措施，保质保量完成任务。

【任务分析】

完成上述任务，需要了解蔬菜田间管理的主要技术措施，掌握蔬菜生长期间的施肥、灌溉与排水、植株调整、化学调控、病虫害防治等技术。

【相关知识】

一、蔬菜施肥技术

1. 蔬菜需肥特点

一是蔬菜需肥量大。这是由蔬菜耐肥性强、产量高、生物产量大而决定的，应增加施肥量，否则会严重影响产量和品质,特别要重施有机肥作基肥,一般每亩用量应达5000kg左右,除有机肥作基肥外,还应施氮磷钾复合肥50~80kg/亩,生长期还要以追肥的形式多次施肥,以满足蔬菜需要。

二是蔬菜喜硝态氮肥。氮肥分两类,一类是铵态氮;另一类是硝态氮。蔬菜对硝态氮肥如硝酸铵、硝酸钾等含硝基的氮特别喜爱,吸收量高,而对铵态氮的氨水、碳铵、硫铵、尿素等的吸收量小。一般蔬菜实际吸收铵态氮的量不应超过总氮肥量的30%,如果长时间过多供铵态氮,会影响蔬菜的生长发育和产量。

三是蔬菜对硼、钙、钾等矿质元素有特殊要求。蔬菜栽培中易发生缺硼问题,缺硼常会引起落花落果、茎秆开裂、果实着色不良或果面粗糙形成裂口等,如芹菜缺硼会发生裂茎,因此蔬菜栽培中应重视硼肥的使用,一般每季蔬菜使用硼砂约1kg/亩。蔬菜需钙量大,萝卜的钙吸收量是小麦的10倍,甘蓝为25倍,番茄缺钙可能发生脐腐病。蔬菜对钾肥要求高,大多数蔬菜在生长发育中后期,尤其是瓜类、豆类、茄果类蔬菜进入结荚结果结瓜期后对钾的吸收量会明显增加,在该时段,供肥应注意增加钾肥的比例。

2. 施肥的基本原则

蔬菜施肥应坚持"有机肥为主,化肥为辅;基肥为主,追肥为辅;多元复合肥为主,单元素肥料为辅"的原则,注意有机肥与化肥的配合,并根据不同作物合理配比氮、磷、钾及微肥。如叶菜类以氮肥为主,适当配合一些磷钾肥;花菜、果菜类在整个生长过程中氮、磷、钾的配合使用一定要适当,按照其生长发育规律进行肥水管理。肥料以农家肥、有机肥为佳,严格控制单纯含氮化肥的施用量,实行不同作物配方施肥,注意配合使用硼、镁、钼肥。

3. 蔬菜生长期间施肥方法

(1) 土壤追肥 追肥是基肥的补充,应根据蔬菜不同生育时期的需要,适时适量地分期追肥,多为速效性的氮、钾肥和少量磷肥。施用时应"少施、勤施",每次施用量不宜过多,一般在蔬菜产量形成期多次追肥,以补充基肥的不足。追肥方法主要有埋施(在蔬菜周围开沟或开穴,将肥料施入后覆土)、撒施(撒施于蔬菜行间并进行灌水)、冲施(将肥料先溶解于水,随灌溉施入根系周围土壤)和设施追施(利用滴灌设施进行追肥)。

(2) 根外追肥 又称叶面喷肥,是将化学肥料配成一定浓度的溶液,喷施于叶片上,具有操作简便、用肥经济、作物吸收快等优点。根外追肥的浓度应根据肥料和蔬菜的种类而定,不宜过高,以免造成叶片烧伤;宜选无风的晴天,在傍晚或早晨露水刚干时进行,避免高温干燥天气造成叶片伤害或喷后遇雨将肥料冲掉。

二、灌溉与排水技术

菜地灌溉是人工引水补充菜地水分,以满足蔬菜生长发育需要的管理措施;菜地排水是排出菜地中超过蔬菜生长发育所需的水量,以免蔬菜受涝害的管理措施。合理的灌溉与排水技术为蔬菜提供最适的土壤水分条件,达到最佳生育状态和最高的产量指标。

1. 合理灌溉的依据

(1) 蔬菜需水特性 各种蔬菜的需水特性主要受吸收水分的能力和对水分的消耗量多少影响。一般来说,根系强大、吸收水分能力强的抗旱力强,叶面积大、组织柔嫩、蒸腾作用旺盛的抗旱力弱。

蔬菜在不同生育期对水分的需求也有差异,在种子萌发时需要充足的水分,苗期吸水量不多,但需保持土壤湿润,营养生长期应大量浇水,开花期应控水,果实生长期则需要较多水分,种子成熟时应适当干燥。

(2) 看天、看地、看苗灌水 依据菜农在长期生产实践中,联系当地气候、土壤特点及蔬菜需水规律总结而得的蔬菜灌溉经验,"看天、看地、看苗"进行蔬菜灌水。

看天主要是根据季节、气候变化,特别是雨量分布特点来决定灌水与否,一般雨季以排水为主,旱季以灌水为主。

看地则指根据土壤返碱状况、保水性、地下水位情况等因素决定是否灌水。保水性差的土地应施肥保水,勤浇;易积水的土壤则加强排水深耕;盐碱地用河水或井水,进行明水大灌;低洼地则应"小水勤浇，排水防碱"。

看苗灌水就是根据蔬菜的需水特性、植株的水分状况、生长情况等决定灌水与否。如早晨看叶的上翘与下垂；中午观察叶片是否萎蔫及轻重，傍晚看萎蔫恢复得快慢。

2. 灌溉技术

蔬菜种类多，栽培方式及栽培时期不同，各地气候条件也不同，应采用相应的灌溉方式进行灌溉，主要有以下三种。

（1）地面灌溉 地面灌溉是我国农业灌溉的主要形式，主要有畦灌、沟灌、淹灌等几种形式，适用于水源充足、土地平整、土层较厚、土壤底层排水顺利的土壤和地段。其优点是投资小，易实施，适用于大面积蔬菜生产，但费工费水，易使土表板结。随着现代节水农业的发展，以精细地面灌溉技术研究及设备开发为特征的现代地面灌溉技术也有应用，如地面浸润灌溉、膜上灌等。

（2）地下灌溉 地下灌溉主要是利用地下渗水管道系统，将水引入田间，借土壤毛细管作用自下而上湿润土壤，又称为渗灌。其优点是土壤湿润均匀，不破坏土壤团粒结构，蒸发损失小，省水，占耕地少，不影响机械耕作，灌水效率高、能耗少，能有效控制病害；不足是投资高、灌水均匀性差、地下管道检修困难，迄今仍限于小面积使用。传统渗灌管采用多孔塑料管、金属管或无沙混凝土管；现代渗灌使用新型微孔渗水管，管表面布满了肉眼看不见的无数细孔。渗灌管埋于耕层下。

地膜覆盖栽培时，多在地膜下开沟或铺设灌溉水管进行膜下灌水，可使土壤蒸发量减至最低程度，节水效果明显，低温期还可提高地温1~2℃。

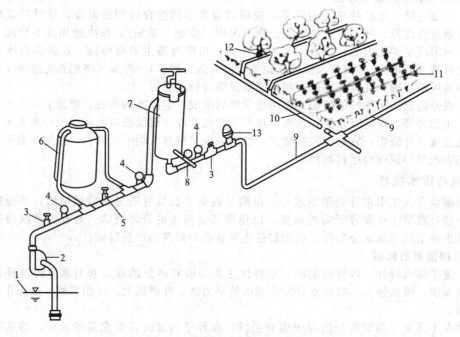

图 2-8 灌溉系统的组成示意图
1—水源；2—水泵；3—阀门；4—压力表；5—调压阀；6—化肥罐；7—过滤器（筛网式）；
8—冲洗管；9—干管；10—支管；11—毛管；12—滴头；13—进排气阀
（引自：张彦萍．设施园艺．中国农业出版社，2002）

（3）地上灌溉 地上灌溉包括喷灌、滴灌等多种形式，通过低压管道系统与安装在末级管道上的特制灌水器，将水以较小的流量均匀、准确地直接输送到作物根部附近的土壤表面或土层中，是目前节水灌溉的主要形式。灌溉系统主要由水源、首部枢纽、输配水管网和灌水器四部分组成（图 2-8），根据灌水器的不同分为喷灌和滴灌。

① 喷灌。利用专门设备把有压水流喷射到空中并散成水滴落下，习惯称"人工降雨"，世界各国普遍应用。喷灌系统形式有移动式、固定式和半固定式三种。喷灌易于控制灌溉量，且均匀度高，比畦灌、沟灌节水 30%～50%；可以改善田间小气候，调节土壤水、肥、气、热状况，不破坏土壤的团粒结构，能冲掉茎叶上尘土，有利于光能利用，增产效果明显；节省劳力，灌水效率高，易实现自动化；土壤利用率高，可增加耕地 7%～10%。但设备投资较大，能耗大。

② 滴灌。利用低压管道系统把水或溶有化肥的溶液均匀而缓慢地滴入蔬菜根部附近的土壤。滴灌完全避免输水损失和深层渗漏损失，特别在炎热干旱季节及透水性强的地区，省水效果尤为显著；适应各种地形条件，能实现灌溉自动控制，节省劳力；省地省肥。滴灌设备投资较高，一般多在设施栽培或经济价值较高的蔬菜上应用。

3. 排水技术

在低洼地和降雨量多的地区，或某些年总降水量不大但雨、旱季分明、降水时期集中的地区，必须处理好排水问题。明沟排涝、暗管排土壤水、井排调节区域地下水位是目前排水技术的主要方式。

明沟排水是国内外传统的排水方法，省工、简便，但工程量大，易倒塌、淤塞和滋生杂草，占地多，且排水不畅，养护维修困难，降低防盐效果。

暗管排水利用埋于地下的管道排水，不占地，不影响机械耕作，排水、排盐效果好，养护容易，便于机械施工。不足之处是管道容易被泥沙沉淀或伸入管内的植物根系堵塞，成本也较高。

井排是在菜田边按一定距离开挖深井，通过地表渗漏把水引入深井中，多与井灌相结合，通过调节井水水位高低来调节地下水位，是改良低洼易涝盐碱地的一种措施，不占地。缺点是挖井造价及运转费用较高，目前多在北方地区采用。

三、植株调整技术

植株调整的作用主要是：平衡营养生长与生殖生长、地下部与地上部生长；促进产品器官形成与膨大；改善通风透光，提高光能利用率；减少病虫害和机械损伤。主要包括整枝、摘心、打杈、摘叶、束叶、疏花疏果与保花保果、压蔓、落蔓、搭架、绑蔓等。

1. 整枝、摘心、打杈

对分枝性强的茄果类、瓜类蔬菜，为控制其生长，促果实发育，人为地使每一植株形成最适的果枝数目的措施称为整枝。除去顶芽，控制茎蔓生长称"摘心"（或闷尖、打顶）；除去多余的侧枝或腋芽称为"打杈"（或抹芽）。多在晴天上午露水干后进行整枝，以利整枝后伤口愈合，防止感染病害。整枝时应避免植株过多受伤，病株则暂时不整，以免病害传播。

整枝应以蔬菜的生长和结果习性为依据。一般以主蔓结果为主的蔬菜（如早熟黄瓜、西葫芦等），应保护主蔓，去除侧蔓；以侧蔓结果为主的蔬菜（如甜瓜、瓠瓜等），则应及早摘心，促发侧蔓，提早结果；主侧蔓均能正常结果的蔬菜（如冬瓜、西瓜、丝瓜、南瓜等），大果型品种应留主蔓去侧蔓，小果型品种则留主蔓并适当选留强壮侧蔓结果。整枝还应考虑栽培目的，如西瓜早熟栽培应进行单蔓或双蔓整枝，增加种植密度，而高产栽培则应进行三蔓或四蔓整枝，增加单株的叶面积。

2. 摘叶、束叶

（1）摘叶　指在蔬菜生长期间及时摘除病叶及下部老叶，以免不必要的营养消耗，利于维持适宜的群体结构，改善通风、透光条件。摘叶多选择晴天上午进行。摘叶不可过重，对同化功能还较为旺盛的叶片不宜摘除。

（2）束叶　是将靠近产品器官周围的叶片尖端聚集在一起。多用于花球类和叶球类蔬菜，可保护花球洁白柔嫩，叶球软化，提高产品商品性，此外还有一定防寒和防止病害的作用。束叶不宜过早，应在光合同化功能已很微弱时进行，以免影响产量，或严重时造成叶球、花球腐烂。一般在生长后期，叶球已充分灌心，花球充分膨大后或温度降低时束叶。

3. 疏花疏果与保花保果

（1）疏花疏果　以营养器官为产品的蔬菜，疏花疏果有利于产品器官的形成，如马铃薯、莲藕、百合等摘除花蕾有利于地下器官的膨大。对于西瓜、番茄等果菜类蔬菜，疏花疏果则可提高单果重和果实品质。畸形果、病果、机械损伤的果实也应及早摘除。

（2）保花保果　植株营养不足、逆境影响（如干旱、低温或高温等）都可能造成花或果实自行脱落，应及时采取措施保花保果，如加强肥水管理、及时采摘成熟果实、整枝打杈等。此外，可以通过施用植物生长调节剂改善植株自身营养状况来保花保果。

4. 压蔓、落蔓

（1）压蔓　蔓性蔬菜如南瓜、西瓜、冬瓜等爬地栽培时，通过压蔓，可使植株排列整齐，受光良好，管理方便，促进果实发育，增进品质，同时可促生不定根，有防风和增加营养吸收的作用。

（2）落蔓　搭架栽培的蔓生或半蔓生蔬菜，生长后期基部叶落造成空间过疏，顶部空间不足，或设施栽培的番茄、黄瓜等蔬菜生育期长达9个月，导致茎蔓过长。为保证茎蔓有充分的生长空间，有效调节群内通风透光，可于生长期内进行多次落蔓。一般在茎蔓生长到架顶时开始落蔓，落蔓前先摘除下部老叶、黄叶、病叶，将基部茎蔓在地上盘绕。

5. 搭架、绑蔓

（1）搭架　蔓生蔬菜不能直立生长，常进行搭架栽培。搭架的主要作用是使植株充分利用空间，改善田间的通风、透光条件，达到减少病虫害、增加产量、改善品质的目的。常用的架型如下。

① 单柱架。在每一植株旁插一架竿，架竿间不连接，架形简单，适用于分枝性弱、植株较小的豆类蔬菜。

② 人字架。在相对应的两行植株旁相向各斜插一架竿，上端分组捆紧再横向连贯固定，呈"人"字形。此架牢固程度高，承受重量大，较抗风吹，适用于菜豆、豇豆、黄瓜、番茄等植株较大的蔬菜。

③ 棚架。在植株旁或畦两侧插对称架竿，并在架竿上扎横杆，再用绳、杆编成网格状，有高、低棚两种，适用于生长期长、枝叶繁茂、瓜体较长的冬瓜、长丝瓜、长苦瓜等。搭架必须及时，宜在倒蔓前或初花期进行。

（2）绑蔓　对搭架栽培的蔬菜，需要进行人工引蔓和绑扎而固定在架上。绑蔓松紧要适度，不使茎蔓受伤或出现缢痕，又不能使茎蔓在架上随风摇摆磨伤。露地栽培蔬菜应采用"8"字扣绑蔓，使茎蔓不与架竿发生摩擦。绑蔓材料常用麻绳、稻草、塑料绳等。

四、化学调控技术

化学调控技术是蔬菜在不适宜生长的条件下，用植物生长调节剂来协调蔬菜的生长发育，使蔬菜的生长和发育有利于生产的技术。目前化学调控技术在蔬菜生产上应用普遍，主要有以下几方面的应用。

1. 促进插条生根

吲哚乙酸（IAA）、吲哚丁酸（IBA）、萘乙酸（NAA）等生长素类植物生长调节剂，可以促进插条生根，提高成活率。如用 1000～2000mg/L 萘乙酸或吲哚丁酸处理黄瓜侧蔓茎段，用 50mg/L 萘乙酸或 100mg/L 吲哚丁酸浸湿番茄插条基部，均可促进植株发根。

2. 调控休眠与萌发

一是利用生长素抑制发芽、延长休眠，如利用萘乙酸甲酯（MENA）、吲哚丁酸、2,4-D 甲酯处理，可抑制马铃薯的块茎以及甜菜、胡萝卜、芜菁的肉质根在贮藏期中的发芽。

二是应用赤霉素（GA）打破休眠，促进发芽，如夏季收获的马铃薯要经过一个休眠期才能萌发，用 0.5～1mg/L 的赤霉素处理切块可打破休眠提早发芽，当年秋季作为种薯时，生长期延长，产量增加；利用乙烯利可促使生姜萌芽和分株。

3. 控制生长及器官的发育

（1）控制徒长　用植物生长抑制剂矮壮素（CCC）、比久（B_9）、多效唑（PP333）等可以控制果菜类蔬菜徒长。如用 250～500mg/L 的矮壮素对徒长的番茄进行土壤浇灌，每株 100～200mL，可以减缓茎的生长，使植株矮化，减缓作用可持续 20～30 天；在马铃薯块茎形成时用

3000mg/L的B_9进行叶面喷洒，则能抑制地上部分生长，使大部分花蕾和花脱落，增加产量，用50～100mg/L的多效唑在现蕾期喷洒叶面，也可控制茎叶徒长，促进块茎增大。

（2）控制抽薹开花　应用赤霉素可以促进抽薹开花，而各种抑制剂如矮壮素、比久等则抑制抽薹开花。对于产品器官为叶球、肉质根、鳞茎的蔬菜，要抑制抽薹开花对产品器官的形成，而作为采种栽培或产品器官为菜薹的则要促进抽薹开花。

（3）促进生长　赤霉素有促进绿叶菜生长的作用，如芹菜、菠菜、苋菜、莴苣等在采收前10～20天喷洒20～25mg/L的赤霉素可以增加产量。

（4）促进果实成熟　乙烯利可以促进各种果实成熟，如用300～500mg/L的乙烯利在西瓜果实已充分长大而未熟前喷果实，可提早5～7天成熟。

4. 防止器官脱落

干旱、营养不良、机械损伤、病虫害、低温、高温、高湿及乙烯的存在等不良环境条件都可能引起蔬菜器官的脱落。生产上多应用防落素（PCPA）、赤霉素、生长素（萘乙酸、2,4-D）等防止茄果类、瓜类、豆类蔬菜的落花落果及落叶，效果显著，如用10～20mg/L的2,4-D在番茄开花时蘸花（切忌蘸到叶片和幼芽上，以免产生药害）可以防止番茄落花，用25mg/L的防落素喷花也有此效果。

5. 调节花的性别分化

植物生长调节剂可以控制某些蔬菜的花芽分化和性别形成。如用100～200mg/L的乙烯利喷洒黄瓜、南瓜、西葫芦等瓜类蔬菜的幼苗叶片，可促进雌花形成，减少雄花数量；喷洒50～100mg/L的赤霉素则可促进雄花分化，减少雌花数量。

6. 提高抗逆性

生产上应用矮壮素、比久、多效唑等生长抑制剂，可以通过抑制植株徒长，提高蔬菜的抗逆性，使用时注意防止药害。

7. 蔬菜保鲜

应用激动素类物质可以防止绿叶蔬菜的变色和衰老，延长蔬菜保鲜时期，如芹菜、花椰菜、莴苣、甘蓝等收获后用10～20mg/L的6-苄基腺嘌呤（6-BA）浸蘸或喷洒处理，可以延长贮藏运输时间。矮壮素（CCC）、比久（B_9）等生长抑制剂也有同样作用，一般使用浓度为10～100mg/L。

化控技术在应用中应注意以下几个问题：一是确定适宜的药液浓度，从激素的种类、处理的蔬菜类型、温度高低等三个方面考虑；二是采用正确的处理方法，凡是在低浓度下就能够对蔬菜产生药害的激素必须采取点涂的方法，对蔬菜做局部处理，对一些不易产生药害的激素可选择喷雾、点、涂等方法；三是用药量要适宜，不论哪种激素，使用量过大时均会不同程度地对蔬菜造成危害；四是激素处理与改善栽培环境工作要同时进行，如控制蔬菜徒长，在使用激素的同时，减少浇水量和氮肥的使用量，并加大通风量等；五是消除激素万能的错误思想。

五、病虫害防治技术

蔬菜的品种繁多，复种指数高，常年种植给病虫害的繁殖和传播提供了良好的寄主，因此蔬菜病虫害较多，生产中应贯彻"预防为主，综合防治"的植保方针，突出"以防为主，防治结合"的原则，以农业防治和生物防治为主，结合物理和化学防治。

1. 农业防治

通过耕作栽培措施或利用选育抗病、抗虫作物品种防治有害生物的方法。其特点是：无需为防治有害生物而增加额外成本；无杀伤自然天敌、造成有害生物产生抗药性以及污染环境等不良副作用；一般具有预防作用；应用上常受地区、劳动力和季节的限制，效果不如药剂防治明显易见。

（1）及时清园，建立良好的耕作制度　蔬菜收获后要及时清除留在菜地的残株败叶，铲除田边、沟边、路边的杂草，清理出来的残枝败叶及杂草要集中烧毁处理。

蔬菜的连作会导致同种病菌或害虫逐年增多，发病早而重，轮作换茬、水旱轮作对恶化病虫害生存环境，预防病虫发生，减轻损失有显著效果，尤其对土传病害效果更佳。生产上提倡十字花科蔬菜与豆类、瓜类轮作，茄果类与葱蒜类、薯芋类轮作，或者前茬种水稻后茬种蔬菜，以减少同类病害的发生。不同蔬菜的合理间套种也可有效防止土传病害。南方地区春、夏季雨水多，实行深沟高畦种植有利于大雨过后的排水，减少病菌侵染机会。

（2）选用抗病、虫的优良品种　针对当地蔬菜生产中的主要病虫害，选择抗病、耐病的优良品种，利用品种的自身抗性抵御病虫为害。多年来，我国各地的科研育种单位选育、推广了各种蔬菜的抗病品种，例如现在普遍种植的津春系列黄瓜品种、秦白系列大白菜品种，都表现出很好的抗病、虫能力。

（3）进行种子及土壤消毒　有些病害和虫害可通过种子带菌或蛀入种子内传播，因此要选择颗粒饱满无虫口的种子进行播种育苗。带病菌的种子可通过种子消毒杀死附在种皮上的病菌，有虫口的种子可通过人工选种及温烫、药物浸种来消灭害虫。种苗的消毒处理也很重要，在幼苗出圃前一周内连续喷施2次防病虫的药液可减少幼苗种入大田后的发病率。播种种植前将土地暴晒，前茬根系及土传病害严重的要进行药剂消毒，减少病虫危害。

（4）应用嫁接育苗技术　将品质优、价值高的蔬菜品种嫁接到抗病力强、适应性广的作物上，能大大提高蔬菜的抗病力。例如把黄瓜幼苗嫁接到抗性强的黑籽南瓜苗上，可减轻黄瓜枯萎病、青枯病的发生。目前黄瓜、甜瓜、西瓜、番茄、辣椒、茄子等土壤传播病害发生较严重的蔬菜利用嫁接防止病害发生的技术应用越来越广泛。

（5）实行科学的田间管理　通过科学的田间管理，如控制温度、湿度条件、合理安排播种期、改善田间小气候、合理的植株调整、科学的施肥技术、地膜覆盖、土壤管理等措施，一是创造有利于蔬菜生长发育的环境，保持蔬菜较强的生长势，增强抗性；二是控制环境中的温度、水分、光照等因素，创造不利于病虫害发生和蔓延的条件。

2. 生物防治

利用生物或其代谢产物控制有害物种群的发生、繁殖或减轻其为害的方法，一般是指利用有害生物的寄生性、捕食性和病原性天敌来消灭有害生物。生物防治具有不污染环境、对人和其他生物安全、防治作用比较持久、易于同其他植物保护措施协调配合并能节约能源等优点，已成为植物病虫害和杂草综合治理中的一项重要措施。常用的生物防治方法有：一是利用害虫的天敌防治，如用丽蚜小蜂防治温室白粉虱；二是利用生物制剂防治，如印楝素、苦参碱、细菌农药Bt制剂、抗病毒制剂等防治某些病虫害；三是利用农用抗生素防治，如虫螨克乳油、农用链霉素、新植霉素等。

3. 物理防治

物理防治是利用简单工具和各种物理因素，如光、热、电、温度、湿度和放射能、声波等防治病虫害的措施。常见的有人工摘除、种子热力消毒、防虫网覆盖、黄板诱蚜、灯光诱杀某些成虫等，近年频振式光波杀虫灯、黑光灯和高压电网灭虫器应用广泛。

4. 化学防治

化学防治即利用化学农药进行病虫害防治。目前化学农药在蔬菜产品上的残留以及环境污染问题日益受到关注。为保证蔬菜的无公害生产，在进行化学防治病虫害时，应注意以下几点：一是严格控制农药品种，严禁在蔬菜上使用高毒、高残留农药，选用对栽培环境无污染或污染小的药剂类型；二是适时防治，根据蔬菜病虫害的发生规律，在关键时期、关键部位喷药，减少用药量，注意农药安全间隔期；三是合理用药，掌握合理的施药技术，严格控制施药次数、浓度和施用量，避免无效用药或者产生抗药性。

【任务实施】

蔬菜肥水管理、植株调整及植物生长调节剂应用

一、任务目标

根据植株生长情况和生长时期，制订合理的田间管理方案，掌握常用的排灌技术措施和施

肥方法，掌握茄果类、瓜类和豆类等蔬菜生产中的吊蔓缠蔓、插架绑蔓、整枝打杈、摘叶摘心、疏花疏果等植株调整技术，合理应用植物生长调节剂技术。

二、材料和用具

某蔬菜生产基地定植缓苗后的蔬菜（根据各地气候条件、栽培季节等因素选择茄果类、瓜类、豆类、白菜类、根菜类、绿叶蔬菜类、薯芋类中的两种或两种以上，其中至少包括果菜类和叶菜类）、化肥、番茄灵（防落素）、乙烯利、赤霉素；细绳、竹竿、钳子、剪刀、铁丝、铁锹、量筒、烧杯、试剂瓶、容量瓶、天平、小喷壶等。

三、实施过程

1. 根据品种特性制订整个生长期的田间管理方案，方案应包括水肥管理、植物调整、植物生长调节剂应用等工作内容及其时间安排和人员分工。
2. 根据田间管理方案，分组协作完成指定地块的蔬菜田间管理任务。
3. 田间管理主要措施及其内容应根据蔬菜种类及其生长发育各时期的需要而具体实施。

（1）水肥管理包括追肥的时期、方法及施肥量，灌溉方式，排水设施等。

（2）植株调整则根据所给定的蔬菜种类及其生长需要选择吊绳缠蔓、插架绑蔓、打杈、摘心、摘叶、疏花疏果等具体措施对植株进行处理，各措施的操作方法及适用范围参考以下内容。

① 吊绳缠蔓　适合设施栽培，方法是：将绳一端系在番茄、西瓜、黄瓜或甜瓜等植株基部，按顺时针方向由植株下部向上缠绕，将绳另一端固定在铁丝上。

② 插架绑蔓　根据不同蔬菜种类选择不同的架型。如人字架适合菜豆、豇豆、黄瓜和番茄等蔬菜；圆锥架适合单干整枝的早熟番茄以及菜豆、黄瓜等；棚架适合冬瓜、丝瓜、苦瓜、南瓜等。每棵植株附近插一根竹竿，并用塑料膜或麻绳将植株茎秆呈"8"字形固定。

③ 打杈、摘心、摘叶　根据植株生长情况，及时去除多余侧枝和卷须。根据定干要求，摘除主枝或侧枝生长点。生长中后期随时摘除老叶、黄叶和下部重病叶。

④ 疏花疏果

a. 番茄　及时疏去畸形花朵、小果和畸形果。选留大小相近、果形好的果实，大果型番茄每穗留2～3个果，中果型每穗留4～6个果。

b. 黄瓜　及时摘去根瓜及畸形花、果。

c. 西瓜、甜瓜　一般只保留1～2个果。开花后要进行人工授粉，待幼果长至鸡蛋大小时，选留其中生长良好的1个果。

（3）植物生长调节剂主要在果菜类蔬菜中应用，可以根据需要在以下几方面实施。

① 番茄灵（防落素）保花　番茄灵又叫防落素，配制浓度为20～40mg/L的番茄灵药液，将配好的药液灌入小喷壶中，在每个花序开放2～3朵花时，往花序上喷洒药液。以喷湿花朵为准，切忌将药液喷到嫩叶上，1个花序最多喷两次，一般4～5天处理1次。每组处理10～20朵花，统计处理后的坐果率。

② 乙烯利促进雌花分化　乙烯利是一种抑制剂，能促进瓜类蔬菜雌花的形成。黄瓜或西葫芦1叶1心期，配制150～200mg/L的乙烯利，装入小喷壶，进行叶面喷施，5～7天后再喷1次，每组处理10～20株苗。调查植株雌花的发生率。

③ 赤霉素促进生长　用20～50mg/L的赤霉素喷洒黄瓜幼瓜，每组处理20个幼瓜，与未处理的瓜进行对比，观察果实的生长速度及产量。

【效果评估】

1. 分组提交指定蔬菜的田间管理方案，1种蔬菜1份。
2. 全程记录田间管理情况，填写田间生产管理记录表2-20。
3. 统计植物生长调节剂处理后的结果，并分析其应用效果。
4. 根据学生对理论知识以及实践技能的掌握情况填写表2-21，对"任务　蔬菜田间管理"的教学效果进行评估。

表 2-20　田间生产管理记录表

生产单位：　　　　　　　　　　　　　　　　　　　　　　　　　　　　　　　填表人：

日期	蔬菜品种	种植面积	田间管理内容	农业投入品（肥、药等）		天气情况	备注
				商品名称	用量		
…	…	…	…	…	…	…	…

表 2-21　学生知识与技能考核表（六）

任务　蔬菜田间管理

学生姓名＼项目及内容	理论知识考核（50%）					实践技能考核（50%）			
	施肥技术（10%）	灌溉与排水（10%）	植株调整技术（10%）	化学调控技术（10%）	病虫害防治（10%）	田间管理方案（20%）	水肥管理（10%）	植株调整（10%）	植物生长调节剂应用（10%）

【拓展提高】

一、蔬菜配方施肥

配方施肥是根据蔬菜达到一定产量所需吸收养分数量和土壤所含有的养分可供数量两者综合平衡，在产前确定氮、磷、钾和微肥的适宜用量和比例以及相应施肥技术的一项综合性科学施肥技术，其核心是根据蔬菜需要确定施肥量，形成科学合理的配方，达到经济合理施肥。确定施肥配方的方法常用目标产量法、养分平衡补缺增施法、养分吸收比例法、肥料效应函数法等。

二、蔬菜水肥一体化技术

水肥一体化技术是将灌溉与施肥融为一体的农业新技术。它借助压力系统（或地形自然落差），将可溶性固体或液体肥料，按土壤养分含量和不同蔬菜种类、不同生育期的需肥规律和特点，配兑成肥液与灌溉水一起，通过可控管道系统供水、供肥，实现水肥供应均匀、定时、定量，具有灌溉施肥肥效快、养分利用率高的优点。该项技术适宜于有井、水库、蓄水池等固定水源，且水质好、符合微灌要求，并已建设或有条件建设微灌设施的区域推广应用。水肥一体化技术是一项综合技术，涉及农田灌溉、作物栽培和土壤耕作等多方面，其主要技术要领包括以下4点。

1. 建立一套自动化灌溉系统

根据地形、作业区、土壤质地、作物种植方式、水源特点等基本情况，设计管道系统的埋设深度、长度、灌区面积等。灌水方式可采用管道灌溉、喷灌、微喷灌、泵加压滴灌、重力滴灌、渗灌、小管出流等，利用计算机系统进行自动化控制。

2. 施肥系统

与灌溉系统相连接的施肥系统，可实现定量施肥，包括蓄水池和混肥池的位置、容量、出口以及施肥管道、分配器阀门、水泵肥泵等。

3. 选择适宜肥料种类

可选液态或固态肥料，如氨水、尿素、硫铵、硝铵、磷酸一铵、磷酸二铵、氯化钾、硫酸钾、硝酸钾、硝酸钙、硫酸镁等肥料；固态以粉状或小块状为首选，要求水溶性强，含杂质少，一般不应用颗粒状复合肥；如果用沼液或腐殖酸液肥，必须经过过滤，以免堵塞管道。

4. 灌溉施肥的操作要点

（1）肥料溶解与混匀　施用液态肥料时不需要搅动或混合，一般固态肥料需要与水混合搅拌成液肥，必要时分离，避免出现沉淀等问题。

（2）施肥量控制　施肥时要掌握剂量，注入肥液的适宜浓度大约为灌溉流量的0.1%，过量施用可能会使作物致死以及造成环境污染。

（3）灌溉施肥的程序分三个阶段　第一阶段，选用不含肥的水湿润；第二阶段，使用肥料溶液灌溉；第三阶段，用不含肥的水清洗灌溉系统。

三、蔬菜病虫害生物防治方法

生物防治是指利用某些能寄生于害虫的昆虫、真菌、细菌、病毒、原生动物、线虫以及捕食性昆虫和螨类、益鸟、鱼类、两栖动物等来抑制或消灭害虫，利用抗生素来防治病原菌，大致可以分为以虫治虫、以有益生物治虫、以菌治虫、以菌治病等。

1. 以虫治虫

通过昆虫防除害虫，主要是利用捕食性昆虫，如瓢虫、草蛉、螳螂、食蚜蝇、食虫虻、猎蝽等；或是寄生性昆虫，包括寄生蜂、寄生蝇等，如利用赤眼蜂防治玉米螟、尺蠖等。

2. 以有益生物治虫

利用蜘蛛、青蛙、蟾蜍以及食虫益鸟等捕食性生物捕食害虫。

3. 以菌治虫

利用病原微生物防除某些虫害。如利用苏云金杆菌等细菌可防治尺蠖、毒蛾等鳞翅目害虫；利用白僵菌、绿僵菌、虫霉菌等真菌可寄生鳞翅目、同翅目等200多种害虫；利用核型多角体和颗粒体病毒可防治美国白蛾；利用放线菌类微生物发酵产生的活性物质治虫，如浏阳霉素、阿维菌素等。

4. 以菌治病

利用病原微生物防治某些病害，如木霉菌及其代谢产物可防治灰霉病、炭疽病，淡紫拟青霉可防治根结线虫，多抗霉素可有效防治草莓、黄瓜、甜瓜的白粉病、霜霉病，春雷霉素可防治西瓜细菌性角斑病，宁南霉素可防治病毒病；枯草芽孢杆菌对土壤中的多种病菌具有拮抗作用，常作为生物有机肥的重要成分。

【课外练习】
1. 蔬菜施肥的原则是什么？主要的施肥方法有哪些？
2. 蔬菜灌溉的主要方式有哪些？简要介绍各自的特点。
3. 植株调整的作用是什么？具体有哪些调整措施？
4. 化学调控技术在蔬菜生产中的应用主要有哪些方面？
5. 简要介绍蔬菜病虫害防治的主要措施有哪些？

任务七　采收与销售

【任务描述】

南方某蔬菜生产基地春季（或秋季）种植了约50000m^2的多种露地蔬菜，请生产部根据蔬菜生产情况及时采收，经过商品化处理后由销售部负责销售。

【任务分析】

完成上述任务，需要掌握蔬菜采收标准，根据采收标准确定采收时间，选择适当的采收方法；熟悉蔬菜商品化处理的基本流程及关键技术；了解蔬菜销售的基本流程，能制定相应的蔬菜营销策略。

【相关知识】
一、蔬菜采收
采收是对达到商品成熟度的蔬菜产品器官进行收获的过程。多次采收的蔬菜在采收期间还要进行田间管理作业。合理的采收应符合"及时、无损、保质、保量、减少损耗"的原则。

1. 采收标准
蔬菜种类繁多，供食用的产品器官不同，鲜销或加工、贮藏等用途不一，因而采收标准也不一致。但共同点都是以是否达到商品成熟度，即是否成熟到适合于食用或加工、贮运，作为唯一的采收标准。就多数蔬菜而言，商品成熟均早于生理成熟。如以根、茎、叶、花或幼嫩果实供食用的蔬菜均在生理成熟前就进行采收。只有少数蔬菜如番茄、西瓜、甜瓜等的商品成熟度才与生理成熟度基本一致，即可以生理成熟度作为采收的标准。

蔬菜产品器官是否达到商品成熟度或符合采收标准，一般可按某些指标凭感官判断。但这些指标并非对每一种蔬菜都有同等重要的意义。同一种蔬菜产品器官在应用某种指标进行判断时，由于用途不同也可有不同的商品成熟度标志。另外，由于不同地区消费习惯的不同，采收标准还存在一定的地区差异。

2. 采收时机
蔬菜的合理采收时机除根据采收标准掌握外，尚须考虑下列因素。

（1）保持长势 多次采收的蔬菜，如茄果类、瓜类的第一果（或第一穗果）宜适当早采，常在幼果尚未达到采收标准时就提前采收，以利于植株发棵和后续果实的生长。到结果盛期每隔1～2天就采收一次，可免植株早衰；多年生的韭菜，为维持高产和使地下根茎贮藏有足够的营养物质，防止早衰，应控制收割次数，且不能割得过低，影响下一茬产量和长势。

（2）提高贮性 高温时采收不利于采后贮藏；降雨后采收，成熟的果实易开裂，滋生病原菌，引起腐烂，一般以在晴天早晨气温和菜温较低时采收为宜；供冬季贮藏用的芹菜、菠菜等耐寒蔬菜，在不受冻的前提下适当延迟收获，可免贮藏时脱水和发热、变黄腐烂。

（3）保持鲜度 在气温较低的清晨或上午采收，有利于保持产品的鲜度。

3. 采收方法
地下根茎类大部用锹、锄或机械挖刨。有的采收机械还附有分级、装袋等设备。采收时应避免机械损伤；采收后摊晾使表面水分蒸发和伤口愈合。洋葱、大蒜可连根拔起，在田间曝晒，使外皮干燥。多数叶菜类、果瓜类、豆类蔬菜则用刀割、手摘或用机械采收。

二、蔬菜商品化处理
为使蔬菜产品能够适应运销的要求，维持一定的品质标准，直到进入消费领域，需要对产品进行必要的商品化处理，使达到某一商品标准的品质特性能延续更长的时间，适应蔬菜的运输、周转和待销的时间要求。蔬菜经过商品化处理，既有利于保持优良品质，提高商品性，又有利于减少腐烂，避免浪费；既方便人民生活，又可使蔬菜商品增值，使生产者和经营者增加经济效益。蔬菜商品化处理主要包括蔬菜产品的整理、清洗消毒、预冷、分级、包装等。

1. 整理
剔除残叶、败叶、泥土及有机械伤、病虫危害、外观畸形等不符合商品要求的产品，剔除受病虫害侵染和受机械损伤的产品。

2. 清洗消毒
主要是洗掉表面的泥土、杂物和农药等，可采用浸泡、冲洗、喷淋等方式水洗或用干毛刷等清除表面污物、减少病菌和农药残留，达到商品要求和卫生标准。有的蔬菜不能水洗，如马铃薯水洗后就不耐贮运，蔬菜经过清洗后一定要晾一下，去掉表面水分，洗涤水要干净卫生。

3. 预冷
在蔬菜采收之后，运输或贮藏之前，将其带有的大量田间热尽快除去，使产品的体温冷却至较为有利于贮藏、运输的温度。预冷有助于减少产品腐烂，可最大限度地保持产品的新鲜度和品质。国际上通常采用的预冷方法有自然对流冷却、强制冷风预冷、真空预冷、水预冷和接触冰预冷等。

(1) 自然对流冷却　阴凉通风处自然散热，操作简单易行，成本低廉，适用于大多数果蔬，但冷却速度较慢，效果较差。

(2) 强制冷风预冷　利用冷风机强制冷空气在果蔬包装箱之间循环流动，从而使产品温度快速降下来，冷却速度稍快，但需要增加机械设备，果蔬水分蒸发量较大。

(3) 真空预冷　是将果蔬放在真空室内，迅速抽出室内气体至一定真空度，利用果蔬中的水分在减压条件下快速蒸发带走果蔬组织中的热量而使产品迅速降温的预冷方式。该方法冷却速度快，效率高，不受包装限制，但需要一定的设备，成本高，局限于适用的品种，一般以经济价值较高的产品为宜。

(4) 水预冷　以冷水为介质的一种冷却方式，是将果蔬浸在冷水中或者用冷水（0~1℃）冲淋达到降温的目的。该方法操作简单，成本较低，适用于表面积小的产品，但病菌容易通过水进行传播。

(5) 冰预冷　利用碎冰放在包装的里面或外面，使产品降温的冷却方法。该方法冷却速度较快，但需冷库采冰或制冰机制冰，碎冰易使产品表面产生伤害，耐水性差的产品不宜使用。

4. 分级

上市前，蔬菜产品一般在产地进行分级。分级主要是根据产品的品质、色泽、大小、成熟度、清洁度和损伤程度来进行。目前，蔬菜的分级全国尚未有统一的标准，一般是根据不同的消费习惯和市场需要来决定。

5. 包装

蔬菜作为商品，应该有一定的包装，这是蔬菜商品化处理的重要一环。合理的包装，可减轻贮运过程中的机械损伤，减少病害蔓延和水分蒸发，保证商品质量。随着蔬菜生产与流通日趋商品化，对包装的要求也越来越迫切。包装一般分两大类，一类是运输包装（即流通过程中的包装）；另一类是商品包装（即蔬菜在销售时的小包装）。

运输包装种类很多，主要有板条箱、竹筐、塑料箱、纸箱、麻袋、草袋和尼龙网袋等。板条箱是运输果菜比较好的一种形式，但其造价高，不易回收；竹筐多用于各类叶菜、花椰菜、菜豆和蒜薹等的运输包装，应根据不同蔬菜种类选择不同形状和大小的竹筐，还应在筐内衬1~2层清洁的纸屑或牛皮纸，以避免损伤；纸箱在发达国家是比较普遍的包装容器，适用于多种蔬菜的包装运输，但在没有预冷和保温车的条件下，不宜使用纸箱包装；麻袋和尼龙袋一般适合于不怕挤压的根茎类蔬菜，或一些体积小、重量轻的蔬菜，比如马铃薯、大蒜、洋葱和萝卜；塑料箱是短途汽车运输比较理想的包装，几乎适用于各类蔬菜，它强度高，耐挤压不易损伤，能很好地保护蔬菜商品质量。

蔬菜的商品包装一般在产地和批发市场上使用，也有些在零售商店和超市使用，包装材料主要是塑料薄膜。蔬菜商品包装应遵循以下几点：一是蔬菜质量好，重量准确；二是尽可能使顾客能看清包装内部蔬菜的新鲜或鲜嫩程度；三是避免使用有色包装来混淆蔬菜本身的色泽；四是对一些稀有蔬菜应有营养价值和食用方法的说明。塑料薄膜包装一般透气性差，应打一些小孔，使内外气体进行交换，减少蔬菜腐烂。

三、蔬菜销售

1. 蔬菜价格制定

(1) 价格制定方法　价格是传达给消费者最重要的沟通信息，成功的价格制定是蔬菜产品销售的关键，一般制定价格有三种方法，即成本导向的方法、需求导向的方法以及竞争导向的方法。

成本导向的方法是指在产品成本的基础上追加一定的利润和税金来确定价格，包括成本加成法、目标收益法、边际贡献法、盈亏平衡法等；需求导向的方法是指以消费者对产品价值的感知程度和需求强度来确定价格，主要有认知价值法、区分需求法；竞争导向的方法是指以竞争者产品价格为依据制定产品价格，包括随行就市法、竞争价格法。

在具体的价格制定中，应根据产品的特点和消费市场的实际情况来选择相应的方法，所以在价格制定前应综合分析三种影响价格的因素，即成本、消费者感知价值和竞争因素。生产成本决定价格的下限，消费者对价值的感知决定价格的上限，市场竞争决定成交价格。

（2）价格制定思路　完整的价格制定一般包括六个步骤：确定定价目标→估算成本→考虑消费者接受程度→分析竞争者的价格→选择适当的定价方法和策略→确定最终价格。

2. 蔬菜销售渠道

蔬菜销售渠道是为一切促使蔬菜产品顺利地被使用或消费的一系列相互依存的组织或个人，主要包括供应商、经销商（批发商、零售商等）、代理商（经纪人、销售代理等）、辅助商（运输公司、独立仓库、银行、广告代理、咨询机构等）等。目前主要的蔬菜销售渠道有以下几种。

（1）批发市场　批发市场是汇聚买卖双方的购销平台，可以成批量地实现蔬菜的销售，是目前蔬菜销售的主渠道之一。

（2）现代超市　生鲜连锁超市，包括以生鲜食品为主的社区型小型超市及大型连锁超市，一般物流损耗和经营成本较高，对蔬菜产品的品种和品质有更高要求，多实行"净菜"销售。

（3）终端直销　可以通过农贸市场的零售摊点、蔬菜直销店销售，也可以与大型学校、部队、机关、企事业单位的食堂、餐饮业饭店、宾馆等建立长期合作关系，上门送菜。

（4）打包外销　通过外销渠道与境外采购商进行合作，将蔬菜出口。

为了应对日益激烈的市场竞争，获得更高的经济效益，目前蔬菜销售主体由传统的普通菜农逐步向多元化销售主体发展，出现了蔬菜营销协会、农民经纪人、蔬菜加工销售公司等。不同的销售主体应该选择相应的销售渠道。普通菜农主要是在田间地头或就近的产地批发市场等待批发采购商收购，或到小城镇摆摊直销；个体农民经纪人具备将蔬菜发往销地批发市场的能力，拓展了营销渠道，有的甚至实现了出口外销；协会、公司等销售主体则可实现多样化的销售渠道，如进驻批发市场、建立配送中心或直销店、与超市合作以及与境外采购商合作等。

【任务实施】

蔬菜采收、商品化处理、销售

一、任务目标

通过蔬菜产品的采收、商品化处理等技术的练习及产品销售的实战演练，掌握蔬菜产品采收技术、产品整理清洗及分级包装等商品化处理技术，能进行感官品质鉴定，能根据产品价值及市场需求合理定价，并选择正确的销售渠道。

二、材料和工具

待采收的成熟蔬菜；卫生手套、采收工具、整理清洗工具、包装材料（塑料袋、板条箱、纸箱或竹筐，根据实际条件选取）、台秤、包装捆带、交通运输车辆、记录本、笔等。

三、实施过程

1. 适时采收

根据具体蔬菜种类，合理判断其商品成熟度，确定正确的采收时期，适时采收，且采收时尽量避免人为、机械或其他伤害。

2. 整理清洗

对采收后的产品进行整理和清洗，提高其商品性能。

3. 分级

（1）用清洁台秤对蔬菜产品进行称量，统计其产量，并计算亩产量。

（2）整理清洗后，根据不同蔬菜的分级标准从感官品质上对产品进行分级，如表2-22所示大白菜分级标准将大白菜分为Ⅰ级、Ⅱ级、Ⅲ级三个等级（其他蔬菜分级标准可查询国家行业标准）。

表 2-22　大白菜分级标准

级别	分级标准
Ⅰ级	结球紧密,色泽优良,叶片无黑斑点,无破损,无腐烂,无抽薹,无病虫害及其他伤害
Ⅱ级	结球尚紧密,叶柄叶片稍有斑点,无腐烂,无抽薹,无病虫害及其他伤害
Ⅲ级	次于Ⅱ级,但有商品价值者

（3）将分级后的蔬菜产品按相同等级、相同大小规格，集中堆置。

4. 包装

根据蔬菜种类选取合理的包装材料进行产品包装，在包装材料外面注明品名、质量等级、规格、生产单位（人）、采收日期、净重、数量等。

5. 价格制定及销售渠道确定

通过前期市场调查，结合产品价值和成本，制定销售价格，确定销售渠道。

6. 完成销售任务

分小组完成销售任务，详细记录销售量、销售收入，并进行销售利润分析。

【效果评估】

1. 记录采收时期、采收标准、采收方法、亩产量，填写蔬菜采收记录表（见表 2-23）。

表 2-23　蔬菜采收记录表

蔬菜名称	采收时期	采收标准	采收方法	亩产量/kg

2. 检查整理清洗完成分级及包装的产品情况，考核商品化处理结果。

3. 记录销售渠道、销售量、销售单价、销售金额，填写蔬菜销售情况记录表（见表 2-24）。

表 2-24　蔬菜销售情况记录表

蔬菜名称	销售渠道	销售量/kg	单价/(元/kg)	销售金额/元

4. 根据学生对理论知识以及实践技能的掌握情况填写表 2-25，对"任务　采收与销售"的教学效果进行评估。

表 2-25　学生知识与技能考核表（七）

项目及内容	任务　采收与销售					
	理论知识考核(50%)			实践技能考核(50%)		
	蔬菜采收（15%）	蔬菜商品化处理(15%)	蔬菜销售（20%）	蔬菜采收（15%）	蔬菜整理、分级、包装(15%)	蔬菜销售（20%）
学生姓名						

【拓展提高】

一、商品成熟度和生理成熟度

商品成熟度，又称食用成熟度，即产品器官生长到适于食用的程度，具有该品种的形状、色泽、大小和品质。比如黄瓜、丝瓜、菜豆和豇豆等，是以幼嫩的果实供食用，应在种子刚刚显露而尚未膨大硬化之前采收。

生理成熟度，即产品器官在生理上已达到充分成熟。

判断蔬菜的成熟度一般参照下列方法：一是色泽，即要具有该品种特性的色泽；二是坚实度，不能过熟过软，以便贮运，如番茄，为减少运输过程中的机械损伤和腐烂，一般在绿熟期或顶红期采收；三是糖和淀粉含量，以幼嫩组织供食用的菜豆、豌豆和豆薯等，在成熟过程中，糖分逐渐转化为淀粉，应在糖多淀粉少时采收，而马铃薯、芋头则要在淀粉含量多时采收。四是植株及产品器官的生长情况，比如洋葱的假茎部变软开始倒伏，鳞茎外皮干燥；冬瓜果皮上出现蜡质白粉；莴笋的茎顶与最高叶片尖端相平；萝卜的肉质根充分膨大等。

二、"净菜"标准

1. 整理清洗后的"净菜"应符合的标准

无残留农药、茎叶类菜无菜根、无枯黄叶、无泥沙、无杂物。

2. 对各类蔬菜的"净菜"要求

（1）香料类，包括葱、蒜、芹菜等，不带泥沙、杂物，但可保留须根。

（2）块根（茎）类，包括芋头、洋芋、姜、红白萝卜等，去掉茎叶，不带泥沙。红白萝卜可留少量叶柄。

（3）瓜豆类，包括节瓜、白瓜、青瓜、冬瓜、南瓜、苦瓜、丝瓜、豆角、荷兰豆等，不带茎叶。

（4）叶菜类，包括白菜、卷心菜、芥菜、茼蒿、生菜、菠菜、苋菜、西生菜、西洋菜、芥蓝、藤菜、小白菜等，不带黄叶，不带根，去菜头或根。

（5）花菜类，包括菜花、西兰花等，无根，可保留少量叶柄。

（6）芽菜类，包括大豆芽、绿豆芽等，去豆衣。

【课外练习】

1. 查阅当地常见蔬菜产品的分级标准。
2. 调查市场上常见的蔬菜包装形式有哪些？
3. 蔬菜销售渠道主要有哪些？
4. 如何确定蔬菜产品的销售价格？

项目三　蔬菜设施栽培基础

【知识目标】
1. 了解设施蔬菜栽培的特点、设施栽培的主要蔬菜种类，掌握设施蔬菜茬口安排的一般原则和本地区主要蔬菜设施茬口安排类型；
2. 熟悉各种蔬菜栽培设施的类型、结构、性能、作用及其应用；
3. 了解蔬菜栽培设施内的环境特点，掌握其主要调控措施；
4. 了解蔬菜工厂化育苗的设施设备，掌握蔬菜工厂化育苗生产工艺；
5. 了解无土栽培的主要类型，掌握无机营养液无土栽培技术要点，熟悉无土栽培的常用类型设备及主要栽培特点。

【能力目标】
1. 能制订蔬菜设施栽培周年生产计划；
2. 能根据不同类型蔬菜栽培设施的结构、性能及用途，正确选择应用；能熟练掌握塑料大棚、小拱棚与中棚的搭建技术，电热温床的铺设技术，地膜覆盖技术，遮阳网、防虫网、防雨棚等夏季设施的覆盖技术，现代化连栋温室中主要配套设备的使用技术；
3. 能根据蔬菜作物生长发育对环境条件的要求，进行各种设施内环境条件的调控；
4. 能利用栽培设施进行工厂化育苗；
5. 能根据无机营养液无土栽培的需要配制、管理营养液。

任务一　认识蔬菜设施栽培

【任务描述】
南方某地区某蔬菜生产基地，拟将其中 $5hm^2$ 土地用于蔬菜设施生产，生产部门根据当地实际情况已完成设施蔬菜生产区的规划，现需要制订蔬菜设施栽培周年生产计划。

【任务分析】
完成上述任务，需要掌握设施蔬菜栽培的特点、设施栽培的主要蔬菜种类以及设施蔬菜茬口安排等相关知识；能合理制订蔬菜设施栽培的周年生产计划。

【相关知识】
设施蔬菜栽培是在不适宜蔬菜生长发育的环境条件下，利用专门的保温防寒或降温防热等设施，人为地创造适宜蔬菜生长发育的小气候条件，从而进行优质高产蔬菜栽培。由于蔬菜设施栽培的季节往往是露地生产难以达到的，通常又将其称为反季节栽培、保护地栽培等。采用设施栽培可达到避免低温、高温、暴雨、强光照射等逆境对蔬菜生产的危害，已经被广泛应用于蔬菜育苗、春提早和秋延迟栽培。

一、设施蔬菜栽培特点

1. 栽培方式多样

设施蔬菜栽培方式可分为抗低温栽培和抗热栽培。在抗低温栽培中，生产中常用温室、大棚、中小棚等进行早熟、延后和反季节栽培。目前生产上除大型连栋温室是通过加温设施进行蔬菜等作物生产外，其他设施类型多采用多层覆盖等综合增温保温技术进行寒冷季节蔬菜生产。

在抗高温栽培中常采用遮阳栽培,利用遮阳网、无纺布、苇帘等遮阳降温,或在设施中采用冷水喷雾和通风相结合等方法降温。也可采用水帘加排风扇等工程技术进行降温,或采用涂白等方式减少太阳直射。另外,一些地方还利用设施进行防风、防雨、防雹、防病虫等,促进了设施蔬菜生产的大力发展。

2. 病虫害发生严重

由于设施栽培中,作物在相对密闭的环境下生长,设施内外温差大,设施内水分难以蒸发外逸,使设施内空气湿度较大。即使在晴天,也常常出现90%以上的空气相对湿度,且高湿持续时间长,致使植株叶片易结露或吐水,为病害的发生、发展创造了条件,往往表现出比露地病害发生早、发生重的现象;若管理不当,则会造成严重损失。另外,由于一些温室、大棚等一旦建成,不易移动,加上轮作倒茬较困难,导致土传性病害猖獗,严重影响蔬菜的生长。

3. 栽培技术要求严格

设施栽培较露地栽培技术要求更严格、更复杂。在充分了解各种蔬菜对环境条件要求的基础上,还必须熟悉不同设施类型的性能,从而合理选择不同设施类型栽培的蔬菜种类、茬口等。其次,在管理技术上应根据设施内湿度大、温度高、光照弱、土壤易盐渍化等特点,通过采用综合配套管理措施,为蔬菜生长发育创造一个温度、光照、湿度、土壤水分、营养和气体等相适宜的条件。如果以上诸环节中的某一环节出现问题,均会给蔬菜生长带来不良影响。

4. 专业化生产性强

近年来,由于我国设施栽培面积发展较快,各地大面积、规模化种植较多,一般均建成固定的温室、大棚等。设施投资大、成本高,若经营不当,不但经济效益差,甚至亏本。因此,建立专业化的蔬菜设施生产基地,有利于提高生产技术,并使之逐步向蔬菜工厂化生产发展。

二、设施栽培的主要蔬菜种类

因设施投资高,应优先栽培高效益的蔬菜。通常以果菜冬春反季节栽培为主。

1. 瓜类蔬菜

黄瓜、西葫芦、西瓜、厚皮甜瓜、苦瓜、早冬瓜等。

2. 茄果类蔬菜

番茄、辣椒、茄子等。

3. 叶菜类蔬菜

莴苣、芹菜、小白菜、小萝卜、菠菜、蕹菜、苋菜、茼蒿、芫荽等,既可单作,也可间作套种。北方严寒地区单作面积较大的绿叶菜为芹菜、叶用莴苣、茼蒿、菠菜、芫荽、苋菜、蕹菜、荠菜等。

4. 芽苗类蔬菜

在设施栽培条件下,将豌豆、萝卜、苜蓿、花生、荞麦等种子遮光发芽培育成黄化嫩苗或在弱光条件下培育成绿色芽菜,作为蔬菜食用。

5. 食用菌

大部分的食用菌类需要设施栽培,其中大面积栽培的有双孢蘑菇、香菇、平菇、金针菇、草菇等。

6. 其他

包括甜玉米、菜豆、食荚豌豆、早毛豆、草莓等。

三、设施蔬菜茬口安排

1. 茬口安排原则

设施蔬菜生产的茬口安排应以提高设施的利用率和增加蔬菜产品为前提,以市场为导向,必须从周年生产均衡供应考虑,以淡季供应为重点,统筹兼顾,全面考虑。

(1)依照设施条件安排 不同的设施类型有不同的温光性能,就是同一类型或同一结构的设施,在不同地区其温光性能也不一样。所以,必须按已建成棚室的温光条件安排作物和茬口,这是保证高产、高效益的关键,否则将会导致减产或失败。

(2) 根据对温度要求安排 一般来说，蔬菜栽培季节的确定应把其产品器官正常生长期安排在温、光等条件最适季节里，以保证产品的高产优质。温度是蔬菜正常生长发育的重要环境条件之一，设施栽培必须能够提供在不利环境下蔬菜正常生长的温度要求。

(3) 按照市场需要安排 根据生产条件和市场需要，既要结合当地的自然经济条件和消费习惯，又要考虑到全国的大市场乃至出口需要来安排。在具体的茬口上既要考虑到效益，也应注意市场的均衡供应。在优先安排淡季主要种类与品种的基础上，使蔬菜品种全面搭配，以使淡旺均衡，市场供应丰富。

(4) 以有利于轮作倒茬安排 设施茬口安排既要考虑短期效益，也要考虑到长期利益。因为在设施栽培中连作障碍不可避免，在安排茬口时，对那些忌连作的蔬菜必须给予重视。应通过适当的轮作倒茬来防止连作病害的危害。

(5) 根据当地技术水平安排 设施蔬菜栽培是一项高投入、高产出的集约化产业，要求技术水平较高。所以，在技术水平较差的新菜区，可先安排生产一些技术简单、成功率高的蔬菜；在技术水平较高的地区，可安排效益高、生产技术难度大的蔬菜和茬口。不能抛开当地实际水平，一味追求栽培难度大的高效益蔬菜，否则将导致事与愿违，造成不必要的损失。

2. 设施栽培的茬口类型

中国可以分为东北、蒙新北温带气候区，华北暖温带气候区，长江流域亚热带气候区，华南热带气候区四大气候区。其中南方地区包括长江流域亚热带气候区、华南热带气候区两大气候区，设施栽培的茬口类型如下。

(1) 长江流域亚热带气候区 本区无霜期240～340天，年降雨量1000～1500mm，且夏季雨量最多。本地区适宜蔬菜生长的季节很长，一年内可在露地栽培主要蔬菜三茬，即春茬、秋茬、越冬茬。这一地区设施栽培方式冬季多以大棚为主，夏季则以遮阳网、防虫网覆盖为主，还有现代加温温室。其喜温性果菜设施栽培茬口主要如下。

① 大棚春提早栽培。一般是初冬播种育苗，翌年早春（2月中下旬至3月上旬）定植，4月中下旬始收，6月下旬至7月上旬拉秧的栽培茬口。如大棚黄瓜、甜瓜、西瓜、番茄、辣椒等的春提早栽培。

② 大棚秋延迟栽培。此茬口类型苗期多在炎热多雨的7～8月份，故一般采用遮阳网加防雨棚育苗，定植前期进行防雨遮阳栽培，采收期延迟到12月至翌年1月的栽培茬口类型。后期通过多层覆盖保温及保鲜措施可使番茄、辣椒等的采收期延迟至元旦前后。

③ 大棚多重覆盖越冬栽培。此茬口仅适于茄果类蔬菜，也叫茄果类蔬菜的特早熟栽培。其栽培技术核心是选用早熟品种，实行矮密早栽培技术，运用大棚进行多层覆盖，使茄果类蔬菜安全越冬，上市期比一般大棚早熟栽培提早30～50天，多在春节前后供应市场，故栽培效益很高，但技术难度大，近年此茬口类型在该气候带有较大发展。该茬口一般在9月下旬至10月上旬播种育苗，12月上旬定植，翌年2月下旬至3月上旬开始收获，持续到4～5月份结束。

④ 遮阳网、防雨棚越夏栽培。此茬口多为喜凉叶菜的越夏栽培茬口。大棚早熟果菜类拉秧后，将大棚裙膜去除以利通风，保留顶膜，上盖黑色遮阳网（遮光率60%以上），进行喜凉叶菜的防雨降温栽培，是南方夏季主要设施栽培类型。

(2) 华南热带气候区 本区1月份月均温在12℃以上，全年无霜，由于生长季节长，同一蔬菜可在一年内栽培多次，喜温的茄果类、豆类，甚至好热的西瓜、甜瓜，均可在冬季栽培，但夏季高温，多台风暴雨，成为蔬菜生产与供应上的夏淡季。这一地区设施栽培主要以防雨、防虫、降温为主，故遮阳网、防雨棚和防虫网栽培在这一地区有较大面积。

此外，在上述四个蔬菜栽培区域均可利用大型连栋温室所具有的优良环境控制能力，进行果菜一年一大茬生产。一般均于7月下旬至8月上旬播种育苗，8月下旬至9月上旬定植，10月上旬至12月中旬始收，翌年6月下旬拉秧。对于多数地区而言，此茬茄果类蔬菜采收期正值元旦、春节及早春淡季，蔬菜价格好、效益高，但同时也要充分考虑不同区域冬季加温和夏季降温的能耗成本，在温室选型、温室结构及作物栽培类型上均应慎重选择，以求得高投入、高产出。

【任务实施】

蔬菜设施栽培周年生产计划制订

一、任务目标

掌握制订蔬菜设施栽培周年生产计划的基本原则、基本方法,能根据给定条件,制订蔬菜设施栽培的周年生产计划。

二、材料和用具

某蔬菜生产基地有关设施栽培的相关资料(包括当地气候条件、蔬菜市场需求等)。

三、实施过程

1. 任课教师提供某蔬菜生产基地的基本资料,布置任务。
2. 学生分组,分析文献资料,确定该生产基地蔬菜设施栽培的生产方式、蔬菜种类、茬口安排及周年栽培模式等内容,具体如下所述。

(1) 确定本地区蔬菜设施生产方式 一般包括设施春提早栽培、设施秋延迟栽培、设施多重覆盖越冬栽培以及遮阳网、防雨棚越夏栽培等。

(2) 确定本地区不同蔬菜设施生产方式的蔬菜种类与品种 根据当地蔬菜消费习惯以及市场行情,确定本地区采用不同蔬菜设施生产方式生产的蔬菜种类与品种及其生产面积。

(3) 确定设施蔬菜周年栽培模式及茬口安排 一般应包括各种蔬菜品种及其栽培面积比例确定、周年栽培制度与茬口安排等。

3. 撰写该蔬菜生产基地设施栽培周年生产计划。

【效果评估】

1. 提交1份某蔬菜生产基地设施蔬菜的周年生产计划,根据计划内容的完整性、合理性等进行考核。
2. 根据学生对理论知识以及实践技能的掌握情况(见表3-1),对"任务 认识蔬菜设施栽培"的教学效果进行评估。

表 3-1 学生知识与技能考核表(一)

项目及内容 学生姓名	任务 认识蔬菜设施栽培					
	理论知识考核(50%)		实践技能考核(50%)			
	设施蔬菜栽培特点(25%)	设施栽培的主要蔬菜种类及茬口安排(25%)	确定设施生产方式(5%)	确定蔬菜种类品种(5%)	确定茬口安排(10%)	设施蔬菜周年生产计划(30%)

【拓展提高】

中国设施蔬菜栽培区划

根据我国地理和气候分布的不同,我国设施蔬菜栽培可划分为下列四个气候区。

1. 东北、蒙新北温带气候区

本区包括黑龙江、吉林和辽宁、内蒙古、新疆等地,是我国最寒冷气候区,冬季日照充足,但日照时数少;1月份月均日照时数180~200h,日照百分率60%~70%,平均气温在-10℃以下,北部最低的达-30~-20℃,设施生产冬季以日光温室为主,设临时加温设备。在极端低温地区(如松花江以北地区),冬季只能以耐寒叶菜生产为主。春秋蔬菜生产可以利用各种类型的塑料大棚。

2. 华北暖温带气候区

本区地处秦岭、淮河以北、长城以南地区，包括北京、天津、河北、山东、河南、山西、陕西的长城以南至渭河平原以北地区以及甘肃、青海、西藏和江苏、安徽的北部地区，辽东半岛也属于这个地区。1月份日照时数均在 160h 以上，平均最低气温 0～－10℃，该区冬春季光照充足，是我国日光温室蔬菜生产的适宜气候区。冬季利用节能型日光温室在不加温条件下可安全进行冬春茬喜温蔬菜的生产，但北部地区日光温室要注意保温，应有临时辅助加温设备，南部地区冬季要注意雨雪和夏季暴雨的影响。这一地区春提早、秋延后蔬菜生产设施仍以各种类型的塑料棚为主，大中城市郊区作为都市型农业可适当发展现代加温温室，用来生产高附加值蔬菜产品。

3. 长江流域亚热带气候区

本区包括秦岭、淮河以南，南岭、武夷山以北，四川西部、云贵高原以东的长江流域各地，亚热带季风气候区，主要包括江苏、安徽南部，浙江、江西、湖南、湖北、四川、贵州和陕西渭河平原等。本区属亚热带气候，1月份平均最低气温为 0～8℃。冬春季多阴雨，寡日照，但这里冬春季温度条件优越，因此蔬菜生产设施以塑料大、中棚为主，在有寒流侵入时实施多重覆盖，即可进行冬季果菜生产；夏季以遮阳网、防雨棚等为主要生产设施。进行高附加值的蔬菜作物生产或进行工厂化穴盘育苗以及在都市型农业，都可以适当发展高科技的开放型现代玻璃温室。

4. 华南热带气候区

本区主要包括福建、广东、海南、台湾及广西、云南、贵州、西藏南部。1月份平均气温在 12℃ 以上，周年无霜冻，可全年露地栽培蔬菜，可利用该区优越的温度资源，作为天然温室进行南菜北运蔬菜生产，但该区夏季多台风、暴雨和高温，故遮阳网、防雨棚、开放型玻璃温室成为这一地区夏季蔬菜生产主要设施，冬季则以中小型塑料棚覆盖增温。

【课外练习】
1. 调查本地区常见设施蔬菜生产基地的特点。
2. 调查本地区设施蔬菜生产基地的栽培制度、生产方式并加以评价。

任务二　了解蔬菜栽培设施

【任务描述】
南方某地区在蔬菜生产中使用了不同类型的栽培设施，请实地调查、了解主要设施的名称、结构、性能以及在本地区蔬菜栽培中的应用。

【任务分析】
完成上述任务，需要熟悉常见的蔬菜栽培设施类型、结构、性能和应用领域，掌握实地调查与测量方法。

【相关知识】

一、简易设施

1. 温床

（1）酿热温床

① 结构及发热原理。酿热温床结构见图 3-1 所示，主要由床框、床坑、玻璃窗或塑料薄膜棚、保温覆盖物、酿热物等部分组成。目前应用较多的是半地下式温床。床宽 1.5～2.0m，长依需要而定，床顶加盖玻璃或薄膜呈斜面以利透光。坐北朝南，床坑深度为 30～40cm，并在床坑内部南侧及四周再加深 20cm 左右，使坑底形成中间高、四周低的馒头形，使酿热物在铺好搂平后其中部的酿热层低于南侧及四周，使受南侧床框遮阴及四周受外界冻层影响而造成床内土温不均的问题得到调节。

酿热温床是利用好气性细菌分解有机物质时所产生的热量来进行加温的，这种被分解的有机物质称为酿热物。一般当酿热物中的碳氮比为 (20～30):1，含水量 70% 左右，并且通气适度和温度在 10℃ 以上时，微生物繁殖活动较旺盛，发热迅速而持久。生产上一般以 3 份新鲜马

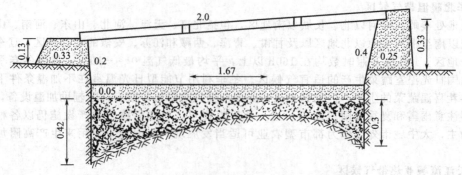

图 3-1 酿热温床示意图（单位：m）

粪和 1 份稻草混合（均按质量计）作酿热物为佳，需将稻草和马粪分层踏入床坑。

② 性能及应用。酿热温床在阳畦的基础上进行酿热加温，明显改善了温度条件。踩踏好的酿热温床，可使床温升高到 25~30℃，维持 2~3 个月之久。但床内温度明显受外界温度的影响，床土厚薄及含水量也影响床温。由于酿热物发热时间有限，前期温度高而后期温度逐渐降低，因此秋冬季不适用，主要用于早春喜温性果菜类蔬菜育苗。

（2）电热温床

① 结构。电热温床是指育苗时将电热线布设在苗床床土下 8~10cm 处，对床土进行加温的育苗设施。电热温床由育苗畦、隔热层、散热层、床土、保温覆盖物、电热加温设备等几部分组成。

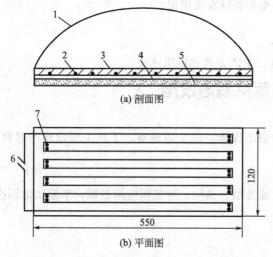

图 3-2 电热苗床示意图（单位：m）
1—薄膜；2—电加温线；3—床土；4—细土层；
5—隔热层；6—电加温线导线；7—短竹棍

电热加温设备主要包括电热线、控温仪、交流接触器和电源等。为避免人工控制温度出现误差，可使用控温仪自动调节土壤温度。将电热线和控温仪连接好后，将感温触头插入苗床中，当温度低于设定值时，继电器接通，进行加温；当苗床内温度高于或等于设定值时，继电器断开，停止加温。交流接触器的主要作用是扩大控温仪的控温容量。当电热线的总功率小于 2000W（电流 10A 以下）时，可不用交流接触器，而将电热线直接连接到控温仪上。当电热线总功率大于 2000W（电流 10A 以上）时，应将电热线连接到交流接触器上，由交流接触器与控温仪相连接。电热温床主要使用 220V 交流电源。当功率电压较大时，也可用 380V 电源，并选择与负载电压相同的交流接触器连接电热线。电热苗床结构见图 3-2。

② 性能和应用。使用电热温床能够提高地温，并可使近地面气温提高 3~4℃。由于地温适宜，幼苗根系发达，生长速度快，可缩短日历苗龄 7~10 天。与其他温床相比，电热温床结构简单，使用方便，省工、省力，一根电热线可使用多年。如与控温仪配合使用，还可实现温度的自动控制，避免地温过高造成的危害。缺点是较为费电。

电热温床主要用于冬春蔬菜作物育苗，以果菜类蔬菜育苗应用较多。也有少量用于塑料大棚黄瓜、番茄的早熟生产。

③ 使用注意事项。电热线只用于苗床上加温，不允许在空气中整盘做通电试验用；电热线的功率是额定的，严禁截短或加长使用；两根以上电热线连接需并联，不可串联；每根电热线的工作电压必须是 220V；为确保安全，电热线及其引出线的接头最好埋入土中，在电热温床上作

业时须切断电源,不能带电作业;从土中取出电热线时,严禁用力拉扯或铲刨,以防损坏绝缘层;不用的电热线要擦拭干净放到阴凉处,防止鼠虫咬坏;旧电热线使用前需做绝缘检查。

2. 地膜覆盖

地膜覆盖是指用很薄的(0.005~0.015mm)塑料薄膜紧贴在地面上进行覆盖的一种栽培方式,增产效果可达20%~50%,在世界各国广泛应用。

(1) 覆盖方式

① 平畦覆盖。在栽培畦的表面覆盖一层地膜。平畦规格和普通露地生产用畦相同(畦宽1.00~1.65m),一般为单畦覆盖,也可联畦覆盖。平畦覆盖便于灌水,初期增温效果好,但后期由于随灌水带入泥土盖在薄膜上面,而影响薄膜透光率,降低增温效果。

② 高垄覆盖。菜田整地施肥后,按45~60cm宽、10cm高起垄,一垄或两垄覆盖一块地膜。高垄覆盖增温效果一般比平畦覆盖高1~2℃。

③ 高畦覆盖。菜田整地施肥后,将其做成底宽1.0~1.1m、高10~12cm、畦面宽65~70cm、灌水沟宽30cm以上的高畦,然后每畦上覆盖地膜。

④ 沟畦覆盖。又称改良式高畦地膜覆盖,俗称"天膜"。即把栽培畦做成沟,在沟内栽苗,然后覆盖地膜。当幼苗长至将接触地膜时,把地膜割成十字孔将苗引出,使沟上地膜落到沟内地面上,故将此种覆盖方式称作"先盖天,后盖地"。

⑤ 支拱覆盖。即先在畦面上播种或定植蔬菜,然后在蔬菜播种或定植处支高和宽各30~50cm的小拱架,将地膜盖在拱架上,形似一小拱棚。待蔬菜长高顶到膜上后,将地膜开口放苗出膜,同时撤掉支架,将地膜落回地面,重新铺好压紧。

(2) 性能及应用　地膜覆盖具有如下作用:提高地温;减少土壤水分蒸发,保持土壤水分的稳定;改善土壤性状,提高土壤肥力;增加近地面光照;雨季防涝;设施栽培中降湿等。研究表明,地膜覆盖可降低设施内空气湿度20%~30%,发病率和用药次数减少30%以上。覆盖透明地膜可提高地表5cm土层地温1~1.5℃;覆盖黑色地膜可降低地表5cm土层地温1~1.5℃,并可控制杂草生长,促进土壤微生物活动。

此外,采用沟畦覆盖还能增高沟内空间的气温,使幼苗在沟内避霜、避风,可比普通高畦覆盖提早定植5~10天,早熟1周左右,同时也便于向沟内追肥灌水。兼具地膜与小拱棚的双重作用。

地膜覆盖在春季露地蔬菜生产和冬春季蔬菜设施生产中广泛应用,取得了明显的增产效果。同时也存在着一些不足之处,如高温期易造成地温过高,影响根系的发育,使植株早衰,因此,如生育后期遇高温应揭开或划破地膜。另外,膜下有较好的温光条件,易杂草丛生把地膜顶起,与蔬菜争夺养分,人工除草费工费力。生产上可通过提高覆膜质量来减轻杂草危害。连年地膜覆盖,残存的旧膜会造成严重污染,影响下茬作物的耕作和生长。因此,生产结束后,应尽量清除旧膜,运出田外,集中处理。

二、越夏栽培设施

1. 遮阳网覆盖

遮阳网又称遮阴网、寒冷纱,是以优质聚烯烃为原料,经加工制作而成的一种重量轻、强度高、耐老化、体积小、使用寿命长的网状农用覆盖材料。夏秋高温季节利用遮阳网覆盖进行蔬菜生产或育苗,具有遮光、降温、抗暴风雨、减轻病虫害等功能,已成为我国南方地区夏秋淡季生产克服高温的一种有效的栽培措施。

(1) 种类　目前生产中使用的遮阳网有黑、银灰、白、黑绿等颜色,遮光率在30%~90%,幅宽有90cm、150cm、160cm、200cm、220cm不等,质量为45~49g/m²。生产上应用最多的是35%~65%的黑网和65%的银灰网。

(2) 性能　覆盖遮阳网能够削弱光强,有效防止强光照对蔬菜造成的负效应。同时显著降低了地温和近地面气温,有利于高温季节喜凉蔬菜的正常生长。由于遮阳网的降温防风作用,降低了覆盖区和外界的气体交换速度,明显提高了空气相对湿度。进行地面覆盖时,有效减少地面水分蒸发,能起保墒降地温的作用。夏季高温季节将遮阳网覆盖于棚架上,可避免暴风雨等对植株的冲击损害，暴雨落到网上，分散成无数小雨滴，雨点的冲击力只有外界的1/50。另外，晚秋或早春用遮阳网进行夜间保温覆盖，可保持近地面温度，防止和减轻霜冻危害，有效减少冷害和冻害的发生。

实践证明，高温季节利用遮阳网覆盖栽培，植株生长健壮，抗逆性增强，病毒病的发病率明显降低，一般可减轻50%以上。盛夏使用遮阳网的菜地，蔬菜纹枯病、病毒病、青枯病等病害的发生明显减轻，蚜虫的发生率是无遮阳网的10%左右，其他害虫特别是迁飞性害虫的数量也大大减少，有利于蔬菜无公害生产。

(3) 覆盖方式及应用

① 浮面覆盖。主要用于高温季节叶菜类播种后或果菜类定植后，将遮阳网直接盖在播种畦或作物上，避免中午前后强光直射，又能获得傍晚短时间的"全光照"，出苗后不徒长，有利于齐苗和壮苗，出苗率和成苗率可提高20%～60%。

② 小拱棚覆盖。利用小拱棚架，或临时用竹片（竹竿）做拱架，上用遮阳网全封闭或半封闭覆盖，根据天气情况合理揭盖。可用于芹菜、甘蓝、花椰菜等出苗后防暴雨遮强光栽培，茄果类、瓜类等蔬菜越夏栽培、育苗以及萝卜、大白菜、葱蒜类蔬菜的早熟栽培。

③ 平棚覆盖。用角铁、木桩、竹竿、绳子搭成简易的水平棚架，上用小竹竿、绳子或铁丝固定遮阳网，棚架高度和栽培畦宽度可依需要而定。早、晚阳光直射畦面，有利于光合作用，防徒长，中午防止强光，多为全天候覆盖，可用于各种蔬菜的越夏栽培。

④ 大（中）棚覆盖。通常利用6m跨度的棚架，保留大棚顶部棚膜，拆除底脚围裙，将遮阳网按覆盖宽度缝合好，直接盖在棚顶上。可将遮阳网两侧均固定于骨架进行固定式覆盖或一侧固定进行活动式覆盖，也可在棚内进行悬挂式覆盖。这种覆盖方式多用于甘蓝、芹菜等蔬菜的夏季覆盖育苗。

(4) 使用注意事项　7～9月中旬是主要覆盖期，晴天气温30～35℃时，上午9:00盖，下午16:00揭；气温高于35℃时，上午8:00盖，下午17:00揭。晴天盖，阴天揭。菠菜、莴笋、乌塌菜等耐寒、半耐寒叶菜冬季覆盖，宜选用银灰色遮阳网保温防霜冻，日揭夜盖；芹菜、芫荽、甘蓝及葱蒜类等喜冷凉蔬菜夏秋季生产，宜选用遮光率较高的黑色遮阳网；喜光的茄果类、瓜类、豆类等夏秋季生产宜选用银灰色遮阳网；防蚜虫、病毒病，最好选银灰网或黑灰配色遮阳网覆盖；全天候覆盖的，宜选用遮光率低于40%的遮阳网或黑、灰配色网；夏秋季育苗或缓苗短期覆盖，多选用黑色遮阳网覆盖，育苗后期要卷起网炼苗。

2. 防虫网覆盖

防虫网是以高密度聚乙烯为主要原料，经拉丝编织而成的一种形似窗纱的新型覆盖材料，具有抗拉强度大、抗紫外线、耐腐蚀、耐老化等性能。利用防虫网覆盖栽培能有效地防止虫害的发生，是实现夏季蔬菜无公害栽培的有效措施之一。

(1) 种类　目前防虫网按网格大小有20目、24目、30目、40目，幅宽有100cm、120cm、150cm等规格。使用寿命3～4年，色泽有白色、银灰色等。蔬菜生产中为防止害虫迁飞以20目、24目最为常用。

(2) 覆盖方式　根据覆盖的部位可分为完全覆盖和局部覆盖两种类型。完全覆盖是指利用温室或大棚骨架，用防虫网将其完全封闭的一种覆盖方式。局部覆盖只在通风口门窗等部位设置防虫网，在不影响设施性能的情况下达到防虫效果。防虫网覆盖前应对温室大棚用药剂彻底熏蒸消毒，切断设施内的虫源。

(3) 性能　防虫网可有效地防止菜青虫、小菜蛾、蚜虫等害虫迁入棚内，抑制了虫害的发生和蔓延，同时有效控制了病毒病的传播。另外，由于其网眼小，可防止暴雨、冰雹等对蔬菜植株的冲击，并有一定的保湿作用。结合覆盖遮阳网，还具有遮光降温的功效。

3. 防雨棚

防雨棚是指雨季利用塑料薄膜等覆盖材料，扣在大棚或小棚顶部，使棚内蔬菜作物免受雨水直接淋洗的栽培设施。高温雨季为病虫多发季节，蔬菜作物很难正常生长，利用防雨棚栽培能有效地防止高温涝害，避免土壤养分流失和土壤板结，促进根系发育，防止作物倒伏。同时，可有效地防止土壤和空气湿度过大而造成的病害流行，从而使蔬菜作物获得优质高产。

根据所利用的棚架不同，防雨棚可分为大棚型、小拱棚型和温室型防雨棚。大棚型防雨棚即夏季不拆除棚顶薄膜，只拆除四周围裙，以利通风，四周也可挂防虫网防虫，可用于各种蔬菜的越夏栽培。小拱棚型防雨棚主要用做西瓜、甜瓜的早熟栽培，前期闭棚保温进行促成栽培，后期两侧通风，保留顶部棚膜遮雨，避免花期遭受雨淋，可有效提高坐果率。广州等南方地区多台风、暴雨，可建立玻璃温室状防雨棚，顶部为玻璃屋面，四周玻璃开启通风，用做夏菜育苗或栽培。

三、塑料拱棚

塑料拱棚又称冷棚，由竹木、钢筋、钢管等材料支成拱形或屋脊形骨架覆盖薄膜而成。根据棚的高度和跨度不同，可分为塑料大棚、塑料中棚和小拱棚三种类型。

1. 常用塑料薄膜

为了适应农业生产各个方面的需要，农用塑料薄膜有各种不同的品种和规格。根据使用的塑料原料不同，分为聚氯乙烯（PVC）塑料薄膜、聚乙烯（PE）塑料薄膜等。根据塑料薄膜的制造方法不同，分为压延薄膜、吹塑薄膜；根据塑料薄膜所具有的某些特殊性能，分别有育秧薄膜、无滴薄膜、有色薄膜、超薄覆盖薄膜、宽幅薄膜、包装薄膜等。根据塑料薄膜的不同厚度和宽度，又有各种不同规格。

聚氯乙烯薄膜和聚乙烯薄膜是目前农业生产中用量最大的两种塑料薄膜。其中，聚氯乙烯薄膜由于有较好的综合性能，是我国农业生产上推广应用时间最长、数量最大的一种。聚乙烯薄膜是近年推广应用的品种，由于它的性能优越，用量正在大幅度增长。

2. 塑料大棚

（1）骨架结构　塑料大棚一般高 2～3m、宽 8～15m、长 30～60m，占地 300m² 以上。大棚的骨架是由立柱、拱杆（架）、拉杆、压杆（压膜线）等部件构成，俗称"三杆一柱"。立柱是竹木大棚的主要支柱，承受棚架、棚膜的重量及雨雪荷载及风压，由于棚顶重量较轻，使用的支柱不必太粗（可选用直径 6～7cm 的杂木杆），但立柱的基部要以砖、石等作柱脚石，或用"横木"，以防大棚下沉或被拔起。立柱埋置深度 50cm 左右。钢铁骨架的大棚可取消立柱而采用拱架。拱杆（架）是支撑棚膜的骨架，横向固定在立柱上，呈自然拱形。两端插入地下，两个拱杆的间距为 1m 左右。拉杆又称"纵梁"，其作用是纵向连接立柱，固定拱杆，使整个大棚拱架连成一体。钢架结构大棚以钢筋作拉杆，连接拱架下弦。竹木大棚可在拉杆上设小立柱支撑拱架，以减少立柱数量，称"悬梁吊柱"。棚架覆盖薄膜之后，在两根拱杆之间加上一根压杆或压膜线，压成瓦垄状，以利抗风排水。大棚两端设门，作为出入口及通风口。

（2）类型

① 竹木结构大棚。跨度 12～14m、高 2.2～2.4m、长 50～60m，以直径 3～6cm 的竹竿作拱杆，拱杆间距 1m，6 排立柱支撑，柱间距 2～3m，棚面呈拱圆形，两边立柱向外倾斜 60°～70°，以增加支撑力。立柱下边 20cm 处用拉杆纵向连接。扣膜后两个拱架之间用 8# 线作压膜线。这种大棚的优点是取材方便，造价低，易建造。缺点是立柱太多，遮光严重，作业不便。为减少立柱，可改每排拱杆设 6 根立柱为每 3～5 排拱杆设 6 根立柱，不设立柱的拱杆在拱杆与拉杆之间设小吊柱支撑。悬梁吊柱大棚与多柱大棚的棚面形状、结构基本相同，不同处是减少了 2/3～4/5 立柱，减少了遮光部分，又便于作业。这种类型的大棚应用较为普遍。竹木结构大棚结构见图 3-3。

② 钢架无柱大棚。跨度 8～15m，高度 2.5～3.0m，拱架间距 1m。拱架是用钢筋、钢管或两者焊接而成的平面桁架。拱架上弦用 ϕ16mm 钢筋或 6 分钢管（内径 20mm），下弦用 ϕ12mm 钢筋，腹杆用 ϕ10mm 钢筋。骨架底脚焊接在地梁上，下弦处用 ϕ14mm 钢筋作拉杆，将拱架连成整体。为了节省钢材，每 3 米设一带下弦的拱架，中间用 6 分镀锌钢管作拱杆，用两根 ϕ10mm 钢筋作斜撑，钢筋上端焊接在 6 分镀锌管上，下端焊接在纵向拉筋上。这种大棚骨架坚固耐用，遮光部分少，作业方便，可增设天幕或扣小拱棚保温防寒，与竹木结构相比有很多优越条件，但造价高，一次性投资较大。

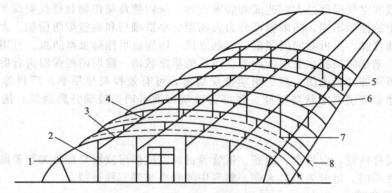

图 3-3 竹木结构大棚示意图
1—门；2—立柱；3—拉杆（纵向拉梁）；4—吊柱；5—棚膜；
6—拱杆；7—压杆（或压膜线）；8—地锚

③ 钢管装配式大棚。具有一定的规格标准。一般跨度 6～8m、高度 2.5～3.0m、长 20～60m，拱架是用两根薄壁镀锌管对接弯曲而成，拱架间距 50～60cm，纵向用薄壁镀锌钢管连接。骨架所有连接处都是用特制卡具固定连接。这种大棚除具有重量轻、强度好、耐锈蚀、中间无柱、采光好、作业方便等优点外，还可根据需要自由拆装、移动位置，改善土壤环境，同时其结构规范标准，可大批量工厂化生产。缺点是造价高。

④ 钢竹混合结构大棚。这种大棚是每隔 3 米左右设一平面钢筋拱架，用钢筋或钢管作为纵向拉杆，将拱架连成一体。在拉杆上每隔 1m 焊一短的立柱，采取悬梁吊柱结构形式，安放 1～2 根粗竹竿作拱架，建成无立柱或少立柱结构大棚。该类大棚为竹木结构大棚和钢架结构大棚的中间类型，用钢量少，棚内无柱，既可降低建造成本，又可改善作业条件，避免支柱遮光，是一种较为实用的结构。

（3）性能及应用　与简易设施相比，大棚保温性能好，具有可提早或延迟栽培、容易获得高产等优点；与日光温室相比，具有结构简单、造价低、有效栽培面积大、土地利用率高、作业方便等优点。但是，大棚没有外保温设备，受外界影响较大，提早或延迟受当地气候条件限制，与日光温室配套生产，才能实现周年供应。

3. 塑料中棚

塑料中棚跨度 5～6m，高度为 1.5～2.0m、长 15～30m 不等，占地 100～200m²，比大棚节省建材，但作业不便。中棚覆盖一整块薄膜，因面积较小，棚内不设通路和水道，也不用设置棚门，管理人员可揭开薄膜出入。

中棚除了跨度小于大棚、高度低于大棚外，温光条件基本与大棚相似。因为空间较小，热容量少，保温性能不如大棚，晴天温度上升快，夜间温度下降也快。进行喜温类蔬菜生产的提早、延晚效果不如大棚。但中棚面积较小，可以用覆盖草苫保温，在北纬 40°以南冬季生产耐寒的叶菜类蔬菜能安全越冬，早春栽培喜温类蔬菜可提早定植。此外，中棚由于覆盖一块薄膜，放风不方便，可在棚内靠底脚的两侧各覆盖一幅 60cm 左右高的薄膜围裙，早春放风时，冷风由围裙上进入棚中，可防止扫地风伤苗。

4. 小拱棚

小拱棚宽度 1～2m、高 0.6～0.8m、长 6～8m。拱架可用细竹竿、竹片等做拱杆，弯成拱形，两端插入土中。两拱架间距为 0.6～0.8m，上面覆盖一整块薄膜，四周卷起埋入土中。1m 宽的小拱棚不设立柱。2m 宽的小拱棚用细竹竿作拱杆，由于强度低，顶部用一道细木杆作横梁由立柱支撑。小拱棚骨架也可以利用钢筋弯成拱形，两端插入土中，钢筋间距 1m。1m 宽的小拱棚用 ϕ12mm 钢筋，2m 宽小拱棚用 ϕ14mm 钢筋。小拱棚内作业不方便，管理需揭开薄膜进行。可用于喜温蔬菜春季短期覆盖栽培，如夜间覆盖草苫、纸被等保温材料，可用于早春蔬菜育苗。

小拱棚低矮，空间小，晴天中午温度很高，若放风不及时容易烤伤作物。由于棚内面积小，两侧温度低，中间温度高，往往造成靠两侧作物矮小、中间又容易徒长的结果。为使棚内温度分布均匀，作物生长整齐，最好采取放顶风的方法。放顶风时，用一根高粱秸把未黏合处支成一个菱形口，闭风时撤掉高粱秸。当外界温度升高后再放底风。放底风先由背风一侧开放风口，经过几天放风后再从迎风一侧开放风口，放几次对流风以后，选好天气大放风。撤膜前先进行几次大放风，使小棚内蔬菜逐渐适应外界环境。塑料小拱棚见图3-4。

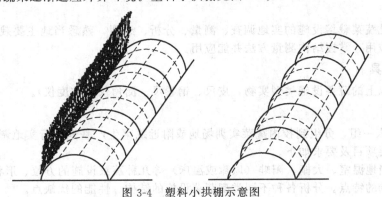

图3-4　塑料小拱棚示意图

四、现代化温室

1. 类型和结构

（1）屋脊型连栋温室　这类温室多分布在欧洲，以荷兰面积最大。温室骨架均用矩形钢管、槽钢等制成，经过热浸镀锌防锈蚀处理，具有很好的防锈能力；另一类是门窗、屋顶等为铝合金轻型钢材，经抗氧化处理，轻便美观、不生锈、密封性好，且推拉开启省力。覆盖材料主要为平板玻璃和塑料板材。荷兰芬洛型玻璃温室结构见图3-5。

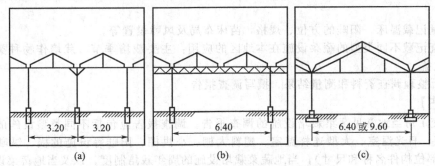

图3-5　荷兰芬洛型玻璃温室示意图（单位：m）

（2）拱圆形连栋温室　这类温室主要在法国、以色列、美国、西班牙、韩国等国家广泛应用。我国目前引进和自行设计建造的现代化温室也多为拱圆形连栋温室。这种温室的透明覆盖材料采用塑料薄膜，因其自重较轻，所以在降雪较少或不降雪的地区可大量减少结构安装件的数量。由于框架结构比玻璃温室简单，用材量少，建造成本低。塑料薄膜较玻璃保温性能差，因此提高薄膜温室保温性能的一个重要措施是采用双层充气薄膜。

2. 生产系统

现代化温室的生产系统包括自然通风系统、湿帘降温系统、加温系统、帘幕系统、补光系统、CO_2发生系统、灌溉施肥系统和计算机控制系统等。自动控制是现代化温室环境控制的核心技术，可自动测量温室的气候和土壤参数，并对温室内配置的所有设备都能实现优化运行和自动控制，如开窗、加温、降温、加湿、调节光照、灌溉施肥和补充CO_2等，创造适合作物生长发育的环境条件。

3. 性能和应用

现代化温室生产面积大，设施内环境实现了计算机自动控制，基本不受自然气候的影响，能周年全天候进行蔬菜作物生产，是蔬菜设施的最高级类型。现代化温室建造投资大、运营费用高，在国外用于蔬菜花卉的工厂化生产，在国内多用于农业高科技园区的示范性栽培。

【任务实施】

蔬菜设施类型的实地调查和结构观察

一、任务目标

通过对常见蔬菜栽培设施的实地调查、测量、分析、绘图，熟悉当地主要栽培设施的规格、结构特点及其应用，掌握结构测量方法并能应用。

二、材料和用具

现场三种以上的蔬菜设施类型实物，皮尺、钢卷尺、测角仪（坡度仪）。

三、实施过程

1. 学生5人一组，分组到校内蔬菜实训场地或附近蔬菜生产基地进行实地调查走访、测量，调查测量的主要项目及要求如下。

（1）调查当地温室、大棚、阳畦（风障或温床）等几种蔬菜设施的方位、形状、结构、场地选择和整体布局的特点。分析各种不同类型蔬菜设施的结构、性能的优缺点。

（2）测量记载几种蔬菜设施的规格、结构参数及配套型号和特点。

① 测量记载日光温室和现代化温室的方位、规格：长度、跨度、脊高的尺寸；透明屋面及后屋面的角度、长度；墙体厚度和高度；门的位置和规格；建筑材料和覆盖材料的种类和规格；配套设备类型和配置方式等。

② 测量记载塑料大棚（装配式钢管大棚和竹木结构的拱架大棚）的方位、规格：长度、跨度、脊高的尺寸；用材种类与型号等。

③ 测量记载塑料小棚的方位、规格：长度、跨度、脊高的尺寸；骨架材料和覆盖材料种类、规格等。

④ 测量记载温床、阳畦的方位、规格，苗床布局及风障设置等。

⑤ 调查记载不同类型的蔬菜设施在本地区的应用：主要栽培季节、栽培作物种类、周年利用情况、效益。

2. 分析整理调查资料和测量结果，撰写调查报告。

【效果评估】

1. 提交1份当地常见蔬菜栽培设施的调查报告。调查报告应包括不同类型设施的结构、性能及其应用，日光温室、大型连栋温室、塑料大棚、小拱棚、阳畦等设施的横、纵断面示意图（需注明各部位构件名称和尺寸），当地蔬菜栽培设施的周年栽培制度，以及当地蔬菜设施栽培存在的问题，并提出发展思路。

2. 根据学生对理论知识以及实践技能的掌握情况（见表3-2），对"任务 了解蔬菜栽培设施"的教学效果进行评估。

表3-2 学生知识与技能考核表（二）

项目及内容	任务 了解蔬菜栽培设施						
	理论知识考核(50%)				实践技能考核(50%)		
学生姓名	简易设施（15%）	越夏栽培设施（10%）	塑料拱棚（15%）	现代化温室（10%）	调查测量操作（15%）	调查测量结果准确性（15%）	调查报告（20%）

【拓展提高】

日光温室

1. 结构

由围护墙体、后屋面和前屋面三部分组成，简称日光温室的"三要素"。前屋面采用透明覆盖材料，以太阳辐射能为热源，具有蓄热及保温功能，可在冬春寒冷季节不需人工加温或极少量人工加温的条件下进行蔬菜生产的栽培设施。日光温室具有结构简单、造价较低、节省能源等特点，是我国特有的蔬菜栽培设施。

2. 类型

（1）竹木结构日光温室　后屋面骨架用木杆做柁、檩、中柱，屋面上铺高粱秸箔，抹草泥。山墙和后墙用草泥垛成或夯土墙。前屋面用木杆做立柱、横梁，支撑竹竿或竹片拱杆，上面覆盖塑料薄膜，代表类型有长后坡矮后墙日光温室和短后坡高后墙日光温室。竹木结构日光温室造价低，一次性投资少。土墙、土屋面保温效果较好，建造虽然简陋，可获得较好的生产效果。缺点是费工较多，每年都需要维修，尤其是木杆立柱柱脚容易腐烂，2~3年就需更换。

（2）钢竹混合结构日光温室　每3m间距设一道钢铁加强桁架，用三道6分钢管或$\phi16mm$钢筋作横梁，用竹竿作拱杆，在每道横梁上用小吊柱支撑拱杆，既减少了立柱，又可节省钢材。瓦房店琴弦式日光温室也是一种钢竹混合结构温室，其前屋面为一斜一立式，在加强桁架上按40cm间距横拉$8^{\#}$铁丝固定于东西山墙。

（3）钢架无柱日光温室　温室后墙用砖砌筑，后屋面覆盖水泥预制板，前屋面骨架上弦用4~6分镀锌钢管，下弦用$\phi10~12mm$钢筋，腹杆（拉花）用$\phi9~10mm$钢筋焊接成拱架，上端焊接在后墙顶部，下端焊接在前底脚地梁上，不用立柱，后屋面采用木板、苯板、炉渣、预制板等异质复合结构，前屋面覆盖薄膜。钢架结构日光温室取消了立柱，建材截面小，减少了遮阴部分，室内光照充足，作业方便，又便于利用二层幕或小拱棚进行保温覆盖。缺点是一次投资大。代表类型有辽沈Ⅰ型日光温室（图3-6）。

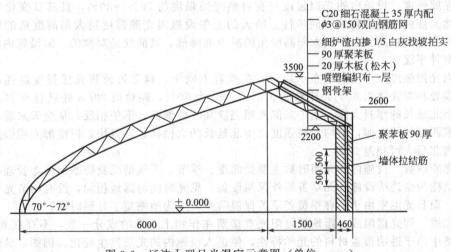

图3-6　辽沈Ⅰ型日光温室示意图（单位：mm）

3. 性能与应用

日光温室的透光率一般在60%~80%以上，室内外气温差可保持在21~25℃以上。例如，在北京（北纬40°）地区冬季气候条件下，晴天时室内作物冠层上方的光照强度一般可达20~30klx，12月上旬至翌年2月下旬各旬的平均气温维持在12~21℃之间，旬平均最高气温21.5~35.5℃，旬平均最低气温10~13℃，一天之中气温不低于25℃的持续时间在2.5~3.0h以上，长的可持续5h，在室外最低气温-14~-13℃的条件下，室内气温仍可维持在10℃以上，5~10cm地温的平均值一般保持在12~15℃以上。在上述气候环境中，加上适宜的栽培技术措施，如选用耐低温抗病品种、适宜的播种期、膜下暗灌、渗灌、大量使用有机肥、大温差管理和增施CO_2气肥等措施，就能使喜温果菜获得较高的产量。

【课外练习】
1. 调查当地蔬菜生产上常用的设施类型、建造方式及建造成本。
2. 调查当地蔬菜生产上常用设施的周年生产模式、茬口安排以及生产效益情况。

任务三　蔬菜设施栽培的环境调控

【任务描述】
南方某蔬菜生产基地利用塑料大棚进行番茄、黄瓜、豇豆的春提早栽培，请根据这三种蔬菜对栽培环境的要求，进行棚内环境综合调控，以保证蔬菜优质高产。

【任务分析】
完成上述任务，需要熟悉蔬菜栽培设施内的水分、土壤、气体、肥料等环境特点以及调控措施；掌握设施内各环境因子的变化规律，并能对这些环境因子进行综合调控。

【相关知识】
蔬菜栽培设施是在人工控制下的半封闭状态的小环境，其环境条件主要包括光照、温度、水分、土壤、气体、肥料等。蔬菜作物生长发育的好坏，产品产量和质量的高低，关键在于环境条件对作物生长发育的适宜程度。设施建造前要考虑结构的优化设计以创造良好的环境条件，建成以后的主要日常管理就是对环境条件进行调节控制，才能保证为蔬菜作物生长发育创造最佳环境条件，以达到早熟、丰产、优质、高效的目的。但设施内的环境条件调控较为复杂，一方面各环境条件之间相互影响、制约，不能忽视其中任何一点；另一方面，又要考虑作物种类、生育阶段、栽培方式等方面的因素。因此，只有对环境条件进行综合调控，才能获得理想效果。

一、光照

1. 设施光照环境特点

(1) 光照强度　设施内的光照强度只有自然光照强度的70%~80%，且其日变化和季节变化都与自然光照强度的变化具有同步性。晴天的上午设施内光照强度随太阳高度角的增加而增强，中午光照强度最高，下午随太阳高度角的减少而降低，其曲线是对称的。但设施内的光照强度变化较室外平缓。

设施内光照强度在空间上分布不均匀。在垂直方向上，越靠近薄膜光照强度越强，向下递减，靠薄膜处相对光强为80%，距地面0.5~1.0m为60%，距地面20cm处只有55%。在水平方向上，南北延长的塑料大棚，上午东侧光照强度高、西侧低，下午相反，从全天来看，两侧差异不大。东西延长的大棚，平均光照强度比南北延长的大棚高，升温快，但南部光照强度明显高于北部，南北最大可相差20%。

(2) 光照时数　设施内的光照时数主要受纬度、季节、天气情况及防寒保温等管理技术的影响。塑料拱棚为全透明设施，无草苫等外保温设备，见光时间与露地相同，没有调节光照时间长短的功能。而日光温室由于冬春季覆盖草苫保温防寒，人为地缩短了日照时数。

(3) 光质　即光谱组成。露地栽培阳光直接照在作物上，光的成分一致，不存在光质差异。而设施栽培中由于透明覆盖材料的光学特性，使进入设施内的光质发生变化。例如，玻璃能阻隔紫外线，对5000nm和9000nm的长波辐射透过率也较低。

2. 设施光照环境的调节控制

(1) 优化设计与合理布局　选择四周无遮阴的场地建造温室大棚，并计算好棚室前后左右间距，避免相互遮光。建造日光温室前应该进行科学试验，确定最优的方位、前屋面采光角、后屋面仰角等与采光有关的设计参数。

(2) 选择适宜的建造材料　太阳光投射到骨架等不透明物体上，会在地面上形成阴影。阳光不停地移动，阴影也随着移动和变化。竹木结构大棚骨架材料的遮阴面积较大，钢架无柱大棚建材强度高、截面小，是最理想的骨架材料之一。另外，生产中选用透光率高、防老化的多功能长寿无滴膜是提高设施透光率的重要措施之一。

（3）加强配套管理　保持薄膜清洁，每年更换新膜；设施在室内温度不受影响的情况下，早揭晚盖草苫，尽量延长光照时间，遇阴天只要室内温度不低于蔬菜适应温度下限，就应揭开草苫，争取见散射光；设施内张挂反光幕，地面铺地膜，利用反射光改善植株下部的光照条件；采用扩大行距、缩小株距的配置形式，改善行间的透光条件；及时整枝打杈，改插架为吊蔓，减少遮阴；必要时可利用高压水银灯、白炽灯、荧光灯等进行人工补光。

（4）进行遮光处理　炎夏季节设施内光照过强、温度过高，可通过覆盖遮阳网、无纺布、竹帘等进行遮光降温。

二、温度

1. 设施温度环境特点

（1）气温

① 与外界温度的相关性。蔬菜设施内的气温远远高于外界温度，而且与外界温度有一定相关性。光照充足的白天，外界温度较高时，室内气温升高快，温度也高；外界温度低时，室内温度也低。但室内外温度并不呈正相关，因为设施内的温度主要取决于光照强度，严寒的冬季只要晴天光照充足，即使外界温度很低，室内气温也能很快升高，并且保持较高的温度；遇到阴天，虽然室外温度并不低，室内温度上升量也很少。

② 气温的日变化。太阳辐射的日变化对设施的气温有着极大的影响，晴天时气温变化显著，阴天不明显。塑料大棚在日出之后气温上升，最高气温出现在13:00，14:00以后气温开始下降，日落前下降最快，昼夜温差较大。

③ 气温在空间上的分布。设施内的气温在空间上的分布是不均匀的。白天气温在垂直方向上的分布是日射型，气温随高度的增加而上升；夜间气温在垂直方向上的分布是辐射型，气温随着高度的增加而降低；上午8:00~10:00和下午14:00~16:00是以上两种分布类型的过渡期。南北延长的大棚里，气温在水平方向上的分布，上午东部高于西部，下午则相反，温差为1~3℃。夜间，大棚四周气温比中部低，一旦出现冻害，边沿一带最先发生。

④ "逆温"现象。一般出现在阴天后、有微风、晴朗夜间，温室大棚表面辐射散热很强，有时棚室内气温反而比外界气温还低，这种现象叫做"逆温"。10月份至翌年3月份易发生逆温。逆温一般出现在凌晨，日出后棚室迅速升温，逆温消除。有试验研究表明，逆温出现时，设施内的地温仍比外界高，所以作物不会立即发生冷害，但逆温时间过长或温度过低就会出问题。

（2）地温　设施内的地温不但是蔬菜作物生长发育的重要条件，也是设施内夜间保持一定温度的热量来源。夜间日光温室内的热量有近90%来自土壤的蓄热。

① 热岛效应。我国北方广大地区，进入冬季土壤温度下降很快，地表出现冻土层，纬度越高封冻越早，冻土层越深。日光温室采光、保温设计合理，室外冻土层深达1m，室内土壤温度也能保持12℃以上，设施内从地表到50cm深的地温都有明显的增温效应，但以10cm以上的浅层增温显著，这种增温效应称之为"热岛效应"。但温室内的土壤并未与外界隔绝，室内外土壤温差很大，土壤的热交换是不可避免的。由于土壤热交换，使大棚温室四周与室外交界处地温不断下降。

② 地温的变化。塑料大棚、温室等设施内地温，无论白天还是夜间，中部都高于四周。在垂直方向上的分布与外界明显不同。外界条件下，0~50cm的地温随深度增加而增加，不论晴天或阴天都是一致的。设施内的情况则完全不同，晴天白天上层土壤温度高，下层土壤温度低，地表0cm温度最高，随深度的增加而递减；夜间以10cm深处最高，向上向下均递减，20cm深处的地温白天与夜间相差不大；阴天，特别是连阴天，下层土壤温度比上层土壤温度高，越是靠地表温度越低，20cm深处地温最高。这是因为阴天太阳辐射能少，气温下降，温室里的热量主要靠土壤贮存的热量来补充，因此，连阴天时间越长，地温消耗也越多，连续7~10天的阴天，地温只能比气温高1~2℃，对某些作物就要造成危害。

2. 设施温度环境的调节控制

（1）增温保温措施

① 采用优型结构，增大透光率。建造温室前进行科学的采光设计，选用遮阴面积小的骨架

材料和透光率高的无滴膜增加进入室内的光量，使温度升高。

② 减少贯流放热。热量透过覆盖材料或围护结构而散失的过程叫做设施表面的"贯流放热"。为减少贯流放热，可在设施内铺地膜，增设小拱棚、二层幕，在设施外覆盖纸被、草苫等多重覆盖。同时，在设施外围加设防风设备对保温也很重要。

③ 减少缝隙放热。严寒季节，温室的室内外温差很大，一旦有缝隙，在大温差作用下就会形成强烈的对流热交换，导致大量散热。为了减少缝隙散热，筑墙时应防止出现缝隙，后屋面与后墙交接处要严密，前屋面发现孔洞及时堵严，进出口应设有作业间，温室门内挂棉门帘，室内用薄膜围成缓冲带，以防止开门时冷风直接吹到作物上。

④ 设防寒沟，减少地中传热。冬春季节，由于温室内外的土壤温差大，土壤横向热传导较快，尤其是前底脚处土壤热量散失最快，所以遇寒流时前底脚的作物容易遭受冻害。因此，对前底脚下的土壤进行隔热处理是必要的。在前底脚外挖 50cm 深、30cm 宽的防寒沟，衬上旧薄膜，装入乱草、马粪、碎秸秆等热导率低的材料，培土踩实，可以有效地阻止地中横向传热。

⑤ 临时加温。冬季寒流来临前用热风炉、煤气罐、炭火盆等进行临时辅助加温。

(2) 降温措施　塑料拱棚和日光温室冬春季多采用自然通风的方式降温，高温季节除通风外，还可利用遮阳网、无纺布等不透明覆盖物遮光降温。通风方式包括以下三种。

① 带状通风。又称扒缝放风。扣膜时预留一条可以开闭的通风带，覆膜时上下两幅薄膜相互重叠 30～40cm。通风时，将上幅膜扒开，形成通风带。通风量可通过扒缝的大小随意调整。

② 筒状通风。又称烟囱式放风。在接近棚顶处开一排直径为 30～40cm 的圆形孔，然后粘合一些直径比开口稍大、长 50～60cm 的塑料筒，筒顶粘合上一个用 8# 线做成的带十字的铁丝圈，需大通风时将筒口用竹竿支起，形成一个个烟囱状通风口；小通风时，筒口下垂；不通风时，筒口扭起。这种方法在温室冬季生产中排湿降温效果较好。

③ 底脚通风。多用于高温季节，将底脚围裙揭开，昼夜通风。

温室大棚通风降温需遵循以下原则：一是逐渐加大通风量。通风时，不能一次开启全部通风口，而是先开 1/3 或 1/2，过一段时间后再开启全部风口。可将温度计挂在设施内几个不同的位置，以决定不同位置通风量大小。二是反复多次进行。通风管理应重复几次，使室内气温维持在 23～25℃。遇多云天气，更要注意随时观察温度计，温度升高就通风，温度下降就闭风。否则，棚内作物极易受高温高湿危害。三是低温季节不放底风。喜温蔬菜对底风（扫地风）非常敏感，低温季节生产原则上不放底风，以防冷害和病害的发生。

三、湿度

1. 设施湿度环境特点

(1) 空气湿度　设施内空间小，气流比较稳定，又是在密闭条件下，不容易与外界交流，因此空气相对湿度较高。相对湿度大时，叶片易结露，易引起病害的发生和蔓延。设施内相对湿度的变化与温度呈负相关，晴天白天随着温度的升高而降低，夜间和阴雨雪天气随室内温度的降低而升高。空气湿度大小还与设施容积有关，设施空间大，空气相对湿度小些，但往往局部湿度差大，如边缘地方相对湿度的日均值比中央高 10%；反之，空间小，相对湿度大，而局部湿度差小。空间小的设施，空气湿度日变化剧烈，对作物生长不利，易引起萎蔫和叶面结露。从管理上来看，加温或通风换气后，相对湿度下降；灌水后，相对湿度升高。

(2) 土壤湿度　设施的空间或地面有比较严密的覆盖材料，土壤耕作层不能依靠降雨来补充水分，故土壤湿度只能由灌水量、土壤毛细管上升水量、土壤蒸发量及作物蒸腾量的大小来决定。与露地相比，设施内的土壤蒸发和植物蒸腾量小，故土壤湿度比露地大。蒸发和蒸腾产生的水汽在薄膜内表面结露，顺着棚膜流向大棚的两侧和温室的前底脚，逐渐使棚中部干燥而两侧或前底脚土壤湿润，引起局部湿度差。

2. 设施湿度环境的调节控制

(1) 除湿

① 通风排湿。设施内造成高湿的原因是密闭所致，通风是设施排湿的主要措施。可通过调节风口大小、时间和位置达到降低设施内湿度的目的，但通风量不易掌握，而且降湿不均匀。

② 加温除湿。空气相对湿度与温度呈负相关，温度升高，相对湿度可以降低。寒冷季节，温室内出现低温高湿情况，又不能通风，则可利用辅助加温设备提高设施内的温度，降低空气相对湿度，防止叶面结露。

③ 科学灌水。低温季节（连阴天）不能通风换气时，应尽量控制灌水。灌水最好选在阴天过后的晴天，并保证灌水后有2~3天的晴天。一天之内，要在上午灌水，利用中午高温使地温尽快升上来，灌水后要通风换气，以降低空气湿度。最好采用滴灌或膜下沟灌减少灌水量和蒸发量，降低室内空气湿度。

④ 地面覆盖。设施内的地面覆盖地膜、稻草等覆盖物，能防止土壤水分向室内蒸发，可以明显降低空气湿度。

(2) 加湿　空气湿度或土壤湿度过低，气孔关闭，影响光合作用及其产物运输，干物质积累缓慢、植株萎蔫。特别是在分苗、嫁接及定植后，需要较高的空气湿度以利缓苗。生产中可通过减少通风量、加盖小拱棚、高温时喷雾及灌水等方式来增加设施内的空气湿度和土壤湿度。

四、土壤

1. 设施土壤环境特点

(1) 土壤气体条件　土壤表层气体组成与大气基本相同，但CO_2浓度有时高达0.03%以上。这是由于根系呼吸和土壤微生物活动释放出CO_2造成的。土层越深，CO_2浓度越高。

(2) 土壤生物条件　土壤中存在着有害生物和有益生物，正常情况下这些生物在土壤中保持一定的平衡。但由于设施内的环境比较温暖湿润，为一些病虫害提供了越冬场所，导致设施内的病虫害较露地严重。

(3) 土壤营养条件　设施蔬菜栽培常常超量施入化肥，使得当季有相当数量的盐离子未被作物吸收而残留在耕层土壤中。再加上覆盖物的遮雨作用，土壤得不到雨水的淋溶，在蒸发力的作用下，使得设施内土壤水分总的运动趋势是由下向上，不但不能带走多余盐分，还使内盐表聚。同时，施用氮肥过多，在土壤中残留量过大，造成土壤pH值降低，使土壤酸化。长年使用的温室大棚，土壤中氮、磷浓度过高，钾相对不足，钙、锰、锌也缺乏，对作物生长发育不利。

2. 设施土壤环境的调节控制

(1) 改善土壤气体环境　设施蔬菜栽培，每年都应施入大量的有机肥，以改善土壤结构和理化性质。灌水时应尽量采用膜下暗灌或滴灌，防止大水漫灌造成的土壤板结。

(2) 进行土壤消毒，改善土壤生物环境　温室大棚要定期进行土壤消毒。国内多采用福尔马林熏蒸消毒和高温消毒，国外则多采用溴甲烷熏蒸消毒和蒸气消毒。此外，采用电液爆土壤处理机，利用高压脉冲电容放电器，在土壤中施电形成的等离子体、压力波、臭氧可将土壤中的细菌、病毒及害虫迅速杀灭，并可将土壤空气中的氧气转化为氮肥及将多种矿物质营养活化。

(3) 改进栽培措施，防止土壤次生盐渍化

① 合理施肥。设施蔬菜生产应大量施入有机肥，增加土壤对盐分的缓冲能力。施用化肥时，应根据蔬菜作物种类和预计产量进行配方施肥，避免超量施入。施肥方法上要掌握少量多次，随水追施。尽量少施硫酸铵、氯化铵等含副成分的化肥，这些肥料的可利用部分被吸收后，硫酸根离子和氯离子残留在土壤中会使土壤盐溶液浓度升高。

② 灌水洗盐。雨季到来之前，揭掉棚室上的塑料薄膜，使土壤得到充足的雨水淋洗。也可在春茬作物收获后在棚内灌大水洗盐，灌水量以200~300mm为宜。灌水或淋雨前清理好排水沟以便于及时排水。

③ 地面覆盖。设施土壤覆盖地膜或秸秆、锯末等有机物，可以减少土壤水分蒸发，防止表土积盐。

④ 生物除盐。盛夏季节，在设施内种植吸肥力强的禾本科植物，使之在生长过程中吸收土壤中的无机态氮，降低土壤溶液浓度。也可结合整地施入锯末、稻草、麦糠、玉米秸秆等含碳量高的有机物，使之在分解过程中通过微生物活动来消耗土壤中的可溶性氮，降低土壤溶液盐浓度和渗透压，缓解盐害。

⑤ 土壤耕作。设施土壤应每年深耕两次，可切断土壤中的毛细管，减少土壤水分蒸发，抑

制返盐。深耕还可使积盐较多的表土与积盐少的深层土混合，可起到稀释耕层土壤盐分的作用。铲除积盐较多的表土或以客土压盐，也可暂时维持生产。

如果设施内土壤积盐严重，上述除盐方法效果不明显或无条件实施，最后只得更换设施内耕层土壤或迁移换址。

五、气体

1. 设施气体环境特点

（1）CO_2 浓度低　CO_2 是绿色植物光合作用的主要原料，一般蔬菜作物的 CO_2 饱和点是 0.1%～0.16%，而自然界中 CO_2 的浓度为 0.03%，显然不能满足需求。但露地生产中从来不会出现 CO_2 不足现象，原因是空气流动使作物叶片周围的 CO_2 不断得到补充。设施生产是在封闭或半封闭条件下进行的，CO_2 的主要来源是土壤微生物分解有机质和作物的呼吸作用。冬季很少通风，CO_2 得不到补充，特别是上午随着光照强度的增加，温度升高，作物光合作用增强，CO_2 浓度迅速下降，到 10:00 左右 CO_2 浓度最低，造成作物的"生理饥饿"，严重地抑制了光合作用。

（2）易产生有害气体　设施生产中如管理不当，常发生多种有毒有害气体，如氨气、二氧化氮等，这些气体主要来自于有机肥分解、化肥挥发等。当有害气体积累到一定浓度，作物就会发生中毒症状，浓度过高会造成作物死亡，必须尽早采取措施加以防除。

2. 设施气体环境的调节控制

（1）增施 CO_2 气肥　现代化温室中多采用火焰燃烧式 CO_2 发生器燃烧白煤油、天然气等来产生 CO_2，通过管道或风扇吹散到室内各角落。日光温室和塑料大棚蔬菜生产多采用化学反应式 CO_2 发生器或简易发生装置，利用废硫酸和碳酸氢铵反应生成 CO_2。果菜类宜在结果期施用，开花坐果前不宜施用，以免营养生长过旺而影响生殖生长。CO_2 一般在晴天日出后 1h 开始施用，到放风前 0.5h 停止施用，每天施用 2～3h 即可。进行 CO_2 施肥时，应将散气管悬挂于植株生长点上方，同时设法将设施内的温度提高 2～3℃。增施 CO_2 后，作物生长加快，消耗养分增多，应适当增加肥水，才能获得明显的增产效果。要保持 CO_2 施肥的连续性，应坚持每天施肥，如不能每天施用，前后两次的间隔时间尽量不要超过 1 周。施用时要防止设施内 CO_2 浓度长时间偏高，否则易引起植株 CO_2 中毒。

（2）预防有害气体的产生　设施生产中，有机肥要充分腐熟后施用，并且要深施，化肥要随水冲施或埋施，并且避免使用挥发性强的氮素化肥，以防氨气和二氧化氮等有害气体危害。生产中应选用无毒的蔬菜专用塑料薄膜和塑料制品，设施内不堆放陈旧塑料制品及农药、化肥、除草剂等，以防高温时挥发有毒气体。冬季加温时应选用含硫低的燃料，并且密封炉灶和烟道，严禁漏烟。生产中一旦发生气害，注意加大通风，不要滥施农药化肥。

【任务实施】

蔬菜大棚内的环境因子观测与综合调控

一、任务目标

掌握蔬菜大棚内温度、湿度、光照、营养、气体等环境因子的特点及其观测方法；能根据不同蔬菜在不同生长发育时期对各种环境因子的要求，进行综合调控。

二、材料和用具

三个分别栽植了番茄、黄瓜、豇豆的标准塑料大棚；通风干湿球温湿度计或普通温湿度计、照度计、最高最低温度计、套管地温表、土壤养分速测仪、土壤水分速测仪等。

三、实施过程

1. 观测仪表安装

学生分组在供试的塑料大棚中部安装通风干湿球温湿度计，使感温点处于离畦面 1m 高；并安装三根套管地温表，感温点分别处于 0cm、10cm、20cm 深处。

2. 环境因子观测

自蔬菜定植缓苗后开始，分别观测与记载2:00、4:00、6:00、8:00、10:00、12:00、14:00、16:00、18:00、20:00、22:00、24:00塑料大棚内中部1m高处的温度、湿度以及0cm、10cm、20cm深处的地温变化情况；分别观测与记载8:00、10:00、12:00、14:00、16:00塑料大棚内中部1m高处的光照变化情况。

利用土壤养分速测仪、土壤水分速测仪定期（一般每7～10天测定1次）测定土壤养分与水分含量。

3. 根据观测数据，结合蔬菜各生长发育时期对环境条件的要求进行综合调控，调控措施参考如下：

（1）温度调控　春提早栽培早期大棚内温度较低，以保温为主；后期温度上升，以降温为主。一般采用揭开裙膜进行通风换气的方式进行降温，通风换气宜在晴天的上午10:00至下午4:00或阴雨天的中午进行。

（2）湿度调控　番茄、豇豆为喜干燥性蔬菜，土壤保持见干见湿；黄瓜为喜湿性蔬菜，宜经常浇水，保持土壤湿润。

（3）光照调控　番茄为强光性蔬菜，黄瓜、豇豆为中光性蔬菜，春季在南方进行大棚栽培一般能满足要求，不需采用人工补光或遮光措施。若遇上连续阴雨天气，可适当采取人工补光措施。

（4）肥料调控　黄瓜需肥量大，但吸肥能力和耐肥能力弱，须少施勤施；番茄需肥量大，吸肥能力强、耐肥能力中等，宜经常适量施肥；豇豆需肥量小，且吸肥能力和耐肥能力弱，不宜多施肥。

（5）气体调控　确定有害气体的种类、出现的时间并采取行之有效的调控对策。一般在晴天的上午10:00至下午4:00，揭开裙膜进行通风换气。即使在阴雨天的中午，也要揭开裙膜进行通风换气，以防止氨气、二氧化硫、一氧化碳等有害气体中毒。

【效果评估】

1. 绘制塑料大棚内中部1m高处的温度、湿度、光照以及0cm、10cm、20cm深处地温的日变化曲线图。
2. 绘制塑料大棚内土壤养分与水分含量变化曲线图。
3. 根据学生对理论知识以及实践技能的掌握情况（见表3-3），对"任务　蔬菜的栽培环境"教学效果进行评估。

表3-3　学生知识与技能考核表（三）

项目及内容	任务　蔬菜的栽培环境							
	理论知识考核(50%)					实践技能考核(50%)		
学生姓名	温度环境(10%)	光照环境(10%)	湿度环境(10%)	土壤环境(10%)	气体环境(10%)	观测仪表安装(15%)	环境因子观测(15%)	环境因子调控(20%)

【拓展提高】

CO_2 施肥技术

一、CO_2 施肥的适宜浓度

人工增施CO_2的适宜浓度，与作物种类、品种及光照强度有关，也因天气、季节、作物生

育阶段不同而异。一般蔬菜的 CO_2 浓度饱和点在 $1000mL/m^3$ 以上，弱光下 CO_2 饱和点下降、强光下饱和点提高。在实际栽培中，即使在强光下，CO_2 浓度也不宜提高到饱和点以上，一方面会造成资源浪费、不经济；另一方面，过高的 CO_2 浓度引起叶片气孔开张度减小，降低蒸腾作用，最终导致植物 CO_2 "中毒"，表现为作物萎蔫、黄化落叶。一般情况下，晴天 CO_2 浓度在 $1300mL/m^3$ 以下，阴天在 $500\sim800mL/m^3$，雨天不施为宜。

二、CO_2 施肥的时间

选择适宜的施肥时间，是节约肥源、增加产量的关键之一。各种作物在不同的生长发育阶段，需要的 CO_2 浓度是不同的，一般在作物生育初期施用效果好，如育苗时期增施 CO_2 对培育壮苗、缩短苗期有良好效果。对于叶菜，在幼苗定植后开始施用较好，果菜在植株进入开花结果期、CO_2 吸收量增加时开始施用，一直到产品收获终了前几天停止施用，对于促进果菜生殖生长、增产增收有很好的效果。

每天开始施用 CO_2 的时间取决于作物光合作用强度和当时温室内 CO_2 的浓度状况。根据 ^{14}C 同位素跟踪试验，一天中不同时间施用的 CO_2 在黄瓜各器官中的分配是不一样的：上午施用的 CO_2 在果实、根中的分配比例较高；下午施用的 CO_2 在叶内积累较多。一般作物的光合作用主要集中在上午进行，占到全天光合产物的 3/4，下午仅约占 1/4，作物主要在下午对上午的光合产物进行分配。因此，CO_2 施肥亦应主要在上午进行。一般来说，晴天大约在日出后 30min 开始施肥。如果温室内施有大量有机肥、土壤释放大量 CO_2 时，可以在日出后 1h 施 CO_2，换气前 30min 停止施用，避免浪费。每天施用 $2\sim3h$，提高室内 CO_2 浓度，可以有效避免作物的 CO_2 "饥饿"状态，提高生长速度。

三、CO_2 施肥方法

温室内常用的 CO_2 来源有五种：碳水化合物燃料、高压瓶装 CO_2、干冰、发酵、有机物质的降解和化学反应生成法。

1. 燃烧碳水化合物燃料

燃烧燃料一直是产生 CO_2 的简单常用方法，国外很多专业种植者在他们的大型温室内都采用这种方法，通过 CO_2 发生器来产生 CO_2。最常用的燃料为丙烷、丁烷、酒精和天然气。这些碳氢化合物燃料成本较低、纯净、容易燃烧、便于自动控制，是很好的 CO_2 来源。燃料在充分燃烧的情况下产生 CO_2；当燃烧产生蓝色、白色或无色火焰时，生成有用的 CO_2；如果是红色、橙色或黄色火焰，说明燃料燃烧不完全，将产生 CO。少量的 CO 就会对植物和人体产生致命的毒害。因此，实际使用过程中需要密切监视。含硫或硫化物的燃料燃烧时会产生有毒的副产物 SO_2，不能使用。

CO_2 发生器主要包括燃料供应系统、点火装置、燃烧室、风机和自动监控装置等。燃料供应系统的主要作用是提供清洁适量的燃油或压力适当的燃气；点火装置是按照开机信号发出火花点燃燃料，并在燃烧室内充分燃烧；风机一方面为燃烧室提供新鲜的空气助燃，另一方面是将产生的 CO_2 均匀混合吹入温室空间；自动监控装置是按一定的时间程序或设定的上下限浓度自动开/停机，有的监控系统还含有通风自动停机的功能。

燃烧式 CO_2 发生器在产生 CO_2 的同时，都会产生副产物——热量。这些热量在环境控制系统良好的温室内可能没有必要，但是对寒冷地区的温室，特别是冬季栽培，还是有益的。

CO_2 的产生量是通过调节燃料的燃烧速度来控制的。燃烧产生的 CO_2 量与燃料所含碳元素的多少相关，而燃料中碳元素的含量决定燃料的热值（燃料的热值可以通过相关资料或从供应商处得到）。

一般来说，对于温室作物栽培，具有如下合理假设：CO_2 浓度达到 $1500mL/m^3$ 对植物的生长较为理想；植物将以 $100mL/(m^3 \cdot h)$ 的速度消耗周围的 CO_2；对于密闭性能良好的温室，换气速度约为 1 次/h。考虑到空气中实际含有 $300mL/m^3$ 的 CO_2，因此，一般在 CO_2 施肥时，以 $1300mL/m^3$ 的产气量作为施肥标准。

温室内进行 CO_2 施肥时，通常需要同时启动循环风机。循环风机使室内空气产生流动，避免形成静止空气层，对植物的生长有益。否则植物叶面附近的CO_2很容易被消耗掉，而新鲜的含有CO_2的空气又不能到达植物叶面层，植物的光合作用不能进行，造成生长停止。

CO_2施肥浓度还与温室状况、作物种类以及其他环境因子如光照、温度等有关。为了使CO_2施肥达到较理想的浓度，还要考虑以下一些因素：

① 如果温室不能完全密封，需将原产气量提高约50%；
② 如果环境温度从20℃上升到30℃，将原产气量提高20%，反之亦然；
③ 如果生长区为大而繁密的植物，将原产气量提高20%~30%；
④ 如果光照加强，CO_2浓度需相应提高，当CO_2浓度增加时，还要相应增加水分和营养的供给（一般不超过正常供给的2倍）。

2. 瓶装压缩CO_2

CO_2施肥常用的第二种方法是采用瓶装压缩CO_2，即将CO_2保存在高压的金属容器内，容器压力为11~15MPa。采用这种方法可以使施肥结果得到较为精确的控制。

使用瓶装压缩CO_2施肥时，需要以下设备：①CO_2容器；②压力调节器；③流量计；④电磁阀（塑料或金属制）；⑤24h时间控制器，可以将启动设定时间设为0~20min间隔；⑥连接用管道、连接件等。

采用瓶装压缩CO_2施肥，可以在设定的时间间隔内，给生长空间释放一定数量的CO_2。调压器将CO_2气体压力从11~15MPa的高压降低到0.7~1.4MPa，在这个低压力水平上流量计可以工作。在电磁阀打开期间，通过流量计送出一定体积的CO_2给生长区域内的植物。时间控制器用来控制施肥的时间段（例如，设定施肥仅在白天9:00~12:00进行）和电磁阀每次的打开时间以及持续工作的时间。

瓶装压缩CO_2施肥的优点为：控制精确度较高，配套设备现成，施肥过程不会产生额外的热量，以及初始安装好以后，运行费用较低。

3. 干冰施肥

这种方法适合于较小区域内的CO_2施肥，特别是当需要降温的效果时采用更好。干冰是固态CO_2，表面温度可低到-80℃，因此，操作时应戴手套。干冰可以通过冷冻室制取，价格相对较低。在温度较高的温室内，为避免干冰迅速融化、CO_2短时间释放的情况发生，可以通过两种办法来调节干冰的融化量。

① 将干冰分成小块，每段时间（例如1h）放入室内一块；②将整块干冰放在一个泡沫板制成的保温箱里，在保温箱上打一些小孔，这样可以大大降低干冰的融化速度。多余的干冰应保存在冷冻箱内，避免蒸发损失。

由于CO_2密度比空气大，可以将干冰或装有干冰的容器放置于植物顶部，这样CO_2将向下流动，均匀分布在植物上。如果室内装有循环风扇，干冰应放置在循环风扇的正前方，以保证分布均匀。干冰施肥的一个好处是其产生的降温作用。

4. 发酵方法

在酵母的作用下，糖发酵分解成为乙醇和CO_2。采用这种方法进行CO_2施肥，需要如下材料和设备：主发酵容器、糖、酵母、酵母营养、截止阀和启动瓶等。

用热水配制糖溶液，等水温降到30℃左右时，加入酵母（温度太高酵母会失效）。

为了启动糖溶液发酵，需要先配制一瓶含有糖水、酵母和酵母营养的启动液。启动液可以在较小的容器瓶配制：在瓶内的热糖水中加入少量酵母和双倍的酵母养分，在瓶口上套一个气球。将瓶子放在30℃左右的环境下1~2天，直到气球膨胀并在糖溶液中出现气泡。

当启动液明显出现发酵特征后，将其倒入装有糖溶液的主发酵容器中。一般1天后即可出现发酵容器工作正常、产生CO_2。可以通过调节供气管的阀门来调节供给植物的CO_2量。

CO_2供气管的出口处置于循环风机前方，或者接到"T"形连接件上，再另接管道，管道的出口放置在植物上方，CO_2密度比空气大，它会自行向下流动。

实际操作中，可以初期只配制一周的糖溶液，每周打开一次发酵容器，加入糖溶液和少量酵母营养，重新用胶带密封好。

加完所有糖溶液、发酵几周后，发现糖溶液中没有气泡时，尝一尝糖溶液。如果溶液是甜的味道，说明发酵不完全，应该往发酵容器中再加入启动液和酵母营养。如果溶液像葡萄酒一样没有甜味，说明发酵已经完成。这时，应清洁发酵容器，重新开始新溶液的配制和发酵过程。

发酵是产生 CO_2 的一种好方法，且费用较低。

5. 有机堆肥产生 CO_2

有机物质在细菌的作用下，分解产生 CO_2，这个过程称为堆肥。温室内可以利用有机堆肥产生的 CO_2 作为气源，来提高室内 CO_2 浓度。但是有机物质分解释放出的 CO_2 量随着时间而递减，施肥肥源存在不稳定的因素。有机堆肥一般在室外进行，也可以在室内进行，费用几乎近于零，但不卫生，而且产生难闻气味，在分解产生 CO_2 的同时，还可能分解出 NH_3、SO_2 或 NO_2，建议不在温室内进行堆肥，否则，由此可能给作物带来有害细菌和病害。

6. 化学反应生成法

这种方法是利用碳酸氢铵与硫酸在特制容器内反应，产生的 CO_2 通过排气管释放到大棚中，供给作物。反应方程式如下：

$$2NH_4HCO_3 + H_2SO_4 = (NH_4)_2SO_4 + 2H_2O + 2CO_2$$

反应生成的副产物硫酸铵用水稀释 100 倍后可做氮肥，每个生长期施用 30～35 天。此法操作比较简单、安全，且费用相对偏低，其反应速度会随硫酸浓度和外界温度的增高而加快，但温度过高易引起碳酸氢铵的分解，产生氨中毒，因此外界温度不宜太高。

总之，在选择农用 CO_2 气源时，应该考虑当地的能源结构和社会经济状况，考虑资源丰富、取材方便、成本低廉、设备简单和便于自动控制等原则。而且在获得 CO_2 气源的同时，有害气体如 NH_3、SO_2 或 NO_2 等的浓度不能超过 $1mL/m^3$。

在我国现有经济条件下，充分利用农业有机废弃物中丰富的碳源及各种矿质养分，利用生物发酵法进行 CO_2 施肥并充分利用其发酵产物作为有机肥施用于温室土壤，将不失为一条较有价值的途径。此外，目前对 CO_2 施肥的有关研究多是在土壤栽培的条件下进行的，而在 CO_2 亏缺相对更为严重的无土栽培上的研究极少，现有研究已不能适应无土栽培面积的逐步扩大所需。

CO_2 施肥在促进蔬菜作物生长发育、提高产量的同时，也可使作物本身光合系统吸收利用 CO_2 的能力得到提高，这作为保护地栽培的一项重要增产措施应受到重视，并应在生产中得到应用。建议加强对 CO_2 肥源的开发以及 CO_2 施肥技术与管理的系统研究，对含有丰富碳源的农业有机废弃物加以开发利用。

【课外练习】

1. 根据当地气候特点，制订蔬菜生产设施内的气候调节计划及列出所使用的设备。
2. 南方温室（大棚）内温度、湿度、光照等环境条件如何进行调节？

任务四　蔬菜工厂化育苗

【任务描述】

南方某蔬菜种苗公司是一家从事国内外蔬菜良种引繁、种苗繁育销售的大型工厂化育苗企业，现接到一批订单，需在 3 月份提供包含茄果类、瓜类、豆类等种类品种的蔬菜苗 10 万株，请按照工厂化育苗技术流程，按时保质保量完成育苗工作。

【任务分析】

完成上述任务，需要了解工厂化育苗的场地、工厂化育苗的主要设备，掌握工厂化育苗的生产工艺流程；能制定工厂化育苗技术方案，能掌握播种技术、苗期管理技术等。

【相关知识】

工厂化育苗就是像工厂生产工业产品一样，在完全或基本上人工控制的适宜环境条件下，按照一定的工艺流程和标准化技术来进行秧苗的规模化生产。这种现代化的生产方式具有效率高、规模大、周期短、受季节限制少、生产的秧苗质量及规格化程度高等特点。工厂化育苗的生产过程，要求具有完善的育苗设施、设备和仪器，以及现代化水平的测控技术和科学的管理技术。

一、工厂化育苗的场地

工厂化育苗的场地由播种车间、催芽室、育苗温室和包装车间及附属用房等组成。

1. 播种车间

播种车间主要放置精量播种流水线和一部分基质、肥料、育苗车、育苗盘等。由于基质混合搅拌机、装盘装钵机一般是与播种流程机械（长8.3m）相连在一起，所以播种车间要求有足够的空间，至少要有14~18m长、6~8m宽的作业面积。在本车间内完成基质搅拌、填盘装钵至播种后覆土、洒水等全过程。要求车间内的水、电、暖设备完备，设施通风良好。

2. 催芽室

催芽室设有加热、增湿和空气交换等自动控制和显示系统，室内温度在20~35℃，相对湿度能保持在85%~90%范围内，催芽室内外、上下温、湿度在误差允许范围内相对均匀一致。1个60m³的催芽室一次能码放3000个穴盘，催芽时间视作物而异。

3. 育苗温室

温室是育苗中心的主要设施，建立一座育苗中心大约50%以上的支出是温室及温室设施的建造和购置费。大规模的工厂化育苗企业要求建设现代化的连栋温室作为育苗温室。

二、工厂化育苗的主要设备

1. 自动精播生产线装置

自动精播生产线装置是工厂化育苗的一组核心设备，由育苗穴盘（钵）摆放机、送料及基质装盘（钵）机、压穴及精播机、覆土及喷淋机等五大部分组成。精量播种机是这个系统的核心部分。精量播种机有真空吸附式和机械转动式两种。真空吸附式播种机对种子形状和粒径大小没有严格要求，播种之前无须对种子进行丸粒化处理；而机械转动式播种机对种子粒径大小和形状要求比较严格。

2. 育苗环境自动控制系统

育苗环境自动控制系统主要指育苗过程中的温度、湿度、光照等的环境控制系统。主要包括以下几个部分。

（1）加温系统　育苗温室内的温度控制要求冬季白天晴天达25℃，阴雪天达20℃，夜间温度能保持在14~16℃，以配备若干台$1.5×10^5$ kJ/h燃油热风炉为宜。育苗床架内埋设电热线，可以保证秧苗根部温度在10~30℃范围内，以满足在同一温室内培育不同蔬菜作物秧苗的需要。

（2）保温系统　温室内设置遮阴保温帘，四周有侧卷帘，入冬前四周加装薄膜保温。

（3）降温排湿系统　育苗温室上部可设外遮阳网，在夏季能有效地阻挡部分直射光的照射，在基本满足秧苗光合作用的前提下，通过遮光降低温室内的温度。温室一侧配置大功率排风扇，高温季节育苗时可显著降低温室内的温、湿度。通过温室的天窗和侧墙的开启或关闭，也能实现对温、湿度的有效调节。在夏季高温干燥地区，还可通过湿帘风机设备降温加湿。

（4）补光系统　苗床上部配置光通量16klx，光谱波长550~600nm的高压钠灯，在自然光照不足时，开启补光系统可增加光照强度，满足各种蔬菜作物幼苗健壮生长的要求。

（5）控制系统　工厂化育苗的控制系统对环境的温度、光照、空气湿度和水分、营养液灌溉实行有效的监控和调节，由传感器、计算机、电源、监视和控制软件等组成，对加温、保温、降温排湿、补光和微灌系统实施准确而有效的控制。

（6）喷灌设备　工厂化育苗温室或大棚内的喷灌设备一般采用行走式喷淋装置，既可喷水又能兼顾营养液的补充和喷施农药。

三、工厂化育苗的生产工艺

工厂化育苗的生产工艺流程分为准备、播种、催芽、育苗、出室等5个阶段。

1. 适于工厂化育苗的蔬菜作物种类及种子处理

适于工厂化育苗的蔬菜作物种类主要包括茄果类、瓜类、甘蓝类蔬菜，如茄子、青椒、番茄、菜花、甘蓝等。种子必须实行精播，以保证较高的发芽率和发芽势。还需要进行种子精选，以剔除瘪籽、破碎籽和杂籽,提高种子纯度与净度。因为精播机每次吸取一粒种子,所播种子发芽率不足100%时,会造成空穴,影响育苗数。

为了杀灭种子上可能携带的病原菌和虫卵,催芽前必须对种子进行消毒,常用的消毒方法有温汤浸种和药剂处理。

①化学方法,用10% Na_3PO_4 消毒20min,洗净;②温水烫种,用55℃左右的温水浸种10~15min。

茄果类、瓜类蔬菜,播种前进行低温或变温处理,可显著提高苗期的耐寒性。

2. 适宜穴盘及苗龄选择

国际上使用的穴盘,其规格宽27.9cm、长54.4cm、高3.5~5.5cm,孔穴数有50孔、72孔、98孔、128孔、200孔、288孔、392孔、512孔等多种类型。孔穴的形状分为圆锥体和方锥体。孔穴的大小、形状直接影响着成苗的速度和质量。我国常用于蔬菜育苗的多为72孔、128孔、288孔和392孔的方锥体穴盘。几种主要蔬菜种类的苗龄、商品苗标准见表3-4。

表3-4 不同蔬菜种类的苗龄、商品苗标准及育苗温室温度管理

作物种类	温度管理/℃		苗龄	销售标准
	白天	夜晚		
番茄	20~23	10~15	60~65	6~7片叶
茄子	25~28	13~18	75~80	6~7片叶
青椒	25~28	13~18	75~80	8~10片叶
甘蓝	15~18	8~10	75~80	5~7片叶
芹菜	20~30	15~20	60~65	4~6片叶

3. 基质选择与配方

育苗基质必须使幼苗在水、气、热协调以及养分供应充足的人工环境中生长。育苗基质的选择是工厂化育苗成功的关键之一。国际上常用草炭和蛭石各半的混合基质育苗。目前我国用于穴盘工厂化育苗的基质材料除了草炭、蛭石、珍珠岩外,菌糠、腐叶土、处理后的醋糟、锯末、玉米芯等均可作为基质材料。蔬菜育苗基质配制的总体要求是:①有良好的物理化学性状,保证水、气、热状况的协调,通常以疏松透气、保水保肥为好,以总孔隙度为84%~95%(风干样品)较好,且茄果类要求比叶菜类略高;②要有适量比例的营养元素,确保正常生长发育;③有一定的酸碱度,大多数蔬菜适宜在pH6.5~7.0近中性的环境中生长。

对基质的营养特性要全面掌握,要求考虑与测定以下几个指标与因素:①基质的各养分供应总量,即通过测定基质中全N、全P、全K以及其他营养元素含量了解基质的养分供应总量;②基质中各养分供应的浓度水平与强度水平,即主要测定基质中水溶性N、有效性P、K、Ca、Mg以及有关微量元素与重金属;③基质中养分供应的速、迟分配状况以及N、P、K之间比例等。草炭、蛭石两种育苗基质的养分状况见表3-5。

表3-5 草炭、蛭石两种育苗基质的养分状况

育苗基质	有机质/%	全N/%	全P/%	全K/%	速效N/(mg/L)	P_2O_5/(mg/L)	K_2O/(mg/L)
舒兰草炭	3.70	1.54	0.15	0.47	293.0	40.3	117.6
灵寿蛭石	0.92	0	0.034	3.6	17.8	364	93.6

育苗基质	Fe/(mg/L)	Cu/(mg/L)	Mo/(mg/L)	Zn/(mg/L)	B/(mg/L)	Mn/(mg/L)	pH值
舒兰草炭	659.8	4.7	6.2	4.1	0.28	43.5	4.9
灵寿蛭石	40	3.5	0.7	0.3	0.04	2.5	7.1

4. 基质及苗盘消毒

基质及苗盘均用0.1% $KMnO_4$ 消毒;或者在每0.1m^3 基质中,加入五氯硝基苯和65%代森锰锌各45g。

5. 催芽播种

基质及苗盘消毒后,用营养液拌匀,再填盘,最后播种。一般在播种之前,先行催芽。不同

蔬菜种类的催芽温度与时间见表 3-6。

表 3-6 不同蔬菜种类的催芽温度与时间

作物种类	温度管理/℃	催芽时间/d	作物种类	温度管理/℃	催芽时间/d
茄子	25～30	5	番茄	20～25	4
青椒	25～30	5	菜花、甘蓝	20～25	2

6. 苗期管理

（1）温度管理　不同蔬菜作物种类以及作物不同的生长阶段对温度有不同的要求。穴盘育苗在种子出芽期要求温度较高，一般为 25～30℃，以确保种子发芽迅速并出苗整齐。出苗以后，把育苗穴盘搬移到温室（大棚），按表 3-4 所列标准进行管理。

（2）光照管理　冬春季自然光照弱，特别是在蔬菜设施内，设施本身的光照损失就不可避免，阴天时温室内光照强度就更弱了。在没有条件进行人工补光的设施情况下，要及时揭开草帘，选用防尘无滴膜做覆盖材料，定期擦拭膜上灰尘，以保证秧苗对光照的需要。夏季育苗，自然光照的强度超过了蔬菜光饱和点，而且易形成过高的温度，因此，需用遮阳网遮阴，达到避光、降温、防病的效果。

（3）水分管理　由于穴盘育苗基质量少，所以要求播后一定要浇透水。浇水最好在晴天的上午进行，浇水要透，以利根下扎，形成根坨。不同蔬菜种类在苗期的不同生育阶段，对水分要求不一样（表 3-7）。在育苗实践中，应该根据标准，在出苗之前保持比较高的湿度（75% 以上）；在出苗以后，则湿度要求降低，一般保持基质土壤"见干见湿"。成苗后起苗的前一天或当天要浇一次透水，使苗坨容易脱出，长距离运输时不萎蔫死苗。

表 3-7 不同蔬菜种类不同生育阶段水分管理

作物	基质水分含量（相当最大持水量）/%		
	播种至出苗	子叶展开至2叶1心	3叶1心至销售
番茄	75～85	55～65	55～60
茄子	85～90	70～75	65～70
青椒	85～90	65～79	60～65
甘蓝	75～85	60～65	55～60
芹菜	85～90	75～80	70～75

（4）养分管理　由于穴盘育苗时的单株营养面积小，基质量少，且幼苗根系吸收功能弱，苗期施肥应该以速效性 N、P、K 肥为主，不宜过量也不宜过少。作为基肥加入到育苗基质中的常用肥料种类有尿素、KH_2PO_4、脱味鸡粪等。按照不同的育苗蔬菜种类，肥料加入量有所区别（表 3-8）。

作为追肥一般采用营养液喷施，蔬菜育苗两个通用营养液配方见表 3-9。一般每 7～10 天喷洒 1 次。育苗过程中营养液的添加决定于基质成分和育苗时间，采用以草炭、生物有机肥料和复合肥合成的专用基质，育苗期间以浇水为主，适当补充一些大量元素即可。采用草炭、蛭石、珍珠岩作为育苗基质，营养液配方和施肥量是决定种苗质量的重要因素。采用浇营养液的方式进行叶面追肥，冬春季会造成温室内湿度过大，易发生病害；夏季遇雨季或连阴天会造成烂苗。所以基质育苗经常采用在基质中直接加肥的施肥方法。

表 3-8 几种主要育苗蔬菜推荐的施肥量

蔬菜名称	穴盘规格	基质配制（草炭：蛭石）	基质中加入的肥料量/(g/盘)		
			尿素	KH_2PO_4	脱味鸡粪
番茄	72 孔	3：1	5.0	6.0	20.0
茄子	72 孔	3：1	6.0	8.0	40.0
青椒	128 孔	3：1	4.0	5.0	30.0
甘蓝	128 孔	3：1	5.0	3.0	15.0
芹菜	200 孔	3：1	2.0	2.0	10.0

表 3-9　蔬菜育苗两个通用营养液配方

配方 1		配方 2	
物质名称	物质质量	物质名称	物质质量
水	1000kg	水	1000kg
复合肥(N15-P15-K15)	2.0kg	尿素	0.6kg
过磷酸钙(13%P)	0.8kg	过磷酸钙(47%P)	0.8kg
K_2SO_4	0.2kg	K_2SO_4	0.6kg
$MgSO_4$	0.5kg	$MgSO_4$	0.5kg
$MnSO_4$	3.0g	$MnSO_4$	3.0g
$ZnSO_4$	1.0g	$ZnSO_4$	1.0g
$CuSO_4$	1.0g	$CuSO_4$	1.0g
钼酸铵	3.0g	钼酸铵	3.0g
硼酸	3.0g	硼酸	3.0g
$FeSO_4$	20.0g	$FeSO_4$	20.0g

（5）病虫害防治　蔬菜作物幼苗期易感染的病害主要有猝倒病、立枯病、灰霉病、菌核病、病毒病、霜霉病、菌核病、疫病等；由于环境因素引起的生理病害有沤根、寒害、冻害、热害、烧苗、旱害、涝害、盐害以及有害气体毒害、药害等。以上各种病理性和生理性病害要以预防为主，及时调整并杜绝各种传染途径，做好穴盘、器具、基质、种子和温室环境的消毒工作，发现病害症状及时进行适当的化学药剂防治。育苗期间常用的化学农药有75%的百菌清粉剂600～800倍液，可防治猝倒病、立枯病、霜霉病、白粉病；50%的多菌灵800倍液可防治猝倒病、立枯病、炭疽病、灰霉病等；其他如72.2%霜霉威（普力克）600～800倍、64%噁霜锰锌（杀毒矾）可湿性粉剂600～800倍、15%恶霉灵500倍、25%的甲霜灵（瑞毒霉）1000～1200倍、70%的甲基硫菌灵1000倍等对蔬菜作物的苗期病害都有较好的防治效果。对于环境因素引起的病害，应加强温、湿、光、水、肥的管理，严格检查，以防为主，保证各项管理措施到位。育苗期间只要预防措施得当，一般没有大的虫害发生。

【任务实施】

蔬菜工厂化育苗

一、任务目标

掌握蔬菜工厂化育苗的工艺流程与技术，生产出优质蔬菜苗。

二、材料和用具

蔬菜种子，育苗基质等；播种机器、穴盘、加温设备、降温设备、灌溉设备。

三、实施过程

1. 制订工厂化育苗计划与准备农资

按照供苗数量与时间，制订工厂化育苗计划，准备农资。农资主要是种子和基质。工厂化育苗所用的基质应具有性质稳定、孔隙度较大、对秧苗无毒等特点，同时还要考虑基质的来源和价格。目前栽培中应用较多的是草炭土、珍珠岩、蛭石与腐熟的有机肥混合后使用效果良好。

基质最好用多菌灵和代森锌等药剂处理，每立方米基质用多菌灵40g；或代森锌60g。将药加入基质中，充分拌匀，堆放，用塑料薄膜覆盖2～3天，撤去薄膜，药味散净后方可使用。

2. 播种

（1）基质装盘　将备好的基质装入育苗盘，压实取平。基质装盘后随之浇水，使含水量达到80%。

（2）播种　将催出芽的种子播入育苗盘，用混配基质盖1cm厚，喷雾器喷水，喷水要湿透基质，手握混配基质有水溢出即可。混配基质用炭化稻壳或草木灰和细沙以5：1混合而成。

3. 催芽出苗

将播种后的育苗盘放入催芽室中，控制适宜的温湿度，催芽出苗。

(1) 温度 放育苗盘之前，催芽室的温度应达到 20~25℃，相对湿度达到 80%~90%。放入育苗盘后，给予适当的变温管理，控制催芽室内的温度，可使出苗健壮。

(2) 水分 催芽室温度较高，水分蒸发量较大，育苗盘表面干燥，可及时喷水 1~2 次。当出苗率达 50%~60% 时，喷 1 次水，有助于种皮脱落。喷水最好用 25℃ 左右的温水。

4. 绿化

育苗盘中出苗率达 60% 左右时，即可将育苗盘由催芽室移入绿化室，进行秧苗绿化。

(1) 绿化时间与温度 不同种类的蔬菜秧苗，所需绿化的时间及控制的昼、夜温度不同。如番茄需昼温 25℃、夜温 15~18℃；辣椒、茄子需昼温 26~28℃、夜温 20℃；黄瓜需昼温 26~28℃、夜温 18℃。子叶展平时停止绿化，遇阴天温度可适当降低 3~5℃。

(2) 秧苗管理 绿化阶段应增加光照强度，延长光照时间，使秧苗光合强度增加。育苗盘移入绿化室的前 1~2 天中午，天晴时秧苗需覆盖遮阴。为保持一定的温、湿度，除温室加温外，育苗盘上可搭盖塑料薄膜保护，一般可于上午 9 时揭开、下午 4 时盖膜，晴天下午盖膜前需喷 1 次水。

(3) 供给营养液 一般情况下，多数蔬菜在苗期吸收氮、钾较多，吸收磷较少。子叶口展开后应及时供给营养液，促进秧苗根系早吸收养分，使秧苗生长健壮。

5. 炼苗

工厂化育苗过程中，某些蔬菜作物秧苗在一定阶段需要给予适宜的温度、湿度、光照、水分和矿质营养，根据苗情促控结合，使秧苗健壮生长。应根据天气状况和分苗设施的防寒保温性能，注意做好保温和适时通风，并按苗龄大小，控制相应的温度，秧苗偏小，温度可稍高些，秧苗较大，温度应稍低些，确保秧苗长成适龄壮苗。

【效果评估】

1. 撰写蔬菜工厂化育苗技术总结。
2. 根据学生对理论知识以及实践技能的掌握情况（见表 3-10），对"任务 蔬菜工厂化育苗"的教学效果进行评估。

表 3-10 学生知识与技能考核表（四）

项目及内容	任务 蔬菜工厂化育苗						
	理论知识考核(50%)			实践技能考核(50%)			
学生姓名	育苗场地(10%)	育苗设备(10%)	育苗生产工艺(30%)	育苗计划与农资准备(10%)	播种与催芽(10%)	苗期管理(15%)	育苗技术总结(15%)

【拓展提高】

工厂化育苗特点

1. 降低育苗成本

工厂化育苗采用集中管理、统一送苗的方式运作，一些常规品种苗送到田头夏季约 0.1 元/株、冬季约 0.15 元/株，与农民自己育苗相比，育苗成本降低 30%~50%，特别是冬季育苗成本降低更为显著。

2. 降低育苗风险

不论何时育苗，温度管理是关键，夏季育苗正值高温季节，要注意降温，防止徒长；冬季育苗正值寒冬季节，要注意保温，防止形成小老苗。农民分散育苗，由于设施简陋，往往难以把握好夏季降温、冬季保温的管理，夏季容易遇到水淹，育苗成功率不高，而实行工厂化育苗以后，育苗设施配套好，育苗成功率大大提高，降低了育苗的风险，保持了高效农业的可持续发展。

3. 利于培育壮苗

工厂化育苗，采用基质穴盘，科学配方营养成分，苗期缩短，夏季一般为25～30天苗龄、冬季一般为35～45天苗龄，有利于培育壮苗。有的农民冬季育苗为了安全越冬，常常采用大苗越冬的方式，一般10月中旬下种，次年2～3月份才移栽，苗期太长，苗龄太大，易形成老苗、病苗。

4. 利于新品种推广

工厂化育苗一般采用育苗与品种展示相结合的方式，在育苗的同时，规划出适当的展示区，引进一些准备推广的新品种种植展示，然后组织种植大户参观长势长相，以及产量表现，使一些种植大户从直观上了解新品种的特征特性，从而使新品种得到迅速的推广。即通过引进新品种，育苗工厂示范种植，进而进行全面推广，这作为一个农户分散育苗是做不到的。

5. 节约土地与劳动力资源

工厂化育苗，一般1m²可以培育约420株苗，与农户普通大棚育苗相比，可以节约育苗土地60%，由于是集约化生产，有利于人工操作，节约劳动力。一般情况下，4500m²的育苗温室，平常只需要两个人正常管理，一季可以育400万株蔬菜苗，可以满足133.3～200hm²占地大棚的用苗需求，大量节省土地和人力资源。

【课外练习】

1. 简述工厂化育苗管理技术要点。
2. 工厂化育苗有哪些优点？

任务五　蔬菜无土栽培

【任务描述】

南方某农业科技示范园在现代化温室内进行番茄无土栽培，主要采用草炭：蛭石：珍珠岩按照体积比3：1：1的混合基质进行袋培，利用无机营养液进行滴灌。为保证番茄的正常生长发育，请生产部配制营养液以备使用，并做好生长期间营养液的管理。

【任务分析】

完成上述任务，需要了解无土栽培的主要类型，熟悉无机营养液无土栽培技术要点、无土栽培的常用类型设备及主要栽培特点等相关知识，重点掌握无土栽培所需的营养元素、营养液的配制及管理技术。

【相关知识】

根据国际无土栽培学会的规定：凡是不用天然土壤而用基质或仅育苗时用基质，在定植以后不用基质而用营养液灌溉的栽培方法，统称为"无土栽培"。

无土栽培的主要优点是：一是栽培地点不受土壤条件的限制，避免了土传病虫害及连作障碍；二是提高作物产量，改善品质；三是节水节肥，提高了水、肥利用效率；四是节省劳力，降低了劳动强度，有利于自动化和现代化管理；五是无土栽培可以在海岛、荒滩、盐渍化土地等处进行生产；六是有机生态型无土栽培达到了无公害蔬菜产品生产标准。

无土栽培的不足主要表现在以下两个方面：一是一次性设备投资较大，用电多，肥料费用高；二是对技术水平要求高，营养液的配置、调整与管理均要求有一些专业知识的人。为了克服其固有的缺点，中国农业科学院蔬菜花卉研究所已研制出了更适合我国国情的有机生态型无土栽培方法，使其成本降低，可操作性增强。

一、无土栽培的主要类型

无土栽培的类型和方法很多，目前没有统一的分类方法。根据基质的有无，可分为无基质栽培和基质栽培；根据消耗能源的多少和对生态环境的影响，可分为有机生态型和无机耗能型；根据所用肥料的形态，可分为液肥无土栽培和固态无土栽培。

1. 无基质栽培

无基质栽培包括水培和雾培两种。

(1) 水培　定植后营养液直接和根系接触，其种类很多，我国常用的有营养液膜法、深液流法、浮板毛管法等。

(2) 雾培　将作物根系悬挂于容器中，营养液以雾状喷施在根部。

2. 基质栽培

基质栽培是采用不同的基质来固定作物的根系，并通过基质吸收营养的方法。它又可分为有机基质和无机基质两大类。

(1) 有机基质　利用菇渣、树皮、草炭、锯末、稻壳、酒糟及作物秸秆等有机物作基质，经过充分发酵、消毒，合理配比后再进行无土栽培的方法。

(2) 无机基质　利用沙、陶粒、炉渣、风化煤、蛭石、珍珠岩以及岩棉等无机物作基质进行栽培的方法。岩棉在欧洲各国以及美国使用较多，而在我国蔬菜生产中常见的有沙、炉渣等，育苗时多采用蛭石与珍珠岩。

在基质栽培中，无机和有机物可以单独或配合使用。经多年试验证明，混合基质理化性质好，增产明显，优于单独基质。

3. 有机生态型无土栽培

有机生态型无土栽培是指利用有机肥代替营养液，并用清水灌溉，排出液对环境无污染，能生产合格的绿色食品。

4. 无机耗能型无土栽培

无机耗能型无土栽培是指全部用化肥配置营养液，排出液污染环境和地下水，生产出的产品中硝酸盐含量高。营养液循环中耗能多。

二、无机营养液无土栽培技术要点

1. 营养液的组成与配方

(1) 营养液组成　营养液是将含有各种植物营养元素的化合物溶解于水中配制而成的，其主要原料就是水和含有营养元素的化合物。

① 水　无土栽培中对用来配制营养液的水源和水质都有一些具体的要求。要求纯净、无污染，酸碱度适中，不含钙、镁、钾、硝态氮等营养元素或含量甚微。

② 营养元素的化合物　根据化合物纯度的不同，一般可分为四类，即化学试剂、医药用化合物、工业用化合物和农业用化合物。营养液中必须含有作物生长所必需的全部营养元素，即碳、氢、氧、氮、磷、钾、钙、镁、硫、铁、锰、铜、锌、硼、钼、氯（后6种为微量元素）16种，其中碳主要由空气供给，氢与氧由水和空气供给，其余13种由根部吸收。所以，营养元素的化合物是由含有这13种营养元素的各种化合物组成。

(2) 营养液配方　目前世界上已发明了很多营养液配方，蔬菜无土栽培中常用的有日本园试标准配方（表3-11）和日本山崎配方（表3-12）。

表 3-11　日本园试通用营养液配方　　　　　　　单位：mg/L

	化合物名称	分子式	用量	元素含量
大量元素	硝酸钙	$Ca(NO_3)_2 \cdot 4H_2O$	945	N 112　Ca 160
	硝酸钾	KNO_3	809	N 112　K 312
	磷酸二氢铵	$NH_4H_2PO_4$	153	N 18.7　P 41
	硫酸镁	$MgSO_4 \cdot 7H_2O$	493	Mg 48　S 64
微量元素	螯合铁	$Na_2Fe\ EDTA$	20	Fe 2.8
	硫酸锰	$MnSO_4 \cdot 4H_2O$	2.13	Mn 0.5
	硼酸	H_3BO_3	2.86	B 0.5
	硫酸锌	$ZnSO_4 \cdot 7H_2O$	0.22	Zn 0.05
	硫酸铜	$CuSO_4 \cdot 5H_2O$	0.05	Cu 0.02
	钼酸铵	$(NH_4)_6Mo_7O_{24}$	0.02	Mo 0.01

表 3-12 日本山崎营养液配方　　　　　　　　　　单位：mg/L

无机盐类	分子式	甜瓜	黄瓜	番茄	甜椒	茄子	草莓	莴苣
硝酸钙	$Ca(NO_3)_2 \cdot 4H_2O$	826	826	354	354	354	236	236
硝酸钾	KNO_3	606	606	404	606	707	303	404
磷酸二氢铵	$NH_4H_2PO_4$	152	152	76	95	114	57	57
硫酸镁	$MgSO_4 \cdot 7H_2O$	369	492	246	185	246	123	123
螯合铁	$Na_2FeEDTA$	16	16	16	16	16	16	16
硼酸	H_3BO_3	1.2	1.2	1.2	1.2	1.2	1.2	1.2
氯化锰	$MnCl_2 \cdot 4H_2O$	0.72	0.72	0.72	0.72	0.72	0.72	0.72
硫酸锌	$ZnSO_4 \cdot 7H_2O$	0.09	0.09	0.09	0.09	0.09	0.09	0.09
硫酸铜	$CuSO_4 \cdot 5H_2O$	0.04	0.04	0.04	0.04	0.04	0.04	0.04
钼酸铵	$(NH_4)_6Mo_7O_{24}$	0.01	0.01	0.01	0.01	0.01	0.01	0.01

注：用井水可不用锌、铜、钼等微量元素。

2. 营养液的配制

（1）浓缩贮备液配制

① A 母液　以钙盐为主，凡不与钙作用而形成沉淀的盐都可配成 A 母液。如 $Ca(NO_3)_2 \cdot 4H_2O$ 和 KNO_3 就可以溶解在一起。

② B 母液　以磷酸盐为主，凡不与磷酸根形成沉淀的盐都可配成 B 母液。如 KH_2PO_4 和 $MgSO_4 \cdot 7H_2O$ 就可以溶解在一起。

③ C 母液　由铁和微量元素配制而成。

母液的浓缩倍数，要根据营养液配方规定的用量和各盐类在水中溶解度来确定，以不致过饱和而析出为限。一般，A、B 母液浓缩 200 倍，C 母液浓缩 1000 倍。注意浓缩倍数以整数为好，方便操作。母液应贮存于黑暗容器中，容器应以不同颜色标识，并注意含有的各种盐类及浓缩倍数。母液如果较长时间贮存，可用 HNO_3 酸化，使 pH 值达到 3～4，能够更好地防止发生沉淀。

（2）工作营养液配制　工作营养液是由母液稀释而成。但在具体操作过程中也要防止沉淀的产生。工作液配制顺序如下。

① 加水　首先在贮液池内加入一定量的水。例如，预配制 1t 营养液，在贮液池中先加入 900L 水。

② 加原液　按预定浓度加入 A 母液和 B 母液。例如，预配制 EC 2.2mS/cm 生菜营养液，则加入 10L 的 A 母液，混匀后再加入 10L 的 B 母液，然后把水补足到 1t。

③ 加微肥　加入 20g 混合后的微肥。

④ 调酸　加入 223mL 磷酸，混匀。

⑤ 测试　用 pH 计测其 pH 值，用电导率仪测 EC 值，看是否与预配值相符。

（3）注意事项

① 各种化合物的用量必须事先精确计算，认真核实，计算和配制过程要有详细记录。

② 所选用的水中，如果经化验测定含有钙、镁、钾、硝态氮等营养元素，在营养液配方计算时应扣除这部分含量。

③ 所选用的大量元素化合物多使用农业用品或工业用品，纯度较低，必须进行换算。而微量元素化合物多使用化学试剂，纯度较高，且用量较少，也可以不考虑纯度的换算。

④ 有些微量元素，在水或基质中已经含有一定的数量，配营养液时可以忽略不计，不需添加。

⑤ 许多化合物都含有结晶水，计算时必须注意。如市场上出售的硝酸钙都是四水硝酸钙，分子式 $Ca(NO_3)_2 \cdot 4H_2O$，相对分子质量 236，纯度 90%。如果计算时把结晶水视为杂质，则分子式应为 $Ca(NO_3)_2$，相对分子质量应为 164，纯度变为 62.5%。

⑥ 大多数化合物都具有很强的吸湿性，必须贮藏于干燥的地方。如因贮藏不善或其他原因而吸湿者，必须测定其吸湿量，配制营养液时要扣除。

3. 营养液的管理

营养液的管理主要是指无土栽培中循环使用营养液的管理。管理的主要内容包括浓度的管理、pH值管理、温度管理、溶解氧管理、供液时间与次数以及营养液的更换六项内容。

（1）浓度管理

① 水分补充　水分的补充应每天进行，一天之内应补充多少次、多大量视蔬菜作物长势、每株占液量和耗水快慢而定，以不影响营养液的正常循环流动和蔬菜生长发育为准。一般在贮液池内画上刻度线，定时开关水泵，使水位经常保持在正常水位线范围内。

② 养分补充　养分的补充应根据浓度的下降程度而定。浓度的高低通常以总盐分浓度反映，用电导率表达。生产上，一般不必作个别营养元素的测定，也不必作个别营养元素的单独补充，要补充就作全面的补充。营养液浓度的低限（即需要做补充的浓度界限）因所用的营养液配方不同和栽培技术要求不同而灵活制定。一般，总盐分浓度较高的营养液配方，以总盐分浓度降低到不低于1/2个剂量时为补充界限，可以每隔一段时间定期补充；总盐分浓度较低的营养液配方，应使总盐分浓度经常处于1个剂量的水平，要求每天补充。

（2）酸碱度（pH值）管理　在营养液的循环过程中随着作物对养分离子的吸收，由于盐类的生理反应会使营养液pH值发生变化，变酸或变碱。此时就应该对营养液的pH值进行调整。生产上一般用滴定曲线的办法进行调整，即取定量体积的营养液用已知浓度的稀酸（稀碱）进行滴定。随时测定pH值变化，计算出酸（碱）用量，之后再换算出整个栽培系统应该用的酸（碱）量。调整时应先用水将酸（碱）稀释成1~2mol/L左右，缓慢加入贮液池中，充分搅匀。所使用的酸一般为硫酸、硝酸，碱一般为氢氧化钠、氢氧化钾等。

（3）培地温度管理　培地温度就是根圈周围的温度。培地温度与气温一样，是影响蔬菜作物生育的重要环境因素。培地温度过高或过低都会影响作物根部生长，影响对养分、水分的吸收以及根部氧气的消耗量。因此，无土栽培中的培地温度应维持在最适宜温度范围内。

培地温度周年维持在最适温度范围比较困难，一般最低温度不低于12~14℃，最高不超过28~30℃。

（4）溶解氧管理　生长在营养液中的作物根系，呼吸作用所需要的氧主要是靠溶存于营养液中的氧，溶解氧的供给充足与否是栽培成败的关键因素之一。对于多数非水生作物，溶解氧的浓度要求保持在饱和溶解度的50%以上，即在15~18℃范围内，营养液含氧量在4~5mg/L即可。

溶解氧仅依靠自然扩散供给，远远满足不了作物呼吸消耗，目前生产上普遍采用的人工增氧措施是营养液循环流动增氧。

（5）供液时间与次数　无土栽培的供液有连续供液和间歇供液两种形式，可采取人工供液、机械供液、自动供液等方法。一般，对于有固体基质的无土栽培形式，最好采取间歇供液方式，每天2~4次即可。供液时间主要集中在白天进行，夜间不供或少供；晴天供应多些，阴雨天少些；温度高、光照强多些，温度低、光照弱少些。

（6）营养液更换　小规模的无土栽培，贮液池容积小，每池营养液使用周期较短，一般随用随配。如果需要量大，需重新配制。当发现营养液中发生藻类或存在有毒物质而发生污染时，也要及时更换。

三、无土栽培的常用类型设备及主要栽培特点

1. 槽培

槽培就是将基质装入一定容积的栽培槽中以种植作物。目前生产上应用较为广泛的是在温室地面上直接用红砖垒成栽培槽。为了防止渗漏并使基质与土壤隔离，通常在槽的基部铺1~2层塑料薄膜。栽培槽边框高15~20cm，宽度依不同作物而定，长度依温室长度而定。如黄瓜、甜瓜等蔓茎作物或植株高大需有支架的番茄等作物，其栽培槽标准宽度为48cm，可供栽培两行作物，栽培槽距0.8~1.0m。再如生菜、油菜、草莓等植株较为矮小的作物，栽培槽宽度可定为72cm或96cm，栽培槽距0.5~0.8m。槽底部铺一层0.1mm厚的塑料薄膜，以防止土壤病虫传

染；薄膜的两边压在边框上，若是砖槽则压在第一层砖上。

2. 袋培

用尼龙袋、塑料袋等装上基质，按一定距离在袋上打孔，栽培作物，以滴灌的形式供应营养液。这是美洲及西欧国家应用比较普遍的一种形式。袋内填充的基质可以就地取材，如蛭石、珍珠岩、锯末、树皮、聚丙烯泡沫、泥炭等及其复合基质均可。基质袋栽培可分为立式和卧式两种形式。

3. 岩棉栽培

育苗用的岩棉块大小依作物而异。一般番茄、黄瓜采用 $7.5\sim10cm^3$ 的岩棉块，除了上下两面外，岩棉块的四周要用黑色塑料薄膜包上，以防止水分蒸发和盐类在岩棉块周围积累，还可提高岩棉块温度。种子可以直播在岩棉块中，也可将种子播在育苗盘或较小的岩棉块中，当幼苗第一片真叶出现时再移到大岩棉块中。

定植用的岩棉垫一般长 70~100cm、宽 15~30cm、高 7~10cm，岩棉垫应装在塑料袋内，制作方法与枕头式袋培相同。定植前在袋上面开两个 8~10cm 见方的定植孔，每个岩棉垫种植 2 株作物。定植前先将温室内土地整平，为了增加冬季温室的光照，可在地上铺设白色塑料薄膜，以利用反射光及避免土传病害。放置岩棉垫时，要稍向一面倾斜，并在倾斜方向把包岩棉的塑料袋钻两三个排水孔，以便将多余的营养液排除，防止沤根。

定植之前，用滴灌的方法把营养液滴入岩棉垫中，使之浸透。岩棉栽培的主要作物是番茄、甜椒和黄瓜。定植后即把滴灌管固定到岩棉块上，让营养液从岩棉块上往下滴，保持岩棉块湿润，以促使根系在岩棉块中迅速生长，这个过程需 7~10 天。当作物根系扎入岩棉垫后，可以将滴灌滴头插到岩棉垫上，以保持根茎基部干燥，减少病害。

4. 垂直栽培

垂直栽培也称立体栽培，主要种植一些如生菜、草莓等矮秧类作物。依其所用材料是硬质的还是软质的，又分为柱状栽培和长袋栽培。

（1）柱状栽培　栽培柱采用石棉水泥管或硬质塑料管，在管四周按螺旋位置开孔，植株种植在孔中的基质中。也可采用专用的无土栽培柱，栽培柱由若干个短的模型管构成。每一个模型管上有几个突出的杯状物，用以种植植物。

（2）长袋栽培　长袋栽培是柱状栽培的简化。这种装置除了用聚乙烯袋代替硬管外，其他都是一样的。栽培袋用直径 15cm、厚 0.15mm 的聚乙烯筒膜，长度一般为 2m，内装以栽培基质，底端结紧以防基质落下，从上端装入基质成为香肠的形状，上端结扎，然后悬挂在温室中，袋子的周围开一些 2.5~5cm 的孔，用以种植植物。

无论是柱状栽培还是长袋栽培，栽培柱或栽培袋均是挂在温室的上部结构上，在行内彼此间距离约为 80cm，行间距离为 1.2m。水和养分的供应，是用安装在每一个柱或袋顶部的滴灌系统进行的，营养液从顶部灌入，通过整个栽培袋向下渗透。营养液不循环利用，从顶端渗透到袋的底部，即从排水孔中排出。每月要用清水洗盐 1 次，以清除可能集结的盐分。

（3）立柱式盆钵无土栽培　将一个个定型的塑料盆填装基质后上下叠放，栽植孔交错排列，保证作物均匀受光。供液管道由顶部自上而下供液（图 3-7）。本装置由中国科学院上海植物生理研究所开发成功，在各地的推广应用较迅速。

5. 沙培

1969 年，在丹麦人开始采用岩棉栽培的同时，美国人则开发了一种完全使用沙子作为基质的、适于沙漠地区的开放式无土栽培系统。在理论上这种系统具有很大的潜在优势：沙漠地区的沙子资源极其丰富，不需从外部运入，价格低廉，也不需每隔一两年进行定期更换，是一种理想的基质。沙子可用于槽培，然而在沙漠地区，一种更方便、成本又低的做法是：在温室地面上铺设聚乙烯塑料膜，其上安装排水系统（直径 5cm 的聚氯乙烯管，顺长度方向每隔 45cm 环切 1/3，切口朝下），然后再在塑料薄膜上填大约 30cm 厚的沙子，如果沙子较浅，将导致基质中湿度分布不匀，作物根系可能会长入排水管中。用于沙培的温室地面要求水平或者稍微有点坡度。

图 3-7 生菜立柱式盆钵无土栽培

【任务实施】

蔬菜无土栽培营养液配制与管理

一、任务目标

了解不同化学试剂的性质和作用,掌握无土栽培营养液的配制方法与管理技术。

二、材料和用具

药物天平、分析天平(万分之一);烧杯 1000mL 1 个、200mL 3 个;玻璃棒 4 个;容量瓶 1000mL 2 个、500mL 1 个;pH5.4~7.0 精密试纸;1000mL 棕色贮瓶 2 个。

$Ca(NO_3)_2 \cdot 4H_2O$、KNO_3、$MgSO_4 \cdot 7H_2O$、$(NH_4)_2SO_4$、K_2SO_4、KH_2PO_4、Na_2EDTA、$FeSO_4 \cdot 7H_2O$、$Na_2B_4O_7 \cdot 10H_2O$、$MnSO_4 \cdot 4H_2O$、$ZnSO_4 \cdot 7H_2O$、$(NH_4)_2MoO_4 \cdot 2H_2O$、$CuSO_4 \cdot 5H_2O$ 等化学试剂。

三、实施过程

1. 根据番茄生长特点选择相应的营养液配方

2. 配制 100 倍的微量元素母液 1000mL

微量元素因其用量少,不易称量配制,一般配成浓度较高的母液供多次使用。

(1) 在分析天平上称取下列药品,并放入 1000mL 烧杯中加自来水约 500mL 溶解。

硼酸钠 6g;钼酸铵 0.04g;硫酸锰 4g;硫酸铜 0.02g;硫酸锌 0.1g。

(2) 称取乙二胺四乙酸二钠 2g,硫酸亚铁 1.5g,放入 200mL 烧杯中加 100mL 左右水溶解煮沸,冷却至室温。

(3) 将 2 种溶液混合,定容至 1000mL,即为微量元素(包括螯合铁)100 倍母液,移入棕色贮液瓶中,贮藏备用。

3. 配制营养液 1000mL

在千分之一的天平上称取下列药品,将硝酸钙单独溶解,其余 5 种混合溶解,完全溶解后再混合,同时吸取微量元素母液 10mL 一并定容至 1000mL 备用。

硝酸钙 1.0g;硫酸铵 0.4g;硝酸钾 0.6g;硫酸钾 0.2g;硫酸镁 0.6g;磷酸二氢钾 0.2g。

4. 营养液管理

营养液的管理主要是指无土栽培中循环使用营养液的管理。管理的主要内容包括浓度的管理、pH 管理、温度管理、溶解氧管理、供液时间与次数以及营养液的更换等五项内容,由学生在番茄生长期间分组协作完成。

【效果评估】

1. 简要概述无土栽培营养液的配制步骤与管理要点。
2. 根据学生对理论知识以及实践技能的掌握情况(见表 3-13),对"任务 蔬菜无土栽培技术"的教学效果进行评估。

表 3-13 学生知识与技能考核表（五）

项目及内容 学生姓名	任务 蔬菜无土栽培技术					
	理论知识考核(50%)			实践技能考核(50%)		
	无土栽培的主要类型（10%）	无机营养液无土栽培技术要点（20%）	无土栽培的常用类型设备及主要栽培特点（20%）	营养液配方选择（10%）	营养液配制（20%）	营养液管理（20%）

【拓展提高】

有机生态型无土栽培

一、有机生态型无土栽培的主要特点

有机生态型无土栽培是指采用基质代替天然土壤，采用有机固态肥料和直接清水灌溉取代传统营养液灌溉作物的一种无土栽培技术。由中国农业科学院蔬菜花卉研究所研究开发成功。有机生态型无土栽培设施与一般基质栽培相同，只是更简化。有机生态型无土栽培除具有一般无土栽培的特点外，还具有如下特点。

1. 用固态有机肥取代传统的营养液

有机生态型无土栽培是以各种有机肥的固体形态直接混施于基质中，作为供应栽培作物所需营养的基础，在作物的整个生长期中，可隔几天分若干次将固态肥直接追施于基质表面上，以保持养分的供应浓度。

2. 操作管理简单

有机生态型无土栽培在基质中施用有机肥，不仅各种营养元素齐全，其中微量元素也可满足需要。因此，在管理上主要着重考虑氮、磷、钾三要素的供应总量及其平衡状况，大大地简化了营养液的管理过程。

3. 大幅度降低无土栽培设施系统的一次性投资

由于有机生态型无土栽培不使用营养液，从而可全部取消配制营养液所需的设备、测试系统、定时器、循环泵等。

4. 大量节省生产费用

有机生态型无土栽培主要施用消毒的有机肥，与使用营养液相比，其肥料成本降低60%～80%，从而大大节省了无土栽培的生产成本。

5. 对环境无污染

有机生态型无土栽培系统排出液中硝酸盐的含量只有1～4mg/L，对环境无污染；而岩棉栽培系统排出液中硝酸盐含量高达212mg/L，对地下水污染严重。

6. 产品品质优良无害

从栽培基质到所施用的肥料，均以有机物质为主，所用有机肥经过一定加工处理后，在其分解和释放养分过程中不会出现过多的有害无机盐，使用的少量无机化肥不含硝态氮肥，没有亚硝酸盐危害，从而可使产品安全无害。

二、有机生态型无土栽培的基本流程

1. 配制适宜的栽培基质

有机生态基质的原料资源丰富易得，处理加工简便，如玉米、向日葵秸秆，农产品加工后的

废弃物如椰壳、蔗渣、酒糟，木材加工的副产品如锯末、树皮、刨花等，均可按一定比例混合后使用。为改善基质的物理性能，可加入一定量的蛭石、珍珠岩、炉渣、沙等无机物质，有机物与无机物比例为（2∶8）～（8∶2）（体积比）。混配后的基质容重为0.30～0.65g/cm³，每立方米基质可供净栽培面积6～9m²用（假设栽培基质的厚度为11～16cm）。常用的混合基质有：4份草炭、6份炉渣；5份葵花秆、2份炉渣、3份锯末；7份草炭、3份珍珠岩等。基质的养分水平因所用有机物质原料不同，差异较大，可通过追肥来保证作物对养分的总体需求。

2. 建造设施系统

（1）栽培槽　有机生态型无土栽培系统采用基质槽培的形式（见图3-8）。在无标准规格的成品槽供应时，可选用当地易得的木板、木条、竹竿、砖块等材料进行建槽。实际上只建无底的槽框，不需要特别牢固，只要保持基质不散落到过道上即可。槽框建好后，在槽的底部铺一层0.1mm厚的聚乙烯塑料薄膜，以防止土壤病虫传染。槽边框高15～20cm，槽宽依不同栽培作物而定。例如，对于黄瓜、甜瓜等蔓茎作物或番茄等植株高大需有支架的作物，其栽培槽标准宽度定为48cm，可供栽培两行作物，栽培槽距0.8～1.0m；对于生菜、草莓等植株较为矮小的作物，栽培槽宽度可定为72～96cm，栽培槽距0.6～0.8m，槽长应依保护地棚室建筑状况而定，一般为5～30m。

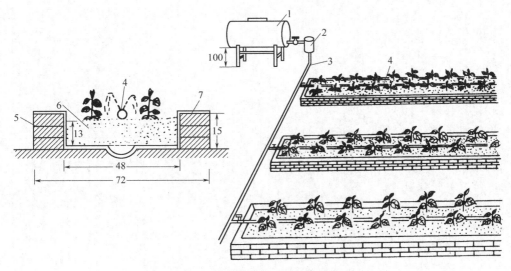

图3-8　有机基质栽培设施系统（单位：cm）
1—贮液罐；2—过滤器；3—供液管；4—滴灌带；5—砖；
6—有机基质；7—塑料薄膜

（2）供水系统　在有自来水基础设施或水位差1m以上储水池的条件下，按单个棚室建成独立的供水系统。输水管道和其他器材均可用塑料制品以节省资金。栽培槽宽48cm，可铺设滴灌带1～2根；栽培槽宽72～96cm，可铺设滴灌带2～4根。

3. 制订操作管理规程

（1）栽培管理规程　主要根据市场需要、价格状况，确定适合种植的蔬菜种类、品种搭配、上市日期，制订播种育苗、种植密度、株形控制等技术操作规程表。

（2）营养管理规程　肥料供应量以氮磷钾三要素为主要指标，每立方米基质所施用的肥料内应含有：全氮（N）1.5～2.0kg，全磷（P_2O_5）0.5～0.8kg，全钾（K_2O）0.8～2.4kg。这一供肥水平，足够一茬番茄亩产8000～10000kg的养分需要量。为了在作物整个生育期内均处于最佳供肥状态，通常依作物种类及所施肥料的不同，将肥料分期施用。应在向栽培槽内填入基质之前或前茬作物收获后、后茬作物定植前，先在基质中混入一定量的肥料（如每立方米基质混入10kg消毒鸡粪、1kg磷酸二铵、1.5kg硫酸铵和1.5kg硫酸钾）作基肥，这样番茄、黄瓜等果菜在定植后20天内不必追肥，只需浇清水，20天后每隔10～15天追肥1次，均匀地撒在离根5cm

以外的周围。基肥与追肥的比例为（25：75）～（60：40），每次每立方米基质追肥量：全氮（N）80～150g，全磷（P_2O_5）30～50g，全钾（K_2O）50～180g。追肥次数依所种作物生长期的长短而定。

(3) 水分管理规程　根据栽培作物种类确定灌水定额，依据生长期中基质含水状况调整每次灌溉量。定植前一天，灌水量以达到基质饱和含水量为度，即应把基质浇透。定植以后，每天灌溉1次或2～3次，保持基质含水量达60%～85%（按占干基质计）。一般在成株期，黄瓜每天每株浇水1～2L，番茄0.8～1.2L，甜椒0.7～0.9L，灌溉水必须根据气候变化和植株大小进行调整，阴雨天停止灌溉，冬季隔1天灌溉1次。

【课外练习】
1. 简述无土栽培中循环使用营养液的管理技术要点。
2. 比较无机营养液无土栽培与有机生态型无土栽培的基本流程及各自的优缺点。

项目四　蔬菜安全生产基础

【知识目标】
1. 熟悉无公害蔬菜、绿色蔬菜、有机蔬菜的概念与特点；
2. 熟悉无公害蔬菜、绿色蔬菜、有机蔬菜的生产标准，掌握其生产技术要点；
3. 掌握无公害蔬菜质量检测指标及检测方法，了解无公害食品的认证程序。

【能力目标】
1. 能正确区分无公害蔬菜、绿色蔬菜、有机蔬菜；
2. 能根据无公害蔬菜、绿色蔬菜、有机蔬菜的生产标准进行无公害蔬菜生产；
3. 能进行无公害蔬菜质量检测，保证产品符合检测标准、认证合格。

任务一　认识无公害蔬菜、绿色蔬菜与有机蔬菜

【任务描述】
　　南方某超市与一蔬菜生产基地长期保持合作关系，为满足市民对放心蔬菜的要求，将销售无公害蔬菜、绿色蔬菜与有机蔬菜，采购部拟与该生产基地补签以上三种蔬菜的购买合同，需要明确三种蔬菜的主要特点，理清三种蔬菜的区别，并确定合理的价格。

【任务分析】
　　完成上述任务，应该掌握无公害蔬菜、绿色蔬菜与有机蔬菜的概念及特点；需要开展蔬菜市场调查，调查内容包括蔬菜种类、包装标准、销售公司、销售价格等。

【相关知识】
　　中国无公害食品行动计划是以全面提高农产品质量安全水平为核心，以"菜篮子"为突破口，以市场准入为切入点，从田间到餐桌实行全过程质量安全控制，实现主要农产品生产和消费的无公害。无公害农产品只是绿色农业或称安全农产品的第一层次，更高层次是绿色食品和有机食品，这是行业发展的必然方向。

一、无公害蔬菜的概念

　　无公害蔬菜是指产地环境、生产过程、产品质量符合国家或行业无公害农产品（食品）标准和生产技术规程，并经过质量监督管理部门检验合格，使用无公害农产品（食品）标识出售的蔬菜产品。

　　良好的生态环境和安全无污染的生产过程是生产无公害蔬菜的基本保证；合理利用和保护自然资源，生产安全、营养、无公害产品，实现蔬菜生产系统的可持续发展是生产无公害蔬菜生产的目的。

二、绿色蔬菜的概念

　　绿色蔬菜是遵循可持续发展原则，按照特定生产方式生产，经专门机构（目前这个机构是中国绿色食品发展中心）认定，允许使用绿色食品标志的无污染、安全、优质、营养食品。分两个级别：A级和AA级，其品质标准不同（见表4-1）。

　　与普通蔬菜相比，绿色蔬菜有三个显著特征，即强调产品出自最佳生态环境、对产品实行全程质量监控、对产品依法实行标志管理。

表 4-1　A 级和 AA 级绿色食品（蔬菜）的区别

项　　目	A 级绿色食品	AA 级绿色食品
环境评价	采用综合指标,各项环境指标的综合污染指数不超过 1	采用单项指标,各指标数据不得超过相关标准
生产过程	允许限量、限时和限定方法使用限定的化学合成物质	禁止使用任何化学合成肥料、化学农药和化学合成食品添加剂
产品要求	允许限定使用的化学合成物质残留量仅为国家或国际标准的 1/2,其他禁止使用的化学物质残留不得检出	各种化学合成农药及合成食品添加剂均不得检出
包装标识标志编号	标志和标准字体为白色,底色为绿色,防伪标签底色为绿色,标志编号以单数结尾	标志和标准字体为绿色,底色为白色,防伪标签底色为蓝色,标志编号以双数结尾

三、有机蔬菜的概念

根据有机农业原理，采用有机农业技术体系生产的蔬菜产品即为有机蔬菜。有机蔬菜生产是建立在现代生物学、生态学原理基础之上，应用现代良好的农业生产管理方法，使用作物优良品种和农业机械，采用水土保持、有机废弃物和作物秸秆处理、生物防治等现代农业技术进行的现代农业生产。

有机蔬菜生产禁止使用任何人工合成的化学农药、肥料和其他化学制剂，尽量减少作物生产对外部物质的依赖，建立一个相对封闭的作物营养循环系统。有机蔬菜生产的核心和重点是建立健康、肥沃的土壤，使健康土壤—健康植物—健康动物—健康人类的链条发展成为可能。因此，在有机蔬菜生产中，培肥土壤和水分管理是关系到蔬菜作物优质、高产的重要环节。

【任务实施】

认识无公害蔬菜、绿色蔬菜、有机蔬菜

一、任务目标

通过文献检索和对蔬菜市场的实地调查，熟悉无公害蔬菜、绿色蔬菜、有机蔬菜的特点及区别，了解上市蔬菜中无公害蔬菜、绿色蔬菜、有机蔬菜的销售行情。

二、材料和用具

记录本、笔、计算机等。

三、实施过程

1. 任课教师布置任务，分小组协作完成，每小组 3~4 人。
2. 通过文献检索的方式熟悉无公害蔬菜、绿色蔬菜、有机蔬菜的特点，分析三者的区别。
3. 对蔬菜销售市场进行调查，采取实地调查与查阅文献资料相结合的方式，对当地的所有销售蔬菜进行调查；调查内容包括蔬菜种类、包装标准、销售公司、销售价格等。
4. 对调查资料进行整理分析，撰写调查报告。

【效果评估】

1. 提交 1 份调查报告。调查报告应体现无公害蔬菜、绿色蔬菜、有机蔬菜的特点、销售价格等基本情况。
2. 根据学生对理论知识以及实践技能的掌握情况（见表 4-2），对"任务　认识无公害蔬菜、绿色蔬菜与有机蔬菜"的教学效果进行评估。

表 4-2　学生知识与技能考核表（一）

项目及内容　　　学生姓名	任务　认识无公害蔬菜、绿色蔬菜与有机蔬菜					
	理论知识考核(50%)			实践技能考核(50%)		
	无公害蔬菜及生产要求（15%）	绿色蔬菜及生产要求（15%）	有机蔬菜及生产要求（20%）	文献检索（10%）	市场调查（15%）	调查报告（25%）

【拓展提高】

一、与无公害蔬菜相关的其他几个概念

1. 放心蔬菜

放心蔬菜是无公害蔬菜生产的初级要求和产品形式，是我国较早时期（20世纪90年代中后期）在大中城市郊区蔬菜生产基地普遍推行的一种蔬菜安全生产模式，当时以控制剧毒农药残留为主，现在已经向无公害蔬菜生产方式过渡。放心蔬菜的重点在于农药的合理使用和农药残留的有效控制，仅要求生产出的蔬菜不会引起食用者的急性中毒。

2. 无污染蔬菜

无污染蔬菜指蔬菜在生产过程中不能受到环境和生产过程的污染。在采收、贮藏、加工及流通过程中不会发生二次污染，其重点是强调蔬菜产品的安全性，其基本属性是优质、洁净、安全，污染物含量符合规定的要求。"无"并不是绝对的无，是指污染物含量在规定的标准值以下，"污染物"主要指农药类、重金属和类重金属类、硝酸盐、有害气体和卫生学污染生物。

3. 洁净蔬菜

洁净蔬菜也叫清洁蔬菜，是指蔬菜生产过程及采后贮藏加工和销售过程不仅保证蔬菜本身的洁净无污染，还不会对环境造成污染，是配合农业清洁生产而形成的一种蔬菜生产方式。它既强调蔬菜内在的"洁"，又要求蔬菜外在的"净"，要求尽可能不把蔬菜的非食用部分带入流通领域或带给消费者。

二、良好农业操作规范（GAP）

China GAP 是 China Good Agricultural Practice 的缩写，意为中国良好农业操作规范。该规范是国家认监委参照国际上较有影响力的良好农业规范标准（如：EUREPGAP标准）起草的中国农产品种养殖规范。该标准的制定遵守了国际标准的统一要求，同时充分考虑了中国农业国情，是一个操作性非常强的农业生产标准。农业生产者对China GAP标准的符合性可由有资质的认证机构认可，通过第三方的检查认证和国际规则来协调农业生产者、加工者、分销商和零售商的生产、储藏和管理，从根本上降低农业生产中食品安全的风险。

2005年5月23日，国家认监委副主任与EUREPGAP主席在北京签署了《中国国家认证认可监督管理委员会与EUREPGAP/FoodPLUS技术合作备忘录》。该备忘录的签署为双方加强在良好农业规范领域的合作奠定了良好的基础，并将进一步推进中国良好农业规范与国际接轨的进程。

China GAP制定的原则是进一步促进我国农产品安全控制、动植物疫病防治、生态和环境保护、动物福利、职业健康等方面保障能力的提高，优化我国农业生产组织形式，提高农产品生产企业的管理水平，实施农业可持续发展战略，规范良好农业规范认证活动。该认证主要是针对作物、果蔬、肉牛、肉羊、奶牛、生猪和家禽的种植或养殖所进行的良好农业规范认证（水产品、花卉等另行规定）。

【课外练习】

1. 比较无公害蔬菜、绿色蔬菜与有机蔬菜的概念与内涵。
2. 调查当地无公害蔬菜、绿色蔬菜与有机蔬菜的生产情况和生产效益。

任务二　熟悉无公害蔬菜、绿色蔬菜与有机蔬菜的生产标准及生产技术

【任务描述】

南方某蔬菜生产企业主要从事无公害蔬菜、绿色蔬菜与有机蔬菜的生产，拟在某地区新建1个蔬菜生产基地生产无公害蔬菜供应市场，请生产部完成基地筹建、生产安排，并对采收产品进行质量检测，检测合格后分级包装上市。

【任务分析】

完成上述任务，需要了解无公害蔬菜、绿色蔬菜与有机蔬菜对产地环境、生产投入品的要

求,能够进行产地环境检测、农资选择与购买,掌握无公害蔬菜生产技术规程;能安排无公害蔬菜生产管理,并能完成产品采收、质量检测、分级包装与销售等工作。

【相关知识】

无公害蔬菜、绿色蔬菜与有机蔬菜产品,必须符合两方面要求:一是商品要求,包括外观、质量、包装、采后处理等;二是生产要求,应不超出各标准规定的限量指标。

一、无公害蔬菜、绿色蔬菜与有机蔬菜的感官质量指标

1. 白菜类

包括白菜类、甘蓝类和花菜类的各种蔬菜。要求:肉质鲜嫩,形态好,色泽正常;茎基部削平,无枯黄叶、病叶、泥土、明显机械伤和病虫害伤;无烧心焦边、腐烂等现象,无抽薹(菜心除外);结球的叶菜应结球紧实;花菜类应该形状正常,肉质致密、新鲜,不带叶柄,茎基部削平,无腐烂、病虫害、机械伤。花椰菜,花球洁白,无毛花;青花菜无托叶,可带主茎,花球青绿色、无紫花、无枯蕾现象。

2. 绿叶菜类

绿叶菜类的各种蔬菜。要求:肉质鲜嫩,形态好,色泽正常;无枯黄叶、病叶、泥土、明显机械伤和病虫害伤;无烧心焦边、腐烂等现象;菠菜和本地芹菜可带根。

3. 茄果类

包括番茄、茄子、甜椒、辣椒等。要求:色鲜,果实圆整、光洁,成熟度适中,整齐,无烂果、异味、病虫和明显机械损伤。

4. 瓜类

包括黄瓜、瓠瓜、越瓜、丝瓜、苦瓜、冬瓜、南瓜、佛手瓜等。要求:形状、色泽一致,瓜条均匀,无疤点,无断裂,不带泥土,无畸形瓜、病虫害瓜、烂瓜,无明显机械伤。

5. 根菜类

包括萝卜、胡萝卜、大头菜、芜菁、甘蓝等。要求:皮细光滑,色泽良好,大小均匀,肉质脆嫩致密,新鲜,无畸形、裂痕、糠心、病虫害斑,不带泥沙,不带茎叶、须根。

6. 薯芋类

包括马铃薯、薯蓣、芋、姜、豆薯等。要求:色泽一致,不带泥沙,不带茎叶、须根,无机械伤和病虫害斑,无腐烂、干瘪。马铃薯皮不能变色。

7. 葱蒜类

包括大蒜、分葱、四季葱等。要求:可食部分质地细嫩,不带泥沙杂质,无病虫害斑。允许葱和大蒜的青苗保留干净须根,去老叶;韭菜去根去老叶;蒜头、洋葱去要去枯叶。

8. 豆类

包括豇豆、菜豆、豌豆、蚕豆、刀豆、毛豆、扁豆等。要求:形态完整,成熟度适中,无病虫害斑,不带泥土、杂质。食荚类的豆荚新鲜幼嫩,均匀;食仁类的籽粒饱满较均匀,无发芽。

9. 水生蔬菜类

包括茭白、藕、荸荠、慈姑、菱角等。要求:肉质嫩,成熟度适中,无泥土、杂质、机械伤,不干瘪,不腐烂霉变,茭白不黑心。

10. 多年生蔬菜类

包括竹笋、黄花菜、芦笋等。要求:幼嫩,无病虫害斑,无明显机械损伤。黄花菜鲜花不能直接煮食。

11. 芽苗类

包括绿豆芽、黄豆芽、豌豆芽、香椿苗等。芽苗幼嫩,不带豆壳杂质,新鲜,不浸水。

二、无公害蔬菜、绿色蔬菜与有机蔬菜的生产要求

1. 无公害蔬菜、绿色蔬菜与有机蔬菜生产对产地环境的要求

(1) 无公害农产品(含无公害蔬菜)生产对产地环境的要求 无公害农产品基地应选建在基本没有环境污染、交通方便、地势平坦、土壤肥沃、排灌条件良好的蔬菜主产区、高产区或独特

的生态区。生产基地的灌溉水和大气等环境均没有受到工业"三废"及城市污水、废弃物、垃圾污泥和农药、化肥的污染或威胁。生产基地周边5km以内无污染源（包括工矿、医院等产生污染的企业或场所），农田灌溉水质量符合无公害农产品生产基地灌溉水标准，农田土壤质量环境符合无公害农产品生产基地土壤环境质量标准，大气环境质量符合无公害农产品生产基地大气质量标准。

不同种类的无公害农产品应满足国家或行业无公害农产品标准规定的相关要求。农业部从2001年起相继颁布了一些无公害农产品产地环境条件标准。按中华人民共和国农业行业标准（NY/T 2798.3—2015）"无公害农产品 生产质量安全控制技术规范 第3部分：蔬菜"，无公害蔬菜产地环境在符合（NY/T 2798.1—2015）"无公害农产品 生产质量安全控制技术规范 第1部分：通则"的基本要求的同时，产地内的土壤、空气、水质量应符合 NY 5010—2002、NY 5294—2002 的要求，种植水生蔬菜应符合 NY 5331—2006 的要求。其中，NY 5010—2002 规定的无公害蔬菜的环境空气条件、产地灌溉用水条件、土壤环境条件质量要求分别见表4-3～表4-5。

① 无公害蔬菜的环境空气条件（NY 5010—2002）

表4-3 无公害蔬菜的环境空气质量要求

项　目		浓度限制		
		日平均		1h平均
总悬浮颗粒物(标准状态)/(mg/m³)	≤	0.30		—
二氧化硫(标准状态)/(mg/m³)	≤	0.15①	0.25	0.50①	0.70
氟化物(标准状态)/(μg/m³)	≤	1.5②	7	—

① 菠菜、青菜、白菜、黄瓜、莴苣、南瓜、西葫芦的产地应满足此要求。
② 甘蓝、菜豆的产地应满足此要求。
注：1. 日平均指任何一日的平均浓度。
2. 1h平均指任何一小时的平均浓度。

② 无公害蔬菜的产地灌溉用水条件（NY 5010—2002）

表4-4 无公害蔬菜产地灌溉水质量要求

项　目		浓度限值	
pH		5.5～8.5	
化学需氧量/(mg/L)	≤	40①	150
总汞/(mg/L)	≤	0.001	
总镉/(mg/L)	≤	0.005②	0.01
总砷/(mg/L)	≤	0.05	
总铅/(mg/L)	≤	0.05③	0.10
铬(六价)/(mg/L)	≤	0.10	
氰化物/(mg/L)	≤	0.50	
石油类/(mg/L)	≤	1.0	
粪大肠菌群/(个/L)	≤	40000④	

① 采用喷灌方式灌溉的菜地应满足此要求。
② 白菜、莴苣、茄子、雍菜、芥菜、苋菜、芜菁、菠菜的产地应满足此要求。
③ 萝卜、水芹的产地应满足此要求。
④ 采用喷灌方式灌溉的菜地以及采用浇灌、沟灌方式灌溉的叶菜类菜地应满足此要求。

③ 无公害蔬菜产地土壤环境条件（NY 5010—2002）

表4-5　无公害蔬菜产地土壤环境质量要求　　　　　　　　　　　单位：mg/kg

项目		含量限值				
		pH<6.5		pH6.5~7.5		pH>7.5
镉	≤	0.30		0.30	0.40①	0.60
汞	≤	0.25②	0.30	0.30②	0.50	0.35②	1.0
砷	≤	30③	40	25③	30	20③	25
铅	≤	50④	250	50④	300	50④	350
铬	≤	150		200		250	

① 白菜、莴苣、茄子、蕹菜、芥菜、苋菜、芜菁、菠菜的产地应满足此要求。
② 菠菜、韭菜、胡萝卜、白菜、菜豆、青椒的产地应满足此要求。
③ 菠菜、胡萝卜的产地应满足此要求。
④ 萝卜、水芹的产地应满足此要求。
注：本表所列含量限值适用于阳离子交换量>5cmol/kg的土壤，若≤5cmol/kg，其标准值为表内数值的半数。

（2）绿色食品（含绿色蔬菜）生产对产地环境的要求　生产基地应具备优良的生产环境，产地的大气、水质、土壤符合"绿色食品产地环境技术条件"要求。绿色食品生产基地应选择在无污染和生态条件良好的地区。生产基地选址应远离工矿区和公路铁路干线，避开工业和城市污染源的影响，同时绿色食品生产基地应具有可持续的生产能力。

① 空气环境质量要求　绿色食品产地空气中各项污染物含量不应超过表4-6所列的浓度值。

表4-6　空气中各项污染物的指标要求（标准状态）

项目		指标	
		日平均	1h平均
总悬浮颗粒物(TSP)/(mg/m³)	≤	0.30	—
二氧化硫(SO_2)/(mg/m³)	≤	0.15	0.50
氮氧化物(NO_x)/(mg/m³)	≤	0.10	0.15
氟化物/(μg/m³)	≤	1.8μg/(dm^2·d)(挂片法)	20

注：1. 日平均指任何一日的平均指标。
2. 1h平均指任何一小时的平均指标。
3. 连续采样三天，一日三次，晨、午和夕各一次。
4. 氟化物采样可用动力采样滤膜法或用石灰滤纸挂片法，分别按各自规定的指标执行，石灰滤纸挂片法挂置7天。

② 农田灌溉水质要求　绿色食品产地农田灌溉水中各项污染物含量不应超过表4-7所列的浓度值。

表4-7　农田灌溉水中各项污染物的浓度限值

项目		指标
pH值		5.5~8.5
总汞/(mg/L)	≤	0.001
总镉/(mg/L)	≤	0.005
总砷/(mg/L)	≤	0.05
总铅/(mg/L)	≤	0.1
六价铬/(mg/L)	≤	0.1
氟化物/(mg/L)	≤	2.0
粪大肠菌群/(个/L)	≤	10000

注：灌溉菜园用的地表水需测粪大肠菌群，其他情况不测粪大肠菌群。

③ 土壤环境质量要求　标准将土壤按耕作方式的不同分为旱田和水田两大类，每类又根据土壤pH值的高低分为三种情况，即pH<6.5、pH=6.5~7.5、pH>7.5。绿色食品产地各种不

同土壤中的各项污染物含量不应超过表4-8所列的限值。

表4-8　土壤中各项污染物的含量限值　　　　　　　　　　　单位：mg/kg

耕作条件	旱田			水田		
pH值	<6.5	6.5～7.5	>7.5	<6.5	6.5～7.5	>7.5
镉 ≤	0.30	0.30	0.40	0.30	0.30	0.40
汞 ≤	0.25	0.30	0.35	0.30	0.40	0.40
砷 ≤	25	20	20	20	20	15
铅 ≤	50	50	50	50	50	50
铬 ≤	120	120	120	120	120	120
铜 ≤	50	60	60	50	60	60

注：1. 果园土壤中的铜限量为旱田中铜限量的1倍。
2. 水旱轮作用的标准值取严不取宽。

④ 土壤肥力要求　为了促进生产者增施有机肥，提高土壤肥力，生产AA级绿色食品时，转化后的耕地土壤肥力要达到土壤肥力分级1～2级指标。

(3) 有机农产品（含有机蔬菜）生产对产地环境的要求　有机农产品的生产基地在近三年内未使用过农药、化肥等违禁物，建立长期的土壤培肥、植物保护、作物轮作计划，生产基地无水土流失、风蚀及其他环境问题，从常规生产系统向有机生产转换通常需要两年以上的时间，新开荒地、撂荒地需要12个月的转换才能符合有机农产品生产基地的要求。

2. 无公害蔬菜、绿色蔬菜、有机蔬菜对投入品的要求

(1) 无公害农产品（含无公害蔬菜）对投入品的要求

① 无公害农产品（含无公害蔬菜）对农药的要求　无公害农产品生产要求优先选择生物农药，合理选用化学农药。严禁使用剧毒、高毒、高残留、高生物富集、高三致（致畸、致癌、致突变）农药及其复配制剂。选择高效、低毒、低残留的化学农药。

a. 国家明令禁止使用的农药（有33种）　根据中华人民共和国农业部公告第199号和农业部、工业和信息化部、环境保护部、国家工商行政管理总局、国家质量监督检验检疫总局公告第1586号。

包括甲基对硫磷，六六六，滴滴涕，毒杀芬，二溴氯丙烷，杀虫脒，二溴乙烷，除草醚，艾氏剂，狄氏剂，汞制剂，砷、铅类，敌枯双，氟乙酰胺，甘氟，毒鼠强，氟乙酸钠，毒鼠硅，甲胺磷，对硫磷（1605），久效磷，磷胺，苯线磷，地虫硫磷，甲基硫环磷，磷化钙，磷化镁，磷化锌，硫线磷，蝇毒磷，治螟磷，特丁硫磷。

各类无公害农产品对农药的要求不一样，《中华人民共和国农业行业标准》对各类无公害农产品禁用农药做了详细的规定，具体每种无公害农产品的农药禁用及限用可参考行业标准执行。

b. 部分农药安全间隔期规定　部分农药使用的安全间隔期见表4-9。

表4-9　部分农药使用的安全间隔期

农药名称	用量	施药方法	安全间隔期
氰戊菊酯	20mL/亩，4000倍液	喷雾	5天以上
辛硫磷	50mL/亩，1500倍液	喷雾	5天以上
氯氰菊酯	8mL/亩，4000倍液	喷雾	7天以上
辛硫磷	50mL/亩，1000倍液	喷雾	6天以上
乐果	50mL/亩，2000倍液	喷雾	5天以上
溴氰菊酯	10mL/亩，2500倍液	喷雾	10天以上
百菌清	100g/亩，600倍液	喷雾	10天以上
粉锈宁	50g/亩，1500倍液	喷雾	3天以上
多菌灵	50g/亩，1000倍液	喷雾	5天以上
溴氰菊酯	30mL/亩，3300倍液	喷雾	3天以上
百菌清	100g/亩，600倍液	喷雾	7天以上

续表

农药名称	用量	施药方法	安全间隔期
辛硫磷	500mL/亩,1000倍液	浇施灌根	10天以上
喹硫磷	200mL/亩,2500倍液	浇灌	17天以上
乐果	50mL/亩,2000倍液	喷雾	5天以上
抗蚜威	25g/亩	喷雾	

② 无公害农产品（含无公害蔬菜）对肥料的要求　无公害农产品因没有统一的肥料使用技术标准，各种（类）作物的肥料使用技术在该种（类）作物的无公害食品生产技术规程中进行了规定。一般要求如下：

提倡平衡施肥，不得使用未经国家或省级农业部门登记的化肥和生物肥料；工业废弃物、城市垃圾和污泥；未经发酵腐熟、未达到无害化指标和重金属超标的人畜粪尿等有机肥料。

③ 无公害农产品（含无公害蔬菜）对生长调节物质的要求　无公害农产品生产是可以用生长调节剂的，但必须按照每种农产品生产技术规程合理使用植物生长调节剂。

④ 无公害农产品（含无公害蔬菜）对除草剂的要求　无公害农产品生产允许使用除草剂，但必须按照每种农产品生产技术规程合理使用除草剂。无公害蔬菜生产中的部分除草剂安全使用标准见表4-10。

表4-10　无公害蔬菜生产中使用除草剂安全使用标准（部分）

农药名称	剂型	常用药量 /[g/(次·m²)] 或[mL/(次·亩)]	施药方法	安全间隔期(天)或实施说明
丁草胺	60%乳油	85~140mL	土壤处理	叶菜不少于5天,萝卜不少于5天,茄果类不少于5天
精稳杀得	15%乳油	50~100mL	喷雾	作物苗期(杂草3~5叶期)施一次
都尔	72%乳油	100~150mL	喷雾	播后苗前土壤处理
草甘膦(农达)	30%可溶性粉剂	200g(果园或菜园)	喷雾	杂草转入旺盛生长期用药
甲草胺(拉索)	48%乳油	150mL	土壤处理	播后芽前施用最多可使用1次
施田补	33%乳油	100~150mL	土壤处理	最多使用1次

(2) 绿色食品（含绿色蔬菜）生产对投入品的要求

① 绿色食品（含绿色蔬菜）生产对农药的要求　除了无公害农产品禁止使用的农药外，绿色食品还禁止使用以下农药：

林丹、甲氧高残毒DDT、硫丹、三氯杀螨醇、甲拌磷、乙拌磷、甲基异柳磷、治螟磷、氧化乐果、灭克磷（益收宝）、水胺硫磷、氯唑磷、杀扑磷、克线丹、涕灭涕威、克百威、灭多威、丁硫克百威、丙硫克百威、所有拟除虫菊酯类杀虫剂、甲基胂酸锌（稻脚青）、甲基胂酸钙（稻宁）、甲基胂酸铵（田安）、福美甲胂、福美胂、三苯基醋锡（薯瘟锡）、三苯基氯化锡、三苯基羟基锡（毒菌锡）、氯化乙基汞（西力生）、醋酸苯汞（赛力散）、稻瘟净、异稻瘟净、五氯硝基苯、稻瘟醇（五氯苯甲醇）、除草剂或植物生长调节剂、草枯醚、有机合成的植物生长调节剂、各类除草剂。

对于生产AA级绿色食品，农药使用原则为：

允许使用AA级绿色食品生产资料农药类，在AA级绿色食品生产资料农药类不能满足植保工作需要的情况下允许使用以下农药及方法。

a. 中等毒性以下植物源杀虫剂、杀菌剂、拒避剂和增效剂，如除虫菊素、鱼藤根、烟草水等；

b. 释放寄生性、捕食性天敌动物，昆虫、昆虫病原线虫等；

c. 在害虫捕捉器中允许使用昆虫信息素及植物源引诱剂；

d. 允许使用矿物油和植物油制剂；

e. 允许使用矿物源农药中的硫制剂、铜制剂；

f. 允许有限度地使用活体微生物农药，如真菌制剂、病毒制剂、昆虫病原线虫等；

g. 允许有限度地使用农用抗生素，如春雷霉素、井冈霉素等；

h. 禁止使用有机合成的化学杀虫剂、杀螨剂、杀菌剂、杀线虫剂、除草剂和植物生长调节剂；

i. 禁止使用生物源、矿物源农药中混配有机合成农药的各种制剂；

j. 严禁使用基因工程品种（产品）及制剂。

对于生产 A 级绿色食品，农药使用原则是：

允许使用 AA 级和 A 级绿色食品生产资料农药类产品，在 AA 级和 A 级绿色食品生产资料农药类产品不能满足植保工作需要的情况下，允许使用以下农药及方法。

a. 中等毒性以下植物源农药、动物源农药和微生物源农药；

b. 在矿物源农药中允许使用硫制剂、铜制剂；

c. 可以有限度地使用部分低毒农药和中等毒性有机合成农药；

d. 严禁使用剧毒、高毒、高残留或具有三致毒性（致癌、致畸、致突变）的农药；

e. 每种有机合成农药在一种作物的生长期内只允许使用一次；

f. 应按照国家标准的要求控制施药量与安全间隔期；

g. 有机合成农药在农产品中的最终残留应符合国家标准中的有关规定；

h. 严禁使用高毒、高残留农药防治贮藏期病虫害；

i. 严禁使用基因工程品种（产品）及制剂。

绿色食品农药使用准则严格规定了农药使用的安全间隔期。例如，在蔬菜上，几种常用农药的安全间隔期为：溴氰菊酯 2 天，百菌清 7 天，扑海因 3 天，多菌灵 5 天，杀毒矾锰锌 3 天。每种有机合成农药在一种作物的生长期内只允许使用一次。

② 绿色食品（含绿色蔬菜）的肥料使用原则

a. 生产 A 级绿色食品施肥原则　改变单纯依赖使用化肥的现象，提倡科学合理使用各种肥料，尽可能多使用农家肥、有机肥，配合使用化肥，有机氮与无机氮之比至少为 1∶1，禁止使用硝态氮肥，如硝酸铵等。例如，施优质厩肥 1000kg 加尿素 10kg（厩肥作基肥，尿素可作基肥和追肥用）。对叶菜类最后一次追肥必须在收获前 30 天进行，禁止使用硝态氮肥。化肥也可与有机肥、复合微生物肥配合施用。例如，厩肥 1000kg，加尿素 5～10kg 或磷酸二铵 20kg、复合微生物肥料 60kg（厩肥作基肥，尿素、磷酸二铵和微生物肥料作基肥和追肥用）。城市生活垃圾一定要经过无害化处理，质量达到要求才能使用。秸秆还田允许用少量氮素化肥调节碳氮化。

b. AA 级绿色食品的肥料使用原则　生产 AA 级绿色食品，必须使用农家肥、有机肥，禁止使用任何化学合成肥料。

③ 绿色食品（含绿色蔬菜）对生长调节物质的要求　绿色食品生产中允许使用从植物中提取的天然的生长调节剂（即天然植物激素），但是禁止使用人工合成的植物生长调节剂，而且是在所有农作物上都禁止使用。

④ 绿色食品（含绿色蔬菜）对除草剂的要求　绿色食品标准中禁止使用 2,4-D 类的除草剂和二苯醚类除草剂，如除草醚等。其他允许使用的除草剂则只能在粮油作物、茶树等作物上使用，在蔬菜生长期是禁止使用的，因为蔬菜的生长期短，使用除草剂可能造成蔬菜中农药残留超标。但是在蔬菜育苗前的土壤处理和发芽前处理是可以使用部分除草剂的。

⑤ 绿色食品（含绿色蔬菜）对生活垃圾的要求　生产绿色食品的生产基地，必须远离医疗垃圾污染源。生活垃圾可以回田，但不能混入工业垃圾及其他废物，生活垃圾经过无害化处理，其质量达到 GB 8172—1987《城镇垃圾农用控制标准》规定的技术要求才能使用。而绿色食品标准中对无害化处理后的生活垃圾的用量也做出了严格规定，即每年每亩农田限制用量为黏性土壤不超过 3000kg、沙性土壤不超过 2000kg。

(3) 有机农产品（含有机蔬菜）生产对投入品的要求

① 有机农产品（含有机蔬菜）生产对农药的要求　有机农产品生产不能使用任何化学合成

的农药，推荐使用植物保护产品，具体如下所述。

a. 植物和动物来源　印楝树提取物及其制剂、天然除虫菊（除虫菊科植物提取液）、苦楝碱（苦木科植物提取液）、鱼藤酮类（毛鱼藤）、苦参及其制剂、植物油及其乳剂、天然酸、蘑菇的提取物、卵磷脂、蜂胶。

b. 矿物来源　铜盐（如硫酸铜、氢氧化铜、氯氧化铜、辛酸铜等）、波尔多液、石灰硫黄（多硫化钙）、石灰、硫黄、高锰酸钾、碳酸氢钾、碳酸氢钠、氯化钙、硅藻土。

c. 微生物来源　真菌及真菌制剂（如白僵菌、轮枝菌），细菌及细菌制剂（如苏云金杆菌，即Bt），释放寄生、捕食、绝育型的害虫天敌，病毒及病毒制剂（如颗粒体病毒等）。

d. 其他　氢氧化钙、二氧化碳、乙醇、海盐和盐水、苏打、软皂（钾肥皂）、二氧化硫等。

e. 诱捕器、屏障、驱避剂。物理措施（如色彩诱器、机械诱捕器等）、覆盖物（网）、昆虫性外激素、四聚乙醛制剂。

② 有机农产品（含有机蔬菜）生产对肥料的要求　有机农产品生产不能使用任何化学肥料，推荐使用的肥料有：

a. 有机肥　秸秆，畜禽粪便及其堆肥，干的农家肥和脱水的家畜粪便，海草或物理方法生产的海草产品，来自未经化学处理木材的木料、树皮、锯屑、刨花、木灰、木炭及腐殖酸物质，未掺杂防腐剂的肉、骨头和皮毛制品，蘑菇培养废料和蚯蚓培养基质的堆肥，不含合成添加剂的食品工业副产品，草木灰，不含合成添加剂的泥炭、饼粕、鱼粉。

b. 矿物肥　磷矿石、钾矿粉、硼酸岩、微量元素、镁矿粉、天然硫黄、石灰石、石膏、白垩、黏土（如珍珠岩、蛭石等）、钙镁改良剂、氯化钙、氯化钠。

c. 微生物肥　可生物降解的微生物加工副产品，如酿酒和蒸馏酒行业的加工副产品，以及天然存在的微生物配制的制剂。

③ 有机农产品（含有机蔬菜）生产对其他投入品的要求　有机农产品生产不能使用激素等人工合成物质，并且不允许使用基因工程技术；其他农产品则允许有限使用这些物质，并且不禁止使用基因工程技术。

三、无公害蔬菜生产技术

无公害蔬菜生产是一项系统工程，需要集成化的组装配套技术。关键技术在于病虫害防治和科学施肥。

1. 基地建设

（1）合理选择蔬菜生产基地　基地应选择在水质（包括饮用水）、大气、土壤环境无污染的地域。远离工业、医院等污染源，相隔距离以无污染为准。能有山、河流为隔离带更为理想。基地环境条件应符合（NY/T 2798.1—2015）"无公害农产品　生产质量安全控制技术规范　第1部分：通则"的基本要求，产地内的土壤、空气、水质量应符合 NY 5010—2002、NY 5294—2002 的要求，种植水生蔬菜应符合 NY 5331—2006 的要求。基地面积应集中成片，便于管理和销售运输。

（2）改善蔬菜生产条件

① 完善田间水利设施　地下水位控制在土表 80cm 以下，大田要三沟配套，做到排灌自如，雨后田间无积水；保护地栽培区（园艺设施）必须设置水泥排水明沟，确保日降雨量超过100mm 时，田间不积水，并配有全固定或半固定微灌设施。

② 改善土壤理化性状　增施无害化有机质肥料、无害化污泥、石灰等，其中等以上肥力水平和团粒结构，耕作层厚度深于 30cm。

③ 健全田间道路网络　要按照不同的标准设计主干道、人行道，道路尽可能成直线，以利于整畦做垄，也方便生产性操作。

（3）建立农田轮作制度　常年菜地宜采用不同科的蔬菜之间和茬口之间轮作。而季节性菜地、高山反季节菜地宜采用水旱或经济作物轮作。对于有毁灭性病害的蔬菜，如大白菜、冬瓜、黄瓜、番茄、辣椒、马铃薯、生姜、芋等，轮作时间不少于 2 年。

（4）进行菜地土壤消毒　对于难于轮作的菜地，可进行土壤消毒。夏季耕翻灌水，保持水层

15天后排干晒白翻犁，连续耕翻晒白2次。常年绿叶菜类直播地前茬收获后，每亩畦面均匀撒施碳酸氢铵30kg，然后覆盖塑料薄膜，两周后翻犁，播种。

（5）正确选择农业设施　采用塑料大棚以利采光、控温、控湿。大棚薄膜宜采用无滴薄膜、转光膜、流滴消雾膜等功能型棚膜，可调节棚内湿度，增加透光率，减少病害发生。

高山反季节蔬菜和季节性长期菜，畦面可覆盖稻草，起到护根保湿、抑制杂草和防病害的作用。

（6）及时清洁田园　将病株、病果、病叶和整枝、打顶摘下的枝梢以及疏下的小果等集中销毁或堆肥、沤肥。清除田间杂草、剔除残留土壤中的农膜碎片。

（7）实行间作套种　提倡不同科蔬菜间作套种，并搭架、吊蔓等合理配置株群结构。

2. 栽培管理

（1）选用良种　针对当地主要病害控制对象，选用抗病性强、优质高产、商品性好的品种。引进的品种必须通过植物检疫，防止检疫性病虫草害传入。

（2）种子消毒

① 药剂处理　茄果类瓜类蔬菜选用50%多菌灵可湿性粉剂按种子量的0.4%拌种，用清水冲洗2~3次，冲净后催芽播种。豆类蔬菜选用50%的多菌灵可湿性粉剂或50%福美双可湿性粉剂拌种，用药量为种子质量的0.3%。叶菜类蔬菜防治霜霉病、黑斑病可用75%百菌清按种子量的0.4%拌种。

② 温汤浸种　用种子量5~6倍的55℃水浸种，并不断搅拌，随时补充温水，保持水温55℃，10min后水温降低到20~25℃。茄果类蔬菜浸种时间12~24h，瓜类蔬菜浸种6~10h，豆类蔬菜浸种1~2h，叶菜类中的十字花科、菊科浸种8~12h，黎科蔬菜（菠菜）浸种24~48h，浸种过程中每5~8h换水一次。滤净水分，催芽育苗或直播。

（3）适期播种　掌握适期播种，并可利用播期调整，避开病虫发生高峰。

（4）培育壮苗

① 育苗方法　茄果类宜育苗移栽。瓜类宜营养盘（钵）育苗，大苗带土移栽，否则用子叶平展时的小苗移植。豆类早春栽培时应育苗，在第一片真叶未展开时定植，其他季节直播。白菜类、甘蓝类、芥菜类中大叶菜宜育苗，小叶菜可直播或育苗移植。选用托鲁巴姆茄作砧木、茄子作接穗，进行嫁接育苗，可有效地防治茄子黄萎病；黄瓜、冬瓜用黑籽南瓜做砧木进行嫁接，可有效地防治黄瓜、冬瓜枯萎病的发生。此外，还可进行组培育苗。

② 苗床准备　床土宜用菌渣、河塘泥或发酵过的木屑和砻糠灰混合后做基质育苗，也可用风干后的水稻土做育苗床土。1m² 床土用40%福尔马林50mL加水2~4kg喷洒，或3%广枯灵水剂500倍液喷洒，然后用薄膜覆盖2~3天后晾晒7~8天，再进行育苗。也可用25%甲霜灵可湿性粉剂与土拌匀后撒在苗床上，用药量为8g/m²。

③ 苗床管理　春季播种瓜类、豆类蔬菜后，覆盖塑料小拱棚保温，适时揭盖覆盖物，幼苗出土后苗床温度保持在20℃左右，移植前5天开始逐步加强炼苗；夏秋育苗用遮阳网覆盖降温，移植前7天逐步加强炼苗。

④ 壮苗要求　茎粗短，节间紧密；叶大而厚，叶色浓绿；根系发育良好，无病虫害和机械损伤。

（5）大田种植与管理

① 土壤　以轻壤土或沙壤土为佳，质地疏松，有机质含量高，蓄水保肥能力强，符合GB/T 18407.1的要求。土壤应具稳温性，温室大棚内土壤应有较大的热容量和热导率，温度变化比较平衡。

② 整地　及早深翻田地，熟化土壤，施足基肥，耙匀后即可做畦。深沟高畦有利于无公害蔬菜生产。

③ 中耕、除草与培土　保护地采用地膜尤其是黑色地膜覆盖，以防止杂草、降低湿度；露地菜园应及时中耕除草，茄果类、瓜类、豆类蔬菜宜在每次中耕除草时进行追肥、培土。

④ 搭架、整枝与疏果　番茄、茄子、瓜类、豆类（除矮生品种外）要及时搭架和整枝。疏下的枝果要带出菜园外销毁。

⑤ 灌溉　蔬菜幼苗定植后，要浇定根水，保持土壤湿润。幼苗期要勤灌、少灌，营养生长旺期要适当多灌。但不宜过量，有时甚至要适当控制水分、适当烤田，以防止徒长。

可采用浇灌、沟灌，提倡喷灌、滴灌，禁止大水漫灌。灌溉水应符合 GB/T 18407.1 有关要求。

3. 科学施肥

（1）施肥原则　必须按照平衡施肥技术，以优质有机肥为主，重施底肥，合理追肥，控制氮肥用量，增施磷钾肥，建议使用蔬菜专用肥、有机复合肥。禁止使用未经国家或省级农业部门登记的化学或生物肥料。肥料使用总量（尤其是氮肥总量）必须控制在保持土壤地下水硝酸盐含量 40mg/L 以下的水平；肥料施用结构中，有机肥所占比例不得低于 1∶1（纯养分比例）。以生活垃圾、污泥、畜禽粪便等为主要有机肥料生产的商品有机肥或有机-无机肥，每年每亩施用量不得超过 200kg，其中主要重金属含量指标和有机肥卫生指标须符合要求。

（2）具体要求

① 肥料种类　宜选用 NY 410～413 中允许使用的肥料种类。宜使用腐熟的农家有机肥和经配制加工的复混有机肥；不允许施用未经腐熟的人畜粪尿和饼肥。符合 GB 4284 的河塘泥可作基肥。经无害化处理的沼气肥水、腐熟的人畜粪可作追肥，但不允许在叶菜类及其他生食蔬菜上作追肥。

② 施肥方式　可因地制宜采用秸秆的过腹还田、直接翻压还田、覆盖还田等形式，允许使用少量氮素化肥调节碳氮比。合理利用绿肥，可覆盖、翻压、堆沤等，绿肥应在盛花期翻压，翻埋深度为 15cm 左右，盖土要严，翻后耙匀，压青后 15～20 天才能进行播种或移苗。

施足基肥。保证施充分腐熟的有机肥 48000～60000kg/hm²，过磷酸钙 500kg/hm²，或有机复合肥 500kg/hm²。

合理追肥。根据不同品种、不同生育期合理追肥。茄果类蔬菜生长初期追施腐熟粪肥 15000～20000kg/hm² 加尿素 112.5kg/hm²，追施 2～3 次；开花盛果期重施追肥 2 次，施腐熟粪肥 20000kg/hm² 加尿素 100kg/hm²，还可用 0.3% 磷酸二氢钾加 0.2% 尿素进行根外施肥 2～3 次。瓜类蔬菜追施腐熟粪肥 15000～30000kg/hm² 或施复合肥 450～900kg/hm²。全生育期追肥 3～5 次。豆类蔬菜追施充分腐熟的人畜粪肥，每次 7500kg/hm²，或复合肥每次 300kg/hm²。叶菜类蔬菜及其他生食蔬菜的追肥选用复合肥及草木灰，适当喷施叶面肥 1～2 次。

（3）注意事项　化肥应与有机肥配合施用，或用经配制加工的有机-无机肥。化肥使用应注意氮磷钾及微量元素的合理搭配，建议使用蔬菜专用多元复合肥，杜绝偏施氮肥。不允许施用有害垃圾和污泥，允许限量使用化肥，不允许使用硝态氮肥和含硝态氮的复合（混）肥以及造纸废液废渣为原料生产的有机肥和有机复合肥。蔬菜追施氮肥后 8 天，才是收获上市的安全始期。

4. 病虫害防治

无公害蔬菜的病虫害防治要综合采用农业防治技术、物理防治技术、生物防治技术和化学防治技术。

（1）农业防治　科学的农业栽培管理措施，是获得优质健壮蔬菜的先决条件，蔬菜长得健壮，病虫害自然也就少了。为了减轻或避免病虫害的发生，可以采用合理的农业技术，比如调整播期、合理配置株行距、优化植株群体结构、改良土壤、嫁接换根、培育适龄壮苗等。在设施内要注意控湿防病，严防积水，如在设施内覆盖地膜，可增加地温 1～1.5℃，降低空气湿度 20%～30%，发病率和用药次数减少 30%。

（2）物理防治　利用温度、光、波等物理手段进行病虫害防治。利用高温（40～70℃）杀菌、杀虫，对种子、土壤、环境等进行消毒。霜霉病、白粉病、角斑病、黑腥病等多种病害还可以采用"高温闷棚"法防治。在蔬菜生长期间发生病害时闷棚，闷棚前 1 天浇足水，在晴天上午闭棚提高温度至 44～46℃，保持 2h，然后适当通风恢复常温。但要保证土壤含水量充足，闷棚前浇足水；严格掌握高温上下限和高温持续时间，避免对蔬菜产生损害。利用光选择透过性薄膜利于植株的健壮生长，增强抗病性；通过黄板诱蚜、蓝板诱蓟马、黑光灯诱杀、银灰色驱避等措施可以有效防治病虫。利用频振灯诱杀害虫。利用臭氧发生器定时释放臭氧防治病虫害，达到杀菌、消毒、降解农药等效果。还可合理利用防虫网、遮阳网等的隔离作用达到防虫效果（表 4-11）。

表 4-11 防虫网不同处理的防虫效果比较

处理	实验结果		
	出苗后天数/天	12	24
盖网后播种前敌敌畏喷洒土壤	虫害植株百分数	0	0
	防虫效果/%	100	100
盖网后播种前土壤未喷洒杀虫剂	虫害植株百分数	5	11
	防虫效果/%	83	73
未盖防虫网	虫害植株百分数	29	41

注：摘自《发展优质农产品产业》，黄保健，2006。

（3）生物防治　利用赤眼蜂-小菜蛾、菜粉蝶等，丽蚜小蜂-白粉虱、烟粉虱等，蚜茧蜂-蚜虫等天敌；使用苏云金杆菌（Bt）制剂、昆虫病毒（多角体病毒）、农用抗生素、阿维菌素、多氧霉素（多氧清）等生物农药，苦参碱、印楝素、木酢液等植物源农药，以及壳聚糖等抑菌促生制剂防治病虫害。此外还可应用性诱剂。

（4）化学防治　合理使用化学农药，按照 GB 4285 标准执行。应选用高效低毒农药，优先选用粉尘剂和烟剂，尽可能少用水剂，禁止使用高毒、高残留农药；选用雾化度高的药械，杜绝跑、冒、滴、漏，提高防治效果，减少用药量；应在做好病虫害预测预报和正确诊断的基础上，适时对症用药防治；应严格按照农药使用说明要求的安全使用间隔期用药，并严格按照安全间隔期采收产品；坚持按剂量要求施药和多种药剂交替使用，忌长期使用单一药剂、盲目加大施用剂量和将同类药剂混合使用。

5. 采后处理

① 根据不同品种的生物学特性和市场需求及时采收，不得滥用激素催熟、催红。

② 商品菜应进行整理，感官洁净。清洗水应符合 GB 18406.1 中加工用水要求。根茎菜不带泥沙、不带黄叶、不带须根；结球叶菜剥净外叶，茎基削平；花菜不带茎叶。

③ 需进行分级包装的净菜注意避免二次污染，容器（框、箱、袋）要求清洁、干燥、牢固、透气、无污染、无异味、无霉变。包装技术按照 GB/T 10158 和 GB 7718 执行，使产品符合 GB 18406.1 要求。

④ 从采后到贮运到上市销售等各环节均需严格控制质量，避免污染。

【任务实施】

无公害蔬菜生产与采后处理

一、任务目标

通过无公害蔬菜生产与采后处理的任务实施，熟悉无公害蔬菜生产对环境条件及肥料、农药等农资的要求，能进行生产基地选择，掌握无公害蔬菜生产的技术规程及采后商品化处理技术。

二、材料和用具

某无公害蔬菜生产基地及其基本资料；小土铲、土钻、采气袋、贮水容器等采样工具，笔、记录本、计算机。

三、实施过程

1. 环境检测

在拟生产无公害蔬菜的某蔬菜生产基地，采集土壤、大气、灌溉水等样品，送到无公害农产品检测室进行检测，根据检测结果判断是否适合无公害蔬菜生产。

2. 制订生产计划

学生分组分析该蔬菜生产基地基本资料，结合市场调查，确定当季无公害蔬菜生产种类品种、生产面积等，制订无公害蔬菜生产计划（包括无公害蔬菜生产技术规程）。

3. 购买生产资料

根据生产计划，购买种子，采购无公害蔬菜生产需要的肥料、农药及其他生产资料。

4. 生产管理

按照无公害蔬菜生产技术规程，完成育苗、定植、田间管理等工作。

5. 采后商品化处理及上市销售

达到采收标准后进行采收，分级包装，贴上标签，上市销售。

【效果评估】

1. 撰写蔬菜生产基地土壤、大气、灌溉水等环境指标的检测报告及肥料、农药购置清单。
2. 提交1份无公害蔬菜生产计划，要求包括蔬菜种类、无公害蔬菜生产技术规程等内容。
3. 根据学生对理论知识以及实践技能的掌握情况（见表4-12），对"任务 无公害蔬菜、绿色蔬菜与有机蔬菜的生产标准及生产技术"的教学效果进行评估。

表 4-12 学生知识与技能考核表（二）

项目及内容	任务 无公害蔬菜、绿色蔬菜与有机蔬菜的生产标准及生产技术					
	理论知识考核(50%)			实践技能考核(50%)		
学生姓名	无公害蔬菜、绿色蔬菜与有机蔬菜的感官质量指标(10%)	无公害蔬菜、绿色蔬菜与有机蔬菜的生产要求(20%)	无公害蔬菜生产技术(20%)	环境检测与农资购买(10%)	无公害蔬菜生产计划(10%)	生产技术管理(20%)	采收、质量检测及上市销售(10%)

【拓展提高】

有机蔬菜生产技术

一、生产基地要求

（1）基地的完整性 基地的土地应是完整的地块，其间不能夹有进行常规生产的地块，但允许存在有机转换地块；有机蔬菜生产基地与常规地块交界处必须有明显标记，如河流、山丘、人为设置的隔离带等。

（2）必须有转换期 由常规生产系统向有机生产转换通常需要2年时间，其后播种的蔬菜收获后，才可作为有机产品；多年生蔬菜在收获之前需要经过3年转换时间才能成为有机作物。转换期的开始时间从向认证机构申请认证之日起计算，生产者在转换期间必须完全按有机生产要求操作。经1年有机转换后的田块中生长的蔬菜，可以作为有机转换作物销售。

（3）建立缓冲带 如果有机蔬菜生产基地中有的地块有可能受到邻近常规地块污染的影响，则必须在有机和常规地块之间设置缓冲带或物理障碍物，保证有机地块不受污染。不同认证机构对隔离带长度的要求不同，如我国OFDC认证机构要求8m、德国BCS认证机构要求10m。

二、栽培管理

（1）选择和使用有机蔬菜种子和种苗 在得不到已获认证的有机蔬菜种子和种苗的情况下（如在有机种植的初始阶段），可使用未经禁用物质处理的常规种子。应选择适应当地的土壤和气候特点，且对病虫害有抗性的蔬菜种类及品种，在品种的选择上要充分考虑保护作物遗传多样性。禁止使用任何转基因种子。

（2）轮作换茬和清洁田园 有机基地应采用包括豆科作物或绿肥在内的至少3种作物进行轮

作；在一年只能生长一茬蔬菜的地区，前茬蔬菜收获后，彻底打扫清洁基地，将病残体全部运出基地外销毁或深埋，以减少病害基数。

(3) 配套栽培技术　通过培育壮苗、嫁接换根、起垄栽培、地膜覆盖、合理密植、植株调整等技术，充分利用光、热、气等条件，创造一个有利于蔬菜生长的环境，以达到高产高效的目的。

三、肥料使用

有机蔬菜生产与常规蔬菜生产的根本不同在于病虫草害和肥料使用的差异，其要求比常规蔬菜生产高。

1. 施肥技术

只允许采用有机肥和种植绿肥。一般采用自制的腐熟有机肥或采用通过认证、允许在有机蔬菜生产上使用的一些肥料厂家生产的纯有机肥料，如以鸡粪、猪粪为原料的有机肥。在使用自己沤制或堆制的有机肥料时，必须充分腐熟。有机肥养分含量低，用量要充足，以保证有足够养分供给，否则，有机蔬菜会出现缺肥症状，生长迟缓，影响产量。针对有机肥料前期有效养分释放缓慢的缺点，可以利用允许使用的某些微生物，如具有固氮、解磷、解钾作用的根瘤菌、芽孢杆菌、光合细菌和溶磷菌等，经过这些有益菌的活动来加速养分释放和养分积累，促进有机蔬菜对养分的有效利用。

2. 培肥技术

绿肥具有固氮作用，种植绿肥可获得较丰富的氮素来源，并可提高土壤有机质含量。一般每亩绿肥的产量为2000kg，按含氮0.3%～0.4%计，固定的氮素为68kg。常种的绿肥有：紫云英、苕子、苜蓿、蒿枝、兰花子、白花草木樨等50多个品种。

3. 允许使用的肥料种类

有机肥料，包括动物的粪便及残体、植物沤制肥、绿肥、草木灰、饼肥等；矿物质，包括钾矿粉、磷矿粉、氯化钙等物质；另外还包括有机认证机构认证的有机专用肥和部分微生物肥料。

4. 肥料的无害化处理

有机肥在施前两个月需进行无害化处理，将肥料泼水拌湿、堆积、覆盖塑料膜，使其充分发酵腐熟。发酵期堆内温度高达60℃以上，可有效地杀灭农家肥中带有的病虫草害，且处理后的肥料易被蔬菜吸收利用。

5. 肥料的使用方法

(1) 施肥量　有机蔬菜种植的土地在使用肥料时，应做到种菜与培肥地力同步进行。使用动物和植物肥的比例应掌握在1：1为好。一般每亩施有机肥3000～4000kg，追施有机专用肥100kg。

(2) 施足底肥　将施肥总量80%用作底肥，结合耕地将肥料均匀地混入耕作层内，以利于根系吸收。

(3) 巧施追肥　对于种植密度大、根系浅的蔬菜可采用铺肥追肥方式，当蔬菜长至3～4片叶时，将经过晾干制细的肥料均匀撒到菜地内，并及时浇水。对于种植行距较大、根系较集中的蔬菜，可开沟条施追肥，开沟时不要伤断根系，用土盖好后及时浇水。对于种植株行距较大的蔬菜，可采用开穴追肥方式。

四、病虫草害防治

1. 农业措施

(1) 选择适合的蔬菜种类和品种　在众多蔬菜中，具有特殊气味的蔬菜，害虫发生少。如韭菜、大蒜、洋葱、莴笋、芹菜、胡萝卜等。在蔬菜种类确定后，选抗病虫的品种十分重要。

(2) 合理轮作　蔬菜地连作多会产生障碍，加剧病虫害发生。有机蔬菜生产中可推行水旱轮作，这样会在生态环境上改变和打乱病虫发生小气候规律，减少病虫害的发生和危害。

(3) 科学管理　在地下水位高、雨水较多的地区，推行深沟高畦，利于排灌，保持适当的土壤和空气湿度。一般病害孢子萌发首先取决于水分条件，在设施栽培时结合适时的通风换气，控制设施内的湿温度，营造不利于病虫害发生的湿温度环境，对防止和减轻病害具有较好的作用。此外，及时清除落蕾、落花、落果、残株及杂草，清洁田园，消除病虫害的中间寄主和侵染源等，也是重要方面。

2. 生物、物理防治

有机蔬菜栽培时可利用害虫天敌进行害虫捕食和防治，还可利用害虫固有的趋光、趋味性来捕杀害虫。其中较为广泛使用的有费洛蒙性引诱剂、黑光灯捕杀蛾类害虫，以及利用黄板诱杀蚜虫等方法，可达到杀灭害虫、保护有益昆虫。

3. 利用有机蔬菜上允许使用的某些矿物质和植物药剂进行防治

可使用硫黄、石灰、石硫合剂、波尔多液等防治病虫。可用于有机蔬菜生产的植物有除虫菊、鱼腥草、大蒜、薄荷、苦楝等。如用苦楝油2000～3000倍液防治潜叶蝇，使用艾菊30g/L（鲜重）防治蚜虫和螨虫等。

4. 人工除草

因不能使用除草剂，一般采用人工除草及时清除。还可利用黑色地膜覆盖，抑制杂草生长。在使用含有杂草的有机肥时，需要使其完全腐熟，从而杀死杂草种子，减少带入菜田杂草种子数量。

5. 杂草控制

通过采用限制杂草生长发育的栽培技术（如轮作、种绿肥、休耕等）控制杂草；提倡使用秸秆覆盖除草；允许采用机械和电热除草；禁止使用基因工程产品和化学除草剂除草。

【课外练习】
1. 调查本地区无公害蔬菜、绿色蔬菜与有机蔬菜生产常用的农药和肥料。
2. 比较无公害蔬菜、绿色蔬菜与有机蔬菜生产技术的异同点。

任务三　无公害蔬菜质量检测

【任务描述】

南方某蔬菜生产基地有一批无公害蔬菜即将采收上市，为确保产品质量达到无公害蔬菜标准，请质检部门初步检测，判断产品是否达标。

【任务分析】

完成上述任务，应熟悉无公害蔬菜检测的主要指标，掌握无公害蔬菜质量检测方法；能检测产品中的有毒有害物质含量是否在标准规定的限量范围内。

【相关知识】

一、我国无公害产品安全生产的总体思路

我国安全食品发展要以保障消费安全为基本目标，坚持"三位一体、整体推进"的思路：大力发展无公害农产品，加快发展绿色食品，因地制宜地发展有机食品。无公害农产品的发展重点是"菜篮子"和"米袋子"，采取政府推动的发展机制。"保障基本安全，满足大众消费"是最基本的市场准入条件，也是当前无公害产品质量安全工作的主攻方向和迫切任务。

无公害产品生产实行"两端监测、过程控制、质量认证、标识管理"的基本制度，既集中体现了全程控制的指导思想，又融入了体系认证的基本观念。

1. "两端监测"

一端是环境监测，主要是水、土、气三项指标的监测，确保产地环境无污染；另一端是产品检测，由具备一定资质的检测机构依据标准设定的指标对产品进行检测，确保最终产品符合标准。

2. "过程控制"

主要是指对农业投入品的控制，如种植业产品主要是对农药残留、重金属等污染物的控制，养殖业产品主要是对兽药或渔药残留、抗生素、细菌等污染物的控制。

3. "质量认证"

按照认证认可的基本规则，严格按照认证程序规范认证。

4. "标识管理"

主要是对通过认证的产品以标志管理为手段来加强产品在物流销售环节的安全控制。

二、无公害蔬菜质量检测标准

根据蔬菜类别的不同，无公害蔬菜质量检测标准不一样。主要蔬菜种类的质量检测标准及适用蔬菜如下所述。

1. （NY 5001—2007）"无公害食品　葱蒜类蔬菜"：适用于无公害食品洋葱、大葱、分葱、香葱、胡葱、韭菜、蒜薹、大蒜、薤、大头蒜等。

2. （NY 5003—2008）"无公害食品　白菜类蔬菜"：适用于无公害食品白菜类蔬菜大白菜、小白菜、菜心、菜薹、乌塌菜、薹菜、日本水菜等。

3. （NY 5005—2008）"无公害食品　茄果类蔬菜"：适用于无公害食品茄果类蔬菜番茄、茄子和青椒。

4. （NY 5008—2008）"无公害食品　甘蓝类蔬菜"：适用于无公害食品甘蓝类蔬菜中的普通结球甘蓝、花椰菜、青花菜。

5. （NY 5211—2004）"无公害食品　绿化型芽苗菜"：适用于无公害食品绿化型芽苗菜。

6. （NY 5074—2005）"无公害食品　瓜类蔬菜"：适用于无公害食品黄瓜、冬瓜、南瓜、笋瓜、西葫芦、越瓜、菜瓜、丝瓜、苦瓜、瓠瓜、节瓜、蛇瓜、佛手瓜等瓜类蔬菜。

7. （NY 5078—2005）"无公害食品　豆类蔬菜"：适用于无公害食品菜豆、豇豆、豌豆、肩豆、蚕豆、刀豆、莱豆、四棱豆、菜用大豆、黎豆、红花菜豆等豆类蔬菜。

8. （NY 5082—2005）"无公害食品　根菜类蔬菜"：适用于无公害食品萝卜、胡萝卜、芜菁、芜菁甘蓝、牛蒡、菊牛蒡、根恭菜、辣根、美洲防风、婆罗门参、黑婆罗门参、山葵和根芹菜等根菜类蔬菜。

9. （NY 5089—2005）"无公害食品　绿叶菜类蔬菜"：适用于无公害食品菠菜、芹菜、叶用莴苣、蕹菜、茴香、苋菜、荠菜、茼蒿、冬寒菜、落葵、菊苣等绿叶类蔬菜。

10. （NY 5109—2005）"无公害食品　西甜瓜类"：适用于无公害食品西瓜、厚皮甜瓜、薄皮甜瓜、哈密瓜等西甜瓜。

11. （NY 5221—2005）"无公害食品　薯芋类蔬菜"：适用于无公害食品马铃薯、姜、芋、魔芋、山药、豆薯、菊芋、草食蚕、蕉芋、葛等薯芋类蔬菜。

12. （NY 5230—2005）"无公害食品　多年生蔬菜"：适用于无公害食品竹笋、蘘荷、芦笋（石刁柏）、金针菜、霸王花、款冬、食用菊、朝鲜蓟、香椿、食用大黄、百合、黄秋葵等鲜食多年生蔬菜。

13. （NY 5238—2005）"无公害食品　水生蔬菜"：适用于无公害食品莲藕、茭白、水芋、慈姑、菱、荸荠、芡实、水蕹菜、豆瓣菜、水芹、莼菜和蒲菜等水生蔬菜。

14. （NY 5299—2005）"无公害食品　芥菜类蔬菜"：适用于鲜食或加工的无公害食品叶用芥菜、茎用芥菜、薹用芥菜和根用芥菜等芥菜类蔬菜。

15. （NY 5317—2006）"无公害食品　芽类蔬菜"：适用于无公害农产品黄豆芽、绿豆芽、青豆芽等芽类蔬菜。

16. （NY 5095—2006）"无公害食品　食用菌"：适用于食用菌干品和鲜品。

三、无公害蔬菜检测方法

1. 农药残留检测

（1）农药残留快速检测的特点　农药残留主要是有机磷和氨基甲酸酯类农药超标，而对人体造成危害的是农药残留总量，农药残毒速测方法正适应了以上两个特点，可以快速检测上述两类农药严重超标的农产品，防止食用引起急性中毒，同时还具有短时间内检测大量样本、检测成本低、对于检测人员技术水平要求较低以及适用于基层农技人员使用的特点，是现阶段我国控制高毒农药残留的一种有效方法。

（2）农药残留快速检测的原理　目前我国农药残留快速检测方法主要是酶抑制技术，酶抑制技术是研究比较成熟、应用最广泛快速的农药残留检测技术,其原理是在一定条件下,有机磷和氨基甲酸酯类农药可以抑制乙酰胆碱酯酶的活性,如农产品中含有有机磷和氨基甲酸酯类农药,乙酰胆碱酯酶不能被水解,从而无显色反应,如农产品中没有有机磷和氨基甲酸酯类农药,乙酰胆碱酯酶水解后,水解产物可与显色剂反应产生颜色。该方法对大多数有机磷和氨基甲酸酯类农药来说,测定灵敏度高、检测速度快、操作简单、受外界因素干扰少、结果比较稳定以及成本较低。对一些含辛辣物质的蔬菜如萝卜、韭菜等,以及茭白、蘑菇,此方法不适用。

酶抑制法根据检测用试剂的不同,市场上销售和使用的农药残留快速检测仪器分为两大类:①速测卡目测法(纸片法)仪器;②酶抑制率测定法(分光光度法)仪器。纸片法因其体积较小,重量较轻,价格便宜,是使用最广泛的农药残留速测法之一。

(3) 检测仪器设备

① 纸片法常用的仪器设备 见图4-1(彩图见插页)。包括速测卡(即纸片,固化有胆碱酯酶和靛酚乙酸酯试剂的纸片)、蒸馏水仪、其他仪器(常量天平,有条件时配备37℃±2℃恒温装置,专为速测卡法而设计的"农药残留速测仪"和超声波提取器)。

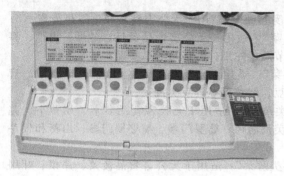
图4-1 纸片法检测的速测卡

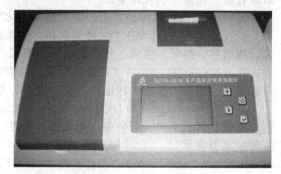
图4-2 722型分光光度计

② 分光光度法常用的仪器设备 见图4-2:722型分光光度计。

2. 硝酸盐检测

(1) 检测原理 弱酸性条件下,亚硝酸盐与对氨基苯磺酸重氮化,再与盐酸萘乙二胺偶合形成紫红色染料,此染料的颜色深度与溶液中亚硝酸钠的含量成正比,538nm为最大吸收波长。

(2) 检测方法 采集无公害蔬菜——→清洗晾干——→匀浆——→称量——→加入试剂——→沸水浴中加热20min——→加入提取液→静置→加入显色剂检测→数据处理。

3. 重金属检测

(1) 检测原理 样品经消化后,所有形态的重金属(包括砷、铅、镉、铬、汞等)都转化为离子型态,加入相关检测试剂后显色,在一定浓度范围内溶液颜色的深浅与重金属的含量呈比例关系,服从朗伯-比尔定律,再通过仪器进行测定得出含量,与国家标准农产品安全质量无公害蔬菜安全要求允许限量的标准进行比较,来判断蔬菜样品重金属含量是否超标。

(2) 检测方法 采集无公害蔬菜——→清洗晾干——→匀浆——→称量——→超声波提取——→静置——→稀释——→吸取滤液——→加入显色剂检测——→数据处理。

【任务实施】

无公害蔬菜产品的农药残留检测

一、任务目标

掌握纸片法快速检测无公害蔬菜农药残留的技术。

二、材料和用具

新鲜叶菜类、瓜果类蔬菜若干种;速测卡(即纸片,固化有胆碱酯酶和靛酚乙酸酯试剂的纸片)、蒸馏水仪、其他仪器(常量天平,有条件时配备37℃±2℃恒温装置,专为速测卡法设计的"农药残留速测仪"和超声波提取器)。

三、实施过程

1. 取样及样品处理

随机采取某无公害蔬菜生产基地的待检蔬菜样品约 10g（具体蔬菜种类根据实际生产情况而定），置于 50mL 小烧杯中（叶菜类取叶尖部位，瓜果类连皮带肉取样），用剪刀剪成指甲盖大小，加蒸馏水至刚好将样品浸没，用玻璃棒轻轻搅拌摇动，或放入超声波振荡器中振荡 3min，取 3 滴提取液滴至速测卡白色药片上。

2. 速测仪预备

将速测仪接通电源，2～3min 后仪器预热平衡，鸣叫一声，光标停止闪烁，表明可以开始检测。首先揭去速测卡保护膜，沿中线对折，红色药片朝上、白色药片朝下，插入试纸槽中，一次最多可测试 10 个样品，第一次测试应做一个空白试验。

3. 样品测试

用滴管取 3 滴提取液加在速测卡白色药片上，按开始键，10min 反应完成后，速测仪发出急促的提示音，合上速测仪上盖，3min 显色反应完成后，发出和缓的提示音。打开上盖，观察速测卡白色药片的变化，显蓝色是阴性，表明蔬菜是安全的；浅蓝色是弱阳性，表明有微量农药残留，通常小于 1mg/kg；显白色是阳性，表明农药残留超标。检测结果见图 4-3（彩图见插页）。

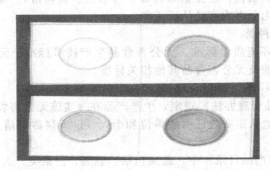

图 4-3　检测结果

4. 操作注意事项

空白对照卡不变色原因：药片表面浸提液少、表面不够湿润，和/或是温度太低。当 $T<37℃$，酶反应的时间相对延长。样品放置时间应与空白对照卡放置时间一致（可比性）。叠合反应的时间为 3min（3min 后的蓝色加深，24h 后退色）。

【效果评估】

1. 撰写速测卡法检测蔬菜产品农药残留的检测报告（含检测过程、检测结果、注意事项等）。
2. 根据学生对理论知识以及实践技能的掌握情况（见表 4-13），对"任务　无公害蔬菜质量检测"的教学效果进行评估。

表 4-13　学生知识与技能考核表（三）

项目及内容	任务　无公害蔬菜质量检测						
	理论知识考核(50%)			实践技能考核(50%)			
学生姓名	我国无公害产品安全生产的总体思路(10%)	无公害蔬菜检测指标(20%)	无公害蔬菜检测方法(20%)	取样及样品处理(5%)	速测仪预备(5%)	样品的测试(10%)	测试结果的准确度(10%)	检测报告(20%)

【拓展提高】

1. 无公害食品认证的概况

2001年全国实施"无公害食品行动计划"以来，各地纷纷开展了无公害农产品的开发和认证工作，相关认证标准的制定得到广泛开展。

按照有关规定和食品对人畜健康、环境影响的程度，无公害农产品的产品质量安全标准和产地环境标准为强制性标准，并由农业部和国家认证认可监督管理委员会对无公害农产品产地认定、产品认证和标志实施管理与监督。

无公害农产品的认证机构需由国家认证认可监督管理委员会审批，在获得国家认证认可监督管理委员会授权的认可机构的认可后，方可从事无公害农产品认证活动。农业部农产品质量安全中心即是由中央机构编制委员会办公室批准成立、国家认证认可监督管理委员会批准登记、农业部直属的正局级事业单位，专门从事无公害农产品认证工作。农业部农产品质量安全中心内设办公室、技术处、审核处、监督处四个职能部门。中心下设种植业产品、畜牧业产品和渔业产品三个认证分中心作为业务分支机构，分别依托农业部优质农产品开发服务中心、全国畜牧兽医总站和中国水产科学研究院组建，并承担具体认证工作。

根据认证工作的需要，中心遵循"择优选用、业务委托、合理布局、协调规范"的原则，紧紧依托国家和农业部已有的检测机构，建立遍布各省（自治区、直辖市）、覆盖全国的无公害农产品认证检测体系，全面开展无公害农产品认证工作。

2. 无公害食品的认证标准种类

主要包括无公害食品产地环境质量标准、无公害食品生产技术标准、无公害食品产品质量标准、无公害食品包装贮运标准及无公害食品其他相关标准。

3. 无公害农产品申请认证程序

(1) 凡符合《无公害农产品管理办法》规定，生产产品在《实施无公害农产品认证的产品目录》内，且有无公害农产品产地认定有效证书的单位和个人（以下简称申请人），均可申请无公害产品认证。

《实施无公害农产品认证的产品目录》中，蔬菜包括：韭菜、白菜类（大白菜、小白菜菜心、菜薹、乌塌菜、薹菜、日本水菜等）、茄果类（番茄、茄子、青椒）、甘蓝类（普通结球甘蓝、花椰菜、青花菜）、黄瓜、苦瓜、豇豆、菜豆、萝卜、胡萝卜、菠菜、芹菜、蕹菜、香菇、平菇、双孢蘑菇、黑木耳等20余个种类品种。

(2) 申请人从中心、分中心或所在地省级无公害农产品认证归口单位领取，或从中国农业信息网（www.agri.gov.cn）下载《无公害农产品认证申请书》及有关资料。

(3) 申请人直接或者通过省级无公害农产品认证归口单位向申请认证产品所属行业分中心提交以下材料（一式两份）：《无公害农产品认证申请书》；《无公害农产品产地认定证书》（复印件）；产地《环境检验报告》和《环境现状评价报告》（2年内的）；产地区域范围和生产规模；无公害农产品生产计划；无公害农产品质量控制措施；无公害农产品生产操作规程；专业技术人员的资质证明；保证执行无公害农产品标准和规范的声明；无公害农产品有关培训情况和计划；申请认证产品上个生产周期的生产过程记录档案（投入品的使用记录和病虫草鼠害防治记录）；"公司＋农户"形式的申请人应当提供公司和农户签订的购销合同范

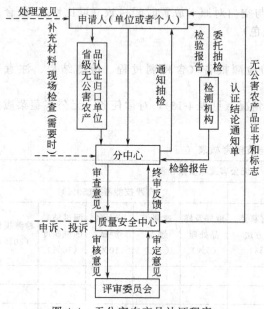

图4-4　无公害农产品认证程序

本、农户名单以及管理措施；以及要求提交的其他材料（图4-4）。

【课外练习】

1. 利用分光光度法快速检测蔬菜产品中的农药残留量。
2. 快速检测蔬菜产品中的硝酸盐、重金属含量。
3. 调查了解无公害蔬菜、绿色蔬菜和有机蔬菜的生产要求及认证程序。

项目五　茄果类蔬菜栽培

【知识目标】
1. 了解茄果类蔬菜的主要种类、生长发育与栽培特点；
2. 掌握番茄、辣椒、茄子的生物学特性、品种类型、栽培季节与茬口安排等；
3. 掌握番茄、辣椒、茄子的栽培管理技术及栽培过程中的常见问题与防止对策。

【能力目标】
1. 能制订茄果类蔬菜（番茄、辣椒、茄子）生产计划方案；
2. 能掌握茄果类蔬菜不同栽培季节的育苗技术关键；
3. 能掌握塑料大棚番茄春提早与早春露地栽培技术关键；
4. 能熟练掌握番茄、辣椒、茄子栽培的植株调整技术；
5. 能分析番茄、辣椒、茄子生产过程中常见问题发生的原因并提出解决措施；
6. 能进行茄果类蔬菜生产效果评估。

　　茄果类蔬菜主要包括番茄、辣椒、茄子，同属茄科植物。茄果类蔬菜适应性强、产量高、供应季节长，既可露地栽培，也适于设施栽培，是世界栽培历史悠久、栽培地区广泛的重要果菜种类，在我国南北各地均普遍栽培。

　　茄果类蔬菜含有丰富的维生素、矿物质、碳水化合物、有机酸及少量蛋白质等人体必需营养物质。番茄果实中葡萄糖、果糖、柠檬酸、苹果酸等含量较高，辣椒与番茄的果实均含有大量维生素 C，此外辣椒含有促进食欲的辣椒素；茄子含有丰富的蛋白质，并含有少量茄碱苷 M。茄果类蔬菜既可鲜食，也可加工，如番茄可加工成番茄酱、番茄汁或整果罐头，茄子可晒干制成茄干，辣椒可做辣椒酱、辣椒粉等调味品，或制成泡椒。

　　茄果类蔬菜均起源于热带，在生物学特性及栽培管理方面具有许多共性：一是性喜温暖，不耐寒冷也不耐炎热，温度低于 10℃ 时生长停滞，超过 35℃ 则植株易早衰；二是要求较强的光照及良好的通风条件，属于喜光植物；三是根系比较发达，属半耐干旱性植物，不耐湿涝；四是幼苗生长缓慢、苗龄较长，要求进行育苗移栽，为了提早采收、延长生长结果期，常在冬季利用保护设施育苗，从而培育壮苗，达到早熟、丰产；五是分枝较多，陆续开花结果，需要整枝打杈，调节植株营养生长和生殖生长；六是生长季节长，结果期长，产量高，对肥水的需要量大，特别是磷钾肥的需求；七是茄果类蔬菜有一些共同的病虫害，应实行轮作，避免连茬。

任务一　番 茄 栽 培

　　番茄又名西红柿，为茄科番茄属一年生蔬菜，原产中美洲和南美洲。番茄传入我国历史并不长，但发展非常迅速，南北各地均有栽培，现在已经成为我国城乡各地主要夏令蔬菜和加工出口蔬菜之一。番茄的食用部位为多汁的浆果，营养丰富，风味鲜美，含有蛋白质、糖和矿物质以及较高的胡萝卜素、维生素 C、B 族维生素、维生素 P，属于菜果兼用的高档鲜菜。番茄含有的"番茄红素"具有抗氧化、消除人体自由基、抗癌、防癌等生理功能，含有的苹果酸、柠檬酸和糖类有助消化的功能。

【任务描述】
　　四川成都某蔬菜生产基地现有 100 个蔬菜种植标准塑料大棚（长 30m、宽 8m、高 3.2m），面积为 24000m²，准备生产早春番茄，要求在 5 月 1 日前后开始供应上市，产量达 5000kg/亩以上。请据此制订生产计划,并安排生产及销售。
（备注：本任务仅供参考,教学过程中可根据各地生产条件、教学条件进行相应调整,下同）

【任务分析】

按照生产过程完成生产任务：制订生产计划方案—准备生产所需的农资—确定播种期与播种量、苗床面积—整地做畦与确定定植时间—制订并实施田间管理技术方案—采收与采后处理、销售—效果评估。

【相关知识】

一、生物学特性

1. 植物学特征

番茄根系发达,分布广而深。但经过育苗移栽后,主根被切断,产生许多侧根,根群分布直径多在表土层20～30cm,横向伸展1m左右。番茄发根力很强,茎部也易生不定根,可行扦插繁殖。茎为半蔓生至直立,基部木质化,高60～120cm不等。假轴分枝,分枝能力强。叶为复叶,深裂,每叶有小叶片7～9对,其大小、形状、颜色等视品种及环境而异。番茄的茎叶表面均有腺毛,能分泌出一种有特殊气味的汁液,对某些昆虫有驱避作用。花为聚伞花序,但小型果变种为总状花序。花序生于节间,每花序具5～10朵花,黄色,自花授粉。果实为浆果,多汁,食用部分为果皮及胎座组织。果实颜色有红、黄、粉红等。种子黄褐色,扁卵圆形,具灰白色绒毛,千粒重3g,发芽年限4～5年。

2. 生长发育周期

番茄从播种到采收可分为发芽期、幼苗期、开花着果期和结果期。生长发育过程如图5-1所示。

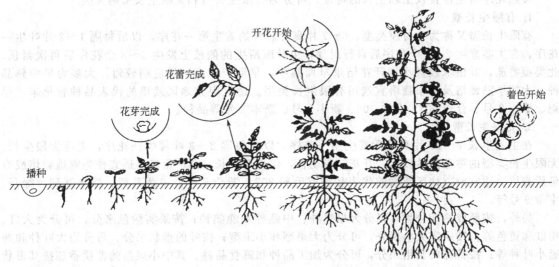

图5-1 番茄生长发育过程

（1）发芽期 从种子发芽到第一片真叶出现,需要10～14天。

（2）幼苗期 指第一片真叶展开到定植或第一片真叶展开到出现大花蕾这一段时期,根据不同育苗季节差异很大,大棚保护地越冬育苗需要90～110天,春季育苗需45～50天,秋番茄育苗需25～35天。

（3）开花着果期 指第一花序现蕾（大花蕾出现）、开花到第一个果实形成,一般需要15～30天,早熟品种或高温季节栽培,这个时期较短；晚熟品种,早春或低温时期栽培,开花着果期稍长。

（4）结果期 指第一花序着果一直到采收结束,一般情况下从开花到果实成熟约需50～60天,夏秋高温季节约需40～50天,冬季低温寡光条件下约需70～100天。结果期的长短,随栽培季节、栽培方式、栽培的海拔高度的不同而不同,如早春早熟栽培约65~75天,春季栽培约75~80天。

3. 对环境条件的要求

(1) 温度　番茄喜温不耐寒,也不耐热,在15~33℃范围内都能正常生长,以白天20~26℃、夜温15~18℃生长最适宜。番茄在生长发育各个时期对温度的要求不相同。开花期以25~28℃最适宜,结果期以白天24~28℃、夜间15~20℃最为适宜。番茄根系生长的最适地温是20~22℃,低于8℃时根毛停止生长。因此,在早春番茄定植时,地温需稳定在8℃以上进行。

(2) 光照　番茄属中光性植物,对日照长短要求较宽,但以16h光照条件下生长最好。番茄光饱和点为70klx,一般应保持30~35klx。在不同的生育期中对光照要求不同。发芽期不需要光照,幼苗期对光照要求比较严格。若光照不足则植株徒长,延长花芽分化,着花节位上升,花数减少,花芽素质下降。开花期光照不足,可导致落花落果。结果期光照充足不仅坐果多,而且果实大、品质好。弱光下坐果率低,果实着色不良,单果重下降,还容易出现空洞果、筋腐病果。

(3) 水分　番茄需水量大,要求土壤湿度在65%~85%之间,既不耐干旱,又不耐雨涝。其在不同生育期对水分要求不同,发芽期需水多,要求土壤湿度80%以上,幼苗期以65%~75%为宜,结果期则要求在75%以上,空气相对湿度以50%~66%为宜。

(4) 土壤及营养　番茄对土壤要求不太严格,适合微酸性和中性土壤,以pH6~7为宜。在生产上宜选择土层深厚、富含有机质、排水和通气性良好的肥沃壤土。整个生长期对氮、磷、钾三要素的吸收量以钾最多,氮次之,磷较少。

二、类型与品种

按照花序着生位置及主轴生长的特性,可分为有限生长型和无限生长型两大类。

1. 有限生长型

有限生长型又称为自封顶类型。6~7片真叶后开始着生第一花序,以后每隔1~2片叶生一花序,在主茎发生2~6个花序后自行封顶,由叶腋所生的侧枝上发生2~3个花序后再次封顶。此类型番茄,其植株较矮小,开花结果早而集中,早期产量高,供应期较短,大多为早中熟品种。大棚早熟栽培及秋季栽培宜选用有限生长类型。适宜南方地区栽培的代表品种有早丰、早魁、渝抗2号、合作903、合作906、新丰1号、新丰2号等品种。

2. 无限生长型

在主茎生长7~12片真叶后着生第一花序,以后每隔2~3叶着生一花序,主茎无限生长。无限生长类型的番茄熟性较迟,开花结果期长,供应期也长,总产量高。适宜作为露地栽培或春延后栽培。适宜南方地区栽培的代表品种有毛粉802、浙杂5号、中蔬系列、强丰系列、绿丹、中杂9号等。

另外,按照成熟期分类可以分为早熟种、中熟种和晚熟种;按果实颜色来分,可分为大红、粉红和黄色等;按果实大小来分,可分为大果型和小果型;按叶的形状来分,可分为大叶种和普通小叶种等;按番茄的利用来分,可分为加工品种和鲜食品种。其中小果型的樱桃番茄按其形状可分为樱桃型、李型和洋梨型。樱桃番茄如台湾农友推出的F1代新品种圣女(无限生长型,早熟种)、中国农业科学院蔬菜花卉研究所最新推出的串珠番茄(有限生长类型,极早熟种)。

三、栽培季节与茬口安排

长江流域在春夏秋三季均可栽培。番茄大棚春早熟栽培一般在保护地头年10月下旬至12月上旬用冷床或加温苗床播种育苗,翌年2月下旬至3月上旬定植到大棚,4月下旬开始采收;早春露地栽培于2月上旬播种,3月中旬至4月上旬定植,5月下旬开始采收;越夏栽培一般在4月下旬至5月上中旬育苗,7月份开始采收;秋番茄一般在6月下旬至7月上旬播种,7月下旬至8月上旬定植,9月份即可采收。

在以广东为代表的珠江流域,夏季温度高、时间长,冬季气候不冷,一年四季均可栽培。通常分为春番茄、夏番茄、秋冬番茄。春番茄一般在1~2月份播种,适宜播种期1月上旬至2月上旬，苗期30～35天，花期3～4月份，采收期集中在5～6月份。夏番茄由于气温常在30℃以上，多选择气候温和的高山丘陵地区进行栽培。秋番茄播种期7～9月份，适播期8月中旬，苗期25～30天，采收期10月份至翌年3月份。冬番茄播种期为10～12月份，适播期10月至11月上旬，盛收期翌年3～4月份。

番茄的前作，在南方各地为各种叶菜及根菜，四川有些地方小麦收割后种番茄，后作种植叶菜或根菜。广东、广西番茄前作多为甘蓝、莴苣，后作多栽培瓜类或豆类蔬菜。在四川有些地方采取番茄与水稻轮作的方式，早春番茄在6月15日前采收完毕，6月20日前水稻栽完。水稻收获后从9月中旬至翌年3月份，栽种一季喜冷凉的蔬菜。

【任务实施】

塑料大棚番茄春提早栽培

1. 生产计划方案制订与农资准备

根据生产规模及生产目标，制订详细的生产计划方案，搭建塑料大棚，准备相关的农业生产资料（种子、农膜、化肥、农药等）。

2. 品种选择

应选用抗病、早熟、耐寒、低温下结果性强、丰产的自封顶类型番茄品种。如早丰、早魁、渝抗2号、合作903、合作906、新丰1号、新丰2号等优良品种。

3. 培育壮苗

番茄大棚春提早栽培多采用保护地冷床育苗，也可采用电热温床或酿热温床育苗。番茄壮苗的标准为：株高15～20cm，茎粗0.5～0.8cm，上下粗细一致，子叶完整，8～9片真叶，叶柄粗短，叶大而厚，色浓绿；带花蕾；侧根多白；苗龄90～110天。

(1) 苗床的选择及营养土的制备　育苗床要选择地势高燥、灌溉方便、避风向阳、病虫害较少的大棚。营养土的配制方法为：取3～5年内未种过茄果类蔬菜的菜园土或用沟泥、塘泥50%～60%晾干打碎，与充分腐熟的堆肥、厩肥40%～50%混合，1m³混合后的土加草木灰5kg、颗粒复合肥2kg、过磷酸钙2kg，充分拌匀。为了防止苗期病害，要对营养土进行消毒，用72.2%的普力克水剂500～600倍液喷洒营养土，每平方米喷洒2～4kg；或多菌灵消毒，每1000kg营养土用50%多菌灵可湿性粉剂25～30g，处理时，先把多菌灵配成水溶液，接着喷洒在营养土上，拌匀后用塑料薄膜严密覆盖，一般经2～3天即可杀死土壤中的多种病原菌。在播种前用2/3药土撒在苗床上作垫种土，余下1/3作盖种土。

(2) 种子处理　播种前把种子放在太阳下晒2～3天；将种子用纱布包好浸入50℃恒温水中25min，让其自然冷却后浸泡3～4h；用1.5%～2.0%的福尔马林浸种30min，或用10%磷酸三钠浸种20～30min，或用1%的硫酸铜溶液浸种15min，几种方法可单独选用，也可同时选用；然后用清水反复冲洗以后放到清水中浸泡6～8h；将吸胀水的种子放到25～30℃条件下催芽，经过2～3天就可发芽。催芽过程中，每天用温水冲洗1～2次。当出芽率达70%时播种。

(3) 播种

① 播种时期及播种量　一般大棚番茄春提早栽培的播种期为10月下旬至12月上旬，并根据各地气候的差异作适度调整。一般每亩番茄需种子25～50g。

② 播种方法　将苗床内营养土平整后，浇一次透水，使土壤持水量达90%，若床土未进行消毒，可将杀菌药剂溶于水中喷洒；然后将种子均匀撒到床土上，用培养土覆盖0.5～0.8cm，轻压后喷一次小水，盖上稻草或薄膜。

(4) 苗期管理

① 分苗假植　当70%～80%的幼苗出土后，揭去地面覆盖物。当1～2片真叶展开后即进行分苗假植。番茄假植可用9cm×9cm或10cm×10cm的塑料营养钵，也可假植于覆盖地膜的畦上，株行距为10cm×10cm。假植前对苗床浇足底水，假植时选择无病健壮的幼苗在晴朗无风天气进行。假植后及时浇水，覆盖小拱棚，并关闭大棚闷2～3天。

② 温湿度管理　番茄育苗期的温度控制概括为"四高四低"，即白天高、夜间低；晴天高、阴天低；出苗前高、出苗后低；假植前低、假植后高。总的温度要求：高温20~25℃（发芽期温度可高达30℃），低温为10~15℃（炼苗时温度可更低一些）。湿度的控制也可概括为"四干四湿"，即晴天湿、阴天干；白天湿、夜间干；出苗前湿、出苗后干；假植后湿、假植前干。湿的标准以床土持水量80%左右，干的标准为床土持水量60%左右。具体操作为，当幼苗出土后到假植前，加强通风换气，降低床内温度和湿度，进行幼苗期的低温锻炼。幼苗假植恢复生长后，只要外界不低于5℃，都要进行通风换气。冬至到立春是全年气温最低的时期，这段时期坚持以保温为主、炼苗为辅的原则。通过"大棚＋小拱棚＋地膜＋草帘等保温材料"保证幼苗的安全越冬，晴天中午适当揭开小拱棚膜和大棚膜通风炼苗，阴雨天则关闭大棚，适当揭开小拱棚膜即可，夜间若温度过低则在小拱棚上加盖保温材料。立春以后到定植前，气温逐渐回升，这时以炼苗为主，同时注意保温防寒。除雨天、霜雪天外，逐渐提早揭膜，延后盖膜，延长通风炼苗时间。定植前7~10天，严格控制水分，并揭去小拱棚的薄膜，揭开大棚两侧薄膜，让其昼夜通风炼苗。

③ 光照管理　对光照的管理主要依靠揭盖小拱棚、覆盖物以及控制大棚通风口的大小和通风时间长短来调节。总的原则是在保持适宜的温度、湿度条件下多增加光照。

④ 养分管理　育苗的营养土比较肥沃，一般不再追施养分。若床土不够肥沃，可在晴天中午喷浇适量清淡的猪粪水或用0.3%~0.5%尿素或0.15%的尿素加0.15%磷酸二氢钾混合溶液进行叶面喷施。

(5) 嫁接育苗　随着番茄栽培面积不断扩大，连作障碍逐年加剧，土传病害（茎腐病、枯萎病、青枯病、根接线虫）的发生日趋严重，防治难度大，严重影响番茄的产量、品质和经济效益。采用嫁接育苗技术，选择兴津BF-101号、LS-89、KNVF、PFN等砧木种类，以优质番茄品种作接穗，不但能增强植株抗低温能力，而且能有效防治各种土传病害，提高产量和品质。番茄嫁接多采用劈接和靠接。劈接法嫁接，其砧木要比接穗提早7天播种，嫁接方法是将砧木在保留基部2~3片真叶处（或离地面15cm处）横向切断，再在横切口中央垂直向下切1.5~2cm切口，然后，将接穗保留顶部2~3片真叶，将其基部削成小"V"字形（长1.5~2cm，与砧木切口长短一致），小心插入砧木切口，对齐后用嫁接夹固定。采用靠接嫁接，方法是在真叶初现时将砧木移栽，相距3cm栽植接穗，在3片真叶时，在着生第一或第二真叶的节间进行靠接，砧木保留3片真叶进行摘心，茎短时可在第二真叶以上进行嫁接。

4. 整地施肥

番茄忌连作，选择地势较高、土层深厚、疏松肥沃、排水良好、光照充足、酸碱度适宜的土壤，或选择地势较高、排水性能好的水稻田搭建大棚。整地结合施肥在定植前7~15天内完成。基肥撒施或沟施，按照每亩腐熟优质有机肥4000kg、尿素10~15kg、过磷酸钙40kg、氯化钾20~25kg，早熟栽培以沟施最好。采用深沟高畦，以1.33m包沟为宜，沟宽20cm、深20cm，厢面1.13m，耙细整平后，在畦面覆盖地膜。扣棚要在定植前15天完成。

5. 定植

(1) 定植时期　当大棚10cm深的土温稳定在8℃以上即可定植。四川及重庆地区一般在2月中下旬至3月上旬定植。

(2) 定植方法　选择健壮无病害幼苗在晴暖天定植，起苗前对幼苗用600~800倍百菌清加0.2%~0.3%磷酸二氢钾混合液喷一次，带药带肥定植，定植深度以到子叶节位为宜。定植后浇足定根水，覆盖小拱棚。

(3) 定植密度　根据栽培方式、品种特性、上市时间要求及整枝方式而异。一般每畦种2行，株距25~40cm。

6. 田间管理

(1) 温湿度管理　定植后闭棚5~7天。如定植后外界气温突降，可在小拱棚上覆盖无纺布等保温材料。缓苗期间白天温度保持25~30℃、夜间15℃以上；缓苗成活后开始通风换气、降温、降湿、增加光照，白天可保持在 20～25℃、夜间 13～15℃即可。以后随着外界气温升高，逐渐延长通风时间，当外界气温稳定在 15℃以上时，可拆除小拱棚，揭开大棚两侧薄膜。棚内湿度不超过 80%。若棚膜出现水珠，就应通风；若温度低，则不能通风，可用干布抹去膜上水珠。

（2）肥水管理　大棚番茄追肥一般进行 4～5 次。定植成活一周内，结合浇水，施一次"催苗肥"，以清淡的人畜粪水为主；当第一穗果开始膨大，进行第二次追肥，按照每亩过磷酸钙 20kg、硫酸钾 10kg 或草木灰 100kg 与人畜粪水混合施入；第一穗果将要成熟，第二、第三穗果已经坐果，进行第三次追肥，每亩按照速效三元复合肥 10～15kg 结合稀粪水 1500kg 施入；第一、第二穗果采收后，第三、第四穗果正迅速生长，进行第四、第五次追肥。另外，可根据番茄生长发育需要进行叶面施肥，在结果期喷 0.3% 过磷酸钙 3 次，可增产、减少脐腐病。番茄在开花结果盛期需水量大，而在四川及重庆正值春旱少雨时期，往往造成土壤干旱，因此多采用沟灌，但水不能漫过厢面，要做到水过沟干。

（3）搭架绑蔓　当植株长到 30cm 时需搭架绑蔓。搭立支架的类型，因栽培目的、方式及采用的品种不同而各异，大多采用人字架、直立架或篱壁式联架。大棚番茄一般采用篱壁式联架，即在每株番茄离根部 7～10cm 左右插一小竹竿，其上方紧绑一横竿，在植株的第 6 节位处，用稻草或塑料绳将植株与竹竿连成"∞"形，以后每一果穗下绑一道绳。

（4）植株调整　番茄植株调整包括整枝、摘心、打老叶等。塑料大棚春提早栽培多采用单干整枝方式，实时摘心，及时去除老叶、病叶。

整枝方式分为单干整枝、一干半整枝和双干整枝（图 5-2）。

① 单干整枝　摘除全部侧枝，只留一个主干，顶端花序上面留 2～3 叶摘心。一般早熟栽培、密植栽培、大果品种或植株开展度较大的品种多采用此整枝方法。

② 一干半整枝　在主干第一花序下留一侧枝，待侧枝上接两穗果后摘心，而主干仍为单干整枝。大棚栽培的早熟自封顶品种多用此法。

③ 双干整枝　在主干的第一花序下留一侧枝，让其与主干同时生长，摘除其余侧枝。此整枝方法适用于中晚熟栽培。番茄植株调整，应在晴天露水干后操作，侧枝摘除应在侧枝 5cm 左右时进行，根据生产需要、栽培目的打顶摘心，生长中后期适当摘除下部老叶、病叶。

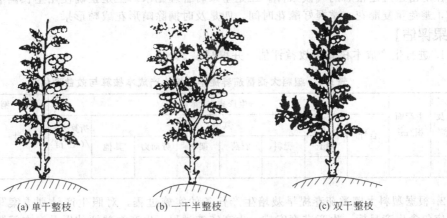

(a) 单干整枝　　(b) 一干半整枝　　(c) 双干整枝

图 5-2　番茄整枝方式

（5）保花保果与疏花疏果　番茄大棚春提早栽培，常因气温偏低、光照不足、棚内湿度偏大引起落花落果。防止落花落果的措施除了要加强栽培管理外，合理使用植物生长调节剂是最有效的措施。生产上多用 25～50mg/L 的 PCPA（又叫番茄灵、防落素），在花序有 2～3 朵花开放时喷花。要注意不同的温度、不同的天气条件而施用的浓度不同，如早春温度较低，用药浓度 40～50mg/L；晴天 25～30mg/L；阴天 30～40mg/L；温度稳定在 25℃以上，可以不使用药剂处理。番茄因品种不同，每个花序着生的花数少则几个，多则 10 个以上，有的甚至超过 20 个。为确保果实品质和商品性，必须进行疏花疏果。在四川及重庆春提早栽培，一般保留 3 穗果，每穗果只留基部的3~4个果，其余的于开花期就摘除。在疏果时要尽早疏掉畸形果、病果。疏花疏果都要在晴天露水干后进行。

7. 采收与销售

大棚春提早栽培的番茄由于前期温度较低，果实转色较慢，一般在开花后45~50天才能采收。为了提早采用，可用0.3%~0.4%的乙烯利涂抹已经充分膨大、即将进入转色期的果实或将快成熟的果实摘下用0.2%的乙烯利浸果，这样能提前3~7天成熟。详细记录每次采收的产量与销售量和销售收入。

8. 栽培中常见问题及防治对策

（1）番茄落花落果现象　番茄在环境条件不利、植株营养不良时，容易落花落果，特别是落花。不同栽培形式及栽培季节落花落果原因不同：春早熟番茄栽培，低温和气温骤变，妨碍花粉管的伸长及花粉发芽是落花落果的主要原因；越夏番茄栽培，高温干旱或连续阴雨天是主要原因。另外，栽培管理不当，如密度过大，整枝打杈不及时引起疯秧，以及管理粗放等也都会引起落花落果。

防治措施：一是培育壮苗。加强苗期管理、提高秧苗质量是保花保果的基础。二是加强花期管理。应根据具体情况和原因，加强花期肥水管理，及时进行植株调整；保护地番茄栽培应采取增温保温和增光措施；夏季应遮光降温，防止高温干燥；番茄坐果后，营养生长和生殖生长同时进行，要及时整枝打杈、摘叶摘心、疏花疏果，使其平衡生长。三是人工辅助授粉。上午9:00~10:00，可摇动植株或架材或通过人来回走动来振动植株，以促进花粉扩散。四是激素处理。生产上常用2,4-D和PCPA等进行处理。

（2）番茄栽培中畸形果现象　早春番茄栽培，由于日照时间短、气温低等不利因素，导致番茄畸形果现象较普遍，严重影响了番茄的商品性。番茄的畸形果包括：果顶乳突果、空洞果、棱角果、裂口果等。

防治措施：一是加强苗期温度管理。当番茄幼苗2~3片真叶时，正值第一果穗花芽分化，这时白天温度应保持在22~27℃，夜间12~15℃，保证花芽正常分化，避免连续出现8℃以下的低温。定植前10天是幼苗低温锻炼期，白天应保持20℃左右，夜间保持8~10℃进行低温锻炼，让幼苗适应定植后的气候条件。二是坐果时合理肥水。三是正确使用生长调节剂。施用浓度适宜，避免重复蘸花，掌握好蘸花时间。四是及时摘除畸形花或畸形果。

【效果评估】

1. 进行生产成本核算与效益评估，并填写表5-1。

表5-1　塑料大棚番茄春提早栽培生产成本核算与效益评估

项目及内容	生产面积/m²	生产成本/元							折算成本/(元/亩)	销售收入/元		折算收入/(元/亩)
		合计	其中：							合计		
			种子	肥料	农药	架材	劳动力	其他				

2. 根据塑料大棚番茄春提早栽培生产任务的实施过程，对照生产计划方案写出生产总结1份，应包含生产目标、生产进度安排、生产实施过程、生产效益评估以及存在问题分析等内容。

【拓展提高】

一、早春露地番茄栽培

1. 品种选择

应根据不同地区的气候特点、栽培形式及栽培目的等，选择适宜本地区的品种。四川及重庆地区多选用毛粉802、中蔬系列、强丰系列、绿丹、中杂9号等品种。

2. 播种育苗

早春露地番茄栽培的适宜苗龄为50天，即定植前50天左右采用电热温床播种育苗。

3. 整地定植

应提早深翻炕土，开厢做畦，基肥沟施，覆盖地膜。在当地晚霜期后，耕层 5~10cm 地温稳定在 12℃时定植。一般长江流域在清明前后；重庆及四川盆地可在 3 月上旬定植，但要覆盖小拱棚以备"倒春寒"。在适宜定植期内应抢早定植。定植最好选择无风的晴天进行。栽苗时不要栽得过深或过浅。

定植密度决定于品种、生育期及整枝方式等因素。如早熟和自封顶品种采用 50cm×33.3cm 的行株距，一般每亩栽 4000 株左右；中晚熟和无限生长型品种采用 66.6cm×（33.3~50）cm 的行株距，一般每亩栽 2000~3000 株左右。

4. 田间管理

强化肥水管理；及时进行植株调整；疏花疏果，防止落花落果；加强病虫害防治；采收前可采用乙烯利进行人工催熟。

二、番茄温室无土栽培

1. 品种选择

我国目前还缺乏特别适用温室无土栽培专用的番茄品种，中国农科院蔬菜花卉研究所经过多年的试验，选用荷兰温室专用品种"卡鲁索"作为我国温室无土栽培专用品种。

2. 播种育苗

种子经过消毒、浸种以后，置于 24~29℃的温度下催芽，发芽以后可进行播种。采用纯水培方法种植的，一般以岩棉块进行育苗，在合适的条件下供给适当的水分和养分；采用基质槽栽培的，如为有机生态型栽培方式，可采用营养钵或穴盘装入草炭和蛭石混和基质进行育苗。

3. 定植

番茄的营养液栽培，可采用营养液膜系统、深液流系统、浮板毛管水培系统、鲁 SC 无土栽培系统等方式，营养液可以重复循环利用。应用推广较广泛的是袋培技术，即改用岩棉、草炭和蛭石、锯末等作为基质制成筒式或枕头袋，安装好滴灌系统。若在袋培基质中混入消毒鸡粪、氮磷钾等肥料就成了有机生态型无土栽培方式。当番茄幼苗长到 7 叶左右就可定植。有机生态型无土栽培密度可达 2800 株/亩。

4. 营养液与灌溉

番茄植株定植后，就可以开始进行营养液循环或滴灌。有机生态型无土栽培的营养供应通过定期追肥来解决，水分供应以滴灌结合浇灌清水来满足。

5. 植株调整

温室无土栽培番茄多采用绳子吊挂植株，整枝方式一般采用单干整枝，同时摘除老叶、病叶，适时摘心。

6. 保花保果与疏花疏果

保花保果与疏花疏果是温室番茄生产的必要措施。保花保果，目前温室中运用较多的有激素处理、机械授粉、昆虫辅助授粉等方法。疏花疏果，一般第一穗留 3~4 个果，第二穗和第三穗等也不能让其结果太多，同时去掉发育不良的畸形果。

7. 采收

番茄果实在其顶部开始变为橙黄色时采收。

【课外练习】
1. 简述番茄越冬育苗技术要点。
2. 简述塑料大棚番茄春提早栽培技术关键。
3. 试分析番茄栽培过程中落花落果的原因，应如何防止？
4. 调查番茄不同的整枝方式对番茄成熟期及产量的影响。

任务二 辣椒栽培

辣椒，又称海椒、番椒、秦椒、辣茄等，茄科辣椒属一年生或多年生草本植物，原产中南美洲热带地区。明代传入中国，至今已有三四百年的栽培历史，各地广泛栽培，为我国最普遍的蔬菜之一。辣椒果实色泽鲜艳，风味好，营养价值高，维生素C的含量尤为丰富，干辣椒则富含维生素A。以嫩果或成熟果供食，既是人们喜食的一种蔬菜，更是一种应用广泛的调味品，可腌渍和干制，加工成干辣椒、辣椒粉、辣椒油、辣椒酱等。

【任务描述】

四川某蔬菜种植公司现有50个蔬菜种植标准塑料大棚（长30m、宽8m、高3.2m），准备生产早春辣椒，要求在5月15日前后开始供应上市，产量达3000kg/亩以上。请据此制订生产计划，并安排生产和销售。

【任务分析】

按照生产过程完成生产任务：制订生产计划方案—准备生产所需的农资—确定播种期与播种量、苗床面积—整地做畦与确定定植时间—制订并实施田间管理技术方案—采收与采后处理、销售—效果评估。

【相关知识】

一、生物学特性

1. 植物学特征

辣椒根系不发达，根量少，入土浅，根群一般分布于地表15~30cm土层中，根系再生能力弱，不易发生不定根，不耐旱、不耐涝。茎直立，基部木质化，腋芽萌发力弱，株丛较小。茎端出现花芽后，以双杈或三杈分枝。辣椒的分枝分为无限分枝和有限分枝两种类型，绝大多数栽培品种属无限分枝类型，各种簇生椒则均属有限分枝类型。单叶、互生、卵圆形、长卵圆形或披针形。完全花，单生或簇生，属常异交植物，天然杂交率约10%。果实为浆果，汁液少，食用部分主要是果皮。种子短肾形，扁平稍皱，色淡黄，千粒重4.5~8.0g，种子寿命3~7年。

2. 生长发育周期

分为发芽期、幼苗期、初花期、结果期4个时期。

（1）发芽期　自种子播种萌动到子叶展平、真叶显露，在正常的育苗条件下约需7~10天，经催芽的种子一般5~8天子叶出土。

（2）幼苗期　自真叶出现至第一朵花蕾显露约80~100天，温床或温室育苗只需70~90天，当植株2片真叶展开、苗端分化有8~11片叶时，开始花芽分化，一般是在播种后35~45天。

（3）初花期　自第一朵花蕾显露到第一个果实（门椒）坐果，约需15~20天。这一时期辣椒的营养生长与生殖生长同时进行，植株正处于定植缓苗后期的发秧阶段，同时也是植株早期花蕾开花坐果、前期产量形成的重要时期，栽培上应创造适宜的环境条件，促使秧果均衡发展。

（4）结果期　自门椒坐果至采收完毕。随着各层次分枝不断产生，植株连续开花结果，门椒、对椒、四母斗椒、八面风椒、满天星椒陆续收获，直至拉秧。

3. 对环境条件的要求

（1）温度　辣椒属喜温蔬菜，不耐严寒。种子发芽的适宜温度为25~30℃，高于35℃或低于15℃均不利于发芽；幼苗期可稍低，白天23~25℃、夜间15~22℃；开花结果期以白天25~28℃、夜间15~20℃为宜，温度低于15℃或高于35℃均授粉受精不良。

（2）光照　辣椒属中光性植物，对光照的适应性较广。光饱和点30klx，补偿点1500lx，较耐弱光。发芽时种子要求黑暗条件，在有光条件下往往发芽不良，开花结果期需充足的光照，光照不足则会引起落花落果。

（3）水分　不耐旱也不耐涝，因根系不发达，需经常供水才能生长良好。开花结果期土壤干旱易引起落花落果，影响果实膨大；多雨季节应做好排水。一般空气相对湿度60%~80%有利于茎叶生长及开花坐果；空气湿度过高，不利授粉受精，并易发多种病害。

（4）土壤及营养　辣椒对土壤适应能力强，但以土层深厚、结构良好、有机质丰富、排灌良好的壤土最好。辣椒对矿质营养要求较高，N、P、K的施肥比例为1∶0.5∶1。氮肥不足或过多会影响营养生长及营养分配,导致落花;充足的磷、钾肥则有利于提早花芽分化,促进开花及果实膨大,并使植株健壮,增强植株抗性。

二、类型与品种

辣椒按生产目的不同,分为菜椒和干椒;按辣味的浓淡分为"辣椒"和"甜椒";按果实形状又分为长椒类、灯笼椒类、樱桃椒类、圆锥椒类、簇生椒类五种类型(见图5-3)。

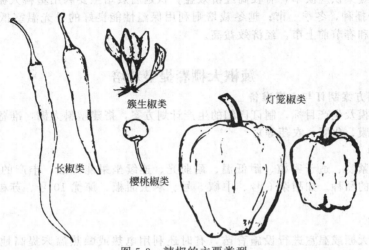

图 5-3 辣椒的主要类型
(引自:浙江农业大学.蔬菜栽培学各论.中国农业出版社,1997)

1. 长椒类

植株中等,果实多下垂,长角型,先端尖、微弯曲似羊角或线形。辣味强,肉薄辣味强的主要供干制、盐制,辣味适中的主要供鲜食。产量较高,栽培最为普遍。我国著名的干辣椒如河南永城大羊角椒、陕西牛角椒、耀县线辣子、四川大荆条、二荆条、山西代县长辣椒、福建宁化牛角椒、云南邱北辣椒等均属这一类型。适合鲜食的长椒主要有湖南长牛角椒、伏地椒、杭州鸡爪椒、湘研30号、农大21号、早杂2号等。

2. 灯笼椒类

灯笼椒类又称柿子椒、甜椒。植株健壮而高大,叶片较大,卵圆或椭圆形。果实大,圆球或扁圆、椭圆、圆锤、柿子或钟形,先端凹陷,果面常具纵沟,果肉肥厚,味微辣带甜,主要适于鲜食。品种有上海茄门椒、中椒8号、朝研新6号、湘研8号、农大8号、甜杂3号等。

3. 樱桃椒类

株型中等,分枝性强,叶片中等,卵圆或椭圆形,先端渐尖。果实朝天或斜生,圆形或扁圆形,小如樱桃,呈红、紫或黄色。果肉薄,种子多,辣味强,主要制干辣椒或供观赏。品种如四川成都扣子椒、五色椒等。

4. 圆锥椒类

株型矮小,叶片中等,卵圆,果实较大、呈圆锥形或短圆柱形,果梗朝天或下垂,果肉较厚,辣味中等,适于鲜食。品种有成都二斧头、南京早椒、昆明牛角椒等。

5. 簇生椒类

枝条密生,叶片狭长,果实簇生,果梗朝天,果色深红,果肉薄,辣味强,主要供干制调味。主要品种有四川七星椒、陕西线椒、湖南朝天椒。

三、栽培季节与茬口安排

辣椒露地栽培季节主要有春露地、越夏及高山栽培。长江流域蔬菜三主作区是我国最大的辣椒产区,露地栽培一般11~12月份利用设施育苗,翌年3~4月份定植,5月下旬至10月中旬采收。华南地区多采用春露地或越夏栽培,春露地栽培于10~11月份育苗,翌年1~2月份定植,4~6月份采收;越夏栽培则于12月至翌年1月份育苗,2~3月份定植,5~9月份采收。

南方地区为克服7~9月份的高温干旱及台风暴雨，长江流域（海拔500~1200m的山区）、华南地区（海拔500m以上的山区）发展高山露地辣椒栽培，采收旺季7~9月份正值平原城镇辣椒秋淡时期，及时采收，对调节城市供应很有好处。干辣椒生产一般采用露地栽培。

设施栽培则主要有春提前、秋延后及越冬栽培。春提前栽培主要利用塑料大、中、小棚或日光温室进行春提前早熟栽培，初冬或中冬根据当地定植期确定播种期，进行设施育苗，春、夏季上市，正值春季蔬菜供应淡季，有较高经济效益；秋延后栽培主要利用塑料大棚或日光温室进行栽培，7~8月份播种，冬季上市；越冬栽培则利用保温性能良好的日光温室抵御冬季低温进行辣椒栽培，元旦和春节前上市，经济效益高。

【任务实施】

辣椒大棚春提早栽培

1. 生产计划方案制订与农资准备

根据生产规模及生产目标，制订详细的生产计划方案，搭建塑料大棚，准备相关的农业生产资料（种子、农膜、化肥、农药等）。

2. 品种选择

应选用株型紧凑、适于密植、耐低温、耐弱光、连续坐果能力强、丰产的早熟以及抗病性强、经济效益高的品种。如甜杂6号、中椒5号、翠玉甜椒、辣优10号、苏椒5号、湘研804等品种。

3. 培育壮苗

多利用塑料大棚或温室进行设施育苗，有时还利用电热或酿热温床提高地温，或利用穴盘或育苗盘进行无土育苗，近年利用嫁接育苗防止辣椒病害的技术也在推广。

（1）播前准备　选择三年未种过茄果类蔬菜的土壤做床土，整细整平，用50%多菌灵进行土壤消毒，也可将用量为 $5~7g/m^2$ 的金雷多米尔与苗床土壤均匀混合，对苗期立枯病和猝倒病有很好防治效果；底层撒上毒死蜱（乐斯本）等杀虫剂防治地下害虫。播种前将种子摊晒1~2天，特别是陈种子必须晒种；播前应进行温汤浸种，放入55~60℃的热水中烫种15min，再用35℃左右的温水继续浸泡2~3h；然后在28~30℃的温度条件下催芽，每天用温水淘洗1~2次，4~5天种子大部分"露白"时即可播种。

（2）播种　应根据品种特性、当地气候条件和设施条件确定定植期，再依据辣椒的适宜苗龄确定播种期，一般辣椒的适宜苗龄为90~100天，长江流域一般于10月上旬至12月上旬播种，华南地区多于12月份至翌年1月份播种。播种量为50~150g/亩，苗床播种为 $25~30g/m^2$。播前浇足底水，待底水渗下后用撒播法播种，播后覆盖1cm厚的湿润细土，再覆盖1层地膜保温保湿，出苗后及时揭去。当幼苗子叶平展以后要及时间苗，间苗后再行覆土护根；幼苗长至2~3片真叶时进行分苗，分苗密度为8cm×8cm，每穴2株。

（3）苗期管理　苗期应注意保温，白天温度为25~30℃，夜温保持在15℃以上，地温18~20℃，若地温低于16℃，生根缓慢，低于13℃，则停止生长，甚至死苗；定植前10天逐渐降低温度、适度控水，进行定植前的秧苗锻炼。出苗后应在保证温度条件的前提下，白天尽量揭膜以加强透光；分苗后的2~3天应适当遮阴，以免幼苗失水萎蔫；缓苗后应加强透光，白天尽量揭开棚膜，特别是阴天，只要温度适宜也要揭膜。苗床应保证充足的水分，但又不能过湿，若浇足底水一般在分苗前不用再浇水，若床面湿度大，可在床面撒草木灰。分苗后，若心叶开始生长可根据情况于晴天上午浇水，一次性浇足浇透，并根据秧苗生长情况，适当追施尿素、复合肥等化肥，浓度不宜超过0.3%。苗期主要病害有猝倒病、立枯病和灰霉病，可通过加强管理，如高温期间注意通风降温、减少浇水次数、防止低温和冷风等措施来防止病害发生，发现个别病株应立即拔除。幼苗出齐后50%多菌灵400倍液、75%百菌清600倍液等轮换进行喷药防治，每隔7~10天喷一次，连喷2~3次。

（4）嫁接育苗　辣椒嫁接育苗主要为防治疫病，此外对青枯病、枯萎病等土传病害也有防病增产效果。目前辣椒嫁接所用砧木有LS279、PFR-564、土佐绿B等抗病辣椒，也可用茄子嫁接用砧木，如托鲁巴姆、赤茄等。嫁接方式多采用劈接，将砧木从根部留2~3片真叶处横切断，再从横切面中间纵切 1cm 深的切口,接穗则从顶部留 2~3 片真叶,向下斜切成楔形,然后插入砧木切口,对齐后用嫁接夹固定。此外还可采用靠接或插接。

4. 整地定植

辣椒春提早栽培定植期越早越有利于早熟,获得高效益,一般大棚内 10cm 地温稳定在 12℃以上时即可定植,长江流域地区多于 3 月上中旬定植。无前茬的大棚,应在定植前 20~30 天扣棚烤地,提高地温;若有前作,则应在整地做畦后扣棚 2~3 天烤地,提温后定植。前茬采收后应及时深耕晒垡,结合整地,每亩施入腐熟的有机肥 5000~8000kg、过磷酸钙 50kg 及硫酸钾 30kg,或复合肥 70kg 作基肥。为方便农事操作、排灌,多做成畦面宽 1~1.2m、畦高 20~25cm、沟宽 40cm 的高畦并覆盖地膜,一般在定植前 20 天完成。

定植前 1 天苗床浇透水。定植密度为每畦定植 2 行,穴距 30~33cm,每穴 2 株。晴天时破膜开穴栽苗,定植深度应以苗坨与畦面相平为宜,栽后封严定植孔,并浇足定植水。

5. 田间管理

(1) 温度调节　定植后 5~6 天内不通风,保持较高温度,促进缓苗;缓苗后,适当通风,保持棚温白天 25~30℃、夜晚 18~20℃,地温 20℃左右。开花坐果期适温为白天 20~25℃、夜间 15~17℃,应有较大的通风量和较长通风时间,以提高坐果率。夏季高温期间应将棚膜四周揭开,保留棚顶薄膜起遮阴、降温和防雨作用。

(2) 浇水与中耕　定植缓苗后根据土壤墒情浇水,并中耕蹲苗。蹲苗期间应中耕 3 次,第一次宜浅,第二次宜深,第三次宜浅,结合中耕进行培土。蹲苗期间少浇水,若土壤干旱可浇一次小水。门椒坐住后,停止蹲苗开始大量浇水,保持土壤湿润,每隔 7 天浇一次水;结果盛期每隔 4~5 天浇一次。早春气温低宜在晴天上午浇水,浇水量不宜过大。浇水后以及阴天应适当通风排湿,棚内空气相对湿度保持在 70% 为宜。

(3) 追肥　辣椒为多次采收,生育期长,结果期应多次追肥。缓苗后至门椒坐果前,一般不轻易追肥,尤其忌偏施氮肥,若缺肥可每亩追施复合肥 10kg。一般门椒坐果后追第 1 次肥,每亩追施复合肥 20kg,此后结合浇水追肥,一般每采收 2 次追肥 1 次。盛果期还可叶面追施,每周喷 1 次 0.2%~0.3% 磷酸二氢钾。

(4) 植株调整　门椒坐果后,及时将分杈以下的叶及侧枝全部摘除。生长后期枝叶过密,应及时去掉下部的病、老、黄叶及采后的果枝。大棚辣椒生长旺盛,为防倒伏应在每行植株两侧拉铁丝或设立支架,并于封行前结合中耕除草在根际培土,厚 5~6cm。高温期植株结果部位上移,植株衰弱,花果易脱落,可采取剪枝更新措施,保证秋季多结果,将第三层果以上的枝条留 2 个节后剪去,使其重发新枝开花结果。

(5) 病虫害防治。辣椒常见病害有疫病、灰霉病、炭疽病、病毒病、叶斑病等,虫害主要有蚜虫、白粉虱、红蜘蛛、烟青虫等。防治应以预防为主,综合防治,如选用抗病品种,避免与茄科蔬菜连作,培育壮苗,加强排灌水、防止棚内湿度过高、及时清园等田间管理措施。疫病、灰霉病、炭疽病等真菌性病害可用扑海因、多菌灵、百菌清、代森锰锌、瑞毒霉锰锌、杀毒矾等杀菌剂防治;病毒病的防治应结合防蚜进行,发病初期可用病毒 A、植病灵乳剂、NS-83 增抗剂等药剂防治;利用微生物制剂如农用链霉素可防治青枯病、叶斑病。可用黄色黏虫板防蚜虫、白粉虱,或铺银灰膜或悬挂银灰膜条驱避蚜虫,或利用瓢虫、草蛉、蚜茧蜂等蚜虫的天敌防治;用糖醋液、黑光灯诱杀小地老虎;可利用赤眼蜂防治棉铃虫、烟青虫;可用炔螨特(克螨特)、三唑锡、噻螨酮(尼索朗)乳油等防治红蜘蛛。

6. 采收与销售

大棚春提早栽培辣椒主要是为了提早上市,应及时采收。青椒一般于开花后 25~30 天,即果肉变硬、果皮发亮时采收。门椒、对椒宜早采,长势弱的植株应早采,长势旺的可适当晚采。雨天不宜采摘,以减少发病。详细记录每次采收的产量与销售量和销售收入。

7. 栽培中常见问题及防治对策

辣椒栽培中常见问题是"落花、落果、落叶"现象(通称"三落"),影响辣椒的产量。其产生的主要原因是:一是温度过高或过低,是引起落花的主要原因。早春落花就是由于低温阴雨、光照不足等引起。二是栽培管理措施不当，如氮肥施用过多，植株徒长，或栽植过密，通风透光不良，以及氮、磷素营养缺乏等，常会引起落花、落果。三是栽培环境不利。如7～8月份遇高温、干旱，或过干过热后突遇雷雨，导致土壤水分失调，过干、过湿或涝渍均易引起落花、落果及落叶；大棚内通风不良且湿度过大时，辣椒花不能正常授粉也易脱落。四是病虫害的原因。辣椒病毒病、炭疽病、轮纹病（早疫病）等易引起落花落果；白星病、炭疽病、轮纹病、叶斑病及病毒病等易引起落叶；烟青虫、棉铃虫蛀果也易造成果实脱落。

防治对策：一是选用抗病、抗逆性（耐高温、低温等）强的优良品种；二是加强肥水管理，氮、磷、钾配合施肥，氮肥注意不能过多或过少；三是合理密植，及时整枝，设施栽培时加强通风排湿管理，保持良好的通风透光条件；四是早春低温季节应用激素处理，如用40～50mg/L的防落素（PCPA）喷花，可防止落花，提高早期产量；五是加强病虫害防治。

【效果评估】

1. 进行生产成本核算与效益评估，并填写表5-2。

表5-2 塑料大棚春提早辣椒栽培生产成本核算与效益评估

项目及内容	生产面积/m²	生产成本/元							折算成本/(元/亩)	销售收入/元	折算收入/(元/亩)
		合计	其中：							合计	
			种子	肥料	农药	架材	劳动力	其他			

2. 根据塑料大棚春提早辣椒栽培生产任务的实施过程，对照生产计划方案写出生产总结1份，应包含生产目标、生产进度安排、生产实施过程、生产效益评估、存在问题分析等内容。

【拓展提高】

一、早春露地辣椒栽培

春露地栽培一般于冬、春季播种育苗，晚霜过后定植，4～6月份开始采收，紧跟春提早辣椒上市；在夏季温度不很高的地区可越夏，于10月份拉秧下市。

1. 培育壮苗

南方各省应根据定植时期和气候情况确定播种时期，尽早播种，培育适龄壮苗，一般适宜苗龄为80～90天。

2. 整地做畦

整地施肥与春提早栽培相同。南方地区多雨，一般采用深沟高畦栽培，畦高20～25cm，沟宽33～40cm；畦宽1～1.2m，每畦2～3行。

3. 适期定植

晚霜过后及时定植，一般地表10cm土温稳定在15℃左右即可定植。采用地膜覆盖可提早5～8天上市。栽植密度应根据品种特性、土壤肥力及管理水平而定，株距26～35cm不等，定植密度为3000～5000株/亩。定植后浇定根水。

4. 田间管理

定植后坐果前应抓好促根、发秧，缓苗后及时追施一次提苗肥，每亩施尿素10kg。开花结果期应促秧、攻果，协调营养生长和生殖生长，门椒开花后到大部分门椒坐果前应控水，防止落花落果，门椒坐果后结束蹲苗，适当增加供肥量，并结合中耕除草培土一次；盛果期要加强水肥供应，每采收1次追肥1次，每亩施尿素10～20kg。雨季加强田间排水。门椒以下的侧枝和叶片应及时疏除，并插杆搭架防植株倒伏。病虫害防治同大棚春提早栽培。

二、辣椒温室无土栽培

辣椒温室栽培的经济效益好，面积逐年增加，是现代化温室栽培的重要果菜，但连作重茬时易发生土壤障碍,影响产量和品质,生产上可应用无土栽培克服。

1. 品种选择

温室栽培多为菜椒,主要是灯笼椒和长辣椒两大类型。目前设施专用的辣椒品种还不多,一般选用抗性强的品种,如中椒系列、湘研系列、苏椒5号、甜杂6号等,以及国外的Polka、Tasty、Nazurka等专用品种。

2. 栽培季节

无土栽培主要选择秋延后或越冬栽培,前一种茬口主要供应元旦、春节市场,后一种茬口可从12月份采收至翌年的6月份,均可获得较高的经济效益。

3. 育苗与定植

根据无土栽培方式可采用72孔穴盘育苗或营养钵育苗,育苗基质多选用混合基质,如草炭与珍珠岩1:1混合;若采用岩棉培或水培,可利用岩棉小方块或定植杯育苗。待幼苗具有4~6片真叶时即可定植,移栽时注意保护根系。辣椒无土栽培可选择有机基质培、岩棉培或深液流水培等形式。

4. 营养液管理

可采用日本山崎配方、园试通用配方。山崎配方的组成为:$Ca(NO_3)_2 \cdot 4H_2O$,354mg/L;KNO_3,607mg/L;$NH_4H_2PO_4$,96mg/L;$MgSO_4 \cdot 7H_2O$,185mg/L;微量元素一般选用通用配方。应注意及时供应营养液,辣椒对肥料的需求量比较大,每天保证循环3次,具体视基质及天气状况可以酌情增减;植株分杈开花后要加大浓度增加供液量。注意调整pH值不能超过6.5。水培要注意加强营养液的循环以补充氧。

三、干辣椒栽培

干辣椒是以采收成熟果实、干燥后作为调味用的辣椒,是外贸出口的重要农副产品之一。在湖南、湖北、四川、福建、广西、陕西等均有专门生产干辣椒的基地。

1. 品种选择

干辣椒有三个主要要求:一是果实颜色要鲜红,加工晒干后不褪色;二是要有较浓的辛辣味;三是干物质含量高,辣椒素含量丰富。主要栽培品种有四川的二荆条、陕西的线椒、云南的圆锥椒、广西的米椒、贵州的朝天椒等。

2. 栽培季节

主要为露地春栽或夏栽,长江中下游地区,多于11~12月份在简易设施条件下播种育苗,3~4月份定植;华南地区于12月至翌年1月份在塑料薄膜覆盖条件下播种育苗,2~3月份定植。

3. 定植密度

适当密植是干椒增产的重要措施之一,一般每穴2~3株,株距26cm左右。栽培方式可选择单作或间作。

4. 田间管理

干辣椒生长期较长,不能只靠基肥。在定植后到第一层花开放以前,要足肥、足水,促进分枝与开花结果,应增施磷、钾肥,一般每亩施有机肥2500kg、过磷酸钙25~50kg作基肥;处暑后应重施一次翻秋肥,一般每亩施复合肥20kg,促进翻秋花、结秋果。

5. 采收晾晒

果实采收的标准是:果实色泽深红,果皮皱缩。一般红熟一批及时采收一批。拉秧前7~10天可用1000倍乙烯利溶液喷洒植株,可使果实催红,增加红果率。采收后及时晾晒,防止出现霉变或"虎皮病"。一般昼晒夜收,达到充分干燥,含水量达到14%以下为宜。

【课外练习】
1. 调查辣椒生产上常见的栽培品种及种植模式。
2. 简述塑料大棚辣椒春提早栽培技术要点。
3. 试分析辣椒栽培过程中落花落果的原因,应如何防止?

任务三 茄子栽培

茄子别名落苏、酪酥、昆仑瓜，茄科茄属以浆果为产品的1年生草本植物。起源于亚洲东南热带地区，古印度为最早驯化地。茄子在公元4~5世纪传入中国，在我国栽培历史悠久，类型品种繁多，通常认为中国是茄子的第二起源地。茄子在全世界均有分布，以亚洲最多，欧洲次之。我国南北各地栽培普遍，是夏季主要蔬菜之一。茄子营养丰富，含有丰富的蛋白质、脂肪、碳水化合物、维生素以及钙、磷、铁等多种营养成分，其中含有的龙葵碱等生物碱和维生素P具有抗癌作用和保护心脑血管功能。

【任务描述】

四川成都某蔬菜生产基地现有100个蔬菜种植标准塑料大棚（长30m、宽8m、高3.2m），面积为24000m²，准备种早春番茄，要求在5月15日前后开始供应上市，产量达4000kg/亩以上。请据此制订生产计划，并安排生产及销售。

【任务分析】

按照生产过程完成生产任务：制订生产计划方案—准备生产所需的农资—确定播种期与播种量、苗床面积—整地做畦与确定定植时间—制订并实施田间管理技术方案—采收与采后处理、销售—效果评估。

【相关知识】

一、生物学特性

1. 植物学特征

茄子根系发达，吸收能力强。根系再生能力差，不定根发生能力较弱，在育苗移栽时应尽量带土定植，以免伤根。茎直立，木质化程度高。茎的颜色与果实、叶片的颜色有相关性。分枝习性为"双杈假轴分枝"（图5-4）。即主茎生长到一定节位后，顶芽变为花芽，花芽下的两个侧芽生成一对同样大小的分枝呈丫状延伸生长，为第一次分枝。分枝着生2~3片叶后，顶端又形成花芽和一对分枝，循环往复无限生长。每一次分枝结一次果实，按果实出现的先后顺序，习惯上称之为门茄、对茄、四门斗、八面风、满天星。单叶互生，叶形有圆形、长椭圆形和倒卵圆形，叶色一般为深绿色或紫绿色。两性花，一般单生。茄子第一朵花的着生节位高低与品种的熟性有关，一般早熟品种第一朵花出现在第5~6节，晚熟品种出现在第10~15节位。果实为浆果，形状、颜色因品种而异。老熟的种子一般为鲜黄色，形状扁平而圆，表面光滑，粒小而坚硬，千粒重4g左右，种子寿命4~5年。

图5-4 茄子的分枝结果习性
1—门茄；2—对茄；3—四门斗；4—八面风

2. 生长发育周期

分为发芽期、幼苗期、开花着果期和结果期4个时期。

（1）发芽期 从种子萌动至第一片真叶出现，一般需10~12天。

（2）幼苗期 从第一片真叶出现至门茄现蕾，需50~60天。一般情况下，茄子幼苗长到3~4片真叶、幼茎粗度达到0.2mm左右时，就开始花芽分化，分苗应在花芽分化前进行。长到5~6片叶时，就可现蕾。

（3）开花着果期 从门茄现蕾至门茄"瞪眼"，需10~15天。茄子果实基部近萼片处生长较快，此处的果实表面开始因萼片遮光而呈白色，等萼片长出见光2~3天后着色。其白色部分越宽，表示果实生长越快，这一部分称"茄眼睛"。在开始出现白色部分时，即为瞪眼开始，当白色部分很少时，表明果实已达到商品成熟期了。

(4) 结果期　从门茄"瞪眼"到拉秧。门茄到对茄，植株由旺盛的营养生长转向营养生长和生殖生长。对茄到四门斗，植株逐渐进入生长发育旺盛期，这一时期是产量和产值的主要形成期。八面风时期，果数虽多，但较小，产量开始下降。满天星时期植株开始衰老。

3. 对环境条件的要求

(1) 温度　茄子喜温暖不耐寒冷。植株生长发育适温白天28～32℃，晚上18～25℃。温度低于20℃，植株生长缓慢，授粉、受精及果实发育受阻。15℃以下出现落花落果。10℃以下植株新陈代谢紊乱，甚至停止生长。35℃以上高温会使植株呼吸加快，养分消耗多，果实生长缓慢，甚至产生僵果，高夜温影响更为显著。

(2) 光照　茄子对光照条件要求较高，光饱和点为40klx，补偿点为2klx。光照强或光照时数长，则植株生长旺盛，开花提前，花的质量高，果实品质好，产量高。光照弱或光照时数短，植株长势弱，中柱花和短柱花增多，果实着色不良，产量下降。

(3) 水分　茄子需水量大但不耐涝，适宜的土壤湿度为田间最大持水量的70%～80%，空气相对湿度超过80%易引发病害。茄子门茄坐住以前需水量较小，盛果期需水量大，采收后期需水少。

(4) 土壤及营养　茄子对土壤适应性较广，适宜土壤pH值为6.8～7.3。但在疏松肥沃、保水保肥力强、排水良好的沙壤土上生长最好。茄子需肥量大，尤以氮肥最多，其次是钾肥和磷肥。

二、类型与品种

按熟性早晚分为早熟种、中熟种、晚熟种；按颜色分为紫茄、红茄、白茄和绿茄；按果形分为圆茄、长茄和卵茄。

1. 圆茄

植株高大，叶大而厚，生长旺盛，果实为圆球形、扁球形或椭球形，果色有紫黑色、紫红色、绿色、绿白色等。圆茄肉质较紧密，单果重0.5～2kg。属北方生态型，大多为中、晚熟品种，多作露地栽培。主要品种有北京五叶茄、七叶茄、九叶茄、大红袍、天津大民茄、山东高唐紫圆茄、河南安阳紫圆茄、西安紫圆茄、辽茄1号、郎高等。

2. 长茄

植株高度及长势中等，叶较小而狭长。果实长棒状，有的品种可长达30cm以上，直径2.5～6cm。果皮较薄，肉质松软，种子较少。长茄属南方生态型，多为早、中熟品种，是我国茄子的主要类型。优良品种较多，如南京紫线茄、杭州红茄、徐州长茄、苏崎茄、成都墨茄、竹丝茄、武汉鳝鱼头、沈阳柳条青、北京线茄等。

3. 卵茄

植株低矮，茎叶细小，分枝多。果实卵圆或灯泡形，果色有紫色、白色和绿色，单果重100～300g。果皮较厚，种子较多，品质较差。多为早熟品种，抗逆性强，南北均有栽培。如北京灯泡茄、天津牛心茄、荷包茄等。

由于杂种一代茄子长势强，抗性好，产量高，栽培面积逐年增加。优良的品种有：湖南的湘茄系列、四川的蓉杂茄系列、重庆的渝早茄系、浙江的杭茄系列、湖北的华茄1号、龙茄、紫龙茄，江苏的苏崎茄、福建的闽茄一号、台湾的农友长茄、新娘等。

三、栽培季节与茬口安排

茄子对光周期要求不严，只要温度适宜，四季均可栽培。长江流域可进行春提早栽培、露地栽培和秋延后栽培。由于茄子耐热性较强，夏季供应时间较长，成为许多地方填补夏秋淡季的重要蔬菜。华南无霜区，可常年露地栽培。云贵高原由于低纬度、高海拔的地形特点，无炎热夏季，适合茄子生长的季节长，许多地方可以越冬栽培。

【任务实施】

茄子大棚春提早栽培

1. 生产计划方案制订与农资准备

根据生产规模及生产目标，制订详细的生产计划方案，搭建塑料大棚，准备相关的农业生产资料（种子、农膜、化肥、农药等）。

2. 品种选择

选择耐低温和弱光、抗病性强、植株长势中等、开张度小、适合密植的早熟或中早熟品种。优良品种有杭茄1号、湘茄、蓉杂茄、渝早茄、粤丰紫红茄、苏崎茄等。

3. 培育壮苗

(1) 播种时期　大棚早春栽培需在保护地中育苗，苗龄90~100天，以此可推算播种时期。播种过早，茄苗易老化，影响产量；播种过晚，上市时间延迟。长江流域10月份播种，华南地区9~10月份播种，华北地区12上旬至翌年1月上旬播种。

(2) 播种方法　精选种子并适当晒种。用55℃温水浸泡15min，待水温降至室温后再浸泡10h左右。也可用50%多菌灵1000倍液浸种20min，或0.2%高锰酸钾浸种10min，或100倍液福尔马林浸种10min。将种子用湿纱布包好，放于28~30℃的条件下催芽。若对种子进行变温处理，即每天25~30℃高温16h，15~16℃低温8h，则出芽整齐、粗壮。2/3的种子露白时即可播种。播种前搭建好大棚，平整播种苗床，浇足底水，水渗透后薄撒一层细土。把种子均匀撒播床面，1m² 苗床用种5~8g。播后覆盖1cm细土或砻糠灰，稍加镇压，再覆盖地膜，以提高地温，加快出苗。

(3) 苗期管理　出苗前棚内保持日温25~30℃、夜温15~18℃。出苗后及时撤掉地膜，适当降低棚内温度，以防止幼苗徒长，白天保持20~25℃、晚上14~16℃，超过28℃要及时放风。2~3片真叶期分苗至营养钵。分苗后保温保湿4~5天以利缓苗。后期控制浇水。定植前7~10天逐渐加大通风量，降温排湿，进行低温锻炼，夜温可至12℃左右。壮苗的标准是：茎粗，节间短，有9~10片真叶，叶片大，颜色浓绿，大部分显蕾。

(4) 嫁接育苗　利用嫁接苗栽培可大大减轻茄子黄萎病、枯萎病、青枯病、根结线虫病等土传病害的发生，同时可增强抗性，提高产量和品质。生产中可选择托鲁巴姆、托托斯加、红茄等做砧木，多采用劈接法和斜切接法进行嫁接。劈接法是在砧木6~8片真叶时，切去两片真叶以上部分，在茎中垂直竖切1.2cm左右深的切口；接穗5~7片真叶时，取2~3片真叶以上部分，削成楔形后插入砧木切口，对齐后用嫁接夹固定。斜切接法的嫁接苗龄与劈接法相同，在砧木第2片真叶的上部节间斜削成长1~1.5cm、呈30°角的斜面，去掉以上部分；接穗取2~3片真叶以上部分，削成与砧木斜面形状和面积相同但方向相反的斜面，把2个斜面迅速对齐贴紧，用嫁接夹固定。

4. 整地施肥

选择保水保肥、排灌良好的土壤。茄子连作时黄萎病等病害严重，应实行5年轮作。茄子耐肥，要重施基肥，结合翻地，1hm² 施腐熟有机肥75000kg、磷肥750kg、钾肥300kg，耙平后做包沟1.2m宽的小高畦。

5. 定植

茄子喜温，定植时要求棚内温度相对稳定在10℃以上，10cm地温不低于12℃。长江中、下游地区采用大棚＋小拱棚＋地膜覆盖栽培时，11~12月份定植；大棚加地膜覆盖，2月份定植；小棚加地膜覆盖，3月上旬定植。选择寒尾暖头的天气定植，按照品种特性和栽培方式确定密度，一般采取宽窄行定植，每畦栽2行，大行70cm，小行50cm，株距35cm左右。栽植宜采用暗水定植法，地膜覆盖的要求地膜要拉紧铺平，定植孔和膜边要用泥土封严。

6. 田间管理

(1) 温光调节　定植后一周内，要以闭棚保温为主，促进缓苗。缓苗后，白天温度保持在25~30℃，夜间15~20℃，以促发新根，晴天棚内温度超过30℃时，要及时通风，降温排湿。开花结果期，白天棚温不宜超过30℃，夜间在18℃左右。以后随外界温度的升高，加大通风量和延长通风时间。根据当地温度适时撤掉小棚。当气温稳定在15℃以上时应将围裙幕卷起，昼夜通风。南方早春季节阴雨天气较多，光照相对不足，应在晴天或中午温度较高时，部分或全部揭开小棚，增加光照。保持棚膜清洁干净，及时更换透光不好的棚膜。

(2) 肥水管理　茄子定植后气温较低，缓苗后可浇一次小水。门茄开花前适当控水蹲苗，提高地温，促进根系生长。门茄瞪眼后，逐渐加大浇水量。浇水应选择晴天上午进行，最好采用膜下暗灌，浇水后适当放风，以降低棚内空气湿度。茄子盛果期蒸腾旺盛，需水量大，一般隔7～8天浇1次水，保持土壤充分湿润。

茄子喜肥耐肥。缓苗后施1次提苗肥，$1hm^2$施尿素112.5kg或腐熟粪肥15000kg兑水施入。开花前一般不施肥。门茄"瞪眼"后结束蹲苗，结合浇水$1hm^2$追施尿素150～225kg。对茄采收后，$1hm^2$追施磷酸二铵225kg、硫酸钾150kg或三元复合肥375kg。以后根据植株生长情况适当追肥，一般可隔水补施氮肥。化肥与腐熟有机肥交替使用效果更佳。生长期内叶面交替喷洒0.2%尿素和0.3%的磷酸二氢钾，可提高产量。

（3）植株调整　大棚内植株密度大，枝叶茂盛，整枝摘叶有利于通风透光，减少病害，提高坐果，改善品质。门茄开花后，花蕾下面留1片叶，再下面的叶片全部打掉；对茄坐果后，除去门茄以下侧枝；四门斗4～5cm大小时，除去对茄以下老叶、黄叶、病叶及过密的叶和纤细枝。早春低温和弱照易引起茄子落花和果实畸形，利用40～50mg/L的PCPA喷花或涂抹花萼和花瓣可进行有效防止。

（4）病虫害防治　茄子的主要病害有立枯病、绵疫病、灰霉病、黄萎病、褐纹病等。主要虫害有红蜘蛛、茶黄螨等。可用福美双、百菌清、杀毒矾等防治立枯病、绵疫病；用速克灵、百菌清等防治灰霉病；用甲基硫菌灵、多菌灵等防治黄萎病、褐纹病。可用克螨特、三唑锡、尼索朗乳油等防治红蜘蛛、茶黄螨。

7．采收

在适宜温度条件下，果实生长15天左右达到商品成熟。果实的采收标准是根据宿留萼片与果实相连部位的白色环状带（俗称"茄眼睛"）宽窄来判断，若环状带宽，表示果实生长快，花青素来不及形成，果实嫩；环状带不明显，表示果实生长转慢，要及时采收。采收时间最好是早晨，其次是下午或傍晚，中午含水量低，品质差。采收时最好用剪刀采收，防止折断枝条或拉掉果柄。

8．栽培中常见问题及防治对策

早春茄子由于受低温等环境条件的影响，容易落花或形成畸形果，严重影响产量和品质。

造成落花或畸形果的原因：一是环境条件。早春长期弱光或苗期夜温过高易形成短柱花，土壤干旱、空气干燥使花发育受阻，空气湿度过大且持续时间长影响授粉等均可导致落花。二是营养因素。营养不足，植株长势弱，花小，花柱短易落花；营养过旺，植株徒长易落花。三是激素处理。处理时间过晚、浓度过大或处理时温度过高易形成畸形果。

防止落花或畸形果的措施：一是改善环境条件。保持棚膜清洁以增加透光率，早揭晚盖草苫以尽量延长光照时间，地膜覆盖以增加近地面光照，人工补光；适当浇水以保持土壤和空气湿润，浇水后适当放风以降低棚内空气湿度。二是加强水肥管理，保证养分充足供应，使植株生长健壮而又不贪青徒长。三是激素处理应在开花当天或提前1～2天进行，PCPA（防落素）的浓度以40～50mg/L为宜，低温下用高浓度，温度高时降低浓度。

【效果评估】

1．进行生产成本核算与效益评估，并填写表5-3。

表5-3　塑料大棚春茄子栽培生产成本核算与效益评估

项目及内容	生产面积/m²	生产成本/元							折算成本/(元/亩)	销售收入/元	折算收入/(元/亩)
		合计	其中：							合计	
			种子	肥料	农药	架材	劳动力	其他			

2．根据塑料大棚春茄子生产任务的实施过程，对照生产计划方案写出生产总结1份，应包含生产目标、生产进度安排、生产实施过程、生产效益评估以及存在问题分析等内容。

【拓展提高】

一、茄子早春露地栽培

1. 品种选择

选用商品性好、抗寒抗病性强、丰产稳产、耐弱光、适于密植和品质优良的品种。

2. 育苗及栽培方式

露地茄子一般采用电热线育苗，在1月中下旬播种育苗，3月下旬定植，5月下旬开始收获。

3. 适时定植

待气温相对稳定在10℃以上、10cm地温稳定在12℃以上时定植。定植前施足底肥。株行距因品种而异，一般早熟品种为40cm×50cm、中晚熟品种为（40～50）cm×（60～70）cm。品字形交错定植，亩栽2500～3000株。定植后浇定根水。

4. 田间管理

及时浇缓苗水，深中耕1～2次后控水蹲苗。门茄膨大时开始追肥浇水，1hm^{2}施尿素225kg、硫酸钾150kg。以后每7～10天浇一次水，追肥3～4次。追肥应多施氮肥、增施磷钾肥，同时配合有机肥。门茄坐果后打去基部侧枝，门茄采收后摘除下部老叶。

二、茄子秋延后栽培

1. 适时育苗

6～7月份播种，播种后覆盖一层稻草保湿，用遮阳网遮阴降温，以防雨水冲刷和太阳曝晒。幼苗顶土后，轻轻揭开稻草，早晚揭去遮阳网，中午用遮阳网遮阴。直至幼苗长至3片真叶时取掉遮阳网，浇一次淡粪水。一般苗龄20～25天便可定植。定植前7天左右，苗床施肥，施一次杀虫、防病混合药液。

2. 整地定植

整地时每亩施入腐熟的猪牛粪1000kg，同时可撒施过磷酸钙50kg作底肥。整地做畦时，按窄沟高厢整地。一般畦宽（包沟）1.2m栽两行，株距40～50cm。定植时应选择晴天傍晚进行，尽量多带土移栽。移栽深度以子叶与畦面平为准，定植后及时浇定根水。

3. 肥水管理

植株成活后，每半月追肥一次，每亩用尿素10kg、硫酸钾5kg兑水浇根。盛果期植株容易出现早衰，除追施速效肥外，还可进行根外追肥，一般用0.3%～0.5%的尿素加0.1%的磷酸二氢钾混合液进行叶面喷施。应注意灌溉防旱和排水防涝，灌水前掌握天气情况，可沟灌浸水或采用淋浇，但不可漫灌。如遇大雨、暴雨应及时排水。

4. 整枝摘叶

将门茄以下生长最旺盛的2～3条分枝保留，其余侧枝、腋芽尽早抹除，以减少养分消耗。植株封行后，基部老叶、病叶应分次摘除，以利通风透光。结果后期要及时摘心，使全部养分集中催果，以提高后期果实的商品性。

5. 适时扣棚

进入10月份，随着气温下降，要及时覆盖塑料薄膜。扣棚后，要注意通风排湿，以利开花结果。一般8月上旬至9月上旬始收，可采收至11～12月。

6. 病虫害防治

秋延后茄子栽培由于生长前期气温比较高，湿度较大，容易发生疫病、炭疽病、霜霉病、红蜘蛛、烟青虫，后期干燥易发生锈病、白粉病。应根据发病规律及早做好预防措施。

7. 采收

茄子应适时提早采收，以促进上面果实迅速膨大，提高坐果率。第二层果（对茄）以后的采收，应根据市场行情和"茄眼"的大小适时采收，以求获得高产量。

8. 老株再生栽培技术

立秋前后，气候炎热，茄子已进入衰老期，茄子的产量和商品性降低。可利用残桩进行秋延后再生栽培。其方法是：晴天下午将植株第一分枝留8cm短截，用百菌清等药液处理伤口。清洁田园，及时中耕松土，追施速效肥料，大约10天即可发出新枝，每株留4～5个长成再生果的果枝。新枝大约在12～15cm长时现花蕾，再过15～20天即可采收。长江流域前期需加盖遮阳网，后期要覆盖塑料薄膜。

【课外练习】

1. 茄子分枝、着花与结果有什么规律？
2. 茄子生产中出现畸形果的原因是什么？应如何防止？
3. 简述秋延后茄子栽培技术要点。
4. 选择适合进行再生栽培的茄子植株，分别进行上部再生、中部再生、下部再生处理，每方法处理各2株（以不处理株为对照）。处理后15天、30天、45天，分别调查再生株与对照株的新生分枝数、结果数、单果重等。并比较不同再生方法的优缺点。

项目六　瓜类蔬菜栽培

【知识目标】
1. 了解瓜类蔬菜的主要种类、生育共性及栽培共性；
2. 掌握黄瓜、西瓜、冬瓜、甜瓜等主要瓜类蔬菜的生物学特性、品种类型、栽培季节与茬口安排等；
3. 掌握黄瓜、西瓜、冬瓜、甜瓜的栽培管理知识及栽培过程中的常见问题和防止对策。

【能力目标】
1. 能制订瓜类蔬菜（黄瓜、苦瓜、南瓜）生产计划方案；
2. 能掌握塑料大棚春黄瓜与秋黄瓜栽培技术关键；
3. 能掌握礼品小西瓜拱棚早熟爬地栽培以及夏秋栽培技术要领；
4. 能熟练掌握地冬瓜、棚冬瓜、架冬瓜栽培的不同植株调整技术；
5. 能识别中国南瓜、西葫芦、笋瓜、黑籽南瓜和灰籽南瓜等五个种的种子与幼苗、成株与果实，掌握西葫芦与笋瓜小拱棚春早熟栽培技术要领；
6. 能分析瓜类蔬菜生产过程中常见问题发生的原因并提出解决措施；
7. 能进行瓜类蔬菜（黄瓜、苦瓜、南瓜）生产效果评估。

瓜类是葫芦科中以果实供食用的栽培植物的总称。在植物分类上主要包括南瓜属、丝瓜属、冬瓜属、葫芦属、西瓜属、甜瓜属、佛手瓜属、栝楼属、苦瓜属共9个属。在我国栽培的种类较多，其中主要有黄瓜、南瓜、冬瓜、丝瓜、西瓜、甜瓜、苦瓜、蛇瓜等。

瓜类蔬菜大多为一年生草本、蔓性植物（佛手瓜为多年生），茎长，有节，节上长有卷须。叶片大，单叶互生，叶柄较长。主蔓的每一个叶腋抽生侧蔓（子蔓），侧蔓又能发生侧蔓（孙蔓）。均为雌雄同株异花植物，其雌花为子房下位，和子房壁一起发育成果实。苗期适当的低温可促雌花形成，从而提高产量。

瓜类蔬菜性喜温暖，不耐寒冷。生长适宜温度为20～30℃，15℃以下生长不良，10℃以下生长停止，5℃以下开始受害。除黄瓜外，其他种类均具有发达的根系，但根的再生能力弱。幼苗经过移栽后，缓苗期长，所以通常采用直播；若育苗移栽，需采用护根措施。

按照瓜类蔬菜结果习性的不同一般可分成三类：第一类是以主蔓结果为主，如早熟黄瓜、西葫芦等；第二类是以侧蔓结果为主，如甜瓜、瓠瓜等；第三类是主蔓和侧蔓都能结果良好，如冬瓜、南瓜、西瓜、丝瓜、苦瓜等。

任务一　黄 瓜 栽 培

黄瓜以幼嫩果实供食用，是南方地区进行保护地栽培及露地栽培的主要蔬菜，也是春夏提早及秋冬延后的主栽瓜类之一。由于塑料大棚设施栽培技术的普及与推广，有力地推动了黄瓜杂种优势利用研究及春提早和秋延后栽培技术的发展，在不同生产季节里，采用不同生态型品种，实现了黄瓜周年生产，从4月至翌年1月收获，对丰富春淡季、秋淡季和冬季市场蔬菜供应起到了重要作用。

【任务描述】
湖南长沙某农业科技示范园现有面积为30000m² 的塑料大棚，今年准备利用其中的

10000m² 生产春黄瓜，要求在 4 月中下旬开始供应上市，产量达 4000kg/亩以上。请据此制订生产计划，并安排生产及销售。

【任务分析】

按照生产过程完成生产任务：制订生产计划方案—播种与育苗—整地做畦与定植—田间管理—采收与采后处理、销售—效果评估。

【相关知识】

一、生物学特性

1. 植物学特征

黄瓜根系不发达，主要根群分布在 20～30cm 的耕作层内。茎蔓生，茎节长有卷须。叶互生，心脏状五角形，大而薄，蒸腾力强。栽培品种多为雌雄同株异花，雄花簇生，雌花单生，靠昆虫传播花粉，亦可单性结实。性型分化上，一般主蔓先开雄花，后开雌花；侧蔓先开雌花，后开雄花。果实为假浆果，又叫瓠果，棍棒形或圆筒形，长短各异，大小不一。果皮深绿色、绿色、浅绿色或黄白色；刺毛黑色或白色，刺瘤突起明显或表皮光滑。种子黄白色，千粒重 20～30g。从授粉到采收种瓜约 30～40 天，无生理休眠期。种瓜采摘后需后熟 5～7 天剖瓜，隔夜发酵再清洗种子。种子寿命，放在干燥器内贮存发芽力可保持 10 年，一般室内贮存 3 年以后，发芽率逐渐降低。生产上多用隔年的种子。

2. 对环境条件的要求

（1）温度 黄瓜喜温怕寒，生长的适温为 20～30℃，低于 10℃ 或高于 40℃ 则停止生长。但空气湿度大时，对高温的忍受能力亦大。一般 5℃ 以下，遭受寒害，但经过低温锻炼的幼苗可以短期忍受 2～3℃ 的低温。黄瓜对地温的要求也很敏感，根系生长的起点地温为 15℃，适宜地温为 25℃，低于 8℃ 或高于 38℃ 伸长停止。但以黑籽南瓜为砧木嫁接的黄瓜苗却仍能正常生长，对较低地温的适应性强。

（2）光照 黄瓜是瓜类蔬菜中最耐弱光的作物，适于温室和大棚设施栽培。幼苗期，在低温和 8～10h 短日照条件下，有利于雌花的分化形成，促使提早开花结果。开花结果期，若阴雨天过多，阳光过于减弱时，落花和化瓜现象严重。

（3）水分 黄瓜喜湿怕涝，不耐干旱。对空气湿度和土壤湿度都有较高的要求，也因不同的生育时期有所差异。生长发育的最适空气相对湿度为白天 80%，夜间 90%；土壤湿度为田间最大持水量的 70%～90%，故有"天晴的苋菜，落雨的黄瓜"之称。

（4）气体 黄瓜根系的有氧呼吸能力较强，如果土壤积水板结，将妨碍根系活动，并促发病害和提早衰亡。大棚黄瓜生产中进行 CO_2 施肥，可以大幅度提高产量和改善品质。

（5）土壤及营养 黄瓜适应在有机质丰富、疏松透气、保水保肥、能灌能排的壤土中栽培，土壤酸碱度以 pH5.5～7.2 为宜。黄瓜对营养的吸收，以钾最多，氮次之，钙、磷、镁再次之，"五要素"在整个生育期内必须配合施用，特别是结果期需要大量的肥料。每采收 1～2 次后，必须及时追施肥水。应注意施肥的浓度，浓度过高容易发生烧根。

二、类型与品种

分为华南生态型和华北生态型两种类型。

1. 华南生态型

包括华南地方品种及品种间或以其为亲本的杂交一代新品种。如适合设施春提早栽培黄瓜品种：湘黄瓜 2 号、湘黄瓜 3 号、蔬研三号 F1、蔬研白绿 F1、粤秀青瓜等。

2. 华北生态型

包括华北地方品种及品种间杂交一代新品种，是南方地区黄瓜夏秋露地栽培和秋冬大棚延后栽培的主要品种来源。如适合设施春提早栽培黄瓜品种：中农 4 号、中农 5 号、中农 7 号、中农 9 号、中农 12 号、中农 201、中农 202、中农 203、津杂 1 号、津杂 2 号、津杂 4 号、农大 12 号、碧春、津春 1 号、津春 2 号、津美 1 号、津优 1 号、津优 2 号、津优 5 号、津优 10 号、大棚黄瓜新组合 39、保护地黄瓜新组合 507；适合设施秋延后栽培黄瓜品种：中农 8 号、京旭 2 号、农大秋棚1号、津杂3号、津春2号、津春4号、津优1号、津优5号、大棚黄瓜新组合39、津优10号；适合夏秋露地栽培的津研4号等。

三、栽培季节与茬口安排

南方各省无霜期长，黄瓜在露地栽培生长的时期一般可以长达8个月左右。所以，可以利用不同的品种错开播种，进行三次栽培，即所谓的春黄瓜、夏黄瓜、秋黄瓜。广东、海南等地还可进行冬季栽培。

若利用塑料大棚进行春提早栽培，长江流域春黄瓜的播种时间以1月中下旬为宜，3月上旬定植，4月上旬至6月中旬收获；秋延后栽培一般采用直播，于8月下旬至9月上旬播种，10月上旬开始收获，11月下旬拉秧。

【任务实施】

塑料大棚春黄瓜栽培技术

1. 生产计划方案制订与农资准备

根据生产规模及生产目标，制订详细的生产计划方案，搭建塑料大棚，准备相关的农业生产资料（种子、农膜、化肥、农药等）。

2. 育苗

（1）品种选择 应具备耐低温、抗病、雌花节位低、节成性好、产量高等特性，并符合当地消费习惯的品种。以湖南为例，适合栽培的品种有湘春2号、湘春3号、湘黄瓜3号，也可采用津杂1号、津杂2号等品种。

（2）催芽、播种和移植 用清洁的小盆装入种子体积5倍的55℃热水，把种子放入水中，用小木棍搅动，水温降至30℃时停止搅动，再浸泡4~6h，切开种子不见干心即可出水。用清水漂洗几遍，然后用纱布或毛巾包好，放在25~28℃处催芽。

为了增强幼苗的抗逆性，最好在种子刚刚萌动、胚尚未露出种皮时放在-2℃处冷冻2~3h，再用清水缓冻。重新催芽，即先给予20℃的温度，1~2h后提高至25~28℃，胚根露出种皮时降到20~23℃。

为了防止定植时伤根，应进行营养钵育苗。方法是利用沙箱或温床铺8~10cm厚细沙，把刚出小芽的黄瓜种子铺在细沙上，盖细沙2cm，浇透水，保持25~30℃，细沙的表面见干时补充水分，3~4天两片子叶展开即可移植。

（3）苗期管理 黄瓜两片子叶展开后，生长最快的部分是根系，最容易徒长的部分是下胚轴。在白天25~30℃、夜间13~15℃、白天光照充足、水分适宜的条件下，下胚轴高度3~4cm，两片子叶开始呈75°角展开，温、光、水、肥条件适宜，两片子叶肥厚，色浓绿，边缘略向上翘，呈匙形。夜间温度高，昼夜温差小，水分充足，则下胚轴伸长，子叶大而薄，呈圆形，色淡绿，属于徒长型，光照不足更为严重。

黄瓜要求土壤湿度85%~95%，空气相对湿度白天80%，夜间90%。如果土壤水分充足，空气湿度即使下降到50%也无大碍，因为对空气干燥的抵抗能力随土壤湿度的提高而增强。在育苗阶段既要满足秧苗对水分的需求，又要降低空气湿度，才能保证正常生长，防止病害发生。为防治黄瓜枯萎病的发生，可用云南黑子南瓜作砧木进行嫁接，采用靠接和插接。

黄瓜定植前5~7天要进行低温炼苗。加大放风量，夜间气温降至8~10℃，而且1~2次5℃左右的短时间低温。

黄瓜苗龄因育苗设施不同而异。利用电热温床等育苗技术，苗龄较短，一般为30~35天，而利用冷床育苗约为45~50天，有的地区长达50~60天。

3. 定植

（1）定植时期 确定定植期的主要依据是大棚的地温和气温，当棚内土壤5cm处的地温稳定通过10℃、最低气温高于5℃时即可定植。根据经验，可按本地终霜期向前推20天左右，即为适宜定植期。定植前20~30天，应扣棚提高地温。

（2）整地施基肥 深翻20cm以上，施农家肥5000~6000kg/亩。先将2/3的基肥撒施后再深翻，耙平后做成宽 1～1.2m 的畦，畦面开深沟，把 1/3 的基肥施入沟中，准备栽苗。

(3) 定植方法 1m 宽的畦栽单行或隔畦栽双行，空畦套作耐寒的叶菜类，黄瓜株距 17cm，栽苗大约 4000 株/亩。另一种是 1.2m 畦，两畦栽三行，即单行、双行重复排列，株距 20cm，栽苗大约 4000 株/亩。据研究，3000 株/亩时产量最高，而经济效益则是 4000 株/亩的最好。

4. 田间管理

(1) 缓苗期管理 定植一周内要密闭保温，中午棚温不超过 28℃ 不放风，地温最低要保持 12℃ 以上，以利于发生新根。遇到寒潮可在畦面扣小棚，或在大棚四周盖草帘。

(2) 初花期管理 从缓苗到根瓜坐稳为初花期。此期主要是控秧促根，控制浇水和实行大温差管理，防止地上部分徒长，促进根系发育。若土壤过度干燥也应浇小水，但基本不追肥。白天控制温度 25～30℃，午后棚温降至 20～25℃ 时盖膜，夜间保持 10～13℃。

根瓜开始伸长时追施肥水，施腐熟粪水 500kg/亩或硝酸铵 15kg/亩，也可施硫酸铵 20kg/亩，对水泼浇。施肥后要加大放风量，排除棚内的湿气。表土干湿适宜时松土培垄。

(3) 结果期管理 进入结果期外界温度已升高，光照较强，正是促进植物生长发育、夺取高产的关键时期。一般 5～7 天浇一次水，每次浇水同时结合追施少量化肥，硫酸铵 20kg 或硝酸铵 15kg/亩。加强放风、排湿、减少叶片结露时间，白天相对湿度控制在 65% 左右，夜间不超过 85%。盛果期可进行根外追肥，常用尿素、磷酸二氢钾等混合液，浓度为 0.3%～0.5%。

放风是大棚春黄瓜的关键技术，不但晴天的白天要放风，阴天和连阴天也要进行短时间放风。夜间外温达 12℃ 以上时昼夜放风，外温达 15℃ 以上时撤下底脚围裙。

植株长到 25 片叶摘心，促进回头瓜的着生。下部老叶、黄叶和病叶要及时摘除。

5. 采收与销售

根瓜应尽量提早采收。初果期 2～3 天采收一次，盛果期每天早晨采收一次，严格掌握采收标准，避免漏采。采收后及时销售，并详细记录每次采收的产量、销售量及销售收入。

6. 栽培中常见问题及防治对策

春黄瓜栽培中的常见问题是早期化瓜现象。黄瓜的雌花不继续生长发育，逐渐变黄而萎缩干枯，就叫化瓜。其发生的主要原因是：品种单性结实差；栽培密度过大；温度过低或过高；连续阴雨天，昼夜温差小；水分、肥料供应不足等。防治措施：一是选择单性结实好的优良品种，如长春密刺、新泰密刺等；二是保持白天温度在 20～35℃，夜间温度在 10～20℃；三是加强水肥管理，及时整枝引蔓，改善通风透光条件。

【效果评估】

1. 进行生产成本核算与效益评估，并填写表 6-1。

表 6-1 塑料大棚春黄瓜栽培生产成本核算与效益评估

项目及内容	生产面积/m²	生产成本/元							折算成本/(元/亩)	销售收入/元	折算收入/(元/亩)
		合计	其中：							合计	
			种子	肥料	农药	架材	劳动力	其他			

2. 根据塑料大棚春黄瓜栽培生产任务的实施过程，对照生产计划方案写出生产总结 1 份，应包含生产目标、生产进度安排、生产实施过程、生产效益评估以及存在问题分析等内容。

【拓展提高】

塑料大棚秋黄瓜栽培

1. 品种选择

秋季延后栽培，其气候特点是前期高温多雨，后期低温寒冷。栽培目的是在晚秋和霜后给市场提供产品，不强调早期产量。对品种的要求是抗病、生长势强、丰产、苗期较耐热。适合大棚秋季栽培的品种有津研 2 号、津研 7 号、湘春 7 号等。

2. 培育壮苗

(1) 播种期的确定　由于育苗期正值高温，苗龄不宜太长，一般20～25天即可。具体播种期大约定在霜前80～85天。湖南省一般在8月下旬至9月上旬播种，10月中旬至12月下旬收获，生育期100～120天，采收期60～70天，每亩产量4000～5000kg。

(2) 苗床准备　可用纸袋、塑料袋和营养土育苗，所不同的是延后栽培育苗期温度高，秧苗生长快，易徒长和感病，培育壮苗比早春育苗困难。苗床应选在排水良好的地势高处，并应有一定的遮光避雨条件。

(3) 播种及苗期管理　播前进行催芽和种子消毒，播后2天苗即可出齐。为防止高温，中午前后要遮阴。子叶充分展开后开始松土，每2～3天一次。为了促进雌花形成，在两片真叶展开后喷200mg/L乙烯利，一星期后再喷一次。

3. 定植

前作要及时罢园，清除残株杂草，并且每亩施农家肥5000kg，深翻细耙，做成1～1.2m宽的畦。具体栽培期为霜前55天至霜后25天，整个延后栽培天数为80天左右（不包括育苗期）。霜前55～60天即为延后栽培的定植期。

秋季延后栽培，由于后期急骤降温，往往提早在中期采完后罢园，故定植密度要适当加大，以6000株/亩左右为宜。

4. 定植后管理

(1) 温湿度管理　定植后至根瓜采收为25天左右，此时温度高、光照强，管理上以降温为主。有遮阴条件的，每天中午前后要进行遮阴，坚持大通风，同时放底风、肩风及开天窗。根瓜采收至霜降，棚内由高温逐渐转入温湿度较为适宜，这段时间大约30天，此期管理要点是白天放风降温，夜间开始闭棚保温，白天棚温保持25～30℃、夜间15～18℃。渐进霜期，外界气温明显下降，夜间温度低于15℃，此时要注意夜间防寒保温。为了维持夜间较高的温度，白天放风起止的温度要提高25～28℃，使棚内夜间气温保持在15～18℃。霜降以后，此期管理要点是保温防寒，棚膜要严密封闭，防止外界冷空气侵入。

(2) 水肥管理　定植后到根瓜伸腰前要控制肥水，一般不干不浇水。从结瓜到盛瓜期，既是植株生长旺盛期，也是气候条件最适宜期，此期要加强肥、水管理，每5天浇1次水，浇1次水追1次肥，以腐熟的人粪尿为好，也可以追施化肥，每次每亩用量15kg左右，连续追施3次。霜降过后，生长逐渐转弱，对肥水需要也逐渐减少，此期大棚已严密封闭，一般不再追肥，不干不浇水，可每隔5天进行1次叶面追肥。

(3) 植株调整　除了正常的搭架、绑蔓、去卷须外，大棚延后栽培还有三项新措施。

① 引蔓　为了减少遮阴，节省架材及充分利用空间，可用白色塑料绳"吊蔓法"代替竹架"绑蔓法"。即在大棚骨架上顺栽植行向各拉一根铁丝，按穴距由上至下系一根吊绳连接在黄瓜根茎部，或用小木扦或用铁丝固定。引蔓时，按逆时针方向转动藤蔓，用塑料绳缠绕拉伸即可。

② 摘心　一是当主蔓长到快要接触棚膜时进行摘心，既可以防止茎尖触膜受冻，又可以打破顶端优势，控藤促瓜，多结"回头瓜"。二是侧蔓留一瓜与一叶后进行摘心，可以显著地增加产量。

③ 打叶　及时摘除植株下部的老黄叶和病残叶，可以减少营养消耗，改善通风透光条件。

5. 采收与销售

根瓜要适时采收，延迟会影响瓜秧的生长和第二条瓜的伸长。第一条瓜采收后可短期贮藏再上市。第二、第三条瓜对秋季延后栽培来讲已进入盛果期，可适当推迟采收。一般延后栽培每株可采3～5条瓜，高度密植的通常每只采3条瓜。密植适当、定植期较早、生育期达到90～100天的，每株可采收5条瓜。11月份进入盛果期，12月上旬要抢在初霜前"定瓜"，将多余的雌花、幼果要及时疏掉，并进行摘心。最后1～2条瓜要尽量延迟采收，采收之后还可保鲜贮藏1个多月，这对改善市场供应和增加收入都十分重要。

采收后及时销售，并详细记录每次采收的产量、销售量及销售收入。

6. 栽培中常见问题及防治对策

塑料大棚秋黄瓜栽培中常见的问题是后期早衰现象。此现象产生的主要原因是大棚延后栽培后期，气温降低，黄瓜病害加重，抗逆性减弱。防治措施：一是覆盖防寒。11月中、下旬当最低气温降至10℃时，要在离棚顶20～30cm处，用农膜或遮阳网拉一层天膜，昼揭夜盖；遇寒潮时，另在棚外四周围起草毡。二是熏烟治病。当发现有霜霉病或炭疽病后，晴天可以揭膜喷药，阴雨天则用45％百菌清烟熏剂按250g/亩在傍晚点燃，闭棚一夜，每隔7天熏一次。三是CO_2施肥。晴天上午9:00～10:00当棚内温度高于18℃时，进行人工CO_2施肥；阴雨天或棚内气温低于15℃时不施用。施后要闭棚1.5～2h，才能通风。四是喷植物动力2003肥助长。在抽蔓期、初花期和盛果期各喷施1次植物动力2003液肥，可促进根系生长，提高吸收肥水能力和增强抗逆性，达到延缓衰老和增加产量的目的。

【课外练习】
1. 根据塑料大棚春黄瓜生产任务实施过程，写出生产总结1份。
2. 简述塑料大棚春黄瓜与秋黄瓜栽培技术关键。
3. 试分析春黄瓜早期化瓜及秋黄瓜后期早衰的原因，应如何防止？
4. 调查自然条件下黄瓜的分枝及雌花着生状况。

任务二　西瓜栽培

西瓜在我国已有一千多年的栽培历史。目前，我国西瓜种植面积与产量均居世界第一位。西瓜汁多味甜，质细性凉，食之爽口，是深受广大消费者喜爱的盛夏消暑解渴之佳品，有"夏季水果之王"的美称。西瓜不仅品味适口，而且营养丰富。每500g西瓜瓤中含蛋白质6g，糖40g，粗纤维1.5g，维生素C 15mg，尼克酸1mg，维生素A 0.85mg，维生素B_1、维生素B_2各0.25mg，还含有各种氨基酸、苹果酸及其他有机酸、果胶物质和少量配糖体。西瓜还有许多医疗保健作用。

近年来随着生活水平的提高以及育种技术的进步，西瓜有小型化的趋势，外观漂亮、果形优美、小巧玲珑的小型西瓜（袖珍西瓜、礼品西瓜）发展迅速。

【任务描述】
湖南衡阳某西瓜生产基地今年拟采用拱棚爬地栽培150000m^2早熟礼品西瓜，要求在6月上旬开始供应上市，产量达3500kg/亩以上。请据此制订生产计划，并安排生产及销售。

【任务分析】
按照生产过程完成生产任务：制订生产计划方案—播种与育苗—整地做畦与定植—田间管理—采收与采后处理、销售—效果评估。

【相关知识】

一、生物学特性

1. 植物学特征

西瓜根深而广，耐旱力强，主根入土可深达1m以上，自主根基部发出的几条侧根，水平生长可达4～6m。但主要根群分布在地面以下10～30cm的土层内。西瓜根系再生力弱，一般宜垂直播或者营养钵育苗移栽。茎匍匐蔓生，主蔓长可达3m以上，分枝性强，主蔓叶腋能抽生子蔓，子蔓叶腋抽生孙蔓，故蔓叶繁盛，茎上有分歧的卷须，节上可产生不定根。单叶互生，呈羽状深裂，叶面具有白色蜡质和茸毛，可以减少蒸发。花较小，黄色，单生，雌雄同株异花，为虫媒花；通常先发生雌花，早熟品种主蔓7～9节，晚熟品种13～15节发生雌花，以后每隔5～7节发生雌花一朵，子蔓雌花发生节位较低。果实为瓠瓜，其形状、皮色、瓤肉依品种而异。果实大小受栽培环境影响较大，大致可分为小果型、中果型、大果型和特大果型四类，果肉折光糖含量为8％～12％。种子椭圆而扁平，大小因品种而异，每个果实约有种子300～500粒，千粒重30～100g。种子发芽年限因储藏条件而异，一般为5年，但生产上多用1～2年的种子。

2. 对环境条件的要求

（1）温度　西瓜喜高温，耐热力强，极不耐寒，种子发芽适温25～30℃，最高温度为35℃。植物生长温度范围为20～40℃，最适温度为24～35℃。果实膨大与成熟均以30℃较理想，并要求较大的昼夜温差（8～14℃），有利于糖分的积累。

（2）光照　西瓜生长发育要求充足的阳光，光照强，植株生长健壮，糖分含量高，果实品质好。阴雨天多，日照时间短，阳光不足，植株则生长慢，不能及时坐果，结瓜迟，品质差。

（3）水分　西瓜是耐旱作物，具有一系列的耐旱生态特征和强大的根系。西瓜要求空气干燥，空气相对湿度以50%～60%最为适宜，但同时又是需要水较多的作物，一株西瓜在整个生育期间消耗的水分在200kg左右。西瓜极不耐涝，一旦水淹土壤，就会全株窒息而死。

（4）土壤及营养　西瓜对土壤的适应性较广，但最适宜的是河岸冲积土和耕作层较深的沙质壤土。西瓜对土壤酸度的适应性广，在pH5.0～7.5的范围内生育正常，以pH6.3为最适宜。西瓜生长发育要求氮磷钾全面肥料，在总吸收量中，以钾最多、氮次之、磷最少，氮、磷、钾的比例为3.28∶1∶4.33。磷的吸收量虽不多，但非常重要。当植株形成营养体的时候吸收氮最多，钾次之；而在坐果以后吸收钾最多，氮次之。增施磷、钾肥，能提高含糖量。

二、类型与品种

1. 类型

栽培西瓜可分为果用和籽用两大类。果用西瓜是普遍栽培的主要类型，占栽培品种的绝大部分。果用西瓜的分类方法很多，依大小分为小型（2.5kg以下）、中型（2.5～5.0kg）、大型（5.0～10.0kg）和特大型（10kg以上）四类；依果型分为圆形、椭圆形和枕形；依瓤色分为红色、白色、黄色等。而以生态型分类方法在栽培上更为适宜，根据我国现有西瓜品种资源可分为四种生态型。

（1）华北生态型　主要分布在华北温暖半干旱栽培区（山东、山西、河南、河北、陕西及苏北、皖北地区），是我国特有生态型。果实以大型、特大型为主。果实成熟较早，瓤肉松软、沙质、易倒瓤。

（2）华东生态型　主要分布在中部温暖湿润栽培区（长江中下游及四川、贵州等地）和东北温寒半湿栽培地区（东北三省及冀北地区），也是我国特有的生态型。果实以中小型为主。

（3）西北生态型　主要分布在西北干旱栽培区（甘肃、宁夏、内蒙古、青海和新疆等地）。果实以大果型为主。生长旺盛，坐果节位高，生育期长，极不耐湿。

（4）华南生态型　主要分布于南方高温多湿栽培区（广西、广东、台湾、福建等地）。果实以大、中型为主，生长旺盛，耐湿性强，生育期也较长。

2. 小果形礼品西瓜品种

适合南方地区栽培的小果形礼品西瓜品种较多，以湖南省为例，代表品种有岳阳市农业科学研究所选育的洞庭7号（早熟），湖南省瓜类研究所繁育的小玉红无籽（早熟）、黄小玉（极早熟）、红小玉（极早熟）、金福（极早熟）等。

三、栽培季节与茬口安排

西瓜要求热量多，在长江流域一般在4月下旬至8月为生长最适宜的季节。华南地区适于西瓜生长的季节更长，可以进行春秋两季栽培。

【任务实施】

礼品西瓜拱棚早熟爬地栽培

1. 生产计划方案制订与农资准备

根据生产规模及生产目标，制订详细的生产计划方案，搭建塑料大棚，准备相关的农业生产资料（种子、农膜、化肥、农药等）。

2. 拱棚类型与结构

（1）中棚　跨度4.5～6.0m，高约1.7～1.8m，长30m，南北向排列。在棚内栽培畦上设置两层小拱棚。据试验每增加一层薄膜覆盖，气温可以提高1～3℃。

（2）小拱棚　跨度1.8～2.0m，采取全期覆盖栽培，前期保温、后期防雨，这对于防止裂果、减轻病害有重要的作用。小拱棚覆盖的气温变化很大，在覆盖前期仍需在栽植带设置宽约60cm的简易小棚，以防寒增温。

3. 品种选择

应选择耐低温弱光、长势中等、容易结果的品种，目前生产上应用较多的有红小玉、黄小玉和金福等。

4. 适期播种

小西瓜早熟栽培亦应遵循"提前播种，培育3～4叶大苗，提前定植"这一原则，适宜的播种期应根据当地气候特点、设施的保温和采光性能以及栽培技术的熟练程度而定。湘中、湘南地区最适宜的播种期是在1月下旬至2月下旬，2月下旬至3月下旬中棚定植。

小拱棚覆盖早熟栽培适宜的播种期在2月下旬，3月中下旬定植，栽培时在畦面加搭一个宽约50cm、高约30cm的简易棚，盖农膜保温，可提早到6月上中旬采收。

5. 培育壮苗

育苗可以分为常规培育自根苗、嫁接法培育嫁接苗两种。无论是自根苗还是嫁接苗，要求具有3～4片真叶、苗龄30～35天的大苗，用营养钵育苗保护根系。

小西瓜早熟栽培在冬春育苗，苗床应设置在中棚中部光温条件最优越的位置，与中棚方向一致，建宽1.2～1.4m的小拱棚苗床，底部铺设电热线，双层覆盖保温基本上可以满足温度要求，必要时在小棚上覆草帘保温。

自根苗具体播种期可根据中棚最佳定植期和小西瓜苗龄来确定。壮苗的标准是：胚轴粗短，子叶肥大完整，真叶大生长正常，叶色浓绿，根系发育良好，不散坨，不伤根，幼苗生长一致。为达到以上标准，要通过苗期分段变温管理，及出苗前较高的温度（30～35℃），促进种子萌发出土；当多数种子出土适当加温（白天25℃左右，夜间18℃左右），抑制下胚轴生长；第一片真叶开展后适当升温（白天28℃左右，夜间20℃左右），以促进幼苗生长，并改善光照条件，使之在30～35天达到以上标准，不发僵苗和徒长苗。定植前5～7天，适当降温锻炼，最低气温可降至8～10℃，以提高育苗的适应性，利于定植后缓苗。

6. 定植

土地应选择地下水位低、高燥、排水良好地段，土质疏松，三年内未种过瓜类作物。小西瓜需肥量较普通西瓜少，自根苗为普通西瓜的70%左右，而嫁接苗为普通西瓜的50%左右。通常在前茬作物收获后翻耕垡土，改良土壤，越冬后全面深施有机肥，每亩施1500kg，过磷酸钙25kg。翻耕、做畦时施三元复合肥30～40kg。有的每亩施有机复合肥（有机质30%以上，N、P、K总量16%以上）80kg，三元复合肥50kg。筑宽1.8～2m的高畦2～3个（4m棚2个，6m棚3个）。畦面平整后拱棚覆盖农膜。

小西瓜中棚爬地栽培密度，平均行距2～2.5m，株距33～50cm，每亩栽苗600株左右。小拱棚爬地栽培密度也基本相同。嫁接栽培的种植密度可以适当减小。

定植时期应掌握土壤温度稳定在15℃以上、气温在12℃以上，选晴天进行。定植前一周，结合分级选苗移动苗钵位置进行蹲苗，抑制地上部生长，严格淘汰弱苗、僵苗、愈合不良苗。定植的位置应在2个畦的内侧，利于发根缓苗。定植过程中要避免伤根，提高质量，浇少量水。如果苗情好，可以不浇水，原则上要控制浇水，以免降低土温，随后盖上小拱棚覆膜。

7. 田间管理

(1) 温光的管理　中棚栽培早期采用多层覆盖，以提高保温性能，避免遭受寒潮侵袭。缓苗期需要较高的棚温，白天维持在30℃左右、夜间15℃左右，最低不低于10℃；土温维持15℃以上。夜间多层覆盖，日出后揭去草帘，透明覆盖物由内而外逐层揭除，每揭一层农膜以下一层膜内温度不降低为原则依次适时揭开，午后由内而外依次推迟覆盖，争取多照光。

发棵期必须揭开二层内膜，增加光照，白天保持22～25℃，超过30℃时应放风，午后的覆盖以第一层小拱棚内的最低温度保持在10℃以上为准，温度高时适当晚盖，低时则适当提前，阴雨天也应提前覆盖。夜间全部盖严，保持夜间温度12℃以上，10cm土温15℃。还应加强通风，从发棵期开始并逐渐加强。随着外界温度的提高和蔓的伸长，应逐步减少覆膜层次，当棚温稳定在15℃（定植后20～30天内）时可全部拆除大棚内各层覆盖物。

伸蔓期的营养生长，温度可适当降低，白天维持在25～28℃，夜间维持在15℃以上。开花坐果期需要较高的温度，白天维持在 30~32℃，以有利于授粉，促进果实的生长。

(2) 合理整枝　小西瓜生长势较弱，果型小，适于多蔓多果栽培，以轻整枝为原则。密植留蔓少，稀植留蔓数较多。目前生产上采用的整枝方式主要有以下两种。

① 6 叶期摘心，子蔓抽后保留 3~5 条生长相近的子蔓平行生长，摘除其余的子蔓及坐果前子蔓上形成的孙蔓。这种整枝方式解除了顶端优势，保留的几个子蔓生长比较均衡，雌花着生部位相近，可望同时开花，同时结果，果型整齐，一株结果 2~3 个。当第一茬果基本膨大成型，植株长势恢复，可以重新结二茬果。二茬瓜结果较多，应适当疏果。头茬瓜摘后，二茬瓜迅速膨大，如肥水管理、防病虫害及时，还可争取结三茬瓜。

② 保留主蔓，在基部保留 2~3 个子蔓，构成 3 蔓或 4 蔓式整枝，摘除其余子蔓及坐果发生的孙蔓。这种整枝方式，主蔓始终保持着顶端优势，子蔓雌花出现较早，可望提高结果，如长势正常可以结成正常的商品果（1.0~1.5kg），但影响子蔓的生长和结果，结果参差不齐，影响商品率，同时增加了栽培管理上的困难，如肥水管理不当，可能引起部分果实的裂果。留果部位以主、侧蔓第二雌花为主。关于低节位（6~8 节）留果问题，应根据植株营养状况判断，因小西瓜果型小，可以发育成正常商品果，有经验的瓜农留低节位果，以达到早熟的目的。

(3) 促进坐果　小西瓜在适当位置雌花开放时，进行人工辅助授粉可提高坐果率。特别在前期低温弱光条件下，部分品种雌花发育不良，花粉发育不完全，可以采用普通西瓜作为授粉品种进行人工授粉。只有在连续阴雨或无其他西瓜花授粉时，才用 50 倍高效坐瓜灵于下午 16：00~17：00 涂抹果柄一圈，以促进坐果。

(4) 适时追肥、浇水，保持养分、水分均衡　小西瓜很容易裂果，这与施肥灌溉技术直接相关。在施足基肥、浇足底水、重施长效有机肥的基础上，在头茬瓜采收前原则上不施肥、不浇水。若表现水分不足，应于膨瓜前适当补充。头茬瓜大部分采收后，第二茬瓜开始膨大时应进行施肥，此时应以钾氮肥为主，同时补充部分磷肥，每亩施三元复合肥 50kg，于根的外围开沟撒施，施后覆土浇水。第二茬瓜大部分采收后，第三茬瓜膨大时按上次施用量和追施方法追肥，并适当增加浇水次数。由于植株上挂有不同茬次的果实，而植株自身对水分和养分的调节能力较强，因此裂果现象减轻。

(5) 其他管理　包括除草、引蔓、压蔓、剪除老叶、病虫害防治等。引蔓是保证叶片均匀分布，充分利用阳光，降低田间植株间湿度的重要途径。特别是小拱棚栽培畦宽不过 2m，瓜蔓伸展受到限制，合理布局茎叶，有利于瓜蔓生长。

小西瓜自雌花开放至果实成熟需 25 天左右。在早熟栽培果实发育期气温较低，头茬瓜（4月份前）仍需 41~42 天，二茬瓜（5 月中旬前）需 30 天左右，而第三茬瓜（6 月份以后）只需 22~25 天。采收前的气候条件及成熟度直接与品质有关，温度、光照充足则品质优良，反之则品质下降。故采收前白天温度应控制在 35℃，夜间通风且温度在 20~25℃。果实的成熟度根据开花后的天数推算，并可剖瓜试样确定，可减轻植株负担，有利于生长及下一茬瓜的膨大，增加产量。

8. 病虫害防治

(1) 病害　主要有猝倒病、炭疽病、角斑病、枯萎病、蔓枯病等。猝倒病是育苗期主要病害，低温（15℃左右）、高湿、通风透光不良是其发病原因。在防治上，首先注意选择无病源物的土壤作为营养土，进行苗床消毒，加强苗床管理，注意通风透气以降低床内湿度，同时结合喷施 800 倍 50% 硫菌灵溶液或 500 倍液敌磺钠溶液。

炭疽病、角斑病是西瓜两种危险病害，不但危害茎叶，还危害果实，全生育期都可发病。防治办法是，采取高畦栽培，基肥应充分腐熟，注意清沟排水，降低田间湿度。在发病初期可摘除病叶，减少病源，同时结合喷施 2000 型氢氧化铜（可杀得）1000 倍液或代森锌 800 倍液，每隔 7 天喷洒一次，两种药剂交替使用。

枯萎病、蔓枯病主要在老瓜产区发病严重，造成整株大片死亡。目前国内外无有效药剂防治，最有效办法是实行轮作，嫁接换根栽培。

(2) 虫害　虫害主要有蚜虫、小地老虎、蝼蛄、黄守瓜等。有条件的地方可在大棚四周围防虫网。采取预防为主、综合防治的措施。

9. 采收与销售

采收后及时销售。详细记录每次采收的产量与销售量、销售收入。

10. 栽培时常见问题及防治对策

礼品小西瓜春早熟栽培时，通常在育苗过程中出现带壳出土、出苗不齐、瓜苗无生长点以及产生徒长苗、僵化苗等现象。其中带壳出土是底水不足、覆土太薄造成的，可通过浇足底水、覆土1.5cm、发现后在早晨苗床潮湿时用手轻轻拨去瓜壳加以防治。出苗不齐主要是由于苗床地温、湿度不均造成的。瓜苗无生长点是用陈种子或是肥害、药害造成的，一般存储3年以上的西瓜种子无生长点的瓜苗多；刚出土的瓜苗，生长点较幼嫩，耐肥、耐药能力较弱，如果叶面喷药或追肥浓度偏高、喷洒量大极易破坏生长点。苗床湿度、温度偏高（特别是夜温偏高）、速效氮肥用量偏大、光照不足或瓜苗间距小等是造成徒长苗的主要原因，需按要求配制营养土，加强苗床的温、湿度管理，出苗后夜温不高于15℃，合理浇水，加强通风，减少湿度，增强苗床的光照，加大苗距。僵化苗表现为苗叶小、色深，茎细、节短，生长缓慢，根细少等，主要是苗床温度长期偏低、苗床长期偏干燥、施肥不足、缺少氮肥、施肥过多等引起。防止僵化苗要用营养土育苗，避免营养不足和烧根，保持苗床适宜的温湿度，根据苗情和天气情况适度炼苗。

【效果评估】

1. 进行生产成本核算与效益评估，并填写表6-2。

表6-2 礼品西瓜拱棚早熟爬地栽培生产成本核算与效益评估

项目及内容	生产面积/m²	生产成本/元						折算成本/(元/亩)	销售收入/元	折算收入/(元/亩)
		合计	其中：						合计	
			种子	肥料	农药	劳动力	其他			

2. 根据礼品西瓜拱棚早熟爬地栽培生产任务的实施过程，对照生产计划方案写出生产总结1份，应包含生产目标、生产进度安排、生产实施过程、生产效益评估以及存在问题分析等内容。

【拓展提高】

礼品西瓜夏秋栽培技术要点

夏秋栽培是指在6~7月份以后播种，在高温季节下生长和结果的一种栽培方式。小西瓜生育期短，生长和果实发育迅速，更适于夏秋栽培，全生育期仅需60~70天，收获季节正值当地西瓜紧缺时期，适逢中秋、国庆两节，经济效益十分可观。

夏秋栽培的生长季节（6~10月份），前期气温高，昼夜温差小，日照强烈，时有暴雨出现，栽培上有一定难度，仍应采用大中棚覆盖防雨，利用遮阳网遮阴，并应认真防治虫害。

1. 茬口安排

（1）早熟番茄、茄子—小西瓜—秋冬菜。利用大棚早熟蔬菜茬口，在7~8月份的高温季节栽培小西瓜。小西瓜5月下旬播种育苗，大棚栽培在6月上旬定植，8月上旬采收。

（2）西瓜、甜瓜—小西瓜—秋菜、秋冬茬黄瓜。利用大棚西瓜、甜瓜（二茬）采收后，小西瓜于7月上旬播种，7月中旬定植，9月下旬采收。结束后，种植秋菜或秋冬茬大棚黄瓜。

（3）露地蔬菜（豇豆）—小西瓜—冬季叶菜。秋季大棚小西瓜栽培于8月中下旬在遮阴棚内播种育苗，9月上旬定植，元旦前采收，可以贮藏推迟供应。

2. 品种选择

春季栽培的小西瓜品种均可应用，但不同品种对夏秋栽培的适应性是有差别的。据瓜农反映，台湾省小兰、特小凤等品种，秋季栽培长势弱，果形小，而湖南省瓜类研究所推出的"飞红船"、"红小玉"夏秋栽培时的长势较旺，果形大，单瓜平均1.5kg，产量较高。

育苗技术可参照春季育苗技术，但应根据夏秋季节的气候特点培育壮苗，即：夏秋栽培的气温高，幼苗生长快，苗龄较短，一般日历苗龄15～20天。苗龄短有利于成活。温度高，易形成高脚苗。日照强、土壤育苗时，立枯病、猝倒病、蚜虫、螨类、斜纹夜蛾等病虫害发生比较严重，应加强防治。

3. 大棚栽培管理

大棚前茬作物结束后及时灭茬，翻耕，施基肥。小西瓜夏秋栽培时温度高，生长快，施肥水平较早熟栽培可减少30%～40%，一般每亩施有机肥1500～2000kg、三元复合肥30～40kg。施肥方法采取沟施与全层施肥相结合，1/2开沟施，1/2畦面撒施，筑成宽2.5～3.0m高畦。

夏秋西瓜分枝数较少，雌花出现节位较高，栽培密度可适当增加。定植时不要散土坨，少伤根，浅栽，栽后及次晨连浇两次水，地面覆草或黑色地膜，保持土壤湿度，降低土温，防止病毒病发生。顶棚覆膜防雨，拆除裙膜，通风降温。遮光根据气候条件灵活掌握，盛夏晴天10:00～15:00覆膜、加遮阳网防烈日高温，而其余时间争取多见光。阴天、多云天气同样争取光照，避免植株生长过弱，缓苗后减少遮光时间。

9月中下旬夜间温度开始降低，应放下大棚四周裙膜保温，白天揭开通风，往后封闭四周裙膜，从大棚两头通风。随着气温的下降，早上通风时间应推迟，傍晚闭棚时间提早，夜温不能低于15℃，保持较高棚温可促进果实成熟。

坐果以前应控制肥水，防止徒长。幼果坐齐后，可每株施用三元复合肥或磷酸二铵25g左右，距茎基部约20cm处开穴施入，盖土抹平，浇水，以促进果实膨大。后期一般不再施肥，为防止脱肥早衰，可用0.2%～0.3%磷酸二氢钾或其他叶面肥喷施1～2次。

整枝以轻整枝为宜，但必须及时。引蔓、压蔓可充分利用空间，花期要坚持人工辅助授粉，促进坐果。如果采用小拱棚防雨栽培，应根据天气预报覆盖防雨，后期则应加强保温。

【课外练习】

1. 绘制礼品西瓜的结果与分枝模式图。
2. 进行礼品西瓜拱棚早熟爬地栽培三蔓（1主蔓2侧蔓）整枝、四蔓（1主蔓3侧蔓）整枝、三蔓（3侧蔓）整枝试验，比较不同整枝方式下的结果情况，填写表6-3。

表6-3 礼品西瓜拱棚早熟爬地栽培不同整枝方式下的结果情况

蔬菜名称	三蔓（1主蔓2侧蔓）整枝			四蔓（1主蔓3侧蔓）整枝			三蔓（3侧蔓）整枝		
	单株结果数	平均单果重/g	最大果重/g	单株结果数	平均单果重/g	最大果重/g	单株结果数	平均单果重/g	最大果重/g
西瓜									

任务三 冬 瓜 栽 培

冬瓜（white gourd）又名白瓜、水芝、枕瓜等，学名 *Benincasa hispida* Cogn，葫芦科冬瓜属。起源于中国和东印度，广泛分布于亚洲热带、亚热带和温带地区，我国南北各地普遍栽培，而以南方栽培较多。果实供食，嫩梢也可菜用。每100g果实含水95～97g，以及多种维生素和矿物质。盛暑季节食用，清热化痰、除烦止渴、利尿消肿；果皮与种子具清凉、滋润、降温解热功效。还可加工成蜜饯冬瓜、冬瓜干、脱水冬瓜和冬瓜汁等。

【任务描述】

四川成都某蔬菜生产基地今年拟栽培20000m² 冬瓜，要求6月中旬开始采收上市，产量达4000～5000kg/亩以上。请据此制订生产计划，并安排生产及销售。

【任务分析】

为节省棚架材料，采用地冬瓜栽培方式。按照生产过程完成生产任务：制订生产计划方案—播种与育苗—整地做畦与定植—田间管理—采收与采后处理、销售—效果评估。

【相关知识】

一、生物学特性

1. 植物学特征

一年生攀缘草本。根系发达，易生不定根。茎蔓生，分枝力强。主蔓从第6～7节开始，抽出卷须，单叶互生。雌雄异花同株，少数品种同株。雌花和两性花单生，雄花多数单生，也有簇生。花钟形，花冠黄色。瓠果，圆、扁圆、椭圆、长椭圆和棒形等，果实浓绿、绿或浅绿，被白蜡粉或无，被银白色茸毛。果肉白色。种子近椭圆形、扁平，种脐一端稍尖，浅黄色，种皮光滑或有突起边缘，千粒重50～100g，有边缘的种子稍轻。种皮厚，发芽慢。

2. 生长发育周期

（1）发芽期　需7～15天。冬瓜种子吸水量为种子重的150%～180%，温度宜保持在30～35℃，有光或无光均可。

（2）幼苗期　需30～50天。幼苗的生长缓慢，节间短，可直立生长，腋芽开始活动。根系生长较快。幼苗期开始花芽分化。

（3）抽蔓期　需10～20天。此期主蔓和叶片生长加快，节间逐渐伸长，由直立生长变为攀缘生长，腋芽开始抽发侧蔓，花芽不断分化发育，最初分化的花芽发育成花蕾，根系继续扩大。

（4）开花结果期　植株现蕾至雌花开放、坐果为初花期。坐果后至果实成熟为结果期，又可分为结果前期、中期和后期，共需50～70天。

冬瓜植株上的花芽腋生，主蔓一般先分化发育雄花，然后分化发育雌花。侧蔓分化发育雄花的节位较早，雌雄分化的顺序与主蔓相同。环境条件对雌雄性别分化有影响。

3. 对环境条件的要求

（1）温度　冬瓜喜温暖，且耐热、怕寒。种子发芽快慢主要受温度影响。适当浸种后在30～33℃下催芽，约36h便陆续发芽，25℃下发芽缓慢，发芽率降低。幼苗适于稍低温度，以20～25℃为宜。温度高，生长快，易徒长；温度在15℃以下，不但茎蔓和叶片生长不良，而且开花和授粉不正常，降低坐果率。果实发育适温为25～35℃。

（2）光照　冬瓜较喜光，有一定的耐阴能力，属短日照植物。短日照下可提早发生雌花和雄花。在短日照低温下，有时会先发生雌花，后发生雄花。但多数品种对日照长短不敏感。抽蔓期和开花结果期适于较高温度和较强光照。

（3）营养　冬瓜对养分三要素的吸收，以钾最多，氮次之，磷最少。对钙的吸收比钾和氮少而比磷和镁多，镁的吸收比氮、磷、钾和钙都少。吸收量随着生育过程逐渐增加。

二、类型与品种

冬瓜品种的分类，按果实大小可分为三类：小果型，早熟或较早熟，第一雌花节位低，瓜细小、单株结果多；中果类型，较早熟或中熟，主蔓第十节左右发生第一雌花，单果重1～2kg；大果类型，中晚熟或晚熟，主蔓一般在第十节以上发生第一雌花，果实大。

按果皮颜色和蜡粉有无可分为三类：白皮或粉皮类型，果实被白蜡粉，果实越成熟，蜡粉越厚，较耐日灼病，如湖南粉皮、粉杂1号、南京笨冬瓜、武汉枕头冬瓜、安徽躁冬瓜、广东灰皮冬瓜、台湾圆冬瓜等；青皮类型，果皮青绿，表面无白蜡粉，如广东青皮、广西玉林大石冬瓜、湖南龙泉冬瓜、福建沙县冬瓜等；黑皮类型，果皮墨绿，表面无白蜡粉，如广东黑皮冬瓜，果肉厚，耐病，耐贮，品质佳。

按品种的熟性也可分为3类：早熟类型，主蔓第一雌、雄花发生早，着生节位较低，果实较小，每株采收数果，如南京狮子头、江西早冬瓜、广东盒冬瓜等；中熟类型，主蔓第十节左右着生第一雌花，果实较大，如上海小青皮、成都大冬瓜等；晚熟类型，主蔓第十节以上着生第一雌花，果实大，如湖南粉皮、南昌扬子洲、广东青皮、广东黑皮等。

三、栽培季节与方式

冬瓜栽培方式可分为地冬瓜、棚冬瓜和架冬瓜3种。

1. 地冬瓜

植株爬地生长，需稀植，管理较粗放，节省棚架材料，单位面积产量较低。

2. 棚冬瓜

用竹木搭棚，有高棚与矮棚之分。高棚如湖南的平棚和广东的鼓架平棚，棚高 1.7～2.0m，瓜蔓上棚前摘除侧蔓，上棚以后任意生长。矮棚在福建厦门和广东潮汕等沿海地区广泛采用，棚高 70～100cm，果实长大后接触地面，既有利于防止风害，又减少日晒灼伤。棚冬瓜的坐果多和单果重、单位面积产量比地冬瓜高，但不利于密植和间套种，且搭棚材料多，成本高。

3. 架冬瓜

各地栽培较普遍，支架的形式有：每株一桩，在 1.3m 左右高处用竹竿连贯固定；广东的"三星鼓架龙根"或"四星鼓架龙根"，即用三四根竹竿搭成鼓架，鼓架上用横竹竿连贯固定，1 株 1 个鼓架；上海郊区有"人字架"等。形式多种多样，但都结合植株调整，较好利用空间，有利于密植，并使坐果整齐，果重均匀，成熟一致，高产稳产。比棚冬瓜节省材料，降低成本。架冬瓜是 3 种栽培方式中较合理和较科学的一种方式。

冬瓜一般都在气温较高的季节栽培。西南地区冷床育苗一般在 3 月上旬，4 月上旬定植，6～7 月份采收；露地直播一般在 3 月下旬，7 月下旬至 9 月上旬采收。长江中下游地区一般在 2 月上旬至 3 月中旬温床或冷床育苗，4 月份定植，露地播种可在 4 月上中旬，6～9 月份收获；晚熟冬瓜可在 6 月上旬播种，9 月份收获。华南地区可分春、夏、秋 3 茬。春冬瓜在上年 12 月份或当年 1 月份保护地育苗，露地直播宜在 2 月中下旬至 3 月上旬，一般在 6～7 月份收获；夏冬瓜在 1～5 月份露地直播或育苗，7～8 月份收获；秋冬瓜宜在 6～7 月份露地直播或育苗，9～10 月份收获。冬瓜多与稻、麦等轮作，与姜、粉葛和芋头间种，以减少病虫危害。

【任务实施】

地冬瓜栽培

1. 生产计划方案制订与农资准备

根据生产规模及生产目标，制订详细的生产计划方案，搭建塑料大棚，准备相关的农业生产资料（种子、农膜、化肥、农药等）。

2. 土壤选择与做畦

以选择壤土或沙壤土为宜。避免与瓜类连作。播种和定植前深翻晒白，多施有机肥。长江流域及其以南各地，冬瓜的生长季节雨量多，冬瓜根系不耐涝，应采用高畦深沟栽培。

3. 播种育苗与栽植密度

直播与育苗均可，以育苗为宜。基质育苗比苗床育苗好，基质可就地取材，泥炭土、林地表土、水稻土、谷糠灰、蔗渣、食用菌栽培废料等经过预处理后，适当配合并加入 1‰～2‰ 复合肥等即可。用育苗盘或育苗钵进行育苗。

从子叶展开至具 5～6 片真叶的幼苗均可移植。栽植密度因品种、栽培方式与栽培季节等而异。小果型品种的果实较小，每株结果两三个，应增加密度提高产量，1hm² 栽植 10500～19500 株；中果型和大果型品种，特别是大果型品种，一般每株只留 1 个果实，如广东青皮冬瓜搭架栽培，1hm² 栽植 4500～9000 株。

4. 植株调整

地冬瓜一般利用主蔓和侧蔓结果，可以在主蔓基部选留一两枝强壮侧蔓，摘除其他侧蔓，坐果后侧蔓任其生长；也可以主蔓坐果前摘除全部侧蔓，坐果后让侧蔓任其生长。

瓜蔓在地面生长时应注意压蔓。摘蔓、引蔓等工作宜在下午进行。

5. 坐果与护果

小果型品种的果实较小，为提高产量宜多结果。中果型和大果型品种为提高产量，应在适当密植的基础上争取结大果。为了获得大果，坐果节位是关键。研究表明，广东青皮品种以主蔓 29～35 节坐果的果实最大，23～28 节坐果的果实其次，17～21 节坐果的果实再次，36～44 节坐果的果实最小。主蔓打顶，提高叶的光合效能。在主蔓 23～35 节坐果，坐果后 15～20 节摘心，就可以在强健的营养生长基础上坐果。

冬瓜坐果期间，正值炎热季节，果实裸露在阳光下，容易灼伤，应注意护果。如选择适当的节位坐果；当果实长至4～5kg时及时套（或吊）瓜，避免果实断落；可用稻草、麦秆、蕉叶等遮盖，防止日烧。冬瓜果实大，棚架上的果实达到一定重量时容易断落；沿海地区常有台风雨侵袭，也会损伤果实，应注意吊住瓜。

6. 肥水管理

冬瓜施肥应氮、磷、钾齐全，氮、磷、钾的比例较高，且钾稍高于氮；以基肥为主，坐果后重施追肥；有机肥为主，无机肥为辅。必须注意避免偏施氮肥，特别是避免在结果中、后期偏施速效氮肥，避免在大雨前后施速效肥。否则，会导致疫病、枯萎病和果实绵腐病的发生和发展。冬瓜需水量大，适于空气和土壤湿润，但不耐涝。幼苗期和抽蔓期根系尚不发达，如天气干燥，土壤温度低，可酌情灌溉。抽蔓期以后，根系强大，吸收能力较强，一般靠根系自身吸水能力，也能满足植株的水分需要。如采用深沟高畦栽培，可在畦沟贮水，但应保持畦面20cm以下的水位，降雨前后注意排水，避免受涝。结果后期避免水分多，防止果实绵腐病发生。

7. 病虫害防治

冬瓜的病害有枯萎病、疫病、炭疽病、病毒病、白粉病及果实绵腐病等。枯萎病是危害冬瓜生产的主要病害，可从苗期开始发生，以开花后盛发。开花以后的植株发病多在茎部发生。防治方法是：选用抗病性较强的品种；注意轮作；控制土壤湿度，特别是开花结果以前要避免水分过多，坐果以后保持湿润；增施有机质肥料，避免雨后施肥，偏施氮肥；在开花前后，应用80%敌磺钠800～1000倍液、70%甲基硫菌灵1000倍液、50%多菌灵800～1000倍液、75%百菌清500～800倍液，喷雾或灌根，对防止枯萎病都有一定效果。

虫害有瓜亮蓟马、瓜实蝇、蚜虫和蜷象等，防治方法与其他瓜类相同。

8. 采收与销售

冬瓜的嫩果和成熟果实均可食用，一般采收成熟果实产量高，品质佳。小果型品种的果实从开花至商品成熟需21～28天，至生理成熟需35天左右，采收标准不严格，能够达到实用标准即可采收；大果型品种自开花至果实成熟需35天以上，一般为40～50天，生理成熟后采收。采收时带一段茎蔓，防病并增加美观。详细记录每次的采收产量、销售量及销售收入。

9. 栽培中常见问题及防治对策

栽培中常见问题是贮藏性能差，贮藏期短。为提高冬瓜的贮藏性，延长贮藏期，在果实发育期间避免偏施氮肥，在采收前15～20天停止追肥和减少灌溉。贮存在阴凉、通风、干爽的地方，贮存过程中小心搬动。

【效果评估】

1. 进行生产成本核算与效益评估，并填写表6-4。

表6-4 地冬瓜栽培成本核算与效益评估

项目及内容	生产面积/m²	生产成本/元						折算成本/(元/亩)	销售收入/元	折算收入/(元/亩)
		合计	其中：						合计	
			种子	肥料	农药	劳动力	其他			

2. 根据地冬瓜栽培生产任务的实施过程，对照生产计划方案写出生产总结1份，应包含生产目标、生产进度安排、生产实施过程、生产效益评估以及存在问题分析等内容。

【拓展提高】

露地棚冬瓜与架冬瓜栽培

露地棚冬瓜栽培，一般多用竹木搭棚，棚高1～2m，植株在上棚以前及时摘除侧枝，上棚后茎蔓放任生长。棚冬瓜的通风透光比地爬冬瓜好，有利于坐果和果实的生长发育，果实大多为吊着或半着地生长，大小比较均匀，单位面积产量比地冬瓜高。但棚冬瓜基本上仍是利用平面面积,不利于密植,一般只能在瓜蔓上棚前进行间作套种,不能充分利用空间,且搭棚所需竹木材料多、成本高,影响效益。

露地架冬瓜栽培时,架的形式多种多样,各地可根据支架材料插成单根支架、人字架、三脚架、四脚架、篱架等。所用材料比棚架少而小,成本较低,架材与植株配合调整,可合理密植,较好地利用立体空间,可提高坐果率,并使果实大小均匀,提高单位面积产量和果实的质量,也有利于间作套种,增加复种指数,提高土地利用率,当前应用比较普遍,效益也比较好。

露地棚冬瓜与架冬瓜栽培一般利用主蔓坐果1个,在主蔓坐果前后摘除全部侧蔓,或者坐果前摘除侧蔓、坐果后选留若干枚侧蔓。主蔓摘心或不摘心均可。

【课外练习】
1. 比较地冬瓜、棚冬瓜和架冬瓜三种不同栽培方式的优缺点。
2. 简述不同果型冬瓜在三种不同栽培方式下的坐果护果技术,并进行实地操作。

任务四 甜瓜栽培

甜瓜(melon, *Cucumis melo* L.)别名香瓜、果瓜、哈密瓜,属葫芦科一年生攀缘草本植物。起源于非洲、中亚大陆性气候及东亚温暖潮湿地区。在我国至少有两千多年的栽培历史,从北至南,广泛种植,并逐步形成了一些著名的产区和品种,如新疆的哈密瓜、甘肃的白兰瓜、山东的银瓜、江南的梨瓜闻名全国。甜瓜的果实爽甜可口,香甜浓郁,是人们喜爱的盛夏消凉解暑的重要果品之一,并含有大量的糖分、维生素、有机酸及矿物质。

随着人民生活水平的提高,市场对甜瓜的需求不断增加。目前我国甜瓜栽培面积已达 $1.4 \times 10^5 hm^2$,居世界第一位,实现社会效益100多亿元。

【任务描述】
湖北武汉某蔬菜生产基地今年春季拟栽培 $30000m^2$ 厚皮甜瓜,要求提早上市,产量达 2000kg/亩以上。请据此制订生产计划,并安排生产及销售。

【任务分析】
为提早上市,拟在塑料大棚内栽培。按照生产过程完成生产任务:制订生产计划方案—播种与育苗—整地做畦与定植—田间管理—采收与采后处理、销售—栽培中常见问题及防止对策—效果评估。

【相关知识】

一、生物学特性

1. 植物学特征

甜瓜的根系发达,仅次于南瓜和西瓜。主要根群集中分布在地表15~25cm耕作层内。根易老化,再生能力差,不耐移植。茎蔓生,中空,分枝力强,每节都可发生侧枝,主蔓上生子蔓,子蔓上再生孙蔓。单叶互生,多呈钝五角形、心脏形或近圆形,叶色浓绿。雌雄花同株异花,雄花是单性花,雌花多数是两性花。若无昆虫传粉,不能自花授粉。果实为瓠果,光滑或具网纹、花纹。果实大小因类型、品种而异,一般薄皮甜瓜果实较小,厚皮甜瓜果实较大。果肉折光糖含量为10%~16%。果肉白色、橘红色、绿色、黄色等,质地软或脆,具有香味。甜瓜一果多胚,通常一个瓜中有300~500粒种子,种子扁平,窄卵圆形,为黄白色。千粒重20~60g,使用寿命3年。

2. 对环境条件的要求

(1) 温度 甜瓜是喜温耐热作物,对温度要求较高。整个生育期最适温度为25~35℃,发芽期的适温为25~35℃;幼苗生长适温为20~25℃;果实发育最适温度为30~35℃。甜瓜对低温敏感,当温度降至13℃时生长停滞,10℃时完全停止,8℃以下发生冷害,并出现叶肉褪绿变色,遇霜即死。甜瓜对高温的适应力较强,35℃时生育仍良好,甚至在40℃的高温条件下光合作用基本不下降。较大的昼夜温差有利于同化物的积累,糖度高,品质好,产量高。

(2) 光照　甜瓜是喜光怕阴作物。甜瓜的光补偿点 4200lx，光饱和点为 55klx。甜瓜对日照长度反应不敏感，短日照条件促雌花形成。结瓜期要求日照时数 10～12h 以上，短于 8h 结瓜不良。

(3) 水分　甜瓜对土壤湿度的适应能力较强，耐干旱，不耐湿，在长期高湿情况下，果实含糖量降低，且易发生病害。土壤水分供应要及时，切勿变幅过大而引起裂果。甜瓜喜空气干燥，尤其是厚皮甜瓜更要求较低的空气湿度，一般在 50%～60% 之间，开花坐果期要求 80% 左右。空气湿度过大，容易发生蔓枯病。土壤湿度过高，容易发生腐根。

(4) 土壤及营养　甜瓜根系健壮，吸收能力强，对土壤适应性广，较耐瘠贫。但以通透性能良好的冲积沙土和沙土为宜。甜瓜对氮、磷、钾三要素的吸收比例以 2∶1∶3.7。在进入果实膨大期后，要避免施用速效氮肥，以免果实含糖量降低。甜瓜对土壤酸碱度适应的范围为 pH 6.0～6.8。较喜磷、钾肥，对钙、镁、硼的要求量也比较大，耐盐能力中等。

二、类型与品种

甜瓜的栽培品种按生态系统分类可分为薄皮甜瓜与厚皮甜瓜两大生态类型。

1. 薄皮甜瓜类型

属东亚生态型，原产我国，适于温暖湿润气候，抗病性较强、适应范围广，全国各地都有种植，但以黄淮流域、长江中游以及东北松辽平原一带栽培最广，且主要进行露地栽培。此类型植株较小，生长势中等，叶色深绿，叶片、花、果实、种子均比较小，果皮较薄易裂，不耐贮运，果肉较薄，平均 2cm 以下，香味淡，含糖量低。其瓜瓤和附近汁液极甜，果皮可食。代表品种有青州银瓜、懒瓜、一窝猴、龙甜 1 号、齐甜 1 号、广州白沙蜜等。

2. 厚皮甜瓜类型

属中非生态型，原产非洲，适于高温干燥气候，极不耐湿，要求有较大的昼夜温差和充足光照，抗病性较弱，适应范围窄，在我国只适于在新疆、甘肃一带干燥少雨的典型大陆性气候陆地种植。目前"东移"或"南移"虽已引种成功仅限于保护设施内。此类型植株生长旺盛，茎蔓较粗，叶色较浅，叶片、花、果实、种子均比较大。果皮厚硬不宜食，较耐贮运，肉厚在 2cm 以上，瓜瓤无味不可食。代表品种有伊丽莎白（极早熟）、天子（早熟）、玉金香、玛丽娜、若人、夏龙、蜜世界、蜜露、白兰瓜、哈密瓜、兰甜 5 号。其中伊丽莎白、天子、玛丽娜、若人、夏龙为日本引进品种。

【任务实施】

厚皮甜瓜大棚春提早栽培

1. 生产计划方案制订与农资准备

根据生产规模及生产目标，制订详细的生产计划方案，搭建塑料大棚，准备相关的农业生产资料（种子、农膜、化肥、农药等）。

2. 品种选择

应选择优质、耐湿、抗蔓枯病的优良品种。适合南方种植的优良厚皮甜瓜品种有天子、若人、玛丽娜、玉金香等。

3. 播种育苗

适宜播种期为 2 月中旬。在大棚内铺设电热温床育苗，使苗床温度保持在 28℃ 左右。播种前用 55～60℃ 的温水烫种 10～15min，然后在室温下浸泡 3～4h，洗净后在 28～32℃ 条件下催芽 17～20h，待种子露芽即可播种。每亩大田约需种子 80～100g。

播种一定要在充分消毒的床土上进行，或播在沙中。播后采用地膜加小拱棚覆盖，保持床温 30℃ 左右，约 3～4 天即可拱土，幼苗拱土时揭开地膜，次日即可齐苗。出苗后，夜间要在小拱棚上加盖草毡保温，白天揭开草毡，使幼苗见光绿化。待子叶展开后，分苗于排放电热线上的营养钵中，保持床温白天 25～30℃、夜晚 15～18℃，发根后适当降温。2～3 片真叶时，育苗钵再移稀一次。苗龄 30～35 天，具 3～4 片真叶时即可定植。

4. 整地施肥

于前作收获后土壤翻耕前，每亩撒施生石灰 100kg 进行土壤消毒。土壤翻耕后，每亩全层撒施腐熟人畜粪 3000kg、饼肥 150kg、三元复合肥 75kg，并与土壤混合均匀，然后整地做畦。30m×6m 标准大棚做畦 4 块，畦宽 1m，沟宽 0.5m，沟深 0.3m，并全畦覆盖好地膜。

5. 早植密植

当厚皮甜瓜幼苗长至 3～4 叶一心时即可定植，一般在 3 月中下旬抢晴天定植。每畦定植 2 行，株距 60cm，每亩定植 1600 株左右。定植后用甲基硫菌灵 500～600 倍液或代森锌 800 倍液灌兜，随后用土杂肥封严定植孔。

6. 田间管理

(1) 温湿度控制　在 4 月中旬以前，以闭棚保温为主，控制棚温白天 22～32℃、夜间 15～20℃，以促进幼苗快速生长。晴天中午前后揭膜放风，防止高温烧苗。4 月中旬以后，露地气温已适合厚皮甜瓜的生长，只要天气晴朗，就要揭开棚膜。天晴时，又将棚膜上卷放风，如不进行防雨栽培，厚皮甜瓜很容易发生蔓枯病而造成绝收。

一般不需要频繁浇水，否则不利于甜瓜的正常生长发育。注意浇好两次水：一是促蔓水，即在缓苗后及时浇水，促进枝蔓生长；二是膨瓜水，即在果实刚进入膨大期时浇水，以满足果实迅速膨大及枝蔓旺盛生长对水分的大量需求。

(2) 搭架整枝　大棚厚皮甜瓜春提早栽培以立式栽培或吊蔓栽培为好。当幼苗长至 20cm、发生卷须时，要插扦立架或用尼龙绳将蔓悬吊引蔓，使植株向上直立生长。同时每隔 3～4 节要进行缚蔓，缚蔓以晴天下午进行为宜。立架栽培或吊蔓栽培的整枝方式以单蔓整枝为多，即保留主蔓，主蔓上 12 节以下发生的侧蔓全部剪除，留 12～15 节所发生子蔓雌花后留 2 叶摘心作结果蔓，坐果后 15 节以上发生的子蔓同样摘除，主蔓长至 25～30 叶时打顶。摘除子蔓的工作必须在晴天进行。摘除侧蔓时，不能用手掰，必须用剪刀剪除，并留一定长度侧枝作防护，整枝造成的伤口最好蘸上较浓的甲基硫菌灵溶液，预防病菌感染。

(3) 药液涂抹　当厚皮甜瓜植株长至 60～70cm 高时，应用较黏稠的甲基硫菌灵溶液涂抹茎基，进行防护。当茎节上出现少量水渍状斑点（蔓枯病侵入引起），也可用同样方法进行防护。实践证明此项措施对蔓枯病防护作用显著。

(4) 授粉保果或激素保果　低温多雨，昆虫活动少，为确保理想坐果节位，当 12～15 节侧蔓上的雌花开放时，宜在上午 7:00～9:00 进行人工授粉，或在下午 16:00～18:00 使用 50 倍的高效坐瓜灵均匀涂抹雌花果柄，要连续进行几天，以保证每株有 3～4 个果坐住。

(5) 定瓜与吊瓜　当 12～15 节侧蔓的幼果似鸡蛋大小时进行疏果定瓜，选果形端正、膨大迅速的幼果留下，一般大果型品种留 1 个，小果型品种留 2 个为宜。当果实长至 250g 左右时，要及时进行吊瓜，以免瓜蔓折断和果实脱落。吊瓜可用软绳或塑料绳缚住瓜柄基部将侧枝吊起，使结果枝呈水平状态，然后将绳固定在大棚杆或支架上。

7. 适时采收、包装、上市

适宜采收期应在糖分达到最高点，果实未变软时进行。一般早熟品种开花后 40～45 天，晚熟品种开花后 50～60 天，果实即可成熟。授粉时，可在吊牌上记载授粉日期，作为开花日期，以此计算果实成熟日期。此外，还可由果实形状来判断其成熟与否。详细记录每次采收的产量、销售量及销售收入。

8. 栽培中常见问题及防治对策

厚皮甜瓜春提早栽培时，常出现以下问题。

(1) 弱苗多，移栽后抵抗能力差　主要原因：苗期放风过少，床温较高，易形成徒长弱苗。这类苗生长过快，含水量大，发育不充实，叶片和下胚轴发亮，移至大棚或日光温室后，如果长时间低温阴雨，往往会造成大面积冻害。防治对策：苗期应加强锻炼，移栽前 7～10 天内，要加大放风量，延长低温锻炼时间；至真叶出现前，降低床温，促使下胚轴发育和老化；苗期喷施钾肥，控制氮肥，增加日照，增强瓜苗抵抗力。

(2) 枝蔓生长细弱，果实发育不良　主要原因：栽植密度过大，棚内通风透光条件差，致使叶片黄化，枝蔓生长细弱，果实发育不良，病害滋生。生产中一定要合理密植，加强整枝，避免植株疯长或过密。

（3）营养生长和生殖生长不协调　主要原因：放风量过小，排湿不及时，造成植株徒长严重，病虫害流行，雌花发育少，质量差，节位高，达不到促苗快长的目的。防治对策：及时放风，调控棚内温、湿度，是协调甜瓜营养生长和生殖生长，达到早熟、高产、优质的主要措施。

【效果评估】

1. 进行生产成本核算与效益评估，并填写表6-5。

表6-5　厚皮甜瓜大棚春提早栽培生产成本核算与效益评估

项目及内容	生产面积/m²	生产成本/元						折算成本/(元/亩)	销售收入/元	折算收入/(元/亩)
		合计	其中：						合计	
			种子	肥料	农药	劳动力	其他			

2. 根据厚皮甜瓜大棚春提早栽培生产任务的实施过程，对照生产计划方案写出生产总结1份，应包含生产目标、生产进度安排、生产实施过程、生产效益评估以及存在问题分析等内容。

【拓展提高】

厚皮甜瓜大棚秋延后栽培关键技术

1. 适时播种

厚皮甜瓜大棚秋延后栽培适宜播种期在7月中下旬。若播种过早，容易发生病毒病；而播种过迟，因积温不够难以成熟。

2. 适当稀植

厚皮甜瓜大棚秋延后栽培由于结果期光照较弱，应适当稀植，以利于通风透光。

3. 加强防病、防虫、防雨

生长前期由于气温高、阳光烈，容易发生病毒病，应连续喷药预防，一般每隔5~6天喷1次病毒A或病毒灵。主要虫害有蚜虫、瓜绢螟、斜纹夜蛾等，这些害虫在秋季高温下世代交替快，容易造成毁灭性危害。蚜虫用敌蚜螨防治，其他害虫可用米螨、农地乐等新农药。

4. 适时采收

掌握成熟度，适时采收。气温高时，厚皮甜瓜开花后45~50天就可采收。如果待果实完全成熟时采收，果实的耐贮运性会大大降低。气温低时，采收期应相应地延长。

【课外练习】

1. 简述厚皮甜瓜大棚春提早栽培搭架整枝要点，并进行实地操作。
2. 简述厚皮甜瓜大棚秋延后栽培技术关键。

任务五　南瓜栽培

南瓜属包括中国南瓜、西葫芦、笋瓜、黑籽南瓜和灰籽南瓜五个种。中国南瓜又称南瓜、饭瓜、番瓜等；笋瓜又称印度南瓜、玉瓜、北瓜、拉米瓜等；西葫芦又称美国南瓜、角瓜、北瓜等。其中中国南瓜、西葫芦和笋瓜在世界各地被广泛栽培，是世界各地主要蔬菜种类之一。南瓜嫩果和熟果均可食用，其中中国南瓜多食用老熟果，西葫芦和笋瓜则多食用嫩果。每100g南瓜鲜果肉中含水分97.1~97.8g，维生素C 15g，胡萝卜素5~40mg。此外，还含有硫胺素、核黄素和尼克酸等多种维生素以及铁、钙、镁、锌等多种矿物质元素。南瓜性甘温，入脾胃有消炎止痛、解毒等功效。果实可加工成果脯、饮料；种子中含有丰富的蛋白质和脂肪，含量分别高达40%和50%左右，其中不饱和脂肪酸高达45%左右。

【任务描述】

浙江杭州某蔬菜生产基地今年春季拟栽培 35000m² 西葫芦,要求提早上市,产量达 4000kg/亩以上。请据此制订生产计划,并安排生产及销售。

【任务分析】

为使西葫芦提早上市,拟采用小拱棚覆盖栽培。按照生产过程完成生产任务:制订生产计划方案—播种与育苗—整地做畦与定植—田间管理—采收与采后处理、销售—效果评估。

【相关知识】

一、生物学特性

在瓜类中,南瓜根系最强大。主蔓长度因种类、类型与品种而异,分枝能力强,生长迅速,每个茎节处均有腋芽,可抽生形成侧蔓。茎节处生卷须和花芽,条件适宜时可发生不定根。叶心脏形、掌状或近圆形。南瓜花为单性花,雌雄同株异花。雌花和雄花均为单生,虫媒花。果实形状、大小和颜色等因种类、类型与品种而异。果柄长短及基座形状是种间分类依据之一。南瓜种子多为卵形,扁平,乳白、灰白、淡黄、黄褐或黑色等。种子形状、颜色及有无周缘、种脐处株柄痕形状等都是种间分类的重要依据。种子大小与种类、类型与品种等有关,千粒重100~160g。种子寿命5~6年。

南瓜自种子萌动至果实生理成熟可分为发芽期、幼苗期、抽蔓期和结果期。各生育阶段持续时间的长短因种类、类型、品种及栽培条件而异。露地栽培条件下,中国南瓜发芽期、幼苗期、抽蔓期、结果期分别历时4~5天、15~30天、10~15天和50~70天,全程历时90~100天。

南瓜花芽分化在幼苗期就已经开始。花芽分化过程中也存在性型可塑性。影响性型分化的因素主要有温度、光照强度及光周期。低温,尤其是夜间低温有利于雌花分化;光照较强,有利于雄花分化,遮阴或光照较弱时则有利于雄花分化;短日照条件下有利于雌花分化,而长日照条件下则有利于雄花分化。

南瓜不同类型与品种间花的着生状况有较大差异。南瓜果实开花至生理成熟一般需50~60天,因类型、品种和栽培条件等而有所差异。西葫芦以嫩果供食用,适宜条件下开花至果实商品成熟仅需要7~10天。南瓜单性结实能力较差。田间自然授粉时,结实率10%左右,通常采用人工辅助授粉,或使用2,4-D、番茄灵等生长调节剂进行处理,以提高结实率。

南瓜属喜温作物,但种间存在差异。中国南瓜适宜温度范围较高,一般为18~32℃;其次为笋瓜,适宜温度范围为15~29℃;而西葫芦对温度要求较低,适应温度范围为12~28℃。南瓜属短日照作物,中国南瓜、笋瓜和西葫芦在短日照条件下可促进雌花分化。一般以6~12h短日照处理较为适宜。南瓜具有较强的吸水、抗旱能力,但不同南瓜种对水量适应性不同。南瓜对土壤条件适应性强,要求不严格,但仍以耕层深厚、肥沃的沙壤土或壤土栽培为好。南瓜适宜土壤pH5.5~6.8。南瓜生长量大,根系吸收水肥能力强,每生产1000kg的南瓜需吸收氮3~5kg、磷1.3~2kg、钾5.7kg、钙2.2kg、镁0.7~1.3kg。南瓜种类和品种繁多,栽培条件差异大,对矿质营养的吸收量也有较大差异。在产量相同的情况下,三种南瓜中以笋瓜需肥量大,而西葫芦需肥量最小。不同生育期南瓜需肥量不同,抽蔓期前需肥量较少,而进入结果期后需肥量则急剧增加,并维持在较高水平。

二、类型与品种

1. 中国南瓜

根据果实形状分为圆南瓜和长南瓜两种类型。圆南瓜代表品种有大磨盘、柿饼南瓜、蜜枣南瓜、糖柄南瓜以及近年各地选育的优良品种无蔓4号、小青瓜、龙早面、寿星、一串铃等。长南瓜代表品种有牛腿南瓜、黄狼南瓜、十姊妹南瓜、雁脖南瓜、骆驼脖南瓜、叶儿三南瓜、博山长南瓜以及近年来选育的新品种齐南1号、白沙蜜等。

根据茎蔓长短分为长蔓型南瓜和短蔓型南瓜两种类型。

2. 西葫芦

中国栽培面积一直较大。根据蔓的长短可将其分为短蔓型、长蔓型、半蔓型3种类型。短蔓型代表品种有一窝猴、阿尔及利亚西葫芦、站秧等。近年来，阿太和早青、潍早1号以及从国外引进了黑美丽、灰采尼、纤手等品种都表现较好。长蔓型现存品种也多为农家品种，如长蔓西葫芦、绿皮西葫芦等。半蔓型在中国栽培很少，代表品种有昌邑西葫芦。

此外，西葫芦还有珠瓜和角瓜两个变种。

3. 笋瓜

根据其茎蔓长短也可分为短蔓型、长蔓型和半蔓型笋瓜等。现有品种资源均为地方品种，如黄皮笋瓜、白皮笋瓜、花皮笋瓜、腊梅瓜、白玉瓜等。

4. 黑籽南瓜

中国主要分布于云南、贵州部分地区，因果肉纤维多、品质差而多用做饲料。适宜条件下可多年生，对短日照条件要求严格，光照长于13h的地区或季节不能形成花芽或难以正常开花结果；分枝力强，根系发达，抗病、抗寒、抗旱能力强，对枯萎病免疫，是黄瓜等瓜类蔬菜理想的嫁接砧木。

5. 灰籽南瓜

因种子灰色或有花纹而得名。起源于墨西哥至美国南部。生长势和抗病性都很强，果皮颜色多为绿色，间有白或黄白花纹。

中国南瓜及西葫芦还有裸仁类型，其种子没有坚硬的外种皮，而只有1层薄而柔软的绿色组织。此类南瓜大都果型小、果肉薄、纤维多、品质差，而瓜子则用于加工或直接食用。

三、栽培季节与茬口安排

中国南瓜、笋瓜及长蔓型一般只适宜春夏露地栽培，栽培形式有爬地和支架栽培两种。而短蔓型西葫芦耐低温、弱光能力较强，而耐热性较差，因此露地、小棚、中棚、大棚等一般只能进行春早熟栽培；华南地区南瓜露地生产则在秋、冬和春季均可栽培。不同地区因气候条件差异较大，各地栽培方式下南瓜栽培季节安排也有较大差异。尽管南瓜根系抗病力较强，但生产安排也应注意与其他非瓜类蔬菜实行1~2年的轮作，避免与瓜类蔬菜连作，否则将可能导致土壤肥力下降及疫病等病害加重。

【任务实施】

西葫芦小拱棚春早熟栽培

矮生型西葫芦茎蔓较短，非常适宜利用小拱棚进行春季早熟栽培，早春小拱棚外侧可以覆盖草苫等提高保温效果，使得棚内西葫芦定植期和采收期比塑料大棚还要早。

1. 生产计划方案制订与农资准备

根据生产规模及生产目标，制订详细的生产计划方案，搭建小拱棚，准备相关的农业生产资料（种子、农膜、化肥、农药等）。

2. 育苗与定植

生产上应选择耐寒性、耐湿、抗病性强的短蔓型品种，如早青、潍早1号、纤手等。为提早上市，要求较大苗龄，适宜生长天数为30~35天。壮苗标准是：幼苗四五片叶展开，叶片平展，叶色浓绿，茎节不明显，抗逆性强，根系完整，无病虫危害。一般采用地床育苗或营养钵育苗。

幼苗定植前，应提早10~15天将小拱棚覆盖薄膜，并密闭保温，促进土壤化冻和土壤温度提高。定植田冬前应先行秋耕，冬季冻垡、晒垡。翌春土壤化冻后，先铺施腐熟农家肥75t/hm²、磷酸二氢铵等复合肥600~800kg/hm²作底肥，后将土壤及时翻耕、做畦、用垄作或高畦，并覆盖地膜，单行栽培，畦宽60cm；双行栽培，畦宽100~110cm。

当棚内夜间最低温度维持在5~7℃、土壤10cm处温度稳定在8~10℃即可定植。长江中下游地区适宜定植期多在2月下旬至3月中旬。春早熟栽培适宜定植密度一般为33000~38000株/hm²，株行距为(45~55)cm×(50~60)cm。选择晴天中午，用水稳苗法定植。

3. 田间管理

（1）环境调控 定植初期应注意增温保温，必要时可在夜间覆盖草毡，并注意晚揭早盖，适当提高白天气温，缓苗前，棚内温度低于30℃不宜通风。缓苗后，可适当通风，草毡可早揭晚盖，延长光照时间。但由于生长前期外界温度仍然较低，通风量不宜过大。进入盛瓜期后，棚内温度可保持在白天20~25℃、夜间14~16℃。白天温度过高，易诱发病毒病和白粉病等，并造成植株过早老化。当外界夜间气温稳定在14℃左右，便可撤除小拱棚棚膜。

（2）水肥管理　小拱棚春早熟栽培不宜蹲苗。缓苗后应肥水紧跟，促进及早结瓜。缓苗时可浇水1次，并随水冲施尿素或硫酸铵200kg/hm²左右，促进缓苗、发棵。第一雌花开放后3~4天，当瓜长8~10cm时，植株生长即将进入结瓜期，是加强水肥管理的标志。一般自根瓜坐住，每5~7天浇水1次，每15天按照250~300kg/hm²标准追施1次氮磷钾复合肥。

（3）植株调整　根瓜坐住前应及时摘除植株基部的少量侧枝。生长中后期，茎叶不断增加，但基部叶片距离底面过近，光照弱，湿度大，易于成为病源中心，当根瓜采收后可予以摘除。随着植株的生长，茎蔓因逐渐延长而倒伏，为保持田间叶片受光良好，让所有植株茎蔓沿垄畦按同一方向朝着前一棵植株基部延伸，如南北向做畦，生长点应朝向南方，利于充分受光。

（4）防止化瓜　西葫芦单性结实能力差，尤其在生长前期温度较低、通风量较小，依靠自然授粉难以保证田间坐果率，易于化瓜。可采取人工授粉，选择上午刚刚开放的雄花和雌花进行授粉。注意授粉量必须充足、花粉在柱头上涂抹均匀，否则可造成畸形瓜增多或坐果率下降。也可使用2,4-D或番茄灵等生长调节剂处理，使用浓度分别为20~25mg/L或30~50mg/L，处理时间在上午9:00前后为好，处理方法是将药液涂抹在花柄或柱头或子房基部。应注意涂抹均匀，并防止使用浓度过大，否则易于造成畸形瓜。此外，为防止涂抹柱头后易于诱发灰霉病，可在药液中添加少量杀菌剂。

4. 采收与销售

一般定植后55~60天即可进入采收期。果实在开花后7~10天，当果实重达250~500kg即可采收。生长前期温度及光照条件较差，应适当早收，避免坠秧；生长中后期环境条件适宜，可适当留大瓜，提高产量。详细记录每次采收的产量、销售量及销售收入。

【效果评估】

1. 进行生产成本核算与效益评估，并填写表6-6。

表6-6　西葫芦小拱棚春早熟栽培生产成本核算与效益评估

项目及内容	生产面积/m²	生产成本/元						折算成本/(元/亩)	销售收入/元		折算收入/(元/亩)
		合计	其中：						合计		
			种子	肥料	农药	劳动力	其他				

2. 根据西葫芦小拱棚春早熟栽培生产任务的实施过程，对照生产计划方案写出生产总结1份，应包含生产目标、生产进度安排、生产实施过程、生产效益评估以及存在问题分析等内容。

【拓展提高】

中国南瓜和笋瓜露地栽培

1. 播种育苗

各种类型的中国南瓜和笋瓜对于光照条件要求均较高，因而一般只适宜作春夏露地栽培，1年1茬，直播或育苗均可。直播时，一般在当地断霜前5~6天，10cm地温稳定在12℃以上时播种。育苗移栽时，应是4~5片叶展开，日历苗龄35~40天，断霜后或10cm地温稳定在12~13℃时定植于生产田。

2. 栽培与管理

长蔓型中国南瓜和笋瓜多采用棚架栽培，也可采用爬地栽培。棚架栽培时，定植株行距(45~50)cm×(130~150)cm；爬地栽培时，株行距(45~50)cm×(180~200)cm。果型较小的品种或单蔓整枝时可适当密植。生长前期，可于行间套种菠菜、甘蓝、小萝卜等。整枝方式分单蔓和多蔓整枝2种。单蔓整枝一般在第一雌花坐瓜前一般不留侧枝，坐瓜后则放任生长，每株一般结瓜 1 个。多蔓整枝一般在 5～7 片真叶展开或定植缓苗后摘除主蔓生长点，然后选留基部两三条生长势强的侧枝继续生长、开花、结果，其他多余侧枝全部摘除，单株结果数两三个。无论是主蔓还是侧蔓，结瓜部位都以选留茎蔓上的第二或第三个雌花结瓜为好，有利于提高单瓜重和丰产。棚架栽培时，当茎蔓延长至架材时应及时引蔓上架。爬地栽培当主蔓长 40～50cm 时开始压蔓，以后每 5～7 节压蔓 1 次。雌花开放后，需及时人工辅助授粉，授粉效果以早晨雌花刚刚开放时最佳。中国南瓜和笋瓜生长期间耐旱性均较强，浇水可根据灌溉条件及降雨情况加以确定。

为提早上市，短蔓型中国南瓜多采用育苗移栽，株行距 70cm×80cm 左右。一般不留侧蔓，选留第二或第三个雌花结果，采收嫩瓜，单株留瓜 2 个，采收老熟瓜时单株留瓜 1 个。

中国南瓜多以老熟果实供食用，雌花开放后 50～60 天，当果皮变硬、果粉增多时为采收适期。果实耐贮藏，充分成熟的果实常温下贮藏期可达半年以上。笋瓜则老熟果和嫩果均有食用，根据需要随时采收。

【课外练习】

1. 简述西葫芦小拱棚春早熟栽培以及中国南瓜、笋瓜露地栽培技术要点。
2. 选择上午刚刚开放的西葫芦雄花和雌花进行人工授粉（注意授粉量须充足，花粉在柱头上涂抹均匀），并与使用 20～25mg/L 的 2,4-D 或 30～50mg/L 的番茄灵两种生长调节剂处理相比较，统计坐果率。

【延伸阅读】

其他瓜类蔬菜栽培

一、瓠瓜

瓠瓜（bottle gourd 或 catabash gourd）别名葫芦、扁蒲、蒲瓜、夜开花等，学名 *Lagenaria vulgaris* Ser.，葫芦科瓠瓜属的 1 个栽培种，是夏季的主要瓜类之一。嫩果供食，嫩梢或嫩叶作叶菜，每 100g 嫩果含水分约 95g、蛋白质 0.6g、脂肪 0.1g、碳水化合物 3.1g，还有胡萝卜素、B 族维生素、维生素 C 及人体所需的多种矿质元素。瓠瓜性微寒，味甘淡，有利尿通淋、除烦润肺、清热解毒、治水肿、黄疸等功效。成熟果实的果皮坚硬，可作水瓢。此外，瓠瓜是西瓜抗枯萎病的优良砧木。

1. 生物学特性

根系发达，水平伸展，主要根系分布在表土层 20cm 耕层内。茎蔓生，分枝力强；茎节可发生腋芽、雄花或雌花及不定根。单叶互生，心形或近圆形。雌雄异花同株。花单生，个别对生，偶有发生两性花。瓠瓜短圆柱、长圆柱或葫芦形，果肉白色，果皮坚硬，黄褐色，单果重 1～3kg。种子短矩形、扁平、淡灰黄色，千粒重 125～170g。

瓠瓜的生育周期分发芽期、幼苗期、抽蔓期和开花结果期。从种子萌动到第一雌花开放前，主要以营养生长为主。以后随着茎蔓生长，各个茎节的腋芽陆续活动，如任意生长，茎蔓不断伸长的同时可发生许多侧蔓，形成繁茂的蔓叶系统。瓠瓜从开花至果实完全成熟需 50～60 天。瓠瓜营养生长与生殖生长同时进行，应协调好两者的关系。

瓠瓜适宜温暖、湿润的气候。生长发育适宜温度 20～25℃，15℃ 以下生长不良，10℃ 以下停止生长，5℃ 以下发生冷害。瓠瓜属短日照植物，苗期短日照有利于雌花形成，低温加短日照的促雌效果更好。对光照条件要求高，阳光充足，病害较轻，生长和结果良好。对土壤要求因种类有所差别。长瓠瓜的根系较浅不甚耐瘠，宜选保水力较强、富含有机质的土壤；圆瓠瓜的根系较深，耐旱、耐瘠能力强，对土壤的适应性较广。

2. 类型与品种

中国瓠瓜的类型与品种十分丰富，根据果实形态和大小可将瓠瓜分为 5 个变种。

（1）瓠子（var. *calvata* Makino） 果实圆柱形，中国普遍栽培，品种较多。按果实长短又可分为长圆柱和短圆柱 2 个类型。长圆柱类型果实长 42～66cm，最长达 1m，横径 7～13cm。如浙江长瓠子、南京面条瓠子、江西青蒲、湖北孝感瓠子和广州大棱等。短圆柱类型果实长 20～

30cm，横径13cm左右。如江苏棒锤瓠子、湖北狗头瓠子、江西三河瓠子、七叶瓠子、里村瓠子等。

(2) 长颈瓠瓜（var. *cougourda* Makino）　果实棒状，蒂部圆大，向上渐细，至果柄处细而长。果实嫩时可食，老熟后可作瓢用。如广州的长颈瓠瓜、鹤颈、石家庄瓠子、江西的长颈瓠瓜等。

(3) 大瓠瓜（var. *depressa* Makino）　果实圆、近圆或扁圆形，横径20cm。如温州圆蒲、江西木勺蒲、武汉百节瓠瓜、河北的青龙瓠瓜、日本肉瓠瓜等。

(4) 细腰瓠瓜（var. *gourd* Makino）　果实蒂部大，近果柄部较小，中间缢细，呈葫芦形，嫩时可食，老熟后可作容器。如广州青瓠瓜、大花、花瓠瓜等。

(5) 观赏腰瓠瓜（var. *mjcrocarpa* Makino）　果实形状与细腰瓠瓜相似，但果实小，果径在10cm左右。供观赏，无食用价值。

3. 栽培季节

瓠瓜有爬地、支架栽培和平棚栽培等形式。瓠瓜喜温耐热，各地多采用春播夏收，设施栽培播种期还可提前。长江流域一般在3月中下旬开始育苗，大棚早熟栽培可在12月份开始育苗；华南地区可在上年12月中下旬开始育苗，当年2～3月份直播。华北地区4月中下旬定植或直播。近年来，长江流域逐渐发展塑料大棚早熟栽培。

4. 栽培技术

(1) 播种育苗　瓠瓜直播与育苗均可，直播一般在断霜后进行，育苗在断霜前30～35天于设施内进行。长瓠子比圆瓠瓜较耐低温，宜早熟栽培；圆瓠瓜比长瓠子较耐高温，宜晚熟栽培。育苗方法与春黄瓜相同，催芽种子1/3以上露白时，0～1℃冷冻处理2天，早期产量和总产量均有明显提高。因其幼苗柔嫩，移植时宜用手轻捏幼叶，不宜捏嫩茎，以免损伤幼苗。

(2) 整地做畦和定植　整地前施足底肥。爬地栽培畦宽1.35～3.0m，单行单向引蔓的株距50～135cm，小株距每穴栽一株，大株距每穴栽三四株，在畦一边种植，或畦中央栽植，向四方引蔓；支架栽培畦宽1.5～2.0m，单株栽植，24000株/hm^2，平棚栽培畦宽1.5～2.0m，单株栽植，株距60～120cm。

(3) 田间管理　瓠瓜靠侧蔓结果。主蔓可在6～8真叶开展时摘心，促进侧蔓发生，选留两三枚侧蔓，去弱留强。侧蔓的雌花较多，也需及时摘心。一般在子蔓坐果后进行摘心，促进孙蔓生长。孙蔓坐果后摘心与否视生长与栽培条件而定。生长健壮，有生产潜力可摘心，促下一级侧蔓发生，继续坐果，否则让其自然生长。侧蔓生长期间，注意通过压蔓和引蔓使瓜蔓均匀分布和增加不定根。

瓠瓜支架栽培一般在抽蔓后，开始用2.7～3.0m长的竹竿搭成人字架，在约1.3m处交叉插架。为便于侧蔓攀缘和人工分层缚蔓，在人字架上用小竹竿或较粗草绳，设横架两三道。晚熟品种进行平架栽培，地爬瓠瓜不设支架，但需压蔓以防风害。

瓠瓜植株茎叶繁茂，结果多，需肥较多。施肥以基肥为主，一般1hm^{2}施用腐熟禽畜粪11250～15000kg、过磷酸钙300～450kg作基肥。幼苗定植成活后，施一次提苗肥，摘心后施一次分蔓肥，果实迅速生长时施一次催果肥，开始采收后再分期追肥二次，每次施三元复合肥150～375kg/hm^2，坐果多、结果期长可增施。

幼苗生长期间适当灌溉，以后植株生长旺盛，根系吸收能力强，宜采用深沟高畦沟灌，雨季和雨天注意排水。氮肥过多，缺水，日照不足，果实易产生苦味。

(4) 采收　瓠瓜以嫩果食用，需及时采收，若延迟采收，果实个别部位纤维化，品质迅速下降，丧失商品价值。采收嫩果以花后10～15天为宜。早熟栽培气温低，早期坐果的果实发育较慢，需花后15～20天才能采收。果实如有苦味，有微毒，不宜食用。

二、苦瓜

苦瓜（balsam pear 或 bitter gourd）别名凉瓜，学名 *Momordica charantia* L.，为葫芦科苦瓜属的一个栽培种。原产亚洲热带地区，广泛分布于热带、亚热带和温带地区。中国南方栽培面积较大。苦瓜以嫩果供食，每100g嫩果含水分约9g、蛋白质0.7～1.0g、碳水化合物2.6～

3.5g、抗坏血酸 56~84mg、维生素 B 和钙、磷、铁等矿物质。还含有较多的糖苷，味苦，随着果实成熟，糖苷被分解，苦味变淡。苦瓜中的苦味物质有促进食欲、利尿活血、消炎退热、解疲劳、清心明目的功效。苦瓜的糖苷还可以降低血糖。印度和东南亚食用嫩梢和叶，印度尼西亚和菲律宾取花食用。

1. 生物学特性

苦瓜根系发达，不耐涝。茎攀缘，蔓生，5 棱，节上易生不定根，卷须单生。雌雄同株异花。花单生，植株一般先生雄花，主蔓发生第一雌花的节位因品种和环境条件而不同，侧蔓发生雌花的节位较早。浆果，纺锤形、短圆锥形或长圆锥形，成熟时黄色。种子盾形，扁，淡黄色，表面有花纹，千粒重 150~180g。

华南地区苦瓜整个生育周期 80~100 天。长江流域和长江以北 150~210 天。从种子萌动至采收结束可分为：①发芽期，从种子萌动至第一对真叶展开，需 5~10 天；②幼苗期，第一对真叶展开至第五片真叶展开，开始抽出卷须，需 15~20 天，这时腋芽开始萌动；③抽蔓期，第 5 片真叶展开至植株现蕾，需 7~10 天；如环境适宜，在幼苗期现蕾，就没有抽蔓期；④开花结果期，植株现蕾至生长结束，一般 50~70 天，其中现蕾至初花期约 15 天，初收至采收完 25~45 天。

苦瓜喜温和，耐热，不耐寒。苦瓜属短日照植物，幼苗期温度较低和短日照，可提早发生雌花。苦瓜喜光不耐阴。开花结果期需要较强光照，充足的光照有利于提高坐果率；光照不足常引起落花落果。肥料三要素以钾最多、氮次之、磷最少，吸收比例约为 3.4∶1∶4.6，这些养分也是绝大部分在开花结果期吸收的，其中果实中的氮、磷、钾分别占氮总吸收量的 1/3 左右，占钾总吸收量的 1/5~1/3，占磷总吸收量的 1/3~1/2。

2. 类型与品种

按果实色泽分为绿苦瓜和白苦瓜，以绿苦瓜品种较多。按果形分为纺锤形品种、短圆锥形品种和长圆锥形品种。按熟性分为早熟品种和晚熟品种。按结果习性分为主蔓和侧蔓结果品种和以侧蔓结果为主品种。

（1）绿苦瓜　果实浓绿色或绿色。纺锤形品种如广东槟城苦瓜、广西西津苦瓜、福建莆田苦瓜、上海青皮苦瓜等。短圆锥形品种如广东大顶、湖北小苦瓜等。长圆锥形品种如广东英引苦瓜、广西中渡苦瓜、湖南海参苦瓜等。

（2）白苦瓜　果实绿白或白色。如四川成都白苦瓜、贵州独山白苦瓜、湖南长白苦瓜等。

3. 栽培季节与栽培制度

苦瓜一般在春、夏季栽培。长江流域多在 3 月下旬至 4 月上旬播种育苗，6~9 月份收获。华南地区可分为春、夏、秋三季栽培，以春播为主。春季 2~3 月份播种育苗，5~7 月份采收；夏季 4~5 月份播种育苗，6~8 月份采收；秋季 7~8 月份播种育苗，8~11 月份采收。北方多在 4 月中下旬播种或定植。苦瓜可直播也可育苗移植，应带土移植和避免幼苗过大。

4. 栽培技术

苦瓜多进行畦作。栽植密度因栽培季节和地区等而不同。长江流域一般畦宽 2.0~2.7m，每畦 2 行，行距 1.0~1.3m，株距 0.5~0.7m；或行距 0.7~0.8m，穴距 0.3~0.5m，每穴两三株。华南地区一般畦宽 1.8~2.0m（连沟），单行栽植，春季株距 27~40cm，夏季和秋季 15~20cm。棚架方式与丝瓜相同。

苦瓜施肥以有机肥为主，适当配合无机肥。1hm^2 可施用腐熟禽畜粪 13000~22500kg、过磷酸钙 600~750kg、三元复合肥 750~1050kg、尿素 150~225kg 等。全部禽畜粪、全部或部分磷肥作基肥施用，其余肥料作追肥，大部分应在开花结果期分次施用。

施肥和植株调整等管理工作，应根据苦瓜品种生长和结果习性而定。对于主蔓和侧蔓都可以结果的品种，前期宜摘除主蔓基部侧蔓，选留中部以上侧蔓，追肥宜早些。主要靠侧蔓结果的品种，宜早留侧蔓，坐果前后开始追肥，因为侧蔓不断抽出，不断坐果，结果期长，需不断追肥。结果期间还应保持土壤相对湿度 70%~80%，切忌积水受涝。

苦瓜果实发育迅速，花后 25 天左右便生理成熟。一般开花后 12~15 天采收嫩果。此时，果实瘤状突起饱满，果皮具光泽，果顶颜色变浅。

三、丝瓜

丝瓜（sponge gourd）包括葫芦科丝瓜属的 2 个栽培种，即普通丝瓜 [*Luffa cylindrica* (L.) Roem.] 和有棱丝瓜 [*L. acutangula* (L.) Roxb.]，均为 1 年生攀缘草本，食用嫩果。起源于热带亚洲，分布在亚洲、大洋洲、非洲和美洲的热带和亚热带地区。中国南北各地均有栽培，而以长江流域及其以南各地较多。每 100g 嫩果含水分 93～95g、蛋白质 0.8～1.6g、碳水化合物 2.9～4.5g、维生素 C 13～37g，还含钙、磷、铁等矿物质。丝瓜性味甘凉，具清热化痰、凉血功效，可治咳嗽、哮喘、百日咳、腮腺炎、咽喉肿痛等。

1. 生物学特性

根系较发达，再生能力强，较耐涝，稍耐旱。茎蔓生，分枝力强。单叶，掌状或心脏形，浓绿色。雌雄异花同株，花腋生，雄花总状花序，雌花单生，子房下位，为了节制雄花消耗过多的营养，在生产上常将雄花摘除。瓠果，短圆柱形至长棒形，绿色。种子近椭圆形。普通丝瓜种皮较薄，表面平滑或具翅状边缘，黑色或灰色，千粒重 100～120g；有棱丝瓜种皮较厚，表面有皱纹，黑色，千粒重 120～180g。

丝瓜的生育周期分为：发芽期 7～14 天，幼苗期 15～25 天，抽蔓期 10 天左右，开花结果期 50～60 天或更长，整个生育周期需 90～120 天或稍长，因栽培季节与栽培情况而不同。丝瓜植株生长旺盛，主蔓长势强，可发生多级侧蔓。主蔓一般先发生雄花，后发生雌花，以后多连续发生雌花。主蔓发生第一雌花的节位因品种而不同，也受气候条件的影响。侧蔓发生雌花的节位早，也多连续发生雌花。

丝瓜对温度的要求与冬瓜基本相同，高温适应性较强。丝瓜对日照长短的反应较敏感。长日照延迟雌雄花发生；短日照提早雌花发生，增加雌花数和提高雌/雄花比率等。

2. 类型与品种

(1) 普通丝瓜

① 长圆柱类型　果实长棒形，长 50cm 以上，横径较粗，绿或墨绿色。如南京长丝瓜、武汉白玉霜、各地的线丝瓜等。

② 中圆柱类型　果实长 30～50cm，横径 5～6cm，果皮有条纹，绿白、绿或墨绿色。如江西安源丝瓜、浙江青柄白肚丝瓜、广东长度水瓜、湖南肉丝瓜等。

③ 短圆柱类型　果实长 15～30cm，横径 5～7cm，果皮有条纹，绿或浓绿色。如广东短度丝瓜、上海香丝瓜、四川胖头丝瓜（湖皱丝瓜）等。

(2) 有棱丝瓜

① 春丝瓜　对短日照要求比较严格，适于春季播种。如广东双青、绿旺丝瓜等。

② 夏丝瓜　对短日照要求不严格，适于夏季播种。如夏棠 1 号、天河夏丝瓜等。

③ 秋丝瓜　要求一定的短日照。

3. 栽培技术

丝瓜对土壤的选择、播种期和育苗技术等与冬瓜基本相同。采用大棚早熟栽培应提早播种育苗，提早定植，可提高产量。有棱丝瓜品种对日照长短的反应比较敏感。春播应选择短日照要求较严格的品种，避免过早发生雌花，影响茎叶正常生长，不利于以后的开花结果；夏播日照长，温度高，则应选择对短日照要求不严格的品种，应在苗期进行短日照处理，或生长前期采用抑制茎叶生长的措施。

春播和夏播株行距宽些，行距 1.5～1.8m，株距 30～35cm。秋播宜密些，株距 20～25cm。平棚栽培比支架栽培宜宽些。大棚早熟栽培、生长期和采收期较长，不宜过密。

春丝瓜主蔓结果前摘除侧蔓，以后选留强壮侧蔓结果。夏丝瓜在主蔓基部留两三枚强健侧蔓，利用侧蔓早坐果，多结果。秋丝瓜植株长势稍弱，侧蔓较少，靠增加株数，利用主蔓结果。

丝瓜需氮肥最多，钾次之，磷最少；N、P_2O_5 和 K_2O 的吸收比例 2.7:1:2.5，在开花结果期间的吸收量占总吸收量的绝大部分。因此，应施用完全肥，结果期多施。春播和夏播的生长期较长，结果多，产量高，施肥量较秋播多，秋播的施肥宜提早，加速茎叶生长，争取早结果。丝瓜较耐湿，需经常保持 80%～90% 的土壤相对湿度。

根据丝瓜果实容易纤维化的特性，应特别注意适时采收。当果实顶部饱满、果皮出现光泽约在开花后两周便可采收。病虫害与其他瓜类相似，其中较易感染霜霉病，必须及早预防。

四、佛手瓜

佛手瓜（Sechium edule）又名菜肴梨、合掌瓜、拳头瓜等。现在云南、福建及浙江等省栽培较为普遍。近年山东、河南等北方省区引种成功。佛手瓜具有产量高、管理简便、不需喷施农药、营养丰富、耐贮运等优点，特别适合南方广大山区栽种。

佛手瓜是低热量、低钠、高钾食品。据测定，每 100g 果实中含蛋白质 0.9g、碳水化合物 7.7g、维生素 C 22mg。冬季可充当黄瓜的代用品，凉拌、炒食、做汤皆可。由于它不像其他瓜类果实有空心部分，可食率达 100%，所以又被叫作"无心瓜"。佛手瓜肥大的块根与马铃薯营养相似，可以像马铃薯一样烹制，味道亦似马铃薯。嫩芽多汁，味道颇似芦笋。

1. 生物学特性

佛手瓜侧根长而粗，根系分布范围广，吸收肥水能力强，耐旱。茎蔓性，攀缘性强，主蔓可长达 10m 以上。分枝能力强，几乎每节上都有分枝，分枝上又有 2 次、3 次分枝。雌雄同株异花，异花传粉，虫媒花，雌花单生。雄花多生于子蔓上，开花早；雌花多生于孙蔓上，开花迟于雄花。果实梨形，果色由绿色至乳白色，单瓜重 250～500g。种子扁平，纺锤形。当种子剥离果实后，极易失水干瘪而丧失生活力。故种子不能晒干贮存，一般均以整个种瓜为繁殖材料。种子无休眠期，成熟后如不及时采收，种子在瓜中就会很快萌发。这一现象称"胎萌"，是佛手瓜的一大特点。

佛手瓜喜温暖而雨水分布均匀的气候，20～25℃时生长最适，开花结果适温是 15～20℃。对水分需量大，开花结果期土壤水分不足时，开花少，落花多，坐果率低，瓜也小。佛手瓜是短日照作物，在具有一定的营养生长量后，在秋季短日照条件下开始生殖生长。月均为 22℃ 左右，月日照时数 170h，即适合佛手瓜开花结果要求。因此在南方，适合在凉爽气候的山区栽种。对土壤要求不严，以中性沙壤和壤土、黏壤土最适合。佛手瓜适应性相当广，可以利用房前屋后、山麓、渠旁、猪牛栏舍旁等一切空闲地栽种，丰产稳产性良好。

2. 栽培技术

（1）种瓜的选择与越冬贮藏　种瓜需选择个头肥壮、重 500g 左右、表皮光滑润薄、蜡质多、微黄色、茸毛不明显、芽眼微微突起、无伤疤破损、充分成熟的瓜做种瓜。将种瓜于 11 月下旬放在 5～7℃ 的室内保存，具体方法是用箩筐装沙贮藏，即用箩筐装一层沙、放一层瓜，不留空隙，箩筐顶端覆盖 10～15cm 的沙即可。若数量大可在室内建沙池贮藏，在整个贮藏期自始至终不能浇水，必须用干沙或干煤灰贮藏覆盖，不能用农家肥和田园土贮藏覆盖。

（2）育苗　佛手瓜在温带地区只能作一年生栽培，需整瓜播种育苗。在南方佛手瓜入窖贮藏，翌年清明前后自然出苗，而后选择苗好的种瓜直接播种。佛手瓜整瓜播种，需种瓜量较多，成本偏高。为减少种瓜用量，扩大繁殖系数，山东省农科院蔬菜研究所采用茎切段扦插育苗获得成功。具体方法是：将种瓜提前育苗，培育出用于切段扦插的健壮秧蔓。在有温室的地方，可于 11～12 月份育苗，延长育苗期可使幼苗多发枝、发壮枝。于 3 月上中旬将幼苗秧蔓剪断，每一切段含 2～3 个节。将切段茎部置于 500mg/L 的萘乙酸溶液中浸泡 5～10min，取出插于育苗营养土或蛭石、珍珠岩、过筛炉渣等轻质基质内，保温保湿促其生根。据试验，采用此法扦插成活率达 80% 以上。

（3）定植　佛手瓜断霜后即可定植。大棚栽培可于 3 月上中旬定植，露地栽植以 4 月中旬为宜。定植时，穴要大而深，约 1m 见方、1m 深。将挖出的土再填入穴内 1/3，每穴施腐熟优质圈肥 200～250kg，并与穴土充分混合均匀，上再铺盖 20cm 的土壤，用脚踩实。定植后浇水，促其缓苗。定植密度，若采用种瓜育苗，大苗定植，每亩可栽 20～30 株；用切段扦插的小苗栽培，密度可适当加大，行距 3～4m、株距 2m，每亩栽 80～120 株。

（4）搭架、引蔓与整枝　当瓜蔓长到 40cm 左右时就要因地制宜、就地取材，利用竹竿绳索等让佛手瓜的卷须勾卷引其叶蔓攀架、上树、爬墙。定植后至植株旺盛生长阶段，地上茎伸长较慢，茎基部的侧枝分生较快，易成丛生状，影响茎蔓延长和上架。故前期要及时抹除茎基部的侧芽，每株只保留2~3个子蔓。上架后，不再打侧枝，任其生长，但应注意调整茎蔓伸展方向，使其分布均匀，通风透光。

(5) 水肥管理　定植后1个月内主要做好幼苗的覆盖增温工作，促进生长发育。此期间不追肥，只浇小水。根系迅速发育期，要多中耕松土，促进根系发育。越夏期勤浇水，保持土壤湿润，增加空气湿度。进入秋季，植株地上部分生长明显加快，进入旺盛生长期，要肥水猛攻，以使植株地上部分迅速生长发育，多发侧枝。盛花盛果期，日蒸腾量大，需要充分的水肥，水分以保持土壤湿润为宜，可采用叶面喷施氮、磷肥2~3次，或施腐熟的人畜肥。

(6) 收获　佛手瓜开花结果较集中，对茎蔓生长影响较大。要及时采摘，利于后茬瓜的生长发育，以提高产量。一般每株可采瓜200~600个，产量3000~5000kg/亩。

项目七 豆类蔬菜栽培

【知识目标】
1. 了解豆类蔬菜的主要种类、生育共性及栽培共性;
2. 掌握菜豆、豇豆、豌豆的生物学特性、品种类型、栽培季节与茬口安排等;
3. 掌握菜豆、豇豆、豌豆的栽培管理知识以及栽培过程中的常见问题及防止对策。

【能力目标】
1. 能制订豆类蔬菜(菜豆、豇豆、豌豆)生产计划方案;
2. 能掌握豆类蔬菜(菜豆、豇豆、豌豆)栽培技术关键;
3. 能分析绿叶蔬菜生产过程中常见问题发生的原因并提出解决措施;
4. 能进行豆类蔬菜(菜豆、豇豆、豌豆)生产效果评估。

豆类蔬菜为蝶形花科一年生或二年生的草本植物。主要包括菜豆、豇豆、豌豆、蚕豆、扁豆、刀豆、毛豆、藜豆和四棱豆等。豆类蔬菜在我国栽培历史悠久,种类多,分布广。南北普遍栽培的主要有豇豆、菜豆、豌豆等。

豆类蔬菜营养丰富,蛋白质含量高,同时含有丰富的脂肪、糖类、矿物盐和多种维生素。豆类蔬菜具有食用多样性,主要以嫩荚和鲜豆粒供食用,风味鲜美。产品制罐头、腌制、干制和速冻也深受欢迎,不但内销还可出口。豆类蔬菜还可以利用种子生产芽菜,如传统的豆芽菜(绿豆芽、黄豆芽)以及新型高档的豌豆芽苗菜。另外,南方人们亦把豌豆的嫩梢当作美味佳肴。

豆类蔬菜根系发达,但易木栓化,受伤后再生能力差,生产上宜直播或护根育苗。较耐旱,要求土壤排水和通气性良好,pH5.5~6.7为宜,不耐盐碱。忌连作,宜与非豆科作物实行2~3年轮作。除豌豆、蚕豆属长日照植物,喜冷凉气候外,其他均属短日照植物,喜温暖,不耐寒冷。多数豆类对光照长度要求不严格。

豆类蔬菜供应周期长。如长江流域各省在3~5月份有豌豆、蚕豆上市;5~6月份有菜豆;到炎热的夏季有豇豆、扁豆、毛豆等供应;8~11月份有菜豆、豇豆、刀豆、扁豆等。一些地区冬季可利用设施或露地进行豆类蔬菜栽培。由此可见,豆类蔬菜在蔬菜周年供应中有着重要的地位。

任务一 菜豆栽培

菜豆,别名四季豆、芸豆、玉豆等,蝶形花科菜豆属一年生蔬菜,原产中南美洲,16~17世纪传入中国,现我国南北各地普遍栽培。生产中利用露地栽培和保护地栽培可以实现周年均衡供应。菜豆的嫩荚和老熟种子均可食用,以嫩荚鲜食为主,也可干制和速冻。菜豆营养丰富。据分析,嫩荚中含有6%的蛋白质、10%的纤维、1%~3%的糖以及多种维生素。

【任务描述】
四川郫县某蔬菜生产基地现有面积为100000m²的塑料大棚,今年准备利用其中的30000m²生产早春菜豆,要求在4月下旬开始供应上市,产量达2000kg/亩以上。请据此制订生产计划,并安排生产及销售。

【任务分析】
按照生产过程完成生产任务:制订生产计划方案—播种与育苗—整地做畦与定植—田间管

理—采收与采后处理、销售—效果评估。

【相关知识】

一、生物学特性

1. 植物学特征

根系较发达，主根深达 80cm 以上，侧根分布直径 60～70cm，主要根群多分布在 20cm 左右耕层中。在侧根和多级细根中还生有许多根瘤。根系易木栓化，再生能力弱。茎草质细长，多绿色。左旋性缠绕生长，分枝力强。依茎的生长习性分为矮生（有限生长）、蔓生（无限生长）和半蔓生 3 种。初生真叶呈心脏形，单叶对生；以后真叶为三出复叶，互生。总状花序，腋生，花梗上有花 2～8 朵。蝶形花，多为自花授粉。果实为荚果，圆柱形或扁圆柱形，全直或稍弯曲。嫩荚绿、淡绿、紫红或紫红花斑等，成熟时黄白至黄褐色。种子肾形、扁圆形、椭圆形或圆球形等。种皮颜色有黑色、白色、红色、土黄色、茶褐色，有的带有花斑。种子千粒重 300～700g，寿命 3～5 年。

2. 生长发育周期

菜豆生长发育分为发芽期、幼苗期、抽蔓期和开花结荚期 4 个时期。

（1）发芽期　从种子萌动到第一对真叶出现，约需 10 天。

（2）幼苗期　从第一对真叶出现到有 4～5 片真叶展开，需 20～25 天。第一对真叶健全可以促进初期根群发展和顶芽生长。幼苗末期开始花芽分化。在适宜的温度、光照和水肥条件下花芽分化早、数量多、质量好。

（3）抽蔓期　从 4～5 片真叶展开到开花，需 10～15 天。此期茎叶生长迅速，陆续抽出侧枝，根瘤不断增加，花芽不断分化发育。

（4）开花结荚期　从开花到采收结束。矮生种一般播种后 30～40 天便进入开花结荚期，历时 20～30 天；蔓生种一般播种后 50～70 天进入开花结荚期，历时 45～70 天。该期对养分的需求也达到最大，应增加氮、磷、钾肥的施用，但要避免氮素过多，引起徒长而落花落荚。

3. 对环境条件的要求

（1）温度　喜温怕寒，不耐高温和霜冻。种子发芽的最低温度为 8～10℃，发芽适温为 20～30℃。幼苗生育适温为 15～25℃，当昼温为 13℃、夜温为 8℃时几乎停止生长。开花结荚适温为 18～25℃，若低于 15℃或高于 30℃，易产生不稔花粉，引起落花、落荚。

（2）光照　喜光，光饱和点为 25～40klx，光补偿点为 1.5klx。弱光下生长发育不良，开花结荚数减少。开花结荚期的菜豆每天都开花，露地栽培如有连续 2 个阴天就会落花。菜豆多数品种属中光性，对日照长短要求不严格，四季均可种植。

（3）水分　菜豆耐旱力较强，怕涝。土壤适宜湿度为田间最大持水量的 60%～70%，空气相对湿度保持在 50%～75% 较好。如果土壤严重干旱，植株矮小，开花数减少，豆荚小，产量和品质大幅度降低；土壤湿度过大，下部叶片黄化加快，落花落荚严重。

（4）土壤及营养　菜豆适宜在土层深厚、有机质丰富、疏松透气、排水良好的壤土或沙壤土上栽培。适宜 pH6.2～7.0，若土壤呈酸性会使根瘤菌活动受到抑制。菜豆生育过程中从土壤中吸收钾最多，其次为氮和钙较多，磷最少。微量元素硼和钼对菜豆生育和根瘤菌活动有良好的作用。菜豆对氯离子反应敏感，所以生产上不宜施含氯肥料。施用有机肥，可明显增加菜豆株高、叶面积和产量。

二、类型与品种

菜豆依豆荚纤维化程度分为软荚种和硬荚种。依主茎的分枝习性一般分为蔓生型、半蔓生型和矮生型。其中半蔓生型在生产中少有栽培。

1. 蔓生型

又称"架豆"，主蔓长达 2～3m 或更长，节间长，左旋性攀缘生长。属无限生长类型。每个茎节的腋芽均可抽生侧枝或花序，陆续开花结荚，花期较长，豆荚成熟较迟。播种至初收 50～90 天，采收期 30～60 天。产量高，品质好。生产中常用的品种有：四川成都红花青壳四季豆、白花肉豆角，湖南龙爪豆、九节鞭、江西九江梅豆、南昌金豆、广州中花玉豆、12号菜豆、福建黑籽四月豆、白水四季豆、浙江白子梅豆、黑子梅豆、上海白籽长萁菜豆、黑籽菜豆、江苏扬白313、长白7号，其他还有云南泥鳅豆、重庆倒结豆、白籽四季豆、黑籽四季豆、丰收1号、芸丰、意选一号、特嫩1号、超长四季豆、秋抗6号、秋紫豆、日本无筋四季豆等。

2. 矮生型

又称"地豆"或"蹲豆"。植株矮生而直立，株高30~50cm。基部节间短，上部节间稍长。主茎长至4~8节时顶芽形成花芽。属有限生长类型。生育期短，开花和成熟早，从播种至初收40~50天，采收期15~20天。产量低，品质较差。生产中常用的品种多从国外引进，如美国供给者、优胜者、推广者、波兰沙克沙、新西兰3号，其他还有四川黄荚三月豆、湖南圆荚三月豆、上海矮箕黑籽、浙江矮早18、农友早生等。

三、栽培季节与茬口安排

我国除无霜期很短的高寒地区为夏播秋收外，其余南北各地均春、秋两季栽培，并以春季露地栽培为主。春季露地播种，多在断霜前几天，10cm地温稳定在10℃时进行。长江流域露地春播宜在3月中旬至4月上旬，早春栽培可提前1~2个月播种（表7-1），华南地区一般在2~3月份，华北地区在4月中旬至5月上旬，东北在4月下旬至5月上旬播种。广东、海南和云南等地区可周年露地生产，冬春栽培一般在10~12月份播种育苗。秋播，长江流域多在7~8月份，华南地区8~9月份。目前，很多地区利用塑料大棚和日光温室进行反季节栽培，保证了菜豆的周年生产和供应。

表7-1 长江流域不同覆盖春早熟栽培的播种、定植和采收时期

覆盖方式	播种期/（月/旬）	定植期/（月/旬）	收获期/（月/旬）
大棚＋小拱棚＋地膜＋草帘	1/中~1/下	2/上~2/中	3/中~4/中
大棚＋小拱棚＋地膜	1/下~2/上	2/中~2/下	3/下~4/下
大棚＋地膜	2/上~2/下	2/下~3/中	4/中~5/中

注：引自黄裕，何礼．豆类蔬菜栽培技术，2005．

【任务实施】

菜豆早春大棚栽培技术

1. 生产计划方案制订与农资准备

根据生产规模及生产目标，制订详细的生产计划方案，搭建塑料大棚，准备相关的农业生产资料（种子、农膜、化肥、农药等）。

2. 品种选择

早春大棚栽培多选择早熟、抗病、产量高、品质好的蔓生四季豆品种，如芸丰、春丰4号、丰收1号、老来少、碧丰等。矮生四季豆可选择供给者、优胜者、新西兰3号等。

3. 整地施肥

前茬作物收获后，及时清园并进行棚室消毒。深翻并精细整地。结合整地，每亩施入腐熟的有机肥3000~4000kg，磷酸二铵20~25kg或过磷酸钙30kg，硫酸钾20~25kg或草木灰100~150kg。耕翻后做成高15~20cm、宽1.2m左右的小高畦。覆盖白色地膜以提高地温。

4. 播种育苗

选用粒大、饱满、无病虫的新种子。播种前先将种子晾晒1~2天。为了防止种子带菌，可用种子重量0.2%的50%多菌灵或0.3%的福美双拌种，也可用0.3%的福尔马林200倍液浸种20min后用清水冲洗干净。为了促进根瘤形成，可用根瘤菌拌种（50g/亩），或用0.08%~0.1%的钼酸铵、0.1%~1%的硫酸铜浸种1h，再用清水洗净后播种。

播种一般在棚内温度稳定在10℃以上时，选择晴天上午进行。在畦面开沟或挖深3~5cm的穴，浇水后播种。一般蔓生种每畦播两行，行距50~60cm，穴距30~40cm，每穴播种3~4粒，

每亩用种量 3~4kg；矮生种行距 40cm，穴距 20~25cm，每穴播种 3~4 粒，每亩用种量 5~7.5kg。播种后覆细土 2~3cm 并稍镇压。

为了保证苗全苗壮，提早上市，也可在保护地内采用营养钵、纸袋或营养土块等护根法育苗。播前浇足底水，每钵（土块）播种 3~4 粒，覆土 2~3cm，最后盖膜增温保湿。

播后出苗前应保持较高温度，以免低温烂种，白天温度 25℃ 左右，夜间 20℃ 左右。出苗后，日温降至 15~20℃，夜温降至 10~15℃，防止幼苗徒长。第 1 片真叶展开后应提高温度，日温 20~25℃，夜温 15~18℃，以促进根、叶生长和花芽分化。定植前 5 天开始逐渐降温炼苗，夜温保持 8~12℃。菜豆幼苗较耐旱，在底水充足的前提下，定植前一般不再浇水。苗期尽可能改善光照条件。适宜苗龄为 25~30 天，幼苗 3~4 片叶时即可定植。

5. 定植

当棚内气温稳定在 5℃ 以上，10cm 地温稳定在 10℃ 时即可定植。定植时采用暗水定植法，株行距与直播的相同。

6. 田间管理

（1）温度管理　缓苗前不通风，棚内白天保持在 25~30℃、夜间在 15℃ 左右，并保持较高的空气湿度。如遇低温，夜间可加盖小拱棚或进行浮面覆盖。缓苗后应适当通风，降温降湿，保持白天 20~25℃、夜间 12~15℃，防止徒长。开花结荚期保持白天 20~25℃、夜间 15~18℃。温度高于 28℃、低于 13℃ 都会引起落花落荚。进入 4 月份以后，随外界气温增高，应逐渐加大通风量，夜间温度 15℃ 以上时，应昼夜通风。

（2）中耕补苗　直播幼苗出土或定植幼苗成活后，要及时查苗补缺。如未覆盖地膜，定植后要控水蹲苗并及时中耕，以提高地温。开花之前中耕 3 次。根系周围浅中耕，行间中耕可适当深些。结合中耕，适当进行培土，以促进根基部侧根萌发生长。

（3）肥水管理　我国菜农从菜豆栽培过程中总结出了"干花湿荚，浇荚不浇花"的宝贵经验。菜豆水肥管理应掌握"苗期少、抽蔓期控、结荚期促"的原则。定植后一般不浇水；缓苗后可少量浇 1 次缓苗水；开始抽蔓时，结合搭架灌 1 次水；第 1 花序开花期一般不浇水，防止枝叶徒长而造成落花落荚。如果土壤墒情良好，可一直到坐荚后浇水、施肥。如果土壤过于干旱或植株长势较弱，可在开花前浇 1 次小水并适当追施尿素提苗。当第 1 花序豆荚 4~5cm 长时及时浇水，一般每隔 7~10 天浇水 1 次，使土壤保持田间最大持水量的 60%~70%。浇水后注意通风排湿。

菜豆结荚期为重点追肥时期，要重施氮肥并配合磷、钾肥。一般在结荚初期和盛期结合浇水各追肥 1 次，每次每亩追施三元复合肥 15~20kg，也可施入 20kg 尿素或硫酸铵并配合适当磷、钾肥。结荚后期，植株长势逐渐衰弱时，可适当追肥，以促进侧枝再生和潜伏芽开花结荚。整个结荚期间叶面喷施 0.3%~0.4% 的磷酸二氢钾或 0.1% 的硼砂和钼酸铵 3~4 次，可延长采收期，提高产量。

矮生种生长发育早，能早期形成豆荚，一般不易徒长，应在结荚前早灌水、施肥。

（4）植株调整　当植株开始抽蔓（主蔓长 30~50cm）时，及时搭人字架或吊绳引蔓。当主蔓接近棚顶时打顶，以防止长势过旺使枝蔓和叶片封住棚顶，影响光照，同时可避免高温危害。结荚后期，植株逐渐衰败，需及时剪除老蔓并逐次摘除植株下部的病、老、黄叶，以改善通风透光条件。

（5）病虫害防治　菜豆主要病害有锈病、细菌性疫病、炭疽病、灰霉病、枯萎病、根腐病等；主要害虫有蚜虫、豆野螟、美洲斑潜蝇、螨类等。防治应按照"预防为主，综合防治"的植保方针，坚持"农业防治、物理防治、生物防治为主，化学防治为辅"的防治原则。

① 农业防治　选用抗病虫优良品种，与非豆类作物实行 3 年以上轮作，合理密植，高畦栽培，地膜覆盖，加强水肥管理，及时拔除病株，摘除病叶和病荚，清洁田园等。

② 化学防治　锈病用三唑酮、世高防治；细菌性疫病用农用链霉素、新植霉素等防治；炭疽病用甲基硫菌灵、炭疽福美、世高等防治；灰霉病用速克灵、扑海因、农利灵等防治；枯萎病用农抗 120、扑海因、甲基硫菌灵等药剂灌根；根腐病用百菌清、敌磺钠、络氨铜等药剂喷洒茎

基部或灌根;病毒病期用植病灵、病毒A等防治;蚜虫用艾美乐、乐斯本等防治;豆野螟用氯氰乳油、功夫乳油等防治;美洲斑潜蝇用阿维菌素、灭幼脲等防治;螨类用克螨特、阿维菌素、浏阳霉素等防治。

7. 采收与销售

蔓生菜豆播种后60~80天开始采收,可连续采收30~45天或更长;矮生菜豆播种后50~60天开始采收,采收时间15~20天。一般嫩荚采收在花后10~15天进行,加工用嫩荚可适当提前采收。采收标准是豆荚由扁变圆,颜色由绿转淡,外表有光泽,种子略显露。一般结荚初期和结荚后期2~3天采收1次,结荚盛期每1~2天采收1次。采收过早,产量低;采收过迟,纤维多,品质差,且容易造成落花落荚。采收时要注意保护花序和幼荚。详细记录每次采收的产量、销售量及销售收入。

8. 栽培中常见问题及防治对策

(1) 落花落荚 菜豆生产过程中,造成减产的原因很多,而落花落荚是减产的根本原因。菜豆的花芽分化数和开花数都较多,但结荚率仅占花芽分化数的4.0%~10.5%,占开花数的20%~35%,成荚率很低。

落花落荚产生的主要原因有以下几个方面。一是营养因素。初花期,由于营养生长和生殖生长同时进行,花序得不到充分的营养;中期由于花序之间、花序内各花之间以及花与荚之间的养分争夺造成营养不均;生育后期,植株衰弱和不良环境条件也易引起落花。二是环境条件。开花结荚期温度高于30℃或低于15℃均会影响授粉而引起落花;开花期遇雨或高温干旱影响授粉而导致落花;光照不足,光合产物少,导致花器发育不良而脱落。三是栽培管理。初花期浇水过早,使植株过早地进入营养生长和生殖生长并进阶段,茎叶生长和开花结荚间争夺养分的矛盾突出;早期偏施氮肥,使营养生长过旺,花芽分化受限;肥料不足,造成营养不良;栽植密度过大,整枝不及时造成通风透光不良,采收不及时,豆荚消耗过多养分;病虫害严重等均会引起落花落荚。

防止落花落荚的措施:一是要选择坐荚率高的优良品种。二是要适时播种,减轻或避免高低温障碍,还可以利用保护设施或合理间套作改善小气候条件。三是要加强田间管理,合理调节营养生长与生殖生长间的平衡关系。如合理密植,及时插架引蔓,适当施用氮肥并增施磷钾肥,花期控制浇水,及时整枝打顶,预防和防治病虫,及时采收。四是在花期喷施5~25mg/L的萘乙酸或2mg/L的对氯苯氧乙酸(俗称防落素)也可减少落花落荚。

(2) 果荚过早老化 菜豆以嫩荚为食用器官,果荚老化将大大降低其品质。果荚老化主要与品种和环境因素有关。无纤维束型品种如丰收1号等不易老化,纤维束型品种如法引2号等易老化。环境因素中,超过31℃或日均温超过25℃的高温最易引起果荚老化,另外,营养不良和水分缺乏也会促使纤维形成。

为防止果荚过早老化,一是选择抗老化品种;二是适期播种,避免在高温季节结荚,同时加强水肥管理;三是在果荚老化前及时采收。

【效果评估】

1. 进行生产成本核算与效益评估,并填写表7-2。

表7-2 菜豆早春大棚栽培生产成本核算与效益评估

项目及内容	生产面积/m²	生产成本/元						折算成本/(元/亩)	销售收入/元	折算收入/(元/亩)
		合计	其中:						合计	
			种子	肥料	农药	劳动力	其他			

2. 根据菜豆早春大棚栽培生产任务的实施过程,对照生产计划方案写出生产总结1份,应包含生产目标、生产进度安排、生产实施过程、生产效益评估以及存在问题分析等内容。

【拓展提高】

菜豆秋天露地栽培技术

1. 品种选择

选择耐热、抗病、适应性强、对光的反应不敏感或短日照的早熟品种。如丰收1号、意选1号、秋抗6号、秋紫豆、老来少、芸丰、日本无筋四季豆等。

2. 适时播种

秋菜豆若播种过早，开花结荚期正值高温季节，易落花落荚。若播种过迟，生长期短，产量低。一般蔓生菜豆在当地初霜前100天左右播种，矮生菜豆可比蔓生菜豆推迟15天左右播种。秋菜豆播种多干籽直播，方法与春菜豆相同。前茬作物拉秧后及时清洁田园，施足底肥后整地做畦。秋季雨水较多，宜采用高畦生产。播种时墒情要足，如遇高温干旱天气播前要灌水造墒。播种后立即覆土并覆盖稻草、谷壳或麦秆以降温、保墒，同时防止暴雨冲刷。

秋菜豆生育期较短，生长势较弱，侧枝较少，应适当密植，增加单位面积的株数来提高产量。一般秋菜豆的株行距与春菜豆相同，但每穴可多播1~2粒种子。

3. 田间管理

秋菜豆出苗后，气温高，水分蒸发量大，应及时浇水降温保湿。苗期进行中耕、除草，增加土壤的透气性。中耕要浅，以划破土表为宜。当幼苗长至3~4片真叶时及时搭架。

秋菜豆水肥管理应掌握"干花湿荚、前控后促、花前少施、结荚期重施"的原则。齐苗后轻施提苗肥，以速效性氮肥为宜。初花期适当控水。嫩荚坐住后立即浇水，以后逐渐加大浇水量，保持土壤湿润。结合浇水，每亩追施三元复合肥或尿素15~20kg。采收后期，及时摘除下部老、黄、病叶并适当追肥，促抽生侧枝，延长采收期10~15天，增加产量。

4. 采收与销售

蔓生菜豆播种后50天左右开始采收，矮生菜豆播种后40天左右开始采收。一般嫩荚采收在花后10~15天，加工嫩荚可适当提前采收。

采收后及时销售。并详细记录每次采收的产量、销售量及销售收入。

【课外练习】

1. 菜豆为何多行干籽直播？若育苗，应注意哪些问题？
2. 菜豆直播时，为保证全苗，应采取哪些措施？
3. 菜豆落花落荚的原因是什么？应如何防止？
4. 小心拔出处于发芽期、抽蔓期、初花期、结荚期及采收期的菜豆植株各1株，洗去泥土。按照自然分布状态，描绘在方格纸上。观察菜豆在不同生长发育期的根系生长发育状况。

任务二 豇豆栽培

豇豆，又名豆角、长豆角、带豆、裙带豆、线豆角等。蝶形花科豇豆属一年生草本植物，起源于热带。在我国栽培历史悠久，南北各地均有栽培，以南方栽培较多。以嫩荚为食用器官，营养丰富。可鲜食亦可加工。长江流域可在5月下旬至11月份收获，为夏秋主要蔬菜之一，亦是解决7~9月份蔬菜淡季供应的重要蔬菜。

【任务描述】

四川郫县某蔬菜生产基地现有面积为100000m^2的塑料大棚，今年准备利用其中的30000m^2生产早春豇豆，要求在5月中旬开始供应上市，每亩产量达2500kg以上。请据此制订生产计划，并安排生产及销售。

【任务分析】

按照生产过程完成生产任务：制订生产计划方案—播种与育苗—整地做畦与定植—田间管理—采收与采后处理、销售—效果评估。

【相关知识】
一、生物学特性
1. 植物学特征

豇豆为深根性蔬菜，根系较发达，主根入土达80cm左右，根群主要分布在15～18cm的表土层。根易木栓化，再生力弱，宜直播或育小苗移栽。根上着生根瘤。茎蔓生、半蔓生或矮生。栽培种以蔓生型为主。子叶出土，基生叶对生，单叶，以后的真叶为三出复叶，互生。叶片光滑，全缘，绿或浓绿色。总状花序，腋生，具长花序柄，每花序有4～8枚花蕾，通常成对互生于花序近顶部。蝶形花，萼浅绿色，花冠白、黄或紫色，自花授粉。荚果线形，长30～100cm，有浓绿、绿、绿白和紫红等色。种子肾形，每荚含种子16～22粒，千粒重300～400g。

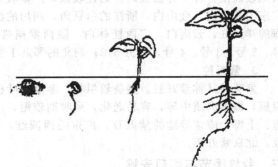

图7-1 豇豆种子的发芽过程
(从左到右：播后3天，5天，7天，11天)
(引自浙江农业大学．蔬菜栽培学各论，1985)

2. 生长发育周期

豆类蔬菜的个体发育，以蔓性种来说，自播种至豆荚或种子成熟，可分为发芽期、幼苗期、抽蔓期和开花结荚期四个时期。

(1) 发芽期 种子萌动至第一对真叶展开(图7-1)，一般需要7～10天。发芽时水分不宜过多，否则容易烂种。

(2) 幼苗期 第一对真叶开展至具有7～8片复叶一般需15～20天。

(3) 抽蔓期 有7～8片复叶至植株现蕾，约需10～25天。这个时期主蔓迅速伸长，基部开始多在第一对真叶及第2～3节抽出侧蔓，根瘤也开始形成。抽蔓期要求较高温度和良好日照。

(4) 开花结荚期 植株现蕾后至豆荚采收结束或种子成熟，一般为50～60天。开花至豆荚商品成熟约9～13天左右。

3. 对环境条件的要求

(1) 温度 喜温暖，耐热不耐霜冻。种子发芽适温为25～30℃，植株生长适温为20～25℃，开花结荚适温为25～30℃，35℃以上高温仍能正常结荚，15℃以下生长缓慢，10℃以下生长停止，5℃以下受寒害。

(2) 光照 豇豆多数品种属于中光性植物，对日照要求不甚严格。短日照能降低第1花序节位，开花结荚数增多。开花结荚期间要求日照充足，光照不足会引起落花落荚。

(3) 水分 豇豆根系较深，故耐旱力较强，但不耐涝。播种后土壤过湿易烂种。幼苗期过湿易徒长或沤根死苗。开花结荚期要求适当的空气湿度和土壤湿度，土壤适宜湿度为田间最大持水量的60%～70%为好，过湿过干都易引起落花落荚。

(4) 土壤及营养 豇豆对土壤的适应性广，以有机质含量高、疏松透气的沙壤土为宜。豇豆生育期长，生长旺盛，需肥量较其他豆类作物要多，但不耐肥。苗期需要一定量的氮肥，但应配合施用磷钾肥，防止茎叶徒长，延迟开花。伸蔓期和初花期一般不施氮肥。开花结荚期应适当施氮肥并增施磷钾肥，以促进植株生长和提高豆荚的产量和品质。

二、类型与品种

栽培豇豆分菜用和粮用两类。菜用豇豆品种按植株第1花序着生节位迟早分为早熟、中熟和晚熟类型；依茎的生长习性分为蔓生、半蔓生和矮生型，其中半蔓生型在我国栽培极少；按果荚颜色分为青荚、白荚和紫荚类型。

1. 青荚种

青荚种又称青豆角。茎蔓较细，叶片较小，叶色浓绿。荚果细长，绿色或浓绿色。嫩荚肉较厚，质脆嫩。采收期较短，产量稍低。较能忍受低温，但耐热性稍差，适于春、秋季栽培。主要优良地方品种有：广东的铁线青、细叶青、竹叶青、四季青、大叶青，浙江的青豆角、早青红，上海的张塘豇，四川的五叶子，重庆的罗裙带，贵州的朝阳线等。近年来选育的优良品种有：浙江的之豇28-2、之豇特早30、之豇90、之豇特长80、之豇翠绿，江苏的扬豇40、扬早12，湖南的湘豇1号、2号，湖北的鄂豇2号、3号，四川的成豇3号、5号、7号等。

2. 白荚种

白荚种又称白豆角。茎蔓较粗大，叶片较大而薄，绿色。荚果较肥大，浅绿或绿白色，肉薄质地较疏松，种子容易显露。热性较强，产量较高，适于夏、秋季栽培。主要优良地方品种有：广东的长身白、金山白，浙江的白豆角，四川的红嘴燕、白露豇、白胖子，湖北的白鳝鱼骨，上海的洋白豇，云南白，广西桂林白，陕西罗裙带等。近年来选育的优良品种有：浙江的宁豇1号、2号、3号、4号，秋豇512；湖北的鄂豇1号、4号；南京的白豇2号等。

3. 紫荚种

紫荚种又称紫豇豆。茎蔓较粗壮，茎蔓和叶柄间有紫红色，叶较大，绿色。荚果紫红色，较粗短，嫩荚肉质中等，容易老化，采收期较短，产量较低。耐热，多在夏季栽培。主要优良品种有：上海、南京等地的紫豇豆，广东的西圆红，湖北的红鳝鱼骨、紫荚、白露、春秋红紫皮豇豆，北京紫豇等。

三、栽培季节与茬口安排

豇豆在我国长江流域分春季栽培和夏秋季栽培。春季露地栽培多在3～5月份播种，秋季栽培多在7～8月份播种。春提早栽培于2月下旬至3月下旬播种育苗，3月下旬至4月下旬定植，5～8月份收获。华南地区可于春、夏、秋季分期播种，以延长供应期。广东、云贵高原和闽南地区可于10月份至翌年2月份播种育苗，12月份至翌年4月份收获。

豇豆纯作栽培较多。蔓生品种可与大蒜、早甘蓝套种，或与早熟茄子隔畦间作，亦可借用春露地早熟黄瓜架点秋豇豆。矮生豇豆因有一定的耐阴能力，可与玉米等作物间作。

【任务实施】

豇豆早春大棚栽培技术

1. 生产计划方案制订与农资准备

根据生产规模及生产目标，制订详细的生产计划方案，搭建塑料大棚，准备相关的农业生产资料（种子、农膜、化肥、农药等）。

2. 品种选择

早春大棚栽培应选早熟丰产、耐低温、抗病、株型紧凑、豆荚长、商品性好的蔓生品种。如之豇28-2、之豇特早30、之豇翠绿、宁豇1号、宁豇3号、宁豇4号、丰产3号、早豇1号、早豇3号、成豇3号、成豇5号、红嘴燕、铁线青等。

3. 播种育苗

豇豆在棚内10cm地温稳定通过10℃时即可播种。直播一般按株行距(25～30)cm×65cm穴播，每亩播3000～4000穴，每穴播3～4粒，播种深度约3cm。出苗后间去弱、小、病苗，每穴留苗2～3株。为了达到早播种、早上市的目的，早春大棚豇豆可在设施内利用营养钵、纸钵或营养土块进行护根育苗。选用粒大、饱满、无病虫的新种子。将晒过的种子投入90℃的热水中烫种0.5min后，立即加入冷水降温，在25～30℃的温水中浸泡4～6h，捞出稍晾干后播种。播种前先浇足底水，每钵点播种子3～4粒，覆土2～3cm，覆盖地膜保温。出苗前白天温度保持30℃左右，夜间25℃左右。子叶展开期降温10℃左右。子叶展开后通风降湿，保持苗床20～25℃。整个苗期一般不浇水。定植前7天加大通风量，降温炼苗。苗龄20～25天，幼苗具3片真叶时即可定植。

4. 整地定植

定植前提早20～25天左右扣棚以提高地温。早春大棚豇豆产量高，结荚期长，需肥量较大，应施足基肥。豇豆对磷、钾肥反应敏感，磷、钾肥不足，植株生长不良，开花结荚少，易早衰。

整地时结合深翻，每亩施入充分腐熟的有机肥5000kg、过磷酸钙50kg、草木灰100～150kg或硫酸钾15～20kg。栽培宜采用宽窄行，宽行70cm，窄行50cm，株距30cm。定植时先浇水后栽苗，幼苗尽量带土。每亩栽植3000穴左右，每穴2～3株。

5. 田间管理

（1）温度管理　定植后闭棚升温，促进缓苗。缓苗后，棚内白天保持25～30℃，夜温10～15℃。开花坐荚后随气温升高而加大通风量，夜温保持在15～20℃。当外界温度稳定通过20℃时，撤除棚膜，转入露地生产。

（2）水肥管理　豇豆易出现营养生长过盛的问题，因此，管理上应采取促控结合的措施，前期防止茎蔓徒长，后期避免早衰。浇水的原则是前期宜少，后期要多。坐荚前以控水中耕保墒为主，并适当蹲苗。浇定植水和缓苗水后加强中耕。现蕾期若遇干旱，浇1次小水；初花期不浇水，以控制营养生长；当第1花序坐荚后浇第1次水；植株中、下部的豆荚伸长时浇第2次水；以后视墒情10天左右浇1次水。整个开花结荚期保持土壤湿润，浇水掌握"浇荚不浇花，干花湿荚"的原则。

施肥的原则是在施足基肥的基础上，适当追肥。前期一般不追肥，如苗情不好，可于苗期和抽蔓期略施尿素或稀粪水；植株下部花序开花结荚期，每亩随水追施磷酸二氢铵或尿素7.5kg；中部花序开花结荚期，每亩追施三元复合肥15kg；上部的花序开花结荚时，每亩追施磷酸二氢铵和硫酸钾各5kg。盛花期叶面喷洒0.1%硼砂、0.1%钼酸铵或0.3%磷酸二氢钾2～3次，具有明显增产效果。

（3）植株调整　蔓性豇豆在主蔓长30cm左右时及时插人字架。主蔓第1花序以下萌生的侧芽及时抹掉，保证主蔓粗壮。主蔓第1花序以上每个叶腋中花芽旁混生的叶芽应及时打掉，如果没有花芽而只有叶芽时，留2～3片叶摘心，以促进侧枝上的第1花序形成。主蔓至棚顶时及时摘心，以控制生长，促进侧枝开花结荚。

（4）病虫害防治　参考菜豆病虫害防治方法。

6. 采收与销售

豇豆在开花后12～15天为嫩荚采收适期。结荚初期和后期3～4天采收1次，盛果期应每天采收。采收时，不要损伤其他花芽及嫩荚，更不能连花序一齐摘掉。

详细记录每次采收的产量、销售量及销售收入。

7. 栽培中常见问题及防治对策

（1）伏歇　豇豆在生产中第一次产量高峰过后，植株早衰，开花结荚数减少，产量下降严重。这种现象一般出现在伏天，故常称为"伏歇"。"伏歇"产生的主要原因有：一是第一个产量高峰期消耗大量养分后，肥水补充不及时，造成脱肥早衰；二是整枝摘心不及时，通风透光不良；三是高温干旱或雨涝造成严重落叶；四是病虫害导致功能叶受损。防治措施包括：一是底肥要施足，防止追肥不及时造成脱肥，在开花结荚期多次追肥；二是及时整枝摘心；三是高温季节及时补充水分，暴雨后及时排涝；四是加强病虫害防治。

（2）早期落叶　在豇豆采收盛期，有时会因大量落叶致使光合作用减弱，生长势衰减，最终导致产量下降。有时春季豇豆在出苗或定植后也会发生落叶现象。春豇豆苗期落叶的原因是：早春低温导致根系发育不良，生长受到抑制；定植质量不高，缓苗时间长，使幼苗底叶变黄脱落；幼苗出土后遇低温、干旱等不利条件，子叶的营养供应不上而导致落叶。采收盛期落叶的原因是：多雨或干旱造成内涝及营养不足而脱肥以及病虫的危害。防治措施包括：播种不宜过早；加强结荚期的水分管理；开始采收后合理追肥；及时防治病虫害。

（3）落花落荚　参考菜豆。

【效果评估】

1. 进行生产成本核算与效益评估，并填写表7-3。
2. 根据豇豆早春大棚栽培生产任务的实施过程，对照生产计划方案写出生产总结1份，应包含生产目标、生产进度安排、生产实施过程、生产效益评估以及存在问题分析等内容。

表7-3　豇豆早春大棚栽培生产成本核算与效益评估

项目及内容	生产面积 /m²	生产成本/元						销售收入/元	
		合计	其中：				折算成本 /(元/亩)	合计	折算收入 /(元/亩)
			种子	肥料	农药	劳动力	其他			

【拓展提高】

豇豆秋天露地栽培技术

1. 品种选择

秋季栽培一般选用之豇 28-2、之豇特长 80、宁豇 3 号、秋豇 512、紫秋豇 6 号、成豇 3 号、白露豇、张塘豇、春秋红紫皮豇等耐热性好、抗病性强的豇豆品种。

2. 整地施肥

选择土层深厚、疏松肥沃、保水保肥力强、排灌方便的地块。播种前每亩施入腐熟有机肥 2500kg、过磷酸钙 30kg、草木灰 50kg 或硫酸钾 10kg，深翻后做成宽 120cm 左右的高畦，并开挖好排水沟。

3. 适时播种

秋豇豆一般于 7 月上旬至 8 月上旬播种。播前将精选的种子用 50℃ 温水加 0.1% 高锰酸钾浸泡 15min 后洗净，再用清水浸泡 4~5h。播种多行直播，天旱时采取湿播法。每畦栽两行，行距 60cm，株距 20~25cm，每穴播 3~4 粒。播后覆薄土，并覆盖稻草、谷壳或遮阳网，防止暴雨冲刷。出苗后及时揭除。

4. 田间管理

（1）中耕除草　幼苗 3~4 片叶时定苗，每穴 2~3 株。结合匀苗、定苗进行中耕除草。暴雨过后及时浅中耕，增加土壤的透气性，保持土壤湿润。

（2）水肥管理　秋季气温高，豇豆生长速度快，要求肥水相对集中。播种后土壤干燥时追清淡粪水催苗出土；出苗后 10~15 天结合中耕除草施少量粪水或尿素提苗；开花结荚后一般 5~7 天浇 1 次水，结合浇水追肥 2~3 次，每次亩施复合肥 10~15kg，也可施粪水加少量化肥。如遇暴雨天气，应及时排水防涝。结荚期叶面喷洒 0.1% 硼砂、0.1% 钼酸铵或 0.3% 磷酸二氢钾 2~3 次。

（3）植株调整　苗高 30cm 时及时搭架引蔓，引蔓在下午进行，防止茎蔓折断。蔓爬至架顶时，打顶摘心。

（4）病虫害防治　秋豇豆易染锈病、炭疽病，同时易受蚜虫、豆野螟等危害，应在加强田间管理的基础上早防早治。具体防治方法参考菜豆。

5. 采收与销售

秋豇豆成熟较快，一般在花后 10~12 天成熟，应及时采收，以免消耗养分影响上部花芽开花结荚。

采收后及时销售。详细记录每次采收的产量、销售量及销售收入。

【课外练习】

1. 简述豇豆的田间管理技术。
2. 简述豇豆的植株调整技术。
3. 豇豆伏歇的原因是什么？应如何防止？
4. 观察不同类型（蔓生种与矮生种）豇豆的分枝、开花、结荚习性，并填写表 7-4。

表 7-4　不同类型（蔓生种与矮生种）豇豆的分枝、开花、结荚习性观察

项目		主茎				分枝			
		顶芽生长习性	分枝节位及数目	花序的节位与数目	花序的结荚情况	顶芽生长习性	分枝节位及数目	花序的节位与数目	花序的结荚情况
豇豆	蔓生种								
	矮生种								

任务三　豌豆栽培

豌豆，又名荷兰豆、麦豆、寒豆、回回豆、国豆等，蝶形花科豌豆属一年生或二年生攀缘草本植物。在中国的栽培历史约有 2000 多年，现在普遍分布于全国各地。栽培面积较大的有四川、甘肃、陕西、内蒙古、新疆等省（自治区）。豌豆的嫩尖、嫩荚和籽粒均可食用，质嫩清香、营养丰富，嫩尖和嫩荚多用于炒食和汤食。嫩籽粒除用做炒食或汤食外，还可与粮食混合作为主食。干豆粒更可油炸、煮烂作菜食或加工成酱食。嫩荚、嫩籽粒还可供速冻和制罐头。

【任务描述】

四川金堂县某蔬菜生产基地现有面积为 50000m² 的露地，今年准备利用其中的 20000m² 生产豌豆，要求在 11 月下旬开始供应上市，每亩产豌豆荚 600kg 以上。请据此制订生产计划，并安排生产及销售。

【任务分析】

按照生产过程完成生产任务：制订生产计划方案—播种与育苗—整地做畦与定植—田间管理—采收与采后处理、销售—效果评估。

【相关知识】

一、生物学特性

1. 植物学特征

根系发达，有根瘤，主要根群分布在 20cm 的表土层。茎近方形或圆形，中空，表面有蜡质，分蔓生、半蔓生和矮生 3 种。子叶留土，真叶为偶数羽状复叶，具 1~3 对小叶，顶端小叶退化成卷须，基部有 1 对耳状托叶。总状花序，腋生，每个花序着花 1~2 朵，偶有 3 朵；花白色或紫色，自花授粉。始花节位，早熟品种 5~10 节，中熟品种 11~14 节，晚熟品种在 15 节以上。荚果深绿色或黄绿色，分软荚和硬荚。软荚采收豆荚为主，也可收豆粒；硬荚只采收豆粒，荚不可食用。每荚含种子 2~4 粒，多达 7~8 粒。种子圆而表面光滑的为圆粒种，近圆而表面皱缩的为皱粒种，绿或黄白色。种子大小因品种而不同。

2. 生长发育周期

豌豆的生长发育周期与菜豆和豇豆基本相同。

（1）发芽期　从种子萌动到第一片真叶出现，约需 10 天。豌豆发芽后子叶不出土，播种深度可比菜豆、豇豆等稍微深一些。

（2）幼苗期　从第一对真叶出现至抽蔓前，需 10~15 天。幼苗期开始萌发侧枝和孕育花芽。低温和短日照可促进侧枝萌发，长日照可提早花芽分化。

（3）抽蔓期　植株茎蔓不断伸长，并陆续抽生侧枝。一般需 20~30 天。蔓生型的抽蔓期长，半蔓生型或矮生型的抽蔓期短或无抽蔓期。

（4）开花结荚期　从开花到采收结束，一般 80~90 天。这期间，一方面茎叶迅速生长，根系继续扩大，根瘤增加；一方面花芽不断分化发育，并陆续开花结荚。需要适宜的温度、湿度、充足的光照和养分。

3. 对环境条件的要求

（1）温度　豌豆为半耐寒性蔬菜，喜温和凉爽湿润气候，耐寒不耐热，圆粒种比皱粒种更耐寒。种子发芽出土最低温度为1~5℃，最适温度为18~20℃。幼苗期适应低温能力很强，能耐-5℃的低温，茎叶生长适温为15~20℃。开花结荚期适宜温度15~18℃，嫩荚成熟期适温18~20℃，超过25℃时生长不良，结荚少，高夜温影响更加明显。

（2）光照　豌豆属长日照作物，我国南方地区多数品种对日照反应不敏感，无论在长日照或短日照下均能开花，但在低温、长日照条件下，能促进花芽分化，缩短生育期。

（3）水分　豌豆要求中等湿度，适宜的土壤湿度为田间最大持水量的70%左右，适宜的空气相对湿度为60%左右。当土壤水分不足时，会延迟出苗期，开花期如果空气干燥，开花会减少，如果遇干热风会引起落花，俗称"风花"或"旱花"。豆荚生长期如高温干旱，会使豆荚纤维提早硬化而过早成熟，降低品质和产量。豌豆不耐涝，如果土壤水分过大，则播种后易烂种，苗期易烂根，生长期间易发生白粉病。

（4）土壤及营养　豌豆对土壤适应性较广，但以疏松透气、有机质含量较高的中性土壤为宜。豌豆吸收氮素最多，钾次之，磷最少。豌豆根瘤菌能固定土壤中及空气中的氮素，但在苗期仍需要一定的氮肥，在栽培中要注意施用磷肥和钾肥，以及采用根瘤菌接种。

二、类型与品种

栽培豌豆包括3个变种，即粮用豌豆、菜用豌豆和软荚豌豆。粮用豌豆又名寒豆、雪豆、麦豆等，硬荚（剥壳型荚），种皮光滑，颜色较深；菜用豌豆由粮用豌豆演化而来，以鲜豆粒供作蔬菜食用，或用于速冻和制罐，菜用豌豆还可采收嫩梢供食用，常称为豌苗豌豆或豌豆尖、龙须菜等，其嫩梢鲜嫩、肥厚、质地柔滑、营养丰富、风味极佳；软荚豌豆又名荷兰豆，是在菜用豌豆的基础上选育而成，荚软（糖型荚），成熟时不开裂，种皮皱缩，颜色较浅，幼荚鲜嫩香甜、口感清脆、营养丰富，可作鲜菜食用，也可速冻或制罐。

豌豆分类方法很多，按茎蔓的生长特性可分为矮生型、半蔓生型和蔓生型。矮生品种一般株高15~80cm，半蔓生品种为80~160cm，蔓生品种为160~200cm。按豆荚纤维硬化程度可分为软荚种和硬荚种。软荚种俗称荷兰豆，以嫩荚供食用；硬荚种以剥取嫩荚中饱满的青豆粒供食用。按种子形状可分为圆粒种和皱粒种。按种皮颜色可分为绿色、黄色、白色、褐色和紫色等。按用途可分为菜用豌豆、粮用豌豆和饲用豌豆。

我国目前栽培的豌豆大多以菜用为主，依食用器官不同又可分为食荚（嫩荚）、食粒（嫩豆粒）和食苗（嫩梢）类型。生产中，食嫩荚的矮生优良品种有：食荚大菜豌1号、食荚甜脆豌1号、甜脆豌豆、内软1号、京引8625、京引92-1等。食嫩荚的半蔓生优良品种有：草原21号、延引软荚、子宝30日、乙女2号等。食嫩荚的蔓生优良品种有：昆明紫花豌豆、饶平大花豌豆、中山青、莲阳双花、大荚荷兰豆、台中11号等。食嫩籽粒的优良品种有：成豌6号、团结豌2号、白玉豌豆、小青荚、中豌系列等。食嫩梢的优良品种有：四川无须豆尖1号、上海豌豆尖、上农无须豌豆尖等。芽菜的优良品种有：青豌豆、麻豌豆、中豌4号、白玉豌豆等。

三、栽培季节与茬口安排

我国的软荚豌豆和食苗豌豆主要分布在长江以南地区，近年来，华北、东北和西北地区也在发展。豌豆栽培主要以露地为主，也可利用塑料大棚等设施进行反季节栽培。

我国南方地区分为春播和秋播，以秋播为主。春播，在不受霜冻的前提下尽量早播，以争取更长适宜生长的季节，增加分枝和结荚数，提高产量和品质。秋播，长江流域一般在10~11月份播种，具体播种期因地区而异。长江下游地区以10月下旬至11月上旬播种为宜；长江上游的成都平原，冬豌豆可提前到7月下旬至8月上旬播种，10月上旬即开始收获，早菜豌豆于8月中下旬播种，12月中旬始收；华南地区则可适当提早到9月中旬，争取在生长前期迅速生长，提早开花结荚，至春暖前有较长的采收时间，增加产量。表7-5列举了长江下游地区豌豆的播种期与收获时间以及产量的关系。

表 7-5　长江下游地区豌豆播种期、收获期及产量

茬口安排	播种期	青豆荚收获期	产量/(kg/亩)
秋季遮阳网棚栽培	8月上旬至8月下旬	10月1日前	500
秋季露地栽培	8月下旬至9月中旬	10月中旬	500～600
冬季薄膜温室大棚栽培	10月至翌年2月	元旦	800
冬季露地栽培	11月至翌年1月	5月1日前后	800～1000
春季露地栽培	2月至4月	5月中旬	400～800
夏季露地栽培	5月上旬至5月下旬	6月下旬	400
夏季遮阳网棚栽培	5月中旬至6月中旬	7月上旬	400

注：引自《蔬菜》2003年2期。

【任务实施】

豌豆露地越冬栽培技术

1. 生产计划方案制订与农资准备

根据生产规模及生产目标，制订详细的生产计划方案，搭建塑料大棚，准备相关的农业生产资料（种子、农膜、化肥、农药等）。

2. 品种选择

选择耐低温、弱光的优良品种。同时，根据需要选用食荚、食粒或食嫩苗的适宜品种。

3. 整地做畦

选地势平坦、灌排方便的土壤，以微酸性到中性为宜。豌豆最忌连作，必须与非豆类作物轮作换茬。整地前应根据土壤肥力施足基肥，一般每亩施腐熟有机肥 2000～3000kg、过磷酸钙 30～45kg、硫酸钾 10～15kg 或草木灰 100～150kg，均匀撒施后深耕细耙。长江流域雨水多，宜作高畦栽培。

4. 适时播种

选粒大、整齐、健壮和无病虫的种子，播种前晒种 2～3 天。秋季播种如对种子进行低温处理，则可促进花芽分化，降低花序着生节位，提早开花，增加产量。利用根瘤菌接种也有明显的增产作用。

播种采用条播或穴播。播种密度因品种、栽培季节和栽培目的而异。矮生种条播行距 25～40cm，株距 4～6cm，穴播行距 30～40cm，穴距 15～20cm，每穴 2～3 粒；半蔓生种条播行距 40～50cm，株距 10cm 左右，穴播行距 45～50cm，穴距 20cm 左右，每穴 2～3 粒；蔓生种条播行距 50～60cm，株距 10～15cm，穴播行距 50～60cm，穴距 20～30cm，每穴 2～3 粒。播种前先浇透水，播后盖土 3～4cm。

5. 田间管理

齐苗后及时中耕，苗高 6cm 左右追施 1 次肥水，冬前结合中耕进行培土，护根防寒。开春后结合中耕除草，每亩施尿素 10kg，以促进茎叶生长和分枝。开花前控制水肥。下部果荚坐住后及时灌水，并追肥 1～2 次，每次每亩施复合肥 20kg。花荚期叶面喷施 0.2%～0.3% 的磷酸二氢钾或 0.03%～0.05% 的硼酸各 1 次可增加产量。豌豆茎蔓易倒伏，栽培半蔓生和蔓生品种应及时搭架，使其通风透光，易于结荚。整个生长期间注意防治白粉病、菌核病、根腐病以及蚜虫、菜青虫、潜叶蝇和豌豆象等。

6. 采收与销售

软荚豌豆在花后 7～10 天，荚已充分长大，豆粒尚未发育时采收。食用嫩豆粒的硬荚豌豆在开花后 15 天左右，种子已充实，而种皮尚未变硬前采收。食苗豌豆的嫩梢一般在播种后 30 天左右，苗高 16～18cm，有 8～10 片叶时收割，以后每隔 10～20 天收割 1 次，可收 4～8 次。

详细记录每次采收的产量、销售量及销售收入。

7. 栽培中常见问题及防治对策

豌豆易落花落荚，其原因：一是栽培管理不当，如栽培密度过大、肥水过多、植株徒长等；二是不利的气象因子，如开花期空气干热、大风、土壤干旱或渍水等。防治措施主要有选用良

种、适期播种、合理密植、加强田间管理工作等。

【效果评估】

1. 进行生产成本核算与效益评估，并填写表7-6。

表7-6 豌豆露地越冬栽培生产成本核算与效益评估

项目及内容	生产面积/m²	生产成本/元						销售收入/元	
		合计	其中：				折算成本/(元/亩)	合计	折算收入/(元/亩)
			种子	肥料	农药	劳动力	其他			

2. 根据豌豆露地越冬栽培生产任务的实施过程，对照生产计划方案写出生产总结1份，应包含生产目标、生产进度安排、生产实施过程、生产效益评估以及存在问题分析等内容。

【拓展提高】

豌豆苗栽培技术

1. 品种选择

采收嫩梢豌豆栽培应选择茎干粗壮、叶片大而肥厚、生长旺盛、再生能力强、不易早衰的品种。目前主要品种有四川无须豆尖1号、上农无须豌豆尖、上海豌豆尖、黑目豌豆等。

2. 栽培季节

豌豆苗多是露地春秋栽培，也可保护地栽培。秋季9～10月播种，10月至翌年4月采收；春季3～4月播种，5～6月收获。

3. 整地播种

采收嫩梢的豌豆生长期长，采收次数多，需肥量大，宜选择肥沃、有机质丰富的沙壤土种植。翻耕整地前，每亩施腐熟有机肥2000～3000kg、尿素10kg、过磷酸钙50kg、草木灰100～150kg作基肥。耙碎整平后作成宽1.3m左右的高畦。播前3天选种晒种。宽幅条播时，春播行距30cm，播幅10cm；秋播行距15cm，播幅10cm。每亩用种量30～40kg。也可穴播，穴距20～25cm，每穴播种6～7粒。播种后覆土2～3cm。一般每亩用种量15～20kg。

4. 田间管理

出苗后立即中耕除草，酌情浇水，保持土壤湿润疏松。追肥以速效性氮肥为主，配合适量氯化钾和过磷酸钙。采收前追肥1～2次，以后每次采收后追肥1次，每次每亩用尿素5kg。豌豆苗忌水涝，雨季应注意排水，以防烂根。干旱会降低豌豆苗的产量和品质，应保持土壤湿润，以利茎叶生长，提高嫩苗产量。

5. 采收与销售

播种后30天左右、苗高15～20cm时开始采收，即摘取上部带2～3片幼叶的嫩梢。采收宜用小刀割收或剪刀剪采。每隔10天左右采收1次，一般可连续采收5～7次。

采收后及时销售。详细记录每次采收的产量、销售量及销售收入。

【课外练习】

1. 简述豌豆田间管理技术。
2. 豌豆栽培中的常见问题有哪些？应如何防止？
3. 观察豌豆在不同生长发育期的根瘤状况，并填写表7-7。

表7-7 豌豆不同生长发育期根瘤状况表

根瘤状况	数量	大小	色泽	着生位置	根瘤活性
发芽期					
抽蔓期					
初花期					
结荚期					
采收期					

项目八　白菜类蔬菜栽培

【知识目标】
1. 了解白菜类蔬菜的主要种类、生育共性和栽培共性；
2. 掌握大白菜、结球甘蓝、花椰菜、芥蓝、菜心的生物学特性、品种类型、栽培季节与茬口安排模式等；
3. 掌握大白菜、结球甘蓝、花椰菜、芥蓝、菜心的栽培管理知识与技术要点。

【能力目标】
1. 能制订白菜类蔬菜生产计划方案；
2. 能熟练掌握大白菜、结球甘蓝、花椰菜、芥蓝、菜心的播种育苗、覆土、间苗、分苗和定植技术；
3. 能根据大白菜、结球甘蓝、花椰菜、芥蓝、菜心的生育特性，进行水、肥、病、虫等田间管理，从而获得优质、高产；
4. 能进行白菜类蔬菜生产效果评估。

白菜类蔬菜指十字花科芸薹属芸薹种中的亚种和变种，以柔嫩的丛叶、肉质茎、叶球或花球等为产品的蔬菜，包括白菜、甘蓝、芥菜三个种。白菜种内又有结球白菜（大白菜）、普通白菜（小白菜）等亚种；甘蓝种内有结球甘蓝、球茎甘蓝、花椰菜、青花菜、抱子甘蓝、芥蓝等变种；芥菜种内有叶用芥菜、茎用芥菜、根用芥菜等变种。

白菜类蔬菜起源于亚洲内陆温带地区，其中除甘蓝类外，其他类型均原产我国。白菜在我国栽培历史悠久，经过长期选择和培育，创造了丰富的栽培类型，南北各地广泛栽培。白菜类蔬菜的类型很多，各种类型中又有极为丰富的品种。因此，在生产中可以利用不同类型和品种，实行排开播期，周年供应，以满足人民生活的需要。

白菜类蔬菜喜冷凉气候，耐热性差，在阶段发育上要求12℃以下低温和14h以上长日照条件下完成光照阶段，适于秋季栽培。生物学特性相同或相似，在栽培技术上也有许多相似点。

（1）白菜类蔬菜喜温和气候条件，适于在月均温10～22℃的季节栽培。月均温超过25℃生长不良。它们大部分有较强的耐寒性，其中大白菜、茎用芥菜、花椰菜等属于半耐寒性蔬菜，能耐轻霜。

（2）白菜类蔬菜需要在低温条件下完成春化阶段，长日照条件下完成光照阶段，才能完成整个生育周期。在栽培中必须注意其生长发育规律，避免发生早期抽薹现象，影响产量。

（3）白菜类蔬菜原产地气候温和，雨水多，空气湿润，土壤水分充足。它们都有很大的叶面积，蒸腾量大。但其植株根系入土较浅，利用土壤深层水分的能力不强。所以在栽培时要求合理灌溉，保持较高的土壤湿度。

（4）白菜类蔬菜所感染的病虫害基本相同，尤其是病毒病、霜霉病、软腐病、白斑病、黑斑病、黑腐病等。因此白菜类蔬菜不宜彼此前后接茬，应与豆类、葱蒜类、茄果类、瓜类等蔬菜或其他农作物轮作。

（5）白菜类蔬菜都以种子繁殖，种子的发芽能力很强。一般以直播为主，也可育苗移栽。

任务一　大白菜栽培

大白菜又称结球白菜或黄芽菜，原产于我国，它具有营养丰富、品质鲜嫩、高产稳产、耐贮藏、耐运输等特点,在蔬菜生产中占有很重要的地位,是我国秋、冬和春季供应的主要蔬菜之一,南方大部分地区主要以秋冬季节栽培为主。

【任务描述】

江苏某农业公司拟生产面积为 5000m^2 的春大白菜,要求在 5 月 20 日前后上市,产量达 4500kg/亩以上。请据此制订生产计划,并安排生产及销售。

【任务分析】

需要了解春大白菜生产要求,完成前期生产准备,掌握春大白菜栽培关键技术。按照生产过程完成生产任务:制订生产计划方案—准备生产所需的农资—确定播种期与播种量、苗床面积—整地做畦与定植时间确定—田间管理技术方案—采收与采后处理、销售—效果评估。

【相关知识】

一、生物学特性

1. 植物学特征

大白菜主根基部肥大,生大量的侧根,侧根又分为大量的 2、3、4 级侧根,形成发达的根系。根系主要分布在 40cm 上层土壤中。茎在营养生长时期为短缩茎,进入生殖生长期由短缩茎顶端抽生花茎,高 60~100cm,一般发生分枝 1~3 次,基部分枝较长,而上部分枝较短,使植株呈圆锥形,花茎淡绿至绿色,表面具有蜡粉。

根据形态,叶分为以下 5 种。

① 子叶:对生子叶两枚,叶间开展度 180°,肾脏形至倒心脏形,有叶柄。

② 基生叶:着生于子叶节以上最初对生的 2 枚叶片,叶间开展度 180°,与子叶垂直排列成十字形。叶片长椭圆形,有明显的叶柄,长 8~15cm。

③ 中生叶:着生于短缩茎中部,每株由 2~3 叶环构成植株的莲座。每个叶环的叶数依品种而不同,叶片倒披针形至阔倒圆形,无明显叶柄,有明显叶翅。叶片边缘波状,叶翅边缘锯齿状。第一个叶环的叶较小,构成幼苗叶;第 2~3 叶环的较大。构成发达的莲座。

④ 顶生叶:着生于短缩茎的顶端,互生构成顶芽,叶环排列如中生叶,宽大,以上部的叶片渐窄小。表面有明显的蜡粉,有叶柄,基部抱茎。

⑤ 茎生叶:着生于花茎和花枝上,互生,叶腋间发生分枝。花茎基部叶片宽大,似中生叶而较小,以上部的叶片渐窄小。表面有明显的蜡粉,有扁阔叶柄,基部抱茎(图 8-1)。

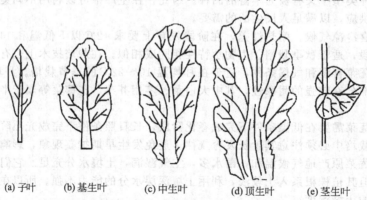

图 8-1 大白菜叶片类型
(周克强主编. 蔬菜栽培. 北京:中国农业大学出版社,2007)

花为复总状花序,完全花,花瓣 4 枚,"十"字形,黄色,属异花授粉植物,花蕾期自花授粉可结实。果实系长角果,圆筒形;种子球形稍扁,红褐色至灰褐色,近种脐处有凹纹,千粒重 2~4g,生产上多用 1~2 年的种子。

2. 生长发育周期

大白菜从播种到种子收获,分为营养生长和生殖生长两个阶段(图 8-2)。

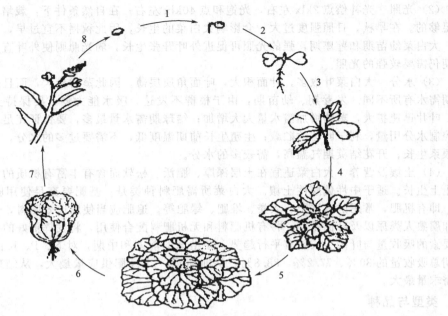

图 8-2 大白菜生长发育周期
1—种子休眠期；2—发芽期；3—幼苗期；4—莲座期；5—结球期；6—休眠期；7—开花期；8—结荚期

（1）营养生长时期 包括发芽期、幼苗期、莲座期、结球期、休眠期 5 个时期。

① 发芽期 播种以后，从种子吸水萌动到子叶展开为发芽期，历时 6～8 天，此时期靠种子贮备的养分。

② 幼苗期 俗称团棵，指子叶展开以后到第一叶环的叶片全部展开，早熟品种需 12～13 天，晚熟品种需 17～18 天。

③ 莲座期 从团棵到长出第 2～3 个叶环，整个植株的轮廓呈莲花状，故称莲座期。早熟品种需要 20 天左右，晚熟品种需要 28 天左右。当最后一个叶环形成的同时，心叶出现卷心的长相，这标志着莲座期的结束。

④ 结球期 从出现卷心长相到收获为结球期，即顶生叶形成叶球的全过程。早熟品种需要 30 天左右，晚熟品种约需 45～50 天。结球期又可分为结球前期、结球中期和结球后期三个阶段。结球前期是叶球外层叶片迅速生长而构成叶球轮廓，俗称"抽筒"或"长框"；结球中期是叶球轮廓内部叶片迅速生长而充实其内部，俗称"灌心"；结球后期叶球体积不再扩大，叶部养分继续向球叶转移，继续充实叶球内部。该期是产量形成最重要时期，因此肥水管理最为关键。

⑤ 休眠期 大白菜遇到低温时处于被迫休眠状态，依靠叶球贮存的养分和水分生活。

（2）生殖生长时期 大白菜在南方各省从营养生长过渡到生殖生长，一般不需要经过休眠期。大白菜通过发育阶段，主要决定于春化阶段的低温 2～10℃ 连续 10～15 天，大多数品种对光照阶段要求不严格。主要包括三个时期。

① 抽薹期 从抽薹到始花，此时期约需 15 天。

② 开花期 从始花到全株花开放完毕，约需 30 天。

③ 结荚期 从谢花到种子成熟，这一时期花薹、花枝停止生长，果荚和种子旺盛生长，到种子成熟为止，约需 23 天。

3. 对环境条件的要求

（1）温度 大白菜是半耐寒性蔬菜，适宜温和而凉爽的气候，大多数品种不耐高温和寒冷。各时期最适宜温度为：种子发芽 20～25℃；幼苗期 22～25℃，高温、干旱，根系发育不良，易受病毒病；莲座期 17～20℃，温度过高，包心延迟；结球期 12～22℃，高于 25℃ 或低于 10℃ 生长不良；抽薹期 12～16℃；开花结荚适温为 17～22℃。

(2) 光照　光补偿点 2klx 左右，光饱和点 40klx 左右；在自然条件下，栽培大白菜日照强度是足够的。在早秋，日照强度过大，会影响大白菜的生长，因此秋播不宜过早，或进行适当的遮阳。大白菜幼苗期和莲座期，强的光照可促进外叶开张生长，弱光照则使外叶直立生长，进入结球期仍需要较强的光照。

(3) 水分　大白菜叶数多，叶面积大，叶面角质层薄，因此蒸腾量大，而且随着生育进程各时期需水有所不同。发芽期、幼苗期，由于根群不发达，吸水能力弱，要保持土壤湿润；莲座期，叶片迅速扩大，蒸腾增加需水量大大增加；结球期需水量最多，要保证充足的水分；结球后期控制水分用量，利于叶球的贮藏；生殖生长前期温度低，不需要过多的水分，否则地温过低影响根系生长；开花结荚期气温高，需较多的水分。

(4) 土壤及营养　大白菜适宜在土层深厚、肥沃、松软而含有丰富有机质的沙壤土、壤土和黏土上生长。适于中性偏酸性土壤。大白菜所需肥料种类是：基肥要充足使用肥效长的完全肥料，即有机肥，常用的有厩肥、人粪、堆肥、绿肥等。追肥应当使用速效肥料，包括各种化学肥料和腐熟人粪尿以及叶面肥等。将有机肥料和无机肥料配合使用，将发挥更好的作用。大白菜对三要素的吸收量与叶的生长量有平行趋势，在结球的前期和中期，对 N、P、K 的吸收量分别占全期总吸收量的 80%、77.2%、88.8%。从前期看，以 N 肥供应量最大，从结球期看，则对 K 肥需求量最大。

二、类型与品种

1. 根据叶球形状和生态要求分类

根据大白菜进化过程，分为散叶变种、半结球变种、花心变种和结球变种 4 个变种，其中结球变种是大白菜进化的高级类型，结球变种产量高，品质好，耐贮藏，栽培普遍。根据叶球形状和生态要求，把结球变种分为三种基本生态类型（图 8-3）。

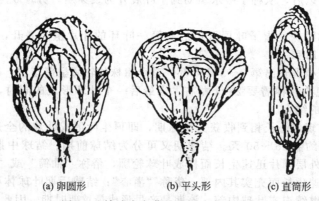

(a) 卵圆形　　　(b) 平头形　　　(c) 直筒形

图 8-3　结球大白菜三种基本生态类型

(1) 卵圆形　叶球卵圆形，球顶尖或钝圆，球形指数 1.5~2，球叶皱褶倒卵圆形，该类型属海洋性气候生态型，喜温暖湿润的气候条件。代表品种有山东福山包头、胶州白菜等。

(2) 平头形　叶球上大下小，呈倒圆锥形，球顶较平，完全闭合，球形指数接近 1，球叶横倒卵圆形。该类型属大陆性气候生态型，喜气候温和、昼夜温差较大、阳光充足的环境。代表品种有河南洛阳包头、山东冠县包头、山西太原包头等。

(3) 直筒形　叶球细长圆筒形，球顶尖，近于闭合，球形指数大于 3，球叶倒披针形，对气候适应性强，为海洋性与大陆性气候交叉性气候生态型。代表品种有天津青麻叶、河北玉田包尖、辽宁河头白菜等。

2. 根据植株结球早晚分类

(1) 早熟品种　从播种到收获需 60~80 天，耐热性强，但耐寒性稍差，多用做早秋栽培，产量低，不耐贮藏。优良品种有山东 2 号、台白 2 号、台白 7 号、龙协白 6 号、牡丹江 2 号、中白 19、中白 7 号、北京小杂 51、早心白等。

(2) 中熟品种 从播种到收获需 80~90 天，产量高、耐热、耐寒，多作秋菜栽培，无霜期短以及病害严重的地方栽培较多。优良品种有青杂中丰、台白 3 号、东 5 号、青麻叶、玉田包尖、中白 65、中白 1 号、豫白 6 号等。

(3) 晚熟品种 从播种到收获需 90~120 天，产量高，单株大，品质好，耐寒性强，不耐热，主要作为秋冬菜栽培。以贮存为主。优良品种有青杂 3 号、福山包头、洛阳包头、中白 81、秦白 4 号、北京新 3 号等。

三、栽培季节与茬口安排

大白菜在营养生长时期，要求适宜温度 10~28℃，春、夏、秋均可种植，但仍然以秋季栽培为主。从处暑前后至大雪前为最适宜的生长季节。

就一个地区而言，大白菜的播种期要求较严格。播种过早，高温、强光，病害严重，包心困难；播种过迟，生长时间不够，不能结球，产量和品质下降。对于晚熟品种，长江中下游地区以处暑前后为宜；华南大部分地区由于秋季高温期长，冬季不寒冷或寒冷期短，其播种期一般可安排在 9~12 月份进行；四川的丘陵地区适宜的播种期为 8 月下旬，山区寒冷较早可适当提早，盆地适当延迟。在实际生产中，为满足市场需求，可根据品种特性，适当提早或延后播种。尤其是耐高温的早熟品种，可以提早供应。

【任务实施】

秋冬大白菜栽培

1. 生产计划方案制订与农资准备

根据生产规模及生产目标，制订详细的生产计划方案，准备相关的农业生产资料（种子、农膜、化肥、农药等）。

2. 品种选择

各地在引进和选用大白菜品种时，需注意以下几点：一要考虑到当地的食用习惯，选用适于当地栽培的品种。二是注意当地的气候条件、栽培季节和茬口衔接，选用生长期相当、抗病、丰产、耐贮藏的品种。为实现大白菜稳产、高产，最好选用生长期 80~90 天的品种，适当晚播，易于成功，也便于冬季贮藏。种植晚熟品种，早播易感染病害；晚播遇仲秋温度偏低，难以形成紧实叶球。种植生长期短的品种，虽可晚播，病害轻，但不少早熟品种不适于长期贮藏。三要避免品种太单一，最好每年种植 2~3 个品种，注意品种搭配，在安排好主栽品种的同时，搭配种植 1~2 个品种，可避免品种因气候不适或突然发病造成严重减产的被动局面，特别在选用杂种一代时尤应注意这个问题。

秋冬大白菜是南方大部分地区栽培面积最大、产量最高、品质最好的一茬蔬菜。所选用的品种大都为中晚熟类型，一般选用丰抗 70、郑白 4 号、豫白菜 1 号、山东 4 号等。

3. 整地施肥和做畦

大白菜不宜连作，合理的轮作对于减轻病害的蔓延有重要意义。一般与黄瓜、四季豆、番茄进行轮作。

(1) 整地 因大白菜的根系较浅，对土壤水分和养料要求高，宜选择保水保肥力较强、结构良好的土壤。大白菜种子细小，要求地势平坦、土粒细碎，才能保证出苗率和出苗整齐度高。为了增强土壤的保水保肥能力，使土层松软，根系发育好，扩大吸收水分、养分范围，要求深耕。为了减少病虫潜伏土中危害，在土地翻耕后进行晒土，雨量偏少地区应深耕翻土，利于保墒。不管深耕或浅耕，在播种前都要再浅耕耙地，做到土壤松细，地面平整。一般深耕深度为 30~35cm，浅耕深度为 15cm。

(2) 施基肥 大白菜的生长期长，生长量大，需要营养较多，因此要重施底肥，以有机肥为主，有机肥对大白菜有促进根系发育、提高抗性的作用。还可适当搭配化肥。有机肥要发酵腐熟，碎细均匀，过磷酸钙也应和堆肥、厩肥一起堆沤。基肥的用量可根据前作物的种类、土壤肥力以及肥料的质量而定。一般每亩可用质量较好的厩肥 3000~4000kg，或堆肥 5000~6000kg、草木灰 100kg、过磷酸钙 15~25kg。要取得高产，每亩施 N∶P∶K 为 1∶1∶1 的复合肥 25kg，这样可弥补"三要素"配合上的缺陷。如果土壤偏酸、地势低、易发生根肿病的田块，应调 pH 为 6.0～6.5。

（3）做畦　栽培畦有高畦、垄畦和低畦等几种形式。低畦畦宽 1.2～1.5m，种植 1～3 行；垄畦垄高 15～20cm，垄距 50～60cm，种植一行；高畦高 10～20cm，畦面宽 50～60cm，种植两行。南方地区主要以高畦为主。做畦时必须重视排水问题；地面潮湿，容易发生软腐病和霜霉病。

4. 播种和育苗

（1）种子处理　大白菜播种前先精选种子，将秕粒、破伤及瘦小种子淘汰，选种粒饱满、整齐一致、生活力强的种子播种。种子消毒可用 55℃ 左右的温水进行温汤浸种；也可用药剂拌种，如以 1% 浓度的 40% 乐果拌种，或以 1% 浓度的 50% 福美双、90% 的乙膦铝 1:1 比例混合粉拌种 15min。

（2）直播　秋大白菜播种时间控制在立秋前后。大白菜直播植株不经过移栽后的缓苗过程，在苗期长得快，结球早；不破坏根系和叶片，可减轻病害浸染机会，节省劳力，便于抢时间下种。直播一般采用穴播和条播。穴播先在畦上按规定的行株距开 1～1.5cm 的浅穴，每穴播种子 8～10 粒。播用细土平穴，再略加镇压，使种子和土壤密接以利于种子吸水。如播种时土壤干燥，可以采用湿播法，先在穴中浇水，等水渗入土中后再播种覆土。如系多雨地区也可采用干播法。条播先在畦上按行距开一线沟，再以规定株距播种，方法同穴播法。

播种后土壤必须有足够的水分，播前灌水、播种后立即灌水，芽出土前和刚出土后，可在播种沟两侧临时开窄沟浇灌小水，或在畦沟中浸灌；不能直接向种子或幼芽灌水，以免种子、幼芽被冲走，或造成土壤板结。直播的幼苗最怕烈日曝晒和土表温度过高。可根据大白菜种子播种后大约 48h 出土的情况，安排在傍晚播种，这样第三天傍晚幼苗出土，可经过一夜的锻炼再接受日照。降低土温的办法是适当灌水，在中午高温时进行间歇喷灌。

（3）育苗　大白菜也可实行育苗移栽，一般在前作收获迟的情况下，为保证正常季节栽培而采用。

① 苗床设置　选土壤肥沃、灌排方便的土地作苗床。每 100m² 的苗床施腐熟厩肥 150～200kg、硫酸铵 3～4kg、过磷酸钙 2～3kg。将这些肥料充分混匀后撒于畦面，翻耕 15～18cm，均匀混合入土中，再耙平耙细。苗床一般宽 1.6m 左右、长 8～12m、高 13cm 左右，也可用营养钵或土块育苗。为防止烈日、暴雨危害，可在苗床上设遮阴棚，一般栽培每亩大田需苗床 20～25m²。

② 播种技术及管理　育苗移栽的播种期比直播早 3～5 天，播前苗床浇水，待水渗透后播种。条播开浅沟，沟深 0.8～1cm，沟距 10cm。小穴播时每穴播 4～5 粒种子。每亩苗床用种量 200～250g。播种后盖细土 0.8～1cm 厚。出苗期一般不浇水，如高温干旱，可行喷灌。出苗后，分 2 次间苗，即幼苗出土后 3 天第 1 次间苗，具 3～4 片真叶时第 2 次间苗。条播的最后一次间苗使株距为 10～12cm，小穴播的每穴留 1 株。在幼苗生长期，应合理浇水、追肥、防治病虫，促使幼苗健壮生长。

5. 定植

苗龄 20 天左右定植。定植时间以晴天下午和阴天为好，可以减轻幼苗的萎蔫程度。移栽前苗床先充分灌水，在床土湿润而不泥泞时起苗，尽量使根部多带土，以便定植后早成活。各品种的具体行株距应根据当地气候、土壤条件及品种性状而定，一般亩植 3000 株左右。

6. 田间管理

（1）间苗、补苗与定苗　大白菜播种出苗后，在 1～2 片叶"拉十字"时进行第 1 次间苗，间除细弱的苗子。在 3～4 片叶时进行第 2 次间苗，苗距约 4cm，间苗后要及时浇水，以利幼苗根系扎入土壤。播种出苗 20～26 天进入团棵期要进行定苗，选留具有品种特性的幼苗，拔除杂草、劣苗、病虫危害苗、过小苗、胚轴过长的苗。株距依品种、水肥条件而定，一般 40cm 左右。

（2）中耕除草　中耕除草工作结合间苗进行。一般在间苗后浇清水粪定根提苗，在浇水或雨后适时中耕。这时中耕应浅，一般以锄破表土为度，深度约为 3cm，切忌中耕伤根。在定苗之后中耕除草，深度约为5cm，需掌握远处宜深、近苗处宜浅的原则。用深沟高畦栽培者，应锄松沟底和畦面两侧，并将所锄松土，培于畦侧或畦面，以利沟路畅通，便于排灌。在莲座期中耕，不要损伤叶片。中耕时间以晴天为好。

(3) 苗期管理　幼苗期植株生长总量不大，约为最终质量的0.41%，因此对水肥的需要量相对来说是比较小的。大白菜两片子叶张开后，对养分的要求比较迫切。在南方栽培大白菜，定苗后开沟施浓粪肥并配合磷钾化肥，若此次追肥不足，则莲座叶生长不良，即使结球期补肥也不能挽救，故又称"关键肥"或"临界肥"。

(4) 莲座期管理　莲座期根系大量发生和叶片生长量骤增，必须加强肥、水管理。每亩施入充分腐熟的粪肥1000kg、磷酸二铵20kg、硫酸钾20kg，在垄的一侧开沟。施肥后覆土。施肥后浇透水，保持土壤半湿润。结球前10天左右，控水蹲苗，促进根系和叶球生长；土壤保水肥力差，可以适当缩短蹲苗期或不蹲苗；天气干旱，气温高，昼夜温差小或秧苗偏小时也适当缩短。

(5) 结球期管理　结球期是大白菜产品形成时期，在这个时期根系发展达到最大限度，叶的生长量猛增，如果这时脱肥，往往结球不紧实，影响产量和品质。结球期的肥水管理重点在结球始期和中期，即所谓"抽筒肥"和"灌心肥"。这两次肥料都要用速效性的肥料，并需提前施入。一般在开始包心时立即追肥，每亩用粪肥1500kg左右，或硫酸铵5~10kg，或尿素5~7.5kg。在植株抽筒后再追施一次，追肥后均需结合灌水。收获前10~15天用草绳或塑料绳将外叶合拢捆在一起，进行束叶。

7. 主要病虫害防治

大白菜主要病害有病毒病、霜霉病、软腐病等。防治病毒病可在定植前后喷一次20%病毒A可湿性粉剂600倍液，或1.5%植病灵乳油1000~1500倍液喷雾；防治霜霉病可选用25%甲霜灵可湿性粉剂750倍液，或69%安克锰锌可湿性粉剂500~600倍液，或75%百菌清可湿性粉剂500倍液喷雾，7~10天一次，连喷2~3次；软腐病用72%农用硫酸链霉素可溶性粉剂4000倍液，或新植素4000~5000倍液喷雾。

大白菜主要虫害有蚜虫、菜粉蝶（菜青虫）、菜螟等。蚜虫发生初期，用50%马拉硫磷乳油1000倍液，或2.5%溴氰菊酯2000倍液连续喷洒几次，或50%抗蚜威可湿性粉剂2000~3000倍液喷雾；菜螟幼虫孵化盛期或初见心叶受危害时，用50%杀螟松乳油1000倍液，或2.5%敌杀死乳油300倍液喷洒，连喷2~3次。

8. 采收与销售

早熟品种以鲜叶供应市场，在叶球长成时应该及早采收；中晚熟品种一般在严霜来临之前采收；冬季无严寒地方，可以留在地里过冬，根据市场需求采收。详细记录每次采收的产量、销售量及销售收入。

【效果评估】

1. 进行生产成本核算与效益评估，并填写表8-1。

表8-1　秋冬大白菜栽培生产成本核算与效益评估

项目及内容	生产面积/m²	生产成本/元						销售收入/元	
		合计	其中：				折算成本/(元/亩)	合计	折算收入/(元/亩)
			种子	肥料	农药	劳动力	其他			

2. 根据秋冬大白菜栽培生产任务的实施过程，对照生产计划方案写出生产总结1份，应包含生产目标、生产进度安排、生产实施过程、生产效益评估以及存在问题分析等内容。

【拓展提高】

春大白菜栽培

1. 选择品种

由于春季适合大白菜生长的条件有限，早期受低温影响，后期又受高温长日照影响，难以形成叶球，所以春季大白菜栽培必须选用冬性强、耐低温、耐先期抽薹、早熟、抗软腐病、高产、优质的品种，生长期短的早熟类型品种，其生长期一般在50～60天。如春夏王、阳春、日本春大将、健春、鲁春白1号等品种。

2. 适期播种

春大白菜属反季节大白菜，应严格控制播种期，切不可过早播种，否则低温条件下易通过春化作用，造成先期抽薹。总的原则是保证春大白菜栽培生长的日平均温度稳定在13℃以上，可根据栽培设施情况及选用品种不同，提前或推迟播种或移栽。一般大棚套小拱棚加地膜覆盖栽培的可在1月底至2月上旬直播，4月中下旬即可采收上市；大棚套小拱棚育苗、露地地膜覆盖栽培的，可在2月中旬播种、4月上旬移栽、5月中旬上市，如采用小拱棚加地膜覆盖移栽的，可提前一星期左右育苗、移栽；露地地膜覆盖直播的，可根据当地气温在3月下旬到4月中下旬播种，6月初至7月上旬上市。

3. 适时定植

育苗移栽，选晴天及时定植。直播的一般每穴播两粒，播种后覆盖地膜，播种5天左右出苗，出苗后及时破膜引苗，地膜破口处用土压牢，出苗约10天及时间苗定苗。

合理密植春大白菜开展度小，叶球不大，为提高产量可适当加大密度。不管是直播的或是育苗移栽的，一畦或一垄均种植两行，行距50cm、株距35～40cm，每亩定植3500～4500株。

4. 施肥管理

春季大白菜应定植在前茬没种过十字花科作物的地块。对选好的地块，在冬前要翻耕熟化土壤。春白菜生长的季节较短，定植后管理上以促为主，一促到底。定植前施足基肥，每亩施腐熟有机肥3000～4000kg、磷酸二铵20kg、硫酸钾25kg，或尿素15kg、磷酸二铵10kg、硫酸钾15kg，或施入三元硫酸钾复合肥70kg。并撒施地下毒药及杀菌剂，以防地下害虫和土传病害；均匀撒入田内，然后再浅翻使土壤和肥料混合均匀。

春大白菜除定植前施入充足的基肥外，还应适当早施追肥。定植缓苗后结合浇水追肥1次，每亩追施尿素5kg。结球前、中期再各追肥1次，每亩追施尿素10～15kg、硫酸钾15kg或复合肥25kg。

5. 病虫害防治

春大白菜定植后，气温回升快，加上后期雨水偏多，病虫害发展迅速。病害主要为软腐病和霜霉病。虫害主要为蚜虫和菜青虫。要以防为主，治虫不见虫、治病不见病。定期（7～10天）交替使用农药防治，收前10天停药。对软腐病可用农用链霉素100～200mg/kg莲座期开始喷施。霜霉病用25%瑞毒霉800倍液，缓苗后开始施用。用50%的抗蚜威可湿性粉剂2000～3000倍液喷施，防治蚜虫。用2.5%敌杀死乳油3000～5000倍液喷施，防治菜青虫。

6. 采收

春大白菜生长后期气温高，雨水多，若不及时收获易发生抽薹现象及容易烂球。可适当提早采收上市。

7. 春栽大白菜未熟抽薹的原因

春大白菜在不同的生育期内如遇到2～10℃低温或者突遇高温都能迅速完成春化过程而抽薹；在10～15℃的条件下，时间较长也能完成春化作用。另外，不同品种完成春化作用时间的长短和所需的温度也不同。而春季的低温，日照由长变短，很容易满足完成春化作用所需的温度和光照条件，因此，未熟抽薹与品种、生育期、温度等都有直接的关系。终霜前后夜温不低于8～10℃时播种或移栽才能避免未熟抽薹。

【课外练习】

1. 掌握大白菜栽培的关键技术。
2. 简述春大白菜栽培要点。
3. 分析大白菜不结球的原因？

任务二　结球甘蓝栽培

结球甘蓝又名包心菜、洋白菜、圆白菜、卷心白、莲花白、京白菜。结球甘蓝适应性强，在我国南方，一年四季均可种植。其中，夏甘蓝和秋甘蓝是当年播种、当年收获，整个营养生长期均未受到低温阶段，无通过春化阶段的条件，因此，在生长期中没有未熟抽薹问题；而春甘蓝则以幼苗越冬，在苗期和定植后的一段时间内，可能受低温而通过春化阶段，引起未熟抽薹。

【任务描述】

浙江某农业公司拟栽培秋冬中晚熟甘蓝，要求在11月供应上市，产量达3000kg/亩以上。请根据甘蓝的生物学特性，制订秋冬甘蓝种植的实施计划，并做好相关的栽培管理工作。

【任务分析】

按照生产过程完成生产任务：制订生产计划方案—准备生产所需的农资—确定播种期与播种量、苗床面积—确定整地做畦与定植时间—制订并实施田间管理技术方案—采收与采后处理、销售—效果评估。

【相关知识】

一、生物学特性

1. 植物学特征

根群发达，主要分布在30cm的耕作层，不耐干旱；根系再生能力强，可以进行育苗移栽；易发生不定根，可以采用腋芽扦插繁殖。茎在营养生长期间为短缩茎，内短缩茎着生球叶，外短缩茎着生外叶；生殖生长期抽生为花茎。叶包括子叶、基生叶、中生叶、顶生叶、茎生叶；叶片光滑，无毛蒸腾量大，要求较高的土壤湿度和空气湿度；叶面具有白色蜡粉可以减少蒸腾，这是干旱条件下形成的一种适应性；开始发生的叶片向外开张生长，形成强大的叶簇，当莲座叶生长到一定数目后，早熟品种16片叶，晚熟品种24片叶，进入包心，再发生的叶片不再向外开张而包被顶芽；顶芽继续分生新叶，包被顶芽的叶片也随着顶芽继续生长加大，最后形成一个紧密充实的叶球；叶球中心柱节间短，着生叶密，则包心紧，叶球品质好。花为复总状花序，完全花，黄色，虫媒花，属异花授粉作物。果实系长角果，种子圆球形，红褐色至黑褐色，千粒重3.5～4.5g。

2. 生长发育周期

分为4个时期。

（1）发芽期　从播种至基生叶长出，夏秋季一般10～15天，冬春季15～20天。

（2）幼苗期　从基生叶至第一叶环叶长完，夏秋季一般25～30天，冬春季40～60天。

（3）莲座期　从幼苗到植株长出第二、第三叶环，植株轮廓呈莲花状，早熟品种25天左右，晚熟品种35天左右。

（4）结球期　从开始包心至叶球形成，早熟品种25天左右，晚熟品种40天左右。

3. 对环境条件的要求

和大白菜基本相同，但比大白菜适应性更广，抗性也更强一些。

（1）温度　甘蓝喜温暖和清凉湿润的环境，能抗严霜和较耐高温。生长适温为15～21℃，种子发芽适温20℃左右。20～25℃适宜外叶生长和抽薹开花。叶球形成一般要求17～20℃，昼夜温差大，有利于积累养分，促进结球紧密。幼苗抗性强，幼苗能忍耐−12℃低温和35℃的高温。

（2）光照　长日照作物，对光强适应性较宽，光饱和点为30～50klx。

（3）水分　甘蓝要求土壤水分充足和空气湿润，若土壤干旱会影响结球，降低产量。适宜的土壤湿度为70%～80%，空气湿度为80%～90%。

（4）土壤及营养　喜肥并耐肥，耐盐碱性强，对土壤的适应性比较强。结球甘蓝适于微酸到中性土壤，也能耐一定的盐碱，在土壤含盐量达0.75%～1.20%的盐渍土上仍能正常生长、结球，但以选择土质肥沃、疏松、保水保肥的中性土壤种植结球甘蓝为好。对氮、磷、钾三元素的吸收，以氮、钾较多，磷较少。氮、磷、钾的比例为3∶1∶4。在施足氮肥的基础上，配合施用磷、钾肥，有明显的增产效果。

二、类型与品种

1. 按叶片特征分类

（1）**普通结球甘蓝** 叶面平滑，无显著皱纹，叶中肋稍突出，叶色绿至深绿。

（2）**紫结球甘蓝** 叶面与普通结球甘蓝一样，但其外叶、球叶均为紫红色，炒食时转为黑紫色，不宜炒食，一般作凉拌鲜食，也有作观赏栽培的。

（3）**皱叶结球甘蓝** 叶色似普通结球甘蓝，叶片因叶脉间叶肉发达、凹凸不平而使叶面皱缩，球叶质地柔软，风味好，可炒食。

2. 按叶球形状分类

见图8-4。

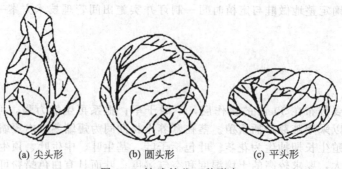

(a) 尖头形　　(b) 圆头形　　(c) 平头形

图8-4　结球甘蓝三种形态

（周克强主编．蔬菜栽培．北京：中国农业大学出版社，2007）

（1）**尖头形** 叶球小而顶尖，大型者称牛心，小型者称鸡心。叶片长卵形，中肋粗，内茎长，产量较低，品质好，多为早熟品种，从定植到收获50～70天。代表品种有大牛心甘蓝、鸡心甘蓝等。

（2）**圆头形** 叶球圆形或近圆形，外叶少而生长紧密，内短缩茎小，结球紧实，球形整齐，品质好，多为早熟或中熟品种，从定植到收获50～70天。春秋季节可栽培，代表品种有金早生、中甘11号、北京早熟。

（3）**平头形** 植株较大，叶球扁圆形，耐贮藏运输，一般抗病、抗寒、耐热性均较强，多数为中晚熟品种，从定植到收获70～100天。适于夏秋、晚春或秋冬栽培，代表品种有黄苗、京丰1号、晚丰等。

3. 按生长期长短分类

（1）**早熟品种** 从定植到收获40～50天，代表品种有四季39、牛心甘蓝、鸡心甘蓝、中甘12等。

（2）**中熟品种** 从定植到收获55～80天，代表品种有中甘15、华甘1号、迎春、西园4号等。

（3）**晚熟品种** 从定植到收获80天以上，代表品种有中甘9号、华甘2号、黄苗、黑叶小平头等。

三、栽培季节与茬口安排

在南方各省，除了最炎热的夏季结球甘蓝不能栽培外，春、秋、冬均可栽培；选用早、中熟品种，冬、春育苗，早春栽培，春末夏初收获，即春季栽培；选用中、晚熟品种，夏季育苗，夏、秋季栽培，秋、冬季收获，即秋季栽培。一般来说，应根据品种、上市时间确定播种期，春甘蓝11～12月份播种，夏甘蓝3～4月份播种，秋冬甘蓝6～8月份播种。

【任务实施】

秋冬甘蓝栽培

秋冬甘蓝产量高、品质优、病虫害轻、耐贮藏及长途运输。

1. 生产计划方案制订与农资准备

根据生产规模及生产目标，制订详细的生产计划方案，准备相关的农业生产资料（种子、农膜、化肥、农药等）。

2. 品种选择

秋冬甘蓝品种应选择前期比较耐热、抗高温，生长后期又耐低温、抗冻的优质高产品种，因为它生长前期（含苗期）正是7月下旬至8月份的高温季节，因此应选用耐热、抗寒和产品耐长途运输及贮藏的早、中、晚熟品种，可按早、中、晚熟分期播种，一般大田亩用种量为30~50g。目前南方主栽的品种有秋丰、中甘8号、寒春4号、5号、寒雪、寒光、冬强、世农200等品种。

3. 播种育苗

甘蓝的育苗方式有露地育苗和保护地育苗两种，采用何种方法育苗，主要决定于当地的自然条件和播种季节。秋冬甘蓝采用遮阳网遮阳育苗或半保护地育苗，一般从6月下旬至7月下旬分批播种；越冬推迟采收的播种期一般在7月下旬至8月中旬。

（1）苗床的设置　苗床地应选择通风好、排灌方便、土壤肥沃、质地疏松的地块。于前作收获后及时清除杂草，进行深翻晒地，播前细致整地，施足底肥，每亩施腐熟农家肥500kg，再进行浅耕浅耙，使土壤疏松、土肥融合，做成畦宽1m、沟宽40cm、沟深30cm的高畦。

（2）播种　采用撒播的方法，播种要均匀，播后在畦面盖一层细粪土或稻草，并用50%多菌灵可湿性粉剂500倍液或50%辛硫磷乳油800倍液进行土壤消毒，可防治部分病虫害及地下害虫。采用小拱棚或大棚进行遮阳网覆盖。

（3）浇水　为了防止播种后浇水对种子发芽出土的不良影响，可采用湿播法，即播种前浇透底水。幼苗出土后，浇水量不可过多，对初出土的幼苗，每天浇水1次，以后隔天浇水1次，当幼苗具3片真叶、苗高5cm后，减少浇水次数。

（4）间苗　一般分3次进行，间苗时间与大白菜相同。以除去密苗、弱苗、劣苗为原则，最后一次间苗按株行距8cm留健壮苗1株。健苗的标准是：子叶开展，基生叶对称舒展，节间短，茎粗壮，叶片近圆形，叶柄短，未受病虫为害等。

4. 定植

选择苗龄40天左右，6~8片真叶壮苗，在阴天或晴天傍晚进行定植，行距55cm，株距35~40cm，亩栽3000~3500株。定植前每亩施用农家肥3000kg加复合肥40kg。

5. 田间管理

结球甘蓝的田间管理，随栽培季节和地区而不同。

（1）浇水排水　前期注意松土透气，防旱、防草和排水防涝。中后期肥水齐攻，旱时及时浇水，保持土壤见干见湿，进入莲座期后保持土壤湿润。大雨过后及时做好排水工作，不能有积水。收前半个月控制水肥，以利收贮。

（2）追肥　追肥的重点放在莲座叶生长盛期和结球期。追肥分5次进行，第一次在幼苗定植后施"提苗肥"，用0.3%尿素和0.3%磷酸二氢钾混合液浇施，并进行一次中耕松土除草。在莲座叶生长初期，施第二次追肥，亩施尿素10kg，同时用0.2%硼砂溶液叶面喷施一次。第三次于莲座叶生长盛期，亩施三元复合肥15kg。在结球前期和中期再追肥两次，每次亩施三元复合肥10kg。为防止干烧心，结球期可用0.7%氯化钙喷雾2~3次。

（3）中耕　结球甘蓝由于经常浇水和施肥，地面容易板结，要经常中耕松土，清除杂草。初期浅中耕，疏松表土即可；当苗高18cm左右时进行深中耕一次，深度10cm左右，使土壤疏松，利于浇水施肥和根系生长。

6. 主要病虫害防治

结球甘蓝的主要病害有霜霉病、黑腐病、软腐病。可选用抗病品种；发病严重的地块，与非十字花科蔬菜轮作；避免过旱过涝，及时防治地下害虫；发病初期及时拔除病株；霜霉病发病初期选用75%百菌清可湿性粉剂500倍液或64%杀毒矾500倍液等喷雾；黑腐病发病初期选用72%农用硫酸链霉素可湿性粉剂3000倍液喷洒；软腐病发病初期喷洒72%农用硫酸链霉素可湿性粉剂3000倍液、47%加瑞农可湿性粉剂700~750倍液。

主要虫害有菜青虫、小菜蛾、地老虎、斜纹夜蛾和蚜虫。菜青虫用50%辛硫磷乳油1000倍液防治；小菜蛾用5%锐劲特悬浮剂500~1000倍液防治；地老虎用2.5%溴氰菊酯3000倍液或50%辛硫磷800倍液防治；蚜虫用50%辟蚜雾可湿性粉剂2000~3000倍液防治。

7. 采收与销售

秋冬甘蓝采收期长，一般于11月至次年3月都可采收随行上市。详细记录每次采收的产量、销售量及销售收入。

【效果评估】

1. 进行生产成本核算与效益评估，并填写表8-2。

表8-2 秋冬甘蓝栽培生产成本核算与效益评估

项目及内容	生产面积/m²	生产成本/元						折算成本/(元/亩)	销售收入/元	折算收入/(元/亩)
		合计	其中：						合计	
			种子	肥料	农药	劳动力	其他			

2. 根据秋冬甘蓝栽培生产任务的实施过程，对照生产计划方案写出生产总结1份，应包含生产目标、生产进度安排、生产实施过程、生产效益评估以及存在问题分析等内容。

【拓展提高】

结球甘蓝夏季反季节栽培技术

夏季栽培结球甘蓝可于谷雨至立夏间播种。应选用耐热、耐涝和抗病性以及适应性较强的品种。目前，适于夏季栽培的品种有黑叶小平头、夏光、中甘八号等。

1. 播种育苗

夏季栽培甘蓝从播种到收获需100~120天，适宜苗龄为30~35天。南方地区一般在4月下旬至5月下旬可播种。育苗畦可作成平畦。每亩定植需苗床30m²，用种量30g。做畦前，每亩施5000kg腐熟有机肥，然后进行翻耕做畦。播种前浇足底水，水渗下后播种。播后随即覆盖1cm厚的过筛细土。畦面再盖一层草帘或黑色遮阳网遮阴保湿，待幼苗刚露头时即撤除。出苗后根据天气进行遮阳网覆盖，防止光照过强或大雨冲刷。

夏季栽培甘蓝可以不进行分苗，出苗后于子叶展平后进行第一次间苗，二叶一心时进行第二次间苗，三叶一心时进行第三次间苗，最后使苗距达6~7cm。幼苗具有3~4片真叶时，进行苗床追肥，每30m²苗床追施尿素1kg，注意防治菜青虫及苗畦除草。待苗长至5~6片真叶时，及时安排定植。

2. 适时定植

应选择排水方便的地块栽培。整地前，每亩施腐熟的有机肥5000kg，然后进行翻地做畦。采用深沟高畦，畦面包沟1.0m，沟宽20~30cm。定植时，最好在傍晚和下午进行。按株距30~35cm、行距45cm定植，每亩4000株。定植后即浇水，第2天下午再浇1次。6~7天后基本缓苗，进行浅中耕1次。

3. 田间管理

当植株缓苗后，进行第1次追肥，每亩施尿素8~10kg，并立即浇水1次。当叶片进入旺盛生长期，开穴追肥，每亩施碳铵50kg，然后浇水。当球叶完全抱合时，要结合浇水追施尿素，15kg/亩。结球后期，保持土壤湿润，不再追肥。夏季日照强，水分蒸发量大，要小水勤浇。一般5~6天浇1次水，最好在傍晚或清晨进行。同时结合除草进行中耕。

4. 病虫害防治

注意防治病毒病、软腐病、菜青虫、小菜蛾。

5. 实时采收

叶球紧实后，及时采收。采收宜在傍晚或清晨进行。

【课外练习】

1. 掌握秋冬甘蓝夏季育苗技术关键。
2. 简述结球甘蓝夏季反季节栽培技术要点。

任务三 花椰菜栽培

花椰菜又名菜花、西兰花，是甘蓝种中以花球为产品的一个变种，原产地中海地区。普通花椰菜的花球雪白，少数花椰菜的花球为紫红色，近年来欧美国家已育成黄色或绿色的花椰菜，如绿亨金皇后、绿夫人等。

【任务描述】

四川成都某农业科技园现有面积为 30000m² 的田块，准备用来栽培中晚熟花椰菜，要求在 11 月 20 日前后开始供应上市，产量达 2500kg/亩以上。请据此制订生产计划，并安排生产及销售。

【任务分析】

按照生产过程完成生产任务：制订生产计划方案—播种与育苗—整地做畦与定植—田间管理—采收与采后处理、销售—效果评估。

【相关知识】

一、生物学特性

1. 植物学特征

主根基部稍大，须根发达，主要根群密集于 30cm 的土层内。茎粗而长，营养生长时期茎短缩，顶端优势强，腋芽不萌发，在阶段发育完成后，心叶向内卷曲或扭转，抽生花球。叶片较狭长，披针形或长卵形，营养生长期具有叶柄，并有裂叶，叶面无毛，表面有蜡粉。花球由花轴、花枝、花蕾短缩聚合而成，半圆形，质地致密，是养分贮藏器官，一个成熟的花球一般有 0.5～2kg；总状花序、黄色花冠、异花传粉（图 8-5）。长角果，成熟后爆裂，种子圆球形，褐色，千粒重 2.5～4g。

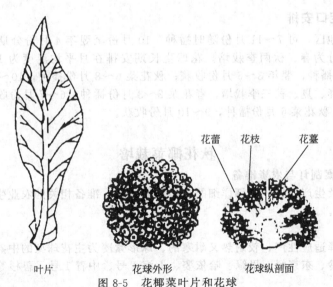

图 8-5 花椰菜叶片和花球

2. 生长发育周期

花椰菜在生长发育过程中，发芽期、幼苗期、莲座期与甘蓝基本相同。只是在莲座期结束后，开始孕育并逐渐形成花球。花球生长期是营养生长阶段的完成，进入生殖生长初期，随后在适宜的条件下，花球松散，花茎和花枝伸长，花蕾膨大而开花结实，完成生殖生长。

3. 对环境条件的要求

（1）温度　花椰菜喜冷凉温和的气候条件，既忌炎热，又不耐霜冻，整个生育期对温度的要求比甘蓝严格。种子发芽适温为25℃左右，营养生长期适应温度为8~24℃，花球形成适温15~18℃，气温低于8℃，花球生长缓慢，高于24℃，花枝很快松散，抽生花薹，品质差。

（2）光照　花椰菜为长日照植物，但对日照长短的要求不如结球甘蓝严格，通过低温春化，全年几乎都可以形成花器，早春育苗时，用日光灯补充光照，可以提早成熟。花椰菜喜好充足和较强的光照，但也能耐稍阴的环境。花球在阳光直射下易使洁白花球变黄，降低产品品质，故在花球发育过程中应给予适当遮阴。

（3）水分　花椰菜喜湿润环境，不耐干旱，也不耐涝，特别是在莲座期，蹲苗以后和花球形成期需要有充足的水分。

（4）土壤及营养　花椰菜对土壤要求较严格，最适宜在质地疏松、耕作层深厚、富含有机质、保水排水良好以及肥沃的壤土或轻沙壤土上栽培，最适宜土壤pH6.0~7.0。生育期中需要氮、磷、钾营养元素的充分供应，土壤中如果缺乏氮素，产量显著下降；缺乏钾素，易发生黑心病；磷能促进花球的形成与肥大；缺乏硼素，花球内部易开裂，并出现褐色斑点，花球带有苦味，品质下降；缺乏钼素，新叶表现出畸形。

二、类型与品种

1. 按花球颜色分类

（1）花椰菜　颜色为白色，极早熟品种有夏雪40、荷兰春早等；中熟品种有津雪88、龙峰特大80天、祁莲白雪、丰花60等；晚熟品种有冬花240等。

（2）木立花椰菜　有绿菜花和青花菜两种，它与花椰菜的不同处在于：主茎顶端产生的并非由畸形花枝所组成的花球，而是由完全正常分化的花蕾组成的青绿色扁球形的花蕾群。优良品种有里绿、玉冠、早生绿、哈依姿、绿族、宝石、阿波罗、峰绿、矾绿等。

2. 按生长期长短分类

花椰菜根据生长期长短，可分为早熟、中熟和晚熟3个类型。早熟类型一般指定植后40~60天收获的品种，中熟类型为定植后70~90天成熟的品种，晚熟类型指定植后100天以上收获的品种。

三、栽培季节与茬口安排

华南夏热冬暖地区，可7~11月份随时播种，10月份至翌年4月份分期收获。长江和黄河流域夏热冬寒地区分为春、秋两季栽培。花球生长期安排在月平均温度为15~23℃的月份里。春花菜10~12月份播种，翌年3~6月份收获；秋花菜6~8月份播种，10~12月份收获。北方冬季较寒冷地区为春、夏、秋三季栽培，春花菜2~3月份播种，6~7月份收获；夏花菜4月份播种，8月份收获；秋花菜6月份播种，9~10月份收获。

【任务实施】

秋花椰菜栽培

1. 生产计划方案制订与农资准备

根据生产规模及生产目标，制订详细的生产计划方案，准备相关的农业生产资料（种子、农膜、化肥、农药等）。

2. 品种选择

秋季栽培应选择适应性广、较耐热又耐寒的、球形紧凑为主花球型的中熟或中早熟品种。主要品种有墨绿、绿岭、东京绿、里绿、哈依姿、上海1号、中青1号、碧杉等。

3. 播种育苗

（1）苗床选择　应选择地势高、开阔不遮阴、排灌方便、背风向阳且3年未种过十字花科作物的地块。

（2）播种　选晴暖天气上午，苗床浇足底墒水后播种，一般用营养钵（营养块、营养球）育苗，每亩用种量15g左右；露地育苗适当稀播，一般每10m² 播种量50g。

（3）苗期管理　播种后覆土1~1.5cm，气温低时将塑料薄膜盖严，夜间加盖草席保温；气温高时搭矮架覆盖稻草、遮阳网等，防晒防雨；保持床内温度20℃左右。出苗70%~80%时逐渐揭去覆盖物。当幼苗出土浇水后，覆细潮土1~2次。播种后20天左右，幼苗3~4片真叶时，按大小进行分级分苗，苗间距为8cm×10cm。

4. 施肥做畦

一般采用低畦或垄畦栽培。多雨及地下水位高的地区，应采用深沟高畦栽培。每亩施腐熟有机肥2000kg、过磷酸钙15~20kg、复合肥30~40kg。施肥后深翻地，使肥土混合均匀。

5. 定植

一般早熟品种在幼苗5~6片真叶、苗龄30天左右时定植；中、晚熟品种在幼苗7~8片真叶、苗龄40~50天时定植。定植株行距，小型品种30cm×40cm，大型品种60cm×70cm，中熟品种40cm×50cm。

6. 田间管理

缓苗后，植株开始生长时，结合浇水进行第一次追肥，每亩施尿素15kg。此后中耕1~2次，第一次追肥后15~20天进行第二次追肥，每亩追施充分腐熟的人粪尿500~700kg，并浇水1~2次，为莲座叶旺盛生长打下基础。

在莲座叶形成时，深中耕1~2次，进行蹲苗，从而抑制营养生长过旺，并转向生殖生长。蹲苗至花球直径2~3cm大小，莲座叶色加深，叶片加厚时结束。早熟品种蹲苗期应比晚熟品种短些。蹲苗结束后，及时进行追肥浇水，追肥应以氮、磷、钾配合，以复合肥为主，每亩施20~30kg，并及时浇水。

在花球形成期，应保持土壤湿润，并施复合肥1~2次，每亩施用20kg。在叶球形成期，喷施0.02%~0.05%的硼肥，提高花球的质量和产量。同时，花球在阳光直射下容易由白色变成淡黄色，进而变成紫色，并长出小叶，降低食用品质。因此，在花球直径10cm左右时，将靠近花球的2~3片叶束住，或将叶片折弯覆盖于花球表面，但叶柄不要折断，防止叶片干缩，从而保持花球的质量。采收前20天禁止施肥灌水。

7. 病虫害防治

花椰菜主要病害有黑腐病、软腐病、病毒病、霜霉病等；主要虫害有蚜虫、小菜蛾、菜青虫、斜纹夜蛾、甜菜夜蛾、黄条跳甲、烟粉虱等。防治方法参照结球甘蓝。

8. 采收与销售

花球形成往往不一致，应采取分批采收。当花球已充分肥大，表面圆正，质地致密，表面凹凸少，花球尚未散开即为采收适期。如果花球边缘已开始散开，应立即采收。如采收过早，影响产量；采收过迟，花球表面凹凸不平，颜色变黄，品质变劣。采收时用刀割下花球，并保留2~3片嫩叶以保护花球在运输销售过程中不受损伤和污染。

详细记录每次采收的产量、销售量及销售收入。

【效果评估】

1. 进行生产成本核算与效益评估，并填写表8-3。

表8-3　花椰菜栽培生产成本核算与效益评估

项目及内容	生产面积/m²	生产成本/元						折算成本/(元/亩)	销售收入/元		折算收入/(元/亩)
		合计	其中：						合计		
			种子	肥料	农药	劳动力	其他				

2. 根据花椰菜栽培生产任务的实施过程，对照生产计划方案写出生产总结1份，应包含生产目标、生产进度安排、生产实施过程、生产效益评估以及存在问题分析等内容。

【拓展提高】

春花椰菜栽培

春季栽培应选择适应性强、耐寒、较耐热、株型紧凑、花球紧实，主、侧花球兼收类型的品种。

【课外练习】

1. 掌握花椰菜栽培的关键技术。
2. 如何提高花椰菜花球品质？

【延伸阅读】

其他白菜类蔬菜栽培

一、小白菜

白菜别名普通白菜、小白菜、青菜、油菜等，原产我国，是我国南北方普遍栽培的蔬菜之一。

1. 生物学特性

（1）植物学特征　小白菜属于直根系，须根发达，分布较浅而再生力强，适宜育苗移栽；根系主要分布在土层10～13cm处。茎在营养生长期为短缩茎，遇有高温或幼苗密集时，茎节也会伸长，花芽分化后，遇气温升高时开始抽薹，品质下降。叶片互生，在短缩茎上着生莲座叶，叶片大而肥厚，柔嫩多汁，叶形因品种而异，呈圆、卵圆、倒卵圆或椭圆形，叶色有浅绿、绿色或深绿色。叶柄肥厚，长短不一，色泽为白绿、浅绿或绿色，其横断面为扁平、半圆或圆形（图8-6）。常以叶色的深浅，叶柄的长短、色泽作为识别品种的标识。进入生殖生长期，花茎伸长，花茎叶无叶柄，抱茎而生。植株抽薹后在顶端和叶腋间长出花枝，为复总状花序，花冠黄色，为完全花，虫媒花，属异花授粉植物，花期约30天。果实系长角果，内含种子10～20粒，成熟角果容易开裂。应及时收获，种子近圆形，红褐或黄褐色，千粒重1.5～2.5g。

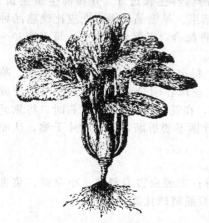

图8-6　小白菜形态

（2）生长发育周期　小白菜属于速生蔬菜，生长期较短，在营养生长阶段分为发芽期、幼苗期和莲座期，各时期经历的天数因栽培季节和栽培条件而异。在适温条件下发芽期3～4天，幼苗期长1个叶环，收获期长1～2个叶环，莲座期长13～25片叶。因为以绿叶为产品，收获期不严格，可根据栽培方式和市场需要随时采收。小白菜的生殖生长阶段分抽薹期、开花期和种子成熟期。

（3）对环境条件的要求

① 温度　小白菜喜冷凉，对温度的适应范围较宽。小白菜喜冷凉。种子在15～30℃下经1～3天发芽，以20～25℃为发芽适温，4～8℃为最低温，40℃为最高温度。白菜叶在平均气温18～20℃的条件下生长最好，气温下降到15℃以下经一定天数，茎端开始花芽分化，不同小白菜品种对低温感应是不同的。不同季节合理选择品种防止小白菜的提早抽薹。不论任何品种，均以秋播条件下的环境最适生长。

② 光照　要求较强光照，在阴雨弱光条件下茎节伸长，生长细弱，品质下降，低产。在长日照和较高温条件下，有利于抽薹开花。

③ 水分　小白菜在空气相对湿度为80%～90%，土壤湿度70%～80%的环境条件下生长旺盛。小白菜对肥水的需要量与植株的生长量几乎是平行的。

④ 土壤及营养　小白菜对土壤的适应性较强，但以富含有机质，保水保肥力强的壤土或黏壤土栽培最适宜；较耐酸性土壤。由于以叶为产品，且生长期短而迅速，所以氮肥，尤其在生长

盛期对产量与品质影响最大，其中硝态氮较氨态氮，尿素又较硝态氮对生育、产量与品质有更好的影响。对钾肥吸收量较多，但磷肥的增产效果不显著。微量元素硼的不足会引起硼营养的缺乏症，叶片皱褶、扭曲变厚、易折断、颜色变深。

2. 类型与品种

根据植株的形态特征、生物学特性及各品种的成熟期、抽薹期的早晚等特点，南方小白菜按栽培季节可分为三类。

（1）秋冬小白菜　秋冬小白菜是我国南方地区栽培小白菜的最主要类型。品种多，株型直立或束腰，以秋冬栽培为主，按叶柄颜色分为白梗类型和青梗类型。白梗类型的代表品种有南京矮脚黄、广东矮脚乌叶、寒笑、合肥小叶菜等，青梗类型的代表品种有杭州早油冬、矮抗6号、矮抗3号、京绿7号、广州、江门白菜和佛山乌叶等。

（2）春小白菜　植株多开展，少数直立或束腰。春白菜在我国南方普遍栽培，一般作露地栽培，偶尔采用大棚栽培。这类白菜耐寒性强，高产，晚抽薹，但品质较差。按抽薹早晚和供应期的不同，又可分为早春菜和晚春菜两类。早春小白菜，较早熟，多在2~3月份抽薹，其主要供应期也在3月份，有"三月白菜"之称。如属于青梗类型的杭州半油冬儿、杭州晚油冬儿、杭州半早儿、上海二月慢、三月慢和属于白梗类型的南京亮白叶、无锡三月白等均属这一类型。晚春小白菜因主要供应期在4月，少数品种可延长至5月初，故称"四月白菜"，代表品种有南京四月白、杭州蚕白菜、上海四月慢、上海五月慢、安徽四月青等。在华南地区的春白菜品种，一般11月份至翌年3月种植，1~5月份供应，冬性较强，抽薹较迟，生长期相对较短，均为白梗类型，如水白菜、赤慢白菜等。

（3）夏小白菜　夏季高温季节栽培与供应的小白菜，又称"火白菜"、"伏白菜"。本类小白菜要求生长迅速、抗高温、抗雷暴雨和大风、抗病虫害。近几年选育出了一批适于夏秋高温季节栽培的耐热小白菜新品种，如早熟5号、矮抗青、矮杂1号、热抗白、热抗青、热优2号、青优2号、矮杂2号等。

3. 栽培季节与茬口安排

（1）秋冬小白菜　一般进行育苗移栽，在9~10月份播种，主要供应季节为10月份至翌年2月份。华南地区一般自9~10月份开始至12月陆续播种，分期分批定植，陆续采收供应至翌年春季2月份抽薹开花为止。

（2）春小白菜　春菜是在上一年晚秋播种，以小苗越冬，翌年春季收获成株供应市场。适宜播期在长江中下游地区为11~12月份，华南地区可延至12月下旬至翌年3月。菜秧则是当年早春播种，采收幼嫩植株供食，其供应期为4~5月份。春白菜是解决"春淡"的主要蔬菜。在华南地区的春白菜品种，在北回归线以南，一般11月份至翌年3月份种植，1~5月份供应，冬性较强，抽薹较迟。

（3）夏小白菜　自5月上旬至8月上旬随时可以播种，常利用春夏菜与秋菜之间的倒茬时间；播后20~30天收获幼嫩的植株上市，其中7月中下旬至8月上旬播种的，经间苗上市一批小白菜；或将间出的苗定植到大田作为早秋白菜栽培，而以留在原地长大后的成株上市供应，称为早汤菜或原地菜、漫棵菜、留菜、随园菜等。

4. 栽培技术

（1）品种选择　小白菜在不同季节播种，需采用不同品种。如在冬季、早春气温较低时播种，小白菜要选用冬性强、抽薹迟、耐寒、丰产的品种，如早生华京青梗菜、春水白菜；夏播则要选择耐热、耐风雨的品种，如矮脚黑叶，以获得较高产量。

（2）整地做畦　白菜栽培面积甚大，难以避免连作。但在秋季栽培中，病毒病是白菜生产的主要威胁，选地应避免连作，特别是育苗用地，应选用前作为茄果类、瓜类、豆类、葱蒜类的土地为宜。土壤翻耕时，作为秋季腌白菜栽培的，一般每亩全层施有机肥5000~6000kg，作鲜菜用的施2000~3000kg，并加入氨肥70~80kg，在翻耕时全层深施于土中。在夏秋之际，遇到高温干旱时，应掌握先抗旱，后耕地，以利土壤疏松，保持水分，争取齐苗。干旱地方做平畦；雨水多的地方做高畦，即畦面宽120cm，沟宽30cm，畦高10~20cm。

冬季育苗要创造幼苗的适宜环境，降低低温寒流影响，抵御不良外界环境条件，冬季宜选向阳避风田块做苗床，有条件的最好进行设施育苗。前茬收获后要早耕晒白，尤其连作田块，更要注意清洁田园，深耕晒土，以减轻病虫危害。

(3) 播种育苗　小白菜可用直播栽培和育苗移植两种方法。

① 直播　夏季气温高，小白菜生长快，同时夏季种植密度大，一般采用直播方法。每亩用种量为1~1.5kg左右。夏季播种，若用种量过大，小苗太挤不透风，容易徒长，经不起日晒和风吹雨打。但播种量少，出苗稀疏，强烈阳光下刚出土的幼苗易受灼伤，幼苗生长也慢。

播种可采用条播法或撒播法。播种前，先将种子用清水浸种2h，取出后略晾一会，然后用湿布包好，放在室内约一昼夜即可出芽。条播时，可先在畦内开8cm宽的浅沟，120cm的畦面上开5~6条这样的浅沟。清晨或傍晚浇水后，将种子撒入播种沟内，覆土1~1.5cm。为防止播后"雨拍"或跑墒太快，可将条播行用麦秸等稍加覆盖。撒播还可以采用干播法，即将畦面用三齿钩划起，将干种子均匀撒播后，用耙子耙平畦面，踩实后再浇水。撒播后，最好也用麦秸等稍加覆盖，以防"雨拍"。

出苗后及时间苗，避免徒长；间苗后进行追肥和浇水，并注意苗期除草和病虫害防治。齐苗后，可分两次间苗、匀苗，第一次以互不挤压为标准；第二次苗距3cm左右，一般注意肥水、防治病虫等管理，即可成苗。在夏季亦需注意防治杂草和雨涝积水，苗期30~45天。

② 育苗移植　在地少而劳力又相对集中的地方或秋冬适合小白菜良好生长的季节，多采用育苗移植。育苗移植可节省种子，每亩用种量只需100g，且单株产量高，质量好，一般苗期为25天。

冬季白菜播种后种子萌动期间如遇低温，会冷芽，以后出现起节苗，即通过春化引起幼苗提早抽薹造成减产。因此，须掌握播种时机，在冷尾暖头，寒流末期，抢时间下种。可采用薄膜防寒育苗，在育苗期间如气温较低，可采用塑料薄膜覆盖的小拱棚育苗，起到防寒保温作用，有利于幼苗生长。

(4) 定植　栽植白菜的土地一年要经过1~2次深耕，一般20~26.7cm，并经充分晒土和冻土。如由于条件限制不能冻土、晒土，也要早耕晒白7~10天。植前应施足底肥，耕耙后做成1.2~1.4m宽的畦。定植密度依品种、季节、栽培条件和目的而异。定植前1天，育苗畦浇水，以便秧苗拔起。起苗时动作要小心，尽量少伤根。栽植深度随季节不同，早秋宜浅栽；晚秋栽植宜深些，可防寒。定植后应立即浇水，保持土壤湿润，以利成活。定植的株行距采用16cm×16cm至25cm×25cm。气温较高可适当密植，气候较凉可采用较宽的株行距。

(5) 田间管理　小白菜属浅根性蔬菜作物，根系吸收能力较弱，由于群体密集，生长迅速，故需肥量较大，应不断地补充养分和水分。由于植株生长矮小，茎叶容易接触土面，故在追肥时，忌用有机肥料，防止污染产品，以提高白菜品质。一般从定植后3~5天开始追施缓苗肥，使植株迅速生长。此后，每隔5~7天追肥一次，至采收前15~20天停止施肥。追肥的用量因季节而异，一般每亩施尿素10~20kg。春季施肥要重，可以促进生长，延缓植株抽薹，提高产量；夏季常遇干旱，注意灌水，才能使植株正常生长；冬季施肥要与防寒相结合，防止和减少植株遭受霜冻。

小白菜的浇水与施肥相结合，并视土壤湿度而定。一般定植后，立即浇水，以利成活；夏季高温季节，浇水要夜间冷灌，降低地温，改善菜田小气候，有利于植株生长；在幼苗期或刚定植后，如阳光猛烈，必须保持每天淋水3次，即早晚淋水和上午11:00~12:00淋过午水，以保证植株正常生长；越冬前，土壤干旱时，应灌水防冻；在雨季则要注意排水，切忌畦面积水，以防病害发生。

(6) 主要病虫害防治　参照大白菜病虫害防治。

(7) 采收　小白菜从播种至采收为45~60天。有些地方以收获小菜苗上市为主，虽产量低，但时间短，价格高。采收时间可根据成熟度和市场需求而定，适时采收可提高产量和品质。采收标准：外叶叶片色淡，叶簇由旺盛生长趋向闭合生长，心叶长到与外叶齐平，俗称"平口"。收获时用铲或刀将根部铲断，数株捆成一捆，随收获随上市，贮后叶片易发黄，影响品质和商品性状。

二、菜心

菜心又称菜薹，属十字花科芸薹属一二年生草本植物，是十字花科芸薹属白菜亚种，是小白菜的一种变种。原产中国，起源于我国华南地区。主要分布在我国的广东、广西、海南、台湾、香港和澳门等地，为我国华南地区特产蔬菜之一。由于菜心生长周期短，能周年生产与供应，经济效益较高。近年来，在我国种植面积不断扩大。

1. 生物学特性

(1) 植物学特征　菜心主根不发达，须根多，根群分布于表土 3～10cm，根再生能力强。植株直立或半直立、茎短缩、深绿色、花薹绿色。基叶开展或斜立。叶片较一般白菜叶细小，宽卵形或椭圆形，绿色或黄绿色，叶缘波状，基部有裂片或无或叶翼延伸；叶脉明显，具狭长叶柄；薹叶呈卵形以至披针形，短柄或无柄。植株抽薹后在顶端和叶腋间长出花枝，总状花序，黄花，为完全花，虫媒花，属异花授粉植物（图 8-7）。果实为长角果，种子千粒重 1.3～1.7g。

(2) 生长发育周期　菜心的生长发育过程包括发芽期、幼苗期、叶片生长期、菜薹形成期和开花结籽期 5 个时期。种子发芽至菜薹形成是菜心的商品栽培过程，一般为 60～90 天。

(3) 对环境条件的要求　菜心喜温和气候，生长发育适宜温度 15～25℃。不同生长期对温度要求不同，种子发芽和幼苗生长适温 25～30℃，叶片生长期适温 20～25℃，菜薹形成适温 15～20℃。昼温 20℃、夜温 15℃ 时菜薹发育良好，产量高、品质佳。高于 25℃，虽生长快，但质粗、味淡。开花结果期最适宜

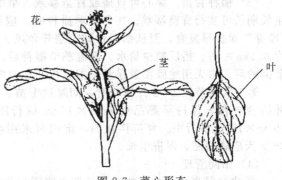

图 8-7　菜心形态

温度为 15～24℃。菜心属长日照植物，但多数品种对光周期要求不严格。花芽分化和菜薹生长快慢主要受温度影响。

菜心根系浅，对水分要求严格，水分不足，生长缓慢，菜薹组织硬化粗糙；水分过多，则根系窒息，严重的会因沤根而死。菜心对矿质营养的吸收量，氮、磷、钾三要素之比 3.5：1：3.4。每生产 1000kg 菜薹，需氮 2.2～3.6kg、磷 0.6～1.0kg、钾 1.1～3.8kg。对土壤的适应性较强，较耐酸性，但以富含有机质、排灌方便的沙壤土或壤土最适。

2. 类型与品种

菜心的生育期短，品种多，我国南北方均可全年生产。在不同的季节应选择适宜的品种，根据生长周期的长短和对季节的适应性，大致可分为早、中、晚熟三类。

(1) 早熟品种　植株和花薹较小，腋芽萌发力弱，以采收主薹为主。早熟类型的耐热性较强，对低温反应敏感，温度稍低时易提早抽薹。适播期为 5～10 月份，在南方的生育期 28～50 天，在北方甚至 22 天左右即可采收。主要品种有四九心、四九-19 号、黄叶早心、青梗柳叶早心、油青 12 号早菜心、东莞 45 天菜心、全年心菜心等。

(2) 中熟品种　该类品种较耐热，适宜秋季或春季末栽培，适播期在 3～4 月份及 9～10 月份，菜薹较大，腋芽有一定萌发能力，主、侧薹兼收，以收主薹为主，菜薹品质好。目前在生产上应用的品种主要有：绿宝 60 天菜心、青梗中心、黄叶中心、柳叶中心、油绿 701 菜心、绿宝 70 天、60 天特青菜心等。

(3) 晚熟品种　该品种较耐寒，但不耐热，菜心植株较大，腋芽萌发力强，主侧薹兼收，低温下抽薹慢，适宜冬春栽培，适播期 11 月份至翌年 3 月份，生长期 70～90 天。主要品种有：三月青菜心、迟心 2 号、迟心 29 号、特青迟心 4 号、70 天特青、80 天油青菜心、80 天菜心等。

3. 栽培季节与茬口安排

菜心一年四季均可栽培，按季节分四种。

(1) 春季栽培　3～4 月份播种，5～6 月份采收，病害多，菜薹品质较差，效益较低。

(2) 夏季栽培　5~9月份播种，此段时期气候较恶劣，高温高湿，台风暴雨，多易发生病害死苗，需有一定保护设施。生长周期短产量较低，但效益较好。

(3) 秋季栽培　9~10月份播种，气温由高转低适宜菜薹发育，为全年生长最佳期，菜薹品质好，产量高，效益好。

(4) 冬季栽培　11月份至翌年2月份播种，易受霜冻危害，植株生长缓慢，一般需保护地栽培，此期菜薹价格高，特别是春节期间，经济效益可观。

4. 栽培技术

(1) 品种选择　春季栽培选中熟、抗病性强的品种，夏秋栽培选早熟、耐高温、抗病的品种，秋季栽培选中熟、优质、高产的品种，冬季栽培选晚熟、耐低温、优质的品种。

(2) 整地做畦　菜心对土壤适应性广，选择土质疏松、土层深厚、有机质含量丰富的壤土或沙壤土种植，选择前茬未种过十字花科蔬菜的土地为佳。深耕晒垡，施足基肥，一般每亩施腐熟有机肥1000~2000kg、复合肥20kg。精细整地后做畦，畦宽1.6~1.7m，畦高20~30cm。

(3) 播种育苗　菜心可直播或育苗移栽，早中熟菜心生长期短，一般以直播为主，迟熟菜心生长期长可实行育苗移栽。在冬春季播种时，应注意预防低温，特别是寒潮低温的时候，避免"冷芽"而提早发育，夏秋季播种则应避开台风、暴雨的日子，以防大雨冲刷。一般每亩播种量为0.5kg左右。播后喷少量水。高温季节播种后，需用遮阳网或稻草覆盖隔热保湿；冬季低温季节播种后，白天用地膜覆盖保温保湿，夜间加遮阳网或稻草覆盖保温促出苗。

第1次间苗在1~2片真叶时，间除过密苗、弱苗、高脚苗等；第2次可在3~4叶期进行，并结合补苗，保持早熟品种8cm×10cm株行距，中熟品种12cm×15cm株行距，晚熟品种15cm×18cm株行距。育苗移栽的，定植时采用相同的株行距，定植后要逐株淋透水，定植后3~5天应施薄肥，促进生长。

(4) 田间管理

① 水分管理　菜心在整个生长期始终需要保持土壤湿润，特别在抽薹期植株更需要充足的水分供应。夏季晴天早晚淋水，雨天注意排水，以防畦面积水；越冬前，干旱时，灌水防冻，即灌即排。

② 适时追肥　菜心在第1片真叶展开时进行第一次追肥，每亩施稀粪水500kg或尿素3~4kg；定植后4天左右发新根时，进行第二次追肥，一般每亩施用20%的腐熟人畜粪尿500~1000kg或尿素5~10kg；在大部分植株出现花蕾开始抽薹时进行第三次追肥，每亩施用30%~40%的腐熟人畜粪尿500~1000kg或尿素5~10kg，促进菜薹迅速发育。如果采收主薹后继续采收侧薹的，则应在大部分植株采收主薹时，每亩追施一次肥以促进侧薹发育，施肥量与第三次相当。

③ 中耕除草　结合第二次追肥，及时中耕除草，防止土壤板结，清除杂草防止同菜苗争夺养分，避免草荒发生。

④ 病虫害防治　菜心栽培生长的各个栽培季节当条件适宜时常见的病害有病毒病、霜霉病、软腐病、黑斑病、黑腐病等；虫害有蚜虫、小菜蛾、菜螟、甘蓝夜蛾、黄条跳甲等。防治措施同大白菜。

(5) 采收　当菜薹高度与植株叶片齐平或接近，即俗称齐口花时，应及时采收。过早太嫩，产量低，达不到上市标准，过晚产量虽高，质量降低。采收时主薹后要保留2~3片基叶，以保证侧薹的产量和质量。

三、芥蓝

芥蓝又称芥兰，属十字花科芸薹草本植物，甘蓝类蔬菜变种之一。原产于我国南方，是我国的特产蔬菜之一。主要分布于广东、广西、福建及台湾等地。目前已传入日本、东南亚各国，欧、美、大洋洲等国也有栽培。

1. 生物学特性

(1) 植物学特征　有主根和须根，主根不发达，侧根发达，深20~30cm，主要根群分布在表土下10~20cm，根的再生能力强，容易发生不定根。茎短缩，绿色。植株长至8~12片叶时开始抽薹，初生花茎肉质，节间较疏，称花薹，绿色。主薹采收后可分生侧薹。基叶互生，叶卵圆、椭圆或近圆形，色浓绿，叶面光滑或皱缩，有白色蜡粉，叶柄长，青绿色。花白色或黄色，总状花序，异花传粉（图8-8）。果实为长角形，含多数种子，种子颜色因成熟度不同由褐色至黑褐色，千粒重3.5～4.0g。

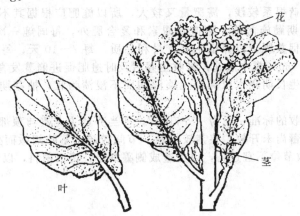

图8-8 芥蓝的形态

(2) 生长发育周期　芥蓝的生长发育过程包括发芽期、幼苗期、叶片生长期、菜薹形成期和开花结籽期5个时期。种子发芽至菜薹形成是芥蓝的商品栽培过程，是商品栽培重要时期，一般为60～80天。

(3) 对环境条件的要求　芥蓝喜温暖湿润环境，在气温10～30℃范围内都能生长，种子发芽适温为25～30℃，叶丛生长适温为20℃左右，花薹发育适温15℃左右。栽培上白花芥蓝为了获得肥嫩花薹宜秋播，这样，生长前期温度较高，叶丛生长旺盛，而后期温度较低宜于花薹发育，产量高，品质好。芥蓝属长日照植物，但日照稍短对发育快慢没有明显影响，四季可以抽薹开花。光照充足，叶丛生长强盛，光合产物多，花薹肥大。最适宜在质地疏松、耕作层深厚、富含有机质、保水排水良好以及肥沃的壤土或轻沙壤土上栽培。肥料宜以氮为主，配合磷、钾肥可以提高抗性，减少病害。

2. 类型品种和栽培季节

我国的芥蓝有白花芥蓝和黄花芥蓝两种。黄花芥蓝只有少量栽培，而以白花芥蓝为主，品种较多，一般分为早熟、中熟和晚熟品种。

(1) 早熟品种　在27～28℃温度下仍能较早形成菜薹。基生叶较疏，分枝力强，耐热，播种期6～8月份，收获期9～12月份，播种至初收60天左右，主要品种有柯子岭芥蓝、早鸡冠、香港白花早芥蓝、大花球鸡冠和柳叶早芥蓝等。

(2) 中熟品种　基生叶稍密，分枝力中等，不耐热又不耐寒，宜秋冬栽培，8～11月份播种，11月份至翌年2月份收获，播种至初收70天左右，主要品种有联星早花、登峰芥蓝、南边中花、荷塘芥蓝和台湾中花芥蓝等。

(3) 晚熟品种　基生叶较密，分枝力较弱，比较耐寒，10～12月份播种，翌年1～2月份收获，主要品种有中迟芥蓝、铜壳叶、迟花、泉塘迟芥蓝、三元里芥蓝等。

3. 栽培技术

(1) 整地播种　直播或育苗移植均可，直播每亩用种量500g。育苗移植，育苗地选择排灌方便，前作没有种过十字花科蔬菜的沙壤土或壤土。播种量要适当，每亩用种量200g左右，需苗床面积50～80m²。要培育壮苗必须施足基肥，一般每100m²苗床施腐熟有机肥150～200kg，复合肥10～15kg。夏季高温期间，要搭遮阴棚或遮阳网覆盖育苗。

(2) 苗期管理　幼苗2片真叶时，疏去弱苗，并追一次提苗肥，每亩用尿素5kg、复合肥15kg混匀后撒施。

(3) 定植　为保证产量和品质，栽培地宜选择肥沃的沙壤土。每亩加入1500～2000kg农家肥后翻地起高畦，畦宽 1.2～1.5m、高 15～20cm、沟宽 40cm。定植株行距早、中熟品种以 20cm×30cm 为宜，每亩栽植 8000 株左右；迟熟品种以 25cm×33cm 为宜，每亩栽植 6000 株左右；具体还要根据品种、采收方式和栽培季节而定。尽量多带土移植，使幼苗能够迅速恢复生长。

（4）水肥管理　芥蓝根系较浅，需肥量又较大，所以施肥应根据其不同生长发育阶段的要求，做到适时适量。苗期勤施薄施，除追施尿素和复合肥外，每周施一次 10%～20% 的粪水；定植后至采收前，重施促薹肥，以保证主薹产量和品质，每 7～10 天，每亩用尿素 10kg、复合肥 30kg 撒施或用 30%～50% 粪水淋施；采收主薹后及时追肥促进侧薹发育，用法、用量与促薹肥相同。芥蓝整个商品生长期浇水以保持土壤湿润而不浸渍为宜，抽薹期更应保持合适的畦面湿度，以使花薹鲜嫩。

（5）采收　芥蓝采收的标准一般为"齐口花"，即当芥蓝主花薹与顶部叶片高度接近时即可采收。采收应掌握在花蕾尚未开放、薹茎较粗嫩、节间较疏、薹叶细嫩而少时进行。采收主薹，保留 3～5 片基叶。采收节位不宜过高，以免造成侧薹细小；切口稍斜，以免积水而腐烂。

项目九 根菜类蔬菜栽培

【知识目标】
1. 了解根菜类蔬菜的主要种类、生育共性和栽培共性；
2. 掌握萝卜、胡萝卜等根菜类蔬菜的主要生物学特性、品种类型、栽培季节与茬口安排情况等；
3. 掌握萝卜、胡萝卜的栽培管理知识及栽培过程中的常见问题及防止对策。

【能力目标】
1. 能观察根菜类蔬菜肉质直根的形态结构，了解其组成与内部结构特点；
2. 能进行萝卜、胡萝卜的直播、间苗与苗期管理；
3. 能掌握萝卜、胡萝卜的栽培管理技术，并科学使用无公害农药防治病虫害；
4. 能正确分析判断萝卜、胡萝卜栽培过程中常见问题的发生原因，并采取有效措施加以防止；
5. 能进行根菜类蔬菜（萝卜、胡萝卜）生产效果评估。

凡是以肥大的肉质直根为产品的蔬菜都属于根菜类，主要包括萝卜、芥菜（常见的有根用芥菜，俗称"大头菜"；叶用芥菜，俗称"苦菜"、"青菜"；茎用芥菜，俗称"榨菜"）、辣根、芜菁、芜菁甘蓝、胡萝卜、根芹菜、美国防风、牛蒡、婆罗门参、根甜菜、葛等。目前我国南方栽培最普遍的是萝卜、胡萝卜，其余多数主要作为特菜栽培。根菜类蔬菜适应性强，生长期短，产品耐贮运，可四季栽培，对丰富蔬菜市场花色品种有重要作用。根菜类富含丰富的维生素、糖类、矿物质，可生食、熟食、干制、腌制，是人们喜爱的蔬菜之一。一些名优种类及其加工品（如云南黄芥菜、云南萝卜丝、重庆涪陵榨菜等）还是重要的出口商品。因此，栽培根菜类蔬菜意义重大。

根菜类蔬菜栽培具有以下共同特性：①根菜类蔬菜均起源于温带，多数为耐寒性或半耐寒性的二年生蔬菜，少数为一年生或多年生蔬菜；②适宜在温和的季节里生长，在气温由高逐步变低的环境中容易获得优质高产；③根菜类蔬菜为深根性植物，适宜在土层深厚、土质疏松肥沃、排水良好的沙壤土栽培；④不耐移栽，除用作加工的种类（如大头菜等）采用育苗移栽外，生产上均宜用种子直播；⑤均属异花授粉植物；⑥同科根菜具有共同的病虫害，不宜连作。

任务一 萝卜栽培

萝卜别名莱菔、芦菔，属十字花科萝卜属的一、二年生植物，原产我国，栽培历史悠久。萝卜适应性强，世界各地广泛种植。欧美国家主要栽培小型萝卜（又叫四季萝卜，常作一年生栽培），亚洲国家（中国、日本、韩国）主要栽培大型萝卜（又叫中国萝卜）。我国多数地区以秋季栽培为主，是秋冬主要蔬菜之一，也是人们生活中不可或缺的大众蔬菜。因含较多维生素C、钙、磷等，故具有较高的药用价值。萝卜生熟均可食用，是宴席上重要的雕花材料，还可加工腌渍酸萝卜条、萝卜丁，干制成萝卜条、萝卜丝等，萝卜酢、鲊馍肉是云南很有名的特色腌制品。

【任务描述】
云南玉溪某蔬菜生产基地今年拟利用5000m²露地生产春萝卜，要求在明年3月开始供应上市，产量达5000kg/亩以上。请据此制订生产计划，并安排生产及销售。

【任务分析】

按照生产过程完成生产任务：制订生产计划方案—播种—整地做畦与定植—田间管理—采收与采后处理、销售—效果评估。

【相关知识】

一、生物学特性

1. 植物学特征

萝卜属直根系深根性作物，主根入土深度可达 60cm 以上，主要根群分布在 20～45cm 的土层中。主根膨大成肥大的肉质根，肉质根是同化产物的贮藏器官。肉质根的形状、色泽、大小等因品种不同而异，形状上有圆、扁圆、长圆筒、长圆锥等；表皮色白、绿、紫红等；肉色有白、青绿、紫红等；肉质根的大小差异很大，小的10g左右，大的达 10～15kg（图 9-1）。

茎在营养生长期短缩，进入生殖生长期后，由顶芽抽生花茎（称为主枝），主枝叶腋间可发生侧枝，主侧枝上着生花。萝卜子叶两片，肾形。叶丛在营养生长期着生于短缩茎上，其形状、大小、色泽和伸展方式因品种而异。叶丛有直立、半直立、平展、塌地等。花为总状花序，完全花，花色有白色、粉红或淡紫色，虫媒花，为天然异交作物。果实为长角果，种子着生在果荚内，每果含种子 3～8 粒，角果成熟后不易开裂。种子为不规则的圆球形，种皮浅黄色至暗褐色，千粒重7～15g，生产上宜选用 1～2 年的新鲜种子。

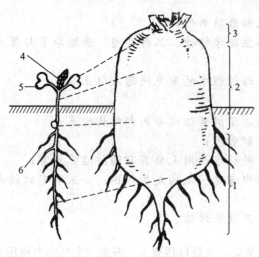

图 9-1 萝卜肉质根的形态和组成
1—根部；2—根颈；3—根头；
4—第一真叶；5—子叶；6—根

2. 生长发育周期

生长发育周期分为营养生长和生殖生长两个阶段。

（1）营养生长阶段　分为以下 4 个时期。

① 发芽期　由种子萌动到第一片真叶展开（俗称"破心"），约需 3～6 天。

② 幼苗期　从"破心"到"破肚"（即有 7～10 片真叶），约需 15～20 天。所谓"破肚"就是指由于真根不断生长，而外部的初生皮层不能相应地生长和膨大，引起初生皮层及表皮破裂的现象（图 9-2）。

③ 叶生长期　又称莲座期，或肉质根生长前期，从破肚到露肩为叶生长期，需 20～25 天。

④ 肉质根生长盛期　从露肩到收获，需 50～60 天（小型和春夏萝卜约需 20 天）。

（2）生殖生长阶段　分为以下 3 个时期。

① 抽薹期　10cm 地温稳定在 5～10℃时，可定植种株。此期吸收根开始生长，花茎抽出。

② 开花期　在 16～22℃和 12h 以上的日照下，种株进入开花期，从现蕾至开花约需 20～30 天，由下而上开花，花期 25～40 天。

③ 结果期　从谢花到种子成熟，约需 30～50 天。

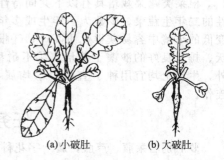

(a) 小破肚　　(b) 大破肚

图 9-2 萝卜的破肚

3. 对环境条件的要求

（1）温度　萝卜为半耐寒植物。种子萌发温度 2～25℃，发芽适温为 20～25℃。茎叶生长温度 5～25℃，最适温度 15～20℃。肉质根生长温度 6～20℃，最适温度 13～18℃。栽培上宜选温度由高到低的秋冬季节，前期温度较高，出苗快，生长迅速，丛叶生长茂密；后期温度低，有利于肉质根的膨大。

萝卜属低温感应性蔬菜，从种子萌动到肉质根贮藏期间，均可感应低温而通过春化。多数品种在2~4℃低温下约需10~20天即可通过春化，最适宜的春化低温为5~10℃，温度越高，春化所需时间越长，反之所需时间越短。生产上安排适宜的播种期非常重要，以免造成先期抽薹。

（2）光照　萝卜需充足的光照。若光照不足，肉质根膨大慢，产量低，品质差。萝卜属长日照植物。通过春化的植株，在长日照及较高温度下，花芽分化及花枝抽生都较快，因此，萝卜春播时容易发生"未熟抽薹"现象。

（3）水分　萝卜不耐旱，适于肉质根生长的土壤湿度65%~80%，空气湿度为80%~90%。土壤湿度对萝卜生长影响很大，肉质根因土壤渍水易导致烂根或黑心，因土壤过于干燥易导致辣味重，因水分供应不均匀易导致开裂。

（4）土壤及营养　萝卜以富含有机质、土层深厚、排水良好的沙壤土为最好，但含沙过重会造成肉质根细小，质地硬化，常带苦味；黏重土壤易引起肉质根分叉。土壤pH值以5.3~7.0为适。萝卜吸肥能力强，施肥应以迟效性有机肥为主，并注意氮、磷、钾三要素配合，萝卜喜钾肥，其次为氮、磷肥，其吸收比例为$N:P:K=2.1:1:2.5$。此外，还需补充微肥，若土壤中缺硼易引起"心腐病"。

二、类型与品种

生产上主要根据栽培季节不同，分为秋冬萝卜、冬春萝卜、夏秋萝卜、春夏萝卜和四季萝卜五种类型。

1. 秋冬萝卜

秋种冬收，生长期70~120天。此类萝卜多为大中型品种，品种多，生长条件适宜，因而产量高，品质好，耐贮运，是萝卜生产中最重要的一类。长江流域一般立秋至处暑播种，11~12月份大量上市。南方地区主要栽培品种有：火车头萝卜、武青1号、浙大长萝卜、丰光萝卜、酒罐萝卜、太湖晚长白萝卜等。

2. 冬春萝卜

10月下旬播种，露地越冬，3~4月份收获，生长期120~150天。应选耐寒性强抽薹晚、不易糠心的品种。主要栽培品种有：冬萝卜、冬春1号、冬春2号、武汉春不老萝卜、成都春不老萝卜和宁白三号等。

3. 夏秋萝卜

夏季（7月上中旬）播种，秋季（8月下旬始收）收获，生长期50~70天。这类萝卜生长在高温多雨季节，病虫害严重，应选用抗热、抗病虫、不易空心、生长期短的品种。主要栽培品种有：半节红、心里美、双红1号、夏抗40天、短叶13号、东方惠美和中秋红萝卜等。

4. 春夏萝卜

从12月上旬至3月上旬可播种，4~5月份收获，生长期45~60天。应选用较耐寒、不易抽薹的品种。主要栽培品种有：三月萝卜、春红1号、春红2号、醉仙桃、春萝一号、泡里红、南农四季红Ⅰ号、四季红Ⅱ号、春白2号等。

5. 四季萝卜

多数是小型品种，周年均可播种，但以春播为主。其主要特点是叶小、叶柄细、肉质根小、极早熟（生长期40~50天）、耐寒抗热性强，适于生食、腌渍。主要栽培品种有：上海小红、南京杨花、樱桃萝卜和算盘籽等。

近年来为适应国际市场的需要，特别是满足韩国、日本等对腌渍、制干等白萝卜专用品种需求，我国许多地区相继从韩国引进了出口创汇萝卜品种，如白光、世农R706、大一早光、大一春和田、寒玉、汉白玉、特新白玉、白玉春、美白春、长春大根、大棚大根等，从日本引进了玉大根、春雷、跃进系列（夏跃进、大跃进、成功跃进、真冬跃进）、真太忍、耐病总太、理想系列（如耐病理想大根）、天春大根、四月白、立春大根等。

三、栽培季节与茬口安排

南方地区，一般除了酷夏和严冬不宜栽培外，其余时期均可栽培（表9-1），具体要根据当地的气候条件、季节等选用适宜的萝卜品种。

表 9-1　南方主要地区的萝卜栽培季节与茬口安排

地　区	茬　口	播种期/(月/旬)	收获期/(月/旬)
上海	春萝卜	2/中～3/下	4/上～6/上
	秋萝卜	8/上～9/中	10/下～11/下
南京	春萝卜	2/中～4/下	4/中～6/上
	秋萝卜	8/上～8/中	11/上～11/下
广州	冬萝卜	10月份至翌年2月份	2
	夏萝卜	5～7	7～9
	秋萝卜	8～10	11～12
重庆	冬萝卜	10/下～翌年1/中	2/中～3
	秋萝卜	8/上～9/上	11月份至翌年1月份
贵阳	冬萝卜	9/中	2/中、下
	夏萝卜	5～7	6/下～9
	秋萝卜	8/中～9/上	11/中～12
昆明	春萝卜	11月份至翌年1月份	3～5
	夏萝卜	3～6	6～9
	秋萝卜	7～8	10～11
	冬萝卜	9～10	12月份至翌年2月份

【任务实施】

露地春萝卜栽培技术

1. 生产计划方案制订与农资准备

根据生产规模及生产目标，制订详细的生产计划方案，准备相关的农业生产资料（种子、农膜、化肥、农药等）。

2. 整地施肥做畦

萝卜忌连作，前作最好是茄果、瓜、豆类等非十字花科作物。选择土层深厚肥沃、排水良好的壤土，前茬收清后，及时清除枯枝落叶及杂草，深翻30cm以上，晒5～7天，每亩施入腐熟农家肥2500～3000kg、普钙40～50kg、硝酸钾20～30kg、硼砂0.5～1kg，肥料要深施，肥、土要拌均匀，碎土耙平后即可做小高畦，高20～30cm，宽0.8m，双行种植，沟宽30cm。

3. 品种选择

选择具备耐寒性强、不易抽薹、不易糠心、肉质脆嫩、产量高、生育期短（55～70天）等优良特征特性的品种。目前适宜栽培的有春雷、真冬跃进、白玉春等，这些品种根、皮、肉全白，光滑，肉质脆嫩，味甜，裂根少、无糠心，单个重0.5～2kg。

4. 播期控制

春萝卜应严格控制播种期，过早容易发生抽薹，过迟又容易发生病虫草害，故总原则是保证地温在10℃以上时播种。一般可在3月中下旬至4月上旬播种，5月中下旬至6月上旬采收。

5. 播种及密度

萝卜通常用干种子打塘直播，株行距20cm×35cm，采用点播方式，每塘2～3粒，注意种子勿集中在一起，播后覆细土约1cm，若用细干粪覆盖最好，播后及时浇透水，小水轻浇。每亩用种150～250g。

若为提早发芽出苗、防治病害，可晒种子2～3h或浸种催芽后播种。浸种方法：①温汤处理，用50℃水浸种20～30min，再将种子立即放入冷水中冷却晾干备播，可防止黑腐病；②药剂处理，用种子质量0.4%的50%百菌清可湿性粉剂拌种防治黑腐病、霜霉病，用农抗751按种子用量的 1.0%～1.5%拌种防治软腐病。催芽时水温 30℃左右，浸泡 3h。

6. 化学除草

播前用 48%氟乐灵喷雾，耙地拌土后播种。播种后苗前可用 48%拉索喷雾，出苗后在杂草 3～5 叶期用 50%拿扑净、10%禾草克等喷雾。

7. 田间管理

（1）间苗、定苗和补苗　设施栽培的一般播种后 4～5 天就可出苗，露地栽培的要晚一些。间苗定苗要掌握"早间晚定"原则，2～3 片真叶时间苗，一般在大破肚（6～7 片叶）时定苗，留一壮苗。对地膜覆盖栽培的，需及时破膜露苗。对没出苗的，需及时查塘补缺。

（2）中耕除草　农谚说"萝卜怕痒，越薅越长"，封行前可视情况进行 2～3 次中耕，掌握"先深后浅，先近后远"原则，封行后停止中耕。中耕可疏松土壤、清除杂草、提高地温、防止病虫害、促进生长。

（3）水分管理　萝卜抗旱力弱，要适时适量供给水分，若水分不足，易导致萝卜瘦小、口感粗糙、辣味浓、易空心，水分过多，叶片徒长、病害严重。播种后及时浇透水，促进种子萌发；幼苗期轻浇勤浇，保持土壤湿润；莲座期需水分较多，但土壤适当干燥利于防止茎叶徒长；肉质根生长盛期，必须充分供水，湿润为宜，切忌忽干忽湿而导致肉质根开裂或空心。雨季及低洼地特别要注意排水，防烂根及黑心。收获前 5～7 天停止灌水。

（4）追肥　追肥主要共分三次进行。第一次在播后 15 天左右，即大部分萝卜破心时，轻追一次人粪尿，粪水比例 1:6；第二次在播后 30 天左右，即大部分萝卜破肚时，每亩用尿素 20kg；第三次在播后 45 天左右，即大部分萝卜肉质根生长盛时，每亩用硫酸钾 10～15kg，普钙 20kg。此外，用 0.1%～0.25%的硼砂叶面喷施，可防黑心病。采收前 20 天，用 0.2%～0.3%的磷酸二氢钾叶面喷施，可提高萝卜产量和质量。

8. 采收

当萝卜肉质根充分膨大、叶色开始转变为黄绿色时，即可采收。采收过早则产量较低，过晚则易空心，品质下降。采收后及时销售，并详细记录每次采收的产量、销售量及销售收入。

9. 病虫害防治

主要病害有病毒病、软腐病、黑腐病、霜霉病、黑斑病、白斑病等。病毒病可用 2%宁南霉素、2%菌克毒克、20%康润Ⅰ号等防治；软腐病可用 3%克菌康、消菌灵、新植霉素等防治。黑腐病可用 47%加瑞农、70%品润、50%翠贝、70%安泰生等防治；霜霉病可用 OS-施特灵、25%雷多米尔、72%霜克、50%甲米多等防治；黑斑病、白斑病可用 10%世高、70%安泰生、10%多氧霉素、52.5%抑快净等防治。

主要虫害有蚜虫、菜青虫、野蛞蝓等。蚜虫可用 10%烟碱、10%吡虫啉、25%阿克泰、10%烯啶虫胺、20%啶虫脒等防治；菜青虫可用 0.5%甲维盐（绿卡）、1.8%阿维菌素、3%甲维盐、5%氟虫脲（卡死克）、5%氟啶脲（抑太保）等防治；野蛞蝓可用 6%四聚乙醛（密达）颗粒剂、6%甲萘威·四聚乙醛（蜗克星）、5%四聚乙醛（梅塔）等防治。

10. 栽培中常见问题及防治对策

（1）先期抽薹　先期抽薹是指肉质根尚未充分肥大就出现花薹，甚至开花。先期抽薹造成肉质根肉质疏松、空心，无食用价值。主要原因是播种过早、品种选择不当、管理不到位等。防治对策：选择冬性强的品种，采用新种子，适期播种，加强水肥、病虫害管理等。

（2）畸形根　萝卜肉质根出现分叉、弯曲等畸形根。与种子质量、土壤条件、肥水管理及病虫害等因素有关。防治对策：选用优质新种子，选择土层深厚疏松沙壤或壤土，清除土壤中的石块、土块等硬物，有机肥要充分腐熟，播种密度适中，采用直播或带土坨移栽，追肥要实时适量、均匀，灌水适时适量和及时防治病虫害等。

（3）裂根　主要原因是生长期土壤水分供应不均匀，如前期干燥、后期多水，或前期多水、后期干燥。此外，氮肥过多、管理不到位、收获过晚等也会造成裂根。防治对策：干旱时，及时灌溉；水分过多时，及时排水；适时适量补充氮肥，加强管理，及时采收。

（4）空心（又称"糠心"）　主要发生在露肩时期。与品种、栽培条件与栽培技术有关。防治对策：选择肉质密实品种，排水及时，均匀施肥，水肥供应及时足量，及时采收，增施钾肥，合理密植和适期播种。

（5）黑心　因缺氧导致呼吸困难而成，主要原因是土壤条件，如土壤板结、土壤含水过多、有机肥没有充分腐熟等。防治对策：严格控制土壤板结，加强水分管理，施用充分腐熟的有机肥和及时防治黑腐病等。

（6）辣味和苦味　辣味主要与品种、干旱、酷热、肥水不足、病虫危害、有机肥不足和播期不适等有关。苦味主要与品种、氮肥过多、磷钾肥不足、水分管理不到位等有关。防治对策：选择优良品种，重视有机肥的施用，增施磷钾肥，适期播种，加强温度、水肥管理和及时防治病虫害等。

【效果评估】

1. 进行生产成本核算与效益评估，并填写表9-2。

表9-2　露地春萝卜栽培生产成本核算与效益评估

项目及内容	生产面积/m²	生产成本/元						折算成本/(元/亩)	销售收入/元	折算收入/(元/亩)
		合计	其中：						合计	
			种子	肥料	农药	劳动力	其他			

2. 根据露地春萝卜栽培生产任务的实施过程，对照生产计划方案写出生产总结1份，应包含生产目标、生产进度安排、生产实施过程、生产效益评估以及存在问题分析等内容。

【拓展提高】

露地秋冬萝卜栽培技术

1. 栽培茬口

种植萝卜以选择前茬作物施肥多，消耗肥料少，土壤中遗留大量肥料的茬口为好。前茬最好是栽种玉米或烤烟等的田块。

2. 栽培季节

秋冬季节为我国萝卜的主要栽培季节，因秋种冬收而得名，是萝卜周年生产中产量最高、品质最好的季节。秋冬萝卜播种期很重要，如播种过早，秧苗长期处于高温干旱或高温高湿环境，易发生病虫害，肉质根顶部开裂，心部发黑，品质差；播种太晚，萝卜生长季节缩短，没有发生足够的叶片，肉质根不能充分肥大而减产。以云南为例，一般在9月底至10月初播种，11份下旬至1月份收获。

3. 整地施肥做畦

应选择土层深厚、疏松肥沃、排灌方便的土壤，进行深耕细耙。土壤翻耕的深度一般在25～30cm。

4. 播种、间苗

宜选用中晚熟、抗逆性强、品质佳、根型美观、产量高的品种。如日本的耐病总太，每亩产7000～9000kg。萝卜在播种前要精选种子，选粒大饱满、新鲜的种子播种，采用点播。点播的穴距30cm，每穴播种2～3粒，每亩播种量125～250g。播种深度为2～3cm，播种时土壤干燥，可先浇水，待水渗入土中后再播种。间苗在子叶张开时，每穴留一肥壮、长势好的苗。

5. 中耕除草、灌水、追肥

秋冬萝卜幼苗期仍处在高温高湿的季节，杂草生长旺盛，要及时中耕除草，保持土壤松软、洁净、无草，维持土壤墒情，防止土壤板结。定苗后，结合中耕进行培土，避免肉质根周围土壤松动，造成露根或植株倒伏，影响正常生长。秋冬萝卜出苗后应及时清沟排渍，灌水应根据天气情况，随灌随排。秋冬萝卜定苗后，需分期追肥，但要着重在萝卜生长前期施用。第一次追肥4～5叶期，每亩施尿素8kg、硫酸钾10kg；第二次追肥，可根据肉质根膨大期长势而定。

6. 收获

萝卜收获多用手拔。采收应选在晴天，采收后及时销售，或推丝或切成条状晒干，再及时出售。详细记录每次采收的产量与销售量以及销售收入。

【课外练习】

1. 春季栽培萝卜应如何防止先期抽薹？
2. 简述春季栽培萝卜与品种选择的重要意义。
3. 春萝卜栽培中常见的问题有哪些？应如何防止？

任务二 胡萝卜栽培

胡萝卜别名红萝卜、黄萝卜等，属伞形花科二年生草本植物，原产阿富汗。胡萝卜适应性强，病虫害少，栽培容易，耐贮运。胡萝卜营养丰富，人称"小人参"，李时珍称之为"菜蔬之王"，色泽鲜艳、质脆味美。科学研究表明，胡萝卜具有增强免疫力、抗癌防病、美容减肥等功效。胡萝卜可鲜食（炒、烧、炖、煮等）、加工（胡萝卜汁、胡萝卜酱、脱水保鲜、提炼胡萝卜素等）。国际市场对胡萝卜需求量猛增，目前我国的栽培面积居世界第一。

【任务描述】

云南昆明某农业科技示范园今年拟利用 10000m^2 的大田，准备露地生产春胡萝卜，要求在 6 月份开始供应上市，产量达 3000kg/亩以上。请据此制订生产计划，并安排生产及销售。

【任务分析】

按照生产过程完成生产任务：制订生产计划方案—播种与育苗—整地做畦与定植—田间管理—采收与采后处理、销售—效果评估。

【相关知识】

一、生物学特性

1. 植物学特征

胡萝卜属直根系深根性，主根系分布在 20～50cm 土层内。肉质根形状有圆、扁圆、圆锥、圆筒等形；根色有紫红、橘红、粉红、黄、白、青绿等色；主食部分主要由次生韧皮部构成。叶丛生于短缩茎上，三回羽状复叶。茎在营养生长期短缩，生殖生长期抽生花茎。复伞形花序，完全花，白色或淡黄色，雌雄同株，虫媒花。双悬果，椭圆形，皮革质，密生刺毛，吸水透气性差，种胚很小，常发育不良或无胚，出土力差，出苗缓慢，发芽率70%左右，生产上以此为种子。千粒重1.1～1.5g。

2. 生长发育周期

总体与萝卜相似，营养生长期分为发芽期、幼苗期、叶生长旺期和肉质根膨大期 4 个时期。各时期经历时间较萝卜稍长一些。一般发芽期 10～15 天，幼苗期约 25 天，叶生长旺期 25～30 天，肉质根膨大期 30～60 天。

3. 对环境条件的要求

（1）温度 胡萝卜耐热、耐寒能力都比萝卜强。种子发芽适温为 20～25℃，幼苗既耐低温又耐高温，叶片生长适温为 23～25℃，肉质根肥大适温为 20～22℃，低于 3℃停止生长。

（2）光照 胡萝卜喜欢光照充足。胡萝卜为长日照作物，在 14h 以上的长日照条件下通过光照阶段。

（3）水分 胡萝卜根深，吸水力强，耐旱力比萝卜强，但干燥炎热环境容易导致肉质根小而粗硬，特别是水分供应不均时，易引起肉质根开裂。

（4）土壤及营养 胡萝卜以含有机质、土壤肥力高、排水良好而深厚的沙壤土为宜，土壤 pH 值为 5～8，以 6.5 最好。营养吸收量以钾最多，氮次之，磷最少，比例为 N：P：K = 2.5：1：4。

二、类型与品种

胡萝卜一般是依据根的形状来分类，可分为长圆柱形、长圆锥形、短圆锥形等三个类型。在选择品种时，应选叶丛小、肉质根肥大、形状整齐、表面光滑、髓部小、肉质细密、多汁、含糖分和胡萝卜素量多、不易开裂或分叉、不易抽薹、丰产、抗病的优良品种。

1. 长圆柱形

肉质根细长，根头略粗，根尖钝圆，晚熟。如南京、上海的长红胡萝卜、湖北麻城棒槌胡萝卜、浙江东阳、安徽肥东黄胡萝卜、广东麦村胡萝卜、云南昭通、大理黄萝卜、攀枝花长筒胡萝卜、日本新黑田五寸、红誉五寸、江苏扬州红1号等。

2. 长圆锥形

多为中晚熟品种，红色或紫红色，味甜，耐贮藏。如昆明十香菜、大理红萝卜、攀枝花胡萝卜、汕头红胡萝卜等。

3. 短圆锥形

早熟、耐热，产量低，春季栽培抽薹迟，外皮及内部均为橘红或鲜红色，单根重100~150g，肉厚、心柱细、质嫩、味甜，宜生食。如广东麦村金笋、江苏烟四季胡萝卜、红福四寸等。

近年随国际市场需求增加，我国胡萝卜生产出口量加大，主要出口日本、韩国、俄罗斯等，国际市场要求胡萝卜具备肉质根呈浓橙红色、内外色泽一致、根形上下匀称、表皮光滑、质脆、味甜、三红（即"红皮、红瓤、红心"）等特性，目前国内栽培的优良品种多从日本等引进。另外，目前国际市场上流行于加工类型的"微型"胡萝卜，即将成熟的长根形胡萝卜切段去皮而成的短棒状胡萝卜段，目前比较优良的品种有Imperator、Nantes、Prime Cut、Sweet Cuts、Moreeuts等，其中Imperator占有绝对市场份额。

三、栽培季节与茬口安排

胡萝卜一般秋播冬收。长江中下游一般7~8月份播种，华南地区9月至10月下旬播种，西南云贵高原3~8月份均可播种。农谚"七大八小九丁丁"，说明播种期越晚，产量越低。总体上，南方地区越往北或高寒山区可适当提前，越往南、平原坝区或低热河谷等宜适当推迟，具体应视当地海拔、市场需求等情况而定。

【任务实施】

露地反季节春胡萝卜栽培技术

1. 生产计划方案制订与农资准备

根据生产规模及生产目标，制订详细的生产计划方案，准备相关的农业生产资料（种子、农膜、化肥、农药等）。

2. 整地施肥做畦

选土层深厚、通气排水好、沙性重的沙壤土为好。前作收获后，及时清洁田园，每亩施2~3t腐熟农家肥、草木灰100~200kg或普钙40~50kg做基肥，深翻25~30cm，使土、肥均匀混合。整平耙细，做垄栽培，垄距60cm、高20cm，双行种植，株行距11cm×20cm（或40cm），每亩种植20000株。

3. 品种选择

春季栽培胡萝卜，市场价格高，但产量较低，品质较差，故要求品种应具有早熟（生育期90~100天）、不易抽薹或抽薹晚、耐寒、耐热、抗病、丰产等优点。目前国内栽培的春胡萝卜品种多从国外引进，主要有日本的新红胡萝卜、新黑田五寸、黑田五寸、红福四寸、红誉五寸、新星田五寸、金港五寸、时无五寸、花不知旭光、春时金五寸等，其中以黑田五寸类栽培较多，因属秋播品种，要注意其适应性。

4. 播期控制

决定春胡萝卜栽培成败的关键是播种期。应以5cm地温稳定在7℃以上时播种为宜。过早易抽薹，过晚肉质根生长不良。春胡萝卜在长江流域均在早春2~3月份直播，5~6月份采收上市。具体播期应根据当地气候条件、设施情况、品种特性及市场需求等而定。

5. 播种及密度

胡萝卜种皮革质,密生刺毛,播前应搓去种皮上的刺毛,然后浸种催芽。浸种时将种子放入55℃水中,不断搅拌,待水温降至30℃时,再浸种12h,然后置于25～30℃条件下催芽,待大部分种子露白时即可播种。播种前可先将种子拌入适量沙土,然后撒播。在垄上按行距20cm开5cm深的小沟条播,先浇水,后撒播,然后盖土1.5cm,最后浇透水即可。若采用地膜覆盖的,则盖膜保湿,以利种子出苗,苗子出土后暂不撤地膜,等到苗子将顶住薄膜时再将其去掉。

6. 化学除草

春胡萝卜栽培密度较大,且幼苗生长缓慢,因而播种后要及时除草,一般用50%扑草净、25%除草醚喷洒土面,可防除多种一年生杂草。出苗后可使用10.8%盖草能喷洒,可除去单子叶杂草。

7. 田间管理

(1) 间苗、定苗和中耕除草　一般进行两次间苗。第1次在1～2片真叶期,间除拥挤苗,株距5cm,并在行间浅锄;在4～5片真叶时2次间苗即定苗,去掉劣株、病株和过密株,株距10～12cm,每亩留苗20000株左右。结合定苗进行2次浅中耕。

(2) 肥水管理　春胡萝卜的发芽和幼苗期正值早春低温,在保证土壤不干旱的情况下应少浇水、多中耕。第一次浇水时间不要太早,一般在定苗后5～7天(破肚期,5～6片真叶)时进行,可结合浇水追施催苗肥,每亩追施硫酸铵或尿素10～15kg,或腐熟人粪尿1000kg。7～8片真叶时地上旺盛生长期,要适当控制浇水,进行中耕蹲苗,促使主根下伸和须根发展,防止叶部旺长。肉质根膨大初期(播种后约60天,肉质根约手指粗)因外界温度已经逐步升高,植株消耗水分增多,故需水肥较多,应及时进行浇水施肥。浇水以小水勤浇为原则,使土壤经常保持湿润,最好在早晚进行,避开中午高温时期,防止裂根,同时每亩追施三元复合肥25kg、硫酸钾10kg。此期如果土壤过干易引起肉质根木栓化,侧根增多;过湿则使肉质根腐烂;忽干忽湿造成肉质根开裂,降低产量和品质。在膨大期由于浇水或雨水冲刷等原因,容易出现肉质根顶部露出地面形成青肩,影响其品质,应及时培土。胡萝卜收获前10天停止浇水。

8. 采收

春胡萝卜播种后90～100天即可收获,成熟的标志是:叶片停止生长,无新叶产生。收获期正值炎热的夏天,雨水较多,如果遇大雨天气且田间排水不畅时,极易发生肉质根腐烂的现象,故需及时收获,收获太晚时肉质根发硬,商品性下降。详细记录每次采收的产量、销售量及销售收入。

9. 病虫害防治

主要病害有软腐病、黑腐病、霜霉病、叶枯病等,防治方法可参考萝卜。

主要虫害有蚜虫、茴香凤蝶等。茴香凤蝶可用20%灭幼脲、20%虫酰肼、90%灭多威(万灵)、5%氟虫腈(锐劲特)、5%氟啶脲(抑太保)等防治。

10. 栽培中常见问题及防治对策

春胡萝卜栽培中常见的问题主要有先期抽薹、分叉、裂根、弯曲、瘤状突起、青肩、长须根、颜色变异和肉质根中心柱增粗等。先期抽薹、分叉、裂根、弯曲等问题及防治参考萝卜相关内容。

(1) 瘤状突起　当胡萝卜肉质根侧根发达时,致使表面隆起成瘤包状,表皮不光滑,影响商品质量。发生原因主要是栽培地块黏重,通透性不良;施肥过多,特别是氮肥过多,致使生长过旺,肉质根膨大过速等。防治措施:选用土层深厚、疏松透气、排水良好的沙壤土栽培,合理施肥,特别注意肉质根膨大期氮肥不能过多。

(2) 青肩　植株生长后期培土少,或土层过浅,露出肉质根肩部。发生原因主要是生育不良,病虫害等使茎叶变少;生育中、后期高温干燥,大雨造成土壤流失等。防治措施:选择土层深厚的土壤栽培,田间管理中应注意病虫害的防治,保持田间水分均匀,并加强中耕培土。

(3) 长须根　主要原因是土壤紧实或排水不良，通气性差。防治措施：选择适当土壤，适当浇水，深耕细耙，中耕松土。

(4) 颜色变异　发生原因主要是耕层太浅，根膨大期不注意培土或播期太晚，使肉质根膨大期处于在7～8月份高温期，导致胡萝卜素、茄红素的积累受阻，产生颜色变异，发白或发黄。防治措施：深耕细耙、中耕松土、垄播等措施可使胡萝卜颜色变深，根皮光滑，增施钾、镁也可提高胡萝卜素含量，改善肉质根颜色。

(5) 肉质根中心柱增粗　发生原因主要与品种、株行距过大、氮肥过多。防治措施：选择优良品种，间苗间距要适当，补充氮肥适中等。

【效果评估】

1. 进行生产成本核算与效益评估，并填写表9-3。

表 9-3　露地反季节春胡萝卜生产成本核算与效益评估

项目及内容	生产面积 /m²	生产成本/元						折算成本 /(元/亩)	销售收入/元		折算收入 /(元/亩)
		合计	其中：						合计		
			种子	肥料	农药	劳动力	其他				

2. 根据露地反季节春萝卜生产任务的实施过程，对照生产计划方案写出生产总结1份，应包含生产目标、生产进度安排、生产实施过程、生产效益评估以及存在问题分析等内容。

【拓展提高】

露地秋胡萝卜栽培

1. 整地

选土层深厚、通气排水好、沙性重的沙壤土为好。前作收获后，及时清洁田园，每亩施2～3t腐熟农家肥，深翻25～30cm，使土、肥均匀混合。整平耙细做畦，畦宽1.5m（含沟，沟宽20～25cm）、高20cm。

2. 播种

(1) 播种时间　胡萝卜幼苗期生长较慢，耐热性较强，根据南方实际情况，可在9～10月份播种。

(2) 种子处理　用手搓去种子上的刺毛，再浸种催芽，待大部分种子露白时播种。

(3) 播种方法　撒播、条播、穴播均可。条播时按行距14～16cm开2cm左右浅沟，将种子沿沟播下，覆土平沟。穴播时，可用模具在畦面上打穴，株行距（10～12）cm×（14～16）cm，播后覆土1～2cm。播后保持土壤湿润，保证及时出苗。

3. 田间管理

(1) 间苗、除草　胡萝卜幼苗期生长缓慢，容易丛生杂草，需及时清除。撒播或条播的一般间苗2次，拔出瘦弱病苗和杂草，即1～2片真叶时第一次间苗，苗距4cm左右；4～5片真叶时第二次间苗，苗距11cm左右。穴播的只进行一次间苗，每穴留一苗。间苗同时松土，防土壤板结。也可用25%除草醚在播后出苗前化学除草。

(2) 水肥管理、培土　一般追肥2次，第一次在3～4片真叶时进行，每亩施硫酸铵3～5kg、氯化钾2kg；第二次在7～8片真叶时进行，每亩施硫酸铵7～8kg、氯化钾3～4kg，兑水稀释150～200倍浇施。胡萝卜在苗期和肉质根膨大期需水较多，一定要注意保持土壤湿润。为防止胡萝卜在肉质根膨大期见光变绿，出现"青头"现象，需及时培土。

4. 病虫害防治

秋胡萝卜病虫害较少，注意密度、肥力，适当轮作，一般不会发生重大病虫害。

5. 采收

秋胡萝卜全生育期110天左右。采收期弹性较大，可结合市场价格等及时采收。详细记录每次采收的产量与销售量及销售收入。

【课外练习】

1. 春季栽培胡萝卜应如何防止裂根？
2. 简述春季栽培胡萝卜与品种选择的重要意义。
3. 简述春胡萝卜栽培的技术要点。

项目十　绿叶蔬菜栽培

【知识目标】
1. 了解绿叶蔬菜的主要种类、生育共性及栽培共性；
2. 掌握莴笋、芹菜、菠菜等主要绿叶蔬菜的生物学特性、品种类型、栽培季节与茬口安排等；
3. 掌握莴笋、芹菜、菠菜等主要绿叶蔬菜的栽培管理知识和栽培过程中的常见问题及防止对策。

【能力目标】
1. 能制订绿叶蔬菜（莴笋、芹菜、菠菜等）生产计划方案；
2. 能掌握莴笋、芹菜、菠菜及其他绿叶蔬菜栽培技术关键；
3. 能分析绿叶蔬菜生产过程中常见问题发生的原因并提出解决措施；
4. 能进行绿叶蔬菜（莴笋、芹菜、菠菜等）生产效果评估。

绿叶蔬菜包括莴苣、芹菜、菠菜、蕹菜、苋菜、茼蒿、芫荽、冬寒菜、茴香、落葵、芥菜、豆瓣菜、菜苜蓿等，主要以嫩叶、嫩茎或嫩梢供食用，也有主要以叶柄供食的如芹菜，或主要以茎部供食的如莴笋。绿叶蔬菜富含人体所需的维生素、无机盐及食用纤维。如绿叶菜中的小白菜、油菜、菠菜、荠菜、苋菜等，每500g中含维生素C约200mg。绿叶蔬菜种类较多，多数生长期短，没有明显的采收标准，从小植株到成熟植株都可以供食，因此可因地制宜，分期收获，在蔬菜均衡供应上起着较重要的作用；因其生长期短，植株较小，适合密植，所以是间套作、增加土地复种指数的良好材料。

多数绿叶蔬菜根系较浅，生长迅速，在单位面积上种植的植株较多，因此对土壤水分及氮肥要求较高，在种植时需要保水保肥能力强的土壤，在施肥上要求勤施薄施。多数绿叶蔬菜的播种材料为果实，一般种皮较厚，需在一定的适宜条件下才能发芽，故常需在播种前对种子进行处理。

根据绿叶蔬菜对温度的要求可分为两类：一类是喜温暖而不耐寒的，如蕹菜、苋菜、落葵等，生长适温20～25℃，或更高一些，其中蕹菜的耐热性最强；另一类是喜冷凉而不耐炎热的，如莴苣、芹菜、菠菜、茼蒿、芫荽等，生长适温为15～20℃，能耐短期的霜冻，其中以菠菜的耐寒力最强。喜欢冷凉的绿叶蔬菜是低温长日照植物，如莴苣、菠菜等；喜欢温暖的绿叶蔬菜是高温短日照植物，如蕹菜、苋菜、落葵等。因此在绿叶蔬菜种植过程中，要把握好季节，防止过早进入生殖生长而影响产量和品质。

任务一　莴笋栽培

莴笋别名茎用莴苣、莴苣笋、青笋、香莴笋，属于菊科，莴苣属，一、二年生草本植物。原产地中海沿岸，在我国南北各地普遍生产，主要食用其膨大的茎。莴笋为秋冬季及春季的主要蔬菜之一，在南方各地利用不同的品种排开播种，分期收获，几乎可以周年供应。莴笋肉质嫩，茎、叶可凉拌生食、炒煮、干制或腌渍。

【任务描述】

四川彭州某蔬菜生产基地现有面积为50000m² 的露地，今年准备利用其中的30000m² 生产冬莴笋，要求在12月中旬前后开始供应上市，产量达4000kg/亩以上。请据此制订生产计划，并安排生产及销售。

【任务分析】

按照生产过程完成生产任务：制订生产计划方案—播种与育苗—整地做畦与定植—田间管理—采收与采后处理、销售—效果评估。

【相关知识】

一、生物学特性

1. 植物学特征

莴笋为直根系，经移栽以后的根系浅而密集，主要分布在20~30cm的土层中。莴笋在植株莲座叶形成后，茎肥大伸长为笋状，是由胚轴发育的茎、花茎所形成。茎有绿白、绿、紫绿等色，茎部肉质有绿白、绿、黄绿等色。叶着生茎上，叶形有披针、长卵圆形、近圆形等，叶互生，色淡绿、绿、深绿或紫红，叶面平展或有皱褶，全缘或有缺刻。花为黄色的头状花序，自花授粉，有时可通过昆虫而异花授粉。种子在植物学上称为瘦果，有灰黑、黄褐等色，成熟后顶端有伞状冠毛，易随风飘扬。采种应在冠毛散开前采种，以免损失。种子千粒重0.8~1.2g。

2. 生长发育周期

莴笋的整个生育过程包括营养生长期（种子发芽期、幼苗期、莲座期、肉质茎形成期）和生殖生长期即开花结实期。

（1）发芽期 播种至真叶显露，此时期需8~10天。

（2）幼苗期 真叶显露至第一叶序5或8枚叶片逐步展开，俗称"团棵"。直播需17~27天；育苗时冬春播种需50天，秋播需30多天，生长适温12~20℃，可耐-6~-5℃低温。

（3）莲座期 "团棵"至第三叶序全部展开，心叶与外叶齐平为莲座期，需20~30天，此时期叶面积迅速扩大，嫩茎开始伸长和加粗。

（4）肉质茎形成期 莲座期以后茎迅速膨大，叶面积迅速扩大，这段时期为肉质茎形成期，需30天左右。生长适温白天18~22℃，夜间12~15℃，0℃以下受冻。此期苗端分化花芽，花茎开始伸长和加粗，成为肉质茎的一部分。

（5）开花结实期 抽薹至瘦果成熟，莴笋属高温感应型，花芽分化受日平均温度的影响大。日平均气温在23℃以上，花芽分化迅速。茎较粗大的植株对高温的感应性比茎较细小的植株强。长日照促进抽薹开花，在24h日照下，不论15℃或35℃都能提早抽薹开花。高温长日照比低温长日照更有利于抽薹开花。

3. 对环境条件的要求

（1）温度 莴笋喜冷凉气候，较耐寒，忌高温。种子发芽最低温度为4℃，适温为15~20℃，超过30℃发芽受抑制或不能发芽，因此在高温季节播种应进行低温处理。幼苗能耐-6~-5℃的低温和较高的温度，但高温烈日容易灼伤幼苗，茎叶生长的最适温度为11~18℃，较大的植株在0℃以下会受冻害而死亡，23℃以上则容易引起先期抽薹、品质变劣或肉质茎膨大受阻。开花结实要求20℃以上的温度，低于15℃开花结实受影响。

（2）光照 莴笋比较耐弱光，茎叶在较弱的光照条件下也能正常生长。莴笋是长日照植物，对日照反应比较敏感，较低的温度和较短日照有利于莴笋茎叶的形成；较高的温度和长日照则有利于抽薹开花，长日照条件是导致早抽薹的主要原因，因此在温度较高的夏秋季节种植莴笋常出现抽薹现象。

（3）水分 莴笋对土壤水分要求较高。不同生长期对水分要求有所差异。幼苗期湿度要适宜，以免形成老僵苗和徒长苗；莲座期应适当控制水分，促进莲座叶的形成；茎膨大期要保证充足的水分，满足茎膨大对水分的需要，后期要控制水分，防止因水分过多出现的裂茎现象。

（4）土壤及营养 莴笋对土壤酸碱度反应敏感，适合微酸性土壤（pH6.0~7.0）。要求土壤结构疏松、有机质含量高、保水保肥力强的，以壤土最好。莴笋各个生长期对氮肥的要求较高，莴笋任何时期缺氮肥都会抑制叶片的分化和生长，使叶数减少，叶片变小，影响茎的膨大。莴笋肉质茎膨大期对钾肥的需求较多，因此这个时期应增加钾肥的施入量，并要求氮、磷、钾的平衡供应。

二、类型与品种

莴笋品种很多，常根据叶形、叶色、茎色、熟性或生产季节来分类。如根据莴笋叶片形状，可分为尖叶和圆叶两个类型；根据茎的色泽，又有白笋、青笋和紫皮笋之分；根据品种特性及生产季节，可分为春莴笋、夏莴笋、秋莴笋、冬莴笋；根据生长周期，可分为早熟品种、中熟品种、晚熟品种。

1. 根据生长周期可分为三种类型

（1）早熟品种　生育期175天以内，植株小，直立性强，抽薹早，茎生长快，细小，横茎生长停止也快，主要用于早春供应的春莴苣，一般比较耐寒。如上海细尖叶、杭州尖叶、南京白皮香、武汉孝感莴苣、重庆万年桩和白甲、成都青麻叶和二白皮密节巴、江西白叶和尖叶等。

（2）中熟品种　生育期175～190天。如江西胭脂尖叶、成都青尖叶、南京青皮香、洋莴苣、武汉鸭蛋青等。

（3）晚熟品种　生育期190天以上，茎生长较慢，横径较粗，一般用于晚春供应的春莴苣应选不易抽薹的晚熟品种。如上海圆叶种、杭州杆子种、南京紫皮香、武汉花叶莴苣、贵州罗汉莴苣等。

2. 根据叶片形态可分为两种类型

根据莴笋叶片的形态分为尖叶莴笋和圆叶莴笋（图10-1）。

（1）尖叶莴笋　叶片先端呈披针形，叶簇较小，叶面多光滑，节间较稀，肉质茎下粗上细呈棒状，叶面平滑或略有皱缩，色绿或紫。较晚熟，苗期较耐热，可作秋季或越冬生产。主要品种有：柳叶莴笋，北京紫叶莴笋，陕西尖叶白笋，成都尖叶子，重庆万年桩，上海尖叶，南京白皮香早种等。

（2）圆叶莴笋　叶片顶部较圆，叶片长倒卵形，微皱，叶面皱缩较多，叶簇较大，节间较密，肉质茎的中下部较粗、上下两端渐细、节间密，成熟期早，耐寒性较强，不耐热，多作越冬春莴笋生产。主要品种有：北京鲫瓜笋，成都挂丝红、二白皮、二青皮、济南白莴笋，陕西圆叶白笋、上海小圆叶、大圆叶，南京紫皮香，湖北孝感莴笋，湖南锣锤莴笋等。

(a) 圆叶莴笋　　(b) 尖叶莴笋

图10-1　根据莴笋的叶片形态分类

各类型中依茎的色泽又有白笋、青笋和紫皮笋之分。

3. 根据品种特性及生产季节可分为四种类型

（1）春莴笋　杭州尖叶，杭州圆叶，青莴笋，南京白皮香，南京紫皮香，上海细尖叶，上海大圆叶，成都二白皮等早熟耐寒的品种。

（2）夏莴笋　广汉特耐热二白皮、杭州柳叶莴笋等耐热、抽薹较晚的品种。

（3）秋莴笋　竹叶青，南京紫皮香，杭州圆叶，成都二白皮，成都挂丝红，圆叶香莴笋等。

（4）冬莴笋　极品青，成都挂丝红，上海大尖叶等。

三、栽培季节与茬口安排

莴笋要求冷凉的气候条件，最有利的茎叶生长温度是11～18℃，不耐严寒，在长日照和高温条件下容易抽薹，在长江中下游地区，由于冬季较冷，较大的植株越冬易受冻害，因此在冬季较冷的地区莴笋主要是春秋生产；而在长江流域的部分地区冬季比较暖和，较大的植株能够生长和越冬，可进行冬莴笋生产。此外，选用对日照适应性较强的品种可生产早秋莴笋，选用耐热性较强的品种可进行夏莴笋的生产。生产季节品种选择及茬口安排如表10-1所示。

表 10-1　长江流域露地莴笋的生产季节

名称	播种期	定植期	收获期	主要品种
春莴笋	9月下旬至10月中旬	10月下旬至11月下旬	翌年的3月至5月	选用耐寒性较强、茎部肥大的中晚熟品种。如杭州尖叶，杭州圆叶，成都二白皮，上海大圆叶，青莴笋等
夏莴笋	3～5月	4～6月	6～8月	应选用耐热、抽薹较晚的品种。如广汉特耐热二白皮，杭州柳叶莴笋，成都的二白皮密节巴莴笋，武汉的花叶莴笋，长沙的白叶莴笋，贵州的双尖莴笋和重庆的万年椿等
秋莴笋	6月下旬至7月下旬	7月下旬至8月中旬	9月中旬至11月上旬	应选用耐热性强、耐抽薹的早熟品种。如杭州圆叶，成都挂丝红，成都二白皮，圆叶香莴笋等
冬莴笋	8月中旬至9月下旬	9月下旬至10月下旬	11月下旬至翌年的1月	选用丰产和在低温条件下生长较快的品种。如上海大圆叶，上海大尖叶，成都水白条，重庆白甲，成都挂丝红

【任务实施】

莴笋露地栽培技术

1. 生产计划方案制订与农资准备

根据生产规模及生产目标，制订详细的生产计划方案，搭建塑料大棚，准备相关的农业生产资料（种子、农膜、化肥、农药等）。

2. 品种选择

应根据生产季节、气候特点和生产上的要求选用不同的品种。如春莴笋须选用耐寒性强的品种；夏秋季宜选用耐热性较强而不易抽薹的品种；冬莴笋则宜选用在低温下生长较快且丰产的品种。

成都地区主要生产的品种有四川种都种业科技有限公司选育的种都三号等，成都市新农业武侯种苗研究所选育的大白尖叶莴笋、新武二号莴笋、竹叶青莴笋、水白条莴笋、挂丝红莴笋等，攀枝花市农林科学研究院选育的水白条莴笋、竹青棒莴笋、攀青一号莴笋等，绵阳科兴种业有限公司选育的二白皮莴笋、挂丝红莴笋等。

3. 播种育苗

(1) 种子处理　莴笋种子发芽要求较低的温度。当温度高于20℃播种，需对种子进行低温处理以促进发芽。处理方式是先将种子在清水中浸泡3～5h，捞起后用清水冲洗，然后用纱布包好，放入冰箱的冷藏室，也可置于井内水面上20～30cm处或置于山洞中，每天用清水冲洗一次，2～3天后有80%种子开始露白即可播种。在温度适宜时不必进行低温处理。

(2) 播种　莴笋生产多采用先育苗而后移栽的方式。要培育壮苗，应选用品质优良的种子。选择疏松肥沃、排灌方便的土壤做苗床，苗床要深沟高畦，畦面平整，播种前要浇湿苗床。注意播种密度，适当稀播，一般每20g种子播10～15m²，可将种子与适量细土拌匀后播种，播种后撒上0.5cm厚的一层营养土，然后覆盖草帘或遮阳网等保温保湿或降温保湿。

(3) 苗期管理　一般播后4～5天出苗，出苗后及时揭去覆盖物。出真叶时可用800倍多菌灵药液喷洒一次，2～3片真叶时结合间苗追施10%稀薄人粪尿。莴笋在不同生产季节苗龄不一样，当具有4～5片真叶时即可定植。

4. 整地定植

(1) 整地做畦施基肥　莴笋的根群不深，应选用有机质丰富和保水保肥力强的土壤生产。在定植前10天左右，结合整地，施入基肥，一般每亩施腐熟人畜粪尿3000kg、过磷酸钙20～30kg，钾肥10kg。然后翻耕做畦。春、秋季一般可做成宽畦，畦宽3.5～4m，定植8行；夏季高温高湿或冬季低温低湿季节做成窄畦，畦宽2m，沟深20cm，定植8行。

(2) 定植　莴笋定植密度较高。定植的株行距因品种和季节而异，一般为(25～40)cm×(30～40)cm，早熟种密度可小一些，中晚熟种株行距需大些；在气温较高不适于莴笋生长的季节可种植密些，在适于莴笋生长的季节可稀些。定植时尽可能地多带土团，不要损伤根系，并选择土壤湿度适宜时或阴天进行，定植后及时浇定根水。

5. 田间管理

（1）肥水管理　定植后3~5天，检查苗情，及时补苗。缓苗后轻施"提苗肥"，结合浇小水每亩追施尿素10kg。此期应促控结合，以控为主。当莴笋长到8片叶、开始"团棵"时，浇一次透水并顺水追一次"开盘肥"，每亩追施三元复合肥20kg。植株长到16~17片叶，莲座叶片充分开展，心叶与莲座叶平头，茎部开始肥大时结束蹲苗。及时浇一次透水，结合浇水重施"膨茎肥"，每亩追施三元复合肥25kg。此次肥水一定要掌握好时机，早了易徒长，茎部窜高，影响加粗生长，商品性差；晚了影响茎横向生长，表皮发硬变老，以后再增加肥水时易裂茎。半个月后顺水再追一次"送嫁肥"，每亩追施三元复合肥15kg，此后不再追肥，经常保持地面"见湿见干"，直至采收前7天停止浇水，以防裂茎。

（2）中耕除草　缓苗浇水后及时中耕，中耕时要细致周到，不要伤根散坨。茎部开始肥大前再深中耕，如遇下雨，则雨后随即中耕，放墒增温蹲苗，严防徒长"窜高"。封行后不再中耕。结合中耕及时清除田间杂草。采用地膜覆盖生产可有效防止杂草生长，同时能保温保墒，有效防止莴笋"水窜"和"旱窜"，并能控制田间空气湿度，减轻霜霉病等病害的发生。

（3）化学调控　在夏秋莴笋的生产过程中，由于气温较高，较易发生先期抽薹的现象，可在莲座期及茎开始膨大时，用15~20mg/L的矮壮素或萘乙酸，或二者的混合液，5~7天喷一次，共2~3次，能防止先期抽薹。

（4）病虫害防治　莴笋的病害主要有病毒病、霜霉病、软腐病、菌核病、灰霉病等。病毒病可用2%宁南霉素、20%康润Ⅰ号等防治；霜霉病可用25%雷多米尔、50%甲米多等防治；软腐病可用消菌灵、新植霉素等防治；菌核病可用70%甲基硫菌灵、50%速克灵、50%扑海因等轮换防治；灰霉病可用50%农利灵、40%施佳乐悬浮剂、50%扑海因等防治；主要虫害是蚜虫，可用10%烟碱、10%吡虫啉、25%阿克泰、10%烯啶虫胺以及20%啶虫脒等防治。

6. 采收与销售

当莴笋的茎顶端与最高外叶的顶端齐平时，肉质茎已充分膨大，这时为采收适期。若采收过早则产量降低；而采收过晚，易抽薹开花，使肉质茎空心，降低商品性。

详细记录每次采收的产量与销售量及销售收入。

7. 莴笋栽培中常见问题及防治对策

（1）窜　生长中期肉质茎细长，叶片节间拉长，叶片薄而小，外皮厚而肉少，食用价值不高，易抽薹开花，这种现象俗称为"窜"。引起"窜"的原因大致有以下四种：一是土壤贫瘠干旱，水分供应不足；二是肥料供应不足，营养生长不良，特别是在嫩茎伸长膨大时，肥料不足，使茎部迅速向上生长，而形成瘦长的茎；三是温度过高，呼吸强度大，消耗养分多，干物质向食用部分的分配率低；四是浇水过多。解决的办法是选用肥沃有机质丰富的土壤，选择合适的品种和适宜的季节，加强水肥管理，保持土壤湿润但不能积水，在嫩茎伸长膨大时必须保证充足的肥料。

（2）裂口　在莴笋肉质茎膨大后期，肉质茎纵向裂开，深达茎的中部，裂开部分是黄褐色，易腐烂，降低食用价值。引起裂口的原因：一是与品种有关；二是与水肥供应不均、忽旱忽涝有关，特别是在肉质茎成熟时，外皮已木质化，此时大量浇水，肉质茎突然膨大，表皮不能随之膨大而裂口。

（3）未熟抽薹　即莴笋在生产过程中，肉质茎未膨大或未充分膨大，就分化出花芽而抽薹开花的现象，也叫先期抽薹。发生未熟抽薹的原因有：品种选择不当；播种期没掌握好；苗期管理不当，形成老僵苗或徒长苗；生产密度过大；肥水管理没有跟上（高温干旱缺水、氮肥过多、钾肥不足）；病虫为害等。防治办法为选择适宜的品种适期播种，加强苗期管理、培育壮苗，生产密度适当，加强肥水管理和病虫害防治，在莲座期及茎开始膨大时，叶面喷洒15~20mg/L的矮壮素或萘乙酸。

【效果评估】

1. 进行生产成本核算与效益评估，并填写表10-2。

表 10-2　露地莴笋栽培生产成本核算与效益评估

项目及内容	生产面积 /m²	生产成本/元						折算成本 /(元/亩)	销售收入/元	折算收入 /(元/亩)
		合计	其中:						合计	
			种子	肥料	农药	劳动力	其他			

2. 根据露地莴笋栽培生产任务的实施过程，对照生产计划方案写出生产总结 1 份，应包含生产目标、生产进度安排、生产实施过程、生产效益评估以及存在问题分析等内容。

【课外练习】
1. 怎样实现莴笋的周年生产？
2. 莴笋在生产过程中出现未熟抽薹现象的原因是什么？应怎样防止？

任务二　芹菜栽培

芹菜属于伞形花科旱芹属的二年生蔬菜。原产地中海沿岸沼泽地区。我国生产历史悠久，种植面积大、分布广，是我国主要蔬菜之一。利用简单的生产设施，在我国南方地区基本能做到周年生产，周年供应。芹菜富含丰富的维生素、矿物质和挥发性芳香油，具有特殊风味，可促进食欲，还有降血压等功能。

【任务描述】
四川双流县某蔬菜生产基地现有 50000m² 的露地，今年秋季准备生产芹菜，要求在 12 月中旬前后开始供应上市，产量达 5000kg/亩以上。请据此制订生产计划，并安排生产及销售。

【任务分析】
按照生产过程完成生产任务：制订生产计划方案—播种与育苗—整地做畦与定植—田间管理—采收与采后处理、销售—效果评估。

【相关知识】

一、生物学特性

1. 植物学特征

芹菜为浅根性蔬菜，直播的主根较发达，移栽后主要根系分布在 20cm 左右土层内，多数根系密布土表。主根切断可诱发较多侧根生成，适于育苗移栽。营养生长期间芹菜的茎短缩，叶片均着生于短缩茎上。当植株通过春化后短缩茎才伸长形成花茎。单子叶，真叶奇数二回羽状复叶，叶柄肥硕细长、营养丰富，是主要食用部位，有空心、实心两种。叶柄上有纵棱，叶柄颜色有绿色、黄色、白色之分。伞形花序，花小，黄白色，虫媒花，通常为异花授粉作物，自交也能结实。双悬果，成熟时开裂为二，半果扁圆球形，暗褐色，千粒重 0.4g。当年收获种子不经处理不易发芽，生产上多选用 3 年左右的种子。

2. 生长发育周期

分为以下 4 个时期。

(1) 发芽期　从种子萌动到第一片真叶出现。在适宜的温度条件下，芹菜种子需 7~10 天才能出芽。

(2) 幼苗期　从第一真叶显现到 4~5 片真叶形成，需 50~60 天时间。此期秧苗细弱，易受杂草危害。

(3) 营养生长期　从 5 片叶到 9 片叶为营养生长前期，植株生长缓慢，大量分化出新叶和根，短缩茎逐渐增粗。条件适宜需 35 天左右。后期从第 9 片叶开始，叶柄迅速伸长、叶面积迅速扩大，是芹菜产量形成的关键时期。需 50 天左右。

(4) 生殖生长期　芹菜是长日照蔬菜，在 3~4 片真叶、10℃ 以下低温条件下，经 10~15 天的时间即可通过春化阶段，短缩茎伸长，植株开花、结实，失去食用价值。

3. 对环境条件要求

（1）温度　芹菜属耐寒性蔬菜。植株生长需要冷凉温和的气候，适宜的生长温度为15～20℃；芹菜不耐热，26℃以上的温度会抑制生长，叶片衰老，品质变劣。芹菜植株不同品种耐寒能力也有差异，一般情况下能耐-5～-4℃的低温。芹菜属于绿体春化作物，在生产上要防止抽薹开花。

（2）光照　芹菜是长日照植物，即芹菜通过春化阶段后，在长日照条件下才能抽薹开花。同时，芹菜是比较耐弱光的蔬菜，在夏秋季光照强度太高需要适当遮阴降温。

（3）水分　芹菜喜欢湿润环境，耐涝性好，根部浸泡1～2昼夜植株也不会死亡。由于生产上芹菜根系浅，生产密度大，需要充足的水分供应，特别是营养生长旺盛期更要充足的水分供应。在生产管理中，应保持土壤湿润和较高的空气湿度。

（4）土壤及营养　芹菜要求土质肥沃、保肥力强的壤土或黏壤土。芹菜是喜肥作物，对氮素要求较高，磷、钾要求合理配合施用。芹菜对硼敏感，缺硼容易引起叶柄基部开裂，维管束变褐，在生产中要适当补硼肥。

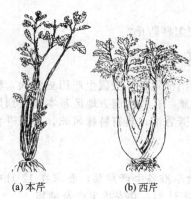

图10-2　本芹和西芹
(a) 本芹　(b) 西芹

二、类型与品种

芹菜分本芹和西芹两种，我国生产的多为本芹，西芹的生产也逐渐普及（图10-2）。本芹按叶柄充实程度分空心芹菜和实心芹菜两种类型，空心芹菜叶柄中空，生长速度快，纤维多，品质差，不耐贮存；实心芹菜叶柄充实，产量高，耐寒但不耐热，生长较缓慢，纤维少，品质好。按叶柄的颜色分为白色种和青色种。白色种叶较细小，淡绿色，叶柄黄白色，植株较矮小而柔弱，香味淡，品质好，易软化；青色种叶片较大，绿色，叶柄粗，绿色，植株高大而强健，香味浓，丰产，软化后品质较差。不同类型中又根据叶片形状、植株高矮、成熟早晚分为不同品种。

我国南方地区主要生产的品种有：上海地方品种上海黄心芹，四川地方品种雪白芹菜、四川双流二黄芹菜、津南黄心芹、金黄芹菜，天津地方品种津南实芹一号，杭州地方品种杭州青芹等。此外，生产中常用的还有玻璃脆芹、北京春丰芹菜、天津白庙芹、长沙青梗芹、武汉青梗芹、四川春不老芹菜、白秀实心芹、四季白秆实心芹菜等。

三、栽培季节与茬口安排

芹菜的适应性较强，幼苗能耐较高温度和较低温度。要使芹菜获得高产优质，应把它的旺盛生长时期安排在冷凉的季节里，故在自然条件下多以秋播为主，也可安排在春季生产。由于苗期能耐较高温和较低温，秋季生产可适当提早播期，以适应9月份淡季的需要，也可适当晚播于冬季及次春收获。但春播不宜过早，防止春化提前抽薹。在我国南方地区只要品种选择得当，掌握好播种时期，可实现芹菜的周年生产。四川地区芹菜露地生产季节与茬口安排如表10-3所示。

表10-3　四川地区芹菜周年茬口安排

生产季节	播种时期	收获时期	主要品种
春芹菜	9月份至10月上旬	翌年2月至4月份	草白芹菜、津南实芹、玻璃脆芹、春丰芹菜等
夏芹菜	2月下旬至4月下旬	5～8月份	杭州青芹、上海黄心芹、四川春不老等
秋芹菜	6月下旬至7月	9月中旬至11月中旬	上海黄心芹、早青芹、上农玉芹、草白芹等
冬芹菜	7至8月中旬左右	11月至翌年1月	二黄芹、津南实芹、玻璃脆芹、春丰芹菜等

【任务实施】

露地冬芹菜栽培技术

1. 生产计划方案制订与农资准备

根据生产规模及生产目标，制订详细的生产计划方案，准备相关的农业生产资料（种子、农膜、化肥、农药等）。

2. 品种选择

应根据生产季节、不同气候特点和生产上的要求选用不同的品种。如四川成都地区的冬芹菜宜选择二黄芹等品种。

3. 播种育苗

(1) 播种期　芹菜可直播，但在生产中多采用育苗移栽与直播相结合。芹菜种子小，出苗慢，苗期较长，所以播种育苗是芹菜生产中的一个关键。宜根据各地气候条件选择适宜的品种、确定适宜的播期。如在成都早秋生产芹菜，为增进抗旱能力和争取在秋淡季节供应，常提前播种且采用直播法；较晚播种的多采用育苗移栽。

(2) 苗床准备　宜选地势较高、排灌方便、土壤肥沃、保水保肥性好的地块，要求土壤细碎平整，施入充分腐熟的有机肥。在高温季节播种苗床应采取适当的措施，避免强光暴晒和防雨降温，播种后进行苗床覆盖，出苗后要适当遮阴。

(3) 浸种催芽及播种　芹菜种子皮厚，含油腺，细小，出芽慢。在高温季节播种需对种子进行处理，方法是：先用50～55℃温汤浸种30min，并不断搅拌，以杀死种子表面所带病毒，待水温自然冷却后再在清水中浸泡24h，浸泡过程中需搓洗数遍，以利吸水。然后将种子捞出用纱布包裹，放在冰箱冷藏室或吊在水井中离水面20～30cm处，每天冲洗一次，经5～7天，当有30%～50%种子露白即可播种。温度适宜时，不必进行浸种催芽。

苗床浇透底水，水渗下后覆上一层细土，把种子与细沙土混合均匀撒播。播完后立即盖一层细土，大约0.3cm厚盖住种子即可，覆盖遮阳网、稻草等材料保湿。

(4) 苗期管理　芹菜苗期较长，管理较繁杂。苗期要保持土壤湿润；在高温季节育苗，幼苗出土后要及时去除苗床上稻草等覆盖物，采取措施防止暴雨；待幼苗1～2片真叶时及时间苗，间苗后适当浇水；及时除草；苗期可叶面喷施0.1%磷酸二氢钾与0.1%尿素混合液，促进幼苗生长；定植前7天左右控制浇水，炼苗壮根；5～6片真叶时可定植。直播的按10cm见方定苗。

4. 整地定植

定植前整地施底肥，做到土细肥足，每亩施腐熟有机肥3000～5000kg、过磷酸钙30kg、复合肥30kg，翻耕土壤，整细耙平做畦，畦宽1.8～2m（包沟）。选择在晴天傍晚或阴天定植，定植时选用健壮的、大小一致的苗，尽量带土护根，对细弱的小苗应剔除或单独分开定植，以利管理。定植密度视季节和品种而定，一般本芹按10cm×10cm穴植，每穴栽1～2株，西芹行距为15～25cm、株距10～15cm，单株栽植。定植的深度以不埋心叶为宜。定植后浇定根水，促进成活。

5. 田间管理

密植或培土软化是芹菜高产优质的关键，在南方地区，多采用密植生产，一般不再行软化。芹菜是属于浅根系、耐旱力弱而蒸发量又大的作物，需要湿润的土壤和空气条件。因此，整个生育过程要及时灌水、追肥，生长中后期最好进行沟灌，以满足其生长需要。

定植成活后浇一次稀薄人粪尿，促进生长。追肥分2～3次进行，以尿素为主，30～40kg/亩；分次追肥，后期适当增施磷、钾肥。缺硼易导致叶柄开裂，可在定植后每亩施0.5～0.75kg硼砂，或生长中后期用0.2%～0.3%硼肥叶面喷雾1～2次。为了增加芹菜的产量，提高品质，在收获前15～20天，可用10～20mg/L赤霉素喷雾后再施肥，可促进芹菜生长，效果显著。

芹菜前期生长较慢，常有杂草危害，因此应及时中耕除草。一般在每次追肥前结合除草进行中耕。由于芹菜根系较浅（特别是分过苗的），中耕宜浅，只要达到除草、松土的目的即可，不能太深，以免伤及根系，反而影响芹菜生长。

芹菜病害主要有叶斑病、斑枯病、心腐病、病毒病等。叶斑病发病初期喷洒50%的多菌灵可湿性粉剂800倍液，或50%的甲基硫菌灵可湿性粉剂500倍液，或77%的可杀得可湿性粉剂500倍液喷雾防治；斑枯病可喷75%百菌清可湿性粉剂600倍液、60%琥·乙膦铝可湿性粉剂500倍液、64%杀毒矾可湿性粉剂500倍液、40%多硫悬浮剂500倍液喷雾防治；心腐病是生理性病害，增施硼肥即可预防。

6. 采收与销售

芹菜以叶丛（叶柄）为食用器官，无统一的采收标准，植株在25cm以上时，可根据市场行情及时采收。

详细记录每次采收的产量与销售量及销售收入。

7. 栽培中常见问题及防治对策

（1）播种后出苗不齐和缺苗　在正常发芽情况下缺苗和出苗不齐，主要是苗床水分管理不当、床面忽干忽湿引起。解决办法是播种前对种子进行浸种催芽处理，苗床浇足底水，保持土壤湿润。

（2）芹菜空心　芹菜空心是一种生理老化现象。产生的主要原因是土壤贫瘠干旱、茎肥不足或后期施肥不足、芹菜受冻害、收获过迟等。因此，在种植过程中应注意选用种性纯、品质好的实秆品种；选择富含有机质、保水肥强、排灌条件好的沙性土壤为宜；加强旺盛生长期的肥水管理，保持土壤湿润，以速效氮肥为主，配施钾肥和硼肥钙肥；冬季注意保温；适时收获。

（3）未熟抽薹　芹菜未达到收获标准甚至还在幼苗期就抽薹开花，失去其商品性的特征。主要原因是品种选择不当，春播太早或秋播太晚。解决办法是根据气候条件选择优良品种和播种时期。

【效果评估】

1. 进行生产成本核算与效益评估，并填写表10-4。

表10-4　露地冬芹菜栽培生产成本核算与效益评估

项目及内容	生产面积 /m²	生产成本/元						销售收入/元	
		合计	其中：				折算成本/(元/亩)	合计	折算收入/(元/亩)
			种子	肥料	农药	劳动力	其他			

2. 根据露地冬芹菜栽培生产任务的实施过程，对照生产计划方案写出生产总结1份，应包含生产目标、生产进度安排、生产实施过程、生产效益评估以及存在问题分析等内容。

【课外练习】

1. 芹菜播种育苗技术有哪些？
2. 芹菜空心的原因是什么？应如何防止？

任务三　菠菜栽培

菠菜，为藜科菠菜属一二年生草本植物。原产于亚洲西部的伊朗，我国已有一千多年的栽培历史。菠菜耐寒性、适应性强，生长期短，全国普遍栽培，是主要的叶菜之一。菠菜营养价值较高，富含蛋白质、B族维生素、维生素C、维生素D和钙、磷、铁等矿物质。

【任务描述】

四川郫县某蔬菜生产基地现有50000m²的露地，今年秋季准备生产菠菜，要求在12月上旬前后开始供应上市，产量达1500kg/亩以上。请据此制订生产计划，并安排生产及销售。

【任务分析】

按照生产过程完成生产任务：制订生产计划方案—整地做畦—播种与育苗—田间管理—采收与采后处理、销售—效果评估。

【相关知识】

一、生物学特性

1. 植物学特征

菠菜主根发达、较粗，上部呈紫红色，可食用。叶着生在短缩茎上，可发生较多分蘖。叶片戟形或卵圆形，浓绿色，叶柄较长，是主要食用部分。抽薹后形成花茎，中空，开花前的嫩茎也可食用。菠菜春天开花，雌雄异株，间有同株的，有时也有两性花，雄株中又分为植株较小的纯雄株和较大的营养雄株。雌花簇生于叶腋，雄花是穗状花序，花为黄绿色，风媒花。果实为聚合果，也称胞果，每个果内含种子1粒。种子圆形，外有革质的种皮，有刺或无刺。种子千粒重8～10g。

2. 对环境条件的要求

菠菜耐寒不耐热，种子发芽的最低温度为4℃，20℃以上发芽率降低；最适发芽温度和最适生长发育温度为15～20℃。菠菜是长日照植物，在12h以上的日照条件并伴随着较高的温度，易抽薹开花。但没有通过春化阶段的菠菜在较长日照条件下能良好生长。一般来说，菠菜在天气凉爽、日照较短的条件下植株生长旺盛，产量高，品质好。

菠菜播种密度大，生长量大，生长期间需要较多的水分，要求土壤湿度为70%～80%，空气相对湿度是80%～90%。菠菜适宜在疏松肥沃、保水保肥力强的沙质或黏质壤土中生长，pH5.5～7.0。菠菜对氮肥有特别的要求，氮肥足，则叶厚、产量高、品质好。菠菜对硼敏感，要注意增施硼肥。

二、类型与品种

菠菜按种子外形可分为有刺种和无刺种。有刺种叶戟形或箭形，先端尖，又称为尖叶菠菜，该品种类型叶片小而薄，叶柄长，较耐热，成熟较早，越冬栽培易抽薹，适作早秋或春季栽培。无刺种叶片卵圆形或椭圆形，又称为圆叶菠菜，其叶柄短，叶片肥厚，多皱褶，品质好，成熟晚，对日照不很敏感，不易抽薹，适宜春秋栽培。生产上常用的尖叶菠菜品种有浙江的火冬菠、广州的大叶乌、铁线梗，福建的福清白，湖北沙洋菠菜，杭州塌地菠菜，四川的尖叶菠菜等；圆叶菠菜品种有华菠1号，上海圆叶，南京大叶菠菜，广州的迟乌叶，四川的二圆叶、大圆叶，从日本引进的急先锋菠菜等。大多数地区都以耐热性较强的早熟的尖叶种作早秋栽培，以特喜冷凉的晚熟不易抽薹的圆叶种作越冬栽培。

三、栽培季节与茬口安排

菠菜的栽培季节一般除夏季外几乎都能播种，但主要以秋播为主，7～12月份均可播种；也有少量进行春播或夏播的。秋播中宜选用耐热早熟的品种在7月下旬至9月中下旬早秋播，播后30～40天开始分次收获；选用晚熟和不易抽薹的品种在10～12月份晚秋播种，可收获到翌春抽薹前。春播选用耐热和不易抽薹的品种，3月中旬为播种适期，播后30～50天采收。

【任务实施】

菠菜栽培技术

1. 生产计划方案制订与农资准备

根据生产规模及生产目标，制订详细的生产计划方案，准备相关的农业生产资料（种子、农膜、化肥、农药等）。

2. 品种选择

应根据生产季节、不同气候特点和生产上的要求选用不同的品种。

3. 播种育苗

菠菜以撒播为主，也可条播或穴播。菠菜种子在高温条件下发芽缓慢，发芽率较低，所以在早秋播种时，常先进行种子处理。即将种子用清水浸泡12h后，放在4℃低温的冰箱中处理24h，然后在15～25℃条件下催芽，经3～5天出芽后播种。由于早秋气候炎热、干旱，常出现暴雨，因此要增加播种量，每亩用种10kg左右，播后覆盖稻草、瓜藤等，有条件的可搭阴棚。晚秋播种的不必催芽，播种量可减少，每亩用种6kg左右。

4. 田间管理

菠菜的田间管理主要是肥水管理。播种前应施入基肥，以有机肥为主。追肥以氮肥为主，前期生长慢，需肥量不大，但需要湿润的土壤条件，结合灌溉进行追肥，以勤施薄施为好。植株较大时，追肥的浓度可适当提高。越冬的菠菜在春暖前施足肥料，以免早期抽薹。菠菜一般是分次采收,每采收一次进行一次追肥。同时,在菠菜的发芽期和生长初期要及时除去杂草。

菠菜主要的病虫害有霜霉病、炭疽病、病毒病以及蚜虫等,要注意防治。

5. 采收与销售

菠菜是以叶丛为产品的蔬菜,大小均可食用,一般当植株长到6~7片叶时,即可根据市场行情陆续采收上市。秋播菠菜叶长15cm以上,植株间较拥挤时开始间拔收获,一般每隔20天收获一次。春播的一次收完。

详细记录每次采收的产量与销售量及销售收入。

【效果评估】

1. 进行生产成本核算与效益评估,并填写表10-5。

表10-5 菠菜栽培生产成本核算与效益评估

项目及内容	生产面积 /m²	生产成本/元					折算成本 /(元/亩)	销售收入/元	折算收入 /(元/亩)
		合计	其中:					合计	
			种子	肥料	农药	劳动力	其他			

2. 根据菠菜栽培生产任务的实施过程,对照生产计划方案写出生产总结1份,应包含生产目标、生产进度安排、生产实施过程、生产效益评估以及存在问题分析等内容。

【课外练习】

1. 菠菜的类型与品种有哪些?
2. 简述菠菜田间管理技术。

【延伸阅读】

其他绿叶蔬菜栽培

一、蕹菜

蕹菜俗称空心菜,又名藤藤菜,为旋花科牵牛属一年生或多年生蔬菜。原产于我国热带多雨地区。南方各地普遍栽培。以嫩茎叶为食用,其含有丰富的维生素和无机盐,是夏秋高温季节极为重要的绿叶蔬菜。

1. 生物学特性

(1) 植物学特征 蕹菜根系发达,节部易发生不定根,可用种子繁殖,也可采用无性繁殖。茎蔓生,圆形中空,绿色。叶长卵圆形或披针形,互生,叶柄较长。花漏斗状,腋生,白色或微带紫色,果为蒴果,内有种子2~4粒,种皮厚,坚硬,黑褐色。

(2) 对环境条件的要求 蕹菜喜高温潮湿,不耐寒冷。种子萌发需15℃以上的温度,蔓叶生长的适宜温度为25~30℃。蕹菜是短日照植物。蕹菜对土壤和肥料要求不严,适应性很强,栽培容易。

2. 类型与品种

蕹菜依其结实与否和繁殖方式分为籽蕹和藤蕹两种类型;按其对水分的适应性和栽培方式分为旱蕹和水蕹。籽蕹用种子繁殖,也可用无性繁殖,而藤蕹不结实,只能用无性繁殖。各地的蕹菜品种很多,籽蕹品种如广州的大骨青、大鸡青、大鸡黄、大鸡白、剑叶、湖北、湖南的白花蕹菜和紫花蕹菜、吉安大叶蕹菜、赣蕹1号、四川的小蕹菜等;藤蕹品种如广州的细通菜、丝蕹、四川的大蕹菜、广西的博白小叶尖等。

3. 栽培季节与茬口安排

长江中下游露地生产一般于4月份开始播种或扦插,塑料大棚生产可提前到2月份播种。广州播期可提早1~2月份。通常播种或扦插后40~50天开始收获,可收获到10~11月份。

4. 早春大棚籽蕹菜栽培技术

(1) 品种选择 选择适合当地气候和消费习惯的优良品种。成都地区可选择四川广汉、双流地区的籽蕹菜，也可选择泰国籽蕹菜。

（2）整地、做畦、施底肥　选择地势平坦、肥沃疏松、排灌方便的沙壤土。前茬作物收获后及时清洁田园，耕深 20cm 以上，结合整地每亩施腐熟有机肥 5000kg、三元复合肥 50kg 作为基肥，或施用生物有机无机复混肥 150kg。8m 宽大棚做 2～3 个畦，畦宽 2～2.5m、畦高 15cm。1 月上旬提前扣棚增温。

（3）播种　蕹菜种子的种皮厚而硬，直接播种发芽较慢，如遇长时间低温阴雨天气易烂种，因此播种前最好进行催芽处理。用 50℃ 左右的温水浸种 24h，然后用纱布包好置于 30℃ 催芽箱内催芽，当有 50%～60% 种子露白时即可播种。早春大棚栽培播期可在 1 月下旬至 2 月上旬，可采用撒播、条播或穴播，每亩用种量 7.5kg。撒播，即将种子均匀地撒在畦面上，浇少量水，再覆盖细土 2cm；条播，即在畦面上划 2～3cm 深的浅沟，沟距 15cm，将种子均匀地撒施在沟内，再覆盖细土 2cm；穴播，行距和穴距均为 20cm，每穴播 4～5 粒种子，播后浇适量水后覆土 2cm。

（4）田间管理　早春棚内气温低、湿度大，且持续的低温阴雨天气时间长，不利于蕹菜的生长发育。播种后及时覆盖地膜，有条件的可加盖小拱棚，密闭大棚薄膜保温。出苗前至少保证棚内温度高于 10℃。出苗后及时撤掉地膜，保持棚温 20～25℃，4～5 叶后保持棚温 25～35℃，棚内温度高于 35℃ 时要适当通风降温排湿，夜间最低气温保持在 15℃ 以上。

蕹菜是多次采收的作物，对水肥需求量很大，除施足基肥外，必须进行多次分期追肥才能取得高产。苗期每亩淋施 10%～15% 的稀人粪尿 1000～1500kg，幼苗有 3～4 片真叶时，每亩施复合肥 15～20kg 和尿素 5kg，采收期每次采后撒施复合肥 10kg。蕹菜需水量较大，应经常浇水以保持土面湿润。生长期间要及时中耕除草，封垄后可不必除草中耕。

蕹菜病害主要有苗期猝倒病、褐斑病和白锈病，应及时预防和防治。

（5）采收　当株高 33cm 时开始第 1 次采摘，茎基部留两个茎节，第 2 次采摘将茎基部留下的第 2 个茎节采下，第 3 次采摘将茎基部留下的第 1 个茎节采下，以达到茎基部重新萌芽。若出现分枝过多、过密、过细，则要疏剪。采摘时以用手掐摘为宜，若用刀等铁器收割易出现刀口部锈死。在初收期及生长后期，每隔 7～10 天采收 1 次，生长盛期 5～7 天采收 1 次。

二、苋菜

苋菜又名米苋，是苋科苋属一年生草本植物。原产我国，南方普遍栽培，是夏季主要叶菜类蔬菜之一。苋菜的食用部位为茎尖和嫩叶。苋菜含有较多的钙、铁等矿物质和胡萝卜素、抗坏血酸等维生素。

1. 生物学特性

（1）植物学特征　苋菜直根发达。茎直立，较粗，绿色或红色。叶互生全缘，卵状椭圆形至披针形，平滑或皱缩，叶色有绿、黄绿、紫红或杂色。花腋生，单性或杂性。种子圆形，细小，黑色具光泽，千粒重 0.7g。

（2）对环境条件的要求　苋菜耐热不耐寒，10℃ 以下种子发芽困难，最适生长温度为 23～27℃。苋菜是高温短日照植物，但不同品种的抽薹开花期差异较大。苋菜对土壤要求不严，较耐旱，但土壤肥沃、水分充足则生长快，产量高，品质好。

2. 类型与品种

苋菜品种很多，依叶形可分为圆叶种和尖叶种。圆叶种生长较慢，较晚熟，产量高，品质好，抽薹晚；尖叶种生长快，较早熟，产量较低，品质较差，易抽薹。根据叶片的色泽可分为红苋、绿苋、彩色苋。在生产中常用苋菜品种有杭州的尖叶绿米苋、白米苋、一点红；南京的木耳苋、秋不老；湖南、湖北的马蹄苋、圆叶红苋、猪耳朵红苋；四川的青苋、大红袍、蝴蝶苋等；广州的尖叶花红、圆叶花红等。

3. 栽培季节与茬口安排

苋菜选择适宜品种从春到秋可分期播种。长江中下游播种期为 3 月下旬至 8 月下旬，广州从 2～10 月份、四川从 2～8 月份均可陆续播种。一般播后 30～50 天即可收获。苋菜多直播，常与其他作物间套作。

4. 早春苋菜大棚栽培技术

（1）品种选择　选择耐寒、抗逆性强、产量高的适合早春栽培的早熟品种。根据成都地区的消费习惯，多选用大红圆叶型的"圆叶红苋"、"大红袍"、"武苋圆叶"等品种。

（2）整地做畦　选择地势平坦、土壤肥沃疏松、排灌方便的沙壤土。前茬作物收获后及时清洁田园，耕深20cm以上，整细耙平，做2m宽畦，畦高15cm。苋菜生育期短，具有极强的吸肥能力，结合整地每亩施腐熟的有机肥5000kg、三元复合肥50kg作为基肥，或施用生物有机无机复混肥150kg。

（3）播种　为了提早上市时间，播种可于立春前1周进行，如果再加盖小拱棚，则可适当提前。播种前1天浇透底水，第2天用细耙疏松畦面，使其上虚下实，均匀撒播种子，立即覆盖地膜，密闭中棚薄膜。播种一般可采取间播间收播种法，即第一次的播量每亩为1.5kg，采收两次后，以后每采收一次后立即进行补种，补种量0.5kg，补种次数根据市场的行情和苗情而定，如果行情好可多次补种，如果老苗过多可一次性采收，然后重新播种。

（4）田间管理　从播种到采收，棚内温度一般要保持在20~25℃，晚上地温要保证在5℃以上。播种后覆盖地膜，闭棚增温，促进出苗，一般播种后15天左右即可出苗，此时可揭去地膜，使幼苗充分见光。苋菜生长前期以保温增温为主，后期则应避免温度过高，棚内温度高于30℃时应适当通风降温。

播种时浇足底水，出苗前一般不再浇水。出苗后如遇低温切忌浇水，以免引起死苗。结合浇水进行追肥。幼苗3片真叶时追第1次肥，以后则每次采收后的1~2天进行追肥，每亩用尿素型三元复合肥15kg或尿素10kg、硫酸钾5kg交替施用。追肥时将肥料均匀撒入，用喷头将水均匀浇在畦面上。间或用沼液、稀粪水等浇灌更佳。苋菜生长过程中适当喷施尿素、磷酸二氢钾或专用叶面肥有利于促进生长，提高产量和质量。

早春大棚苋菜虫害较少，主要病害是苗期猝倒病和白锈病。猝倒病可用多菌灵等做好床土消毒处理，发病初期可用72.2%普力克水剂800~1000倍液，或53%金雷多米尔·锰锌水分散粒剂500倍液喷雾。白锈病发病初期可用50%甲霜铜可湿性粉剂600~700倍液，或50%多菌灵可湿性粉剂600~800倍液，或75%百菌清1000倍液喷雾防治。

（5）采收　苋菜苗高10~12cm，具5~6片叶时，陆续间拔采收。将拔出的苋菜洗净，捆成小把后装筐上市。采收后，根据情况及时补播并追肥灌水，以后逐次采收至5月下旬，一般根据市场价格和套作的蔬菜长势决定采收结束时间。

三、香菜

香菜又叫芫荽、胡荽，属伞形科芫荽属一二年生蔬菜。原产于地中海沿岸。我国南北皆有栽培。芫荽具有特殊的香味，以其叶和短缩茎供调味、凉拌。

1. 生物学特性

（1）植物学特征　香菜主根粗壮，侧根多。茎直立，有条纹。羽状复叶，互生，叶柄长。花小，白色。果实为双悬果，近球形，内有种子两粒。果实有香味，可作调味的香料。芫荽依种子的大小可分大果型和小果型两类，大果型的果实直径7~8mm，植株较高，叶片大，缺刻少而浅，产量较高；小果型直径仅3mm左右，植株较低，叶片小，缺刻深，香味浓，耐寒，适应性强，产量稍低。中国栽培的属小粒种，主要为各地地方品种。

（2）对环境条件的要求　香菜性喜冷凉，苗期对温度适应性较强，能耐-12~-1℃的低温，不耐热，生长适温15~20℃，属长日照作物。

2. 栽培季节与茬口安排

在长江中下游地区春、秋均可播种，以秋播为主，每亩用种量1.5kg。秋播从8月下旬至11月均可播种，出苗后30天左右可采收上市直至翌年3月。春播在3月上旬至4月上旬。如果采用遮阴等抗高温栽培措施，可以进行伏芫荽栽培，即5~7月直播，播后30天左右开始采收。

3. 香菜栽培技术

（1）播种　香菜的种子为植物学上的果实，播种前先把种果搓开。香菜种子出芽缓慢，一般需进行浸种催芽。种子多进行直播（撒播或条播），播前要施足基肥，播后要覆盖稻草、遮阳网等。

(2) 田间管理 在播种后及苗期要保持土壤湿润，不板结，要注意间苗、除草和松土。苗高3.3cm时间苗，苗距约3cm，结合进行人工除草。5～6片真叶时定苗，苗距约8cm。每次间苗后施肥浇水。香菜施肥原则是薄肥多施。出苗后要及早浇水追肥，当苗高2cm时随水冲施速效氮肥，每隔5～7天结合浇水进行施肥。每采收一次追薄肥一次，采收前7～10天用20mg/L的赤霉素喷施，可提高产量。

(3) 采收 幼苗出土30～50天、苗高15～20cm左右时即可间拔采收。

四、茼蒿

茼蒿又名菊花菜，为菊科菊属一二年生草本植物。原产我国。我国南北皆有栽培。茼蒿富含维生素且具特殊香味，以幼苗或嫩茎叶供生炒、凉拌、做汤食用。

1. 生物学特性

(1) 植物学特征 茼蒿属浅根性蔬菜，根系分布在土壤表层。茎柔嫩直立，分枝性强。叶长形，叶缘波状或深裂，肥厚。春季抽薹开花，头状花序，花黄色。瘦果，褐色，有棱角，平均千粒重1.85g。

(2) 对环境条件的要求 茼蒿喜冷凉，不耐高温，生长适温20℃左右，12℃以下生长缓慢，超过29℃以上生长不良。茼蒿对光照要求不严，一般以较弱光照为好。茼蒿属长日照蔬菜。春秋两季，以秋季播种为主。南方地区秋播多安排在8～10月，春播于2月下旬至4月上旬进行。

2. 类型与品种

茼蒿根据叶的大小分为大叶茼蒿和小叶茼蒿。大叶茼蒿又称板叶茼蒿或圆叶茼蒿，叶宽大肥厚，缺刻少而浅，产量高，品质佳，但生长慢，较晚熟。小叶茼蒿又称细叶茼蒿或花叶茼蒿，叶小而薄，缺刻多而深，生长快，品质较差，产量低，较耐寒，成熟稍早。

3. 栽培季节与茬口安排

茼蒿除极少数地区进行育苗移栽外，绝大部分地区都进行直播，每亩用种量1.5～2kg。茼蒿植株小，生长期短，有些地方与其他蔬菜间、套作。茼蒿与其他蔬菜间、套作，其管理依附于主作，茼蒿的生长以不影响主作为原则。

4. 茼蒿栽培技术

(1) 播种 茼蒿的播种方法可采用撒播或条播，为了使出苗整齐，播种前可对种子进行浸种催芽处理。待种子露白时播种，播后覆土约1cm厚。

(2) 田间管理 茼蒿在播后7天左右即可出苗，当幼苗长到2～3片真叶，应进行间苗，并拔除田间杂草。茼蒿在生长期间应保持土壤湿润，但不能积水。茼蒿除播种前施入基肥外，在苗高10～12cm时开始追肥，追肥以速效氮肥为主。

(3) 采收 一般生长30～50天、植株高20cm左右即可间拔收获，每采收一次，即追肥一次。如果要进行多次收获，则利用其分枝性强的特点改为留基部1～2节摘茎收获。栽培时间长，收获次数多，则产量高。

五、生菜

生菜又叫叶用莴苣，为菊科莴苣属一年生或二年生草本植物，原产地中海沿岸，喜冷凉湿润气候。生菜营养丰富，富含碳水化合物、蛋白质、多种矿物质、维生素，略带莴苣素苦味，病虫害较少，适合无公害生产。莴苣生长迅速，选用适宜品种，配合相应的栽培设施和技术措施，可周年供应。

1. 生物学特性

(1) 植物学特征 生菜为直根系，根浅而密集，移栽后的植株，根系分布在15～25cm土层中。叶互生，倒卵形，绿色或紫色，抱合成球形；茎在营养生长时期短缩，后期抽生花茎；圆锥形头状花序，花黄色舌状。瘦果细小，扁平锥形，灰白色，千粒重0.8～1.2g。

(2) 生长发育周期

① 发芽期 从播种至真叶出现（露心），需7～8天。

② 幼苗期　从露心至第一叶环的叶片全部展开（团棵），直播需17～27天，育苗移栽需30天。

③ 发棵期　从团棵至开始包心或茎开始肥大，需15～30天。

④ 产品器官形成期　结球莴苣从卷抱心叶至采收，需20～30天。

⑤ 开花结果期　经22～23℃高温后很快花芽分化，迅速抽薹开花，花后10～15天种子成熟。

(3) 对环境条件的要求

① 温度　喜冷凉湿润气候，耐寒，忌炎热，在南方可露地越冬。但结球生菜耐寒力较差，长江流域不能露地过冬。种子在4℃以上即可发芽，但所需时间较长，发芽适温为15～20℃，30℃以上发芽受阻。15～20℃最适茎叶生长，高于25℃易引起先期抽薹。

② 光照　属长日照作物，喜中等强度光照。生菜为高温感应型蔬菜，长日照下发育速度随温度的升高而加快，秋季栽培在连续高温下易抽薹。种子为需光型种子，在有光条件下发芽整齐。

③ 水分　根系吸收能力弱，叶面积大，耗水量大，对土壤水分状态反应极为敏感，栽培中应保持土壤湿润，产品器官形成期土壤更不能干旱，否则会降低产量和质量。

④ 土壤肥料　对土壤适应性很强，以富含有机质、疏松透气的壤土或黏质壤土为宜。需较多的氮肥和一定量的钾肥。结球生菜因生长迅速，叶面积大，叶数多，对养分要求高，任何时期缺氮肥都会抑制叶片的分化和生长，从而影响产量。

2. 类型与品种

生菜根据叶片形状又可分为皱叶莴苣、结球莴苣和直立莴苣三个变种。

(1) 皱叶莴苣　叶具深裂，叶面皱缩，有松散的叶球或不结球，适应性较强，易栽培。优良品种有广州东山生菜（软尾生菜）、玻璃生菜、红叶生菜、美国大速生等。

(2) 结球莴苣　叶全缘，叶面平滑或皱缩，外叶开展，心叶抱合成叶球，呈圆球形至扁球形。优良品种有广州青生菜、前卫75、大湖65、奥林、达亚、爽脆、落林娜等。

(3) 直立莴苣　又称散叶生菜，叶全缘或有锯齿，外叶直立，一般不结球或有散叶的圆筒形或圆锥形叶球。品质柔嫩软滑，易栽培，生长期短，无严格采收期。如意大利耐抽薹生菜、奶油生菜和长叶生菜等。

3. 栽培季节与茬口安排

根据生菜各生育期对温度的要求，东北、西北的高寒地区多为春播夏收，华北地区春秋均可栽培，长江流域及华南地区大部分地区四季均可栽培。利用保护设施栽培生菜，已基本做到分期播种、周年生产供应。

4. 生菜栽培技术

(1) 品种选择　夏季栽培选耐抽薹的散叶类型，其他季节以结球生菜为主。

(2) 播种育苗　一般育苗每亩用种量25～30g，苗床面积与定植面积之比约为1:20。莴苣种子小，发芽快，一般多用于籽直播。种子一般只进行晾晒处理。如浸种催芽，则先用凉水浸泡5～6h，然后放到16～18℃条件下见光催芽。经2～3天即可出芽。由于栽培季节不同，所以有露地育苗和保护地育苗两种形式。育苗可以在生产田里就地做畦播种，也可用营养土块、纸袋或营养钵育苗。育苗床土用50%腐熟马粪和50%园田土，每立方米床土再加尿素20g和过磷酸钙200g，过筛后混匀，在苗床上平铺5cm厚床土（或苗床平铺10cm厚）。播种前，苗床浇足底水，水渗下后撒0.5cm厚的细土，随后即可播种。一般每平方米播种量为5～10g，播种后，盖细潮土0.5cm，保持土温15～18℃，盖塑料膜或草苫保温，一般经3～5天可出土。如果在露地育苗，在出土后10天左右（1叶期），则可进行间苗，以不影响幼苗生长为度。在2～3叶期，即可进行移植，以苗距6～8cm为宜。每营养钵育壮苗1株。移植前浇足底水，栽后覆土，栽苗不可过深。移植缓苗期，要保温保湿，气温在20℃左右为宜。缓苗后，要降湿降温，气温降至16℃左右。此期关键是促进苗子健壮，不徒长。冬春季保护地育苗要重视保持适宜温度，选用采光好、便于通风的温室做苗床，适当控制浇水，不可湿度过大。夏秋露地育苗，温度高不利生长，需采取遮阴、防雨、降温措施。

(3) 定植　苗龄30~35天、幼苗具5~6片真叶时定植。定植前每亩施腐熟的优质农家肥4000kg、复合肥20kg，普施后浅耕15~20cm，然后做1m宽的畦，畦高10~15cm。在秋、冬季节，为了提高地温，可提前1周覆膜烤地，当地温稳定在8℃以上时，即可定植。株行距17cm×20cm，定植时应带土护根，栽植深度以不埋住心叶为宜，及时浇定植水。设施栽培日温控制在12~22℃。高温季节定植，应在定植当天上午搭好棚架，覆盖遮阳网，傍晚移栽。

(4) 田间管理　移栽缓苗后，即可浇水追肥。对于结球生菜可实行1周蹲苗，蹲苗结束后再进行水肥管理。每亩可随水追尿素10kg，并且要保持土壤潮湿，收获前30天停止追施速效氮肥，防止叶片内积累硝酸盐过多。另外，结球生菜在心叶内卷初期，还应叶面喷施0.2%磷酸二氢钾溶液。结球后期视植株生长情况，再适当追施重肥1次，促使叶球紧实。生菜不耐高温高湿，当气温超过25℃时，应通风降温或采取遮阳措施。同时，生菜又怕水涝，所以畦内不可积水，雨后需及时排水。在夏季热雨过后，必须及时用井水浇园。生菜的茎叶幼嫩多汁，在田间作业时要注意不可损伤茎叶或根系，否则易感病害。在气温高、土壤湿度大的情况下，要趁叶面无露水的时候，摘掉近地面的黄、老、残叶，以防染病。

(5) 采收　不论结球生菜或散叶生菜，其茎叶在老化前都可随时采摘。但产量最高、商品价值最好的采收期，则以叶片充分长大、叶绿叶厚的脆嫩期为好。如果用手轻压叶球，有一定承受力，叶球的松紧度适中时采收为最好。夏秋季节收获晚，球内花薹迅速伸长，使叶球失去商品价值。对散叶生长的生菜，可掰摘大叶留小叶，将采摘的叶片捆把上市，也可整株割下。结球生菜收获时，则从地表割下，摘掉外部老叶，叶球外保留3~4片外叶，即可包装上市。

项目十一 葱蒜类蔬菜栽培

【知识目标】
1. 了解葱蒜类蔬菜的主要种类、生育共性和栽培共性；
2. 掌握大蒜、洋葱和韭菜等葱蒜类蔬菜的生物学特性、品种类型、栽培季节与茬口安排情况等；
3. 掌握大蒜、韭菜、洋葱的栽培管理知识及栽培过程中的常见问题和防止对策。

【能力目标】
1. 能够制订葱蒜类蔬菜生产计划方案；
2. 能掌握洋葱播种及育苗技能、大葱定植及假茎软化栽培技能以及韭黄软化栽培技术；
3. 能正确分析判断大蒜、韭菜、洋葱栽培过程中常见问题的发生原因，并采取有效措施加以防止；
4. 能进行葱蒜类蔬菜（大蒜、韭菜、洋葱）生产效果评估。

葱蒜类包括大蒜、韭菜、洋葱、大葱、分葱、细香葱、薤等，都属于百合科葱属的二年或多年生草本植物，因具有特殊的辛辣气味，也叫"香辛类蔬菜"，又因形成鳞茎，又可称"鳞茎类蔬菜"。葱蒜类蔬菜主要以嫩叶、假茎、鳞茎或花茎为食用器官，营养丰富，风味独特，同时具有极高的药用价值（如从大蒜中提取大蒜素，从洋葱中提取洋葱素等），深受广大人民群众的喜爱，在蔬菜生产中占有极其重要的地位。

葱蒜类蔬菜多起源于西亚大陆性气候，共同生育特性是：①形态特征。具有短缩的盘状茎、喜湿的弦线状根系，耐旱的叶型，具有贮藏功能的鳞茎或假茎。②环境需求。适应温度范围广，喜凉爽气候，耐寒性强；需中等强度光照；地上部分生长期要求土壤湿润，空气湿度宜低，鳞茎形成期要求土壤和空气较干燥；均为长日照植物，属绿体春化类型，较长日照和较高温度有利于鳞茎的形成。③繁殖方式。具有分蘖特性，繁殖方式多样。

葱蒜类蔬菜栽培的共同特性：①植株低矮，叶片直立，叶面积小，适于密植或间套作；②繁殖方式分有性和无性两种，种子寿命短，生产上应使用当年新种子；③必须注意及时除草；④根系吸收能力差，种植密度大，应加强水肥管理；⑤有共同的病虫害，应避免连作；⑥根系可分泌杀菌素，是其他作物最理想的前作或间套作作物。

任务一 大 蒜 栽 培

大蒜为百合科蒜属一二年生草本植物，原产亚洲西部，在我国已有2000多年的栽培历史。由于大蒜营养丰富，风味独特，用途广泛，耐贮运，具有杀菌、抑菌、抗毒等医疗、保健功能，对高血脂、高胆固醇、糖尿病、心脏病及胃、肠、肝、肺、乳腺等癌症有减轻症状及治疗作用，药用价值极高，因而受到世人的喜爱。我国是世界上最大的大蒜生产国和消费国，以产量多、质量优、价格低而闻名于世，年出口量在 1×10^6 t 以上，竞争力极强，创汇额居同类之首。

大蒜的幼苗（俗称"青蒜"或"蒜苗"）、花茎（俗称"蒜薹"）和鳞茎（俗称"蒜头"，包括瓣蒜和独蒜）均可食用，大蒜在我国南北方均栽培普遍，但南方以采收蒜苗、蒜薹为主，北方则以采收蒜头为主。蒜头可佐餐或加工成各种腌渍品、调料和大蒜粉等，还可提取大蒜油（主要成分为大蒜素），故被广泛应用于日常生活、医药、化工及食品工业等方面。

【任务描述】

云南通海县某蔬菜生产基地今年拟利用面积为 10000m² 的大田进行秋蒜苗露地生产，要求在 10 月开始供应上市，产量达 3500kg/亩以上。请据此制订生产计划，并安排生产及销售。

【任务分析】

按照生产过程完成生产任务：制订生产计划方案—播种与育苗—整地做畦与定植—田间管理—采收与采后处理、销售—效果评估。

【相关知识】

一、生物学特性

1. 植物学特征

大蒜属浅根性作物，无主根，弦线状须根系（图 11-1），主要根群分布在纵向 25cm 深的土层内。因根系不发达，根毛少，分布浅，吸收力差，故喜湿、耐肥、怕旱。茎为扁圆形短缩茎，随着植株生长而增大。营养生长期，茎基部生根，顶面端分化叶原基。生殖生长期，顶生花芽，最后抽出花茎，即能食用的蒜薹。同时花序基部周围叶腋间形成侧芽，即蒜瓣。当鳞茎成熟后，短缩茎干缩硬化。大蒜叶由叶片和叶鞘组成，叶片扁平披针状，叶小而直立，表面具有蜡粉，多层圆筒形叶鞘环抱成假茎，为青蒜的主食部分。大蒜鳞茎由鳞芽、叶鞘和短缩茎三部分组成（图 11-2），是大蒜的主要产品器官。鳞芽通称蒜瓣，植物形态学上是短缩茎上的侧芽，由两层鳞片和一个幼芽所构成，外层为保护鳞片（保护叶，即蒜皮），最内层为贮藏鳞片（贮藏叶，即食用部分），肉质肥厚，为鳞芽的主要部分。保护鳞片在鳞茎膨大期，因养分转移而干缩成膜状，裹住贮藏鳞片，防止水分蒸发。大蒜的鳞茎一般由 5~10 个鳞芽组成。

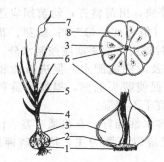

图 11-1 大蒜植株及产品器官形态

1—须根；2—茎盘；3—鳞茎；4—假茎；
5—叶片；6—花茎；7—总苞；8—芽孔

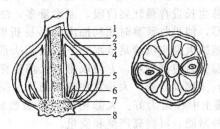

图 11-2 大蒜鳞茎的构造

1—花茎；2—叶鞘；3—保护叶；4—贮藏叶；
5—发芽叶；6—真叶；7—茎盘；8—根原基

2. 生长发育周期

大蒜的生育期长短因气候、品种、播种期及产品收获等不同而有差异，一般作秋播春收栽培，约 210~270 天；但目前有些地方又作春播夏收早熟栽培，约 90~150 天。大蒜生育过程一般分为发芽期、幼苗期、鳞芽和花芽分化期、花茎伸长期、鳞茎膨大期及休眠期等 6 个阶段（图 11-3）。

（1）发芽期 从播种至长出第 1 片真叶。春播约需 7~10 天；秋播约需 15~20 天。

（2）幼苗期 从第 1 片真叶展开至第 3~4 片叶形成为幼苗期。此期花芽、鳞芽即将开始分化，需水肥充足，否则蒜叶会发生黄尖现象。

（3）鳞芽、花芽分化期 从第 4~5 片叶至第 7~8 片叶形成为鳞芽、花芽分化期，一般约需 10~15 天。此时新叶分化停止，叶面积加大生长，大量积累营养物质，为蒜薹和蒜头的形成打基础。栽培上应充分供应水肥，保证蒜薹和抽薹正常形成。

（4）抽薹期 又叫"花茎伸长期"或"蒜薹伸长期"。从蒜薹开始伸长到蒜薹采收为止为抽薹期，一般约需 30 天。此期营养生长和生殖生长同时进行，对水肥的需求很大，栽培上应注意及时供应充足，保证蒜薹和蒜头生长。

(5) 鳞茎膨大期 从鳞芽开始膨大至采收蒜头为止称为蒜头膨大期。一般早熟品种约需50~60天，中晚熟品种约需60~65天。雨水过多或温度过低均不利于蒜头生长。栽培上要注意保持土壤湿润，后期停止供水，防止发生蒜头散瓣现象。

(6) 休眠期 从蒜头采收后至蒜瓣萌发之前为休眠期，属生理休眠，休眠期一般约3~4个月。

3. 对环境条件的要求

(1) 温度 大蒜喜冷凉气候，属耐寒能力较强的蔬菜，南方地区可露地越冬栽培。适温范围-7~25℃，3~5℃即可发芽，发芽期适温12℃以上；幼苗期生长适温12~16℃；鳞芽、花芽分化期适温15~20℃；抽薹期适温17~22℃；鳞茎膨大期适温20~25℃。当气温超过26℃以上时，植株生理代谢失调，茎叶会干枯，鳞茎会停止生长。

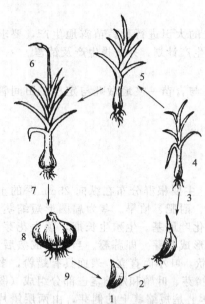

图11-3 大蒜生育周期示意图
1—播种；2—发芽期；3—幼苗期；4—退母；
5—鳞茎、花芽分化期；6—花茎伸长期；
7—鳞茎膨大期；8—收获期；9—休眠期

(2) 光照 大蒜属长日照作物，在通过春化阶段后，需长日照才能抽薹，鳞茎膨大。南方栽培品种一般要求日照在13h左右。日照不足，适宜叶片生长，但不形成蒜头，可以青蒜苗上市。若无光照，则黄化为蒜黄。

(3) 水分 大蒜对土壤湿度要求很高，喜湿怕旱。出苗前，土壤湿润，发芽快，出苗整齐；幼苗期应适当减少浇水数量，要求见干见湿，根系生长好，不会引起蒜种腐烂（俗称"烂母"）；鳞芽、花芽分化期是大蒜生长发育最旺盛阶段，需水量多，注意肥水足量及时施用；抽薹期应控制水分，使植株适当萎蔫，使采收蒜薹时顺利抽出而不易折断；采薹后，应及时浇施肥水，促进植株和蒜头生长；鳞茎膨大期应供给足量水肥。采收蒜头前停止供水，可促使蒜头老熟，提高品质和耐贮能力。挖蒜头时应浇透水，方便取出。大蒜生育期的空气湿度宜干不宜湿。

(4) 土壤及营养 大蒜宜在疏松肥沃、保水保肥力强、排水性能好、有机质丰富、pH5.5~6.0的壤土中种植为好。大蒜耐肥，但吸收能力较弱。施肥应以氮肥为主，增施磷钾肥及硫、硼、锌等微肥，可提高产量和质量。

二、类型与品种

一般按外皮颜色分为紫皮蒜和白皮蒜两大类。品种名称一般按产地来命名。

1. 紫皮蒜

蒜头外皮淡紫红色，故也叫红皮蒜。紫皮蒜冬性较弱，不耐冻，生育期短，蒜瓣少而大（一般4~8瓣），辣味重，蒜薹肥大，产量高，多为早熟品种，适于春播，品质优良，宜作青蒜苗、蒜薹和蒜头栽培。栽培品种因地域而异，如重庆主要栽培的紫皮蒜品种有四月蒜、软叶子等，还有云南的通海蒜、呈贡蒜、弥渡蒜，四川温江蒜、成都二水早、成都云顶早等。

2. 白皮蒜

大蒜外皮及内皮均为白色或灰白色。多数白皮蒜冬性强，耐寒性强，蒜头较小，辛辣味较淡，适宜作蒜头或蒜薹栽培。栽培品种因地域而异，如重庆主要栽培的白皮蒜品种有贵州白蒜、无薹大蒜等。

三、栽培季节与茬口安排

大蒜的播种期因市场需求、品种特性和用途等不同而异，一般分为春播夏收和秋播春收两种。南方地区一般露地栽培，秋播为主。春播一般2~4月份播种，6月份前后抽薹，6~7月份收蒜头；秋播一般8月上旬至10月上旬播种，年前长蒜苗，经越冬低温通过春化阶段，于3~5月份抽薹，4~6月份收蒜头。

【任务实施】

露地秋蒜苗栽培技术

南方地区一般在秋季栽培大蒜。由于南方地区冬季气温相对北方较高，产品上市较早，主要采收青蒜、蒜薹，时值冬季或春季，为蔬菜淡季，产品价格较高，具有较强的竞争能力。

1. 生产计划方案制订与农资准备

根据生产规模及生产目标，制订详细的生产计划方案，准备相关的农业生产资料（种子、农膜、化肥、农药等）。

2. 整地施肥做畦

忌与其他葱蒜类作物连作，前作最好是水稻。前作收清后，应尽快深翻晒垡。每亩施腐熟农家肥 2000～3000kg、普钙 50kg、草木灰 100～150kg 作为底肥，地面撒施后，深耕 20～30cm，耙地 1～2 遍，达到上虚下实，地面平整。精细整地，增施有机肥，对提高大蒜产量、改善品质具有重要意义。然后开沟做畦，畦宽 2m，沟宽 30cm，沟深 20～30cm。

3. 品种选择

根据收获产品器官来进行品种选择。大蒜可以收获青蒜苗、蒜黄、蒜薹、蒜头（瓣蒜）、有的甚至是独蒜等为产品器官，所以品种选择必须根据品种特性、气候条件、市场需求等而定。如四川彭州栽培的软叶子大蒜，不抽薹，宜作蒜苗或蒜头栽培。

4. 播期控制

农谚说"白露早，寒露迟，秋分播种正当时"、"种蒜不出九，出九长独头"。南方大蒜必须适期播种，过早，出苗率低，且易出现复瓣蒜；过迟，冬前生育期短，幼苗太小，易受冻害，且影响大蒜产量及品质。但具体播期必须根据当地气候条件、采收产品器官、品种特性及市场需求等而定。如以收获蒜苗为目的，可提前到 6 月份播种。

5. 蒜种处理、播种及密度

（1）选种 大蒜播种前要精选蒜种，精选老熟、个头大、无病虫伤害的蒜头作种蒜，去除霉变、受损、畸形或过小的蒜种，即选大去小、选壮去瘦、选好去劣，把蒜瓣分为大、中、小三等，分开种植，以便中耕管理和成熟一致。大瓣适当稀植，小瓣适当密植。

（2）蒜种处理 播种前，把蒜种外皮剥去一部分，掰下干茎盘，有利于蒜种吸水、换气、早出苗。9～10 月份秋播的蒜种一般不需要处理。但为了提前上市，6～8 月份夏播的大蒜需进行低温处理，打破休眠，使其发芽，此类蒜种云南蒜农俗称"冰冻蒜"。生产上常用的办法是将蒜种放在 3～5℃的冷库中处理 15～20 天，或者播前用云大-120 水剂 2000 倍液浸种 48h，然后捞出沥干水分后及时播种。无此条件的，可采取深井冷水浸泡，12h 后放在阴凉处催芽（催芽期每天用凉水冲洗 2 次，堆码勿过大，以防发热或发霉），待露芽或露根后即可播种。

（3）播种 用锄头在畦面上开沟条播，沟宽约 20～25cm，沟深 3～5cm，将蒜种分成两排播于定植沟两边，按株距把蒜种插入土中（注意要使蒜种弧形背部线与定植沟平行），深度以入土微露尖端为宜（俗语"深葱浅蒜"），然后另开一条沟，并把开出的土盖在前一条沟上。覆土约 1cm（最好是撒一层腐熟农家肥），栽后浇透水。

（4）播种密度 播种密度应根据采收目的、品种特性、土壤肥力、种瓣大小和播种期等来定。如根据采收目的来看，以采收蒜苗为目的的株行距一般为（6～10）cm×（13～16）cm，每亩用种量 250～300kg。

6. 化学除草

及时高效清除杂草是大蒜优质高产栽培的关键措施。一般采用化学除草，可选用 50% 敌草隆、敌精合剂（精喹禾宁＋敌草隆）等作播后苗前处理，或在大蒜 2 叶 1 心至 3 叶 1 心期作茎叶喷雾。

7. 田间管理

（1）中耕除草 当苗高 10cm、有 2～3 片叶时进行一次中耕。第二次中耕在苗高 25cm、有 5～6 片叶时进行。

（2）肥水管理 总体上在大蒜的整个生长期应保持土壤湿润，避免大水漫灌。大蒜播种后如土壤湿润不需灌水即可出苗，如土壤干燥应灌一次齐苗水；幼苗期一般少浇水以防止徒长和"退母"过早。一般追肥 3～4 次，追肥以速效性肥料为主，适时适量追肥，促进生长发育。催芽肥，大蒜出苗后，施清粪水提苗，保证幼苗正常生长；蒜苗旺盛生长之前，即播种后 60 天左右，母瓣营养耗尽烂母时，按每亩重施一次腐熟人畜肥 1000～1500kg、尿素 8kg、氯化钾 5kg，促进幼苗旺盛生长，茎粗叶肥厚而不黄尖。

8. 采收与销售

采收蒜苗，当蒜苗高到 50cm 左右时即可采收。并详细记录每次采收的产量、销售量及销售收入。

9. 病虫害防治

主要病害有叶枯病、紫斑病、白腐病、菌核病、锈病等。叶枯病可用 10％世高、25％施保克、25％菌威等防治；紫斑病可用 3％多氧清、2％多抗霉素等防治；白腐病可用 50％多菌灵、20％甲基立枯磷、75％蒜叶青、50％异菌脲（扑海因）等防治；锈病可用泰高、百理通、25％敌力脱等防治。

主要虫害有葱须鳞蛾、葱蓟马、南美斑潜蝇、蓟马等。葱须鳞蛾可用 48％乐斯本、50％地蛆灵、52.5％农地乐等防治；葱蓟马可用 10％的吡虫啉、20％杀灭菊酯、2.5％溴氰菊酯、40％乐果等防治。

10. 栽培中常见问题及防治对策

蒜苗生产中常出现发黄、干尖的问题，即蒜苗叶尖发黄或干焦。其主要原因是温度过高或过小、湿度过大或过小、土壤酸化或施肥过量，施药浓度过大导致的药害等，应注意加强温度和水肥管理，保持土壤湿润，控制化肥用量，多施农家肥，注意喷药浓度，喷施天然芸苔素、硕丰 481 等植物生长调节剂即可。

【效果评估】

1. 进行生产成本核算与效益评估，并填写表 11-1。

表 11-1 露地秋蒜苗栽培生产成本核算与效益评估

项目及内容	生产面积/m²	生产成本/元						折算成本/(元/亩)	销售收入/元		折算收入/(元/亩)
		合计	其中：						合计		
			种子	肥料	农药	劳动力	其他				

2. 根据露地秋蒜苗栽培生产任务的实施过程，对照生产计划方案写出生产总结 1 份，应包含生产目标、生产进度安排、生产实施过程、生产效益评估以及存在问题分析等内容。

【拓展提高】

露地独头蒜冬春早熟栽培技术

独头蒜（俗称"独蒜"）因剥皮方便，可食率高，成熟早，价格高而出名。

1. 选地整地

选择沙土或沙壤土。前作收获后应及早清洁田园，深翻炕晒、熟化土壤。然后按每亩施入腐熟的优质有机肥 2000kg、过磷酸钙 50kg、硫酸钾 10kg。精细整地，以 1～1.2m 开墒，做到肥匀畦平土细，即可播种。

2. 品种及种瓣的选择

早熟栽培蒜种应选用当年生的温江红七星、四六瓣、二水早品种为好，且百瓣蒜种在 100g 左右的小蒜瓣最佳。较大的蒜瓣形成的植株生长势较强，不容易形成独蒜。较小的蒜瓣所含营养物质较少，形成的植株瘦弱，叶片狭窄较小、假茎较细，花芽分化不良，在高温和长日照之下，顶芽迅速膨大并贮藏水分和养分形成独头蒜。

3. 种瓣的低温处理

将选好的蒜种装入麻袋后置于 0~5℃ 的低温冷库中处理 30~40 天，可打破休眠，提早早熟。

4. 播种期

经过低温处理的蒜种，早播亦有相当的独蒜率，但由于播后气温高，幼苗极易早衰而提前倒苗，所形成的独蒜个头较小，蒜形差（农民称之为"草果蒜"）。特别是在低热河谷地带，较为突出。相反，播种偏晚，独蒜的比例极高，如在立冬节令播种试验，独蒜率高达 95.4%，但产量极低，小独蒜仅有 3g 左右重。在秋分至寒露之间播种，其独蒜率在 40%~50%，独蒜个大质优，综合产值较高，故独蒜栽培最佳播种期应掌握在此期进行。

5. 播前处理

将低温处理过的蒜种先行分瓣、摘底盖（老茎盘）等处理，然后按大、中、小分级待用。播前用冷水浸泡 6~12h，沥干水汽后用 50% 多菌灵粉剂拌种处理（多菌灵用量为浸泡种子重量的 0.2%~0.3%），然后可进行播种。

6. 播种密度及播种

点播法按 4cm×5cm 的株行距，在畦面上用木桩点孔，放入一瓣大蒜，根部向下。点完后畦面上盖 1cm 厚的细土，每亩栽 8 万~9 万苗。

铲播条播法用板锄铲出深 4~6cm、宽 15cm 的播种沟，然后按 4cm×7cm 株行距排播种子于沟内，注意蒜瓣不能倒置。再铲下一播种沟的土盖在前一沟蒜种上，这样第二播种沟同时开好，又可摆放种子，如此不断进行，直至播完整畦。每亩栽 6 万~7 万苗。亩用种量为 140~180kg。

播种方式可以根据实际情况选择。如土壤干燥，播完种后浇灌一次齐苗水。播种后出苗前 3~4 天内，用 25% 绿麦隆、扑草净等喷雾防治杂草。施药后用山草、绿肥、蒿子或稻草等覆盖，既利于保墒保湿，还可抑制杂草生长。山草、蒿子腐烂后又可肥田。

7. 播种深度及套种

独蒜栽培中，播种深度应掌握在 4~6cm 为宜。一方面幼苗出土消耗一定能量，有利于减弱植株长势，提高独蒜率；另一方面形成的独蒜果形圆正，外观商品质量好。

大蒜播种后，在其间套种生长期较短的小型叶菜，如菠菜、芫荽、薄荷等，在大蒜生长中期及时采收套种菜，这样可以起到幼苗期适当遮光、争夺空间和养分，抑制幼苗的旺盛生长，达到提高独蒜率的目的。

8. 肥水管理

独蒜在不同生育时期，需要不同种类的肥源，总体来说，生长前期侧重于氮肥，后期则倾向于磷、钾肥。在施足底肥的基础上，还要进行适期追肥。

（1）提苗肥　幼苗长出 4~5 片叶时，种瓣中的养分消耗殆尽，植株转向于从土壤中摄取养分。若营养供应量不足，常出现短期的"黄尖"或"干尖"现象。应及时以每亩 1500kg 人粪尿稀释泼洒，或者每亩 5~10kg 的尿素进行追肥。

（2）蒜头膨大肥　植株叶片出现 7~9 叶时，不分化花芽的独头蒜开始膨大。能抽薹的瓣蒜完成花芽分化并伸长生长，侧芽开始膨大，可按每亩 12~20kg 硫酸钾追施，并加大灌水量以促使蒜头迅速膨大。注意控制氮素肥料施用。

（3）叶面施肥　结合植株长势，以适当浓度的磷酸二氢钾、大蒜专用多元微肥、大蒜膨大素等进行叶面喷施，都有利于提高产量和品质。

9. 采收上市

独蒜成熟较早，譬如在云南大蒜主产区一般播种后当年 12 月下旬即可陆续采收上市。及时对假茎细弱、叶片少而小的植株（往往都是独头蒜）进行分批采收。采收过早，蒜头不充实，商品质量差。一般在 1 月底上市的独蒜成熟度较好。采收后及时销售，并详细记录每次采收的产量、销售量及销售收入。

【课外练习】

1. 简述露地秋蒜苗栽培技术要点。

2. 蒜苗栽培中常见的问题有哪些？应如何防止？

任务二　韭菜栽培

韭菜属百合科葱属中以嫩叶、柔嫩花茎、花、嫩籽等供人们食用的多年生宿根草本植物，原产中国，耐寒抗热，适应性强，全国各地栽培普遍。栽培方式多样，可周年生产、上市，产品多样，除作蔬菜外，还可以种子和叶等入药，具健胃、提神、止汗固涩、补肾助阳等药用功效，是我国人民普遍喜欢的一种重要蔬菜。

【任务描述】

广西桂林某蔬菜生产基地拟利用面积为 $6000m^2$ 的大田，准备周年生产露地韭菜，要求在次年1月开始供应上市，每茬产量 1500kg/亩以上。请据此制订生产计划，并安排生产及销售。

【任务分析】

按照生产过程完成生产任务：制订生产计划方案—播种与育苗—整地做畦与定植—田间管理—采收与采后处理、销售—效果评估。

【相关知识】

一、生物学特性

1. 植物学特征

根为弦状须根系，主要分布在表土 20cm 内，寿命长，着生于茎盘下，茎盘不断向上增长，形成根状茎，上面长叶及分蘖（图 11-4），随年限增长，老根不断死亡，新根不断增长，使得新根位置不断上移，俗称"跳根"现象（图 11-5），故韭菜需要培土，防止根系过浅而外露。叶由叶鞘和叶身组成，簇生，一般有 5~11 片叶，扁平实心带状，叶片宽度因品种而异，叶鞘抱合成假茎，叶和假茎为主要供食部分。茎盘上的顶芽分化后抽生花茎，花茎顶端着生伞状花序，白花。花茎和花也可食用，风味独特。果为蒴果，含 3~5 粒籽，黑色，千粒重约 4g。

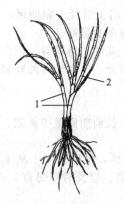

图 11-4　韭菜的分蘖
1—同一叶鞘中包被的两个分蘖；2—新分蘖

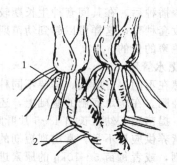

图 11-5　韭菜的"跳根"示意图
1—新根；2—前一年的老根

2. 生长发育周期

南方地区栽培的韭菜，生长发育周期可划分为 7 个时期。

(1) 发芽期　从播种到第一片真叶展开，约 10~20 天。

(2) 幼苗期　从第一片真叶展开到定植，一般品种需 70~80 天。

(3) 营养生长旺期　从茎盘生长点具有分株能力到花芽分化。

(4) 休眠期　当气温下降到 -5℃后，地上部分枯萎，植株进入休眠期。南方地区一般不易出现。

(5) 抽薹期　从花芽分化到花薹长成，花序花苞开裂。

(6) 开花期　从花苞开裂到整个花序开花结果，一般 7~10 天。

(7) 种子成熟期　从开花到种子成熟，一般 30 天。

3. 对环境条件的要求

(1) 温度　韭菜耐寒而适应性广。发芽适温15～18℃；幼苗期适温12℃以上；生长适温12～24℃，超过24℃以上时，生长缓慢，品质下降。叶丛耐-5～-4℃低温。

(2) 光照　韭菜为长日照植物，需中等强度光照。

(3) 水分　韭菜为半喜湿植物，对水分要求较严。水分不足，生长不良，过多又易烂叶。

(4) 土壤及营养　韭菜对土壤适应性很强，但以土层深厚、疏松肥沃、富含有机质的壤土为宜。韭菜喜肥，以氮肥为主，注意配合磷钾肥。

二、类型与品种

按食用部分分为根韭、叶韭、花韭和花叶兼用四种类型，现有品种多为花叶兼用型。生产上一般以叶片宽度分为宽叶和窄叶两种类型，以宽叶韭菜为主。

1. 宽叶韭

宽叶韭又称"大叶种"、"马兰韭"，叶片宽厚，叶色浅绿或绿色，纤维较少，产量高，品质好，但香味较淡，直立性差，易倒伏。适于保护地栽培。优良品种有汉中冬韭、河南791、天津大黄苗、北京大白根、寿光马蔺韭、杭州冬韭、江苏马鞭韭、成都马蔺韭、广州大叶韭等。

2. 窄叶韭

窄叶韭又称"小叶种"、"线韭"，叶片细长，叶色深绿，纤维较多，香味浓，分蘖多，叶鞘细、高，直立性强，不易倒伏，耐寒性、耐热性均较强。优良品种有北京铁丝苗、保定红根、太原黑韭、诸城大金钩等。

三、栽培季节与茬口安排

韭菜耐寒性极强，南方地区可以周年露地生产，栽培方式较多，南方地区目前主要有露地和设施栽培两种。

【任务实施】

露地韭菜周年栽培技术

1. 生产计划方案制订与农资准备

根据生产规模及生产目标，制订详细的生产计划方案，准备相关的农业生产资料（种子、农膜、化肥、农药等）。

2. 繁殖方法

韭菜可采用种子和分株两种方式繁殖。种子繁殖的植株生长旺盛，分蘖和生活力强，寿命长，产量高，生产上大面积栽培时均采用此方式繁殖，露地直播或育苗移栽均可。分株繁殖的植株生长势弱，分蘖少，只适于小面积栽培用。

3. 播种育苗

(1) 播种期　春秋两季均可播种，以春播栽培效果佳。春播时间一般3～4月份，6～7月份定植；秋播时间一般10～11月份，翌年3～4月份定植。春播宜在地温稳定在10～12℃时进行。

(2) 苗床准备　选疏松肥沃，排灌方便，3年未种过葱蒜类的地块。前茬收后，每亩施入腐熟有机肥5t、三元复合肥50～60kg，耕翻耙细，整成宽1.6～2m，长8～10m的高畦。

(3) 种子处理　播前晒种2～3天，晒后用40℃温水浸种24h，捞出洗净沥干，用湿布包好放入20～25℃环境中催芽约3天，80%种子露白即可播种。

(4) 播种量　育苗的适宜密度为1600株/m²，用种约10g/m²，每亩需种子约5kg。

(5) 播种方法　播前浇足底水，水渗后先薄撒一层细土，以免种子撒入苗床，播后覆细土1.5cm，第二天再覆细土1cm，然后镇压一次，以利出苗整齐。韭菜种皮坚硬，不易吸水，发芽缓慢，只有保持土壤湿润才能正常出苗。

(6) 苗期管理　出苗后，保持土壤湿润。当苗高4～6cm时，及时浇水，以后每隔5～6天浇水一次；当苗高10cm时，每亩随水冲施尿素10kg；苗高15～20cm时，再冲施尿素10kg，即应蹲苗，促地下部协调生长。注意病虫草害的防治，播后芽前除草，用33%除草通乳油、48%地乐胺乳油或50%扑草净可湿性粉剂喷雾。

4. 定植

(1) 定植期　当株高长到20~25cm或发现幼苗拥挤时，需及时定植，一般在出苗后50~60天即可定植。定植应不晚于7月下旬，否则时值南方地区7~8月份高温多雨季节，不利小苗成活。

(2) 整地施肥做畦　韭菜需肥大且生长时间长，定植前应重施基肥。前茬收后，每亩施充分腐熟优质农家肥4~5t，深耕25~30cm，耙细，理成宽1.6~2m、长20~25m的高畦。

(3) 合理密植　按50cm的行距开沟，丛距17~20cm，每丛4~5苗条栽。

(4) 定植方法　定植前首先对苗床浇透水，以利起苗。起苗时抖去宿土，对过长的根，应将先端剪去，仅留2~3cm。同时，为提高成活率，还应将叶片先端剪去一段，以减少叶面蒸发。韭苗要随起随栽，不要长时间堆放。定植深度以叶鞘埋入土中，即3~4cm为宜，过深生长不旺，过浅跳根过快，韭丛四周用土压实，随即浇清水使根与土壤紧密接触。

5. 田间管理

(1) 定植后的管理　春播韭菜一般6月份定植，进入夏季气温升高，韭菜生长缓慢，管理上注意不旱不浇水，注意排除积水。热闷雨后，及时浇水（快浇浅浇），降低地温，防止韭菜地病害发生。立秋后，天气转凉，韭菜进入快速生长期，应加强肥水管理。8月中旬每亩追饼肥200kg，随即浇水。以后5~6天浇一次，9月中旬每亩追尿素25~30kg、硫酸钾10kg，保持土壤见干见湿。进入10月份，天气渐冷，生长速度减慢，叶片中的营养物质逐渐贮藏于鳞茎和根系之中。此时根系吸收能力减弱，应减少灌水，保持地面不干即可。浇水过多，植株恋青，影响营养物质的积累。土壤封冻前浇足封冻水。同时，结合浇水灌施敌百虫杀虫剂，可大大减轻第二年韭蛆为害。

杂草是韭菜生产的大敌。杂草以一年生和多年生杂草为重。播后苗前用33%除草通乳油防治。苗后除草用20%拿捕净乳油进行茎叶喷雾。

韭菜一次定植多年收获，为保证以后的高产，一般当年不割韭菜，翌年才开始收割。

(2) 第二年的管理　翌春待韭菜新叶发出后，苗高20~25cm时，即可收割。收割韭菜前浇透水一次，割后新叶长出10~20cm时再追肥一次，以后每隔20~30天即可收割一次，一般一年收割4~5次，收割次数不宜过多，这样可持续收割4~5年。反之，每年收割7~8次的，植株老化快，一般2~3年就要更新。如果需要收获韭菜薹，在5月份后即应停止收割韭菜，6~7月份可抽薹开花。

6. 病虫害防治

病害主要有霜霉病、灰霉病、疫病，可选用多菌灵、乙膦铝、甲霜灵、霜疫清、灰霉克、速克灵、克露等药剂防治。

虫害主要有韭蛆、蓟马、菜蛾、潜叶蝇等，可用晶体敌百虫、敌敌畏、吡虫啉及菊酯类药剂防治。韭菜防治虫害一般不用辛硫磷，以防产生药害。

7. 采收与销售

(1) 采收时期　春季，叶片旺盛生长，是主要的收获期；夏季高温多雨，品质变劣，多不收割；秋季叶片再次旺盛生长，又出现一次收获盛期。如实行保护地栽培，冬季也可供应市场。一般露地栽培的韭菜，通常入冬前50天左右即停止收割，使其自然凋萎，将营养转移到根中，为翌春韭菜健壮生长打好基础。

(2) 采收次数　一般每年以采收4~5次为宜，管理好的，可以采收6~8次，但不宜采收过多。

(3) 采收办法　当苗高35cm左右、生长期20~25天即可收获。过早产量低，过晚纤维多。收获时间以晴天早晨为宜。因分生组织在叶鞘基部，茬高要适度，割下的割口处呈绿色太浅，呈白色太深，呈黄色为宜，即一般留茬2~3cm，过低会伤害分生组织及幼芽。收割后及时中耕，搂平畦面，韭菜萌发长有8~10cm时，伤口已经愈合，即可追肥浇水。

(4) 及时培土　因韭菜有跳根现象，故每次采收后，应及时培土3~4cm，一般每年培土2次。每次收割应较上一次收割高出2~3cm。入冬前宜在韭菜行间覆盖一层2~3cm的肥土，保护韭菜根系免受冻害。

详细记录每次采收的产量、销售量及销售收入。

8. 栽培中常见问题及防治对策

(1) 种子问题

① 种子中混杂葱种　主要原因：因韭菜种产量低、价格高，而葱种产量高、价格低，两者外观很相似，所以很多不法售种者把葱种掺入韭菜种中，以牟取暴利。防治措施：到正规种子店购买；购种时应仔细观察分辨，韭菜种子外形盾状扁平，皱纹多而细密，无脐部凹洼；大葱种子外形盾状有棱角稍扁平，皱纹多而不规则，脐洼稍浅。韭菜种子略大，千粒重 4.15g 左右；大葱种子稍小，千粒重 2.6g 左右。

② 发芽率不高或不发芽　主要原因：种子陈旧；种子生产中天气不良；种子采收中管理不善。防治措施：只能使用新种子；制种中加强管理，及时防止不良天气；加强采收种子后的管理。

(2) 植株退化　韭菜栽培几年后，植株分蘖能力下降，生长速度减缓。主要原因：品种不当；采收次数过多；肥水管理不足。防治措施：选择适宜优良品种；控制采收次数；加强肥水管理。

(3) 叶尖变黄、干尖　主要原因：温湿度管理不当；土壤酸化；设施栽培中通风不良；药害（用药浓度过大）；肥害（施用硝态氮肥过多）；品种特性。防治措施：选择适宜品种；加强温湿度管理；改良土壤；控制用药浓度；控制硝态氮肥数量；施用微肥，补充微量元素；设施栽培中注意及时通风。

【效果评估】

1. 进行生产成本核算与效益评估，并填写表 11-2。

表 11-2　露地韭菜周年生产成本核算与效益评估

项目及内容	生产面积 /m²	生产成本/元						折算成本 /(元/亩)	销售收入/元	折算收入 /(元/亩)
		合计	其中：						合计	
			种子	肥料	农药	劳动力	其他			

2. 根据露地韭菜周年生产任务的实施过程，对照生产计划方案写出生产总结 1 份，应包含生产目标、生产进度安排、生产实施过程、生产效益评估以及存在问题分析等内容。

【拓展提高】

草棚春秋韭黄干法栽培

软化栽培是将某一生长阶段的蔬菜栽培于黑暗（或弱光）和温湿度适宜的环境中，生长出叶绿素含量少、植株黄白色、组织弱嫩、风味独特、商品价值高的、蔬菜的一种栽培方法。

1. 播种育苗

干韭黄宜采用育苗移栽，其韭苗整齐、苗壮，易加工整理。

(1) 品种选择　应选用抗病性好、分株能力适中、植株粗壮的品种，如犀浦韭菜、二五叶韭菜、牧马山韭菜等地方品种和平丰 6 号、平丰 8 号、黄韭 1 号、791 雪韭王、雪韭四号等优质品种。因其栽培方式与普通韭黄不同，种植"干"韭黄不能选择沙土或沙壤土，只能选择排水方便的壤土或黏壤土。

(2) 苗床准备　每亩大田用苗需准备 70~90m² 苗床。苗床应选择背风向阳、地势较高、土壤肥沃、排水良好、2~3 年未种过葱蒜类蔬菜田块作苗床。施入腐熟有机肥 100~200kg，人畜粪尿 100~200kg，过磷酸钙 3~5kg，尿素 1.5kg，草木灰 5~7kg，将土壤与基肥混合均匀。畦面宽 1.2m，沟宽 30cm，整平苗床。

(3) 种子处理　种子必须选用当年新鲜种子（贮藏时间在半年内），每亩大田用种 1.0~

1.5kg。用40℃温水浸种12h，除去秕籽和杂质，洗净种子上的黏液后，用湿布包好。在16~20℃的条件下催芽，每天用清水冲洗1~2次，60%种子露白尖即可播种。春播时也可用干籽直播。

(4) 播种　春播时间在3~4月份；秋播时间在9~10月份。播前将苗床浇药水杀菌杀虫，药水用绿亨1号3000~4000倍液+48%乐斯本1000倍液配制，要保证浇透，保证土表10cm厚内土层湿润。将催芽种子（或干种子）混2~3倍沙子均匀地撒在苗床上，覆盖1.6~2cm厚的过筛细土，播后及时覆盖地膜或稻草。春播宜覆盖地膜，压实，以利保温保湿。秋播宜用遮阳网遮盖，防暴晒或雨水冲刷。

(5) 苗期管理　70%幼苗顶土时，应在晴天傍晚及时揭去地膜或遮阳网等覆盖物，逐步炼苗。按照"先促后控"原则，及时浇水。齐苗到3~4叶期时，保持土壤湿润，一般5~7天左右浇一次小水；苗高15cm后，应适当控水，2周浇一次水，防韭黄徒长。按照"勤施薄施"原则，及时追肥。结合浇水，从齐苗至3~4叶期间，用10%腐熟人畜粪尿或40%三元复合肥每亩按5~10kg追肥，共2~3次；苗高15cm以后，结合浇水，每20天左右适量使用速效氮肥追肥2~3次。

出齐苗后及时拔草2~3次，或采用精喹禾灵、盖草能等除草剂防除单子叶杂草，或在播种后出苗前，每亩用30%除草通乳油、20%拿捕净乳油等喷洒苗床地表。

2. 大田准备

选择排灌方便，2~3年未种过葱蒜类蔬菜的田块，前茬以粮油作物最好。基肥以农家肥为主，每亩施腐熟农家肥2~3t、过磷酸钙100kg、碳铵50kg，用微耕机使肥、土均匀混合。平整后开沟作垄，垄宽50cm，沟宽20cm，深20~25cm。

3. 移栽

当韭苗高15~20cm时即可移栽。春季3~5月份、秋季9~10月份为佳。移栽前2周停止苗床浇水，开始"蹲苗"；定植沟浇足底水；剔除弱苗；剪去过长须根和部分先端叶片，减少水分蒸发，以利于缓苗。双行错位移栽，每丛2苗，株行距6cm。移栽后，及时浇足定根水。

4. 大田管理

缓苗期间注意水分补充，保持土壤湿润。韭苗成活后，结合补水，可适当勤施薄施10%人畜粪尿2~3次；当韭菜进入旺盛生长和分蘖时，每20天左右每亩施40%三元复合肥5~10kg，共2~3次。当韭白高10cm时，可第一次培土，培土前施一次重肥，每亩可施氮、磷、钾含量比为15：15：15的硫酸钾三元复合肥40kg。

韭菜扣棚软化前要多次培土，每生长10cm左右就培土一次，最后一次培土要露出韭白6cm左右，以利采收后加工。每次培土时，可根据韭菜长势，适当追施速效氮肥，每次每亩可撒施尿素5kg于种植沟内。有条件的最好加施腐熟有机肥，可提高韭黄品质和抗病性。高温、干旱时，要及时补充水分；在夏秋多雨季节，应及时排水，防止根状茎腐烂。人工及时除去田间杂草，避免病虫害滋生。

5. 病虫害防治

主要病害以猝倒病、枯萎病、灰霉病、菌核病、疫病、霜霉病、锈病、软腐病等为主，虫害以韭蛆、蝼蛄、潜叶蝇、蚜虫等为主，应及时防治。

6. 搭棚软化

青韭菜在生长季节要培土2~3次，当韭白长到20cm后，即可搭棚进行遮光软化栽培。南方地区多用稻草或黑塑料薄膜作为遮光材料，且一年四季均可进行。根据韭黄生长及市场情况适时搭棚软化。软化最佳时间为春季3~4月份、秋冬季10月份至翌年1月份。以草棚覆盖软化法为例，必须利用南方丰富的稻草资源和适宜的气候条件进行，具体方法如下。

(1) 搭架扎棚　用竹竿搭成人字架，架高40~50cm，两竹架距离3m为宜，以利通风，架上用一竹竿作横杆，绑牢，拉稳，支撑稻草。用稻草依竹架扎成"∧"字形，厚度以不透光、不漏雨、能通风透气为宜。根据需要可扎数个。

(2) 去叶　扣棚时，使韭白露出土6cm左右，在叶枕以上4cm处割去青韭菜叶子。

7. 收获加工

韭白扣棚后,春季、秋季需10~15天,夏季需5~8天,冬季约需25天遮光后便软化黄化成功,即可适时收割。韭黄收割后,可在阴凉处干撕加工,手工直接撕去与土壤接触的1~2片叶鞘,不可用水清洗,即所谓干韭黄。加工好的干韭黄经整理捆扎束成把,即可上市。

详细记录每次采收的产量与销售量及销售收入。

【课外练习】
1. 韭菜如何进行播种繁殖?如何进行韭菜的黄化栽培?
2. 简述利用搭棚进行韭黄遮光软化栽培的技术要点。

任务三 洋葱栽培

洋葱俗称圆葱、团葱,为百合科葱属植物,原产中亚西亚。由于洋葱适应性强,我国种植普遍,是许多国家调剂蔬菜淡季供应的一种重要蔬菜。洋葱营养丰富,含较多的蛋白质、维生素,尤其是含有硫、磷、铁等多种矿物质,食用价值很高。洋葱产量高,易栽培,耐贮运,近年来我国加工成脱水菜供出口。

【任务描述】

云南通海县某蔬菜生产基地拟利用面积为10000m^2的大田,准备露地生产春洋葱,要求在2月开始供应上市,产量4500kg/亩以上。请据此制订生产计划,并安排生产及销售。

【任务分析】

按照生产过程完成生产任务:制订生产计划方案—播种与育苗—整地做畦与定植—田间管理—采收与采后处理、销售—效果评估。

【相关知识】

一、生物学特性

1. 植物学特征

洋葱的胚根入土后不久便萎缩,因而没有主根,其根为弦线状须根,着生于短缩茎盘的基部,根系较弱,无根毛,根系主要密集分布在20cm左右的表土层中,故耐旱性较弱,吸收肥水能力也不强。洋葱在营养生长时期,茎短缩成扁圆锥状茎盘。茎盘上部环生圆筒形叶鞘和芽,下面着生须根。生殖生长时期,生长锥开始花芽分化,抽生花薹,顶端形成花序,能开花结实,因花器退化,在总苞中形成气生鳞茎。洋葱的叶由叶身和叶鞘组成。叶筒状中空,表面具有蜡粉。叶鞘圆筒状,叶鞘基部在生育期膨大,形成肉质鳞片,为主食部分,最外面1~3层叶鞘基部因贮养分内移而变成膜质鳞片,可保护内层鳞片减少蒸腾,故洋葱耐贮藏。洋葱一般在当年形成商品鳞茎,翌年抽薹开花,伞形花序,异花授粉。果为两裂蒴果,种子盾形,外皮坚硬多皱,呈黑色,千粒重3~4g。

2. 生长发育周期

(1)营养生长期

①发芽期 从播种到出现第1片真叶,约需15天。

②幼苗期 从第1片真叶到定植为止。此期苗高约20cm,假茎粗0.6~0.9cm,真叶3~4片,约需50~60天。该期应保证全苗,培育适龄壮苗。苗龄过长易造成未熟抽薹,导致产量和品质下降。

③叶生长期 从第3~4片真叶到8~9片真叶出现,需40~60天。该期要使洋葱较早地形成一定的叶数,并促使地上部旺盛生长。

④鳞茎迅速膨大期 从第9~10片真叶出现到收获鳞茎为止,需30~40天。应加强水肥管理和病虫害防治,保证鳞茎顺利充分膨大,及时采收。

(2)鳞茎休眠期 洋葱鳞茎收获后,因气候原因,鳞茎进入自然休眠期。休眠是洋葱长期适应原产地夏季高温干旱等不良环境条件的结果,休眠期一般在60~70天以上。

(3)生殖生长期 用作采种的母鳞茎,经夏秋贮藏后,一般于秋季栽植,在翌年春季日照下抽薹开花，至夏季种子成熟，其间约需 8~10 个月时间。该期应该保证种株安全越冬，促使花薹健旺，种子饱满；合理追肥，浇水，避免花薹倒伏；严格避免品种间混杂，注意采种隔离，以保证种子的纯度。

3. 对环境条件的要求

（1）温度　洋葱的种子和鳞茎可在 3~5℃ 的温度下缓慢萌芽，温度达到 12℃ 以下时发芽加速。幼苗期生长适温为 12~20℃，叶生长期以 18~20℃ 为宜，温度的高低和日照的长短均直接影响着鳞茎的形成。故在安排洋葱的栽培季节时必须把幼苗期及叶生长期置于短日照和较低温度下，而将鳞茎膨大期安排在长日照和较高温度下。鳞茎对温度具有极强的抗寒性与耐热性，在解除自然休眠状态后，强迫休眠的温度界限为不低于 3℃，不高于 26℃。

（2）光照　洋葱属长日照作物。高温和长日照条件可以促进鳞茎的形成。高温短日照时，只长叶，不形成鳞茎，但不同类型的品种差异较大，如南方短日照类型多为早熟品种，通常在光照 12~13h 下即可形成鳞茎，而北方长日照类型多为晚熟种，需在光照 14~15h 下才能形成鳞茎，故南北方引种时必须注意此情况。若将北方长日照品种引至南方种植，鳞茎形成期推迟，鳞茎小，产量低。

（3）水分　洋葱根系浅，吸水能力弱，需较高的土壤湿度。叶生长盛期及鳞茎迅速膨大期是洋葱需水量最大的时期，土壤缺水将严重影响鳞茎的肥大。鳞茎收获前，应逐步减少灌水，防止出现恋青、迟熟和腐烂，有利于鳞茎的充实和加速成熟，促进其进入休眠状态。鳞茎具有极强的抗旱能力，能在极干旱的外界条件下长时间保持肉质鳞片中的水分，维持幼芽的生命活动。

（4）土壤及营养　洋葱根系浅，吸收能力弱，但喜肥，要求疏松肥沃、保水肥能力强的壤土为宜。适宜的土壤 pH 值为 6.0~6.5。洋葱对养分要求较高，营养生长期需氮肥较多，但苗期要注意不可多施，以免徒长、罹病。幼年期增施钾肥非常有利于鳞茎的膨大，增施微肥有利于提高产量。

二、类型与品种

洋葱按鳞茎形成对日照需求长短分为长日照类型和短日照类型；按鳞茎形态分为普通洋葱、分蘖洋葱和顶球洋葱。生产上栽培的为普通洋葱。根据鳞茎外皮颜色，普通洋葱又分为以下品种。

1. 红皮洋葱

红皮洋葱又叫"紫皮洋葱"，多为晚、中熟品种，植株生长势强，叶直立，叶色深绿。鳞茎外皮紫红色或粉红色，鳞片肉质呈微红色，鳞茎圆球形或扁圆球形。质地脆嫩多汁，辣味浓，但鳞片肉质不如黄皮洋葱致密柔嫩，品质稍差。鳞片自然休眠期较短，萌芽较早，含水量较大，贮藏性不如黄皮洋葱。多作冷凉地区的春季栽培。耐寒性、抗病性较强。主要栽培品种一般为地方品种。

2. 黄皮洋葱

黄皮洋葱多为中、早熟品种，鳞茎外皮铜黄色至淡黄色，肉质微黄色，鳞茎扁圆形或圆球形至高桩圆球形。植株生长势强，叶片开展，叶色浅绿。产量较红皮洋葱稍低，但鳞片肉质致密细嫩，味甜而辛辣，品质佳，可用作脱水蔬菜原料。一般属短日照类型，适于南方热区作冬季栽培。传统的主要栽培品种有从美国引进的"太阳"、"手托"、"尼加拉"，从日本引进的"红叶 3 号"、"港葱 841"、"大宝"、"皇冠"等。黄皮洋葱主要供出口。

3. 白皮洋葱

白皮洋葱多为早熟品种，鳞茎外皮白色，近假茎部分稍现微绿色，鳞片肉质也呈白色。鳞茎较小多为扁圆形，鳞片肉质柔嫩细致，品质极佳，常用作脱水蔬菜原料或罐头食品配料。产量低，抗病力弱，易引起未熟抽薹，生产上很少栽培。

三、栽培季节与茬口安排

可分为春洋葱和冬洋葱两种。南方地区栽培洋葱一般以外销的春洋葱为主，集中在温暖地方栽培，通常 9~10 月播种，翌年 5~7 月采收。不过，因市场需求，南方某些热区借助冬季气温较高的气候优势，发展夏播冬收的洋葱栽培，上市早，价格高，取得了较高的经济效益。冬洋葱一般在 7~8 月播种，翌年 3~4 月采收。具体应根据各地实际情况而定。

【任务实施】

露地春洋葱栽培技术

1. 生产计划方案制订与农资准备

根据生产规模及生产目标，制订详细的生产计划方案，准备相关的农业生产资料（种子、农膜、化肥、农药等）。

2. 栽培时期

通常 9~10 月份播种，翌年 5~7 月份采收。

3. 播种育苗

（1）苗床准备　洋葱幼苗不耐盐碱，出土生长缓慢，根量少，因此育苗床应选择疏松肥沃、保水力强的壤土或沙壤土为宜。一般每亩大田用苗约需准备 40m² 苗床。苗床底肥要铺撒均匀，施充分腐熟过的农家肥 150kg、普钙 4kg、硫酸钾 7kg（或草木灰 15kg），翻细耙平开沟作高畦，畦宽 1~1.2m，高 25cm。为避免土蚕等地下害虫为害，可用 0.15kg 米尔乐拌细土均匀撒床面浅翻入土。

（2）适期播种　洋葱幼苗生长缓慢，为充分利用土地和适于洋葱营养生长的气候条件，一般多进行育苗移栽。因洋葱生长适温为 12~26℃，温度超过 26℃时洋葱就将结束生长进入休眠状态，故洋葱一般在炎夏到来之前成熟收获。采用较大的幼苗栽植，可利用炎夏前的适宜温度和长日照条件，使洋葱有充分的时间进行营养生长，为高产打基础。为此，适当早播是高产栽培的重要措施之一，但过早易引起未熟抽薹。

（3）播种方法　洋葱每亩大田用苗，播种量约 2~3kg。播前进行种子处理，将种子置于 50℃温水中浸泡 3~5h，捞出稍晾后置于 18~20℃温度下催芽，当有 50%以上的种子胚根露出时播种。无条件催芽可浸种后稍晾直播。播种方法是先灌透苗床底水，水浸干后薄薄撒一层细肥土，将种子拌上消过毒的细肥土均匀撒播，以 200~400 粒种子/m² 苗床为佳，盖上细土，以盖住种子为宜，上面可加盖稻草，然后搭拱架盖膜，以保温保湿。出苗前后用喷壶浇水，保持土壤湿润。出苗后注意除草。

（4）苗期管理　洋葱种子的种皮带角质，坚硬不易裂开，故发芽缓慢。苗期必须经常保持土壤湿润，使幼苗顺利出土，健壮生长。在育苗后期，注意适当控制水分，以免幼苗徒长。同时注意病虫草害防治与排水。

4. 大田定植

（1）整地施基肥　前作采收后及时翻耕晒垡，细碎土垡，施足底肥，以有机肥为主，一般每亩施用充分腐熟农家肥 2.5~3t、普钙 30~50kg、草木灰 100kg（或硫酸钾 10~20kg），用微耕机等使肥料和土壤充分均匀混合，深耕 20cm 以上，然后做高畦，畦宽约 1.2m、高约 20cm，沟宽 25cm。

（2）选苗　洋葱播种后 40~60 天、苗高 16~20cm 时即可起苗定植。起苗前，苗床轻浇一次水；当床土干湿适度时，选择早晚或阴天，用苗铲起苗并抖掉宿土。不要直接拔苗，因拔苗伤根重，成活率低。将起出的苗按大小分级。一级苗株高 16~20cm，叶鞘（假茎）直径 1cm；二级苗株高 10~13cm，叶鞘（假茎）直径 0.8cm；三级苗叶鞘（假茎）直径 0.6cm。分别栽植，方便管理，以保证鳞茎大小基本一致，有利于合理密植提高产量。

严格剔除黄化、纤弱、徒长和病虫害等苗，对叶鞘直径大于 1cm 的大苗，在定植前可将叶部剪掉 1/3，这对减少抽薹有一定作用。

（3）定植密度　根据种植经验和密度试验结果，定植密度以行距 13~20cm、株距 16~25cm、每亩定植 12000~20000 株为宜。肥田、一级苗、黄皮种，宜稍稀植；瘦田、2~3 级苗、红皮种，宜稍密植。

（4）定植方法　起苗和定植同时进行，边栽边浇定根水。洋葱定植应适当浅栽，深度以 2~3cm，以定植后覆土能埋住小鳞茎，浇水后不倒秧苗、不漂秧苗为度。过深，植株易徒长，生长旺盛而鳞茎小，多畸形，不耐贮运；过浅，植株生长弱，易倒伏，叶少而小，鳞茎膨大过早而个头小，产量低。一般采用高畦地膜覆盖栽培。

5. 田间管理

（1）追肥　分期及时追肥是洋葱高产的关键之一。秋播洋葱在返青后进行第一次追肥，春播洋葱在缓苗以后追第一次肥。结合浇水每亩追施磷酸二氢铵10～15kg和硫酸钾8～15kg。此后再追施一次"提苗肥"，以保证叶片生长的需要。提苗肥以氮肥为主，每亩可追施腐熟人粪尿1000kg或硫酸铵10～15kg。当植株生有8～10叶片后，鳞茎开始肥大，此后进行2～3次追肥（俗称"催头肥"），一般每亩每次追施硫酸铵10～20kg。催头肥应在鳞茎即将迅速膨大时及时重施。若重施追肥过晚则在鳞茎迅速膨大时缺乏充足的营养；追肥过早鳞茎尚未达到迅速生长的时期，则地上叶部易徒长，反而影响鳞茎的形成。此后应根据田间生长情况酌情追肥。每亩可施3～10kg硫酸钾，以增加产品的耐贮性。

（2）浇水和蹲苗　定植后随即浇定根水，使根系和土壤紧密结合，减少洋葱萎蔫。缓苗期约20天，一般小水勤浇，不能漫灌，若浇水量过大，会降低土壤温度而不利于根系生长。

秋播洋葱，在早春返青以后可漫灌；春播洋葱缓苗后，地上部生长加快，也可漫灌。一般经过40天左右，地上部形成具有8～10片叶的健壮植株。

幼苗期结束后，即进入鳞茎膨大期，此时应控制水分（蹲苗）。蹲苗约需10天。蹲苗后配合追肥进行浇水，每隔5～7天浇一次，促使鳞茎膨大生长，可沟灌，但水不可上畦面。

（3）中耕、培土　秋播洋葱提倡地膜覆盖，如不覆盖，应进行中耕，特别是蹲苗前必须进行中耕。中耕宜浅，一般不超过3cm。植株临近封垄时停止中耕。结合中耕进行培土。

6. 病虫害防治

主要病害以霜霉病、软腐病等为主，虫害以葱蓟马、斑潜蝇等为主，应及时防治。

7. 采收与销售

一般当洋葱基部2～3片叶开始枯黄、假茎变软并开始倒伏，即可进行采收。采收过早，鳞茎小，产量、质量均差；采收过晚，洋葱萌芽早，腐烂多。采收宜在晴天进行，以便进行晾晒。采收前一周停止浇水，否则降低鳞茎耐贮性。为防止洋葱贮藏期间发芽，可用0.25%的青鲜素（MH）在洋葱采收前叶部尚未枯萎时喷洒叶面。采用青鲜素处理后的洋葱只可食用，不可留种。采收时尽量少损伤鳞茎，以减少洋葱贮藏期间因伤口感染而导致腐烂。详细记录每次采收的产量与销售量及销售收入。

8. 栽培中常见问题及防治对策

（1）先期抽薹现象　在洋葱鳞茎还未达到食用成熟期前即抽薹的现象，称为先期抽薹。先期抽薹的原因是幼苗长到一定的营养积累后（小鳞茎直径0.8cm以上，5～6片叶以上），连续的低温使其在长日照高温条件下抽薹。主要是秋播过早；苗期水肥过多，生长过旺；后期水肥不足，花芽分化早。主要防治对策：选择不易抽薹品种；适期播种；幼苗分级定植；培育壮苗；加强肥水管理；苗期喷施0.2%的乙烯利溶液；及时摘除花薹。

（2）引种不当　因引种不当，导致洋葱产量低、质量差。主要原因：洋葱鳞茎形成期对温度和日照有严格的要求。北方的中、晚熟品种，在高温14h以上的光照时间鳞茎方能膨大；南方的中、早熟品种，在高温13h内的日照条件下才能形成鳞茎。所以北方品种引入南方后，在短日照条件下，鳞茎不能膨大，只长叶片；而南方品种引入北方后，则鳞茎膨大太早，表现更早熟，因叶片不发达，以致葱头太小，产量不高。主要防治对策：从同纬度引种；适期播种；加强管理。

【效果评估】

1. 进行生产成本核算与效益评估，并填写表11-3。

表11-3　露地春洋葱栽培生产成本核算与效益评估

项目及内容	生产面积/m²	生产成本/元						折算成本/(元/亩)	销售收入/(元/亩)	
		合计	其中：						合计	折算收入/(元/亩)
			种子	肥料	农药	劳动力	其他			

2. 根据露地春洋葱栽培生产任务的实施过程，对照生产计划方案写出生产总结1份，应包含生产目标、生产进度安排、生产实施过程、生产效益评估以及存在问题分析等内容。

【拓展提高】

露地冬洋葱小鳞茎早熟栽培技术要点

洋葱小鳞茎栽培是欧美各国寒冷地区盛行的一种洋葱栽培方法。该方法具有成活率高、鳞茎大而整齐、提早15～20天成熟、产量高而稳、栽培管理简易省工、可克服冬洋葱栽培地区在炎热的7月份育苗困难等特点，可四季栽培，周年供应。在我国南方各省的低热河谷地区，通过小鳞茎栽培可使洋葱提早至春节前成熟上市，是提高菜农经济效益的有效途径之一。其栽培要点如下。

1. 播种育苗

（1）苗床做畦　小鳞茎栽培的育苗较特殊，即在苗床上育成小鳞茎，占苗床时间较长、面积相对较大，选择苗床地时，要选择2～3年未种过葱蒜类蔬菜，排灌良好、土质疏松肥沃的地块，尽早深翻晒垡。每亩大田需准备60～70m^2的苗床。按每亩苗床地施入腐熟的厩肥200～300kg、普钙5kg、草木灰15kg，均匀撒施，翻入土内，然后以1.2～1.3m宽开墒，作成高埂低畦。

（2）品种选择　小鳞茎栽培选择短日型的早熟黄皮洋葱种为宜，如美国引进的手托牌、太阳牌、尼加拉、金矿牌等。

（3）播种　播种期一般在2月中下旬至3月上旬为宜，土温低于10℃可用拱棚育苗。播种前先浇足底水，然后按每平方米5g种子撒播。播种要求落籽均匀。播后覆土0.5～1cm（盖土用腐熟、细碎的厩肥4份与田土6份充分混匀过筛配制而成），再覆盖一层稻草保湿。

（4）苗床管理　出苗前保证土壤湿润，播种10天后注意检查出苗情况，有20%～30%出苗时，于傍晚及时除去覆盖的稻草。若发现覆盖的土厚薄不均、"戴帽"严重要适当加盖土。光照强度大的地区使用50%的遮阳网遮阳。幼苗长至2～3叶时进行间苗，间去过密、过弱的苗，并视幼苗长势进行1～2次追肥，可用20%～30%腐熟稀薄人粪尿傍晚追施。拱棚育苗的，3月下旬以后撤去拱棚炼苗。

2. 采收贮藏

4～5月份当小鳞茎直径达到1.5～1.7cm、重量为5～10g时，如果假茎变软，在即将倒苗前，选择晴天连根拔起，干燥1～2天，每20～30株捆成1束吊在通风阴凉处。如果小鳞茎恋青不倒苗，应及时拔起，挂藏于通风、背光、干燥处晾干保存，以免生长过大。

3. 定植

定植期宜在8月上旬至9月上旬。按每亩2万株左右的密度定植。除去须根、枯叶、过大苗，认真按大中小分级，分别定植，定植深度以能见顶叶为宜，定植后及时浇水。一般在出苗后30多天，选择晴天用手指或竹片从中间适当压一下，固定好留下的一苗，其余苗分开掰掉。

4. 田间管理及采收

田间管理和采收同春洋葱。

【课外练习】

1. 简述露地春洋葱播种育苗技术要点。
2. 春洋葱先期抽薹的原因是什么？应如何避免？

【延伸阅读】

其他葱蒜类蔬菜

一、葱

大葱为百合科葱属，二年生，耐寒、抗热、适应性强，以鲜嫩的葱叶、葱白为产品。

1. 生物学特性

大葱的根为白色弦线状须根，发根能力强，吸收弱，茎短缩，叶鞘和幼叶组成假茎（葱白），伞形花序，种子盾形，黑色，坚硬不易透水，种子寿命短，千粒重2.8g。生长发育分为5个阶段：从播种到第一片真叶出现时为发芽期，约需 10~15 天；从第一片真叶出现，到定植大田时称为幼苗期，约需 80~90 天；大葱定植后，经 10 天左右的缓苗，就进入葱白形成期；在冬季低温条件下被迫进入休眠期；翌春较高温度和长日照条件下抽薹开花、结籽，为开花结籽期。大葱种子 4~5℃即可发芽，发芽适温 13~20℃。大葱生长适温 20~25℃，中光性蔬菜，茎叶耐旱，根喜湿，壤土（pH7.0~7.4）为宜。

2. 类型与品种

依高度分长葱白和短葱白两种。其中长葱白类型植株高大，葱白粗长，产量高，辣味轻，品质好，如章丘大葱、辽宁盖平大葱等；短葱白类型葱白粗短，生长健壮，葱白较紧实，辣味浓，耐贮运，如章邱鸡腿葱、河北对叶葱等。

3. 栽培季节与茬口安排

南方可周年生产大葱，以春秋两季播种为主。大葱苗期较长，通常实行育苗移栽。

4. 大葱露地栽培技术

（1）播种育苗 忌连作，需精细制作育苗床。每亩大田约需 66m² 苗床，施充分腐熟农家肥 100~400kg、过磷酸钙 2kg，按宽 1~1.2m 作高畦，用种 300~400g。播前将种子在清水中浸泡搅拌 10min，去掉杂质后放入 65℃水中烫种 20~30min。均匀撒种，覆盖 0.5~1cm 厚的细粪土，浇透水，细粪土晾干后耧平畦面。出苗前保持土壤湿润，7~15 天后出苗，出苗后如露根撒细土护根。苗高 3~6cm 时间苗。三叶期前控制水分，三叶后期及时浇水追肥，培育壮苗。苗期及时施肥 2~3 次，注意及时防治苗期病虫害。

（2）栽植 大葱忌连作。作高畦，宽 1.1m，行距 35cm 开沟，沟深 15cm，沟内每亩施农家肥 5t、过磷酸钙 50~75kg、尿素 40kg。

苗高 30cm 以上时定植，随栽随取，按株距 3~8cm 分级（分小、中、大三级）定植。长葱白类型多用插葱法，左手拿葱苗，右手拿葱杈（呈"Y"字形的树枝），用树杈抵住葱根插入沟内；短葱白类型多用排葱法，沿定植沟壁陡的一侧，按规定株距摆好葱苗，并将葱苗基部稍按入沟底松土内，再用锄头从沟的另一侧取土，埋至葱苗外叶分叉处，踩实。

（3）田间管理 定植后及时浇透水，缓苗期间内宁干勿涝，防止烂根。发叶盛期，视苗情浇小水，及时追施提苗肥，每亩施尿素 5~10kg。大葱旺盛生长及葱白形成时保证水肥随时充足，每亩施尿素 5~10kg。生长后期逐渐减少灌水，收获前 7~10 天停止浇水。

培土是大葱栽培上一项重要管理措施，以"前期浅培，后期高培，不培心叶，少伤边叶"原则，一般施肥后进行，地温较低时操作。大葱主要的病害有霜霉病、紫斑病、锈病、黑斑病等，主要的虫害有蓟马、葱蝇等，需及时防治。

（4）收获 大葱收获主要根据市场需求及栽培季节而定，一般以叶片停止生长、边叶发黄、葱白粗壮即可采收。

二、薤

薤俗称"藠头"，百合科葱属多年生宿根草本植物，原产我国，栽培历史悠久，藠头可炒食、盐渍或糖渍等。其主要食用部分为地下小鳞茎，性味辛苦，具理气、宽胸、通阳、散结的功效，有较高的药用价值。藠头适应性广，抗逆性强，作两年生栽培。

1. 生物学特性

藠头为弦线状须根系，盘状短缩茎，叶片稍带蜡粉，鳞茎短纺锤形，白色或稍带紫色，肉质细嫩，微辣，伞形花序，花紫色，有雌雄蕊，无籽，只能无性繁殖，一般秋栽夏收。生长发育主要分为 4 个阶段：从播种到 18 叶子为止为苗期；苗期结束后，1 个月内为鳞茎形成高峰期；从春末至初夏，为鳞茎膨大期；仲夏抽蔓开花到谢花，为开花期。

藠头喜冷凉湿润环境，叶片生长适温 15~18℃，鳞茎膨大适温 20℃左右，超过 30℃即停止生长进入休眠，25℃以上或 10℃以下生长缓慢，不能忍受 0℃以下长时间低温。长日照作物，对光照要求不严，较耐弱光、耐阴。要求土壤较湿润和较干燥空气，忌旱涝，以沙壤土栽培为宜，根系吸收肥力强。

2. 类型与品种

主要包括大叶薤（南薤）、细叶薤（紫皮薤、黑皮薤）、长柄薤（白鸡腿）、三白荞头四种类型。其中大叶薤（南薤）叶较大，分蘖力较差，鳞茎大而圆，产量高，食用鳞茎；细叶薤（紫皮薤、黑皮薤）叶细小，分蘖力强，鳞茎小，食用叶或鳞茎；长柄薤（白鸡腿）分蘖力较强，薤柄长，形似鸡腿，白而柔嫩，品质佳，叶直立，产量高；三白荞头分蘖力较弱，早熟，耐瘠薄，耐旱，不耐涝。

其余还有一些地方优良品种，如云南的开远甜薤头、湖北武昌的梁子湖畔薤头、江西新建的江西薤头。

3. 栽培季节与茬口安排

薤头在南方地区可周年上市，但主要以春播秋收为主。

4. 薤头露地栽培技术

（1）选种留种 常用鳞茎繁殖。采收薤头时，选择鳞茎形状整齐、大小适中、分蘖少、无腐烂变质以及两个或四个粘在一起的作种，独个鳞茎不宜作种。大田定植前3～5天，将作种的薤头苗剪去须根及芽尖，曝晒后堆阴凉处备用，堆放厚度不得超过16cm。

（2）整地、做畦与定植 薤头忌连作，前作采收后及时深翻晒垡3～5天，每亩施充分腐熟农家肥2～3t，复合肥40～60kg，深耕20cm以上，作高畦，宽约80cm，沟宽25～30cm。

南方地区一般于8月中旬至9月上旬栽植。过早易腐烂，过迟则产量低。按行距25cm开沟，沟深8～10cm。栽植时，如每穴1个种，则穴距8cm；如每穴2～3个种，则穴距16cm。将种球斜种在种植沟里，栽后覆土，以稍露顶为宜。每亩用种量110～130kg。

（3）田间管理 播种后及时浇定根水，保持土壤湿润，7～10天即可发芽出土。生长期经常保持土壤湿润，雨后注意排水。出苗后开始追施提苗肥，每亩每次追施复合肥15～20kg；年前施一次越冬肥，每亩行间铺施有机肥1500kg；早春每亩追施尿素10～15kg，4月份每亩追施三元复合肥15kg，5月中旬每亩重施尿素7.5～10kg，配施三元复合肥25kg。翌年夏季，生长势渐弱，可在收获前半个月进行束叶，促进鳞茎肥大。出苗后及时进行中耕除草，生长期进行2～3次。在鳞茎膨大期结合中耕适当培土，保证荞头洁白。薤头的病害主要有霜霉病、紫斑病和炭疽病，虫害以葱蓟马、种蝇地蛆为主，需及时防治。

（4）采收、留种 以嫩叶和鳞茎供食用的，翌年的1～4月份上市；以收嫩茎为主的，可在5～9月份上市；作种的延迟到7月份收获。

项目十二　薯芋类蔬菜栽培

【知识目标】
1. 掌握马铃薯、生姜、芋、山药等薯芋类蔬菜的主要生物学特性、品种类型、栽培季节与茬口安排等；
2. 掌握马铃薯、生姜、芋、山药的高产高效栽培管理知识及栽培过程中的常见问题和防止对策。

【能力目标】
1. 能制订薯芋类蔬菜（马铃薯、生姜、芋、山药等）生产技术方案；
2. 能掌握马铃薯种薯处理技术和种姜催芽技术；
3. 能掌握马铃薯、生姜、芋、山药的高产高效栽培管理技术，熟练掌握山药开洞和打洞栽培的基本技能；
4. 能正确分析判断马铃薯、生姜、芋、山药栽培过程中常见问题的发生原因，并采取有效措施加以防治；
5. 能进行薯芋类蔬菜生产效果评估。

薯芋类蔬菜包括马铃薯、山药、生姜、芋头等，它们在分类上属于不同的植物科属，产品器官为块茎、块根、根茎或球茎，耐贮藏运输，可以周年均衡供应。薯芋类蔬菜栽培具有以下共同特性：①均采用无性繁殖，用种量大，繁殖系数低；②发根条件要求严格，需要时间也较长；③要求土壤富含有机质、疏松、透气，并要求培土造成黑暗条件；④在产品器官形成盛期，要求强光和较大的昼夜温差。

任务一　马铃薯栽培

马铃薯，又称土豆、地蛋、洋芋、山药蛋等，是茄科茄属中能形成地下块茎的一年生草本植物。以块茎供食，是重要的粮菜兼用作物，还可酿酒和制淀粉，用途广泛。生长期短，能与玉米、棉花等作物间套作，被誉为不占地的庄稼。产品耐贮运，在蔬菜周年供应上有堵淡补缺的作用，世界各地普遍栽培。

【任务描述】
湖北宜昌地区某高山蔬菜生产基地今年春季计划利用 100000m^2 的露地种植马铃薯，要求产量达 2000~2500kg/亩以上。请据此制订生产计划，并安排生产及销售。

【任务分析】
按照生产过程完成生产任务：制订生产计划方案—种薯处理与播种—整地做畦与定植—田间管理—采收与采后处理、销售—效果评估。

【相关知识】
一、生物学特性
1. 植物学特征

根包括最初长出的初生根和匍匐根，初生根由芽基部萌发出来，开始在水平方向生长，一般长到 30cm 左右再逐渐向下垂直生长。匍匐根是在地下茎叶节处的匍匐茎周围的根，大多分布在土壤的表层。马铃薯的茎包括地上茎、地下茎、匍匐茎和块茎。地上茎多为直立，断面菱形。块茎发芽出苗后形成植株，埋在土壤内的茎为地下茎。地下茎的节间较短，在节的部位生出根和匍匐茎（枝）。匍匐茎实际是茎在土壤中的分枝，是茎的变态。块茎是由匍匐茎先端膨大而来的，它的作用在于贮存养分、繁殖后代，多为圆形或椭圆形（图12-1）。幼苗期基本上都是单叶，全缘，颜色较深；到后期均为奇数羽状复叶。花序为伞形花序或分枝聚伞形花序，着生在茎的顶端，早熟品种第一花序开放、中晚熟品种第二花序开放时地下块茎开始膨大。小花五瓣，两性花，自花授粉。果实为浆果，圆形，青绿色。种子多为扁平近圆形或卵圆形，浅褐色，千粒重0.5~0.6g，有5~6个月的休眠期。

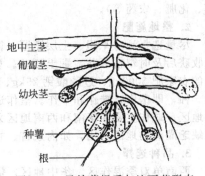

图 12-1 马铃薯根系与地下茎形态

2. 生长发育周期

马铃薯生产上多用块茎繁殖，称为无性繁殖。该过程可分为以下5个时期。

（1）发芽期　种薯解除休眠后开始萌发幼芽直到幼芽出土。进行主茎的第一段生长，春季需要25~35天，秋季需要10~20天。

（2）幼苗期　从幼苗破土出苗到第6或第8片叶展平，形成一个叶序环（俗称团棵）。进行主茎的第二段生长，仅需15~20天。

（3）发棵期　从团棵开始到主茎的顶叶（第12或第16片叶）完全展开、第一花序开花（早熟种）或第二花序开花（晚熟品种）时为发棵期。完成主茎的第三段生长，需25~30天。

（4）结薯期　从块茎膨大增重，到主茎顶叶变黄萎蔫，块茎基本稳定，称为结薯期。第三阶段生长结束，以块茎膨大增重为主，产量的80%左右是在此期形成的，需30~50天。

（5）休眠期　习惯上是把茎叶衰败、块茎收获后到块茎开始萌发幼芽这段时间称为休眠期。休眠期的长短因品种而异，一般1~3个月。

3. 对环境条件的要求

（1）温度　马铃薯块茎生长发育的最适温度为17~19℃，温度低于2℃和高于29℃时，块茎停止生长。块茎在7~8℃时，幼芽即可生长，10~12℃时幼芽可茁壮生长并很快出土。植株生长最适温度为21℃左右。

（2）光照　马铃薯是喜光作物，生长期间需充足光照。块茎的形成需要较短的日照。

（3）水分　马铃薯生长过程中必须供给足够的水分才能获得高产。尤其开花前后，块茎增长量大，植株对水分需要量也大，土壤水分经常保持在60%~80%比较合适。

（4）土壤及营养　马铃薯对土壤适应范围比较广，但轻质壤土最为适合。喜酸性土壤，pH值为4.8~7.0生长正常。马铃薯是高产作物，需肥量大。每生产1000kg的新鲜马铃薯产品，需吸收氮5~6kg，磷1~3kg，钾12~13kg。生产中避免施用含氯离子的肥料。

二、类型与品种

在栽培上依块茎成熟期可分为早、中、晚三种类型。早熟品种从出苗到块茎成熟需50~70天，中熟品种需80~90天，晚熟品种需100天以上。早熟品种植株低矮，产量低，淀粉含量中等，不耐贮存，芽眼较浅。中晚熟品种植株高大，产量高，淀粉含量较高，耐贮运，芽眼较深。

三、栽培季节和茬口安排

马铃薯栽培茬口安排的总原则是把结薯期放在最适宜的季节，即土温17~19℃、白天气温24~28℃和夜间气温16~18℃的时期。南方地区可分为春秋两茬栽培。春薯应以土温稳定在5~7℃时为播种适期；秋薯播种期确定的原则是以当地终霜日为准，向前推50~70天为临界出苗期，再根据出苗期，按照种薯播种后出苗所需天数确定播种期。

【任务实施】

马铃薯春季露地栽培

1. 生产计划方案制订与农资准备

根据生产规模及生产目标，制订详细的生产计划方案，准备相关的农业生产资料（种子、农膜、化肥、农药等)。

2. 整地施肥

尽量选择地势平坦、土层肥厚、微霜性的壤土，不能与茄子、番茄等茄科作物连作。前茬作物收获后及时犁耕灭茬，翻土晒垄。马铃薯是高产喜肥作物，需施足基肥。结合翻地每亩施入腐熟的农家肥 5000kg、过磷酸钙 25kg、硫酸钾 15kg，平整土地，做畦或开沟。马铃薯的栽植方式有 3 种，即垄作、畦作和平作。垄作适用于生育期内雨量较多或是需要灌溉的地区，如东北、华北地区；畦作主要在华南和西南地区采用，且多是高畦；平作多在气温较高但降雨又少、干旱而又缺乏灌溉的地区采用，如内蒙古、甘肃等地。

3. 品种选择

西南单双季混作区、华中地区，需要选择对日照长短要求不严的早熟高产品种，而且要求块茎休眠期短或易于解除休眠，对病毒性退化和细菌性病害也要有较强的抗性，如东农 303、克新 4 号、鲁薯一号等。利用秋薯留种，可选用休眠期短的早中熟品种，如丰收白、克新 4 号等。

4. 种薯处理

选择符合本品种特征、大小适中、薯皮光滑、颜色鲜正的薯块作为种薯，每亩用种量 100～125kg。播种前 30～40 天开始暖种晒种，时间不宜过长，否则易造成芽衰老，引起植株早衰。此外，也可用赤霉素浸种打破休眠。为节省种薯可切块播种，切块要成立体三角形，多带薯肉，每块重 25g 左右，最少应有一个芽眼（图 12-2）。

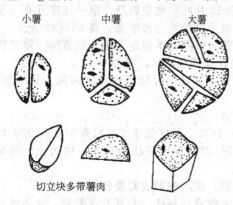

图 12-2 种薯切块

由于切块播种易染病和缺苗，有时采用整薯播种，整薯营养多，生命力旺盛，有利于机械化播种，保证全苗。

5. 播种

春播马铃薯应适时早播。一般来说，应当以当地终霜日期为界，并向前推 30～40 天为适宜。播种时按 60～80cm 行距开沟，沟深 10cm，施拌有农药的种肥防地下害虫，然后按株距 15～25cm 播种薯于沟内，播后覆土。每亩栽植 5000 株左右。播前土壤墒情不足时，应在播前造地墒，或播前浇水。

6. 田间管理

马铃薯播种后 25～30 天才出苗，播种后发现墒情不足，可以补水，但要及时松土，还要进行中耕除草。出苗后结合浇水施提苗肥，每亩施尿素 15～20kg。浇水后及时中耕，中耕一般结合培土，可防止"露头青"并且能提高薯块质量。发棵期控制浇水，土壤不旱不浇，只进行中耕保墒，植株将封垄时进行大培土。培土时要注意不要埋没主茎的功能叶。若发棵期出现徒长现象，可用 1～6mg/L 的矮壮素进行叶面喷施。结薯期土壤应保持湿润，尤其是开花前后，防止土壤干旱。追肥要看苗进行，结薯前期每亩追施复合肥 15～20kg，同时辅以根外追肥。

7. 病虫害防治

马铃薯主要病害有病毒病、早疫病和晚疫病。马铃薯病毒病发生较重，主要症状有条纹、花叶和蕨叶，并有不同程度的矮化，严重影响马铃薯的产量和质量。该病由马铃薯 X 病毒和 Y 病毒等多种病毒浸染所致。主要是汁液传播，汁液传播的主要媒介是蚜虫。可通过选留无病种薯；茎尖脱毒培育无毒苗；用实生苗结的薯块作种薯；注意防蚜；发病期间使用 5% 植病灵水剂 300 倍液、20% 的病毒 A 可湿性粉剂 400～500 倍液、NS-83 增抗剂 100 倍液等方法进行防治。马铃薯早疫病在苗期、成株期均可发生，主要危害叶片和块茎。叶片染病，病斑黑褐色近圆形，有同心轮纹，病斑上长出黑色霉层，严重时叶片干枯脱落。块茎染病，产生暗褐色稍凹陷圆形斑，皮下呈浅褐色海绵状干腐。可通过选用无病薯块留种；加强栽培管理，施足有机底肥，增施磷钾肥；发病期间使用 64% 杀毒矾可湿性粉剂 500 倍液、75% 百菌清可湿性粉剂 600 倍液、1：1：200 波尔多液等防治。马铃薯晚疫病俗称瘟病，叶片、茎和块茎均可受害。开花前出现病状，受害叶呈不规则黄褐色斑点，潮湿时有一圈白色霉状物，叶背白霉更茂密明显，为本病特征。茎部或叶柄染病呈褐色条斑。块茎染病呈紫褐色大块病斑，稍凹陷，病部皮下薯肉亦呈褐色，四周扩大或烂掉。该病由致病疫霉浸染所致。病薯为翌年主要浸染源。防治方法包括：选用抗病品种；无病地留种；适时早播；选择土质疏松排水良好地块；使用40%三乙膦酸铝可湿性粉剂200倍液、58%甲霜灵•锰锌可湿性粉剂或64%杀毒矾可湿性粉剂500倍液等防治。

马铃薯虫害主要有鳃金龟及芽虫。马铃薯鳃金龟主要以幼虫食害马铃薯地下部分及苗根；以幼虫越冬，翌春4月下旬至5月上旬上升至表土层活动为害。防治方法：加强预测预报；深耕土地，合理安排茬口，施腐熟的有机肥；使用50%辛硫磷乳油1000倍液、80%敌敌畏乳油1000倍液、80%敌百虫可溶性粉剂1000倍液喷洒或灌杀等。蚜虫防治方法可参考白菜类蔬菜。

8. 收获与采后处理、销售

适宜收获期是大部分茎叶由绿转变为黄的生理成熟期。收获时宜选择晴天、土壤适当干爽时进行，但防止烈日暴晒。大面积收获应提前1~2天割去地上茎叶，然后犁垄或畦，将块茎翻出地面，人工捡拾。收获时避免薯块损伤，收获后忌雨淋和受冻。详细记录每次采收的产量及销售量和销售收入。

9. 栽培中常见问题及防治对策

马铃薯栽培中常见问题是种性退化。主要原因是由于马铃薯长期采用营养繁殖，病毒在种薯中逐渐积累，致使植株生长势衰退、株型变矮，叶面皱缩，叶片出现黄绿相间的嵌斑，甚至叶脉坏死，直到整个复叶脱落等，造成大幅度减产。

解决马铃薯退化的主要对策是利用茎尖脱毒。茎尖脱毒是利用病毒在植物组织中分布不均匀性和病毒愈靠近根、茎顶端愈少的原理，而切取很小的茎尖实现的。马铃薯茎尖脱毒检测，确实不带病毒的，才能繁殖茎尖苗，生产无毒种薯。未经过病毒检测的，不宜繁殖推广。

【效果评估】

1. 进行生产成本核算与效益评估，并填写表12-1。

表12-1 马铃薯春季露地栽培生产成本核算与效益评估

项目及内容	生产面积/m²	生产成本/元						折算成本/(元/亩)	销售收入/元	
		合计	其中：						合计	折算收入/(元/亩)
			种子	肥料	农药	劳动力	其他			

2. 根据马铃薯春季露地栽培生产任务的实施过程，对照生产计划方案写出生产总结1份，应包含生产目标、生产进度安排、生产实施过程、生产效益评估以及存在问题分析等内容。

【拓展提高】

马铃薯秋季露地栽培要点

南方两季作区秋薯多在8月上旬播种，中下旬出苗，到早霜期来临前，有50~70天的生长期，于10月下旬至11月上旬收获。目前，种薯多来自当年的春薯，播种时尚处于休眠状态，而且，正处高温多雨季节，播后易烂种死苗造成缺苗严重。为解决这些问题，保证秋种成功，除注意做好春薯早收、种薯通气贮藏、选取健壮薯作种、加强田间管理外，应重点做好催芽保苗技术，确保全苗，为丰产打下可靠的基础。

1. 种薯处理与催芽

播前半个月切块，切块时仔细挑选种薯，于阴凉通风处进行，边切边浸种、边晾干，以免切口发黏引起烂种。赤霉素浸种浓度以0.2~1.0mg/L为宜，浸种时间5min。切块晾干后，置于土床上分层催芽。床应设在通风阴凉避雨处，床宽1m，床土以沙壤土、壤土为宜。在催芽床上每铺一层切块，盖一层湿润细土1~2cm，如此排放3~5层，最上层和床四周盖土5~6cm，以防床土干燥。切块上床后经 6～8 天、芽长达 3～4cm 时，扒出切块，堆放在原地经散射光照射 1～3 天使幼芽绿化变壮。

利用整薯播种是当前控制细菌病害所导致的烂块死苗最有效的措施。整薯有完整的周皮，不容易吸收赤霉素，因此处理的药液浓度要大，时间应长，一般浸种浓度为 5～10mg/L，时间为 10～15min。

2. 管理要点

秋薯安全播种和保证苗齐的要点是保证土壤具备发芽生根必需的凉爽、湿润、透气条件。应该选择阴天或晴天早晨及下午播种，开浅沟，培厚土做大垄，以利保墒、降温、透气。播种后连续浇水直至出苗；雨后要立即划锄松土，以利透气。

由于种薯个体生理成熟度的差异及芽位不同，发芽速度有异，催芽时要分次挑选炼芽。出苗后，要早追速效肥，以使天气转凉以前尽快形成较繁茂的茎叶，以便有足够的营养供块茎生长。

【课外练习】

1. 简述马铃薯春季露地栽培技术要点。
2. 马铃薯种性退化的原因及防治措施是什么？

任务二 生姜栽培

生姜又称姜、黄姜，为姜科姜属能形成地下肉质茎的栽培种，多年生草本植物，原产于中国及东南热带地区，生产中多作一年生栽培。生姜中除含有糖类、蛋白质外，还含有姜辣素，具有特殊香辣味，可作调料或加工成多种食品，能健胃、去寒、发汗。

【任务描述】

浙江嘉兴市某蔬菜生产基地今年拟栽培 20000m² 的生姜，要求在 7 月上旬开始采收嫩姜上市，产量达 2000kg/亩以上。请据此制订生产计划，并安排生产及销售。

【任务分析】

生姜不耐强光，为提高产量与改善品质，拟采用遮阳网搭棚栽培。按照生产过程完成生产任务：制订生产计划方案—播种与育苗—整地做畦与定植—田间管理—采收与采后处理、销售—栽培中常见问题分析及防止对策—效果评估。

【相关知识】

一、生物学特性

1. 植物学特征

浅根系，不发达。根系可分为纤维根和肉质根两种。纤维根是在种姜播种后，从幼芽基部发生数条线状不定根，沿水平方向生长，也叫初生根。肉质根是植株从姜母和子姜上发生的不定根。叶披针形，平行脉，互生，有蜡质，在茎上排成两列。生姜的茎包括地下茎和地上茎两部分。地上茎直立生长，姜芽破土时茎端生长点由叶鞘包围，称为假茎；地下茎也叫根茎，由姜母及其两侧腋芽不断分枝形成的子姜、孙姜、曾孙姜等组成（图 12-3），其上着生肉质根、纤维根、芽和地上茎。生姜在我国

图 12-3 生姜根茎的形态与组成

南方能开花，在高于北纬 25 度时不能开花。穗状花序，橙黄色或紫红色。单个花下部有绿色苞片着生，层层包被。苞片卵形，先端具硬尖。

2. 生长发育周期

根据生姜的生长形态及生长季节，将其划分为以下 4 个时期。

(1) 发芽期 种姜通过休眠幼芽萌动，至第 1 片姜叶展开为发芽期。包括催芽和出苗的整个过程，需 50 天左右。这一时期主要靠种姜中贮藏的养分生长。

(2) 幼苗期　由展叶至具有两个较大的一级分枝，即"三股杈"时为幼苗期，需70天左右。这一时期地上茎到3~4片叶，主茎基部膨大，形成姜母。

(3) 旺盛生长期　从"三股杈"直至收获，约80天。这一时期地上茎叶与地下根茎同时旺盛生长，是产品器官形成的主要阶段。此期大量发生分枝，姜球数量增多，根茎迅速膨大，生长量占总生长量的90%以上。

(4) 根茎休眠期　收获后入窖贮存，迫使根茎处于休眠状态的时期。

3. 对环境条件的要求

(1) 温度　生姜喜温而不耐寒。幼芽萌发的适宜温度为22~25℃，若超过28℃，发芽速度变快，但往往造成幼芽细弱。生姜茎叶生长时期以25~30℃为宜，温度过高过低均影响光合作用，减少养分吸收量。在根茎旺盛生长期，要求有一定的昼夜温差，以日温25℃左右、夜温17~18℃为宜。

(2) 光照　生姜为耐阴作物，发芽时要求黑暗，幼苗期要求中强光，不耐强光，需要遮阴。旺盛生长期也不耐强光，但此时植株自身可互相遮阳，不需人为设置遮阴物。

(3) 水分　不耐干旱，要求土壤湿润，土壤湿度70%~80%有利于生长。土壤干旱，茎叶枯黄，根茎不能正常膨大；土壤过湿，茎叶徒长，根茎易腐烂。

(4) 土壤及营养　适宜土层深厚，疏松透气，有机质丰富，排灌良好，pH值为5.0~7.0的肥沃壤土。生姜为喜肥耐肥作物，据测定，每生产1000kg鲜姜约吸收氮6.34kg、磷0.57kg、钾9.27kg、钙1.30kg、镁1.36kg。

二、类型与品种

根据植株形态和生长习性，可分为疏苗型和密苗型两种类型。

1. 疏苗型

植株高大，茎秆粗壮，分枝少，叶深绿色，根茎节少而疏，姜块肥大，多单层排列。如山东莱芜大姜、广东疏轮大肉姜等。

2. 密苗型

长势中等，分枝多，叶色绿，根茎节多而密，姜球数多，双层或多层排列。如山东莱芜片姜、浙江红爪姜等。

三、栽培季节和茬口安排

生姜的适宜栽培季节要满足以下条件：5cm地温稳定在15℃以上，从出苗至采收，要保证适宜生长天数在140天以上，生长期间有效积温达到1200℃以上。生产中应尽量把根茎形成期安排在昼夜温差大、气候条件适宜的时段。现在采用设施栽培也可提前播种或延迟收获，但必须保证小环境的条件适于生姜生长。全年无霜、气候温暖的广东、广西、云南等地，不用任何覆盖措施，在1~4月份都可以播种生姜；长江流域各省露地栽培生姜，多于谷雨至立夏播种；华北一带多在立夏至小满播种，如果采用地膜覆盖播种，可提前10天左右；东北、西北高寒地区由于无霜期短，在自然条件下生姜生育时间短，积温不足，产量较低。因此，东北地区利用日光温室和塑料拱棚栽培生姜，均能获得高产。

【任务实施】

生姜栽培技术

1. 生产计划方案制订与农资准备

根据生产规模及生产目标，制订详细的生产计划方案，准备相关的农业生产资料（种子、农膜、化肥、农药等）。

2. 培育壮芽

(1) 选种　应选择姜块肥大、丰满、皮色光亮、肉质新鲜、不干缩、不腐烂、未受冻、质地硬、无病虫害的健康姜块作种，严格淘汰瘦弱干瘪、肉质变褐及发软的种姜。

(2) 晒姜与困姜　播种前20~30天，从贮藏窖内取出姜种，用清水洗去根茎上的泥土，然后平排在背风向阳的平地上或草席上晾晒1~2天后，傍晚收进室内，以防夜间受冻。晒姜要注意适度，不可曝晒。种姜晾晒1~2天后，再将其置于室内堆放2~3天，姜堆上覆盖草帘促进养分分解，称作"困姜"。一般经2~3次晒姜和困姜，便可以开始催芽了。

(3) 催芽　北方称催芽过程为"炕姜芽"，多在谷雨前后；南方叫"熏姜"或"催青"，多在清明前后进行。催芽可在室内或室外筑的催芽池内进行，各地催芽的方法均不相同，温度保持22~25℃较为适宜，最高不要超过28℃。温度过高注意通风降温，但最低不要低于20℃。当芽长0.5~2.0cm、粗0.5~1.0cm时即可播种。

3. 整地施肥

前茬作物收获以后，便进行秋耕（北方）或冬耕（南方），于第二年春季土壤解冻后，再细耙1~2遍，并结合耙地，每亩施入优质豆饼肥料75~100kg或硫酸铵15kg、硫酸钾10kg，然后将地面整平、整细。北方多采用沟种方式，沟距50~55cm；南方采用高畦，畦宽1.2~1.3m。

4. 播种

(1) 掰姜种　将大块的种姜掰开，每块姜上只保留1个短壮芽，其余幼芽全部去除，剔除基部发黑或断面褐变的姜芽，一般掰开的姜块重量在50~75g为宜。

(2) 浸种　播种前可用1%波尔多液或草木灰浸出液浸种20min，进行种姜消毒处理。取出晾干备播。用250~500mg/L的乙烯利浸泡15min，能促进生姜分枝，增加产量。

(3) 播种　按50cm行距开沟，浇透底水，把种姜按一定株距排放沟中。不同条件下播种密度不同，一般肥力及肥水条件好的地块，种姜60~75g左右，株距18cm，每亩栽6500~7000株；肥力及肥水条件中等的地块，种姜60~75g左右，株距16~17cm，每亩栽7800~8300株；肥力及肥水条件差的，种姜小于50g时，株距15cm，每亩栽9000~9500株。播种时注意使幼芽方向保持一致，若东西向沟，则幼芽一致向南；南北向沟则幼芽一致向西。放好后用手轻轻按入泥中，使姜芽与土面相平即可。而后用细土盖住姜芽，种姜播好后覆4~5cm厚的细土。

5. 田间管理

(1) 遮阴　北方采用插姜草措施，即用稻谷草插成稀疏的花篱，为姜苗遮阴，通常高度为60cm，透光率50%左右。8月上旬立秋之后，可拔除姜草；南方采用遮阳网搭姜棚，棚高1.3~1.7m，三分阳七分阴，在处暑至白露拆除姜棚。

(2) 合理浇水　幼芽70%出土后浇第1次水，2~3天接着浇第2次水，然后中耕松土。以后浇小水为主，保持地面半干半湿至湿润。浇水后进行浅中耕，雨后及时排水。进入旺盛生长期，土壤始终保持湿润状态，每隔4~5天浇1次水。收获前3~4天浇最后1次水。

(3) 追肥与培土　在苗高30cm左右、发生1~2个分枝时追1次小肥，以氮素化肥为主，每亩施用硫酸铵或磷酸二铵20kg。8月上中旬结合拔除遮阴草，每亩施饼肥75kg、三元复合肥15kg，或磷酸二铵15kg、硫酸钾5kg。追肥后进行第1次培土。9月上中旬后，追部分速效化肥，尤其是土壤肥力低且保水保肥力差的土壤，一般每亩施硫酸铵15kg、硫酸钾10kg。结合浇水施肥，视情况进行培土，逐渐把畦面加厚加宽。

6. 病虫害防治

主要是姜瘟病。该病是由黄极毛杆菌侵染所致的细菌性病害。病原菌在土壤及姜种内越冬，在田间通过雨水、流水和地下害虫传播。夏季高温多雨，气温20℃以上时容易发生，多阵雨天气，土壤黏重，多年连作，排灌条件差等易于流行。其主要侵害地下茎和根部，症状为根茎上初呈黄褐色水浸斑，渐渐扩大，组织软化腐烂，流出带有恶臭的污白色汁液，仅剩下空壳；根变黄褐色后腐烂，茎呈暗紫色。防治方法：①选留无病姜种，浸种催芽定植时及时剔除带病种块，姜种切口蘸草木灰下种。②实行轮作，高畦深沟栽培，及时排水和拔除病株，病穴撒石灰能减轻病害。③药剂防治：用78%姜瘟宁可湿性粉剂浸种30min、闷种6h，或用40%福尔马林100倍液浸、闷种6h进行姜种处理；齐苗期用78%姜瘟宁可湿性粉剂300倍液灌窝，或用1000单位农用硫酸链霉素可湿性粉剂或1000单位新植霉素3000倍液灌窝，或用90%三乙膦酸铝可溶性粉剂300倍液灌窝。每10~15天灌一次，连续2~3次。

7. 收获与上市

生姜的收获分收种姜、收嫩姜、收鲜姜三种。种姜一般应与鲜姜一并在生长结束时收获，也可以提前于幼苗后期收获，但应注意不能损伤幼苗。收嫩姜是在根茎旺盛生长期，趁姜块鲜嫩时提早收获，适于加工成多种食品。收鲜姜一般待初霜到来之前，在收获前3~4天浇1次水，收获时可将生姜整株拔出，抖落掉泥土，将地上茎保留2cm后用手折下或用刀削去，摘去根，趁湿入窖，无需晾晒。

8. 栽培中常见问题及防治对策

常见问题是烂姜死苗。主要有两方面的原因：一是姜瘟病；二是过量施肥或施肥方法不当造成肥害。防治对策有：一是及时防治姜瘟病；二是正确合理施肥。一般在整地时每亩施腐熟猪牛粪3000kg、过磷酸钙30kg、钾肥15kg作基肥；苗高30cm左右时施1次肥，每亩施猪粪水750~1000kg；夏至前后姜苗发到3~4根苗时，每亩用腐熟枯饼50~100kg拌灰300~500kg点蔸，或施猪粪水1000~1500kg，施肥后盖一层细土或土渣肥。大暑前后每亩施猪粪1000~1500kg、尿素4~5kg。

【效果评估】

1. 进行生产成本核算与效益评估，并填写表12-2。

表12-2 生姜栽培生产成本核算与效益评估

项目及内容	生产面积/m²	生产成本/元						折算成本/(元/亩)	销售收入/元	折算收入/(元/亩)
		合计	其中：						合计	
			种子	肥料	农药	劳动力	其他			

2. 根据生姜栽培生产任务的实施过程，对照生产计划方案写出生产总结1份，应包含生产目标、生产进度安排、生产实施过程、生产效益评估以及存在问题分析等内容。

【拓展提高】

一、生姜的间套作栽培技术

生姜实行间套作栽培，既能充分地利用苗间空隙地提高复种指数增加收入，又能减少搭遮阴棚的费用，解决生姜不耐强光的问题，起到遮阴、避光的作用。但间套作必须选择适宜的作物和品种以及栽培时期。姜早期与早萝卜、莴笋、小白菜等先套作，后再套进爬地冬瓜或西瓜、玉米（稀植）或者菜豆、豇豆（独柱），也可套棚架或牌坊架苦瓜等蔬菜，但必须分清主次，不可过多，以免影响主作生长。生姜还可与芋头间作，即在生姜畦四周间作芋子，芋头的茎叶对姜起遮阴避光作用，9月以后日照减弱便收获芋子，促进生姜旺盛生长。

二、生姜的芽生产技术

近几年，为了扩大生姜出口创汇，各地总结出一整套姜芽生产配套技术，取得了较高的经济效益。姜芽分为普通姜芽和软化姜芽。

1. 普通姜芽

普通姜芽的生产技术与常规生姜栽培技术类似，但也有不同，主要应掌握以下几点：①要选用分枝多的密苗型品种，使生姜的分枝多，成芽数也多，制作姜芽时可利用部分也多，便于多出产品；②采用较小姜块播种，降低投资，提高种姜利用率，而且较小姜块产生分枝数亦不会太少，不影响姜芽数；③增加播种密度，增加单位面积上的株数，使单位面积上分枝数增多，成芽数亦多，有利于多生产姜芽；④栽培技术上注意加强管理，增施基肥，及早追肥浇水，促进生姜提早分枝及生长。

姜芽制作一般可在生姜长足苗、根茎未充分膨大前开始，直至生姜收获期都可以进行。具体方法是：采用筒形环刀套住姜芽（苗）向姜块中转刀切下姜芽（苗），制作成根茎直径1cm、长为2.5~5cm，根茎连同姜芽总长15cm的成形半成品，经过醋酸盐水腌制后即为成品。一般分为三级：一级品——根茎长3.5~5cm；二级品——根茎长3~3.5cm；三级品——根茎长

2.5~3cm。

2. 软化姜芽

软化姜芽是在没有光照条件下培育的新产品，它具有嫩、鲜、香、脆的特色，主要用于出口创汇，效益高。进行软化姜芽生产需重点抓好以下几个环节。

(1) 建好培育场地　可以利用空闲房屋、仓库、防空洞或大棚、中棚、日光温室等改建的培育室。场地内需配备育芽苗床、增温设备，建好通风散气口。苗床可用水泥板或砖砌成多层支架形式，可利用地下火道或电热线加温，在场所的一边或四周留通风散气口。

(2) 培育技术要配套　要选用肥壮、无病虫害的小姜块。催芽时将姜种堆起，高1m左右，喷适量水，盖细沙保温保湿，维持堆内25℃温度。待多数芽萌发但未生根之前选芽瓣块，按芽大小分级育芽。然后在4~5cm厚沙床上排种，注意使芽排齐向上，然后上面盖5cm细沙。每亩用种约为250~350kg。姜种上床后立即用喷壶喷水，湿透床土，在多数姜芽出土后喷第二次水。采姜芽前7~10天根据床土干湿情况喷适量的水。喷水保湿时可根据生长情况，在水中溶入少量氮磷钾速效肥喷施，浓度要小于1%。培育场所内保持80%~90%的湿度。在姜芽出土前后保持25~28℃床温，采苗前10天保持25℃床温。注意在出芽后特别是采芽前几天适当通风换气。

(3) 采收姜芽应及时　姜种上床45~50天，大部分芽苗长至30cm高时，即可采收。把姜块用工具起出然后把姜苗掰下，去掉芽苗上的须根，冲洗干净即可。超过30cm的芽苗可以切去顶芽。

(4) 适当进行加工处理　芽苗取下后，若根茎过粗，可用环形刀切去外围部分，根据根茎粗度进行分级，然后切去姜苗，使总长为15cm，然后放入醋酸盐水中进行腌制。腌制完成后，以10支为一单位捆好，装罐，倒入重新配制的醋酸盐水，密封，装箱后即可外销。

【课外练习】

1. 生姜种姜怎样培育壮芽？栽植后怎样管理才能获得高产？
2. 在生姜栽培过程中，如何防止烂姜死苗现象的发生？

任务三　芋头栽培

芋头，别名芋、芋艿、毛芋等，原产于亚洲南部的热带沼泽地区，属于天南星科芋属的多年生单子叶草本湿生植物，在我国常作一年生栽培。以地下球茎为食用器官，富含糖类，属菜粮兼用作物。产品较耐贮运，供应时间长，在解决蔬菜周年供应上有一定作用。

【任务描述】

广东汕头某蔬菜生产基地今年拟栽培20000m^2 的芋头，要求产量达2000kg/亩以上。请据此制订生产计划，并安排生产及销售。

【任务分析】

按照生产过程完成生产任务：制订生产计划方案—播种与育苗—整地做畦与定植—田间管理—采收与采后处理、销售—效果评估。

【相关知识】

一、生物学特性

1. 植物学特征

根为白色肉质纤维根。初生根着生在种芋顶端，幼苗时根均匀着生在苗的基部，着生在新母芋上的根主要分布在下部。芋头根长1m以上，多分布在40cm耕作层内，根毛少。茎短缩为地下球茎，有圆、椭圆、卵圆或圆筒形等。球茎节上均有腋芽，可能发育成新的球茎，有的品种也可以发育成匍匐茎，在其顶端膨大成球茎。叶互生。叶片宽阔、盾形、卵圆形先端渐尖，略成箭头形。叶柄长40~180cm，呈绿、红、紫或黑紫色，常作为品种命名依据。叶柄长而中空，因此容易遭受风害而倒伏。芋头在温带很少开花。果实为浆果。

2. 生长发育周期

分为以下5个时期。

（1）发芽期　从种芋播种到第1片叶露出地面2cm左右为发芽期，约需30天。此期种芋可分化出4～8条根、4～5片幼叶，属自养阶段。

（2）幼苗期　从出苗到第5片叶伸出，茎基部开始膨大，逐渐形成母芋，幼苗期结束时，母芋可达其最终质量的1/3左右，并分化出4～6个子芋。

（3）叶和球茎并长期　从第5片叶伸出。植株共生长7～8片叶，母芋、子芋迅速膨大，孙芋、曾孙芋数量已定，需要40～50天。此期球茎分化、膨大与叶片生长同时进行，是一生中生长最旺盛的阶段。

（4）球茎生长盛期　叶片全部伸出到收获为止。母芋、子芋等球茎继续膨大，其含水量下降，叶片内的同化物质向球茎转移加快，需60天左右。

（5）休眠期　收获贮藏后，球茎顶芽处于休眠状态。

3. 对环境条件的要求

（1）温度　球茎10℃以上开始发芽，发芽适温20℃。生长发育适温为25～30℃，低于20℃或高于35℃对生长不利。球茎发育则以27～30℃为宜，气温降至10℃时基本停止生长。不同类型和不同品种对温度的要求和适应范围有所不同，多子芋能适应较低温度，而魁芋要求较高的温度和较长的生长季节，球茎才能充分生长。冬季贮藏期间，多子芋只要窖温不低于6℃就不会出现冻害和冷害。

（2）水分　喜温不耐旱，生长期不可缺水。除水芋栽于水田或低洼地外，旱芋也应选潮湿地栽培。干旱使其生长不良，叶片不能充分生长，严重减产。

（3）光照　芋头较耐阴，强烈的日照加以高温干旱常导致叶片枯焦。较短日照有利于球茎的形成，但有的种类对日照长短不敏感。

（4）土壤及营养　土壤疏松透气性好，能促进根部发育和球茎的形成与膨大。栽培上需要深翻，搞好排涝，创造一个疏松通气的环境，为高产栽培打下良好的基础。需肥量较大，每形成1000kg产品而吸收氮5～6kg、磷4～4.2kg、钾8～8.4kg。

二、类型与品种

芋头以母芋、子芋的发达程度及子芋着生习性分为魁芋、多子芋和多头芋三种类型（图12-4）。

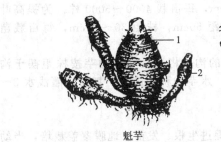 

魁芋　　　　　多子芋　　　　　多头芋

图12-4　芋头的不同类型
1—母芋；2—子芋

1. 魁芋类型

植株高大，母芋大，子芋小而少。以食用母芋为主，母芋质量可达1.5～2kg，占球茎总质量的1/2以上，品质优于子芋。淀粉含量高，香味浓，肉质细软，品质好。

2. 多子芋类型

子芋大而多，无柄，易分离，产量和品质超过母芋，一般为黏质，母芋质量小于子芋总质量。

3. 多头芋类型

球茎丛生，母芋、子芋、孙芋无明显区别，相互密接重叠，质地介于粉质与黏质之间，一般为旱芋。

三、栽培季节与茬口安排

芋头需高温，生长期长，故多为露地栽培。各地因纬度和海拔高度差别，栽培季节差别较大。播种期广西、广东在 2~3 月份间，四川、闽南在 3 月上旬，长江流域在 4 月上旬，山东沿海地区在 4 月上旬，华北在 4 月下旬。当 10cm 土温稳定在 8~10℃ 时播种，在不受冻的情况下适当早发根，有利提高产量。

【任务实施】

芋头栽培技术

1. 生产计划方案制订与农资准备

根据生产规模及生产目标，制订详细的生产计划方案，准备相关的农业生产资料（种子、农膜、化肥、农药等）。

2. 整地施肥

选择有机质丰富、土层深厚、保水保肥的壤土或黏土。水芋选水田或低洼地，旱芋选潮湿地。芋头忌连作，需实行 3 年以上轮作。种植地块应秋翻晒垡，结合整地重施基肥。旱芋一般每亩施腐熟有机肥 3000kg 和复合肥 25kg，水芋可用厩肥、河塘泥和绿肥。

3. 种芋准备

从无病田块中健壮株上选母芋中部的子芋作种。种芋单个质量以 25~75g 为宜，要求顶芽充实，球茎粗壮饱满，形状整齐。白头、露青和长柄球茎组织不充实，不宜作种。多头芋可分切若干块作种。也可采用母芋作种，利用整个母芋或母芋切块（1/2 母芋），但需洗净、晾干，愈合后再种。魁芋母芋繁殖系数低，部分子芋种用产量低，为了提高利用率，可将子芋假植 1 年培育成单个质量 150~200g 的小母芋作种芋。

4. 催芽育苗

芋生长期长，催芽育苗可以延长生长季节，提高产量。通常在早春提前 20~30 天在冷床育苗，床土 10~15cm，限制根系深入，便于移植成活。在苗床内密排种芋，覆土 10cm 左右，保持 20~25℃ 床温和适宜的湿度，当种芋芽长 4~5cm，露地无霜冻时即可栽植。

5. 定植

芋头较耐阴，应适当密植，但因品种和土壤肥力不同而异。一般魁芋类植株开展度大，生长期长，宜稀植，反之宜密植。多子芋行距 80cm，株距 20cm，每亩栽 4000~5000 株。为提高叶面积系数，新法采用大垄双行栽植，小行距 30cm，大行距 50cm，株距 30~35cm，每亩栽苗 4500~5000 株。

芋头宜深栽，便于球茎生长。可按行距开 12~14cm 的沟，将已发芽的种芋按株距摆于沟内，覆土盖种芋，以微露顶芽为准。霜后覆地膜增温保墒。水芋栽种前施肥、耙田、灌浅水 3~5cm，按一定株行距插入泥中即可。

6. 田间管理

出苗前后应多次中耕、除草、疏松土层，提高地温，促进生根、发苗。地膜覆盖栽培，当幼芽出土时及时破膜，防止高温灼伤，并覆土压实膜口。

芋头需肥量大，除基肥外，应采取分次追肥，促进植株生长和球茎发育。追肥的原则是苗期轻，发棵和结芋时重追肥。每亩施肥量，1 叶期施尿素 10kg，3~4 叶期施饼肥 50kg，加复合肥 25kg，株高 1m 封行前施复合肥 25kg，并加施钾肥，促进糖分积累，提高产量和品质。生长前期气温不高，生长量小，土壤水分不宜过大，保证土壤见干见湿。中后期生长旺盛及球茎形成时（南方梅雨过后）需充足供水，保持土壤湿润。高温期忌中午灌水，立秋后灌水开始减少，以土壤不干不湿为度。

幼苗期结束时，中耕使栽培沟成为平地。一般于 6 月份在子芋和孙芋开始形成时培土，进行

2~3次，厚达20cm。培土的目的在于抑制子芋、孙芋顶芽的萌发和生长，减少养分消耗，促进球茎膨大和发生大量不定根，增加抗旱能力。同时，球茎会随着叶片的增加而逐渐向上生长，不进行培土就会露出地面，从而影响球茎的膨大。有的在大暑期间一次性培土，效果也不差，省时省力，减少多次培土造成的伤根影响。地膜覆盖栽培的不必培土。

水芋移栽成活后，可先放水晒田，提高地温，促进生长。培土时放干，结束后保持4~7cm水深。7~8月份间需降低地温，水深保持13~17cm，并经常换水。处暑后放浅水，白露后放干以便采收。

7. 病虫害防治

芋头主要病害有疫病、软腐病等。芋疫病主要侵染叶和球茎。植株感病后，叶面有不规则形轮纹斑，湿度大时斑上有白色粉状物，重时叶柄腐烂倒秆、叶片全萎；地下球茎部分组织变褐乃至腐烂。底洼积水，过度密植，偏施氮肥发病重。防治方法：①选用抗病品种，在无病地块留种。②实行水旱轮作。旱芋采用高畦栽培，注意清沟排渍；及时铲除田间零星芋苗，烧毁病残物。③施足底肥，增施磷钾肥。④可用90%三乙膦酸铝可湿性粉剂400倍液，或72.2%普力克水剂600~800倍液，或70%乙膦锰锌可湿性粉剂500倍液喷雾。

芋软腐病病原菌为胡萝卜软腐欧文菌。由种芋或其他寄主植物病残体带菌越冬，栽植后通过水从伤口侵入。其主要为害植株叶柄基部和球茎。叶柄基部感病，初生暗绿色水浸状病斑，内部组织逐渐变褐腐烂，叶片变黄。球茎染病后逐渐腐烂。发病重时病部迅速软化腐败终致全株枯萎倒伏，并散发出恶臭。在高温条件下容易发病。防治方法：①选用抗病品种，合理轮作。②加强田间管理，施用腐熟有机肥，及时排水晒田。③药剂防治。用1:1:100波尔多液亩施75~100kg，或用72%硫酸链霉素可溶性粉剂3000倍液；或30%氧氯化铜悬浮剂600倍液喷洒。

主要虫害是单线天蛾。主要以幼虫食叶，咬成缺刻或穿孔，严重时仅剩叶脉。成熟幼虫为草绿色和灰褐色。以蛹在杂草丛中越冬。重庆7~8月份发生较多。可采用人工捕捉幼虫或灯光、糖浆诱杀成虫，用5%卡死克悬浮剂4000倍液，或5%抑太保1500~2000倍液喷洒。

8. 收获

芋头的采收期因品种、种植时期和自然条件而有所不同，在华南地区，早熟芋头品种如龙洞早芋一般在6~7月份采收，中熟品种如红芽芋一般在9~10月份采收，晚熟品种如狗爪芋、香芋一般在11月至来年1月份收获。芋头的最佳收获期可根据植株的生长状况来确定。叶片变黄衰败是球茎成熟的象征，此时收获产品淀粉含量高，品质好，产量高。为调节供应也可提前或延后采收。采收前10~15天，把沟底水排干，让土壤干爽，在叶柄6~10cm处割去地上部，伤口愈合后在晴天挖掘，注意切勿造成机械损伤。收获后去掉败叶，不要摘下子芋，晾晒1~2天，即可入窖贮藏。

9. 栽培中常见问题及防治对策

常见问题是头部露青，即露出地表面的球茎由于受到外部光照和风吹的原因，颜色发青。在栽培上，只要有露出地表面的球茎，就要及时破垄培土。经2~3次培土后一般不会出现青头芋。

【效果评估】

1. 进行生产成本核算与效益评估，并填写表12-3。

表12-3 芋头栽培生产成本核算与效益评估

项目及内容	生产面积/m²	生产成本/元						折算成本/(元/亩)	销售收入/元	折算收入/(元/亩)
		合计	其中：						合计	
			种子	肥料	农药	劳动力	其他			

2. 根据芋头栽培生产任务的实施过程，对照生产计划方案写出生产总结1份，应包含生产目标、生产进度安排、生产实施过程、生产效益评估以及存在问题分析等内容。

【拓展提高】

一、芋头的营养价值与产销概况

芋头的营养价值很高，养分丰富，每100g芋头（球茎）中含淀粉19.5g、粗蛋白2.63g、粗纤维1.87g、蔗糖2.9g、聚糖（黏液质）4.9g，还含有B族维生素、维生素C、核黄素、尼克酸，并含有大量人体必需氨基酸，其所含的聚糖能增强机体的免疫机能，增进人体对疾病的抵抗力。现在世界上有不少地方都有芋头种植，但以中国、日本及太平洋诸国栽培最多。芋头在我国历史悠久，早在2400年前的战国时期就有种植记载。以往珠江流域及中国台湾栽培较多，长江及淮河流域次之，华北地区栽培较少，但近年来，随着出口加工业的发展，华北地区芋头栽培面积越来越大，特别是山东半岛出产的毛芋头，品质优良，肉质细腻清香，糯软适口，加工速冻芋头不易变色、变硬，以其优良的品质和丰富的营养蜚声海内外，深得日本、韩国及欧美市场的欢迎，加之当地具有良好的种植传统和栽培技术，呈现内销出口两旺的态势。

我国年出口芋头3万吨左右，山东出口芋头约占全国的80%。芋头很耐贮藏，芋头贮藏的适宜温度为10~15℃，沟藏或窖藏都是实用有效的保鲜方法。芋头既可作菜，又可代粮，国内需求量大，出口亦广受欢迎，由于其价格稳定，种植效益显著，现已成为出口创汇和拉动内需的好项目。

二、芋头加工三法

1. 芋头粉

选用高球形、单重600g以上的新鲜芋头，修整芋头，切去根部粗糙部分。切块后用0.1%焦亚硫酸钠和0.1%柠檬酸浸泡护色。然后于80℃下烫漂1min，捞起后仍浸泡在护色液中，待料温降至常温后用水漂洗，洗去残留的护色液。将芋头粉碎成4~6mm颗粒，送入磨浆机中磨浆。用100目筛分离芋头粗纤维，部分浆渣视情况可回到磨浆中再加工。经分离的芋头浆进入高压均质机内均质，压力为20~30MPa。然后喷雾干燥，进风温度140~180℃、出风温度80~100℃，雾化器转速15000~30000r/min，收集芋头粉热封包装。

2. 芋头淀粉

清洗芋头球茎，削皮，切割成薄片，再清洗一遍。浸入0.03mol/L氨水中2min，在有稀氨水溶液或足够的水覆盖的情况下用植物组织捣碎机在较低的速度下匀浆，此浆在0.03mol/L氨水溶液中浸泡约2h。然后分别用80目和260目的筛子过滤，滤液沉降48h。除去上层及底部残渣，水洗淀粉数次，在40℃干燥48h，即得芋头淀粉。

3. 芋头冰霜

选用糯性芋头品种仔芋头。用毛刷或网袋洗净泥沙和毛须后，去掉表皮和芽眼，浸泡在清水中。切成3~5mm的片后，立即浸泡在10%的白糖溶液中。根据配方需要加足水（10%糖水），在夹层锅（或高压锅）中蒸煮，压力0.1MPa，120℃ 20min。蒸好后趁热打浆，根据配方需要补足白糖，加入事先配制好的稳定剂，混合均匀。杀菌温度为80℃，杀菌时间为10~15min。杀菌后迅速冷却至4℃，并在此温度保持一定时间。在-24℃速冻30min，剧烈搅拌，以形成大量细小的冰霜。再置于-18℃以下低温冷冻一定时间，充分冷透，但不凝结，即可食用。产品在-18℃环境下冷藏。

【课外练习】

1. 如何获得种芋？如何进行催芽育苗？
2. 为提高芋头产量、改善芋头品质，应采取哪些有效的田间管理措施？

任务四 山药栽培

山药，别名薯蓣、山薯、大薯等，原产于中国，为薯蓣科薯蓣属多年生藤本植物。以地下块茎为食，富含淀粉、蛋白质、糖类及副肾皮素、皂苷、黏液质等营养成分，既是营养丰富的粮菜兼用作物，又是滋补功能较强的中药材。

【任务描述】

广西南宁某蔬菜生产基地今年拟栽培 30000m² 的山药，要求产量达 2000~2500kg/亩以上。请据此制订生产计划，并安排生产及销售。

【任务分析】

按照生产过程完成生产任务：制订生产计划方案—繁殖与育苗—整地做畦与定植—田间管理—采收与采后处理、销售—效果评估。

【相关知识】

一、生物学特性

1. 植物学特征

山药的根系有主根和须根之分，发芽后着生于茎基部的根为主根，水平分布，长可达成 1m 左右，主要分布在 20~30cm 土层中，起吸收作用。块茎上的根为须根。茎蔓长达 3m 以上，以右旋方式生长，常带紫色。地下肥大的营养器官为块茎，有长圆柱形、纺锤形、掌状或团块状，薯表面为淡褐、深褐、紫红色，肉白色，也有淡紫色。单叶基部互生，至中部以上对生。叶腋间发生侧枝或形成气生块茎，称"零余子"（花籽山药不结零余子）。花单生，雌雄异花异株，总状花序穗状，有 2~4 对。花小，白色或黄色，花期 6~7 月份。蒴果具 3 翅，扁卵圆形，栽培种极少结实。

2. 生育周期和块茎形成

分为以下 4 个时期。

（1）发芽期　从萌发到出苗为发芽期，约需 35 天。如用块茎段为繁殖材料，则需 50 天。在发芽过程中，顶芽向上抽生幼芽，芽基部向下发育为块茎和形成吸收根。

（2）甩条发棵期　从出苗到现蕾，并开始发生气生块茎为止，需 60 天。芽条生长迅速，10 天可达 1.0m 左右。吸收根向土层深处伸展，块茎周围不断发生侧根，而块茎生长极微。

（3）块茎膨大期　从现蕾到块茎收获为止，需 60 天。此期茎叶及块茎的生长最为旺盛，但生长中心是块茎。块茎干重 85% 以上在此期形成。

（4）休眠期　茎叶因霜冻而衰败，块茎进入休眠状态。

3. 对环境条件的要求

茎叶喜温畏霜，生长最适温度 25~28℃，块茎膨大适温 20~24℃。块茎能耐-15℃低温。土壤温度达 15℃开始发芽，发芽适温为 25℃。山药耐阴，但茎叶生长和块茎膨大期仍需要较强的光照。山药耐旱不耐涝，应选择地势高燥、排水良好的土地栽培。发芽时土壤要有足够的底墒，保证出苗。块茎生长盛期不可缺水。对土壤适应性强，以沙壤土最好，块茎皮光形正。黏土栽培须根多，根痕大，易发生扁、分杈。山药喜有机肥，但要避免块茎与肥料直接接触，否则影响块茎正常生长。生长前期宜供给速效氮肥，以利茎叶生长；生长中后期除适当供给氮肥以保持茎叶不衰外，还需增施磷、钾肥以利导体茎膨大，每生产 1000kg 山药，需氮 4.32kg、磷 1.07kg、钾 5.38kg。

二、类型与品种

我国栽培的山药有两种，即田薯和普通山药。

1. 田薯

别名大薯、柱薯。茎多角形而具棱翼，叶柄短，块茎巨大。根据块茎形状可分为扁块种、圆筒种和长柱种。主要分布于台湾、广东、广西、福建、江西等地。

2. 普通山药

别名家山药，茎圆无棱翼。包括分布于江西、湖南、四川、贵州和浙江等省的扁块种，分布于浙江、台湾等省的圆筒种，分布于陕西、河南、山东和河北的长柱种。

三、栽培季节与茬口安排

山药以露地栽培为主。春种秋收，生长期长达 180 天以上。播种季节掌握在土温稳定在 10℃

时种植，终霜后出土，适当早栽有利于提早发育，增加产量。华南地区3月份栽植，四川3月下旬至4月上旬栽植，长江流域4月上中旬栽植，华北大部分地区4月中下旬栽植，辽南5月上旬栽植，霜降生长结束。山药前期生长缓慢，间套作应用普遍。

【任务实施】

山药栽培技术

1. 生产计划方案制订与农资准备

根据生产规模及生产目标，制订详细的生产计划方案，准备相关的农业生产资料（种子、农膜、化肥、农药等）。

2. 繁殖方法

（1）零余子（山药豆）繁殖　第一年秋，选大型零余子沙藏过冬，翌年春天晚霜前半个月条播于露地，秋后挖取整个块茎（长13~16cm，质量200~250g），供来年作种。用零余子繁殖的种薯生活力较旺，可用来更换老山药栽子，3~4年更新一次。

（2）山药栽子繁殖　长柱种块茎顶端有一隐芽，可切下20~30cm长作繁殖材料，称山药栽子或山药嘴子。用山药栽子直播，可连续繁殖3~4年。长势衰退后用零余子更新。

（3）茎段繁殖　山药块茎易生不定芽，可以切块繁殖。扁块种只在块茎顶端发芽，切块时要采取纵切法，切块重约100g。长柱种块茎的任何部位都能发芽，可按7~10cm长切段。切后蘸草木灰，并在阴凉处放置2~3天后于25℃下催芽，经15~20天发芽后播种。尽量不用茎段繁殖，因易退化，产量低。

3. 整地施肥

山药特别是长柱种对土壤要求比较严格，需实行3年轮作。土层深厚、疏松肥沃的沙壤土或沙质土，有利于块茎生长，块茎产量高，品质好。冬前深翻土地，按1m沟距，挖宽25~30cm、深0.8~1.2m的深沟，进行冻土或晒土。第二年春解冻时，把翻出的土与充分腐熟的有机肥掺匀，每亩施用量5000kg。再回填于沟内，每填土30cm左右时，踩压一次。要拾净所有瓦砾杂物。回填完毕，做成宽50cm的高畦。为减轻挖沟栽培的劳动强度，可采用打洞栽培技术。于秋末冬初施肥翻耙，冬季按行距70cm放线，沿线挖5~8cm深的浅沟，然后用6~8cm粗的钢筋棍在沟内按25~30cm株距打洞，深150cm，洞口要求光滑结实。

4. 播种

种植前要在大田周围挖1m深、60~80cm宽的围沟，并与外沟相通。田长超过20m的还有加开腰沟，以保证多雨季节迅速排水。

挖沟栽培的，于畦面开宽10~15cm、深30~40cm的沟，每亩施磷酸二铵5~7.5kg、尿素2.5~5kg、过磷酸钙5kg作种肥，覆土20~30cm，将山药栽子或山药段子按株距15~20cm顺垄向平放在沟内，覆土8~10cm。零余子繁殖时按1m畦条播2行，行距50cm，株距8~10cm。打洞栽培的，先用宽20cm地膜覆盖在洞口（不必破膜，块茎可自动钻破），把山药栽子顺沟走向横放在洞口上方，将芽对准洞口，以引导新生的块茎垂直下伸，生长粗细均匀。排放好一沟后，随即覆土起垄，垄宽40cm、高20cm。

5. 田间管理

（1）植株调整　山药出苗后甩蔓，藤条细长脆嫩，应及时支架扶蔓，常采用人字架、三角架或四角架，架高以2.0~2.5m为宜。支架要插牢固，防止被大风吹倒。一般一个种茎出一个苗，如有数苗，应于苗高7~8cm时，选留1个健壮的蔓，其余的去除。多数不整枝，但除去基部2~3个侧枝能集中养分，增加块茎产量。如不利用零余子，应尽早摘除，节约养分。利用零余子的，一般控制在每亩产100~150kg。

（2）水肥管理　播前浇足底水，生育前期即使稍旱，一般也不浇水，以促使块茎向下生长。如果过于干旱，也只能浇1次小水。块茎迅速膨大期，保持湿润。山药怕涝，雨季及时排涝。山药施肥要掌握重施基肥、磷钾肥配合的原则。支架前可铺施粪肥，以陆续供应养分。发棵期追肥1~2次，保证发棵需要。现蕾时，茎叶和块茎开始进入旺盛生长，要重施氮、磷、钾完全的粪肥1次。

(3) 中耕培土　生长前期应勤中耕除草，直到茎蔓已上半架为止，以后拔除杂草。要将架外的行间土壤挖起一部分填到架内行间，使架内形成高畦，架外行间形成深 20cm、宽 30cm 的畦沟，以便雨季排水。

6. 病虫害防治

山药主要病害有炭疽病、褐斑病、锈病、根腐病等。炭疽病主要为害茎叶。6 月中旬开始发生，直至收获期。常造成茎枯，落叶。防治措施：清园，烧毁病残株，减少越冬菌源；种栽用 1∶1∶150 倍波尔多液浸泡 4min，消灭病菌；生长期发病初喷 65% 代森锌可湿性粉剂 500 倍液或 50% 退菌特可湿性粉剂 800～1000 倍液。

褐斑病也叫叶斑病，为害叶片，7 月下旬开始发病。防治方法：清洁田园，处理残株病叶；轮作；发病期可用 58% 瑞毒霉代森锰锌可湿性粉剂 1000 倍液喷雾防治。

锈病为害叶片，6～8 月份发病，秋季严重。可用 500 倍 50% 多菌灵可湿性粉剂，每隔 7 天喷 1 次药，连续用药 3～4 次。

根腐病为细菌性病害，为害二年生以上成株，5 月份开始发病，7～8 月份最盛，可采用轮作或 65% 代森锌可湿性粉剂 500 倍液喷洒或灌根。

山药主要虫害有山药叶蜂等。山药叶蜂是一种为害山药的专食性害虫。可于害虫发生初期用 1000 倍液 90% 敌百虫原药防治。

7. 采收与销售

秋季早霜后，茎叶发黄时便可采收。南方冬季土壤不冻结，可留在地里，随时采收供应。收获时，先清除支架和茎蔓，在山药沟的一侧挖深坑，用铲铲断侧根和贴地层的根系，把整个块茎取出。打洞栽培采收时用铁锹把培土的垄挖去，露出山药栽子，清除洞口上面的土，注意不要让土进洞内，用手轻轻把山药从洞内取出，然后把洞口封好，以备下年再用。挖掘时应保持块茎的完整性。收获零余子，需提前 1 个月。详细记录每次采收的产量、销售量及销量收入。

8. 栽培中常见问题及防治对策

(1) 畸形山药

① 主要原因　山药在栽培过程中，因受不良环境条件、栽培措施、管理方法等方面的影响，造成内部组织结构发生改变，从而产生各种奇形怪状，如山药块茎上端分杈、下端分杈、蛇形、扁头形、脚掌形、葫芦形、麻脸形等，这些统称为畸形山药。

② 防治措施　一是除去沟内异物。人工挖山药沟时应在冬前进行，土块经过冬春雨雪的侵蚀、冰冻、风化，充分粉碎，用时随风化解随填沟，填沟时仔细剔除土壤中的石块、砖块、沙砾等硬物，不要将大土块填入沟内。二是种植时按技术规程操作。种植山药不能在种植沟内施用种肥，为防治地下害虫施用毒土、毒饵时不能盲目加大剂量，方法是将豆饼炒香，用 90% 敌百虫晶体 30 倍拌湿或每亩用 3～4.5kg 克线丹拌细土 30kg，均匀撒于播种沟内，用撅头耧划一遍，使毒饵充分与土壤混合，能有效防治蝼蛄、蛴螬、金针虫、线虫等地下害虫的发生。然后顺沟浇一遍小水，水渗后摆放栽子，覆土成垄。三是施用腐熟有机肥。要利用夏秋季节气温高、易发酵腐熟的有利时机提前进行沤制，避免施入土壤中出现烧根。提倡将有机肥和部分化肥在种植完山药后施入山药行间，把腐熟的有机肥铺施于 2 行山药之间的畦面上，然后耧划翻土 15cm 左右，使土、肥充分混合，然后将畦面的肥土覆于山药垄的两侧。

(2) 山药烂种死苗

① 主要原因　一是种块质量差，用受伤或未晾晒的栽子作种，容易导致出苗慢、弱苗，严重时会引起烂种死苗；二是多雨高温，寡照低温；三是播种过深；四是品种原因，不同山药品种烂种死苗程度差异显著，在主要栽培品种中，菜山药烂种死苗明显重于米山药。

② 防治措施　一是选择优质栽子，确保栽子质量。二是晒好山药种。晒种不仅能加快伤口愈合，防止病菌侵入，而且能促进山药种块的生命活动，使不定芽萌发生长出健壮幼芽。三是早打沟、早晒田。山药开沟起垄应在播种前 10 天完成，这样可以提高地温，有利于发芽出苗和减少烂种死苗。四是适期播种。当 10cm 地温稳定在 10℃ 以上且在下种前 7～10 天无连续阴雨天气时，为山药最佳播种期。五是控制播种深度。实践证明，山药最适播种深度为 8～10cm。播种过

浅，如遇天气干旱、土壤墒情不足，则不利于发芽；播种过深，同时遇低温寡照或连续阴雨天气，容易烂种死苗。

(3) 种性退化

① 主要原因　一是山药栽子连年使用造成生活力衰退，品质下降，商品性差，抗逆性能降低；二是山药地块连作，造成线虫在土壤中大量积累，使山药地茎上端红斑病逐年加重，产量逐年下降。

② 防治措施　一方面对山药栽子进行更新，每3~4年用山药豆子重新繁育栽子或用山药段子对山药栽子更新一次，可有效防止山药种性退化；另一方面采用轮作换茬的栽培方式，可减少线虫在土壤中的积累，以降低种性退化的速度。

【效果评估】

1. 进行生产成本核算与效益评估，并填写表12-4。

表12-4　山药栽培生产成本核算与效益评估

项目及内容	生产面积/m²	生产成本/元						折算成本/(元/亩)	销售收入/元	
		合计	其中：						合计	折算收入/(元/亩)
			种子	肥料	农药	劳动力	其他			

2. 根据山药栽培生产任务的实施过程，对照生产计划方案写出生产总结1份，应包含生产目标、生产进度安排、生产实施过程、生产效益评估以及存在问题分析等内容。

【拓展提高】

山药的贮藏

1. 山药的贮藏特性

实验证明，山药块茎贮藏适宜的温度为4~6℃，相对湿度在80%~85%之间。如贮藏环境的湿度偏小，块茎的水分蒸发量大，块茎的损耗增加，品质下降；如贮藏环境的湿度过大，块茎表面易生霉菌，易引起块茎的腐烂，商品价值和食用价值下降。

2. 山药的贮藏方法

用于贮藏的山药应粗壮、完整、带头尾，表皮不带泥，不带须根，无铲伤、疤痕、虫害，未受热和霜冻。贮藏前应经过摊晾、阴干，并进行愈伤。可自然晾晒愈伤，在温度较高、湿度较小的环境下，其伤口很容易风干，形成木栓化。也可用草木灰或石灰处理愈伤。在温湿度适宜及适当通风的环境中，山药可贮藏6~7个月。

(1) 堆藏法　堆藏法一般在室内进行，选择在房间内距离窗户较远的地方，先在地上铺一层秸秆，再摆一层山药，依次铺放秸秆和山药，可以堆放1m高，然后在上面盖好秸草。随着气温下降，要加厚秸草，并覆盖塑料薄膜。也可用沙土代替秸秆，一层沙土一层山药，每层沙土厚5~6cm，最上面盖10cm厚的湿沙土，加盖塑料薄膜。这种方法简便易行、管理方便、取用自如，可随取随卖。

(2) 筐藏法　此法适合南方温暖地区贮藏或北方地区短时间贮藏。贮藏时将经过日晒消毒的稻草或麦秸，铺设在消过毒的筐（箱）底和四周，然后将选好的山药逐层码放至八成满，上面再用麦秸覆盖至筐（箱）口。在通风库内采用骑马方式码成花垛，高度以3层筐或4层箱为宜。为防止地面湿气对块茎的影响，可在底层垫砖头或木板，使其与地面之间留有10cm左右的距离。

(3) 沟藏法　沟藏又称埋藏，是将山药放在沟内或坑内的贮藏方法。选择地势较高、背风向阳、土层深厚的地方挖沟。沟的深度一般为1~2m、宽度为1~1.2m，长度根据贮藏山药的多少而定，沟的方向以东西向为好。

(4) 窖藏法　窖藏法分棚窖和井窖两种。棚窖是一种临时性的贮藏场所，一般秋季建造，贮藏结束后拆除填平。棚窖多为半地下式，深度应超过冻土层0.5m，窖宽1.5~2m，地上部分用土打墙，高1m左右，窖长根据贮藏量而定。窖顶用木棒、秸秆、稻草和土覆盖，覆盖厚度根据气候而定，一般为30～50cm。一般坐北面南，南面设门，人员可以进出，便于管理。

(5) 机械冷库贮藏法　机械冷库贮藏不受外界环境条件影响，可以终年维持库内所需要的低温，便于调节库内相对湿度。其缺点是建造投资和运行成本相对较高。

山药入库前要剔除不适宜贮藏的块茎，并按质量标准进行分级，在预冷室进行预冷。为了避免库内温度大起大落，每天的入库量为整个冷库总库容的1/10～1/5。冷库中应力求做到气流分布均匀，各个货位或货架上的温度、湿度、气体成分和气流速度基本一致。

3. 山药贮藏期间注意事项

(1) 山药贮藏期间要勤检查，尤其是前一个月，因其呼吸作用较旺盛，放出热量较多，如发现堆内温度过高，要及时进行翻堆，将上下互换，以利散热降温，并随时捡出损失、腐烂块茎。

(2) 严防鼠害。贮藏前将贮藏场所的鼠洞堵塞好，并进行一次灭鼠。贮藏期间也要定期灭鼠，最好用鼠夹或粘鼠板等物理灭鼠方法。

(3) 由于山药富含淀粉，贮藏过程中易发生湿腐病，其症状为病薯两端开始发红，流出胶状黏液，继而长出白色细毛（霉菌菌丝），进一步变成黄色，肉色发黄，最终引起块茎腐烂。该病的防治主要是收获时尽量避免各种损伤，对有伤口的块茎做好愈伤处理，对贮藏容器进行消毒，贮藏期间加强通风，防止温度、湿度过高。

(4) 山药贮藏后期，块茎表皮会长须或长出黄豆粒般大小的嫩芽，这是山药正常生理活动的产物，不会影响产品品质，也不会引起腐烂。

【课外练习】

1. 山药有哪些繁殖方式？山药打洞栽培较传统的挖沟栽培有哪些优点？
2. 山药种性退化的原因有哪些？应如何防止？

项目十三　水生蔬菜栽培

【知识目标】
1. 熟悉莲藕、茭白、荸荠等水生蔬菜的生物学特性及其与栽培的关系；
2. 掌握莲藕、茭白、荸荠的高效栽培管理知识。

【能力目标】
1. 能制订水生蔬菜（莲藕、茭白、荸荠等）生产计划方案；
2. 能正确选择种藕、茭墩、荠种；
3. 能进行莲藕、茭白、荸荠等水生蔬菜的种植与管理；
4. 能进行莲藕、茭白、荸荠等水生蔬菜的正确采收；
5. 能进行水生蔬菜生产效果评估。

中国水生蔬菜的种类很多。目前栽培较广泛的主要包括莲藕、茭白、慈姑、荸荠、水芹、菱、芡实、莼菜、蒲菜、水蕹菜、水芋、豆瓣菜等，其中尤以莲藕、茭白、荸荠、慈姑、菱等在中国南方地区种植较为普遍。

水生蔬菜营养价值较高。据统计，其产品器官一般富含淀粉（5%～25%）、蛋白质（1%～5%）、多种维生素等多种营养成分，其中莲子、藕粉、马蹄粉、芡实等对人体具有很强的滋补及保健功能。水生蔬菜一般生长期较长，可达150～200天；喜温暖，不耐低温，一般在无霜期生长；喜水湿不耐干旱，生长期一般必须保持一定的水层，但不宜水位过深或猛涨猛落；根系较弱，根毛退化，因此栽培时要以土层深厚、淤泥层达10～16cm，富含有机质（一般要求达到2%～4%）、土壤肥力较高、黏性较强的土壤栽培种植为宜。组织及器官疏松多孔、茎秆柔弱，因此应避免在风高浪急的地方种植。而且，水生蔬菜大多耐贮存和运输，口味独特，深受消费者喜爱。其中一些品种更是人们常见的招牌菜，也是很受外宾欢迎的出口创汇产品。

任务一　莲 藕 栽 培

莲藕属睡莲科莲属，是能形成肥嫩根状茎的多年生宿根水生草本植物。其果实称为莲，地下根状茎称为藕，花称为荷，莲心称为薏等。

【任务描述】
湖北武汉某水生蔬菜生产基地今年拟种植100000m² 的莲藕，要求产量达 2000～2500kg/亩以上。请据此制订生产计划，并安排生产及销售。

【任务分析】
按照生产过程完成生产任务：制订生产计划方案—选择藕种—整理藕田与种植—田间管理—采收与采后处理、销售—效果评估。

【相关知识】

一、生物学特性

1. 植物学特征

根为须状不定根，主根退化。地下根茎各节环生须状不定根5～8束，每束10～20条，其中新萌发根为白色，老熟后为深褐色。茎为根状茎，又称为莲鞭或藕鞭。种藕顶芽萌发后，其先端生出细长的根状茎，粗1～2cm，先斜向下生长，然后在地下一定深度处成水平生长。莲鞭分枝性较强，每节都可以抽生分枝（称为侧鞭），侧鞭的节上又可再生分枝。莲鞭一般多在10～13节处开始膨大，形成新藕。新藕一般为3～6节，称为主藕，其先端一节较短，称为藕头，中间2～4节较长、肥大而称为藕身，最后一节细长，称为尾梢。主藕抽生的分枝称为子藕，子藕可以抽生出孙藕。藕的皮色一般为白色或黄白色，散生着淡褐色的皮孔。叶通称为荷叶。叶片圆盘形，全缘，绿色，顶生。分为荷钱叶（钱叶）、浮叶、立叶。结藕前的一片立叶最高大，荷梗最粗壮，称为后栋叶。因此植株出现后栋叶时，标志着地下茎开始结藕。最后一片叶为卷叶，叶色最深，叶片厚实，称为终止叶。主鞭自立叶开始到终止叶的叶数，可因栽培品种和栽培季节不同而不同，一般有10～16片。侧鞭开始第1～2片叶为浮叶，以后发生立叶，情况与主鞭相似（图13-1、图13-2）。

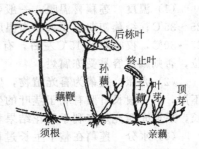

图 13-1 莲藕植株形态示意

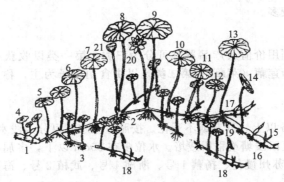

图 13-2 莲藕植株形态全图
1—种藕；2—主藕鞭；3—侧藕鞭；4—水中叶；5—浮叶；6—立叶；7,8—上升阶梯叶群；
9～12—下降阶梯叶群；13—后栋叶；14—终止叶；15—叶芽；16—主鞭新结成的主藕；
17—主鞭新生的侧鞭；18—侧根新结成的新藕；19—须根；20—荷花；21—莲蓬

花通称为荷花。花单生，白色或淡红色，两性花，花期3～4天。早熟品种一般无花，中晚熟品种，主鞭自第6～7叶开始至后栋叶为止，各节与荷梗并生一花，或间隔数节抽生一花。

花谢后，留下倒圆锥形的大花托，即莲蓬。每一心皮形成一个椭圆形坚果，内含一个种子，即莲子。自开花至莲子成熟一般需40～50天，一般荷花盛开，表示藕已经进入生长盛期。果实成熟后，外有黑色硬壳，俗称莲乌或石莲子，去壳即见有紫红种皮的莲子。莲子亦可繁殖，但变异较大，一般多用种藕繁殖。

2. 生长发育周期

从种藕萌芽到新藕成熟，可分为萌芽生长期、茎叶生长期和结藕期。

(1) 萌芽生长期　从种藕萌芽到立叶发生为止。长江中下游地区，于4月上中旬气温上升到15℃左右，土中种藕开始萌芽生长。气温达到18～21℃，植株抽生立叶。

(2) 茎叶生长期　从植株抽生立叶到出现后栋叶为止。植株发生叶片后开始分枝，随着植株茎叶的旺盛生长，发生分枝更多。为植株营养生长之主要时期，必须根据莲藕的生长情况，从肥水管理等方面加以促进和控制。莲藕植株庞大，极耐肥，故要求松软、土层深厚、腐殖质多的土壤。

(3) 结藕期　从后栋叶出现到藕成熟，为产品器官形成期。一般进入盛花期以后和抽生后栋叶开始，植株进入结藕期。结藕时间因品种、生长条件等而有较大区别。

3. 对环境条件的要求

莲藕的生长发育需要温度、无风、阳光充足的气候条件，最喜土层深厚、有机质含量丰富的土壤和较稳定的水位。

(1) 温度　莲藕喜温暖，一般要求温度15℃以上才能生长；茎叶旺盛生长期的适宜温度为25~35℃；结藕初期也要求较高温度，以利藕体的膨大；后期则要求较大的昼夜温差，白天气温25~30℃，夜晚降到15℃左右，有利于养分的积累和藕体的充实。休眠期要求保持5~10cm水位，否则藕体容易受冻腐烂。

(2) 光照　莲藕为喜光植物，生长和发育都要求光照充足，不耐遮阴。莲藕对日照长度要求不严，但一般长日照有利于茎叶的生长，短日照有利于结藕。前期光照充足，有利于茎叶的生长，后期光照充足有利于开花结果和藕体的充实。

(3) 水分　莲藕在整个生长过程中均不能缺水。萌芽生长期要求水位以5~10cm为宜，进入茎叶旺盛生长期，随着植株叶柄的长高，要求水位逐步加深，宜10~20cm，以后随着植株的开花结果和结藕，水位宜逐渐落浅，以利于藕体的膨大。进入休眠越冬，只需保持浅水。结藕期间，水位过深，结藕延迟，藕体细瘦。整个生长期间，水位变化宜平缓，切忌暴涨猛落。

(4) 土壤及营养　莲藕生长以富含有机质的壤土或黏壤土为最适。要求土壤有机质含量在1.5%以上，土壤pH值为6.5左右。一般子莲类型的品种对氮、磷的要求较多，而藕莲类型的品种则氮、钾的需要量较多。

二、类型与品种

莲藕按产品的主要利用价值及产品器官可分为三类：第一类以收获肥大的根状茎为主要产品和主要生产目的，称为莲藕（菜藕）；第二类是以供食用莲子为主，称为子莲；第三类以花供观赏，称为花莲。

1. 莲藕（菜藕）

一般根状茎粗3.5cm以上，开花或不开花。按照适应水位可分为浅水藕与深水藕。

(1) 浅水藕　适于沤田浅塘或稻田栽培。水位多在30cm以下，多属早、中熟品种。如鄂莲1号和3号、苏州花莲、苏州慢荷、扬藕1号、浙湖1号、武植2号、海南洲藕、湖南泡子、杭州花莲、南京花香藕等。

(2) 深水藕　相对于浅水藕而言，能适应池塘或湖荡栽培，水位宜30~100cm，夏季水深达1.3~1.65m也可栽种。多为晚熟品种。藕入土深，宜土层较厚、水深的湖荡种植。如美仁红、小暗红、广东丝藕等。

2. 子莲

花常单瓣，有红花和白花两种；结实多，莲子大；藕细小而硬，肉稍带灰色，品质差。子莲也有浅水莲和深水莲之分，深水莲适应于较深水层，一般要求水深30~50cm，最深可达1.2~1.5cm。适于深水湖荡种植的优良品种有寸二莲、吴江青莲子、鄱阳红花等。浅水莲一般要求水位10~20cm，最深不超过50cm，一般多在水田栽培，多次采收，品质好。优良品种有湘莲、建莲、太空1号等。

3. 花莲

莲花极美，供观赏及药用，甚少结实，藕细质劣。优良品种有千瓣莲、红千叶、小舞妃等。

三、栽培季节与茬口安排

莲藕要求在炎热多雨的季节生长，一般要求在当地日平均气温稳定在15℃以上，水田稳定在12℃以上时种植。长江中下游地区露地栽培多在4月中上旬至5月上旬进行，7月份开始采收，一直可收到第二年4月份。湖荡水深，地温较低，必须待水温转暖并气温稳定时栽植为好。在适宜的栽培期内，早栽较晚栽产量高。华南一些无霜期长的地区，栽植时期可适当提前1个月，甚至2月下旬即可栽藕，6月份开始采收。

长期以来，中国莲藕的栽培制度可分为田藕和塘藕两种。田藕即利用稻田或地势低洼的沤田种植。塘藕则为浅水湖荡种植。一般莲藕栽培均以露地为主。但近年早熟保护地栽培也日益普遍。

1. 田藕的栽培制度

(1) 早藕—晚稻—蔬菜轮作　为湖北地区主要栽培方式。其前两茬都需用早熟品种。长江中下游地区 4 月上旬栽种早藕，7 月上中旬采收，然后抢插双季晚稻，晚稻收获后再种植一季蔬菜，翌年 2～3 月份收获。

(2) 早藕—秋藕—晚稻　此两藕一禾模式为华南地区主要栽培方式。第一茬早藕在 3 月中旬定植，6 月中旬采收；第二茬秋藕在 6 月中旬定植，8 月上旬采收；第三茬为晚季水稻。

(3) 藕与水生蔬菜轮作　如江苏地区等常采用此种栽培模式。一般在地势较低洼的沤田，常与慈姑、荸荠、茭白、水芹等轮茬，因此莲藕应选用浅水早中熟品种。

2. 塘藕的栽培制度

(1) 藕鱼兼作　适合于地势低洼、容易积水的藕池。藕种一般选用中晚熟品种，在 4 月中旬至 5 月上旬定植，5 月下旬将鱼苗放入藕池内，在 10 月份或冬至前挖藕起鱼。

(2) 藕蒲轮茬　藕之前茬为蒲草，蒲草栽培 5 年以后产量渐降，此时蒲草收割后将蒲根翻入土中沤烂（称为"翻蕻"），种藕。藕栽种数年后，再栽蒲草。在江苏湖荡地区，常按此模式轮茬。

【任务实施】

莲藕栽培技术

1. 生产计划方案制订与农资准备

根据生产规模及生产目标，制订详细的生产计划方案，搭建塑料大棚，准备相关的农业生产资料（种子、农膜、化肥、农药等）。

2. 藕田的选择与准备

莲藕植株庞大，要求土质肥沃、土层深厚、疏松、保水保肥性强的黏壤土，一般不宜连作。湖荡种藕要选择水流平缓、水位稳定、水深不超过 1.3～1.6m、淤泥层达 20cm 以上的水面，种植一次，连收 3～4 年，然后将藕荡进行清理后重新种植。田藕应选择水深不超过 40cm、淤泥层厚 15～20cm、排灌方便、光照充足、避风的水面。

莲藕整地要深耕多耙，使田平、泥烂、无杂草。藕田栽前半个月先旱耕，巩固田埂，施基肥后再水耕或栽藕前 1～2 天再耙耕 1 次，使土层烂而平整，保持浅水 3～5cm 待种。湖荡水位较深，要填补低洼处，平整荡底。基肥以有机肥为主，配施磷钾肥，1hm^2 施人粪尿 22500～37500kg，或堆沤肥 75000kg，草木灰 750～1500kg。湖荡以堆沤肥、绿肥为好。

3. 藕种的选择与栽培

藕种一般于临栽前挖起，一般选择整藕或较大的子藕作种。若选用子藕作种，则要求粗壮，至少有两节以上成熟的藕身，且顶芽完整。在第二节节把后 1.5cm 处切断，切忌用手掰，以防泥水灌入藕孔引起腐烂。

莲藕种植的密度和用种量，因环境条件、品种及供应时间而不同。一般早熟品种比晚熟品种密，田藕比塘藕密，早采比迟采密。栽藕量以藕头数计算。田藕早熟品种适宜行距为 1.2m，穴距 1m，1hm^2 用藕量为大藕 2250kg、小藕 1875kg；湖荡藕一般行距为 2.5m，穴距 1.5～2m，每穴栽植整藕 1 支（包括主藕 1 支、子藕 2 支）或较大子藕 4 支，每支重 250g 以上，1hm^2 栽藕 2250～3300 穴，用藕量 3000～3750kg。

栽藕时先将藕种按行株距及藕鞭走向排在田面，然后将藕头埋入泥中 10～13cm 深，后把节梢翘在水面上，以接受阳光、增加温度促进萌芽。排藕方式很多，可以朝一个方向，也可以几个方向相对排列，各株间以三角形对空排列较好，可使莲藕鞭分布均匀，避免拥挤。栽植时要求四周边行藕头均朝向田块内，以免莲鞭伸出埂外。

种藕一般随挖随洗随栽，如当天栽不完，应洒水覆盖保湿防止叶芽干枯。远途引种，运输过程必须覆盖，每天浇洒凉水，防止碰伤。

早熟品种，一般先行催芽后栽植，但要防止栽植过早水温过低，引起烂种缺株。催芽方法：将种藕置于暖室内，上下覆盖稻草，每天洒水 1～2 次，保持温度 20～25℃ 及一定湿度，经 20 天左右，芽长 10cm 以上，即可栽植。用避风向阳的浅水田亦可。

4. 藕田管理

(1) 水位调节　水位管理应遵循前浅、中深、后浅的原则。栽种田藕时，在栽植初期宜保持田中有 3~6cm 浅水，使土温升高，以利发芽。生长旺盛期，逐步加深到 15cm，太浅会引起倒伏，太深则植株生长柔弱。结藕期宜浅水，以 5~10cm 为宜，促进结藕。但要防止水位猛涨，淹没立叶，造成减产。荡藕水位若能控制，前期保持水位 20cm，中期 50cm，后期降至 25~30cm。汛期要加强排水，使立叶露出水面以免淹没、腐烂死亡。

(2) 耘草、摘叶、摘花　在荷叶封行之前，结合施肥进行耘草，拔下杂草随即塞入藕头下面的土泥中，作为肥料。定植后 1 个月左右，浮叶渐枯萎，阳光透入水中，可提高土温。夏至后有 5~6 片立叶时，荷叶茂盛已经封行，地下早藕开始坐藕，不宜再下田耘草，以免碰伤藕身。耘草时应在卷叶的两侧进行。藕莲以菜藕为目的，如有花蕾发生应将花梗曲折（为防止雨水侵入不可折断），以免开花结籽消耗养分。

(3) 追肥　莲藕生长期长，需肥较多，肥料一般以基肥为主，基肥约占全期施肥量的 70%，追肥约占全期肥量的 30%。一般追肥 2~3 次。第 1 次在栽后 20~25 天、有 1~2 片立叶或 6~7 片荷叶时追施发棵肥，1hm² 施人粪尿 22500~30000kg。第 2 次在栽藕后 40~45 天、有 2~3 片立叶时，1hm² 施人粪尿 22500~30000kg。第 3 次在出现终止叶结藕时（封行前）施结藕肥，1hm² 施人粪尿 30000~45000kg。排行密，采收早，施肥多。施肥应选择晴朗无风天气，不可在烈日中午进行，每次施肥前应放干田水，让肥料吸入土中，然后再灌至原来深度。追肥后泼浇清水冲洗荷叶。荡藕宜固体追肥，将堆沤肥或青草、绿肥塞入水下泥中，或用河泥将化肥裹成团，塞入泥中。

(4) 转藕梢　莲藕栽植不久，就抽出莲鞭。接近田边的莲鞭，需随时将其转向田内，以免深入邻田。田中过密的莲鞭，也可适当转向稀的地方，使地下藕鞭在田间均匀生长。转梢宜在晴天下午茎叶柔软时进行，拨开泥土，托起后把节，将梢头连带泥土轻轻转向田内，盖好泥土。在生长旺盛期每隔 3~5 天即需拨转一次。

5. 采收、销售与留种

浅水藕当田间初生立叶发黄、出现很多终止叶时，新藕已形成，即可采收嫩藕。霜后全部叶片枯黄时，挖取老藕，可陆续至翌年春天。采收时先找出结藕位置，挖大留小，分次采收。最先结藕部分在后把叶与终止叶间，终止叶着生在藕节上。采收时，先将田间灌 5~10cm 深水，选未展开的立叶，用手探摸藕的大小，如达到采收标准，挖出主藕，子藕和莲鞭留在田中，让其继续生长。采收后将折断的莲叶清理出田，1hm² 追复合肥 375kg。详细记录每次采收的产量、销售量及销售收入。

深水采藕，手足并用。先找出终止叶叶柄，然后顺着终止叶叶柄用脚尖插入泥中探藕，将藕身两侧泥土蹚去，再将后把叶叶节的外侧藕鞭踩断，一手抓住藕的后把，另一手从下托住藕身中段，轻轻向后抽出土，托出水面。如果水深超过 1m，可采用带长柄的铁钩，钩住藕节，提出水面。

留种应在露地藕田，选择生长良好、符合本品种特征特性的田块。1hm² 留种田可供 10~15hm² 用种量。种藕必须留田越冬，到春季临栽植之前，可根据水面冒出来的荷叶找藕，随挖随选随栽。种藕除选择具有本品种特征的整藕外，还应注意子藕要整齐，朝一个方向生长，后把藕节及莲鞭粗壮。

6. 栽培中常见问题及防治对策

目前，莲藕的生产还处于较为粗放的状态，产量不高，品质不稳定，出现病虫害等现象较为普遍。因此在生产实践中，必须在品种、技术等方面加以充分注意。

(1) 选用良种　莲藕品种必须适合于本地气候和藕田特点，选择品种纯正、粗壮肥大、抗病能力强、产量高、质量好的藕种。

(2) 合理密植　一般在泥深水肥的水面，可适当单株密植，而泥浅土瘦的水面需适当稀植。

(3) 对老藕田、老藕荡进行改良　由于老藕田常有老莲藕占据新藕生长空间，因此可对老藕田、荡每隔一定距离开一条几尺宽的"巷"，除去巷内的全部老莲藕，最好还将泥土翻动，这样巷内就能旺收新藕。隔年可在未开巷的地方开新巷，可获得连年稳产高产。同时如果子藕或孙藕过多，可将最后生长出来的几根子藕或孙藕割死，避免地下茎过密和肥力分散，使新藕生长肥壮，产量高质量优。

(4) 施足底肥，做好追肥　莲藕生长过程中需肥量较大，但在种植过程中往往施肥不足。除施足底肥外，还应多种途径遵循莲藕生长规律进行追施肥。如结合除草，可将清除的杂草在藕荡内小堆分散堆沤，增加莲藕生长营养。

(5) 防治病虫害　主要有腐败病、褐斑病、叶枯病等病害以及蚜虫、夜蛾等虫害，应及时进行防治。

【效果评估】

1. 进行生产成本核算与效益评估，并填写表 13-1。

表 13-1　莲藕栽培生产成本核算与效益评估

项目及内容	生产面积/m²	生产成本/元						折算成本/(元/亩)	销售收入/元	折算收入/(元/亩)
		合计	其中：						合计	
			种子	肥料	农药	劳动力	其他			

2. 根据莲藕栽培生产任务的实施过程，对照生产计划方案写出生产总结 1 份，应包含生产目标、生产进度安排、生产实施过程、生产效益评估以及存在问题分析等内容。

【拓展提高】

莲藕的微型种藕繁殖技术

常规莲藕品种以无性繁殖为主，表现出繁殖系数低、易带病、体积大、不利于种苗的长途运输及推广等问题，限制了莲藕新品种的推广。用微型种藕取代莲藕传统用种方式，将极大地加快全国莲藕新品种的推广应用速度，满足生产需求。

莲藕的微型种藕繁殖技术方案是：取莲藕的组培苗、试管藕、莲藕的顶芽和腋芽、莲种子等作为繁殖体，栽培于直径 15～50cm、高 8～60cm 的容器中，然后种植于泥或其他基质上生长发育、繁殖形成微型种藕。具体步骤如下：

(1) 准备容器和基质　清理田间杂草，整平田地，摆放容器，容器直径 15～50cm、高 8～60cm，填土、泥或其他基质至容器高度的 2/3。

(2) 定植　在日平均温度稳定于 13℃ 以上后，将莲藕的组培苗、试管藕、莲藕的顶芽及腋芽、莲种子等繁殖体栽培于已准备好的加有泥或其他基质的容器中。

(3) 加入水或营养液　向容器中加入水或营养液，使植株正常生长。

(4) 精细管理　在微型种藕生长发育过程中，进行水深调节、追肥、清除杂草、病虫害防治等管理。

(5) 繁殖形成微型种藕　繁殖形成单支具有最少 3～5 个节，长 12～80cm，质量为 150～300g 的微型种藕。

其中，繁殖体的培养包括如下步骤。

① 茎尖启动　选取无病莲藕的顶芽或侧芽为外植体，剥去外层叶鞘，切取茎尖接种于莲藕茎尖启动培养基上进行培养，直至生长成单芽或丛芽，其中茎尖启动培养基为 1/2MS+6-BA 0.5～4.0mg/L+NAA 0.1～0.5mg/L+3.0% 蔗糖+琼脂 0.5%～0.6%。

② 继代增殖　将单芽或丛芽转接到继代培养基上进行继代增殖培养，直至产生新的丛芽，其中继代培养基为 1/2MS+6-BA 0.5～2.0mg/L+NAA 0.1～1.0mg/L+3.0% 蔗糖+琼脂 0.5%～0.6%。

③ 生根　将丛芽分割成单芽，转接到生根培养基上诱导生根，直至生根形成试管苗，其中生根培养基为 1/2MS+6-BA 0.5～1.0mg/L+IBA 0.1～1.5mg/L+AC 0.5～1.0g/L+5.0% 蔗糖+琼脂 0.5%～0.6%。

④ 诱导试管藕　生根培养 30 天后，将液体培养基 1/2MS+6-BA 0.1～1.0mg/L+NAA

0.1~0.5mg/L+3.0%~12.0%蔗糖倒入培养容器中，诱导形成试管藕。

所述的试管藕的各阶段培养基的pH值为5.8~6.0，培养温度为24~26℃，光照强度为2000~2500lx，每天光照时间为10h。

本微型种藕繁殖技术与传统种藕繁殖技术相比，具有如下优点：一是繁殖系数高。一般常规藕每亩用种量为200~300kg，每亩地生产出的常规藕种仅可供5336~6670m²地种植，特别是在长途运输过程中损耗率高，运输费用高。本发明利用莲藕的组培苗、试管藕、莲藕的顶芽和腋芽、莲种子等作为繁殖体，繁殖形成微型种藕，具有繁殖系数高、体积小、便于运输等优点。而且，微型种藕每亩用种量仅为20~40kg（120~150支），每亩生产出的微型种藕可供13340~26680m²大田种植，在远途运输过程中损耗率小，运输费用低。二是具有节约成本、省工、高效等常规种藕不可比拟的优势；同时，栽培技术简便易行，利于生产者掌握，用微型种藕取代莲藕传统用种方式，将极大地加快莲藕新品种的推广应用速度。

【课外练习】
1. 莲藕种植过程可以分为哪些步骤？如何调节藕田的水位？
2. 如何进行莲藕的采收与留种？

任务二 茭白栽培

茭白，属禾本科菰属多年生宿根水生草本植物。其产品器官为变态肉质嫩茎，在未老熟以前，有机氮素营养以氨基酸形式存在，味道鲜美，营养价值高。

【任务描述】
江西南昌某水生蔬菜生产基地今年拟种植150000m²的茭白，要求产量达2000kg/亩以上。请据此制订生产计划，并安排生产及销售。

【任务分析】
按照生产过程完成生产任务：制订生产计划方案—寄秧育苗—稻田平整与移栽—田间管理—采收与采后处理、销售—栽培中常见问题的分析及防止对策—效果评估。

【相关知识】

一、生物学特性

1. 植物学特征

根为须根，根系发达，在分蘖节和根状茎的各节上环节抽生，长20~70mm、粗2~3mm，主要分布在水面下地表30cm范围内的土层内。茎包括地上茎和根状茎。在营养生长期，地上茎呈短缩状，部分埋入土中，有多节，节上发生2~3次分蘖，形成多蘖茭丛，称为茭墩。在温度和光照适宜时，菰黑粉菌大量繁殖，分泌吲哚乙酸类细胞分裂素，刺激花茎先端数节膨大和增粗，形成肥嫩的肉质茎，一般长25~35cm，横径3~5cm，横断面椭圆形或近圆形。根状茎从地上茎基部的节上发生，在土中匍匐生长，其顶芽和侧芽可转向地上萌发生长，成为分株。叶着生在短缩茎上，由叶片和叶鞘组成。叶片长披针形，长1.0~1.6m，宽3~4cm，浅绿色。叶鞘长25~45cm，相互抱合，形成假茎（图13-3）。肉质茎在假茎内膨大，始终保持洁白，故名茭白或茭肉（图13-4）。

2. 生长发育周期

茭白一般不开花结实，以分株进行无性繁殖。包括萌芽期、分蘖期、孕茭期和休眠期。

（1）萌芽期 从越冬母株基部茎节和地下根状茎先端的休眠芽萌发，出苗至长出4片叶，需25~40天。萌芽始温5℃，适温15~25℃，并需2~4cm的浅水层。

（2）分蘖期 从新苗出现定型叶开始，到大部分新苗分别长成

图13-3 茭白植株
1—肉质茎；2—叶；3—分蘖；
4—根；5—地下匍匐茎

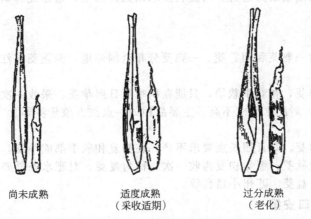

尚未成熟　　适度成熟　　过分成熟
　　　　　（采收适期）　（老化）

图 13-4　茭白肉质茎成熟度外形

高株，并在各株基部抽生一两次分蘖为止。一般一熟茭 130~150 天，两熟茭栽植当年秋茭需 150~170 天，第二年夏茭需 60~80 天。

（3）孕茭期　从茎拔节到肉质茎膨大充实的过程，一般需 40~50 天。主茎先孕茭，其后有效分蘖陆续孕茭。孕茭时需要一定的叶数，同时还要有菰黑粉菌寄生，才能开始拔节伸长。一般单支肉质茎需 8~17 天，全田植株孕茭持续 30~60 天。植株体内如无黑粉菌，茭白茎不能膨大，甚至夏秋抽薹开花结实，称为雄茭。如果孕茭期黑粉菌产生厚垣孢子，肉质茎内将产生不同程度的黑点，有的甚至被厚垣孢子占满，成为一包黑粉，完全不能食用，称为灰茭。正常茭在生长过程中，不断会有雄茭和灰茭植株分离出来，因此在栽培过程中每年都要严格选种，以保持种性。雄茭、正常茭、灰茭外形见图 13-5。

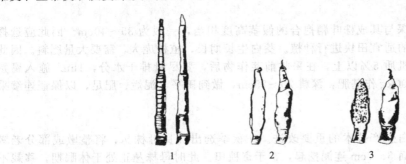

　　　　1　　　　2　　　　3

图 13-5　雄茭、正常茭、灰茭
1—雄茭；2—正常茭；3—灰茭

（4）休眠期　从植株叶片全部枯死，地上茎中下部、地下根状茎先端休眠芽越冬开始，至翌年春休眠芽开始萌发为止，一般需 80~150 天。一般在气温 5℃ 以下时进入休眠，翌年春气温上升到 5℃ 以上时开始萌发。

3. 对环境条件的要求

（1）温度　茭白萌芽始温 5℃，适温 15~20℃；孕茭始温 20~25℃，10℃ 以下、30℃ 以上不能孕茭。

（2）光照　茭白为喜光植物，生长发育要求光照充足，不耐遮阴。光照充足和短日照均利于孕茭。

（3）水分　茭白整个生长期不能断水，水位要根据茭白不同生育阶段进行调整。一般随植株长大，水位宜相应地由浅到深，孕茭后可适当深灌，但不可淹过茭白眼，以免引起腐烂。

（4）土壤及营养　茭白不宜连作，对土质要求不严，以耕层深厚、富含有机质的黏性壤土或壤土、微酸性或中性土壤最为适宜。对肥料要求以氮钾为主，适量配施磷肥，据测算氮磷钾适宜比例为 1：0.8：1.2。

二、类型与品种

按采收季节分为一熟茭和两熟茭。一熟茭分布全国各地，两熟茭在江浙一带广为栽培。

1. 一熟茭

一熟茭又称单季茭，在春季栽培，只能在秋季短日照孕茭、采收一次，可连续采收 3～4 年，多在 8～9 月份上市，对肥水要求不高。主要品种如一点红、象牙茭等。

2. 两熟茭

两熟茭又称双季茭，对日照长短要求不严，在初夏和秋季都能孕茭，春季或早秋种植，当年秋季采收一次，称为秋茭；翌年初夏再收一次，称为夏茭。对肥水条件要求较高。主要品种有鄂茭 2 号、刘潭茭、广益茭、苏州小蜡台等。

三、栽培季节与茬口安排

茭白喜温，以分蘖和分株进行无性繁殖，不耐寒冷、高温、干旱，栽培地区的无霜期要求 150 天以上。在长江中下游地区，一熟茭一般在 4 月份定植；二熟茭春栽常在 4 月中下旬进行，夏栽在 7 月下旬至 8 月上旬进行，其中秋茭早熟品种多进行春栽，秋茭晚熟品种可在夏季栽培。

茭白应实行轮作，低洼水田常与莲藕、慈姑、荸荠、水芹、蒲草等轮作，在地势较高的水田可与水稻轮作，甚至可以与旱生蔬菜轮作或间套作。

【任务实施】

茭白栽培技术

1. 生产计划方案制订与农资准备

根据生产规模及生产目标，制订详细的生产计划方案，搭建塑料大棚，准备相关的农业生产资料（种子、农膜、化肥、农药等）。

2. 整地施基肥

茭白能耐受的最大水深与其成株叶鞘抱合的假茎高度相当，一般为 35～40cm。因此应选择水位能够控制、排灌方便的适宜田块进行种植。茭白生长期长，植株庞大，需要大量肥料。因此田块最好土壤肥沃、含有机质 5% 以上，在采收前茬作物后，要尽量排干水分，1hm² 施入腐熟的粪肥或绿肥 45000～52500kg 作基肥，深耕 20～25cm，做到田平、泥烂、肥足，以保证连续采收几季。

3. 寄秧育苗

寄秧育苗是近年来茭白生产技术的重要改进。在秋季选出优良母株丛，将整墩或部分老墩上的短缩茎带分蘖芽距地面 5～7cm 连泥挖起，寄于寄秧田。此时母株丛正处于休眠期，移栽不容易造成损伤。优良母株的标准是结茭整齐一致、植株较矮、分蘖密集丛生、茭肉肥嫩、薹管较低、无灰茭和雄茭等。寄秧田要求土地平整，排灌方便，整地时可 1hm² 施入有机肥 2250kg 作基肥；寄秧株密度以株距 15cm、行距 50cm 为宜，栽植深度与田土表面持平。寄秧田与大田的比例一般为 1：20。采用这种方法可促进茭白早熟，提高种苗纯度和质量，便于茬口安排。

秋栽用苗也可以采用寄秧育苗的方法。

4. 移栽

一熟茭一般多在春季移栽种植（春栽），两熟茭可分为春季移栽和夏秋季移栽（夏秋栽）两种形式。

（1）春栽　一熟茭和两熟茭中的晚熟品种一般都适合于春栽。长江中下游地区一般于 4 月中下旬，茭苗高 30cm 左右时，当地日平均气温达 15℃ 以上时即可移栽。栽前灌好水，然后从寄秧田或留种田中连泥将母株丛挖出，用刀顺着分蘖着生的方向纵切，分成若干小墩，尽量不伤及新根和分蘖。每小墩要求带有薹管、健全的分蘖苗 3～5 株，随挖随分小墩随移栽定植。如运输距离较远、气温较冷，则应注意做好保温。移栽一般株距 50cm、行距 100cm。如移栽时苗株较高，可剪去叶尖，保留株高 30cm 左右，以减少水分蒸发和栽后随风摇动。栽植深度以老茎和秧苗基部深入泥中不致浮起、所带老薹管与田面持平为适度。以在阴天或傍晚时进行移栽较为适宜。

(2) 夏秋栽 通常，多在早藕收获后抢种茭白。茭秧于4月份在藕田四周或寄秧田中育苗待种。7月下旬至8月上旬左右移植栽插。栽前先打去基部老叶，起出苗墩，用手将苗墩的分蘖顺势一一扒开，每株带1~2苗，剪去叶鞘50cm左右。移栽时可按行距40~50cm、株距25~30cm。

5. 田间管理

(1) 水位调节 水位调节的原则是：浅水栽插、深水活棵、浅水分蘖、中后期逐渐加深水层、采收期深浅结合、湿润越冬。

春栽，萌芽生长期及分蘖前期，宜保持3~5cm的浅水层，以利增加水温、促进发根和分蘖。平均每墩分蘖达18株左右时，可逐渐将水层加深到10cm左右，以控制无效分蘖的发生。7~8月份高温阶段，水温要逐渐加深到15cm左右，以降温和控制后期分蘖的形成，促进孕茭。随着肉茭出现而进入孕茭期，水位逐渐加深到20cm，但最高水位不能超过茭白眼，以防止薹管进水腐烂和拔高。每次追肥前宜放浅水位，施肥后待肥料吸入土中后再行灌水。采收期间，间歇灌水。平时灌水深度保持约20cm，采收完毕当天，降低水层至1~2cm，第二天再将水层恢复到20cm，以使根系获得较多氧气。

秋栽茭苗缓苗期，保持3~5cm浅水层，以防茭苗漂浮。以后根据茭苗的不同生长阶段，对水位进行调控的原则基本与春栽相同。

(2) 追肥 基本原则可概括为"前促、中控、后促"，也就是结合水层管理，促进前期有效分蘖，控制后期无效分蘖，促进孕茭，提高产量和质量。一般在栽植活棵后，1hm^2 追施尿素75~120kg或粪肥15000kg（提苗肥）；分蘖初期，一般于5月上旬，1hm^2 追施尿素225~300kg或粪肥30000kg，以促进分蘖和快速生长（分蘖肥）。第三次追肥应在全田有20%~30%的株丛刚进入孕茭期（"扁秆"），一般1hm^2 追施尿素300kg、硫酸钾225kg（催茭肥）。夏秋栽植的新茭田，当年生长期短，一般只在栽植后10~15天追施一次，1hm^2 追施腐熟粪肥22500~30000kg。老茭田夏茬生长期短，追肥宜早、重、集中，一般立春前施第一次肥，3月下旬施第二次肥。

(3) 疏茭苗、补墩 由于秋栽茭苗翌年每茭墩苗数过多，必须在3月下旬至4月上旬进行间苗。疏密留稀、疏弱留壮、疏内留外，一般保持每墩20~30苗为宜。从行间取土在墩中苗间压一块泥，使分蘖向四周散开，苗距6cm左右。在疏苗的同时，可从株丛大、出苗多的茭墩上挖出具有6~8苗的小墩，补墩补穴，保持茭田苗墩均匀，也可适当增加种植密度。

(4) 耘田 新栽茭田或老茭田，萌发至封行前，应耘田2~3次。耘田时把水放干，把土层浅翻一遍，将杂草黄叶等埋入泥中。耘田后立即对茭田灌水。

(5) 剥黄叶、割茭墩 在茭苗生长期内，可剥离黄叶2~3次，以改善田间通风透光条件。如7~8月中下旬1次，8月上中旬1次，8月中下旬1次等。秋茭采收后，地上部分经霜冻枯死，应将地上枯叶齐泥割去，留下地下根株，以降低来年分蘖节位；同时清除灰茭墩和雄茭墩，以利来年高产稳产。

6. 采收与销售

茭白采收适宜的外观指标是单株茎蘖假茎基部显著膨大，肉质茎将合抱的叶鞘一侧挤开裂缝，露出白色的茭肉，即"露白"。采收时要注意不伤及相邻其他茭白植株，因迟生的分蘖植株尚仍在孕茭之中。夏茭于立夏至夏至采收，采收时气温高，露出水面容易发青，可3~4天采收1次。秋茭在秋分至寒露间采收，一般一熟茭比两熟茭采收早，春栽比秋栽采收早。采收早期，可3天采收1次；后期气温低，茭白老化较慢，可4~5天采收1次；秋茭应于薹管处拧断，夏茭则连根拔起，削去薹管，留叶鞘30cm，切去叶片上市。茭白最好鲜收鲜销，如保留叶鞘放置阴凉处，约可贮存1周。详细记录每次采收的产量、销售量及销售收入。

7. 栽培中常见问题及防治对策

茭白是人们十分喜爱的菜肴，具有良好的保健及药用功能。目前茭白的生产仍处于一种简单、粗放状态,尤其是存在产量不高、品质不稳定以及常有病虫害等现象。

(1) 品种选用不当　选择种性优良的茭白品种,是茭白生产丰收的根本保证。作为"茭种"的茭白品种必须适合于当地气候和茭田特点,选择品种纯正、茭肉肥嫩、抗病能力强、产量高、质量好的茭种作种苗。

(2) 水肥管理不妥　目前茭白产量较低的原因之一是水肥管理不妥,导致有效分蘖不足及孕茭减少。因此除施足底肥外,还应采取多种途径遵循茭白生长规律进行追肥。如结合中耕除草,可将清除的杂草、老叶等埋入泥中,增加茭苗生长营养等。应该遵循茭苗生长规律,及时调节水位及中耕除草,促进茭苗的生长和茭白的发育。

(3) 病虫害严重　茭白主要有叶斑病、纹枯病、茭白瘟病等病害以及飞虱、螟虫等虫害,应及时防治。

【效果评估】

1. 进行生产成本核算与效益评估,并填写表13-2。

表13-2　茭白栽培生产成本核算与效益评估

项目及内容	生产面积/m²	生产成本/元						销售收入/元	
		合计	其中:				折算成本/(元/亩)	合计	折算收入/(元/亩)
			种子	肥料	农药	劳动力	其他			

2. 根据茭白栽培生产任务的实施过程,对照生产计划方案写出生产总结1份,应包含生产目标、生产进度安排、生产实施过程、生产效益评估以及存在问题分析等内容。

【拓展提高】

茭白选种与育苗

栽种茭白选种时一般要做到"三选",即初选、复选和精选。秋茭收获前6～7天进行初选,选择株高中等、肉质茎粗、茎秆扁平、叶鞘生长整齐一致、符合品种特性的植株作种株;茭白采收期进行复选,剔除灰茭、雄茭及成熟不一致的少数植株,将符合要求的植株进行标记;茭白采收、挖种株茭墩前可再作一次精选,将符合条件的植株排入苗床中进行育苗。

一般在冬至前后,挖出经过"三选"的茭墩,挖掘前先把老茭在离地面0.5m处割平,为减少发病,需把割下的茭根和枯叶运往田外烧毁。茭墩挖出后,在墩的中心再挖去一部分茭根,并用泥土填满,以防冻伤;并使两边各保留3～4株茭根即可,以起到疏苗作用。在灌排方便、避风向阳的地方建苗床,把选好的茭墩排放在苗床中,上面覆盖6～7cm厚的稻草,并灌一层3cm的水。以后需经常检查水分状况,只要茭根处一直维持潮湿就不需要浇水。寒流时要注意保温。立春后3～4天,灌足水并撤除稻草,此时多数茭白根开始发芽。为使秧苗健壮,需适当追施一些肥料,一般每亩秧田施用腐熟的大粪3000～4000kg。为防烧坏秧苗,需先灌水再施肥,一般在白天浇小水直至浸没秧苗。3月中旬后可脱水锻炼幼苗,3月下旬若发现茭白秧苗嫩长,可脱水移苗,使幼苗落黄停止徒长。

【课外练习】

1. 简述茭白寄秧育苗技术要点。
2. 茭白是如何形成的?如何留种?种植过程中要注意什么?

任务三　荸荠栽培

荸荠属莎草科荸荠属,能形成地下球茎的栽培种,为多年生浅水性草本植物。荸荠是既可生食又可炒食、具有保健功能的果蔬产品。

【任务描述】

湖南岳阳某水生蔬菜生产基地今年拟种植60000m²荸荠,要求产量达2000～2500kg/亩以上。请据此制订生产计划,并安排生产及销售。

【任务分析】

按照生产过程完成生产任务:制订生产计划方案—催芽育苗—整田施肥与定植—田间管理—采收与采后处理、销售—栽培中常见问题的分析及防止对策—效果评估。

【相关知识】

一、生物学特性

1. 植物学特征

荸荠根为须根系,为球茎基部茎节处发生的细长根系,入土20~30cm,无根毛。球茎,扁圆形,表面光滑,有环节3~5圈,老熟后深栗色或枣红色。荸荠以球茎繁殖,在适宜温度、湿度条件下,球茎可抽生出不明显的短缩茎,顶芽及侧芽向地上抽生1丛生叶状茎,基部侧芽向土中抽生匍匐茎。叶状茎管状、直立、中空,内具多数有筛孔的隔膜,高1m左右。匍匐茎分为分株型匍匐茎(能形成分株)和结球型匍匐茎(形成球茎)两种(图13-6)。

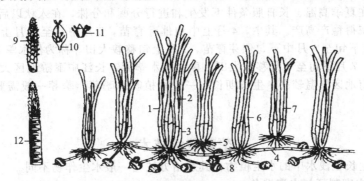

图13-6 荸荠植株形态全图

1—母株丛;2—叶状茎;3—退化叶;4—匍匐茎;5—根;6—第一次分蘖;7—第二次分蘖;8—球茎;9—花穗;10—花;11—种子;12—横隔膜

叶片退化为膜状鳞片,着生于叶状茎的基部及球茎上部数节,包被着主芽和侧芽。穗状花序,褐色,小花呈螺旋状,外包萼片。果实为小坚果,近球形,果皮革质,内含种子1枚;种子灰褐色,不易发芽,生产上一般不用种子繁殖。

2. 生长发育周期

分为以下3个时期。

(1)萌芽期 从母球茎顶芽萌动至幼芽长至10cm左右的时期,约需20~30天,为萌芽期。发芽始温约15℃,适温15~25℃。萌芽期要避免强光暴晒,水层以2~3cm为宜。

(2)分蘖分株期 母球茎萌发形成的新苗,在抽生叶状茎的同时不断分蘖,形成分株。分株侧芽向四周抽生匍匐茎3~4条,匍匐茎顶芽萌生叶状茎,形成分株。如此分蘖分株,形成株系,约需120~150天。高温、长日照有利于分蘖和形成分株,25~30℃是分株最旺时期。此期水层以7~9cm为宜。

(3)结球期 秋季气温开始降低,日照变短,分蘖分株基本停止,地上茎绿色加深,自分株中心抽出花茎,开花结果。同时,地下匍匐茎先端开始形成球茎,球茎逐步生长成熟(图13-7),此为结球期,约需70天。结球适宜温度为18~20℃,并需较大昼夜温差。水层以3~5cm为宜。球茎越冬,只需保持1cm左右浅水层即可。

3. 对环境条件的要求

荸荠适宜在表土松软、肥沃、底土较紧实、富含有机质的壤土和黏壤土中生长。结球前期需要较多的氮磷

荸荠外形

荸荠纵切(示主芽)

图13-7 荸荠球茎外形及顶芽

肥，结球期则需要较多的钾肥。

二、类型与品种

荸荠品种间差异较小。按顶芽尖钝和靠近匍匐茎端的脐洼深浅，可分为平脐和凹脐两种类型。

1. 平脐类型

该类型球茎顶芽尖，球茎较小，球茎的脐部与四周的底部基本平行，含淀粉较多，肉质粗，适于熟食或加工淀粉。一般为早中熟品种。如苏脐、广州水马蹄、宣州大红袍等。

2. 凹脐类型

球茎顶芽钝，球茎较大，球茎的脐部比四周底部有较深的凹陷，含水分多、淀粉少，肉质甜嫩，渣少，适于生食或加工罐头。一般为中晚熟品种。如杭脐、孝感荸荠、桂林马蹄等。

三、栽培季节与茬口安排

荸荠喜温暖，需在无霜期季节生长。长江中下游地区多在4月上旬至7月上旬育苗，立秋前移栽，使植株能在夏季高温、长日照条件下发生和进行分蘖和分株，在入秋以后低温及短日照条件下结球，容易获得稳产高产。其中，4月上中旬催芽育苗，5月中旬至6月上旬移栽大田，称为早水荸荠；5月下旬至6月中下旬催芽育苗，7月上旬移栽大田，称为伏水荸荠；7月上旬至7月下旬催芽育苗，7月下旬至8月移栽大田，称为晚水荸荠。长江中下游地区大多种植早水荸荠和伏水荸荠；华南地区气温较高，生长期长，一般种植晚水荸荠。荸荠一般需要实行2～3年的轮作。

【任务实施】

荸荠栽培技术

荸荠是一种生长在浅水中的水生植物，其栽培方法与一般水生作物不同。

1. 生产计划方案制订与农资准备

根据生产规模及生产目标，制订详细的生产计划方案，准备相关的农业生产资料（种子、农膜、化肥、农药等）。

2. 整地与施基肥

一般选择耕作层或潮泥层在20cm左右、底土坚实、脚踩不易下陷、能控制水位的浅水田作为种植田块。前茬作物收获后，及时平整土地，一般两犁两耙，耕后施入基肥。早水荸荠因生长期长，宜以施有机肥为主；晚水荸荠生长期较短，要争取在短时间内发棵分株，可以施用速效肥为主，并可适当加大用肥量。一般1hm^{2}施糟肥22500～30000kg和粪肥15000～30000kg。施入基肥后，灌水，耙平田面。

3. 催芽育苗

根据轮作安排，可以在春季或夏季育苗。

（1）催芽　选择球茎饱满的优良种荠，将脐顶芽尖端剪去0.5cm，以摘去已萌发的细弱叶状茎，进行浸种。一般浸种1～2昼夜，顶芽即可萌动。浸种前，还可用25%多菌灵500倍溶液浸种8～12h，对防病有显著效果。然后将种脐放入含水量约为85%的土壤中、经20天左右即可萌芽；或者将种荠堆在室内，用稻草等保持湿润促萌芽。

（2）育苗　春季气温低，出苗慢，应在栽植前45天左右催芽（约3月中旬催芽）育苗（约4月上中旬出苗）。夏季气温高、育苗快，约需在栽植前25～30天催芽育苗。方法是，把育苗田耙平耙细，保持浅水层和泥泞状；将种荠按行距20～26cm、株距16～20cm栽培在育苗田中，深度以将短缩茎上的根系淹没为度。春栽荸荠苗龄约为30～50天，夏栽荸荠苗龄约需20天。

4. 定植

将母株上的分株和分蘖自匍匐茎中部切断，去梢，留45cm左右高的叶状茎栽入田中。行距50～60cm，株距25～30cm。每穴1株或具有3～5根叶状茎的分株1丛，栽培深度一般以齐叶状茎基部为度（入土约9cm）。

5. 田间管理

（1）除草追肥　荸荠从定植到结球，一般可发生分株3~4次。田间操作应尽量在前一两次分株期间进行，小心拔去杂草并结合施肥，防止损坏秧苗。开始分株时，$1hm^2$追施尿素225kg、过磷酸钙225kg、硫酸钾150kg；开始结球时，$1hm^2$追施过磷酸钙150kg、硫酸钾150kg。追肥时，先放干田水，均匀撒施，施后1~2天还水灌田。

（2）水层管理　荸荠植株在不同的生育时期，对水层的深度要求不同。早水荸荠栽植初期，气温较低，定植后宜保持2~3cm的浅水层，利于生根、分蘖和分枝；在分蘖分株时期，应逐渐加深至7~10cm；晚水荸荠栽植时气温较高，定植后可加深水层至6~8cm，以后逐渐加深至10cm左右，以利生长和发棵。进入结球期，可将水层落浅至3~5cm，最后保持1~2cm浅水越冬。

6. 病虫害防治

荸荠病害主要为秆枯病。该病8月下旬在田间可见，10月上旬盛发流行。防治方法为：对发病田块最好实行3年以上轮作，也可实行水旱轮作；选用无病种球。在播种前球茎可用25%多菌灵250倍或70%托布津1000倍浸种24h；改进排灌方式，避免串灌、漫灌和将发病田中的水灌入无病田中；清除田间病残体，销毁茎秆，以减少来年病菌的初侵染源；发病田间可用多菌灵、托布津喷雾，每7天1次。

荸荠虫害主要为荸荠白禾螟，其以幼虫危害荸荠的茎秆，将管内的横隔膜穿透，引起管壁变褐腐烂，危害严重者甚至导致枯死。防治方法为：荸荠收获后把茎秆集中销毁，铲除田边杂草，以减少越冬幼虫数量。药剂防治应坚持狠治二三代幼虫、早治第四代幼虫的原则，可用40%稻虫净、80%敌敌畏防治。

7. 采收、储藏与销售

进入冬季，荸荠植株地上部分枯死，球茎开始休眠，标志着荸荠进入成熟期，即可开始采收。一般应从12月中下旬至翌年2月上旬立春前采收完毕为好。过早采收，荸荠尚未成熟，产量低、质嫩、味淡、皮薄、色浅、不耐贮藏；冬至前后采收的球茎，色红、味甜、皮厚、较耐贮藏。采收时一般可于采收前一天至数天排干田水，用锄头挖掘。可选皮色深、脐部深、芽粗短的球茎带泥摊至阴处，至八成干时撒上细干土，即可窖藏或堆藏。详细记录每次采收的产量及销售量、销售收入。

8. 栽培中常见问题及防治对策

荸荠是我国的特有果品，风味独特，是人们喜爱的时令佳肴。目前在荸荠的商品化生产过程中，存在品质不稳定、产量不高的现象，生产成本较高，限制了荸荠的生产和推广。

栽培中常见问题是生长发育受阻。主要原因是施肥不足，水位调节不当，导致有效分蘖减少、结球弱且数目少，生长发育受阻。应该遵循荠苗生长规律，及时调节水位和中耕除草；施足底肥，并遵循荸荠生长规律进行追肥。中耕除草时，小心损伤荠苗。

【效果评估】

1. 进行生产成本核算与效益评估，并填写表13-3。

表13-3　荸荠栽培生产成本核算与效益评估

项目及内容	生产面积/m^2	生产成本/元						折算成本/(元/亩)	销售收入/元	折算收入/(元/亩)
		合计	其中：						合计	
			种子	肥料	农药	劳动力	其他			

2. 根据荸荠栽培生产任务的实施过程，对照生产计划方案写出生产总结1份，应包含生产目标、生产进度安排、生产实施过程、生产效益评估以及存在问题分析等内容。

【拓展提高】

荸荠选留种方法

荸荠需在生长期和采收期分别进行一次选种。在生长期要进行初选，即选择地上部分群体生长整齐一致、抗倒伏或轻微倒伏、无病虫害的田块为留种田，并多次淘汰病株、弱株、劣株及不符合本品种特征特性的植株。再在采收期进行复选。种球入选标准是：无病虫、无伤口、不破损，球茎饱满整齐、稍厚、色泽好、皮色深浅一致，符合本品种特性。

入选种球装在编织袋里，放入水井或水泥池 20cm 深的水中保存，定期检查。或在入选的种田中过冬，次年 3 月底 4 月初挖出后选种球。

【课外练习】

1. 荸荠分为哪几种类型？各有何特点？
2. 简述荸荠催芽育苗技术要点。

项目十四　多年生及杂类蔬菜栽培

【知识目标】
1. 了解多年生及杂类蔬菜的主要种类、生育共性和栽培共性；
2. 掌握黄花菜、芦笋、香椿、甜玉米、朝鲜蓟、黄秋葵、折耳根的生物学特性、品种类型、栽培季节与茬口安排等；
3. 掌握黄花菜、芦笋、香椿、甜玉米、朝鲜蓟、黄秋葵、折耳根的栽培管理知识以及栽培过程中的常见问题和防止对策。

【能力目标】
1. 能制订多年生蔬菜（黄花菜、芦笋、香椿）及杂类蔬菜（甜玉米、朝鲜蓟、黄秋葵、折耳根）生产计划方案；
2. 能掌握黄花菜、芦笋、香椿等多年生蔬菜栽培技术关键；
3. 能掌握杂类蔬菜（甜玉米、朝鲜蓟、黄秋葵、折耳根）栽培技术关键；
4. 能分析多年生及杂类蔬菜生产过程中常见问题发生的原因并提出解决措施；
5. 能进行多年生及杂类蔬菜生产效果评估。

多年生蔬菜是指一次种植可多年生长和采收的蔬菜种类，包括多年生草本蔬菜和多年生木本蔬菜。多年生草本蔬菜的地上部每年冬季枯死，地下部根、根状茎、鳞茎、球茎等器官宿留土中休眠，待气候条件适宜时重新萌芽、生长、发育，如此生长多年。主要有芦笋、黄花菜、百合、菊花脑、朝鲜蓟、辣根、枸杞、襄荷等。要求土壤土层深厚，有机质含量丰富。多年生木本蔬菜有竹笋、香椿等。它们的根系发达，分蘖力强，适应性广，抗逆性强，对环境条件要求不严格。多年生蔬菜的繁殖方法主要包括无性繁殖和有性繁殖。大多适于无性繁殖，如扦插（竹、香椿）、分株（竹、黄花菜、香椿）等。但在种苗缺乏等特殊条件下也可用种子繁殖，如黄花菜、香椿、芦笋等。多年生蔬菜除鲜食外，很多种类适宜干制、罐藏和盐渍。

任务一　黄花菜栽培

黄花菜，别名萱草、金针菜、黄花草、安神菜等，属百合科萱草属多年生宿根草本植物，包括黄花菜、黄花、萱草及红萱4种。黄花菜原产于亚洲及欧洲的温带地区。在国外属观赏植物，我国早在2000多年前就作为蔬菜栽培，是我国的特产蔬菜。主要产品是将含苞欲放的花蕾加工而成的干制品。干制后的花蕾形细而长，色泽金黄，故又名"金针菜"。

黄花菜营养丰富，味鲜质嫩。经中国医学科学院测定，黄花菜中蛋白质、脂肪、碳水化合物、钙、磷、铁、胡萝卜素、核黄素等的含量都高于常见蔬菜。黄花菜性味甘凉，有止血、消炎、清热、利湿、消食、明目、安神等功效。黄花菜以食干制花蕾为主，可炒食、凉拌和煮汤。鲜黄花菜中因含有秋水仙碱，鲜食可能会引起中毒。如食用鲜黄花菜，烹饪前应用开水先烫后浸泡，除去汁水，烹饪时应延长烹饪时间。

【任务描述】
四川渠县某蔬菜生产基地现有面积为50000m²的露地，今年准备生产黄花菜，要求在6月上旬开始供应上市，每亩干花产量达300kg。请据此制订生产计划，并安排生产及销售。

【任务分析】
按照生产过程完成生产任务：制订生产计划方案—播种与育苗—整地做畦与定植—田间管

理—采收与采后处理、销售—效果评估。

【相关知识】

一、生物学特性

1. 植物学特征

黄花菜根系发达，根群多数分布在 30cm 左右深的土层内。根从短缩的根状茎的茎节上发生，首先形成条状肉质根和块状肉质根，秋季又从条状肉质根尖端发生纤细根。随着栽培时间的延长，短缩茎上发生的条状根不断上移，即有"跳根"特性，栽培管理上应培土和增施有机肥。植株营养生长期间只有短缩的根状茎，其上萌芽发叶。叶对生，叶鞘抱合成扁阔的假茎。与韭菜类似，黄花菜有分蘖习性，在长江中下游地区每年抽生 2 次青苗。第一次在春季 2~3 月份发生，称作春苗。到 8~9 月份采蕾结束，割去黄叶和枯薹后不久就发生第二次分蘖，称为冬苗。冬苗初霜时枯死。冬苗期间是黄花菜积累养分的重要阶段，大部分纤细根在此期发生。

花薹于 5~6 月份间从叶丛中抽出，顶端形成花枝 4~8 个，聚伞花序。每个花枝大约可着生 10 个花蕾。一个花薹可陆续形成 20~120 个花蕾不等，可持续采收 1~2 个月。蒴果，每一果实内含种子 10~20 粒，种子黑色有光泽，千粒重 20~25g。

黄花菜植株的形态特征见图 14-1。

2. 生长发育周期

黄花菜为多年生宿根植物，一般能连续生长 20~30 年，一生经历幼苗期、幼株期、成株期和衰老期。栽后 2~3 年处于幼龄期，分蘖少且产量低；4~6 年为成株期，产量陆续达到最高；8~9 年后逐渐进入衰老期，开花数逐渐减少，采收期渐短，产量降低。10~15 年后应再次分植更新。

黄花菜在一年中生长发育过程可分为苗期、抽薹期、开花期和休眠越冬期 4 个时期。

(1) 苗期　从幼叶出土到花薹开始显露。此期长出 16~20 片叶，约需 90 天。春苗是营养生长盛期，主要为当年开花积累养分。在开春后应及时灌水追肥，促进春苗早发旺长。

(2) 抽薹期　从花薹显露到开始采摘花蕾，约需 30 天。抽薹期对水分很敏感，缺水会延迟抽薹发生，花薹少且细，花蕾少并易脱落。

(3) 开花期　从开始采收到采收结束，需 30~60 天。采收期间充足的水肥可以延长花期并提高花蕾质量。

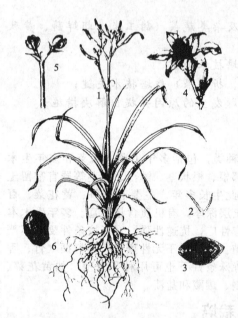

图 14-1　黄花菜植株的外形
1—植株全貌；2—叶片横断面；
3—假茎横断面；4—花的外形；
5—果实外形；6—种子外形
（引自张和义等，2002）

(4) 休眠越冬期　霜降后，地上部受冻枯死，以短缩茎在土壤中越冬。休眠期应及时培土保护幼芽，同时做好冬灌，为来年春苗早生快长打下基础。

3. 对环境条件的要求

(1) 温度　地上部不耐寒，遇霜即枯萎，而地下部能耐 -22℃ 的低温，甚至在极端气温达 -49℃ 的高寒地区也可安全越冬。旬平均气温达 5℃ 以上时幼芽开始萌发，叶丛生长适宜温度为 14~20℃，抽薹开花需要 20~25℃ 的较高温度。

(2) 光照　黄花菜喜光，对光照强度适应范围较广，能够在相对强光为 17%~100% 的条件下正常生长，但在光照充足的条件下生长更好。可与果园、桑园间作。

(3) 水分　黄花菜耐旱力较强。抽薹前需水量较小，抽薹后需水量逐渐增多，特别是盛蕾期需水量最多。高温、干旱易引起小花蕾不能正常发育而脱落,缩短采收期,严重影响产量和品质。阴雨天多易落蕾,遇暴雨落蕾加重。

(4) 土壤及营养 黄花菜对土壤的适应性广,且能生长在瘠薄的土壤中,在pH值为5.0~8.6的土壤中都可生长。

二、类型与品种

我国黄花菜品种资源十分丰富,有许多优良的地方品种。如湖南省邵东县主栽品种荆州花、江苏宿迁农家品种大乌嘴、陕西省大荔县主栽品种沙苑金针菜、甘肃庆阳地区主栽品种马蔺黄花等。

此外,还有湖南省祁东县的猛子花、白花,湖南省邵东县的茶子花,四川渠县的渠县黄花,浙江缙云的青顶花,河南淮阳的陈州花,山西大同花等。

【任务实施】

黄花菜栽培技术

1. 生产计划方案制订与农资准备

根据生产规模及生产目标,制订详细的生产计划方案,搭建塑料大棚,准备相关的农业生产资料(种子、农膜、化肥、农药等)。

2. 繁殖技术

黄花菜的繁殖方法有分株繁殖、切片繁殖、芽块繁殖、种子繁育、组织培养繁殖、花薹扦插繁殖等。

(1) 分株繁殖法 分株繁殖法优点是操作简单,成活率高,不需育苗,投产快。缺点是繁殖速度慢,且不便于远途调运种苗。分株繁殖一年四季均可进行,但以春秋两季为好,是生产中较常用的一种无性繁殖方法。分株繁殖有两种方法:一种是将母株丛全部挖出重新分栽,此法一般是结合更新复壮进行;另一种是采挖母株丛一侧部分植株作种苗,即选择花蕾多、品质好、生长健壮的植株,从母株丛一侧挖出1/4~1/3分蘖株,抖去泥土,并一株一株地分开,剪去根茎下部2~3年前生长的老、病根,只保留1~2层约10cm新根,栽植于大田。

(2) 切片繁殖法 切片繁殖具有操作简单、繁殖速度快、效果好的优点。具体做法为:在8月下旬至10月上旬,挖出老黄花菜植株,按芽片分开,剪除部分叶和根系,留叶3~5cm,留根5~7cm,用小刀把根茎均匀地切成2~6片,分切后用50%多菌灵1200倍液浸泡1~2h,捞出沥干水分,放入苗床培育2个月后移栽大田。

(3) 芽块繁殖法 芽块繁殖法具有繁殖系数高、繁殖速度快、生产成本低、技术性较强的特点。黄花的根状茎上着生隐芽,交替排在肉状茎的两侧,主侧芽受到损伤时可萌发。根据这一特性,把6~9年生母根根状茎按照隐芽的分布,用刀纵横切成长1cm并带1个隐芽的芽块,每个芽块带2~5cm长的肉质根3~6条。将芽块进行苗床培育,2个月后即可定植。一般1个单株可分4~10株。芽块繁殖春秋两季均可进行,但以秋季为好。

(4) 种子繁育法 种子繁育法优点是可就地培育大量秧苗,但播种育苗比较费工,且栽植后投产慢。选择栽植5~8年的优良黄花植株,于盛花期每个花薹上留5~6个粗壮花蕾不采摘,让其结果留种。其余花蕾继续采摘,作为商品出售。待蒴果成熟、顶端稍裂口时,摘下脱粒。种子要放在通风干燥处妥善保管。春秋均可播种,江南地区以秋播为佳。种子用25℃的温水浸种24~48h后播种。多采用平畦条播。先做1.5m左右的宽畦,施有机肥后平整畦面,浇足底水,待水渗后按行距15cm开3cm深的浅沟,每隔2cm左右播种一粒,播后覆土2cm。出苗期保持土壤湿润,2~3片真叶时及时中耕除草,以后略施稀粪水促进生长。秋季即可起苗移栽。用种量25kg/亩,可育成5000~6000株秧苗。

(5) 组织培养繁殖 组织培养繁殖的优点是繁殖系数高,可保持种性、提高生活力等。但尚处于研究试验阶段,未大面积推广。利用黄花菜的幼叶、花药、子房、花蕾、花丝等作为外植体先培养成试管苗,将试管苗栽于苗床培养成生产用苗。

3. 整地定植

(1) 整地施基肥 黄花菜为多年生宿根蔬菜,适应性强,对土壤要求不严格,但由于栽植后一般要连续生长10余年,所以有机质含量丰富、疏松透气、排灌良好的土壤更能保证其健壮生长。定植前应深翻50cm左右,结合深翻,每亩施腐熟优质农家肥4000kg左右、过磷酸钙50kg。如是倾斜20°以上的坡地应做成梯地以保持水土。

(2) 定植时期 黄花菜于春、秋两季均可栽植,但以秋季栽植为主。秋栽在采收后至冬苗萌发前进行。秋季栽植的黄花菜,当年可发冬苗,抽生新根,吸收大量营养并进行叶芽分化,为来年春季生长和夏秋抽薹开花打好基础。春栽在冬苗落叶后至翌年春苗发生前进行,一般当年抽薹开花较少。

(3) 定植方式 黄花菜常用的定植形式有单行穴栽和宽窄行穴栽两种。宽窄行栽植能充分利用光能,便于田间管理和采收。宽行90cm左右,窄行60cm,穴距30~40cm。单行栽植的行距80~90cm,穴距40~50cm。每个穴内的芽片数量因土壤条件和栽培习惯而异,一般3~5片。过稀则前3~4年分蘖数少,产量低;过密虽可提高产量但易密集成丛,病虫害严重,采收年限短。栽植穴内芽片排列方式以双片对栽法和三角形栽植法为佳。双片对栽法每穴栽2丛,每丛2个芽片,两丛间距离15cm左右;三角形栽植法每穴3丛,每丛1~2个芽片。栽植前剪去块状肉质根和根颈部的黑色纤细根,每丛种苗只保持1~2层新根,长度3.3~5.0cm。黄花栽的深浅与盛产期迟早有密切关系,栽植稍浅,分蘖快,提早1~2年进入盛产期,一般以15cm左右为宜。

前茬作物收获后,及时清园并进行棚室消毒。深翻并精细整地。结合整地,每亩施入腐熟的有机肥3000~4000kg、磷酸二铵20~25kg或过磷酸钙30kg、硫酸钾20~25kg或草木灰100~150kg。耕翻后做成高15~20cm、宽1.2m左右的小高畦。覆盖白色地膜以提高地温。

4. 田间管理

(1) 中耕培土 黄花菜生长期长,易滋生杂草,且采摘期经常践踏,土壤紧实,所以宜勤中耕松土,以促根发棵。春苗萌发前先施肥再行中耕,株间宜浅,行间宜深,深约10~15cm。抽薹前再浅中耕2~3次,直到封垄为止。培土一般从栽后2~3年开始,每年冬苗枯萎到春苗萌发前结合施肥进行,每亩可施肥沃的园土或土粪2000kg左右。开始时可随意将有机肥倒在株丛上,入冬前将其打碎耙平,以保护幼芽越冬。

(2) 春苗管理 春季出苗前,结合深约13cm的浅中耕施1次催苗肥,每亩追施腐熟人粪尿1500kg或尿素8kg、过磷酸钙10kg、钾肥10kg,并浇水,以促使春苗早发和粗壮。抽薹前进行深6~7cm的浅中耕,并施1次催薹肥,每亩追施三元复合肥25~30kg或尿素10kg、过磷酸钙25kg、钾肥10kg,促使薹粗壮、分枝多、早现蕾。采收旺期,施1次催蕾肥,每亩追施复合肥15~20kg或尿素10kg,可使后期花蕾大而多且不易脱落,延长采摘期。

抽薹开花期干旱会引起落蕾减产,应及时灌水,以提高产量。春季每7~10天浇1次水,保持土壤见干见湿。采收期每4~7天浇1次水,保持土壤湿润。采摘中后期每隔1周喷施1次0.3%左右的磷酸二氢钾溶液或0.2%硼酸溶液,对壮蕾和防止落蕾有明显作用。

(3) 冬苗管理 花蕾采收完毕,及时把残留的花薹、老叶全部割除,把行间土地深翻30cm以上。在冬苗未抽生之前结合翻耕施1次冬苗肥,每亩追施腐熟厩肥2000kg,促使早发冬苗,使其旺盛生长,为翌年增加分蘖和抽生花茎积累营养物质。冬苗凋萎后及时清除枯叶,用堆肥、畜禽栏肥等壅蔸,再铺塘泥、河泥,以防止新根露出地面,还可为第二年提供充足的基肥。

(4) 病虫害防治 黄花菜的主要病害有叶枯病、叶斑病、黄叶病、锈病等。叶斑病、黄叶病可用75%百菌清可湿性粉剂800~1000倍液,或50%多菌灵可湿性粉剂600~800倍液,或50%甲基硫菌灵1000~1500倍液,每隔7~10天喷1次,共喷2~3次。锈病可在发病初期用15%粉锈宁可湿性粉剂1500倍液进行叶面喷施防治,每隔7~10天喷1次,共喷2~3次。

主要虫害有红蜘蛛和蚜虫。除清除杂草、枯叶后期割除残株以消灭虫源、加强水肥管理外,红蜘蛛用15%扫螨净可湿性粉剂1500倍液,或73%克螨特2000倍液喷雾,黄花蚜虫、蓟马用10%吡虫啉粉剂2000倍液喷雾。

5. 采收与销售

黄花菜的采收期长,应在花蕾已充分肥大而未"松苞"或"裂嘴"、色泽黄亮或黄绿色、花被上纵沟明显时及时采收，否则会影响产量和品质。具体采摘的时间因地区和品种而异，一般在开花前1~2h采收完毕。晴天开花时间晚，可稍迟些；阴雨天水分充足，花蕾生长快，开放早，应适当提前。采收时应掌握"带花蒂而不带梗，不损花和碰伤幼蕾"的原则。

详细记录每次采收的产量、销售量及销售收入。

6. 栽培中常见问题及防治对策

（1）落蕾 导致黄花菜落蕾有花期高温干旱、前期偏施氮肥、后期养分不够、缺硼、光照不足、暴风雨、采收不及时以及病虫害等原因。花期适当多浇水、增施有机肥和硼肥、注重氮磷钾肥的搭配和施用、合理密植、预防和防治病虫害、及时采收等措施均可有效减少落蕾发生。

（2）更新复壮 黄花菜一般在栽植后10~15年内可保持高产稳产，以后会因分蘖过多，根株密集，加上土壤理化性质恶化而发生"毛蔸"现象。毛蔸后的植株生活力显著衰退，无效分蘖增多，叶片短而窄，抽薹较晚，花薹矮小，分枝少，花蕾少而瘦，产量和品质显著降低，需进行更新复壮。

更新复壮分为部分更新（半更新）和全部更新。部分更新是在秋季挖土或扩种前，将老龄株丛连根挖出1/3或1/2作种苗，对留下的部分植株加强管理。更新后的第二年仍可保持一定产量，经2~3年可全部更新。全部更新是将老龄株丛全部挖出，选健壮株苗重新栽植。生产中可将两种方法搭配使用，分批更新，以保证产量和品质。

【效果评估】

1. 进行生产成本核算与效益评估，并填写表14-1。

表14-1 黄花菜栽培生产成本核算与效益评估

项目及内容	生产面积 /m²	生产成本/元						折算成本 /（元/亩）	销售收入/元	折算收入 /（元/亩）
		合计	其中：						合计	
			种子	肥料	农药	劳动力	其他			

2. 根据黄花菜栽培生产任务的实施过程，对照生产计划方案写出生产总结1份，应包含生产目标、生产进度安排、生产实施过程、生产效益评估以及存在问题分析等内容。

【课外练习】

1. 黄花菜有哪些类型品种？
2. 简述黄花菜繁殖技术。
3. 简述黄花菜田间管理技术。
4. 黄花菜栽培中常见问题有哪些？应如何防止？

任务二 芦笋栽培

芦笋，别名石刁柏、龙须菜，百合科天门冬属多年生草本植物。原产地中海东岸及小亚细亚。19世纪末至20世纪初传入我国，20世纪70年代开始规模化生产。2003年我国芦笋种植面积达到1.125×10^6亩，面积和产量均跃居世界第一位。芦笋在我国南北各省均有栽培，其中种植面积最大的是山东省，其次为山西省和河北省。

芦笋以嫩茎供食用，营养丰富，质地鲜嫩，风味鲜美，柔嫩可口，可鲜食或制罐，被誉为"蔬菜之王"，是国际公认的"抗癌蔬菜"。芦笋中除含有比普通蔬菜高得多的多种维生素和矿物质外，还含有较多的天门冬酰胺、天冬氨酸及其他多种甾体皂苷物质，对癌症、高血压、心脏病等多种疾病均有一定的疗效，因此具有很高的食疗保健价值。近年来，利用芦笋提取物加工而成的芦笋茶、芦笋酒、芦笋饮料等保健品已上市，并具有较好的市场前景。

幼茎出土前采收的产品为白芦笋，用于制罐；幼茎出土后见光呈绿色的产品称为绿芦笋，主要供鲜食。传统的芦笋栽培以白芦笋为主，近年来，由于人们逐渐意识到绿芦笋的维生素及钙、铁等含量高于白芦笋，再加上绿芦笋栽培省工且产量高，所以芦笋栽培正逐步由白芦笋栽培向绿芦笋栽培转变。

【任务描述】

四川绵阳游仙区现有面积为 50000m² 的蔬菜生产基地，今年准备生产芦笋，要求在 3 月中旬开始供应上市，每亩产量达 1000kg 以上。请据此制订生产计划，并安排生产及销售。

【任务分析】

按照生产过程完成生产任务：制订生产计划方案—播种与育苗—整地做畦与定植—田间管理—采收与采后处理、销售—效果评估。

【相关知识】

一、生物学特性

1. 植物学特征

芦笋为须根系，根发生于根状茎上，根群很发达，一般可达 2~3m，但大部分分布在 30cm 左右的土层中。根包括初生根（种子根）、贮藏根（肉质根）、吸收根三种。芦笋的茎包括初生茎、地下根状茎和地上茎。初生茎是由胚芽发育而成的，不分枝，是幼苗前期唯一的同化器官；地下根状茎是短缩的变态茎，多水平生长。根状茎上有许多节，节间极短，节上的芽有鳞片（退化叶）覆盖称为鳞芽。根状茎的分枝先端，鳞芽紧密排列成鳞芽群，鳞芽相继萌发形成嫩茎产品器官或地上植株；地上茎为肉质茎，其嫩茎为产品器官。地上茎有节无叶，每节有鳞片（退化叶，不能进行光合作用）和腋芽。嫩茎若任其生长，高可达 1.5~2.5m，并发生许多分枝（图 14-2）。

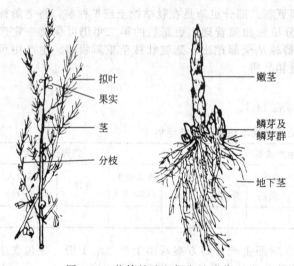

图 14-2 芦笋的地上部和地下茎
（引自韩世栋等，2001）

芦笋的叶分真叶和拟叶两种。真叶是一种退化呈三角形薄膜状的鳞片，着生在地上茎的节上，起保护茎尖组织和腋芽的作用。茎上腋芽萌发形成分枝，分枝的腋芽萌发形成二级分枝，枝上丛生针状的变态枝，称为"拟叶"，绿色，是芦笋进行光合作用的主要器官。

芦笋为雌雄异株作物。花小，钟状，花瓣 6 枚，白色或黄绿色。雌株结红色果实，圆球形，每果有种子 1~6 粒。种子黑色，短卵形，表面光滑，千粒重 20g 左右，发芽势较弱，生产上宜用 1~2 年的新种子。雌雄株比例相当。雌株较雄株高大，嫩茎粗壮，但数量少，产量低。雄株较矮，抽生嫩茎稍细，但数量较多，产量比雌株高 20%~30%。

2. 生长发育周期

（1）生命周期 芦笋为多年生植物，它的一生要经历几个发育阶段，这一过程称为生命周期。芦笋的生命周期一般为 15~20 年，具体长短因栽培管理条件和当地气候而异。根据植株形态特征的变化，可分为萌芽期、幼苗期、幼株期、成株期以及衰老期 5 个生长发育时期。

① 萌芽期 从种子萌动至第一次茎出土且茎尖散开。春、秋季约需 20 天，冬季为 30~40 天。

② 幼苗期 从第一次茎尖散头出现分枝至定植。春、秋季约需 60 天，冬季为 90~100 天。

③ 幼株期 从定植至开始采笋的头 2~3 年。这一时期植株不断扩展，肉质根已达到应有的粗度和长度，地下茎不断发生分枝，形成大量的鳞芽群，嫩茎产量逐年提高。

④ 成株期 从采笋的头 2~3 年至嫩茎产量和品质逐渐下降。此时期植株继续扩展，地上茎以每年递增的方式抽出，枝叶茂盛。地下茎继续发生分枝并有重叠现象，形成强大的鳞芽群，并

大量萌发抽生嫩茎，嫩茎肥大，粗细均匀，品质好，产量高。

⑤ 衰老期　嫩茎产量和品质显著下降。植株扩展速度减慢，出现大量细弱茎，长势明显下降，嫩茎数量减少，细弱、弯曲、畸形笋增多，产量、品质明显下降，需及时复壮或更新。

(2) 年生长周期　芦笋在一年内的生长发育状态称为芦笋的年生长周期。在温带和寒带地区，每年冬季地上部分干枯死亡，地下部分休眠越冬，即存在生长和休眠2个时期。而在热带和亚热带地区，地上部不枯萎，无明显的休眠期。

① 生长期　每年春季气温回升后，芦笋的鳞芽萌发长成嫩茎，如不采收则长成高大植株。大约1个月抽生一批嫩茎，一年抽生次数约5～6次。至秋末冬初气温下降，地上茎逐渐干枯死亡，养分转入肉质根贮藏。

② 休眠期　从秋末冬初地上部茎叶枯死到第二年春季芽萌动。

3. 对环境条件的要求

(1) 温度　芦笋既耐热又耐寒，从亚热带到亚寒带均能栽培，但最适宜在四季分明的温带栽培。种子萌发适温为25～30℃；春季地温回升到5℃以上时，鳞芽开始萌动；10℃以上嫩茎开始伸长；15～17℃最适于嫩茎形成；25～30℃嫩芽茎伸长最快，但嫩茎细弱，基部纤维化，笋尖鳞片散开，品质低劣；35～38℃植株生长受抑制，进入夏眠。冬季寒冷地区地上部枯萎，根状茎和肉质根进入休眠期越冬。处于休眠期的植株根系极耐低温。

(2) 光照　芦笋喜光。光饱和点为40klx。光照充足，嫩茎产量高，品质好。

(3) 水分　耐旱不耐涝，但在嫩茎采收期间，若水分供应不足，可造成植株矮小，嫩茎变细，数量少，并且空心笋、畸形笋增多，散头率高，易老化，产量和品质降低。

(4) 土壤及营养　芦笋较喜土层深厚、有机质含量高、质地松软且保水、保肥能力强的壤土及沙壤土。土质黏重，嫩茎生长不良，畸形笋多。最适宜的土壤pH值为6.0～6.7。耐盐碱能力较强。需要氮肥较多，磷钾肥次之，缺硼易空心。

二、类型与品种

芦笋的类型按嫩茎抽生早晚可分为早熟、中熟和晚熟3类，按嫩茎色泽可分为白色、绿色、紫色及粉色4类。我国现有的芦笋品种大都自国外引进，优良品种有由美国加利福尼亚州引入的玛丽华盛顿、玛丽华盛顿500号、玛丽华盛顿500W和加利福尼亚州（UC）系列如UC 309、UC 72、UC157等，此外，还有荷兰的531465和53137、德国全雄。近几年，出现了一些经过试验表现较好的F_1代杂交新品种，如格兰蒂、UC157 F_1、UC115、阿波罗F_1、台南选1号、台南选3号、泽西巨人、紫色激情、杰西骑士等。

三、栽培季节与茬口安排

芦笋为多年生宿根植物，一经种植，可连续采收10～15年，因此，多作露地栽培。栽培可分为直播和育苗移栽两种方式。生产中多采用春播育苗移栽。南方地区多在4月上旬至5月上旬播种。有条件的最好采用春季设施育苗，可比露地播种提前1个月左右，当年秋季即可采收少量产品，第二年即可进入旺产期。绿芦笋也可进行大棚早熟栽培，即在已培育两年的根株上扣棚生产，比露地生产提早采收20～30天。

【任务实施】

芦笋栽培技术

1. 生产计划方案制订与农资准备

根据生产规模及生产目标，制订详细的生产计划方案，准备相关的农业生产资料（种子、农膜、化肥、农药等）。

2. 播种育苗

芦笋按其苗龄长短分小苗及大苗两种。若按育苗场所和方法可分露地直播育苗、保护地播种育苗、保护地营养钵育苗等。

芦笋繁殖方法有三种。一是分株繁殖。虽可保持其优良性状，但繁殖系数低，费时费工，定植后的长势弱，产量低，寿命短，在生产中一般不宜采用。二是组织培养育苗。主要用来繁殖田间筛选的优良单株以及制种时生产父母本。三是种子繁殖。便于调运,繁殖系数大,长势强,产量高,寿命长,是当前芦笋生产中最主要的繁殖方式。

芦笋播种时期以10cm地温稳定在10℃以上为宜。长江流域春播在4月上旬至5月上旬,秋播可在8月中下旬进行,华南地区除盛夏期外均可播种。如果利用保护地育苗,只要温度满足,可以随时播种。

苗圃地宜选微酸性的沙壤土。每亩撒施腐熟堆肥2000kg、辛硫磷1kg,翻地后做畦,畦宽150~180cm,高15~18cm。为使秧苗有较大的营养面积,并便于精细管理和定植时掘苗,宜采用条播。与畦长垂直开沟,沟距40~50cm,深2~3cm。在沟内施入充分腐熟的人粪尿1500~2000kg、过磷酸钙25kg、氯化钾15kg,与土充分混合。如果利用设施育苗,则需用洁净园土和腐熟有机肥配制营养土。

播种前,将芦笋种子晒种2~3天。浸种前先用清水漂洗种子,除去秕种和虫蛀种,再用75%的百菌清可湿性粉剂800倍液浸泡2h,清洗后用25~28℃的温水浸种36h,每天早晚各换水一次。将浸泡好的种子沥干拌以少量干沙或细土,即可播种。也可将种子用湿毛巾包好,置入25℃的恒温箱催芽,每天用清水冲洗种子1~2次,20%~30%种子露白即可播种。露地育苗在播种沟内每7~10cm播1粒种子。覆土2cm左右,浇水后再薄盖一层草以保湿。设施育苗则先浇水,在苗床按10cm×10cm密度点播或播在营养钵中。播后立即盖地膜。

出苗前维持床土湿润。出苗后及时间苗,并中耕除草。浇水应做到小水勤浇,保持土壤见干见湿,切忌苗床积水。整个苗期施肥2~3次。出苗后分别于20天和40天左右用充分腐熟的人粪尿或尿素及氯化钾等加水稀释各施肥一次;7~8月份追施一次秋肥,每亩施复合肥20kg左右。

芦笋育小苗需要2~3个月,苗高30~40cm,茎数3~5个。一般在长江流域于2~3月份进行保护地播种育苗,5月份定植,翌年即可开始采收。育大苗需要5~6个月,株高为70~100cm,肉质根12~30条,根株重20~60g。

3. 整地定植

选择土层深厚、富含有机质、保肥、保水能力强的疏松沙壤土、壤土。每亩撒施堆肥或厩肥2500~3000kg,深翻30~40cm。将土地耙细整平后开定植沟。种植绿芦笋的行距130~140cm,种植白芦笋的行距170~180cm。定植沟宽40~50cm,深20~40cm。每亩均匀施入堆肥或厩肥2000kg和三元复合肥40kg并与土拌匀。肥料上铺一层熟土,苗栽在距地面约为10~15cm处(图14-3)。

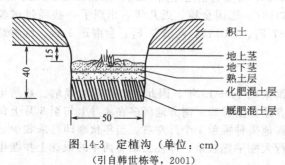

图14-3 定植沟(单位:cm)
(引自韩世栋等,2001)

大苗定植宜在休眠期进行。长江流域宜在秋末冬初定植。华南地区以3~4月份或10~11月份定植为好。小苗定植在生长季节随时进行,但应避开雨季。

苗挖起后剪除枯茎。逐株分开,按肉质根和鳞芽多少分级。根株重40g以上、根数20条以上的为一级苗;根株重20~40g,根数10~20条者为二级苗;根株重20g以下,根数少于10条为劣质苗。劣质苗应淘汰。苗分级后立即栽植。栽培密度以白芦笋1060~1200株/亩、绿芦笋1500~1800株/亩为宜。将苗按33cm左右株距排在沟内,鳞芽顺沟朝同一方向,以利培土和采笋。栽后覆土5~8cm并稍镇压。浇定植水后,用沟边余土填平定植沟。

4. 田间管理

(1) 水肥管理 定植当年春季出苗后施淡粪水,苗高15cm左右时在栽植沟中培土4~5cm,过半个月后再培土4~5cm,使地下茎埋入土下约16cm。夏季生长期间追肥2~3次,每次每亩施复合肥10~15kg。入秋后,植株进入秋发阶段,苗回青后每亩施尿素10kg或腐熟人粪尿1000kg、过磷酸钙15kg,促使枝叶旺盛,积累更多养分。但最后一次施肥应在降霜前2个月进行，以防后期不断抽生新梢，影响地下部养分积累。雨季及时排涝防淹、中耕除草。

定植后第二年，为了使植株长成茂盛的地上部，增强光合作用能力，一般仍不应采收嫩茎。只有当保护地育苗栽植且生长健壮时，第二年才可少量采收嫩茎。第二年株丛发展快，应增加施肥量。春季萌芽前在植株两侧距植株30～40cm处开沟，每亩施入堆肥1500～2000kg、尿素10kg、过磷酸钙25kg、氯化钾10kg。夏秋季节追施2～3次速效性肥料。

白芦笋在定植后第三年开始采收。应在早春未萌发前在植株旁掘浅沟松土，每亩施入腐熟人粪尿500～750kg，然后培土。嫩茎采收结束后，在畦沟中每亩施腐熟有机肥2000～2500kg、人粪尿1000kg、过磷酸钙30～50kg、氯化钾15～20kg。浅松土使肥料与土壤混匀，然后将壅培在畦上的土垄掘下，盖在肥料上。夏季中耕松土后在植株附近施2～3次稀薄的人粪尿和氯化钾，促使秋梢生长。采收绿芦笋的地块，在春季未萌发前，在两行之间掘深沟，每亩施腐熟有机肥1500～2000kg、过磷酸钙30kg、氯化钾10kg。肥料填入沟中，分层加工，充分混合，用土覆盖。夏秋季在植株附近施肥2～3次，每次每亩施入腐熟人粪尿500kg和氯化钾15kg。最后一次追肥应在降霜前2个月施入，每亩施复合肥20kg。施肥过迟，会引起贪青徒长，妨碍养分积累。以后每年的施肥方法相同。随着株丛发展和产量的增加，肥料的用量应适当增加。

采笋期间保持土壤水分充足，嫩茎抽生快而粗壮，组织柔嫩、品质好。夏季高温季节应及时灌水，一般10天左右浇水1次。南方地区采笋期间多雨水，应及时排水，防止田间积水而造成烂根和病害发生。

(2) 培土 采收白芦笋的，进入采收期后，为了增加白芦笋产品的长度和品质，必须培土。培土在春季土温接近10℃、出笋前10～15天进行。从行间掘土，土块打碎后壅培到根的上方。培土宽度以覆盖幼茎可能抽生的地面为宜。从定植后第三年开始采收嫩茎的为16～20cm，第四年以后逐渐增加到40cm左右。培土厚度以地下茎埋入地下26～30cm为准。培土后平整表土并稍拍紧，防止漏光和崩塌。雨后和多次采收后，若土垄下塌，应立即加工修整。采收绿芦笋也要适当培土，保持地下茎在15cm的土层下，使嫩笋粗壮。另外，用黑色塑料薄膜覆盖畦面也可达到培土的目的。

嫩茎采收结束，应立即把壅培的土垄耙掉，使畦面回复到培土前的高度，保持地下茎在土表下约16cm处。

(3) 植株整理 定植第二年，芦笋植株可长到1.5m以上，为增强植株下部通风透光，可剪去顶部嫩茎，控制植株高度在1.2m左右。同时顺畦垄方向拉绳防止植株倒伏。对过于密集处应适时疏枝，雌株上结的果也应及早摘除。7月下旬前留健壮母茎替换长势转衰的母茎。

(4) 留母茎 绿芦笋生产利用留母茎采笋可大大提高产量。即在笋收期间，每株芦笋植株适当留取生长健壮的嫩茎，将其培养成茎枝和拟叶，用于光合作用制造养分，以保证嫩茎抽生和植株正常生长。每年春季抽生大量嫩茎前，将老母茎全部割除。从抽生的嫩茎中陆续选留健壮新笋作母茎，其余嫩茎陆续分批采收。及时割除老母茎，培养新母茎。每次选留母茎之前施肥1次。1～2年生植株每株选留3～5根，3年生植株每株选留5～7根，4年生可留10根。当母茎长到50cm高时摘心以防止倒伏，及时摘除雌花和幼果以免消耗养分。10月份后，气候适宜植株生长，应停止采笋，让抽生的幼茎全部留作母茎培育，为第二年产笋贮备养分。对发生病害的母茎要及时割除。

(5) 病虫害防治 芦笋的主要病害有茎枯病、褐斑病、锈病、根腐病、病毒病等，应及时用甲基硫菌灵、百菌清、多菌灵、等量式波尔多液、粉锈宁等进行防治。芦笋的主要虫害有地老虎、金针虫、蝼蛄、蛴螬等地下害虫和蚜虫、甜菜夜蛾、蓟马、十四点负泥虫等，可用敌百虫、敌敌畏、乐斯本、锐劲特、灭扫利等防治。

5. 采收与销售

白芦笋采收在每天黎明时进行，发现垄面表土有裂痕或微拱起，即可在此定位采笋。采收时从土垄一侧扒开表土，待嫩茎露出5～7cm时，用手轻捏笋尖下3cm处，用采笋刀插入土垄迅速切断嫩茎并拔出。采毕，将土重新培好，保证下次的采笋质量。采笋期间，每天查看垄顶1~2次，发现龟裂或出土者，用湿土把嫩茎埋上，防止幼茎见光后变绿散头。采收下来的白芦笋应按色泽、大小分级，然后避光保存。

绿芦笋的采收一般早晚各1次。采收时用采笋刀在幼茎高21~24cm时齐地面割下即可。采收后尽快分级、整理、包装、贮藏或销售。

采笋季节过后，应尽快扒开垄土，恢复原状，防止退垄土不彻底而抬高芦笋地下茎的位置，影响产品质量。退土后，割除外露的所有嫩茎。

芦笋采收标准：芦笋优级品要求笋条新鲜、脆嫩、形态完整良好、笋尖紧密、无空心、开裂、畸形、病虫害、锈斑和其他损伤。白芦笋长度12~17cm，基部平均直径1~3cm；绿芦笋呈绿色或浅绿色，长度17~27cm，直径1cm以上。

详细记录每次采收的产量、销售量及销售收入。

6. 栽培中常见问题及防治对策

（1）变色　白芦笋作为罐头加工原料，要求笋条洁白，若为绿色或笋尖为绿红色，则为变色。变色主要是嫩茎见光所致。采收后未及时遮光保存；土壤过黏造成龟裂或过沙造成缝隙透光；土壤温度高、干燥，培土后干裂；培土过松、土壤空隙太大等均可导致白芦笋变色。为防止芦笋变色，栽培中应注意选用沙壤土，精耕细作，培土松紧一致。地温过高时应适当浇水减少龟裂。用黑色塑料薄膜覆盖进行软化栽培效果亦好。

（2）畸形　笋茎变形、弯曲、粗细不均和扁平均为畸形。温度过高或过低、有机肥未腐熟、一次施肥过多、土壤干旱或掺有大石块、培土松紧不一、嫩茎抽生时遭虫害和机械损伤等均可导致畸形。防治措施：注意水肥管理；精细耕地，使土壤疏松、无石块；培土松紧一致；注意防治地下害虫。

（3）空心笋　嫩茎中间组织呈空心状的为空心笋。采笋期遇低温和施肥不当易产生空心笋。防治方法：采笋前期气温低时用地膜覆盖提高地温；采笋期要注意合理施肥，在施氮肥的同时要增施磷、钾肥，以确保地上茎叶生长健壮，制造和积累较多的营养供嫩茎抽生。

（4）开裂　采笋期，嫩茎纵向裂成褐色深口，并引起腐烂。原因是土壤干湿不均、温度突然升高、偏施氮肥。防治措施：应注意增施磷、钾肥；浇水应均匀，忌忽干忽湿。

（5）异味　芦笋异味包括苦味过重和其他异味，影响食用价值。苦味一般是由高温、干旱或氮肥施用过多引起的，其他怪味是由农药污染和其他环境污染造成。栽培管理上应加强水肥管理、合理施肥，培土前后或采笋期严禁施用农药，禁止使用垃圾肥料和工业废水。

（6）锈斑　芦笋锈斑主要由镰刀菌感染所致。施入未腐熟粪肥带入病菌，当土壤过湿或排水不良时病菌大量发生并侵染嫩茎，造成锈斑。防治措施：有机肥充分腐熟，保持田间清洁，采笋期间防止土壤过湿或积水。

【效果评估】

1. 进行生产成本核算与效益评估，并填写表14-2。

表14-2　芦笋栽培生产成本核算与效益评估

项目及内容	生产面积 /m²	生产成本/元						折算成本 /(元/亩)	销售收入/元	折算收入 /(元/亩)
		合计	其中：						合计	
			种子	肥料	农药	劳动力	其他			

2. 根据芦笋栽培生产任务的实施过程，对照生产计划方案写出生产总结1份，应包含生产目标、生产进度安排、生产实施过程、生产效益评估以及存在问题分析等内容。

【课外练习】

1. 芦笋有哪些类型品种？

2. 简述芦笋繁殖技术。
3. 简述芦笋田间管理技术。
4. 芦笋栽培中常见问题有哪些？应如何防止？

任务三 香椿栽培

香椿，又名红椿、椿甜树、香椿树等，为楝科香椿属多年生落叶乔木。原产我国中部。从辽宁省南部到华北、西北、西南、华中、华东等地均有分布。传统的香椿栽培大多处于零散状态，主要作为林木栽培，附带采摘嫩芽作为蔬菜。20世纪80年代末，山东等地采用露地矮化密植栽培以及日光温室和塑料大棚等设施栽培，使菜用香椿得到迅速发展。特别是20世纪90年代中期香椿种芽无土栽培技术的出现，满足了市场不同时期对香椿芽的需求。

香椿以嫩芽为食用器官，是我国传统的木本蔬菜。香椿芽馥郁芳香，质脆多汁，含有丰富的蛋白质、脂肪和糖类等营养物质，同时含有多种氨基酸和矿物质。香椿芽既可炒食、凉拌、油炸或做汤，也可腌渍或糖渍。

【任务描述】

四川大竹县某蔬菜生产基地现有面积为 $5000m^2$ 的塑料大棚，今年准备生产香椿，要求在3月上旬开始供应上市，每亩香椿芽产量达4000kg以上。请据此制订生产计划，并安排生产及销售。

【任务分析】

按照生产过程完成生产任务：制订生产计划方案—播种与育苗—整地做畦与定植—田间管理—采收与采后处理、销售—效果评估。

【相关知识】

一、生物学特性

1. 植物学特征

香椿的根系发达，其发达程度与土壤性质密切相关。一年生苗木的侧根粗大，主要水平分布在25cm以上的耕层内。树干高大挺直，可达10～30m。香椿顶端优势明显。主枝顶芽先萌发，长至3～5cm后，其下部3～5个侧芽开始萌动。顶芽不摘除，下部侧芽长至3～15cm时封顶；顶芽采摘后，侧芽生长加快，并可形成新的枝条。子叶椭圆形。初生叶对生，多为3对小叶组成。真叶互生，为偶数羽状复叶，长可达20～80cm。叶柄红绿色，有浅沟，基部肥大。小叶8～10对，对生或近对生，椭圆状披针形或椭圆形，有特殊香味。香椿为聚伞形或圆锥形花序，顶生或腋生；花两性，5～6月份开花。花具芳香气味。果实为蒴果，倒卵形至长圆形，10月份成熟。种子椭圆形，扁平，有膜质长翅，红褐色、棕黄色或黄白色。自然贮藏条件下，发芽力可保持半年左右，千粒重10～15g（图14-4）。

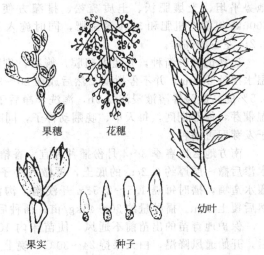

图14-4 香椿的叶、花、果实和种子
（引自韩世栋等，2001）

2. 生长发育周期

香椿为落叶乔木。实生香椿树从栽植后第二年开始采摘椿芽，6龄前为营养生长期，7～10龄可开花结实。一般于5月下旬至6月中旬开花，10月中下旬种子成熟。菜用香椿因每年采摘新梢而呈灌木状，一般不开花。

露地种植的香椿树每年3月份春芽萌动，4月份采摘椿芽，6～8月份为苗木的迅速生长期，

10月下旬落叶后进入休眠期，休眠期为4~5个月。日光温室或塑料大棚种植的，在露地培育苗木，待休眠后假植，1~4月份采摘椿芽。

3. 对环境条件的要求

（1）温度　香椿主要分布于亚热带至温带地区，适应性广，在年平均气温8~23℃、绝对最低气温-25℃的地区均可栽培。但以年平均气温12~16℃，绝对最低气温在-20℃以上地区生长最适应。北方树种的耐寒能力一般较南方树种强，可北种南引。在适宜的季节温差和昼夜温差条件下，香椿萌芽早、生长快、香气浓、色泽鲜艳、汁多脆甜。

（2）光照　香椿喜光忌强光。一年生实生苗的光饱和点为30klx，光补偿点为1.1klx。光照大于40klx时，光合速率迅速下降，表现忌强光的特性。光照足，椿芽色泽好，品质佳。

（3）水分　香椿喜湿怕涝。土壤干旱，生长缓慢，香椿渣多汁少。土壤渍水，根系发育不良，易烂根，树势衰弱，产芽量低。

（4）土壤及营养　香椿对土壤的适应范围较广，以深厚、肥沃、湿润的沙质壤土为佳，对pH值适应范围较宽，为5.5~8.0。

二、类型与品种

香椿根据芽苞和幼叶的颜色可分为紫香椿和绿香椿两种类型。

1. 紫香椿

紫香椿树皮灰褐色，初出幼芽绛红色，有光泽，香味浓郁，纤维少，含脂肪多，品质佳。主要优良品种有红香椿、褐香椿、黑油椿、红油椿等。

2. 绿香椿

绿香椿树皮青色或绿褐色，芽嫩绿色，香味淡，品质稍差。主要品种有青油椿、蔓椿、水椿、红芽绿椿、红毛椿、青毛椿、米尔红、黄罗伞等。

三、育苗技术

香椿繁殖有种子育苗、分株育苗、插根育苗、插枝育苗和组织培养育苗等繁殖方法，其中最常见、最实用的是种子繁殖法。种子繁殖法具有繁殖系数大、育苗容易、见效快等优点。

育苗可在露地进行，但为了当年育成大苗，宜选塑料大棚等设施育苗以便提早播种。选择地势平坦、土壤肥沃、土质疏松、排灌方便、无病虫害的地块作播种床。每亩施入5000~6000kg腐熟有机肥和50kg磷钾肥，同时施入杀虫杀菌药剂进行土壤消毒。深翻整平，做成宽1.2m左右的高畦。

选择饱满的新种，并搓去翅膜，簸净，剔除瘪、损、虫蛀和畸形种子。播种前用50~55℃温水浸种20min，并不停搅动，然后放在20~30℃的水中浸泡24h。种子吸足水分后捞出，再用0.5%的高锰酸钾溶液浸泡0.5h，淘洗干净后于通风处摊开稍晾。将种子放在20~25℃环境下保湿催芽，催芽期间，每天早、晚翻动种子，同时用清水淘洗2~3遍。催芽后5~6天，约60%种子发芽即可播种。

南方地区以春季3~4月份播种为宜。香椿播种可撒播也可条播。若采用撒播，先浇足底水，水渗后撒一层厚约0.2cm的底土，再撒入种子，随即覆土约1.5cm。若采用条播，苗床应提前灌水造墒，播时每隔1.5~2.5cm开浅沟，沟深4~5cm，顺沟浇小水，待水渗透后条播种子，然后覆土2cm。播种量约30~45kg/亩。播种后立即覆盖地膜以增温保湿。

保护地育苗的出苗前不通风，使苗床内10cm地温在12℃以上。出苗后及时揭膜。苗出齐后，开始通风降温，白天保持24~30℃，晚上12~18℃。出苗后间苗2~3次，保持株距5cm左右。幼苗具有4~6片真叶、苗高10cm左右时，按宽窄行分苗于露地苗圃中，宽行60~80cm，窄行30~40cm，株距15~20cm。移栽时尽量带土。缓苗期要浇小水保持土壤湿润，缓苗后开始浇大水。

香椿幼苗迅速生长期为6~8月份，需加强水肥管理，一般可结合浇水追肥2次，每次施尿素10~15kg/亩，并适量配合磷、钾肥，也可随水冲施腐熟人粪尿。立秋后，为促使苗木木质化和加粗生长，需控水控氮。此时可在叶面喷施0.3%~0.4%的磷酸二氢钾或5%~6%的草木灰与2%的过磷酸钙浸出混合液。香椿苗极不耐涝,进入雨季后应防止田间积水,并及时防治病虫害。

适合大棚等设施栽培的香椿苗必须经过矮化处理,使苗木高度低,茎粗,侧枝多,芽饱满。生产上可于7月中旬每隔10~15天喷1次15%多效唑200~400倍液,连喷2~3次即可达到矮化效果。也可在7月上中旬,当苗高30~40cm时进行摘心处理,促使主干下部萌发2~3个侧枝,并使每个侧枝于冬前形成饱满的顶芽。对于生长过旺的苗子可在6月下旬进行平茬,即在主干距地15~20cm处或基部分生的一级侧枝处短截。香椿摘心或平茬后应立即浇水追肥,促进侧芽生长。

【任务实施】

香椿大棚栽培技术

1. 生产计划方案制订与农资准备

根据生产规模及生产目标,制订详细的生产计划方案,搭建塑料大棚,准备相关的农业生产资料(种子、农膜、化肥、农药等)。

2. 品种选择

选择株型紧凑、适宜矮化栽培的优良品种,如褐香椿、黑油椿、红油椿和青油椿等。

3. 整地定植

香椿定植前需在10℃以下低温经过30天度过休眠期。南方地区可在当地气温在10℃以下时将苗木挖出,于背阴处挖沟假植,约30天后栽入大棚。也可于落叶后起苗定植,气温降到3~5℃时扣棚。挖苗时要尽量多保留粗壮侧根,苗挖出后按大小分级。为了保证秋季香椿苗叶及时黄化脱落,可用2000mg/L乙烯利喷洒植株。适合大棚栽植的优良苗木标准为:当年生苗高0.6~1.0m、茎粗1cm以上,1~2年生苗高1.0~1.5m、茎粗1.5cm以上,组织充实,顶芽饱满,根系发达,根幅20cm左右,无病虫害。

定植前每亩施腐熟农家肥2000~3000kg,并混施三元复合肥20~30kg,施肥后深翻25cm,精细整地,做成宽1.5~2.0m的平畦,畦间留50cm作采收人行道。畦内开25cm深的沟。定植时从大棚一端开始,将分级好的苗木在大棚内按两侧矮中间高的原则,以株行距10~15cm的规格一株株竖立畦中。栽时保持根系互相交错展平,可以重叠交叉。用下一行开沟取出的土作覆土回填,填土时将苗木轻轻抖动一下,使土壤填满空隙。栽后浇水并在畦面上覆盖一层树叶、碎草等,以利缓苗并防止顶芽抽干。每亩大棚需栽植香椿苗木30000~40000株。

4. 田间管理

(1) 温光调节 扣膜后7~10天应提高气温,促进缓苗。白天气温保持18~25℃,夜间10℃以上。定植后一般经过15~20天芽即可萌动。用100mg/L的赤霉素处理顶芽,可促使提早发芽和增加萌发株数。采收期间,保持白天18~24℃,夜间13~15℃。香椿生长期保持2.6~3.0klx光照条件,椿芽呈红褐色,外观美,品质好。立春后光照增强,适当遮光。

(2) 水肥管理 香椿芽生产的适宜湿度为70%左右。定植时浇透水。定植后10天起,每隔3~5天向枝干喷清水。若棚内湿度过大,可在中午放风排湿。自顶芽萌动后,每隔10~15天进行1次根外追肥,用0.2%尿素、0.2%磷酸二氢钾和0.3%的三元复合肥交替喷施。每次采收后应追肥浇水,每亩追施尿素15~20kg和适量磷、钾肥。

(3) 病虫害防治 香椿主要病害有根腐病、白粉病、叶锈病、干枯病、紫纹羽病等,主要虫害有蝼蛄、蛴螬、小地老虎、草履蚧、蛀斑螟等。防治措施要坚持农业防治、生物防治和物理防治为主,化学药剂防治为辅的综合防治原则。栽培中要做到种子消毒、定植前清洁田园并消毒杀菌,加强水肥管理,合理调整植株,发病初期及时正确地进行化学防治。

5. 采收与销售

当香椿芽长到15~20cm时就应及时采收。采收时宜用剪刀或刀片,以防破坏隐芽。第1茬采收时应将整个顶芽摘下。顶芽采收后,侧芽迅速萌发,以后每隔15天左右采收1茬,直到4月中下旬可逐次向下采芽4~5次。至第2茬起,采收时每个嫩芽基部留1~2片复叶以辅养树体。采芽宜在早晚或遮光下进行。采收后及时密封并遮光保存,防止椿芽失水萎蔫。一般每亩可产香椿芽 5000kg 左右。

详细纪录每次采收的产量与销售量及销售收入。

6. 平茬更新

塑料大棚香椿至 4 月中下旬,香椿芽已基本采完,苗木蓄积的养分也已耗尽,应及时将香椿苗平茬后移植于露地,待树势恢复后,冬季再移入大棚栽植。1 年生苗留干 10cm 左右,2～3 年生苗留干 15～20cm 进行短截平茬。平茬后大放风 3～4 天炼苗。起苗时可剪去 1/3 左右老根以促生新根,使根系逐年更新。移植行株距为(30～40)cm×(20～25)cm,每亩栽 6000～8000 株。栽后要浇透水并及时中耕。发芽后只保留最上边的一个粗壮枝作为主干培养,其余侧枝全部抹掉。第二年以后的香椿树苗根系大,生长势强,速生期早且易旺长,宜在 6 月上旬开始施肥浇水,并要尽早控制水肥并早喷生长抑制剂。具体管理方法可参照育苗部分进行。

7. 栽培中常见问题及防治对策

(1)枯梢 枯梢是大棚栽培中存在的主要问题。枯梢主要原因是水肥管理不当。土壤肥力差和水分不足会导致植株矮小、细弱,入冬前顶芽不充实饱满;秋季未及时控制水肥,植株贪青徒长,枝条和芽苞积累养分不够。另外,棚内温度长期处于 5℃以下或 33℃以上也易枯梢。防治措施:选择保水保肥能力强的地块栽培;秋季及时控制水肥;合理的温度管理。

(2)萌发推迟、不整齐 大棚内温度管理不当常常会造成香椿萌发不整齐且萌发推迟。防治措施:在香椿芽采收期,保持大棚内白天温度 18～25℃、夜晚温度 12～14℃。

【效果评估】

1. 进行生产成本核算与效益评估,并填写表 14-3。

表 14-3 香椿大棚栽培生产成本核算与效益评估

项目及内容	生产面积/m²	生产成本/元						销售收入/元	
		合计	其中:				折算成本/(元/亩)	合计	折算收入/(元/亩)
			种子	肥料	农药	劳动力	其他			

2. 根据香椿大棚栽培生产任务的实施过程,对照生产计划方案写出生产总结 1 份,应包含生产目标、生产进度安排、生产实施过程、生产效益评估以及存在问题分析等内容。

【课外练习】

1. 香椿有哪些类型和品种?
2. 简述香椿繁殖技术。
3. 简述香椿田间管理技术。
4. 香椿栽培中常见问题有哪些?应如何防止?

【延伸阅读】

其他多年生及杂类蔬菜栽培

一、甜玉米

甜玉米又名菜玉米,为禾本科玉米属中的 1 个栽培亚种,以未熟果穗胚乳甜质籽粒或幼嫩小果穗为产品的 1 年生草本植物。甜玉米原产美洲热带地区,主要分布在欧美各国。近年来,我国各大城市周边地区甜玉米栽培发展迅速,成为市场上的特色蔬菜之一。甜玉米富含可溶性碳水化合物(糊精)、脂肪、蛋白质、维生素 A 和维生素 C。可生吃、煮食或制成罐头。

1. 生物学特性

甜玉米为须根系,根系强大,基部茎节处易发生不定根。茎秆直立,高 1～3m,节间长。雌雄同株异花,雄花着生茎轴顶端,分散圆锥花序,雌花侧生于叶腋间,肉穗花序,花序上成行着生子房,外裹绿色苞叶,风媒花。

甜玉米喜温暖，不耐霜冻。种子发芽适温21～27℃，秧苗生长适温21～30℃，开花结穗期适温25℃左右。短日照作物，生长发育期需充足光照。喜水怕涝，苗期较耐旱，开花结果期要求水分充足。对土壤要求不严格，但以土层深厚，有机质含量高的土壤为宜。

2. 类型与品种

甜玉米按含糖量可分为普通甜玉米、超甜玉米和加强甜玉米3种类型。普通甜玉米主要用来加工各种类型的罐头，也可作为青嫩玉米上市销售，主要品种有黄甜104、甜单1号、梅农1号、普甜8914、普甜8701、普甜2005、普甜8609等；超甜玉米主要作为青嫩玉米上市，并用来加工速冻玉米，主要品种有甜玉2号、华甜01、特甜1号、超甜3号、超甜20号、超甜43号、华珍、世珍等；加强甜玉米既可加工各类甜玉米罐头，又可作青嫩玉米食用或速冻加工，主要品种有中甜2号、甜玉4号、甜玉6号、加甜16号、甜单5号、甜单7号、甜单8号、甜单9号、甜单10号等。

3. 栽培季节与茬口安排

甜玉米多为露地栽培，春、夏、秋季均可播种。春播以当地5cm地温稳定在12℃以上时为宜。长江流域可从3月下旬至8月上旬分批播种。可直播也可育苗移栽。利用塑料拱棚育苗移栽或地膜覆盖进行早春栽培，可提早上市。

4. 栽培技术

（1）整地做畦　选择土质肥沃、疏松、排灌方便的地块。耕地前1hm^{2}施腐熟有机肥45000～60000kg、过磷酸钙300kg、草木灰1500kg。结合整地做宽1～1.2m的高畦。为防止杂交，应与其他普通玉米田块相隔400m以上，也可与普通玉米播期间隔15天以上的时间，可错开授粉时间。

（2）播种育苗　根据生产目的和当地消费习惯选择适宜的品种。甜玉米播种可条播或穴播，也可用营养钵或营养土块育苗移栽。播前浇足底水。春播深度3cm，秋播稍深。栽培密度因品种而异，一般1hm^{2}栽培52500～60000株。

（3）田间管理　出苗后及时补苗，分期间苗，适期定苗，保证苗全苗壮。一般2～3叶时进行第1次间苗，4～5叶时进行第2次间苗，5～6叶时定苗，每穴留1株壮苗。植株封垄前中耕3～4次，中耕深度应掌握"浅、深、浅"的原则。苗期浅中耕，以增温保墒；中期深中耕，结合培土，促使发生不定根，以防倒伏；后期浅中耕，防止伤根。

出苗前保持土壤湿润，促进发芽，苗期不干不浇水，抽穗期至乳熟期加大浇水量。雨季注意排水防涝。定苗后1hm^{2}施腐熟粪肥30000kg或尿素150kg。拔节期至抽穗前1hm^{2}施尿素225kg，以促进生长和雄穗分化，增加籽粒数。灌浆期1hm^{2}增施氮磷钾复合肥450kg，以促进籽粒饱满。

甜玉米分蘖能力较强，应及时除去基部分蘖。掰除植株下部细弱的雌穗，1株只保留1个最上部饱满的雌穗。当雄穗露尖、顶叶尚未散粉时，及时隔行或隔株去雄。为了不影响授粉，去雄的株数一般为总株数的1/3～1/2。遇阴雨天气，可通过人工授粉增加产量。

栽培过程中，要及时防治蝼蛄、小地老虎、玉米螟、蚜虫等害虫以及大、小斑病、黑粉病、纹枯病等病害。

（4）适时采收　甜玉米采收要适时，过早采收影响产量，过晚采收影响品质。采收期主要根据子粒外观形态、计算授粉后天数、品尝等方法来确定。一般春、夏播甜玉米授粉后17～21天采收，秋播甜玉米授粉后25天左右采收最好。

二、朝鲜蓟

朝鲜蓟，别名菊蓟、菜蓟、法国百合等，为菊科菜蓟属多年生草本植物。原产地中海沿岸，是由菜蓟演变而成。是欧美国家喜食的高档蔬菜，以法国、意大利、西班牙栽培较多。19世纪由法国传入我国上海，目前除我国台湾省有较大面积种植外，上海、浙江、湖南、云南等地亦有少量栽培。

朝鲜蓟的食用器官是花蕾苞片基部肥厚而幼嫩部分以及多肉质的整个花托，食用方法多，可生食、煮食、炒食、油炸、做汤、腌制、制酱或加工成罐头，其茎叶经软化栽培后煮食，也可做开胃酒，萼片可做蜜饯等。朝鲜蓟营养丰富，花蕾富含蛋白质、脂肪、糖类、维生素、钙、磷、铁等多种营养成分，叶片含有莱蓟素，对治疗慢性肝炎、降低胆固醇有辅助作用。

1. 生物学特性

（1）植物学特征　直根系，肉质，根系发达。茎直立，一年生为短缩茎，第二年现蕾后茎节伸长，成株高1.2m左右，密被灰白色绒毛。叶大而肥厚，无叶柄，叶背被稠密茸毛。头状花序，总苞卵形或近球形。6～7月间枝端生肥嫩花蕾，一般每株有花蕾3～8个，一个花蕾可食部分约15～50g。果为瘦果，扁椭圆形，千粒重40～50g，发芽力约6年。

（2）对环境条件的要求　朝鲜蓟喜冬暖夏凉的气候，耐轻霜，忌干热。种子发芽适温为20℃，植株生长最适温为13～20℃，花蕾形成期适温为16～24℃。营养生长期及抽薹现蕾期需较强的光照。宜选疏松肥沃、排水良好、持水力强的壤土或黏壤土。现蕾期要勤浇水。生长期不耐涝，雨后要及时排水。

2. 类型与品种

通常分为法国种和意大利种两个类型。每个类型又可依苞片颜色分为紫色、绿色和紫绿相间之色；按花蕾形状又分为鸡心形、球形、平顶圆形三类。

3. 栽培季节与茬口安排

朝鲜蓟以露地栽培为主，用种子或分株繁殖。南方地区种子繁殖可于春、秋两季播种，分株繁殖一般于秋季进行。

4. 栽培技术

（1）播种育苗

① 种子繁殖　朝鲜蓟可春秋播种育苗。春季在3月中下旬播种，秋季在9月中旬播种。播前将种子在55℃温水中浸30min，浸泡12～16h后放至20℃左右温度下催芽，种子露白后播种。苗期温度18～20℃，保持土壤湿润，2片叶以后可适当追肥。苗龄40～45天，苗高10cm以上，有4～6片真叶时即可定植。

② 分株繁殖　长江以南温暖地区，一般于9～10月份选择健壮母株掘取其分蘖，把大的分蘖苗连根直接定植于大田，第二年4～5月份抽薹现蕾，5～6月份采收；小苗按15cm见方种于苗床培育，保持温度15～20℃，夜间10℃左右，至翌春3月份长至5片叶以上时带土定植于大田。

（2）整地定植　选择排灌条件良好的肥沃地块，每亩施腐熟有机肥3000～4000kg，深耕后耙平，做成宽2m（连沟）的高畦，每畦栽1行，株距100～130cm，每亩栽300株左右，栽植深度20cm左右，栽后及时浇定根水。

（3）田间管理　定植后发现缺株应及时补栽。缓苗后可适当施一些稀粪水。植株封行前应适时进行2次中耕，促使根系向下生长，同时防止杂草滋生。生长期间一般追肥2～3次。3月中旬和4月中旬各追施一次，每次每亩施入腐熟人粪尿2000～2500kg或尿素7.5～10kg，距离植株30cm处环施，促进叶茂，花茎多而粗壮。5月上旬每亩施硫酸铵25～30kg，促其花蕾肥大。采收期间，天气干旱时要浇水，遇多雨时要及时排水。生长期间注意防治根腐病和病毒病以及地老虎和蚜虫。

（4）采收与销售　朝鲜蓟作为蔬菜可于每年5月上旬开始采收花蕾，陆续收到6月下旬，以总苞开放前1～2天为采收适期。作为鲜食上市的花苞，小者重200～300g，大者重450～500g；加工罐头的花苞一般在50～100g时采收。采收标准：花苞不开裂，鳞状苞片排列紧密，抱合成心脏形或拳形。朝鲜蓟定植后2～3年为盛产期。一般产量约为1000kg/亩。供药用或制酒用的每年在4月中旬开始采收叶，直到5月下旬共采收3次，盛产期产量约3000kg/亩，少数地区如闽西地区在11月份至12月上旬还可采叶一次。

花蕾或叶片采收完毕，应立即将根际表土扒开，在距地面下10cm处割断花茎残桩，然后将土盖平，再将割下的茎叶覆盖土表，以降低地温，有利于老根萌发粗壮蘖芽。10月上旬每株留最粗壮的分蘖1个，其余的割除或繁殖用。

三、黄秋葵

黄秋葵又名秋葵、羊角豆、咖啡黄葵，为锦葵科秋葵属1年生草本植物。原产非洲，现世界各地均有分布，在非洲、美洲及东南亚等地区广泛栽培。我国从印度引进，现各城市周边均有少量栽培。以嫩果为食，嫩荚肉质柔嫩、黏质，风味独特，营养价值高，可炒食、煮食、凉拌、腌渍、罐藏等。嫩荚含有由果胶及多糖组成的黏滑汁液，经常食用有健胃、润肠、保肝强肾的功效。花期长，大而艳丽，可观赏和食用。种子具有特殊的香味，可作为咖啡的代用品。花、种子、根均可入药，对恶疮、痈疖有疗效。

1. 生物学特性

（1）植物学特征　直根系，根系发达。主茎直立，高1～2.5m，圆柱形，绿色或暗紫红色。基部节间较短，有侧枝，自着花节位起不发生侧枝。叶互生，掌状3～5裂，叶身有茸毛或刚毛，叶柄细长中空。花单生，两性，大而黄，着生于叶腋；果为蒴果，形似羊角，果长10～25cm，横径1.9～3.6cm，嫩果绿色或紫红色，老熟果呈黄褐色。种子近球形，被细毛，千粒重60g左右。

（2）生长发育周期　从播种到子叶展平为发芽期，约需10～15天；从子叶展平到始花开放为幼苗期，约需40～45天；从始花开放到采收结束为开花结果期，约需85～120天。通常播种后70天左右可第一次采收。

（3）对环境条件的要求　喜温耐热，不耐霜冻。种子发芽适温为25～30℃，生长发育适温为25～28℃。喜光，要求光照时间长。耐旱、耐湿、不耐涝，结果期要求水分充足。对土壤适应性广，但以土层深厚、肥沃疏松、保水保肥力强的壤土或沙壤土为宜。生长前期以氮肥为主，中后期以磷、钾肥为主。

2. 类型与品种

黄秋葵分类方法较多，按果实外形可分为圆果种和棱角种；按果实长短可分为长果种和短果种；按嫩果色泽有乳黄品种、绿色品种和紫色品种。目前我国主栽品种是日本的五角、绿星，美国的妇人指、长果绿，我国台湾农友的五福、永福、清福等品种。

3. 栽培季节与茬口安排

黄秋葵多露地栽培，在长江流域和华南地区，春、夏、秋季均可栽培，但以春播为主。采用塑料大棚等设施育苗，可以提早到3月上旬播种。

4. 栽培技术

（1）播种育苗　春露地栽培常于断霜后直播。播前浸种12～24h，每隔5～6h清洗换水1次，后置于25～30℃的环境条件下催芽，待60%～70%种子"破嘴"时播种。播种以穴播为宜，穴深2～3cm，每穴播3～4粒，先浇水后播种，覆土2～3cm。早春保护地栽培可采用营养钵或穴盘育苗，苗龄30～40天，小苗移栽。直播每亩用种0.7kg，育苗移栽每亩用种0.2kg左右。

（2）整地做畦　前茬作物收获后深翻晒垡，每亩施入腐熟有机肥5000kg、氮磷钾复合肥20kg，均匀混合后耙平做畦。露地栽培多采用两种方式：一是大小行种植，大行70cm，小行45cm，株距40cm，每畦种4行；二是窄垄双行种植，垄宽1m，行距70cm，株距40cm；也可利用田边、沟边、河边或菜园内沿篱笆单行种植。大棚栽培行距60cm，株距20～25cm；小棚栽培行距70～90cm，株距15～18cm。

（3）田间管理

① 间苗、定苗　出苗后要及时间苗。破心时进行第1次间苗，间去弱苗、残苗和病苗。2～3片真叶时进行第2次间苗。3～4叶时定苗，每穴留壮苗2～3株。

② 中耕、培土　幼苗定植后应连续中耕2次，提高地温，促进缓苗。第1朵雌花开放前应加强中耕，适当蹲苗，促进根系发育。开花结果后，每次浇水追肥后应中耕。封垄前中耕培土，防止植株倒伏。夏季暴雨多风地区，可用1m左右竹竿或树枝插于植株附近，防止倒伏。

③ 水肥管理　生育期间要经常浇水以保持较高的空气和土壤湿度。雨季注意排水防涝。出苗后施齐苗肥，每亩施尿素6～8kg；定苗或定植后1周施提苗肥，每亩施复合肥15～20kg或腐

熟人畜粪水1000kg、尿素5kg；开花结果期重施坐果肥，每亩施复合肥20～30kg或腐熟人粪尿2000～3000kg、氯化钾8～10kg；生长中后期，根据植株长势酌情多次少量追肥，防止植株早衰。

④ 整枝、摘心　黄秋葵植株生长旺盛，主侧枝粗壮，叶片肥大，往往延迟开花结果，可采取扭枝法，即将叶柄扭成弯曲状下垂，以控制营养生长。生长中后期，及时摘除已采收嫩果以下的各节老叶，以改善通风透光条件，减少养分消耗，防止病虫蔓延。当主枝长到50～60cm后摘心，可促进侧枝结果，提高前期产量。

⑤ 病虫害防治　黄秋葵抗病力很强，一般病虫害较少。病害主要是病毒病，虫害主要有蚜虫，偶有蚂蚁和地老虎危害。

(4) 采收与销售　黄秋葵从播种到第1嫩果形成约需60天，采收期长达60～70天。通常花谢后4天采收嫩果，当嫩果长8～10cm、重15g左右时及时采收。一般第1果采收后，初期每隔2～4天采收一次；盛果期，每天或隔天采收一次。采收后期，3～4天采收一次。采收时宜用剪刀，并戴上手套，以免刚毛或刺瘤刺伤皮肤。一般每亩可采收1000～2000kg。

四、折耳根

折耳根，别名鱼腥草、蕺菜、猪鼻孔，是药菜两用的多年生草本植物，可凉拌生食、炒食或加工成开袋即食的休闲食品。折耳根又是常用的中草药，可经提炼成药用针剂如"鱼腥草针剂"等，具有抗菌、消炎、镇痛、止血的功能。折耳根栽培，多是采用无性繁殖技术，即用折耳根地下部的根茎作为"种子"进行栽培的方法。

1. 生物学特性

(1) 植物学特征　植株矮生，高30～50cm。地下茎细长匍匐，白色，粗0.4～0.6cm，节间长3.5～4.5cm。每节上着生须根，节上腋芽向上能抽生地上茎，水平抽生则为地上侧茎。地上茎直立，高30～60cm，常带紫色。叶互生，卵形或阔卵形，长3～8cm，宽4～6cm。叶面绿色，背面常为紫红色。花小，无花被，排成与叶对生、长约2cm的穗状花序，总苞片4片，生于总花梗之顶，白色，花瓣状，长1～2cm，雄蕊3枚，雌蕊由3个合生心皮所组成。蒴果近球形，直径0.2～0.3cm，顶端开裂，具宿存花柱。种子多数，卵形。

(2) 对环境条件的要求

① 温度　喜温和气候，对温度的适应范围较广。地上茎叶生长适温为13～18℃，地下根茎成熟期适温为20～25℃。

② 光照　喜湿润环境，忌干旱，不耐涝。土壤湿度以田间最大持水量的75%～80%为宜。

③ 水分　对光照要求不严格，喜弱光照，较耐阴。

④ 土壤及营养　适应性广，以沙壤土最佳。pH值以6.5～7为好。对N、P、K吸收量之比约为1:1:5，增施钾肥有利于提高地下根茎的产量和质量。

2. 栽培季节与茬口安排

折耳根春、秋都可栽种。长江流域春栽在2～3月份，可以和玉米及茄果类、豆类蔬菜间作，秋栽多在9～10月进行。在无霜期可分批栽种，分批采收上市。

3. 栽培技术

(1) 土壤选择　折耳根大多生长在肥沃疏松、湿润的土壤，它耐肥、耐湿，适应性很强，在多数土壤中都能生长。荒坡、贫瘠瘦土上也可以栽培。以土层较深厚、保水较好、透气性强、略带沙质的土壤进行栽培，才能产量高、质量好。

(2) 整地做畦、施基肥　栽种前，要先将土壤翻、耙、整平，除去杂草、残根后，将土开成厢，厢宽1.30～1.60m，厢面上横开宽13～15cm、深10～15cm的播种沟，两播种沟间距离20cm，厢面上开四五个横沟，厢长依地块而定，两厢之间距离为33cm左右。

折耳根主要以春节前后长出的嫩芽作为商品，生长期较长。底肥等有机肥的质量好坏，直接影响折耳根产量。因此，整平地块后，要在播种沟内施足有机底肥和磷钾肥。每亩施腐熟的有机质肥料（圈肥、堆肥）2500～3000m²，将磷、钾肥和有机质肥料拌合后均匀施入播种沟内，与土壤混合整平后便可播种。

(3) 选择种茎　作为折耳根的种茎要求新鲜、粗壮，不能搓洗，以免伤根破皮，以带土的老茎为好。应在播种前早作准备，最好是当天取种当天播种。选种，就是将纤细、弱小的根茎拣出，把枯茎、腐烂的根茎去掉。选择粗壮、成熟的老茎作种茎，以利于发出的芽粗壮，出苗和成活率高，产量高。

(4) 适时播种　折耳根的播种期有的可达8个月之久，从头年10月到第二年3月均可播种，尤以清明前后播种最好。此时播种的折耳根种茎发芽快，出芽整齐，是传统的栽培期。播种方法有：①短茎播种。为节约用种量，播种前要将选好的种茎从节间切断，每小段长4～6cm，每段保留两三个节。切好的折耳根种茎均匀撒播在播种沟内。播种后盖土，可用开第2条播种沟的细土覆盖在第1播种沟上。此法每亩用种量70～100kg。②长茎播种。就是不切断折耳根，选用粗壮整条折耳根均匀撒在播种沟内的方法。其优点是种茎发芽多，生长周期短，当年就可以取得比较好的产量，缺点是用种量大，亩用种量170kg。播种后，也可在种茎表面盖一层腐熟肥，起到保湿作用。播种时如遇干旱，为保证出苗整齐，采用坐水播种。就是在撒好种茎后，直接将种茎浇透水，再盖上细土。盖好土后再浇1次水，使泥土和种茎紧密相接，利于发芽生根。

(5) 田间管理

① 合理追肥　基肥充足，生长发育良好的，前期可不追肥或少追肥，但土壤肥力较差，生长不良时，应追施腐熟的清粪水或稀释的沼液提苗。5～6月份是折耳根地上部分生长旺盛时期，要追施1～3次，每亩施500kg以上的清粪水或沼液。其中在高温来临前，每亩增施尿素8～10kg，以促进早封行。9～10月需肥量大，要适当增加肥料数量，并配施磷钾肥。每7天叶面喷施1次0.2%～0.3%磷酸二氢钾溶液，共喷2～3次，可提高产量和品质。

② 水分管理　栽种后要保持土壤湿润，土壤含水量以田间最大持水量的70%～80%为宜。出苗后也要保持土壤湿润。生长盛期保持不缺水。雨季要注意排水，畦面一定不能积水，以防涝害。

③ 除草　杂草消耗养分和遮阴，影响折耳根的正常生长。特别是在生长前期，折耳根幼小，必须除草一两次。因折耳根长大封行后，杂草的生长就会受到抑制，影响较小。折耳根生长成厢、成垄，中耕拔除杂草时，还要注意理好厢沟和铲除地边杂草，保持田园清洁。

④ 摘心去蕾　为避免折耳根因地上部分猛长和开花消耗养分，从而抑制地下根茎的生长，导致减产，在折耳根生长中期，刚出现花蕾时要进行摘心和去花蕾。注意掌握摘心时间，若摘心过早，影响植物生长，使制造养分的叶面积减少，也会使产量降低。摘心、取蕾时间过晚则作用不明显。去蕾可采取竹竿拍打折耳根茎尖的方法，省工省时。

⑤ 病虫害防治

a. 白绢病　发病时地上茎、叶变黄，地下茎遍生白色绢丝状菌丝体，并逐渐软腐，在布满菌丝的茎及其附近地表上，产生大量油菜籽状菌核，初为白色，后变褐色。高温、高湿，尤以雨过天晴后易流行。防治措施：实行轮作；苗申消毒；增施有机肥；发病初期及时拔除病株，喷洒40%多硫悬浮剂500倍液，或50%扑海因可湿性粉剂1000倍液，或15%三唑酮可湿性粉剂400倍液，或50%甲基硫菌灵500倍液等，7～10天喷洒一次，防治2～3次。

b. 细菌性青枯病　防治措施：发现中心病株后，应及时拔除，已发病的地区采取轮作；采用农用链霉素800～1000倍液喷施，防治效果较好。

(6) 采收

① 销售嫩芽　10月中旬，及时收割折耳根的地上茎叶，晒干作为中药出售。除尽杂草，加施一次追肥，盖上10～15cm晒干的稻草，稻草上盖上黑薄膜保温。到春节前后，折耳根的嫩芽长出土到8～12cm就可以出售了。每收割一次就要施一次清粪水，盖上稻草和薄膜。一般一年可以收割三次。第三次收割后，不再盖草和薄膜，施肥后让其自由生长到秋天收割。

② 销售茎叶　茎叶采下后，捆把鲜销。可凉拌、煮汤。

③ 销售地下根　采收前先用镰刀将地上部割去，晒干打捆，作为药材出售。割去老茎叶后，用板锄将地表层2~3cm厚的老根茎铲去，再用钉耙边挖松土壤边挖掘。收获的地下茎要用草或其他遮蔽物盖上，避免透光和失水。折耳根清洗后经整理挑出杂草、老根茎后，根据外观及老嫩不同进行分级，分为1级、2级和3级，上市出售。

项目十五　芽苗菜生产

【知识目标】
1. 了解芽苗菜的定义、分类、栽培特性、生产条件和生产程序；
2. 掌握绿豆芽、黄豆芽、花生芽、豌豆苗、苜蓿苗的生产管理知识。

【能力目标】
1. 能正确识别芽苗菜的类别，能根据生产目标规划芽苗菜生产场地，拟定生产设备购置清单；
2. 能掌握绿豆芽、黄豆芽、花生芽、豌豆苗、苜蓿苗生产过程中的催芽，温、光、水调控，以及收获等管理技术；
3. 能分析绿豆芽、黄豆芽生产过程中常见问题的发生原因，并进行有效防治。

任务一　认识芽苗菜生产

【任务描述】
浙江杭州某蔬菜公司拟生产芽苗菜，需要了解芽苗菜生产的基本情况，完成前期生产准备，作为该公司员工，请熟悉芽苗菜生产的相关情况，规划芽苗菜生产场地，编制生产设备购置清单。

【任务分析】
完成上述任务，需要了解芽苗菜的基本概念、种类，掌握芽苗菜生产的栽培共性及其所需生产条件。

【相关知识】

一、芽苗菜的定义和种类

1994年中国农业科学院蔬菜花卉研究所芽苗菜课题组将芽苗菜定义为"凡利用植物种子或其他营养贮存器官，在黑暗或光照条件下直接生长出可供食用的嫩芽、芽苗、芽球、幼梢或幼茎均称为芽苗类蔬菜，简称芽苗菜或芽菜"。

根据食用的部位可将芽苗类蔬菜分为芽菜和苗菜两类。芽菜一般是由种子发芽，胚根和胚轴伸长，以胚轴为主要食用部分，如黄豆芽、绿豆芽、花生芽、菊苣芽等。苗菜是由胚芽生长形成幼嫩的茎和真叶，或由其他营养器官形成的茎、叶为主要食用部位，如豌豆苗、苜蓿苗、萝卜芽苗、蚕豆苗、花椒芽等。

根据芽苗类蔬菜产品形成所利用营养的不同来源，又可将芽苗类蔬菜分为"种芽菜"和"体芽菜"两类。种芽菜指利用种子中贮存的养分直接培育成幼嫩的芽或芽苗（多数子叶展开，真叶露心），如黄豆、绿豆、赤豆、蚕豆等，以及香椿、豌豆、萝卜、荞麦、蕹菜、苜蓿芽苗等；体芽菜多指利用二年生或多年生作物的宿根、肉质直根、根茎或枝条中累积的养分，培育成芽球、嫩芽、幼茎或幼梢。如由肉质直根在黑暗条件下培育的芽球菊苣，由宿根培育的菊花脑、苦菜芽等（均为幼芽或幼梢），由根茎培育成的姜芽、薄芽（均为幼茎）以及由植株、枝条培育的树芽香椿、枸杞头、花椒脑（均为嫩芽）和豌豆尖、辣椒尖、佛手瓜尖（均为幼梢）等。

二、芽苗菜的栽培共性

各种芽苗菜分属多种不同的科，在植物学分类上亲缘关系很远，其生物学特性也千差万别。

但它们在食用器官和栽培方式上有许多共同的特点。

1. 产品器官生长年龄短

所有的芽苗菜均是在植物生育周期中最幼稚的时期采收的。如黄豆芽、绿豆芽是在发芽期采收的；豌豆苗、苜蓿芽是在幼苗期采收的。这些芽苗菜产品的形成年龄很短，栽培中需时间少。

2. 芽苗菜的营养价值较高

绝大多数芽苗菜的营养丰富，便于人体吸收，品质柔嫩，口感好，风味独特，并具有特殊的医疗保健功能。这是由于种子、植物某些器官所贮藏的营养，在发芽时，转化成可溶性营养输入到芽、苗中，这些营养大多数便于人体吸收。

3. 芽苗菜多为无公害蔬菜

芽苗菜的生长期很短，感染病虫害的机会少；芽苗菜的生产环境多为人工保护设施，如温室、大棚等，易于保护，防止病虫害的侵染；芽苗菜多数依靠种子、营养器官贮藏的营养生长发育，一般不施肥。绝大多数芽苗菜施农药、化肥的次数和量极少，因而污染也少，一般没有公害，较易达到绿色食品的标准。

4. 芽苗菜的生物效率、经济效益均高

豌豆苗、绿豆芽等芽苗菜的生物产量，一般可达到投入生产干种子重量的4～10倍。由于采用立体栽培，可扩大生产面积4～6倍；加上生产周期短，一般只需7～15天，常年的复种指数达30以上。

5. 芽苗菜的栽培方式多种多样

由于大多数芽苗菜较耐弱光和低温，因此既可以在露地进行遮光栽培，也可于严寒冬季在温室、大棚、改良阳畦等保护设施内，以及轻工业用厂房和空闲民房中进行栽培；不但可采用传统的土壤平面栽培，也可采用无土立体栽培；此外，还可在不同强弱光照或黑暗的条件下进行"绿化型"、"半软化型"和"软化型"产品的生产。

三、芽苗菜的生产条件

1. 生产场地及其条件

目前，用于芽苗菜栽培的设施主要是：塑料大棚、中棚、小棚，以及厂房、农舍等。芽苗菜对生产场地的要求不严格，但必须具备下列条件。

（1）温度　芽苗菜生产要求一定的温度。一般是白天保持20～25℃，夜间不低于16℃。当露地气温平均在18℃时，可在露地生产。外界气温不适宜时，应在塑料大棚、中棚、小棚内，或有锅炉、暖气等加热设施的房屋内进行。外界气温过高时，应有遮阳网、通风、空调等降温设施。

（2）光照　芽苗菜生产一般不需要强光。在豌豆苗栽培时，室内保持200～5000lx的光照强度即可。只要温室、房屋等有占墙壁30%以上的窗户即可。生产黄豆芽、绿豆芽等芽苗菜，在催芽室内，应保持黑暗状态，可用遮光幕、关闭窗户等措施阻挡光线射入。

（3）空气　需设通风设施，使芽苗菜生产场地能自然通风或强制通风，保持空气新鲜，有充足的氧气，且维持60%～90%的空气相对湿度。

（4）水分　芽苗菜生产需要大量的水分。因此，生产场地应有方便的水源供应，应具有自来水、贮水罐或备用水箱等水源装置，在房舍内生产还应具有隔水和防漏能力，并设置排水系统。

（5）生产区域应统一规划　种子贮藏库、催芽室、栽培室、播种作业区、清洗苗盘区、产品处理区等应合理配置和布局。

2. 生产设备

栽培芽苗菜的器材可以因陋就简、就地取材，只要能便于操作即可。所需器材主要有下列几部分。

（1）栽培架　为便于立体栽培，充分利用空间，提高产地利用率，应制作栽培架。栽培架可用30mm×30mm×4mm角钢制作，也可用红松方木制作。架高160～210cm左右，宽一般60cm，长150cm。一般分6层，层间距50cm。有条件时，栽培架上安设车轮，以便于运输。栽

培架安设在栽培室内，上放栽培盘（图15-1）。

为了便于整盘活体销售，还应有集装架。其形状同栽培架，但层间距可缩小至23cm，大小尺寸应与运输工具相配套。

（2）栽培容器与基质 一般用蔬菜塑料育苗盘，规格为外径长62cm、宽23.6cm、高3.8cm，或用长60cm、宽25cm、高5cm的塑料盘，也可用木板、铝皮、铁皮等做成这样大的盘代用。要求苗盘大小适当，底面平整，形状规范。

芽苗菜的栽培基质很多，一般有废纸（要求使用后残留物容易处理的纸张，如新闻纸、包装用纸、纸巾纸等）、白棉布、无纺布、泡沫塑料、珍珠岩、河沙等，只要是洁净、无毒、质轻、吸收持水力强即可。

图15-1 芽苗菜栽培架

（3）浸种及苗盘清洗容器 浸种及苗盘清洗容器可依据不同生产规模分别采用盆、缸、桶或砌砖水泥池等，忌用铁器，且两者不得混用。

（4）喷淋器械 根据芽菜的种类、生长阶段和季节不同，选用植保用喷雾器、淋浴喷头或自制洒水壶细孔加密喷头，或安装微喷灌装置等。

（5）产品运输工具 多采用密封汽车、人力平板三轮车、自行车及箱式汽车等，并配备相应的集装箱。

【任务实施】

芽苗菜生产条件准备

一、确定生产项目

学生进行市场调查及资料查阅，了解芽苗菜生产基本情况，识别芽苗菜类别，填写3种当地蔬菜市场芽苗菜的调查记录（表15-1），从中选择本公司拟生产芽苗菜种类。

表15-1 芽苗菜调查记录表

名称	食用器官分类	可选择生产场地	生产条件要求	市场售价/(元/kg)

二、选择生产场地

根据表15-1中各芽苗菜可选择的生产场地，结合实际情况选择所确定生产项目的生产场地。

三、制定生产设备购置清单

根据表15-1中各芽苗菜生产条件要求，结合具体生产项目的实际需求，确定所需生产设备，制定1份生产设备购置清单（样表见表15-2）。

表15-2 芽苗菜生产设备购置清单

序号	设备名称	规格型号	技术参数	数量/台(套)	单价/元	总价/元	预期使用效益	备注
	合计							

【效果评估】

根据学生对理论知识以及实践技能的掌握情况（见表15-3），对"任务　认识芽苗菜生产"的教学效果进行评估。

表15-3　学生知识与技能考核表

学生姓名 \ 项目及内容	任务　认识芽苗菜生产						
	理论知识考核(40%)				实践技能考核(60%)		
	芽苗菜定义(10%)	分类(10%)	栽培特性(10%)	生产条件(10%)	芽苗菜调查(20%)	生产场地选择(15%)	生产设备购置(25%)

【拓展提高】

一、芽苗菜的营养保健作用

芽苗菜在营养保健上有许多优点：①用种子发的芽或嫩梢都是植物的精华，其营养极易被人体吸收；②含有丰富的优质纤维素，通便防痔，还可抑制消化系统的溃疡和病变；③含有大量的维生素A、维生素B、维生素C、维生素D以及丰富的矿物质——常量元素钙、微量元素锌、铁等；④有食疗作用。

芽苗菜除具有健脾和胃的作用，还有许多其他功能和疗效。豆苗具有补益气血、健脾和胃、清热解毒、化湿利尿的功效，能治疗消化不良、高血压、血管硬化、糖尿病及肥胖症等。豌豆芽可减肥、降血脂、降血糖；姜芽、花椒芽宜中散寒、祛风、通经活络，可促进肢体末端血液循环，缓解老人手脚冰凉。此外，黑豆芽具有补中活血、明目补肾、利尿解毒的功效；红豆苗有清燥沥水、健脾止泻、解毒排脓的作用；苜蓿芽能纠正因过多食用牛羊等肉类而引起的血液酸性偏高而使血液偏碱（pH7.2～7.4），缓解身体不适、易病易疲等。最近发现肠微生态中优势菌群若为有益菌，则"肠道年龄"便年轻，"肠道年龄"又与寿命成正相关，而芽苗菜可显著影响肠道年龄。

二、芽苗菜的栽培历史

我国芽苗菜栽培有悠久的历史。芽苗菜最早记载见于《神农本草经》（公元前221年～公元前475年）："大豆黄卷、味甘平。主湿痹、筋挛、膝痛。"南宋林洪撰《山家消供》（公元1127～1279年）对豆芽培育和食用方法有较详细记述。以后还有许多文献记述了芽苗菜的生产及食用方法。

在20世纪40年代，芽苗菜中以绿豆芽、黄豆芽、香椿芽等为主，民间自发地经营生产。改革开放以来，人民生活水平有了很大提高，对蔬菜产品的需求开始从数量消费型向质量消费型转变。因而，富含营养、无污染、风味独特的芽苗菜才焕发了生机，迅速发展起来。20世纪80年代末至90年代初，经中国农业科学院科研人员的进一步深入研究，积极开发，使芽苗菜的种类迅猛增多，栽培技术现代化、规模化。由此，芽苗菜生产行业在我国得到迅速发展。

【课外练习】

1. 什么是芽苗菜？芽苗菜有哪些种类？
2. 请问芽苗菜的栽培共性主要有哪些？
3. 试问要开展芽苗菜生产，一般可选择哪些生产场地？生产场地一般应具备哪些条件？
4. 芽苗菜生产的常用设备有哪些？

任务二　芽菜类生产技术

【任务描述】
四川成都某蔬菜公司主要生产绿豆芽、黄豆芽、花生芽、菊苣芽等芽菜类蔬菜，目前需要生产一批元旦（或五一）当天上市的绿豆芽（或黄豆芽、花生芽）供应市场，目标产量1000kg以上。

【任务分析】
按照生产过程完成生产任务：制订生产计划方案—准备生产资料—种子处理—播种—催芽—播后生产管理—采收与采后处理、销售—效果评估。

【相关知识】

一、绿豆芽

绿豆芽作为一种蔬菜是指利用绿豆种子在黑暗或弱光条件下，采用无土栽培的方法，直接生长出来可供食用的幼茎，俗称银芽。绿豆种子萌发，至子叶未展开时的萌芽为产品的芽菜。食用部分主要是胚轴，其未展开的子叶亦可食用。绿豆芽在我国有悠久的栽培食用历史，各地有广泛的食用习惯。由于绿豆芽生产方便，需要的设施很少，所以一年四季可以生产，是全年均衡供应的主要蔬菜。

1. 品种选择

选用专用于发豆芽的品种，应注意选择其发芽率在95%以上，纯度、净度均高，生长势强、产量高、纤维形成慢、品质优良、籽粒饱满的当年种子。

2. 种子处理

（1）清选　为提高种子的发芽率和吸水能力，种子应提前进行晒种（1～2天）和清选。要剔去虫蛀、破残、畸形种子、杂质和其他品种种子。

（2）浸种　经清选后的种子淘洗1～2次，洗去尘土等使之洁净后即可进行浸种。浸种时加入与豆粒等量的温水，并上下翻动数次使之均匀，浸种时间为4～6h，以绿豆种皮已充分吸胀为准。或将豆子倒入90℃的热水中，搅拌2min，立即加入冷水，降温至50℃，再浸泡4h即可。这样浸种不仅达到消毒的目的，而且又缩短了出芽时间，而且豆芽长得又白又嫩又粗壮。

3. 装入容器催芽和培育

（1）木桶、瓷缸生产　浸种后将余水淋去，装入桶内催芽。在25℃左右，经12h，芽长1cm时，转入豆芽桶内淋水培育。季节性生产多用木桶，长年生产多用瓷缸或水泥槽。容器底部需设置适当大小排水孔。每1kg绿豆需20L容积的容器。装桶时豆粒厚度以13～16cm为宜。桶面用清洁麻布遮光，有利于保温、保湿和调节气体。整个培育过程，夏季需4～5天，秋冬季6～7天。

（2）塑料育苗盘生产　育苗盘底部预先垫上一层纸张或白棉布，浸种后可立即播种于塑料育苗盘，在种子上面加盖两层白棉布，在20～25℃下进行催芽；也可浸种后待幼芽"露白"后再进行播种催芽。塑料育苗盘播种密度为3～4kg/m²，催芽天数为5～7天。

4. 生产管理

（1）光照管理　绿豆芽生产过程要求在黑暗或弱光条件下进行。在有光照的情况下，绿豆芽的幼茎表面具有刺毛，纤维多，色绿，口感较差。为达到黑暗或弱光条件，栽培容器上面必须加盖或播种后在种子上面覆盖两层白棉布。

（2）温度管理　绿豆芽对温度的要求较低。一般来说，20～25℃为最适温度。但低于20℃时生长缓慢，易烂种、烂根，不利于产品的形成。高于25℃时生长迅速，纤维化程度高，易倒伏、烂脖、根系生长明显，产品质量差。在生产过程中，温度的控制可以通过水温调节来进行。如气温高时可多浇井水或自来水，气温低时可用温水进行浇灌，水要做到勤淋细洒。亦可通过透气或强制通风等方式进行温度调节。

（3）水分管理　由于绿豆芽栽培所采用的基质是纸张或白棉布，其保水能力不同于一般无土栽培的其他基质（如沙），加之绿豆芽本身鲜嫩多汁，在温度较高的情况下容易造成脱水形成烂脖，或产生酒精味。因此必须进行频繁的补水工作。一般每天应进行4~5次喷淋，以保持较高的空气相对湿度，相对湿度在90%为宜。

（4）防病管理　绿豆芽很少发生病虫害。但是为了保证产品达到绿色食品标准，仍应进行严格的预防。针对发病原因，可采用控制温湿度和通风等生态防病方法；预防可用开水烫洗、石灰水浸洗或0.1%漂白粉消毒栽培容器；也可用2%~5%的高锰酸钾溶液对生产用具进行浸泡1~2h消毒，洗涤晒干后使用。避免使用化学农药防治。一旦发现烂根、烂脖或有异味产生，应丢弃不予食用。

5. 采收标准及上市形式

绿豆芽以幼嫩的茎叶为产品，组织柔嫩，含水分高，较易萎蔫脱水，同时又要求保持较高的产品档次，因此必须及时采收上市。通常采取整桶或整盘集装运输进行活体销售。绿豆芽的产品收获上市标准为：芽苗色白，苗高8~10cm，整齐，子叶未展或始展，无烂根、烂脖（茎基），无异味，茎柔嫩未纤维化。

6. 生产周期及投入产出比

绿豆芽的生产周期一般较短。从播种到收获，在正常条件下，周期4~7天（图15-2，彩图见插页）。一般播种1kg干种子，可收获绿豆芽产品10~12kg，投入产出比按质量计为1∶（10~12）。

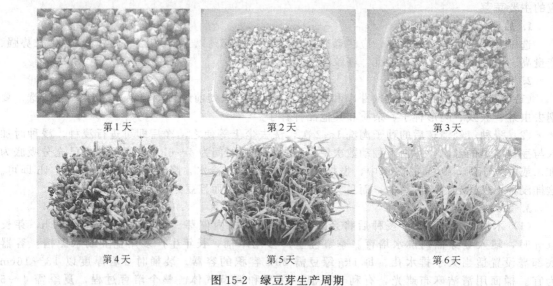

图15-2　绿豆芽生产周期

二、黄豆芽

在我国，黄豆芽的加工制作已有相当长的历史，早在北宋时就有培育黄豆芽的记载，南宋孟元老撰《东京梦华录》中有将黄豆置于瓷皿中，以水浸生芽食用的记载。随着新技术的不断应用，市场上黄豆芽的质量逐渐提高。黄豆芽是一种可周年供应的蔬菜，不受任何季节影响，具有广阔的市场前景。

1. 选种

黄豆最常用的品种为黑龙江产的小金黄（特小粒黄豆），也可用小黄豆或中黄豆，以最小粒黄豆产量最高。选择颗粒饱满的发芽率高、发芽势好的新黄豆，在浸种前精心剔除病子、瘪子、嫩子、破子。

2. 种子处理

先加入与豆粒等量的温水（27~30℃）浸种，并上下翻动数次使之均匀，6~8h后将余水淋尽，转入3%的石灰水溶液中浸泡2min。然后用清水冲洗干净，转入预芽容器中预生，保持室温在25~30℃，经过12h后当芽长1cm时转入豆芽容器中淋水培育。

3. 装容器培育

1kg豆需20L的容器，装桶时豆粒厚度以13~16cm为宜。生产豆芽的容器可采用如下几种：传统的木桶、瓷缸；塑料桶，形状为圆柱形，规格有可装水65L、100L、135L、150L、200L多种；泡沫箱，规格约为58cm×45cm×26cm，等等。塑料桶可完全取替木桶和瓷缸，比木桶、瓷缸成本要低，重量更轻，搬运清洗管理更方便。容器底部需设置适当大小排水孔。容器面需清洁，并用麻袋遮光保温、保湿。也可采用豆芽机生产黄豆芽，见图15-3（彩图见插页）。

图15-3 豆芽机

4. 栽培管理

（1）光照管理 对豆芽容器要严格密封，禁止豆芽与风、光接触，保证豆芽的色泽和稳定的气流及较多的CO_2含量。

（2）温度管理 严格控制室温、水温，保证豆芽生长的最适温度。豆芽生长的最适温度为21~28℃，不宜低于20℃或高于28℃，淋水温度25~28℃，室内温度保持在20~25℃。

（3）水分管理 淋水要适当及时。建议使用井水或溪水，严禁使用不清洁的塘水和大河水。因井水和溪水无污染，加之冬暖夏凉，对促进豆芽生长和防止豆芽超温起着很好的调节作用，一般要求5h左右淋水一次，每次淋水需漫过豆粒，使豆芽新陈代谢后的废污物随水流冲走。实际淋水次数、数量、温度要根据不同季节和具体情况灵活决定。但必须注意容器内严禁积水。

（4）应用植物激素生产无根豆芽 当豆芽长到1~2cm时，每2mL无根豆芽激素加水2~2.5kg，喷洒5kg种豆；豆芽长到3~4cm时，用同样浓度喷洒第2次，即可生产出无根豆芽。

也可提前在浸种的洁净清水中加入无根专用制剂（每50kg清水加4mL无根剂）浸种。待芽长到3~4cm时，按每10kg种豆加1支（2mL）无根豆芽激素兑水15kg浇淋一次也可生产无根豆芽。

（5）防病管理 黄豆芽容易产生一些常见病：烫芽，红根，须根长密，豆芽纤维多、细而长，豆芽变黏、滞长，芽根黑暗等。其中，烂根是豆芽生产过程中常见的灾害性病症。产生这些常见病的原因有如下几个方面：豆种本身破碎或带有病菌；屋内、盛芽容器、常用器具及用水严重污染；室温过高、过低、忽冷忽热；淋水不及时、不均匀等。为了预防这些病害，在生产前应预先对工房及器具消毒，同时在生产过程中要严格掌握水温，定时淋水，控制好室内温度。

5. 采收标准、生产周期及投入产出比

黄豆芽通常采取整桶或整盘集装运输进行活体销售。普通黄豆芽的产品收获上市标准为：芽苗色黄，苗高5~8cm最佳，带点根，没有侧根和根毛，子叶未展或始展，无烂根、烂脖（茎基），无异味，茎柔嫩未纤维化。产量为1：（6~8），生长周期3~5天，整个生长期完全不用激素。

无根黄豆芽是在生长期用植物激素处理培育而成，周期4~6天，豆芽长到6~9cm时即可采收，产量投入产出比按质量计为1：10左右。无根豆芽即白豆芽，只有秃头胚根，粗细一致，颜色洁白，咀之无纤维感，食用时感觉肥嫩爽口，与普通黄豆芽相比，产量更高。

【任务实施】

绿豆芽（或黄豆芽）育苗盘无土栽培

一、任务目标

掌握绿豆芽、黄豆芽、花生芽等芽菜类蔬菜生产的浸种、催芽方法以及温度、湿度、光照等管理技术。

二、材料和用具

新鲜绿豆种子或黄豆种子，栽培架、育苗盘、浸种容器（盆、缸、桶）、喷淋器械、恒温箱、温度计、基质、麻布、遮阳网等。

三、任务实施

1. 生产计划方案制订与生产资料准备

根据生产任务的具体要求，结合自身实际生产条件，明确生产目标，制订生产计划，按照生产计划准备相关的生产资料（见材料和用具）。

2. 种子处理

（1）把种子过筛，并剔除发霉、破损、不成熟的种子。

（2）根据绿豆芽或黄豆芽的浸种处理方式进行一般浸种或温汤浸种，注意选择相应的水温和浸泡时间，浸好的种子可直接播种或预生后播种上盘。

3. 播种上盘

播种前先准备好播种盘，并在盘上铺好基质，按照适宜的播种量把浸好的种子均匀平铺于苗盘。

4. 叠盘催芽

播种完毕后，将苗盘叠摞在一起，放在平整的地面进行叠盘催芽。每5~10个为一摞码在一起，在最上层盖一层湿麻袋片、黑色农膜或双层遮阳网。保持20~25℃的温度，每天淋水2~3次，同时进行倒盘。

5. 生产管理

根据绿豆芽或黄豆芽的生长条件要求，做好光照、温度、湿度、浇水次数、通风等方面的控制。

6. 产品采收及销售

根据绿豆芽或黄豆芽的采收标准及时采收。采收后分组完成市场销售。详细记录每次采收的产量与销售量以及销售收入。

7. 注意事项

芽苗菜生长过程中常常出现烂种、芽苗不整齐、芽苗菜过老等问题。

（1）烂种 芽苗菜生产过程中，尤其是叠盘催芽时，容易发生烂种现象。需严格控制浇水量和温度。苗盘应进行严格的清洗和消毒。

（2）芽苗不整齐 为使芽苗菜生长整齐，应注意采用纯度高的品种，并均匀进行播种和浇水；要水平摆放苗盘和经常进行倒盘。

（3）芽苗菜过老 芽苗菜生产过程中，应避免干旱、强光、高温或低温时生长期过长等情况的出现，以防止芽苗菜纤维的迅速形成。

【效果评估】

1. 进行生产成本核算与效益评估，并填写表15-4。

表15-4 绿豆芽（或黄豆芽）生产成本核算与效益评估

生产任务	生产利润/元	生产成本/元						销售收入/元			
		其中：					合计	折算成本/(元/kg)	单价	产量	合计	折算收入/(元/kg)
		种子	肥料	农药	劳动力	其他						

2. 根据绿豆芽（或黄豆芽）生产任务的实施过程，对照生产计划方案写出生产总结1份，应包含生产目标、生产进度安排、生产实施过程、生产效益评估以及存在问题分析等内容。

【拓展提高】

一、花生芽

花生芽（图15-4，彩图见插页）是一种食疗兼备的食品，可热炒、凉拌、泡菜、涮火锅，也可根据个人的喜好搭配食用，而且营养特别丰富。花生芽的蛋白质和粗脂肪含量居各种蔬菜之首，并富含维生素和钾、钙、铁、锌等矿物质及人体所需的各种氨基酸和微量元素；花生芽中含有较高的白藜芦醇，可抑制癌细胞、降血脂、防治心血管疾病、延缓衰老等。此外，花生芽使花生中的蛋白质水解为氨基酸，易于人体吸收；油脂被转化为热量，脂肪含量大大降低。因此花生芽被誉为"万寿果芽"，又称为长寿芽。

图 15-4　花生芽

花生芽生产不需要光照，只要温度满足即可生长，能周年生产。目前多采用育苗盘进行水培生产，也可利用布袋、编织袋、网袋等进行袋生或利用沙畦进行生产，下面介绍花生芽育苗盘水培生产技术。

1. 选种

应选籽粒饱满、均匀、发芽率高，完整无破损且保质期短的当年生新种。在种子剥壳时将病粒、瘪粒、破粒剔除，留下粒大、籽粒饱满、色泽新鲜、表皮光滑、形状一致的种子。剥壳后的花生米不易储藏过夏，储藏花生尽量带壳，随剥随用。

2. 浸种

把清选后的种子倒入水桶或其他浸种容器内，用清水清洗 2～3 遍，尽量不要碰伤种皮，然后用种子重量 2～3 倍的清水浸种，可直接用冷水浸种，低温季节用 20℃温水最好，浸种时间不宜过长，常温浸种 6～10h，夏季炎热以 5～6h 为宜。浸种过程中可在清水中淘洗 1～2 次。待种子充分吸胀后即可滤起，滤起之后马上用清水冲洗多遍备用，或用 0.2%～0.5%的高锰酸钾溶液浸泡 10min，浸泡消毒后用清水洗净备用。

3. 洗盘、播种

常用育苗盘有 54cm×27cm×6cm 和 60cm×25cm×4cm 两种规格，育苗盘必须清洗干净，用前在 0.2%～0.5%的高锰酸钾溶液中浸洗消毒，然后用清水冲洗干净备用。

将浸种后的种子直接播种于消毒后的育苗盘，一般盘内不用再铺报纸。每盘播种量为 1～1.5kg 干种子，播后用手轻轻将种子抚平，使种子呈单层摆放，用清水冲淋一遍，滤水基本无水滴下即可叠盘保湿催芽，叠盘高度不超过 1m。叠盘时上下各放一个空苗盘，盘内铺一张报纸打湿。

4. 播后管理

(1) 温度管理　花生种仁低于 10℃时不能发芽，最适发芽温度为 25～30℃，在 3～4 天后发芽率可达 95%。花生芽生长适温为 20～25℃，在此温度范围内，形成产品质量好，周期短，约 8 天左右生产一茬。超过 25℃，生长虽快，但芽体细弱、易老化；相反，温度低，生长慢、时间长、易烂芽或子叶开张离瓣，品质差。

(2) 水分管理　花生芽生长期间对水分要求严格，需水量较大，经常淋水，保持芽体湿润是提高品质、促进生长的关键。催芽时期，每天淋水 2～3 次，生长期间每天淋水 4～5 次，用喷壶喷淋，使芽体全部淋湿，并使水从盘底流出，盘内不能存水，否则会烂种。

(3) 遮光和压盘　生长期间需始终保持黑暗，为此，可将苗盘叠摞在一起，以便遮光，或在苗盘上盖黑色薄膜遮光。为使芽体肥壮，在生长期间可在芽体上压一层木板或其他物体，给芽体一定的压力。

(4) 清除淘汰芽　及时捡出烂籽残芽，以免污染其他健全芽体。

5. 采收标准及上市形式

采收标准为：种皮未脱落，剥去种皮，可见乳白色略带浅棕色花斑纹的肥厚子叶，根长为 0.1~1.5cm，无须根。下胚轴象牙白色，粗壮白嫩，粗 0.4~0.5cm，长 1.5~2cm，加之尾根长 3cm，总长度为 4~5cm，整个芽体洁白、肥嫩，无烂根、烂籽，无异味。在正常管理情况下一般每 1kg 种子可产 3~4kg 花生芽。

当芽苗达上述标准时及时收获。收获时将芽苗放在塑料筐内用清水漂洗一下，沥干水分，装入小塑料袋内或者泡沫塑料盘内，盘上用透明塑料膜包好，利用小包装上市销售，每个包装内约装 250g 即可。

二、绿色大豆芽

人们日常生活中经常食用的黄豆芽、绿豆芽、蚕豆芽等是利用传统的"发豆芽"的办法生产出来的，它们都是在基本上完全黑暗的环境条件下进行生产的，也叫完全软化栽培。

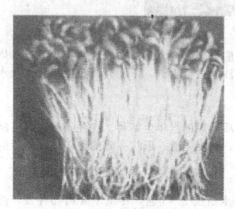

图 15-5　绿色豆芽

由于不见光，生产出来的豆芽菜整个芽体均呈乳白色、乳黄色。绿色黄豆芽，由于豆芽出土后在弱光下（用遮阳网等进行覆盖遮光）进行生长，所形成的豆芽菜产品，其子叶（豆瓣）呈浅绿色、下胚轴呈乳白色，故称为"绿色豆芽菜"，以与传统的豆芽菜相区别（图 15-5，彩图见插页）。这种培育方法在生产上也叫半软化栽培。

新型的"绿色豆芽菜"与传统的豆芽菜相比，其风味品质相差不多，但维生素 C 的含量更高，营养价值更高。由于其营养丰富、风味颇佳、生产周期短、技术简单、生产成本低、经济效益好，有着十分广阔的市场前景。绿色大豆芽是目前发展的一项新型蔬菜。它不施用任何化肥、农药，是典型的无公害蔬菜。生产绿色大豆芽不受水土、地域等地理条件限制，全国各地均能种植。南方寒冷季节用大棚，北方用日光温室，一年四季均能种植。

1. 品种选择

大豆原产于我国，3000 多年前已在黄河中下游地区普遍栽培。在其长期栽培过程中，由于自然选择和人工选择的结果，逐渐形成了豆粒大小、形状、颜色等性状有着明显差异的各种各样的大豆类型。其中，按种子种皮颜色不同可分为黄豆类型、黑豆类型、青豆类型、褐豆类型和双色豆类型。

目前"绿色豆芽菜"的生产多选用黄豆、黑豆和褐红色大豆等。生产"绿色豆芽菜"对品种的要求不很严格，也有选用青豆类型或其他类型的品种作为生产用种。

2. 种子处理

选用子粒饱满、发芽率在 95% 以上的新豆种，通过风选、过筛、人工清选或水选等方法，剔除干瘪、霉变、破损、虫蛀的种子及杂质，用 55℃ 温水浸泡 15min（同时要不断急速搅拌）。然后在清水（20℃ 左右）中继续浸泡 12~18h，再将种子捞出沥干备用。

3. 栽培管理

(1) 沙培

① 做畦　选择前茬无严重土传病害、土壤透气性及渗水性好的塑料大棚，耕翻、耙匀、整平（一般不施底肥，主要利用豆种本身贮藏的养分形成豆芽产品）。播种前做成南北延长的畦，畦宽 1.2~1.5m，深 10~20cm，畦间留 30~40cm 的畦埂以方便管理。

②播种　将浸好的豆种按 2kg/m²（指干种子质量）均匀撒播在畦内，做到粒挨粒而不成堆，无空白点，播好后，用平板或者大木泥抹将种豆用力均匀地轻轻压平，使种豆与底土紧密接触在一起，并且平整一致。压实后再在种子上面盖一层窗纱，窗纱上面再覆 2～3cm 厚的细沙。

③洒水　细沙抹平整后，用大喷壶轻轻地均匀地洒水，1m² 洒水 10kg 左右。洒水时不能冲出豆粒，不可冲砸出一个个的小坑。以后根据畦内的湿度情况，每天或隔天洒少量水保持适宜的湿度，并软化覆盖层，以免覆盖的沙层板结或者结皮而影响幼嫩芽苗拱出来。

④管理　播种后 2～3 天，这时豆苗已经"定撅"，及时将窗纱及其上面的细沙取走，豆苗子叶（豆瓣）微露，随即喷一次水补充水分，再用湿麻袋片、黑棉布或双层遮阳网、黑无纺布等盖在豆芽上进行返阴，以创造豆芽生长所需要的弱光环境，并可保湿。同时，保持 18～25℃，尽量保持温度稳定，保持相对湿度在 75%～85%（过干易老化，过湿易引起烂根、烂茎等）。采收前 1～2 天，白天将生产畦的覆盖物适当揭去，让豆芽菜充分接受散射光，使豆瓣充分转绿。

采收前，对芽苗再喷一次水，1m² 喷水 15kg。这次喷水是为了芽苗在采收后能够保持鲜嫩挺拔、组织柔嫩、含水量高、保鲜时间长。

（2）塑料育苗盘无土栽培

①播种　取已消过毒的塑料育苗盘，在盆底铺一层湿润的新闻纸或餐巾纸等，通常用报纸。然后按每盘 350～400g（指干种子质量）的播种量把已浸好的豆种均匀撒播在盘内。

②叠盘催芽　将播种的苗盘每 5～10 个为一摞码在一起，在最上层盖一层湿麻袋片保湿，保持 20～25℃的温度，每天淋水 2～3 次，同时进行调换苗盘上下和前后的位置。

③上架培育　经过 1～2 天发芽后将育苗盘分散摆放到栽培架上进行培育。栽培室四周要注意遮光，尽量使豆芽生长在黑暗环境中，保持 18～25℃的温度，每天淋水 3～4 次，注意通风换气，以防湿度过大造成霉烂等病害。为抑制须根产生并增加下胚轴粗度，使豆芽肥嫩，改善豆芽品质，提高豆芽产量，在豆芽长高 2cm 时可结合淋水喷施无根豆芽专用制剂和增粗剂（每 50kg 水加无根豆芽专用制剂和增粗剂各 20mL）。在采收前 1～2 天可去掉栽培室四周的遮光物，让豆芽菜充分接受散射光，使豆芽充分转绿。

4. 采收标准及上市形式

当豆芽菜长到高 15cm 左右、豆瓣变绿、子叶似展开又未展开时即可采收。采收时整株拔起，按每 0.5kg 左右捆成一小把，洗净包装后上市。对于塑料育苗盘无土栽培的豆芽菜，也可采用整盘活体销售。

采用塑料育苗盘生产，与沙培法生产相比，省工省力，方法简便，生产周期仅需 4～6 天，再加上此法生产的绿色大豆芽菜洁净卫生，无污染，又避免了沙培生产的绿色大豆芽菜难以洗净沙粒的弊病。一般采用整箱或整盘活体销售。

5. 生产周期及投入产出比

绿色豆芽菜的生产周期一般较短。从播种到收获，在正常条件下，周期 4～7 天（图 15-6，彩图见插页）。一般播种 1kg 干种子，可收获绿瓣豆芽菜产品 8～12kg，投入产出比按质量计为 1：（8～12）。

【课外练习】

1. 绿豆芽、黄豆芽、花生芽应如何进行温度和水分管理？
2. 简述无根豆芽病害产生的原因及防治方法。
3. 简述利用大棚生产绿色大豆芽的技术要点。
4. 一般绿豆芽达到什么生产标准时才可以采收？
5. 简述种子处理、叠盘催芽技术要点。

任务三　苗菜类生产技术

【任务描述】

四川眉山某观光农业公司生产豌豆苗、苜蓿苗、萝卜苗、香椿苗等苗菜类蔬菜供其生态餐厅所需，为满足游客消费需求，计划春季旅游旺季每个周末生产豌豆苗 50kg 以上，请生产部门完

播种上盘	第2天种子露白	第3天胚根长出	第4天苗体直立
第5天苗高10cm	第6天苗高15～18cm	活体运输、上市	走俏的市场

图15-6　绿色豆芽从播种到上市

成其中一个生产周期的生产任务。

【任务分析】

按照生产过程完成生产任务：制订生产计划方案—准备生产资料—种子处理—播种—播后生产管理—采收与采后处理、销售—效果评估。

【相关知识】

豌豆苗

豌豆苗又叫"龙须菜"、"龙须豌苗"、"蝴蝶菜"等，属于苗菜类，即小植体菜。主要是食用豌豆所生成的幼嫩茎叶和嫩梢（图15-7，彩图见插页）。豌豆苗含有丰富的蛋白质、脂肪、碳水化合物，还含有17种氨基酸、胡萝卜素及维生素C等，其叶肉厚，纤维少，质柔滑，味清香宜人，常吃豌豆苗有健身作用。由于豌豆种子来源甚广，价格较低，同时生产出来的豌豆苗营养丰富、味道鲜美，深受广大消费者喜爱，所以经济效益较好，是栽培最为普遍的芽苗菜之一。

图15-7　豌豆苗

1. 品种选择

为保证较高的发芽率，最好采用当年生产或贮存一年的新鲜种。在品种选择上，以嫩梢、嫩荚、嫩籽粒和干籽粒供食合为一体的品种最为理想。大多数豌豆品种可用于生产豌豆苗。各品种的豌豆品性和生长差异均有所不同，实践证明，用于豌豆苗栽培的种子应选种皮较厚、千粒重150～180g、表面光滑、近球形的种子，发芽率应在95%以上，且纯度、净度高，发芽势强，抗病性强，产量高。目前主要品种有白玉豌豆、日本小英、麻豌豆、青豌豆等。

2. 种子处理

（1）清选　用人工或机械或盐水漂洗进行筛选种子，剔去虫蛀、残破、畸形、霉变的种子，以免生长期间造成直接污染，引起烂种、烂芽及生长不齐等现象。

（2）浸种和预生

①常温浸种　浸种前需先晒种，既可破除种子休眠，又可杀死有害病菌。晒种后用超过干种豆重的2～3倍水量浸种，浸泡8～20h（冬天浸泡时间长些），期间换水2～3次，保持水的洁净。浸至种子充分膨大、皱纹消失，透过种皮能看到胚根为适。

② 烫豆浸种　将选好的种子放在55℃的热水中不断搅拌浸泡约15min，待水温降至25℃左右时，加入500倍的农保赞1号液肥，继续浸种5~6h；捞出。

将浸好的种子放入水桶，上盖湿布保湿，或用湿布包好，置于20℃左右环境下催芽预生；冬天需24~48h，期间要用清水淘洗2~3次，待种子冒出小芽即可播种。

3. 栽培管理

（1）塑料盘无土栽培

① 播种上盘　选用规格一般为长60cm、宽25cm、高5cm的塑料苗盘，先用高锰酸钾消毒，播种前先将盘底垫一层浸湿的报纸、无纺布或白棉布等，以免豌豆苗的根从盘底部的孔中穿出，同时便于清盘。将催芽后的种子再用清水淘洗干净，平播于盘中，每盘播种量为500g左右。

② 叠盘　播种完后，把5~10个育苗盘叠在一起，上、下各盖、垫一个铺有浸湿麻袋片或白棉布的空塑料育苗盘，以便保温、保湿、遮光。每摞叠盘之间要留出2~3cm的空间距离，以加强通风透气，利于均匀出芽；千万不可每摞盘与每摞盘紧挨着，以免造成空气郁闭，影响豌豆苗的正常生长。

③ 催芽　每天用喷花壶喷水2~3次，喷淋水温应控制在18~25℃，喷水量以豌豆和基质喷湿，育苗盘中不大量往外流水、不存水为宜。在每次喷水的同时将育苗盘的上下、前后、左右位置进行调换，以使其受光受温一致，达到出芽整齐一致的要求。

催芽期间棚室温度保持在18~23℃。湿度要保持在80%左右。如果湿度过大，豌豆极易发霉腐烂，所以在进行必要的通风排湿的同时，还要有意识地对豌豆勤加冲洗或浸泡、冲刷，以免种豆发臭、发黏。要及时用镊子取出糊化腐烂的种豆和周围粘有黏浆的种豆，并用腐菌清1g兑20~24℃的温水15kg对整盘芽苗（尤其是病源处）进行喷洒消毒。

④ 出盘后管理　经2天左右催芽后，芽苗长至2~3cm时，就应将苗盘摆放在地上或移至栽培架上进行管理。株高3~5cm以前要保持黑暗环境，株高3~5cm以后开始见光进行绿化，尽量控制在2000~3000lx，3~4天完成绿化。注意千万不能把培养盘始终放在光照条件下，否则生产出的豌豆苗纤维化严重，甚至不能食用。还要注意豌豆苗的向光性，发现豌豆苗弯曲着向一个方向生长时，要及时将盘或前后、或左右、或上下地倒换一下位置，以便使豌豆苗长出来笔直挺立和高矮整齐一致。每天喷水2~3次，室内温度保持在18~23℃之间，湿度要保持在80%左右，在阴雨雾雪天或室内温度较低时少喷，高温或湿度小多喷些，水量以湿透报纸为限，勿使盘内积水。

生产中一定要注意控制好棚室内的温湿度，进行必要的通风换气，以免烂苗。如果万一出现烂苗，可提前采收；烂苗严重时，要将其及时销毁。棚室内温度低于14℃要马上采取增温措施；棚室内温度高于35℃时，要马上遮光、通风或棚室内喷水、喷雾降温。

（2）土培　一般在温室或塑料大棚中进行。选择疏松肥沃的土壤，整细耙平，做畦，一般畦宽1~1.1m，长度视具体情况而定。按3cm的行距条播。保持土壤见干见湿，当芽高1.2cm时浅松土，防止胚芽弯曲。当幼苗2~3片真叶、高3~5cm时整株采收。

（3）"摘尖"栽培　一般在大田上进行。可在10月下旬到11月上旬播种，主要采用撒播方式，每亩用种量20~25kg。也可采用20cm×20cm的株行距播种，当幼苗高18~20cm时摘顶部嫩梢，1次播种可以采收4~6次，一般每亩产嫩梢1000~1200kg。这里提到的豌豆苗是采摘生长在田间的豌豆植株的嫩尖食用，按现在区分芽菜标准应列入体芽菜中，叫"豌豆尖"更为确切。豌豆苗摘尖栽培已成为豌豆苗栽培的另一种方式。

4. 采收标准及上市形式

当豌豆苗有4~5片真叶，10~15cm高，整齐一致，顶部复叶始展开或已充分展开，无烂根、烂茎基，无异味，茎端7~8cm柔嫩未纤维化，芽苗浅黄绿色或绿色时，即可采收上市。可整盘活体上市或用利刀从基部5~6cm处剪切包装出售。

收割时，从芽苗梢部7~8cm处剪割，放入塑料袋、盒中包装上市。采用18.5cm×12cm×3.5cm透明塑料盒作包装容器，每盒装100g，用保鲜膜封口；或采用16cm×27cm封口袋上市，每袋装300~400g。亦可整盘上市。

5. 生产周期及投入产出比

豌豆苗整个生产周期较短，一般在适温（18~25℃）条件下整个生产过程需10天左右，冬季温度低时需要15天左右。一般每盘的净菜产量为300~350g，其投入产出比按重量计约为1：0.8。如果为家庭自用生产，每盘可采收2~3茬，投入产出比会更高。

豌豆芽苗的再生栽培在第1次采收豌豆芽苗后，豌豆种子中还有大量的营养，可以继续利用提供幼苗再一次生长。这样既减少了浪费，又增加了经济效益。

在第1次采收时，注意不要将豌豆的种子割伤，也不可把芽基割除，以免染病和失去生长点。割取芽苗的距离可距表层豆粒0.5cm左右。同时，也应注意收割距离豆粒不可过长，过长会引起两个或两个以上的分枝。从而影响生长期和品质。收割后的管理同第1次。但要经常检查，检出烂豆、病豆，防止发生病害。再生栽培以2~3茬为宜。

6. 病害防治

豌豆苗的病害主要是根腐病，严重时可造成绝产绝收。

（1）发病规律　根腐病多在夏季高温季节发生，春季温度较低，发病最轻。感染源有种子、栽培器皿、人员、车辆、尘土等，尤其是使用已发过病的育苗盘。

（2）防治措施　应选用抗病品种，播种前先将种子消毒。用0.1%高锰酸钾浸种15~20min，冲净后再浸种催芽。育苗盘可用漂白粉或高锰酸钾浸泡、消毒，育苗场地可每周用漂白粉或石灰消毒一次。

【任务实施】

豌豆苗塑料盘无土栽培

一、任务目标

掌握豌豆苗、苜蓿苗、香椿苗等苗菜类蔬菜生产的浸种、催芽方法以及温度、湿度、光照等管理技术。

二、材料和用具

新鲜豌豆种子、栽培架、育苗盘、浸种容器（盆、缸、桶）、喷淋器械、恒温箱、温度计、基质、麻布、遮阳网等。

三、任务实施

1. 生产计划方案制订与生产资料准备

根据生产任务的具体要求，结合自身实际生产条件，明确生产目标，制订生产计划，按照生产计划准备相关的生产资料（见"材料和用具"）。

2. 种子处理

（1）把种子过筛，并剔除发霉、破损、不成熟的种子。

（2）根据豌豆苗的浸种处理方式进行一般浸种或温汤浸种，注意选择相应的水温和浸泡时间，浸好的种子可直接播种或预生后播种上盘。

3. 播种上盘

播种前先准备好播种盘，并在盘上铺好基质，按照适宜的播种量把浸好的种子均匀平铺于苗盘。

4. 叠盘催芽

播种完毕后，将苗盘叠摞在一起，放在平整的地面进行叠盘催芽。每5~10个为一摞码在一起，在最上层盖一层湿麻袋片、黑色农膜或双层遮阳网。保持20~25℃的温度，每天淋水2~3次，同时进行倒盘。

5. 生产管理

根据豌豆苗的生长条件要求，做好光照、温度、湿度、浇水次数、通风等方面的控制。

6. 产品采收及销售

根据豌豆苗的采收标准及时采收。采收后分组完成市场销售。详细记录每次采收的产量与销售量和销售收入。
7. 注意事项
芽苗菜生长过程中常常出现烂种、芽苗不整齐以及芽苗菜过老等问题。

(1) 烂种　芽苗菜生产过程中，尤其是叠盘催芽时，容易发生烂种现象。需严格控制浇水量和温度。苗盘应进行严格的清洗和消毒。

(2) 芽苗不整齐　为使芽苗菜生长整齐，应注意采用纯度高的品种，并均匀进行播种和浇水；要水平摆放苗盘和经常进行倒盘。

(3) 芽苗菜过老　芽苗菜生产过程中，应避免干旱、强光、高温或低温时生长期过长等情况的出现，以防止芽苗菜纤维的迅速形成。

【效果评估】
1. 进行生产成本核算与效益评估，并填写表15-5。

表15-5　豌豆苗生产成本核算与效益评估

生产任务	生产利润/元	生产成本/元							销售收入/元			
		其中：					合计	折算成本/(元/kg)	单价	产量	合计	折算收入/(元/kg)
		种子	肥料	农药	劳动力	其他						

2. 根据豌豆苗生产任务的实施过程，对照生产计划方案写出生产总结1份，应包含生产目标、生产进度安排、生产实施过程、生产效益评估以及存在问题分析等内容。

【拓展提高】

苜蓿苗

苜蓿为豆科多年生草本植物，属于豆科作物中种子最小的种类。苜蓿种子蛋白质含量是小麦的1.5倍，并含有丰富的维生素A、维生素B、维生素D、维生素E和钙、钾等。苜蓿芽是利用苜蓿种子自身贮藏的营养成分培育而成的，属于籽芽菜、子叶出土型芽菜。苜蓿芽苗菜有室内和大棚生产两种模式，有无土栽培和沙培等方式。生产容易，管理方便，成本低，成功率高。

1. 选种
生产苜蓿芽菜对具体的品种没有太严格的要求，一般选用紫花苜蓿，常用品种有清水河苜蓿、和田苜蓿、陇东苜蓿等。用于生产苜蓿芽的种子一定要选择贮藏1年内的新种子，发芽率应在90%以上，还要具有较强的发芽势。

2. 种子处理
通过人工清选和水选等，剔除干瘪的种子及杂质，将种子淘洗后放在20℃的清水中浸种20～24h，然后捞出沥干备播。也可把淘洗干净的种子直接播种。

(1) 漂洗　苜蓿种子颗粒较小，无法用手工挑拣，可直接用清水漂洗，漂洗时要多用笊篱搅旋、撇捞，尽量将瘪籽、杂质等清除干净。

(2) 烫种与浸泡

① 烫种　因为苜蓿种子颗粒太小，撒播起来不容易，所以可不通过浸泡而直接铺盘催芽（如果不浸泡，可直接在育苗盘中铺纸，并将纸喷湿，然后将干种子均匀地撒播在盘中，即可叠盘催芽生产）。但为了缩短催芽时间，提高经济效益，还是以经过浸泡为好。将沥干净水分的种子先倒入开水中进行烫种，烫种时间1min，烫种时要快速搅拌，以便受热均匀。烫种的目的主要是为了杀灭种子表皮的病菌和虫卵。

② 浸泡　烫好后，添加冷水，一边添加，一边搅拌，降温到50℃左右，浸泡6～8h。待种

子充分吸水（苜蓿种子的相对吸水量为101.6%）膨胀、发亮后，就可捞出（浸泡时间不要过长，以免种子内的养分大量流失到浸泡的水中，造成芽菜后期生长无力），再用清水漂洗2次，同时撇去漂浮在水面上的瘪籽和杂质，然后放到能够沥水的容器中，将水分控干净，摊开晾一晾，尽量将多余的水分挥发掉（有条件的可用离心机或洗衣机的甩干筒将多余的水分甩干）。只有水分控干，才能将种子铺撒均匀。

种子浸泡好后，放入3.5%的石灰水中（石灰：水＝3.5：96.5，石灰水要用纱布滤净石灰碎渣），搅拌浸泡2min，促使苜蓿芽在生长过程中能够顺利地将种壳脱落干净，同时也有一定的消毒灭菌作用。

3. 栽种及管理

夏季可在遮阴凉棚及通风清凉、采光较好的大棚内生产，冬季可在保温性能好的日光温室及有加温设施的空闲房屋内生产。

（1）播种和叠盘催芽

① 育苗盘　将已消过毒的塑料育苗盘铺上约20mm厚的泡沫塑料，也可用白棉布作为基质，白棉布的吸水性和保水性较强，并可重复使用。使用前要消毒，取10g腐菌清兑20～24℃的温水25kg，浸泡0.5h即可，使用成本低，值得推广。

② 播种　每盘播种量为50g左右，为了便于铺撒均匀，可按照种子与沙为1：5的比例，将种子和干细沙拌和均匀撒播在已浸湿的泡沫塑料基质上；播后立即进行叠盘催芽。

③ 叠盘　铺盘一定要铺得厚薄均匀，并用平滑的木板按平擀匀，然后喷雾，水温20～24℃，把细沙喷湿后即可叠盘。每10个为一摞，摞得不歪不斜，没有缝隙就行。摞与摞之间留出30mm的空隙，以利通风。

④ 喷水　叠盘催芽的环境温度为25～28℃，湿度保持在60%～70%。一定要采用喷雾的方式来补充水分。每天喷淋1～2次，喷水温度20～24℃，喷水量以种子和基质湿润为宜，不要喷水过多，以免发生腐烂；但喷水也不能太少，否则容易造成根部发红发黑。

（2）出盘后管理

① 见光　叠盘催芽2～3天后，芽长30mm左右，并全部直立起来时即结束催芽，可将塑料育苗盘放到立体栽培架上或席地摆盘，开始见光放绿。

② 室温　这个阶段要保持棚室内温度15～20℃。如果棚内温度在夏季不能控制在30℃以下（30℃以上极易发生腐烂霉变），那就无法在大棚内生产了，可在阴凉的室内生产。

③ 水温　每昼夜喷水1～3次（根据棚室内温度的高低和湿度大小而定），喷水温度15～20℃，喷水方式可用喷花壶或者加有莲花喷头的水管进行细喷。4～5天后下胚轴长达2～3cm，子叶即可展开。在生产过程中，空气湿度过低或光照过弱易导致种皮不易脱落现象，出现这种情况时可先对苗盘喷水，待种皮湿软后用木梳轻轻把种皮梳掉。

④ 遮光培育　苜蓿芽对光照适应性较强，但为了降低产品的纤维化，也应尽量遮光培育，尽量避免长时间的强光照射。

4. 采收标准、生产周期及投入产出比

采收标准：子叶充分肥大、绿色、平展、无残留种壳；芽高3～6cm（由当地市场需要而定）、粗约1mm，下胚轴白色，上胚轴浅绿色；无烂根、无烂茎；脆嫩清香、无纤维；无异味。

采收时，可用剪刀将根剪掉、洗净，然后抖擞或晾一下，去掉多余的水分后，包装上市。采收时也可将苜蓿芽连根拔起小包装上市，或将泡沫塑料片基质切块活体装在透明塑料盒上市。从铺盘开始约经过6～10天，苜蓿芽就可长成。产量是种子量的8～10倍。

【课外练习】

1. 简述豌豆苗的塑料盘无土栽培技术。
2. 苜蓿苗一般达到什么生产标准时可以采收？
3. 分析芽苗菜生产过程中容易出现的问题及其产生的原因是什么？

附 录

附录1 蔬菜园艺工国家职业标准

1. 职业概况

1.1 职业名称

蔬菜园艺工。

1.2 职业定义

从事菜田耕整、土壤改良、棚室修造、繁种育苗、栽培管理、产品收获、采后处理等生产活动的人员。

1.3 职业等级

本职业共设五个等级,分别为:初级(国家职业资格五级)、中级(国家职业资格四级)、高级(国家职业资格三级)、技师(国家职业资格二级)、高级技师(国家职业资格一级)。

1.4 职业环境

室内、外,常温。

1.5 职业能力特征

具有一定的学习能力、表达能力、计算能力、颜色辨别能力、空间感和实际操作能力,动作协调。

1.6 基本文化程度

初中毕业。

1.7 培训要求

1.7.1 培训期限

全日制职业学校教育,根据其培养目标和教学计划确定。晋级培训期限:初级不少于150标准学时;中级不少于120标准学时;高级不少于100标准学时;技师不少于100标准学时;高级技师不少于80标准学时。

1.7.2 培训教师

培训初、中级的教师应具有本职业技师及以上职业资格证书或本专业中级及以上专业技术职务任职资格;培训高级、技师的教师应具有本职业高级技师职业资格证书或本专业高级及以上专业技术职务任职资格;培训高级技师的教师应具有本职业高级技师职业资格证书2年以上或本专业高级及以上专业技术职务任职资格。

1.7.3 培训场地与设备

满足教学需要的标准教室、电化教室、实验室和教学基地,具有相关的仪器设备及教学用具。

1.8 鉴定要求

1.8.1 适用对象

从事或准备从事本职业的人员。

1.8.2 申报条件

——初级(具备以下条件之一者)

(1) 经本职业初级正规培训达规定标准学时数,并取得结业证书。

(2) 在本职业连续工作1年以上。

——中级(具备以下条件之一者)。

(1) 取得本职业初级职业资格证书后，连续从事本职业工作 2 年以上，经本职业中级正规培训达规定标准学时数，并取得结业证书。

(2) 取得本职业初级职业资格证书后，连续从事本职业工作 4 年以上。

(3) 连续从事本职业工作 5 年以上。

(4) 取得主管部门审核认定的、以中级技能为培养目标的中等以上职业学校本职业（专业）毕业证书。

——高级（具备以下条件之一者）

(1) 取得本职业中级职业资格证书后，连续从事本职业工作 2 年以上，经本职业高级正规培训达规定标准学时数，并取得结业证书。

(2) 取得本职业中级职业资格证书后，连续从事本职业工作 4 年以上。

(3) 大专以上本专业或相关专业毕业生取得本职业中级职业资格证书后，连续从事本职业工作 2 年以上。

——技师（具备以下条件之一者）

(1) 取得本职业高级职业资格证书后，连续从事本职业工作 5 年以上，经本职业技师正规培训达规定标准学时数，并取得结业证书。

(2) 取得本职业高级职业资格证书后，连续从事本职业工作 8 年以上。

(3) 大专以上本专业或相关专业毕业生，取得本职业高级职业资格证书后，连续从事本职业工作 2 年以上。

——高级技师（具备以下条件之一者）

(1) 取得本职业技师职业资格证书后，连续从事本职业工作 3 年以上，经本职业高级技师正规培训达规定标准学时数，并取得结业证书。

(2) 取得本职业技师职业资格证书后，连续从事本职业工作 5 年以上。

1.8.3 鉴定方式

分为理论知识考试和技能操作考核。理论知识考试采用闭卷笔试方式，技能操作考核采用现场实际操作方式。理论知识考试和技能操作考核均采用百分制，成绩皆达 60 分及以上者为合格。技师、高级技师还须进行综合评审。

1.8.4 考评人员与考生配比

理论知识考试考评人员与考生配比为 1∶15，每个标准教室不少于 2 名考评人员；技能操作考核考评员与考生配比为 1∶5，且不少于 3 名考评员。综合评审委员会不少于 5 人。

1.8.5 鉴定时间

理论知识考试时间与技能操作考核时间各为 90 分钟。

1.8.6 鉴定场所及设备

理论知识考试在标准教室里进行，技能操作考核在具有必要设备的实验室及田间现场进行。

2. 基本要求

2.1 职业道德

2.1.1 职业道德基本知识

(1) 敬业爱岗，忠于职守

(2) 认真负责，实事求是

(3) 勤奋好学，精益求精

(4) 遵纪守法，诚信为本

(5) 规范操作，注意安全

2.2 基础知识

2.2.1 专业知识

(1) 土壤和肥料基础知识

(2) 农业气象常识

(3) 蔬菜栽培知识

(4) 蔬菜病虫草害防治基础知识
(5) 蔬菜采后处理基础知识
(6) 农业机械常识

2.2.2 安全知识
(1) 安全使用农药知识
(2) 安全用电知识
(3) 安全使用农机具知识
(4) 安全使用肥料知识

2.2.3 相关法律、法规知识
(1) 农业法的相关知识
(2) 农业技术推广法的相关知识
(3) 种子法的相关知识
(4) 国家和行业蔬菜产地环境、产品质量标准,以及生产技术规程

3. 工作要求
本标准对初级、中级、高级、技师和高级技师的技能要求依次递进,高级别涵盖低级别的要求。

3.1 初级

职业功能	工作内容	技能要求	相关知识
一、育苗	(一)种子处理	1. 能够识别常见蔬菜的种子 2. 能进行常温浸种和温汤浸种 3. 能进行种子催芽	1. 种子识别知识 2. 浸种知识 3. 催芽知识
	(二)营养土配制	1. 能按配方配制营养土 2. 能进行营养土消毒	1. 基质特性知识 2. 营养土消毒方法
	(三)设施准备	1. 能准备育苗设施 2. 能进行育苗设施消毒	1. 育苗设施类型、结构知识 2. 消毒剂使用方法
	(四)苗床准备	能准备苗床	苗床制作知识
	(五)播种	能整平床土,浇足底水,适时、适量并适宜深度撒播、条播、点播或穴播,覆盖土及保温或降温材料	播种方式和方法
	(六)苗期管理	1. 能调节温度、湿度 2. 能调节光照 3. 能分苗和倒苗 4. 能炼苗 5. 能防治病虫草害	1. 分苗知识 2. 炼苗知识 3. 苗期施药方法
二、定植(直播)	(一)设施准备	1. 能准备栽培设施 2. 能进行栽培设施消毒	1. 栽培设施类型、结构知识 2. 消毒剂使用方法
	(二)整地	1. 能耕翻土壤 2. 能整平地块 3. 能开排灌沟	土壤结构知识
	(三)施基肥	能普施基肥,并结合深翻使土肥混匀,还能沟施基肥	1. 有机肥使用方法 2. 化肥使用方法
	(四)作畦	能作平畦、高畦或垄	栽培畦的类型、规格知识
	(五)移栽(播种)	能开沟或开穴,浇好移栽(播种)水,适时并适宜深度、密度移栽(播种)	1. 移栽(播种)密度知识 2. 移栽(播种)方法

续表

职业功能	工作内容	技能要求	相关知识
三、田间管理	(一)环境调控	1. 能调节温度、湿度 2. 能调节光照 3. 能防治土壤盐渍化 4. 能通风换气,防止氨气、二氧化硫、一氧化碳有害气体中毒	环境调控方法
	(二)肥水管理	1. 能追肥、补充二氧化碳 2. 能给蔬菜浇水 3. 能进行叶面追肥	适时追肥、浇水知识
	(三)植株调整	1. 能插架绑蔓(吊蔓) 2. 能摘心、打杈、摘除老叶和病叶 3. 能保花保果、疏花疏果	植株调整方法
	(四)病虫草害防治	能防治病虫草害	施药方法
	(五)采收	能按蔬菜外观质量标准采收	采收方法
	(六)清洁田园	能清理植株残体和杂物	田园清洁方法
四、采后处理	(一)质量检测	能按标准判定产品外观质量	产品外观特性知识
	(二)整理	能按蔬菜外观质量标准整理产品	蔬菜整理方法
	(三)清洗	1. 能清洗产品 2. 能控水	蔬菜清洗方法
	(四)分级	能按蔬菜外观质量标准对产品分级	蔬菜分级方法
	(五)包装	能包装产品	蔬菜包装方法

3.2 中级

职业功能	工作内容	技能要求	相关知识
一、育苗	(一)种子处理	1. 能根据作物种子特性确定温汤浸种的温度、时间和方法 2. 能根据作物种子特性确定催芽的温度、时间和方法 3. 能进行开水烫种和药剂处理 4. 能采用干热法处理种子	1. 开水烫种知识 2. 种子药剂处理知识 3. 种子干热处理知识
	(二)营养土配制	1. 能根据蔬菜作物的生理特性确定配制营养土的材料及配方 2. 能确定营养土消毒药剂	1. 营养土特性知识 2. 基质和有机肥病虫源知识 3. 农药知识 4. 肥料特性知识
	(三)设施准备	1. 能确定育苗设施的类型和结构参数 2. 能确定育苗设施消毒所使用的药剂	1. 育苗设施性能、应用知识 2. 育苗设施病虫源知识
	(四)苗床准备	能计算苗床面积	苗床面积知识
	(五)播种	1. 能确定播种期 2. 能计算播种量	1. 播种期知识 2. 播种量知识
	(六)苗期管理	1. 能针对栽培作物的苗期生育特性确定温、湿度管理措施 2. 能针对栽培作物的苗期生育特性确定光照管理措施 3. 能确定分苗、调整位置时期 4. 能确定炼苗时期和管理措施 5. 能确定病虫防治药剂	1. 壮苗标准知识 2. 苗期温度管理知识 3. 苗期水分管理知识 4. 苗期光照管理知识

续表

职业功能	工作内容	技能要求	相关知识
二、定植（直播）	（一）设施准备	1. 能确定栽培设施类型和结构参数 2. 能确定栽培设施消毒所使用的药剂	1. 栽培设施性能、应用知识 2. 栽培设施病虫源知识
	（二）整地	1. 能确定土壤耕翻适期和深度 2. 能确定排灌沟布局和规格	1. 地下水位知识 2. 降雨量知识
	（三）施基肥	能确定基肥施用种类和数量	1. 蔬菜对营养元素的需要量知识 2. 土壤肥力知识 3. 肥料利用率知识
	（四）作畦	能确定栽培畦的类型、规格及方向	栽培畦特点知识
	（五）移栽（播种）	1. 能确定移栽（播种）日期 2. 能确定移栽（播种）密度 3. 能确定移栽（播种）方法	1. 适时移栽（直播）知识 2. 合理密植知识
三、田间管理	（一）环境调控	1. 能确定温、湿度管理措施 2. 能确定光照管理措施 3. 能确定土壤盐渍化综合防治措施 4. 能确定有害气体的种类、出现的时间和防止方法	1. 田间温度要求知识 2. 田间水分要求知识 3. 田间光照要求知识 4. 土壤盐渍化知识
	（二）肥水管理	1. 能确定追肥的种类和比例 2. 能确定追肥时期和方法 3. 能确定浇水时期和数量 4. 能确定叶面追肥的种类、浓度、时期和方法	1. 蔬菜追肥知识 2. 蔬菜灌溉知识
	（三）植株调整	1. 能确定插架绑蔓（吊蔓）的时期和方法 2. 能确定摘心、打杈、摘除老叶和病叶的时期和方法 3. 能确定保花保果、疏花疏果的时期和方法	营养生长与生殖生长的关系知识
	（四）病虫草害防治	能确定病虫草害防治使用的药剂和方法	田间用药方法
	（五）采收	1. 能按蔬菜外观质量标准确定采收时期 2. 能确定采收方法	1. 采收时期知识 2. 外观质量标准知识
	（六）清洁田园	能对植株残体、杂物进行无害化处理	无害化处理知识
四、采后处理	（一）质量检测	1. 能确定产品外观质量标准 2. 能进行质量检测采样	抽样知识
	（二）整理	能准备整理设备	整理设备知识
	（三）清洗	能准备清洗设备	清洗设备知识
	（四）分级	能准备分级设备	分级设备知识
	（五）包装	能选定包装材料和设备	包装材料和设备知识

3.3 高级

职业功能	工作内容	技能要求	相关知识
一、育苗	苗期管理	1. 能根据秧苗长势，调整管理措施 2. 能识别常见苗期病虫害，并确定防治措施	1. 苗情诊断知识 2. 苗期病虫害症状知识

续表

职业功能	工作内容	技能要求	相关知识
二、田间管理	(一)环境调控	能根据植株长势,调整环境调控措施	蔬菜与生长环境知识
	(二)肥水管理	1. 能识别常见的缺素和营养过剩症状 2. 能根据植株长势,调整肥水管理措施	常见缺素和营养过剩症知识
	(三)植株调整	能根据植株长势,修改植株调整措施	蔬菜生长相关性知识
	(四)病虫草害防治	1. 能组织、实施病虫草害综合防治 2. 能识别常见蔬菜病虫害	常见蔬菜病虫害知识
三、采后处理	(一)质量检测	能定性检测蔬菜中的农药残留和亚硝酸盐	农药残留和亚硝酸盐定性检测方法
	(二)分级	能选定分级标准	现有标准知识
四、技术管理	(一)落实生产计划	能组织、实施年度生产计划	出口安排知识
	(二)制定技术操作规程	能制定技术操作规程	蔬菜栽培管理知识

3.4 技师

职业功能	工作内容	技能要求	相关知识
一、育苗	苗期管理	1. 能识别苗期各种生理性病害,并制定防治措施 2. 能识别苗期各种侵染性病害、虫害,并制定防治措施	苗期病虫害知识
二、田间管理	(一)环境调控	能鉴别因环境调控不当引起的生理性病害,并根据植株长势制定防治措施	蔬菜生理障碍知识
	(二)肥水管理	能识别各种缺素和营养过剩症状,并制定防治措施	1. 缺素症知识 2. 营养过剩症知识
	(三)病虫草害防治	1. 能制定病虫草害综合防治方案 2. 能识别各种蔬菜病虫害	1. 蔬菜病虫害知识 2. 菜田除草知识
三、采后处理	(一)质量检测	能制定企业产品质量标准	蔬菜产品质量标准知识
	(二)分级	能制定产品分级标准	蔬菜质量知识
	(三)包装	能根据产品特性设计包装	包装设计知识
四、技术管理	(一)编制生产计划	1. 能够调研蔬菜生产量、供应期和价格 2. 能安排蔬菜生产茬口 3. 能制订农资采购计划 4. 能对现有人员进行合理分工	1. 周年生产知识 2. 人员管理知识
	(二)技术评估	能评估技术措施应用效果,对存在问题提出改进方案	评估方法
	(三)种子鉴定	1. 能测定种子的纯度和发芽率 2. 能鉴定种子的生活力	种子鉴定知识
	(四)技术开发	1. 能针对生产中存在的问题,提出攻关课题,并开展试验研究 2. 能有计划地引进试验示范推广新技术	田间试验设计与统计知识
五、培训指导	(一)制订培训计划	能制订初、中级工培训计划	初中级职业标准
	(二)培训与指导	1. 能准备初、中级培训资料、实验用材和实习现场 2. 能给初、中级授课、实验示范和实训示范 3. 能指导初、中级生产	农业技术培训方法

3.5 高级技师

职业功能	工作内容	技能要求	相关知识
一、技术管理	（一）编制种植计划	1. 能对市场调研结果进行分析，调整种植计划 2. 能预测市场的变化，研究提出新的茬口 3. 引进推广新的农用资材	1. 市场预测知识 2. 耕作制度知识
	（二）技术开发	能预测蔬菜的发展趋势，并提出攻关课题，开展试验研究	蔬菜产销动态知识
	（三）资源调配	能合理配置本单位的生产资源	资源管理知识
二、培训指导	（一）制订培训计划	能制订高级、技师和高级技师培训计划	高级工、技师和高级技师职业标准
	（二）培训与指导	1. 能准备高级、技师和高级技师培训资料、实验用材和实习现场 2. 能给高级、技师和高级技师授课、实验示范和实训示范 3. 能指导高级、技师和高级技师生产	1. 教育学基础知识 2. 心理学基础知识

4. 比重表
4.1 理论知识

项 目		初级/%	中级/%	高级/%	技师/%	高级技师/%
基本要求	职业道德	5	5	5	5	5
	基础知识	10	10	10	10	10
相关知识	育苗	25	30	10	5	
	定植（直播）	20	20			
	田间管理	30	25	40	20	
	采后处理	10	10	15	10	
	技术管理			20	25	50
	培训指导				25	35
合 计		100	100	100	100	100

4.2 技能操作

项 目		初级/%	中级/%	高级/%	技师/%	高级技师/%
工作要求	育苗	35	40	10	5	
	定植（直播）	20	15			
	田间管理	35	35	50	25	
	采后处理	10	10	10	10	
	技术管理			30	40	65
	培训指导				20	35
合 计		100	100	100	100	100

附录2 常见蔬菜种子形态特征

名称	类型	形状	颜色	大小(千粒重)/g	其他
萝卜	真种子	卵形或心脏形	灰褐色	13.00	有棱角
甘蓝	真种子	圆球形	紫褐色	3.75	
芥菜	真种子	圆球形	红褐色	0.60	
结球白菜	真种子	圆球形	紫褐色	3.25	
不结球白菜	真种子	圆球形	紫褐色	2.65	
番茄	真种子	心脏形	乳黄色	3.25	有茸毛
辣椒	真种子	近方形	浅黄色	5.25	有网纹
普通甜瓜	真种子	棱形	乳黄色	19.50	
青皮冬瓜	真种子	卵形	乳白色	36.00	种子边缘无棱状突起
粉皮冬瓜	真种子	卵形	乳白色	44.5	种子边缘有棱状突起
葫芦	真种子	草履形	黄褐色	86.72	
苦瓜	真种子	龟背形	浅黄色	139.00	
中国南瓜	真种子	卵形	褐黄色	245.00	有金边
印度南瓜	真种子	近圆形	乳白色	341.65	皱纹多
美洲南瓜	真种子	长卵形	淡黄色	165.00	光滑
西瓜	真种子	椭圆形	黄褐色	100.00	
丝瓜	真种子	卵形	浅黑色	110.50	
莴苣	果实	披针形	灰黑色	1.15	有棱沟
茼蒿	果实	梯形	灰褐色	1.65	有棱沟
牛蒡	果实	棒槌形	灰黑色	13.66	有花纹、有棱沟
石刁柏	真种子	圆球形	灰黑色	22.50	
韭菜	真种子	盾形	黑色	3.45	细皱纹
大葱	真种子	三角锥形	黑色	2.90	有棱角
洋葱	真种子	三角锥形	黑色	3.5	有棱角
豇豆	真种子	肾形	红黑色	150.00	
菜豆	真种子	肾形	黑白褐色	400.00	
豌豆	真种子	球形	绿色	325.00	
毛豆	真种子	椭球形	黄青色	250.00	
扁豆	真种子	扁椭球形	黑白色	606.06	
蚕豆	真种子	锲形	绿色	400～2500	
芫荽	果实	半球形	棕色	8.05	有果棱
花椰菜	真种子	圆球形	紫褐色	3.25	
芹菜	果实	半椭球形	黑褐色	0.47	有果棱
胡萝卜	果实	半卵形	褐色	1.25	有刺毛、有果棱
圆籽菠菜	果实	球形	灰黑色	9.50	
刺籽菠菜	果实	菱形	灰黑色	12.59	
苋菜	真种子	扁卵形	紫黑色	0.55	有光泽
蕹菜	真种子	近卵形	褐黑色	38.40	有茸毛
落葵	果实	球形	紫色	23.11	
荠菜	真种子	棱形	淡黄色	23.00	

附录3 部分常用生长调节剂的缩写及化学名称

序号	缩写	中文名称	外文名称
1	IAA	β-吲哚乙酸	indole acetic acid
2	IBA	β-吲哚丁酸	indole butyric acid
3	NAA	α-萘乙酸	α-naphthalene acetic acid
4	MENA	萘乙酸甲酯	methyl ester of naphthalene acetic acid
5	2,4-D	2,4-二氯苯氧乙酸	2,4-dichlorophenoxy acetic acid
6	2,4-DP	2,4-二氯苯氧丙酸	2,4-dichlorophenoxy
7	2M-4X(MEPA)	二甲四氯	2-methyl
8	CLPA	4-氯苯氧乙酸	4-chloro phenoxy acetic acid
9	增产灵	增产灵	4-indo-phenoxy acetic acid
10	TIBA	三碘苯甲酸	2,3,5-tri-iodobenzoic acid
11	MH	青鲜素、马来酰肼(顺丁烯二酸酰肼)	Maleic hydrazide
12	BA	N-6-苄基腺嘌呤	N-6-benzyladenine
13	Kinetin	激动素、呋喃腺嘌呤	6-furfuryl amino purine
14	GA_3	赤霉素(赤霉酸)	Gibberellin(主要作用为赤霉酸 gibberellic acid,即 GA_3)
15	B_9	比久(N,N-二甲胺琥珀酰胺)	N,N-dimethylamino succinamic acid
16	CCC	矮壮素,西西西、氯化(2-氯乙基)三甲基铵	2-chloroethyl trimethyl ammonium chloride
17	PHOSFON	2,4-二氯苯三丁基氯化鏻	tributy1-2,4-dichlorobenzyl phosphonium chloride
18	Ethrel Ethephon	乙烯利、2-氯乙基膦酸	2-chloroethyl Phosphonic acid
19	Morphactins	正形素(9-羟基芴-9-羧酸)	Flurenol(9-hydroxyfluorene-9-carboxylic acid)
20	ABA	脱落酸	Abscisic acid, abscisin
21	PCPA	对氯苯氧乙酸	Para-chlorophenoxy acetic acid

参 考 文 献

[1] 汪炳良. 南方大棚蔬菜生产技术大全. 北京：中国农业出版社，2003.
[2] 黄启元，胡正月. 南方早春大棚蔬菜高效栽培实用技术. 北京：金盾出版社，2007.
[3] 浙江农业大学. 蔬菜栽培学各论（南方本）. 第2版. 北京：农业出版社，1990.
[4] 詹成波. 蔬菜. 成都：四川出版集团，2009.
[5] 苏小俊. 绿叶蔬菜无公害高效栽培重点、难点与实例. 北京：科学技术文献出版社，2008.
[6] 黄裕蜀. 新兴蔬菜——特色菜栽培技术. 成都：四川出版集团，2006.
[7] 张金平. 中国蔬菜出口现状及发展对策. 南京农业大学农业推广·园艺硕士学位论文，2006.
[8] 江佳培. 广州蔬菜栽培技术. 广州：广东科技出版社，1987.
[9] 顾智章. 蔬菜的品质. 蔬菜，1997，（4）：34-35.
[10] 饶贵珍，肖波，吴广宇. 蔬菜漂浮育苗技术. 长江蔬菜，2008，（11）.
[11] 沈中泉，郭云桃，袁家富. 有机肥对改善品质的作用及机理. 植物营养与肥料学报，1995，1（2）：54-60.
[12] 贺丽娜，梁银丽，陈甲瑞等. 不同地区与栽培方式下蔬菜品质的变异性分析. 西北农业学报，2007，16（6）：154-158.
[13] 王俊兰，曲建民，付恩光等. 寿光市蔬菜品质与农业地质背景关系. 山东国土资源，2008，24（3）：39-44.
[14] 解永利，李季，杨合法. 日光温室不同生产模式下蔬菜品质变化的研究. 土壤通报，2007，38（4）：718-721.
[15] 徐暄. 影响蔬菜中硝酸盐积累的因素及防治措施. 安徽农学通报，2003，9（4）：72-73.
[16] 郭丽娜，刘秀珍，赵兴杰. 不同水分条件下不同形态氮素比例对茼蒿产量及品质的影响. 中国生态农业学报，2008，16（1）：258-260.
[17] 比嘉照夫. 农用与环保微生物. 日本：世界读书出版社，1999.
[18] 范双喜. 现代蔬菜生产技术全书. 北京：中国农业出版社，2004.
[19] 韩世栋. 蔬菜栽培. 北京：中国农业出版社，2001.
[20] 张彦萍. 设施园艺. 北京：中国农业出版社，2002.
[21] 浙江农业大学. 蔬菜栽培学总论. 北京：中国农业出版社，1997.
[22] 韩世荣. 无土栽培学. 北京：中国农业出版社，2003.
[23] 李连旺，孙胜. 新编蔬菜育苗技术. 北京：中国社会出版社，2005.
[24] 安志信，鞠珮华，张鹤. 图说蔬菜育苗技术. 北京：中国农业出版社，2000.
[25] 吴志行. 蔬菜设施栽培新技术. 上海：上海科学技术出版社，2001.
[26] 陈建明，张珏锋，周杨，王来亮. 我国茭白高效种养和轮作套种模式的研究与实践. 长江蔬菜（下半月刊），2013，（18）：127-130.
[27] 李新峥. 蔬菜栽培学. 北京：中国农业出版社，2006.
[28] 韩世栋. 蔬菜生产技术. 北京：中国农业出版社，2006.
[29] 申爱民. 怎样提高辣椒种植效益. 北京：金盾出版社，2006.
[30] 张振贤. 蔬菜栽培学. 北京：中国农业大学出版社，2003.
[31] 高中强，丁习武. 茄果类蔬菜. 北京：中国农业大学出版社，2006.
[32] 林孟勇等. 怎样种好菜园. 北京：金盾出版社，1997.
[33] 王文强，尹贤贵. 番茄无公害早熟栽培. 重庆：重庆出版社，1999.
[34] 黄裕蜀. 南方蔬菜保护地栽培技术. 成都：四川出版集团，2006.
[35] 蒋卫杰等. 蔬菜无土栽培新技术. 北京：金盾出版社，1999.
[36] 陈国元. 设施蔬菜. 北京：中国农业出版社，2002.
[37] 吴国兴. 保护地设施类型与建造. 北京：金盾出版社，2001.
[38] 徐凤珍. 蔬菜栽培学. 北京：中国科学文化出版社，2002.
[39] 王耀林，张志斌，葛红. 设施蔬菜工程技术. 郑州：河南科学技术出版社，2000.
[40] 冯广和，齐飞. 设施农业技术. 北京：气象出版社，1998.
[41] 张福墁. 设施蔬菜学. 北京：中国农业大学出版社，2001.
[42] 胡繁荣. 设施蔬菜学. 上海：上海交通大学出版社，2003.
[43] 李式军. 设施蔬菜学. 北京：中国农业出版社，2002.
[44] 李志强. 设施蔬菜. 北京：高等教育出版社，2006.
[45] 孙毅. 温室大棚防灾减灾技术手册. 沈阳：辽宁科学技术出版社，2007.
[46] 吴国兴. 保护地设施类型与建造. 北京：金盾出版社，2001.
[47] 李能方，刘永富. 无公害蔬菜栽培技术. 成都：四川科学技术出版社，2004.
[48] 四川省农业地方标准汇编. 无公害农产品（种植业）产地环境条件. 四川省农业厅，2003.

[49] 四川省农业地方标准汇编. 无公害农产品标准. 四川省农业厅，2003.
[50] 四川省农业地方标准汇编. 无公害农产品生产技术规程（蔬菜）. 四川省农业厅，2003.
[51] 马利允，王开元. 设施蔬菜栽培技术. 北京：中国农业科学技术出版社，2014.
[52] 叶元刚. 大力发展无公害产品，全面推进农业现代化建设. 成都市现代农业研讨年会资料汇编，2002.
[53] 周长吉. 温室工程设计手册. 北京：中国农业出版社，2007.
[54] 穆天民. 保护地设施学. 北京：中国林业出版社，2004.
[55] 程智慧. 蔬菜栽培学总论. 北京：科学出版社，2015.
[56] 曹毅，任吉君，王蕴波等. 广东商品型蔬菜周年生产模式研究. 北方园艺，2004，(3)：28-29.
[57] 山东农业大学. 蔬菜栽培学总论. 北京：中国农业出版社，2000.
[58] 蔡雁平，肖深根. 芽苗菜生产技术. 长沙：湖南科学技术出版社，2010.
[59] 陈君石著. 食品安全的现状与形势. 预防医学文献信息，2003.
[60] 中国农业科学院蔬菜花卉研究所. 中国蔬菜栽培学（新版）. 北京：中国农业出版社，2003.
[61] 周克强. 蔬菜栽培学. 北京：中国农业大学出版社，2007.
[62] 谢秀菊，刘自珠，汪凤桂等. 广州蔬菜产业化生产的基本模式及绩效研究. 广西农业科学，2007，38（6）：694-696.
[63] 张真和，鲁波，赵建阳等. 当代中国蔬菜产业的回顾与展望. 长江蔬菜，2005，(5)：2-6.
[64] 林孟勇等. 怎样种好菜园. 北京：金盾出版社，1997.
[65] 袁子鸿，刘济东. 早春薹菜设施大棚保温栽培技术. 长江蔬菜，2006，(11).
[66] 赵冰. 薯蓣类蔬菜高产优质栽培技术. 北京：中国农业出版社，2001.
[67] 汪李平，黄树苹. 蔬菜科学施肥. 北京：金盾出版社，2007.
[68] 范双喜. 现代蔬菜生产技术全书. 北京：中国农业出版社，2003.
[69] 卢育华. 蔬菜栽培学各论（北方本）. 北京：中国农业出版社，2000.
[70] 吕家龙. 蔬菜栽培学各论（南方本）. 北京：中国农业出版社，2001.
[71] 童合一，邢湘臣. 水生蔬菜栽培. 北京：金盾出版社，2006.
[72] 陈杏禹. 蔬菜栽培. 北京：高等教育出版社，2005.
[73] 张和义，杨德宝，胡群波. 黄花菜扁豆栽培技术. 北京：金盾出版社，2002.
[74] 赵德婉. 生姜优质丰产栽培——原理与技术. 北京：中国农业出版社，2002.
[75] 蒋卫杰等. 蔬菜无土栽培新技术. 北京：金盾出版社，1999.
[76] 黄裕蜀，何礼. 豆类蔬菜栽培技术. 成都：四川出版集团·天地出版社，2006.
[77] 全锋. 南方豆类蔬菜反季节栽培. 北京：金盾出版社，2003.
[78] 刘国芬. 豌豆优良品种与栽培技术. 北京：金盾出版社，2001.
[79] 陈光宇. 芦笋无公害生产技术. 北京：中国农业出版社，2005.
[80] 王迪轩，刘丽琼. 早春薹菜大棚促成栽培技术. 农业知识（致富与农资），2009，(2).
[81] 李文荣. 香椿栽培新技术. 北京：中国林业出版社，2007.
[82] 马成亮，文玲. 朝鲜蓟的栽培技术. 特种经济动植物，2003，(2)：38.
[83] 韦美芬. 朝鲜蓟高产栽培技术. 广西园艺，2003，(2)：30-31.
[84] 陈士瑜. 食用菌生产大全. 北京：农业出版社，1988.
[85] 黄健屏. 食用菌栽培学. 长沙：湖南科学技术出版社，1993.
[86] 方芳，宋金娣，姜小龙. 食用菌生产大全. 南京：江苏科学技术出版社，2003.
[87] 吕建华，朱伟玲. 芽菜生产新技术. 郑州：河南科学技术出版社，2001.
[88] 赵宝聚，靳保英. 绿色豆芽和芽苗菜生产新技术. 北京：中国农业科学技术出版社，2005.
[89] 张耀钢. 蔬菜栽培（南方本）. 北京：中国农业出版社，2001.
[90] 高立波. 芥蓝栽培技术措施. 广西园艺，2006，17（4）：49-50.
[91] 陈伟才，高旭春等. 菜心四季高效栽培技术. 当代蔬菜，2006，12：44-45.
[92] 任锡亮，王毓洪等. 菜心栽培技术. 宁波农业科技，2007，3：24-25.
[93] 邓彩联，黄健新等. 广东菜心优质高产栽培技术. 当代蔬菜，2006，12：27.
[94] 李庆典. 蔬菜栽培. 北京：中央广播电视大学出版社，2001.
[95] 陆定顺. 白菜类蔬菜栽培技术. 上海：上海科技出版社，1996.
[96] 刘国琴. 白菜类蔬菜栽培与贮藏加工新技术. 北京：中国农业出版社，2005.
[97] 杨暹. 南方特色蔬菜栽培新技术. 北京：中国农业出版社，1999.
[98] 王博，翟光辉，姜林，邵永春. 特色出口蔬菜——芋头优质高产栽培技术. 长江蔬菜（学术版），2012，(10)：51-52.
[99] 徐卫红. 有机蔬菜栽培实用技术. 北京：化学工业出版社，2014.

[100] 陶福英,周东海.蔬菜病虫害绿色防控技术措施.中国园艺文摘,2016,(5):194-196.
[101] 李天来.我国设施蔬菜科技与产业发展现状及趋势.中国农村科技,2016,(5):75-77.
[102] 高庆生,胡桧,陈清等.我国设施蔬菜机械化起垄技术应用现状及发展趋势.中国蔬菜,2016,(5):4-7.
[103] 孙严艳.我国蔬菜无土栽培的研究现状及进展.中国科技信息,2014,(21):127-128.
[104] 林沛林,李一平,陈继敏.温室无土栽培蔬菜周年生产与配套技术.中国瓜菜,2012,25(6):58-60.